21世纪经济管理新形态教材 · 管理科学与工程系列

运筹学解题指导

（第3版）

周华任 ◎ 主编

清华大学出版社
北 京

内容简介

本书是和《运筹学》第5版（《运筹学》教材编写组编，清华大学出版社出版）配合使用的参考书。每章包括五部分：(1)本章学习要求，给出了本章应该掌握的基本知识点；(2)主要概念及算法，列出了本章基本概念和主要算法思想，突出了必须掌握或考试中出现频率高的核心知识和结论；(3)课后习题全解，对全部课后习题给出了详细的解答；(4)典型例题精解，紧扣教材主要内容，精选各类习题并给出了详细解答；(5)考研真题解答，深入分析历年研究生入学考试试题，帮助学生加深对知识点的理解和灵活运用。

本书内容丰富、概念清晰、实用性强，可作为高等院校本科教学参考书，也可作为报考研究生以及在读研究生课程学习中的辅导教材。

图书在版编目(CIP)数据

运筹学解题指导/周华任主编. —3版. —北京：清华大学出版社，2022.10
21世纪经济管理新形态教材. 管理科学与工程系列
ISBN 978-7-302-61605-4

Ⅰ. ①运…　Ⅱ. ①周…　Ⅲ. ①运筹学—高等学校—题解　Ⅳ. ①O22-44

中国版本图书馆CIP数据核字(2022)第147702号

责任编辑：贺　岩
封面设计：汉风唐韵
责任校对：王凤芝
责任印制：宋　林

出版发行：清华大学出版社
网　　址：http://www.tup.com.cn，http://www.wqbook.com
地　　址：北京清华大学学研大厦A座　　**邮　　编**：100084
社 总 机：010-83470000　　**邮　　购**：010-62786544
投稿与读者服务：010-62776969，c-service@tup.tsinghua.edu.cn
质量反馈：010-62772015，zhiliang@tup.tsinghua.edu.cn
印 装 者：三河市天利华印刷装订有限公司
经　　销：全国新华书店
开　　本：185mm×260mm　　**印　　张**：27.25　　**字　　数**：595千字
版　　次：2006年7月第1版　2022年10月第3版　　**印　　次**：2022年10月第1次印刷
定　　价：78.00元

产品编号：098013-01

前言(第3版) PREFACE

运筹学是高等学校经济管理类和理工类部分专业的基础课,也是这些专业硕士或者博士研究生入学考试的一门考试科目,同时又是参加各种大学生数学建模竞赛的必备知识。清华大学出版社出版的《运筹学》(《运筹学》教材编写组编)一直以来被国内高校广泛采用为教材。2021年出版了《运筹学》(第5版),2022年又出版了《运筹学:本科版》(第5版)。为了帮助广大同学扎实掌握运筹学的精髓和解题技巧,提高解答各种题型的能力,我们根据清华大学出版社的《运筹学》(第5版)和《运筹学:本科版》(第5版),在《运筹学解题指导》(第2版)的基础上,编写了此书。

全书各章按照以下五个部分编排。

1. 本章学习要求:给出了本章应该掌握的基本知识点。

2. 主要概念及算法:凝练了本章基本概念和主要算法思想,突出了必须掌握、考试中出现频率高、数学建模应用多的核心知识点、模型、方法和结论。

3. 课后习题全解:教材课后习题层次多、内容丰富,从各个角度体现了基本概念和主要算法的应用,因此,我们对全部课后习题给出了详细的解答。

4. 典型例题精解:紧扣教材主要内容,精选各类习题并给出了详细解答。

5. 考研真题解答:结合本章的主要内容,精选历年研究生入学考试试题,帮助同学们加深对知识点的理解与运用。

另外,附录中还提供了部分高校研究生入学考试运筹学试题真题及参考答案,通过成套真题,帮助同学们综合复习和灵活运用运筹学的知识点。

本书由周华任、陈玉金、蔡开华、郭杰、徐兵、马凤丽、马茹飞,周梦、谭镇鹏编写。在本书的策划、编写过程中,《运筹学》教材编写组中的钱颂迪、陈秉正、王光辉、肖勇波、周蓉和韩松等专家教授给予了通力支持和热心帮助,在此表示感谢。《运筹学解题指导》(第1版、第2版)发行以来,得到了广大读者的关注,他们在使用的过程中,也提出了许多宝贵的意见,在此深表感谢。另外还要特别感谢原解放军理工大学和陆军工程大学的同事们,他们对本书的出版提供了无微不至的关心和帮助。

本书的编写,借鉴了国内外有关教材及相关文献,在此向原著作者表示衷心的感谢。

由于编者水平有限,书中疏漏及不妥之处,敬请广大读者给予指正。

编　者

2022年4月26日

目录 CONTENTS

CHAPTER 1 第1章

绪　论

运筹学是一门依照给定条件和目标从众多方案中选择最佳决策方案的应用科学，自诞生以来，在军事、工农业、经济和社会问题等多个领域得到了广泛的重视和应用。在管理学科领域，运筹学为管理理论和管理实践的发展也做出了突出的贡献，到现在，运筹学已成为工商管理学科中的一门重要的基础学科。

运筹学思想方法的起源可追溯到很远。人们发现，在我国先秦时期的诸子著作中，就存在许多朴素的运筹思想，这里“运筹”就是动脑筋想办法，去选择最优方案。“田忌赛马”和“沈括运粮”的故事充分说明我国不仅很早就有了朴素的运筹思想，而且在生产实践中实际运用了运筹方法。但真正被人们公认的运筹学起源于20世纪初期。第二次世界大战期间，英、美为了对付德国的空袭，就如何合理运用雷达使防空系统更加有效的问题开始进行一类新问题的研究，最初称为“运作研究”(operational research)。1942年，美国从事这方面工作的科学家将其命名为“运筹学”(operations research)，这个名字一直延用至今。

“二战”期间，为了进行运筹学的研究，在英、美的军队中成立了一些专门小组，开展了诸如护航舰队保护商船队的编队问题和当船队遭受德国潜艇攻击时，如何使船队损失最小的问题的研究；还研究了反潜深水炸弹在各种情况下如何调整其爆炸深度，才能增加对德国潜艇的杀伤力等。通过科学方法的运用，成功地解决了许多复杂的战术问题，使战争后期德国潜艇被摧毁的数量增加了400%，盟军船只在受敌机攻击时，中弹率由47%降到29%。“二战”后，英、美军队中又相继成立了更为正式的运筹研究小组，以兰德公司(RAND)为首的一些部门开始着重研究未来武器系统的设计及其合理运用方法等战略性问题。到了20世纪60年代，除军事方面的应用研究外，运筹学在更为广阔的领域得到运用，从事这项工作的许多专家转到了经济部门、民用企业、大学或研究所，继续进行决策的数量方法的研究，运筹学作为一门学科逐步形成并得以迅速发展。这种发展主要表现在以下两个方面。

一是在方法论上形成了运筹学的许多分支，如数学规划(线性规划、非线性规划、整数规划、目标规划、动态规划、随机规划等)，图论与网络，排队论，存贮论，对策论，决策论，维修更新理论，搜索论，可靠性和质量管理等。

二是计算机科学的发展，新型计算机的出现，为运筹学的运用开辟了新天地，使得运筹学的方法论能成功、及时地解决大量经济管理中的决策问题，并且随着计算机软硬件的发展，运筹学不再只为专家所掌握和使用，也成为广大管理工作者进行最优决策和有效管理的常用工具之一。

毫无疑问，运筹学是一门应用科学，虽然至今没有统一且确切的定义，但其性质和特点还是很鲜明的。其一，它是一种科学方法，即不单是某种研究方法的分散和偶然的应用，而是可用于整个一类问题上；其二，它强调以量化为基础，必然要用数学，需要建立各种数学模型，为决策者的决策提供定量依据；其三，它具有多学科交叉的特点，如综合运用经济学、心理学、物理学、系统学等的一些方法；其四，它强调最优决策，但在实际生活中又常常用次优、满意等概念代替最优。

在生活节奏日益加快的今天，运筹学是我们安排工作、学习、娱乐、生活的有效工具。而运筹学的魅力在于，它运用数学模型，如一把梳子，梳理着经济、军事、生活的各个方面，而且把纷繁复杂的现象数学化。运筹学就是研究在实现整体目标的全过程中实现统筹管理的有关理论、模型、方法和手段，在经济研究、经营决策方面被广泛应用。它通过对整体目标的分析，选择适当的模型来描述整体的各个部分，用以分析并求出全局的最优决策。

【课后习题全解】

1.1 简要说明20世纪50年代后运筹学取得较快发展的主要原因。

主要原因至少有三个方面：一是由于20世纪50年代后很多国家在经济发展和企业经营管理方面对运筹学研究和方法的需求，很多科学家进入运筹学这个领域，将运筹学研究和方法用于经济和社会发展的众多领域，推动了运筹学的发展。二是运筹数学的发展，为运筹学的应用提供了坚实的数学理论，特别是线性规划理论和单纯形方法的提出，解决了很多实际问题，极大推动了运筹学研究和运筹学方法在很多领域的应用。三是电子计算机的出现和快速发展，以及运筹学算法相关软件包的出现，进一步推动了运筹学的应用，使得运筹学解决实际问题的能力得到了极大的提高。

1.2 简要说明运筹学在企业经营管理决策中的地位和作用。

运筹学为企业经营管理决策提供定量和定性分析，科学评估各种决策方案。企业经营管理是运筹学的源头，运筹学的思想贯穿了企业经营管理的全过程，并在企业战略管理、生产计划、市场营销、运输问题、库存管理、财务会计、售后服务等方面发挥重要的作用。

1.3 为什么说建立相应模型是运筹学中最重要的部分？

运筹学中的主要模型是数学模型，数学模型最主要的优点是能更简洁地描述问题，有助于对问题整体结构的理解，有助于揭示重要的因果关系，通过这种表示方式，可以更清楚地表明哪些数据与问题有关，有助于从整体上理解和处理问题，并同时考虑到所有的相关关系。数学模型还可以搭建一个桥梁，使得人们能够利用数学技术和计算机来分析问题。运筹学模型是运筹学解决大部分实际问题的一个必不可少的工具，没有模型，大部分问题就无从谈起，没法为决策者提供科学决策的依据。

1.4 如何理解运筹学解决问题的目标从追求“最优”向“满意”的转变？

运筹学的目的是帮助决策者找到相关问题的最佳解决方案，运筹学的很多相关分支已经给出了如何求解问题最优解的方法、计算机程序和相应软件包。但是，这些最佳方案是针对所使用的模型而言的，只是根据所设计的模型求解而得到的“最优解”。由于模型只是实际问题的理想化而不是精确的表示，因此并不能保证根据模型得到的“最佳解决方案”就是解决实际问题的最佳方案。另外，在实际应用中，由于主客观条件的限制，满意解比最优解更为普遍。从而，在实际问题解决中，围绕最优解，采用满意解不失为一个务实的做法。

CHAPTER 2 第2章

线性规划

【本章学习要求】

1. 掌握线性规划的图解法及其几何意义。
2. 理解线性规划的标准型和规范型。
3. 掌握单纯形法原理。
4. 掌握运用单纯形表计算线性规划问题的步骤及解法。
5. 运用两阶段法和大 M 法求解线性规划问题，以及运用人工变量法求解非规范型的线性规划问题。
6. 掌握任何基可行解原表及单纯形表的对应关系。

【主要概念及算法】

1. 线性规划问题的数学模型

目标函数：$$\max(\text{或 }\min) z=\sum_{j=1}^{n} c_j x_j$$

约束条件：$$\begin{cases}\sum_{j=1}^{n} a_{ij} x_j \leqslant (=, \geqslant) b_i, & (i=1,2,\cdots,m) \\ x_j \geqslant 0, & (j=1,2,\cdots,n)\end{cases}$$

其中，$x_j(j=1,2,\cdots,n)$为决策变量；$a_{ij}(i=1,2,\cdots,m;\ j=1,2,\cdots,n)$为工艺系数；$b_i(i=1,2,\cdots,m)$为资源系数；$c_j(j=1,2,\cdots,n)$为价值系数。

其标准型为

$$\max z=\sum_{j=1}^{n} c_j x_j$$

$$\text{s.t.}\begin{cases}\sum_{j=1}^{n} a_{ij} x_j = b_i, & (i=1,2,\cdots,m) \\ x_j \geqslant 0, & (j=1,2,\cdots,n)\end{cases}$$

2. 图解法

对于只含两个变量的线性规划问题，可通过在平面上作图的方法求解。

解法的步骤如下：

（1）建立平面直角坐标系；

（2）图示约束条件，找出可行域；

（3）图示目标函数，即为一条直线；

（4）将目标函数直线沿其法线方向在可行域内向可行域边界平移直至目标函数达到最优值为止，目标函数达到最优值的点就为最优点。

3. 线性规划问题的解的概念

线性规划问题：

$$\max z=\sum_{j=1}^{n}c_jx_j \tag{2-1}$$

$$\text{s.t.}\begin{cases}\sum_{j=1}^{n}a_{ij}x_j=b_i, & (i=1,2,\cdots,m) & (2\text{-}2)\\ x_j\geqslant 0, & (j=1,2,\cdots,n) & (2\text{-}3)\end{cases}$$

（1）可行解：满足约束条件(2-2)和(2-3)的解 $\boldsymbol{X}=(x_1,x_2,\cdots,x_n)^{\mathrm{T}}$。

（2）最优解：使目标函数(2-1)达到最大值的可行解。

（3）基：设 $\boldsymbol{A}$ 为约束方程组(2-2)的 $m\times n$ 阶系数矩阵，设 $n>m$，其秩为 m，$\boldsymbol{B}$ 为矩阵 $\boldsymbol{A}$ 中的一个 $m\times m$ 阶的满秩子矩阵，则称 $\boldsymbol{B}$ 为线性规划问题的一个基。不失一般性，设

$$\boldsymbol{B}=\begin{bmatrix}a_{11} & a_{12} & \cdots & a_{1m}\\ a_{21} & a_{22} & \cdots & a_{2m}\\ \vdots & \vdots & & \vdots\\ a_{m1} & a_{m2} & \cdots & a_{mm}\end{bmatrix}=(\boldsymbol{P}_1,\boldsymbol{P}_2,\cdots,\boldsymbol{P}_m)$$

$\boldsymbol{B}$ 中每一个列向量 $\boldsymbol{P}_j\ (j=1,2,\cdots,m)$ 称为基向量，与基向量 $\boldsymbol{P}_j$ 对应的变量 x_j 称为基变量。除基变量以外的变量为非基变量。

（4）基本解：在约束方程组(2-2)中，令所有非基变量 $x_{m+1}=x_{m+2}=\cdots=x_n=0$，此时方程组(2-2)有唯一解 $\boldsymbol{X}_{\boldsymbol{B}}=(x_1,x_2,\cdots,x_m)^{\mathrm{T}}$，将此解加上非基变量取 0 的值有 $\boldsymbol{X}=(x_1,x_2,\cdots,x_m,0,0,\cdots,0)^{\mathrm{T}}$，称 $\boldsymbol{X}$ 为线性规划问题的基本解。

（5）基本可行解：满足非负条件(2-3)的基本解。

（6）可行基：对应于基本可行解的基。

4. 单纯形法迭代原理

（1）数学模型化为标准型

具备以下条件的数学模型称为单纯形法标准型：

① 等式约束条件；

② 右边常数非负；

③ 变量非负；

④ 目标函数为 max 型。

(2) 数学模型化为规范型

具备以下条件的数学模型称为单纯形法规范型:

① 标准型;

② 约束条件系数矩阵中至少含有一个单位子矩阵,对应的变量为基变量;

③ 目标函数中不含基变量。

(3) 确定初始基本可行解

在规范型数学模型中,令非基变量 $x_j=0$,求出基变量 x_i,即得初始基本可行解。

(4) 最优性检验

在得到初始基本可行解后,要检验一下是否为最优解。若是,则停止迭代;若否,则继续迭代,但每次迭代后都要检验一下当前解是否为最优解。有如下的判别准则:

① 最优解判别定理:若 $\boldsymbol{X}^{(0)}=(b'_1,b'_2,\cdots,b'_m,0,0,\cdots,0)^{\mathrm{T}}$ 为对应于基 $\boldsymbol{B}$ 的基本可行解,且对于一切 $j=m+1,m+2,\cdots,n$ 有 $\sigma_j\leqslant 0$,则 $\boldsymbol{X}^{(0)}$ 为最优解,其中,σ_j 为检验数,$\sigma_j=c_j-\sum\limits_{i=1}^{n}c_i a'_{ij}$。

② 无穷多最优解判别定理:若 $\boldsymbol{X}^{(0)}=(b'_1,b'_2,\cdots,b'_m,0,0,\cdots,0)^{\mathrm{T}}$ 为一个基可行解,对于一切 $j=m+1,m+2,\cdots,n$,有 $\sigma_j\leqslant 0$,又存在某个非基变量的检验数 $\sigma_{m+k}=0$,则线性规划问题有无穷多最优解。

③ 无界解判别定理:若 $\boldsymbol{X}^{(0)}=(b'_1,b'_2,\cdots,b'_m,0,0,\cdots,0)^{\mathrm{T}}$ 为一个基可行解,有一个非基变量的检验数 $\sigma_{m+k}>0$,并且对 $i=1,2,\cdots,m$,有 $a_{i,m+k}\leqslant 0$,那么该线性规划问题为无界解。

5. 单纯形法的计算步骤

(1) 单纯形表

将目标函数与约束条件一起组成 $n+1$ 个变量、$m+1$ 个方程的方程组

$$\begin{cases} x_1 \quad\quad\quad\quad\quad + a_{1,m+1}x_{m+1}+\cdots+a_{1n}x_n=b_1 \\ \quad x_2 \quad\quad\quad\quad + a_{2,m+1}x_{m+1}+\cdots+a_{2n}x_n=b_2 \\ \quad\quad \ddots \quad\quad\quad\quad\quad\quad \vdots \\ \quad\quad\quad x_m + a_{m,m+1}x_{m+1}+\cdots+a_{mn}x_n=b_m \\ -z+c_1x_1+c_2x_2+\cdots+c_mx_m+c_{m+1}x_{m+1}+\cdots+c_nx_n=0 \end{cases} \tag{2-4}$$

将上述式(2-4)写成增广矩阵形式

$$\left[\begin{array}{cccccccc:c} -z & x_1 & x_2 & \cdots & x_m & x_{m+1} & \cdots & x_n & b \\ 0 & 1 & 0 & \cdots & 0 & a_{1,m+1} & \cdots & a_{1n} & b_1 \\ 0 & 0 & 1 & \cdots & 0 & a_{2,m+1} & \cdots & a_{2n} & b_2 \\ \vdots & \vdots & \vdots & & \vdots & \vdots & & \vdots & \vdots \\ 0 & 0 & 0 & \cdots & 1 & a_{m,m+1} & \cdots & a_{mn} & b_m \\ 1 & c_1 & c_2 & \cdots & c_m & c_{m+1} & \cdots & c_n & 0 \end{array}\right] \tag{2-5}$$

将 z 看作不参与基变换的基变量,它的系数与 $x_1,x_2,\cdots,x_m$ 的系数构成一个基,这时可用初等行变换将 $c_1,c_2,\cdots,c_m$ 变为零,使其对应的系数矩阵为单位矩阵,得

$$\begin{bmatrix} -z & x_1 & x_2 & \cdots & x_m & x_{m+1} & \cdots & x_n & b \\ 0 & 1 & 0 & \cdots & 0 & a_{1,m+1} & \cdots & a_{1n} & b_1 \\ 0 & 0 & 1 & \cdots & 0 & a_{2,m+1} & \cdots & a_{2n} & b_2 \\ \vdots & \vdots & \vdots & & \vdots & \vdots & & \vdots & \vdots \\ 0 & 0 & 0 & \cdots & 1 & a_{m,m+1} & \cdots & a_{mn} & b_m \\ 1 & 0 & 0 & \cdots & 0 & c_{m+1}-\sum_{i=1}^{m}c_ia_{i,m+1} & \cdots & c_n-\sum_{i=1}^{m}c_ia_{in} & -\sum_{i=1}^{m}c_ib_i \end{bmatrix} \tag{2-6}$$

可根据式(2-6)的增广矩阵，设计一种计算表，即单纯形表，如表 2-1 所示。

表　2-1

$c_j \rightarrow$			c_1	c_2	$\cdots$	c_m	c_{m+1}	$\cdots$	c_n	θ_i
$\boldsymbol{C}_B$	$\boldsymbol{X}_B$	$\boldsymbol{b}$	x_1	x_2	$\cdots$	x_m	x_{m+1}	$\cdots$	x_n	
c_1	x_1	b_1	1	0	$\cdots$	0	$a_{1,m+1}$	$\cdots$	a_{1n}	θ_1
c_2	x_2	b_2	0	1	$\cdots$	0	$a_{2,m+1}$	$\cdots$	a_{2n}	θ_2
$\vdots$	$\vdots$	$\vdots$	$\vdots$	$\vdots$		$\vdots$	$\vdots$		$\vdots$	$\vdots$
c_m	x_m	b_m	0	0	$\cdots$	1	$a_{m,m+1}$	$\cdots$	a_{mn}	θ_m
$-z$		$-\sum_{i=1}^{m}c_ib_i$	0	0	$\cdots$	0	$c_{m+1}-\sum_{i=1}^{m}c_ia_{i,m+1}$	$\cdots$	$c_n-\sum_{i=1}^{m}c_ia_{in}$	

对于表 2-1：

$\boldsymbol{X}_B$ 列中填入基变量，这里是 $x_1,x_2,\cdots,x_m$；

$\boldsymbol{C}_B$ 列中填入基变量的价值系数，它们是与基变量相对应的，这里是 $c_1,c_2,\cdots,c_m$；

$\boldsymbol{b}$ 列中填入约束方程组右端的常数。

c_j 行中填入各变量的价值系数 $c_1,c_2,\cdots,c_n$；θ_i 列的数字是在确定换入变量后，按 θ 规则计算后填入；最后一行是检验数行，对应各变量 x_j 的检验数 σ_j 是

$$\sigma_j=c_j-\sum_{i=1}^{m}c_ia_{ij},\quad (j=1,2,\cdots,n)$$

表 2-1 称为初始单纯形表，以它为起点进行迭代，每迭代一次就得到一个新的单纯形表。

(2) 单纯形法的计算步骤

① 找出初始可行基，确定初始基本可行解，建立初始单纯形表；

② 检验各非基变量 x_j 的检验数 $\sigma_j=c_j-\sum_{i=1}^{m}c_ia_{ij}$，若

$$\sigma_j\leqslant 0,\quad (j=m+1,m+2,\cdots,n)$$

则已得到最优解，停止计算。否则转入下一步；

③ 在 $\sigma_j>0,j=m+1,m+2,\cdots,n$ 中，若有某个 σ_k 对应 x_k 的系数列向量 $\boldsymbol{P}_k\leqslant 0$，则此问题为无界解，停止计算。否则转入下一步；

④ 根据 $\max\limits_j(\sigma_j>0)=\sigma_k$，确定 x_k 为换入变量，按 θ 规则计算

$$\theta = \min_i \left(\frac{b_i}{a_{ik}} \middle| a_{ik} > 0 \right) = \frac{b_l}{a_{lk}}$$

由此确定 x_l 为换出变量，转入下一步。

⑤ 以 a_{lk} 为主元素进行迭代，把 x_k 所对应的列向量

$$\boldsymbol{P}_k = \begin{bmatrix} a_{1k} \\ a_{2k} \\ \vdots \\ a_{mk} \end{bmatrix}，变换为 \begin{bmatrix} 0 \\ 0 \\ \vdots \\ 1 \\ 0 \end{bmatrix} \leftarrow 第\ l\ 个分量$$

将 $\boldsymbol{X}_B$ 列中的 x_l 换为 x_k，得到新的单纯形表，重复步骤②～步骤⑤直到终止。

注意：

i）进行迭代后，在 b 列中出现 0，此时为退化情况；

ii）当在计算中遇到两个或更多的相同 θ 值时，则从相同 θ 所对应的基变量中，选择下标最大的那个基变量为换出变量。

6. 单纯形法的进一步讨论

在规划模型化为标准型后，当其约束条件的系数矩阵中不存在单位矩阵时，需再添加新的变量，使其含有单位矩阵，此时的新加变量为人工变量，这种化为标准型的方法称为人工变量法。

对于解决有人工变量的线性规划问题，有以下两种方法。

（1）大 M 法

在一个线性规划问题的约束条件中加入人工变量后，要求人工变量不受目标函数取值的影响，假定人工变量在目标函数中的系数为 $-M$（M 为任意大的正数），这样目标函数要实现最大化时，必须把人工变量换出，否则目标函数不可能实现最大化。

（2）两阶段法

第一阶段：求解一个目标函数仅含人工变量，且为最小化的线性规划问题，其有两种可能结果：

① 目标函数最优值为 0，则去掉人工变量转入第二阶段；

② 目标函数最优值不为 0，则原问题无可行解，停止计算。

第二阶段：去掉第一阶段中的人工变量，将第一阶段得到的最优解作为初始基本可行解，利用单纯形法继续进行迭代，直至终止。

7. 单纯形法小结

如何化为规范型及如何选取初始基变量，见表 2-2。

表 2-2

	线性规划模型	化为规范型
变量	$x_j \geqslant 0$	不变
	$x_j \leqslant 0$	令 $x'_j = -x_j$ 则 $x'_j \geqslant 0$
	x_j 无约束	令 $x_j = x'_j - x''_j$，且 $x'_j, x''_j \geqslant 0$

续表

		线性规划模型	化为规范型
约束条件	右端项	$b_i \geqslant 0$	不变
		$b_i \leqslant 0$	约束条件两端乘以-1
	形式	$\sum_{j=1}^{n} a_{ij} x_j \leqslant b_i$	$\sum_{j=1}^{n} a_{ij} x_j + x_{si} = b_i$
		$\sum_{j=1}^{n} a_{ij} x_j = b_i$	$\sum_{j=1}^{n} a_{ij} x_j + x_{ai} = b_i$
		$\sum_{j=1}^{n} a_{ij} x_j \geqslant b_i$	$\sum_{j=1}^{n} a_{ij} x_j - x_{si} + x_{ai} = b_i$
目标函数	极大或极小	$\max z = \sum_{j=1}^{n} c_j x_j$	不变
		$\min z = \sum_{j=1}^{n} c_j x_j$	令 $z' = -z$，则 $\max z' = \sum_{j=1}^{n} c_j x_j$
	变量前的系数	加松弛变量 x_{si} 时	$\max z = \sum_{j=1}^{n} c_j x_j + \sum_{i} 0 \cdot x_{si}$
		加人工变量 x_{ai} 时	$\max z = \sum_{j=1}^{n} c_j x_j - \sum_{i} M x_{ai}$

【课后习题全解】

2.1 用图解法求解下列线性规划问题，并指出问题是具有唯一最优解、无穷多最优解、无界解还是无可行解？

(1) $\max z = x_1 + 3x_2$

$$\begin{cases} 5x_1 + 10x_2 \leqslant 50 \\ x_1 + x_2 \geqslant 1 \\ x_2 \leqslant 4 \\ x_1, x_2 \geqslant 0 \end{cases}$$

(2) $\min z = x_1 + 1.5x_2$

$$\begin{cases} x_1 + 3x_2 \geqslant 3 \\ x_1 + x_2 \geqslant 2 \\ x_1, x_2 \geqslant 0 \end{cases}$$

(3) $\max z = 2x_1 + 2x_2$

$$\begin{cases} x_1 - x_2 \geqslant -1 \\ -0.5x_1 + x_2 \leqslant 2 \\ x_1, x_2 \geqslant 0 \end{cases}$$

(4) $\max z = x_1 + x_2$

$$\begin{cases} x_1 - x_2 \geqslant 0 \\ 3x_1 - x_2 \leqslant -3 \\ x_1, x_2 \geqslant 0 \end{cases}$$

解 (1) 图 2-1 中的阴影部分为此线性规划问题的可行域，目标函数 $z = x_1 + 3x_2$，即 $x_2 = -\frac{1}{3}x_1 + \frac{z}{3}$ 是斜率为 $-\frac{1}{3}$ 的一族平行线，易知 $x_1 = 3, x_2 = 0$ 为可行解，由线性规划的性质知，其最值在可行域的顶点取得，将直线 $x_1 + 3x_2 = 3$ 沿其法线方向逐渐向上平移，直至 A 点，A 点坐标为(2,4)。

所以

$$\max z = 2 + 3 \times 4 = 14$$

此线性规划问题有唯一最优解。

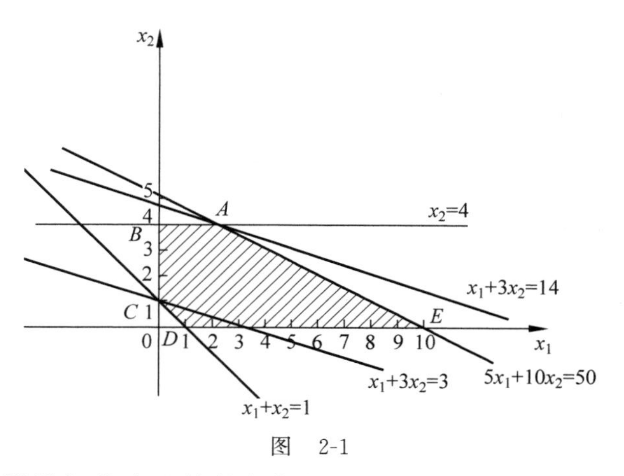

图 2-1

(2) 图 2-2 中的阴影部分为此线性规划问题的可行域,目标函数 $z=x_1+1.5x_2$,即 $x_2=-\frac{2}{3}x_1+\frac{2}{3}z$ 是斜率为 $-\frac{2}{3}$ 的一族平行线,易知 $x_1=3,x_2=0$ 为可行解,由线性规划的性质知,其最值在可行域的顶点取得。

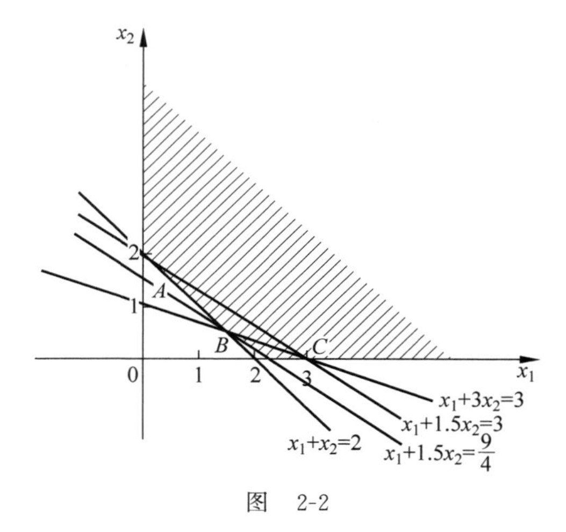

图 2-2

将直线 $x_1+1.5x_2=3$ 沿其法线方向逐渐向下平移,直至 B 点,B 点坐标为 $\left(\frac{3}{2},\frac{1}{2}\right)$。

所以
$$\min z=\frac{3}{2}+1.5\times\frac{1}{2}=\frac{9}{4}$$
此线性规划问题有唯一最优解。

(3) 图 2-3 中阴影部分为此线性规划问题的可行域,目标函数 $z=2x_1+2x_2$,即 $x_2=-x_1+\frac{z}{2}$ 是斜率为 -1 的一族平行线,易知 $x_1=0,x_2=0$ 为可行解。在将直线 $2x_1+2x_2=0$ 沿其法线方向逐渐向上平移的过程中发现,目标函数的值可以增加到无穷大,故此线性规划问题为无界解。

(4) 如图 2-4 所示,此问题的可行域为空集,故此线性规划问题无可行解。

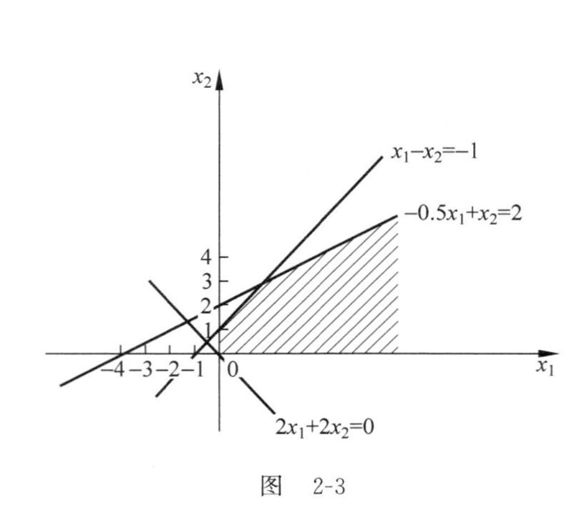

图 2-3

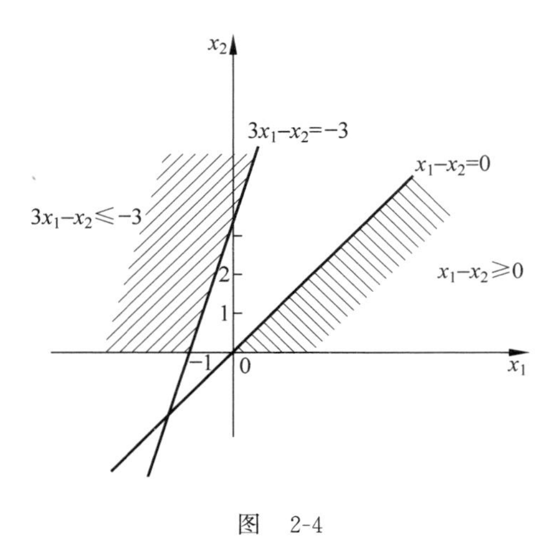

图 2-4

2.2 分别考虑下面的两个线性规划问题，其中 c 为一个参数。

$$\max z=cx_1+x_2$$

$$\text{s.t.}\begin{cases}x_1+x_2\leqslant 8\\2x_1+x_2\leqslant 12\\x_2\leqslant 6\\x_1,x_2\geqslant 0\end{cases}$$

$$\min z=x_1+cx_2$$

$$\text{s.t.}\begin{cases}x_1+x_2\leqslant 8\\2x_1+x_2\leqslant 12\\x_2\leqslant 6\\x_1,x_2\geqslant 0\end{cases}$$

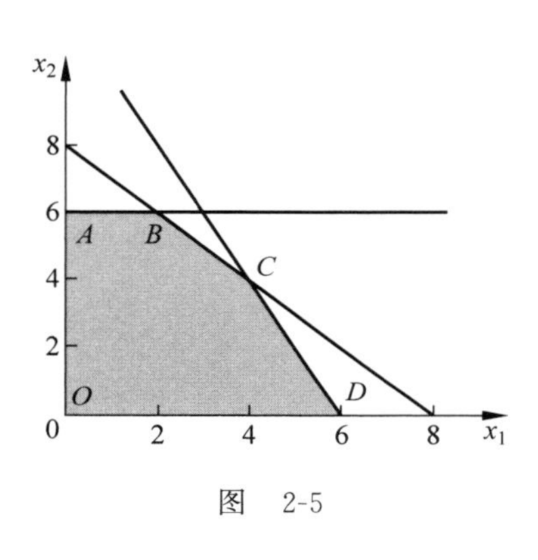

图 2-5

解 (1) 目标函数 $\max z=cx_1+x_2$，则 $x_2=-cx_1+z=kx_1+z$，其中斜率 $k=-c$. 而直线 $x_1+x_2=8, 2x_1+x_2=12, x_2=6$ 的斜率分别为 $-1,-2,0$。

可由表 2-3 得出最优解的情况。

表 2-3

c 值	最优解
$c<0$	A 点
$c=0$	AB 段
$0<c<1$	B 点
$c=1$	BC 段
$1<c<2$	C 点
$c=2$	CD 段
$c>2$	D 点

（2）根据线性规划的极值都在顶点或者边界取得的原理，把 5 个顶点 A、B、C、D、O 对应的函数值求出来，进行目标函数值比较，见表 2-4。

表　2-4

	$A(0,6)$	$B(2,6)$	$C(4,4)$	$D(6,0)$	$O(0,0)$
$z=x_1+cx_2$	$6c$	$2+6c$	$4+4c$	6	0

目标函数 $\min z=x_1+cx_2$

很显然 $6c<2+6c \quad 0<6$

只需要比较 A、C、O 三个点及它们所组成的线段。

当 $c>0$ 时，$\min\{6c,4+4c,0\}=0$，在 O 点取得最小值。

当 $c=0$ 时，$\min\{6c,4+4c,0\}=0$，且 $6c=0$，在线段 OA 取得最小值。

当 $c<0$ 时，$\min\{6c,4+4c,0\}=6c$，在 A 点取得最小值。

2.3　将下列线性规划问题变换成标准型，并列出初始单纯形表。

（1）$\min z=-3x_1+4x_2-2x_3+5x_4$

$$\begin{cases}4x_1-x_2+2x_3-x_4=-2\\ x_1+x_2+3x_3-x_4\leqslant 14\\ -2x_1+3x_2-x_3+2x_4\geqslant 2\\ x_1,x_2,x_3\geqslant 0,x_4\text{ 无约束}\end{cases}$$

（2）$\max s=z_k/p_k$

$$\begin{cases}z_k=\sum\limits_{i=1}^{n}\sum\limits_{k=1}^{m}\alpha_{ik}x_{ik}\\ \sum\limits_{k=1}^{m}-x_{ik}=-1,\quad (i=1,\cdots,n)\\ x_{ik}\geqslant 0,\quad (i=1,\cdots,n;\ k=1,\cdots,m)\end{cases}$$

解　（1）将此线性规划问题化为标准型。

令 $x_4=x_5-x_6$，$z'=-z$。其中，$x_5,x_6\geqslant 0$。

所以
$$\max z'=-\min(-z')=-\min z$$
则得到标准型为

$$\max z'=3x_1-4x_2+2x_3-5(x_5-x_6)+0\cdot x_7+0\cdot x_8-Mx_9-Mx_{10}$$

$$\text{s.t.}\begin{cases}-4x_1+x_2-2x_3+x_5-x_6+x_{10}=2\\ \quad x_1+x_2+3x_3-x_5+x_6+x_7=14\\ -2x_1+3x_2-x_3+2x_5-2x_6-x_8+x_9=2\\ x_1,x_2,x_3,x_5,x_6,x_7,x_8,x_9,x_{10}\geqslant 0\end{cases}$$

其中，M 是一个任意大的正数。

初始单纯形表见表 2-5。

表 2-5

$c_j \to$			3	−4	2	−5	5	0	0	−M	−M	θ_i
C_B	X_B	b	x_1	x_2	x_3	x_5	x_6	x_7	x_8	x_9	x_{10}	
−M	x_{10}	2	−4	1	−2	1	−1	0	0	0	1	2
0	x_7	14	1	1	3	−1	1	1	0	0	0	14
−M	x_9	2	−2	[3]	−1	2	−2	0	−1	1	0	$\frac{2}{3}$
$-z'$		4M	3−6M	4M−4	2−3M	3M−5	5−3M	0	−M	0	0	

(2) 在上述问题的约束条件中加入人工变量 $x_1, x_2, \cdots, x_n$，得

$$\max s = \frac{1}{p_k}\sum_{i=1}^{n}\sum_{k=1}^{m}\alpha_{ik}x_{ik} - Mx_1 - Mx_2 - \cdots - Mx_n$$

$$\text{s.t.}\begin{cases} x_i + \sum_{k=1}^{m} x_{ik} = 1, & (i=1,2,\cdots,n) \\ x_{ik} \geqslant 0, x_i \geqslant 0, & (i=1,2,\cdots,n;\ k=1,2,\cdots,m) \end{cases}$$

其中，M 是一个任意大的正数。

初始单纯形表见表 2-6。

表 2-6

c_j			−M	−M	⋯	−M	$\frac{a_{11}}{p_k}$	$\frac{a_{12}}{p_k}$	⋯	$\frac{a_{1m}}{p_k}$	⋯	$\frac{a_{n1}}{p_k}$	$\frac{a_{n2}}{p_k}$	⋯	$\frac{a_{mn}}{p_k}$	θ_i
C_B	X_B	b	x_1	x_2	⋯	x_n	x_{11}	x_{12}	⋯	x_{1m}	⋯	x_{n1}	x_{n2}	⋯	x_{mn}	
−M	x_1	1	1	0	⋯	0	1	1	⋯	1	⋯	0	0	⋯	0	
−M	x_2	1	0	1	⋯	0	0	0	⋯	0	⋯	0	0	⋯	0	
⋮	⋮	⋮	⋮	⋮		⋮	⋮	⋮		⋮	⋮	⋮	⋮		⋮	
−M	x_n	1	0	0	⋯	1	0	0	⋯	0	⋯	1	1	⋯	1	
$-s$		nM	0	0	⋯	0	$\frac{a_{11}}{p_k}+M$	$\frac{a_{12}}{p_k}+M$	⋯	$\frac{a_{1m}}{p_k}+M$	⋯	$\frac{a_{n1}}{p_k}+M$	$\frac{a_{n2}}{p_k}+M$	⋯	$\frac{a_{mn}}{p_k}+M$	

2.4 在下面的线性规划问题中找出满足约束条件的所有基本解，指出哪些是基本可行解，并代入目标函数，确定哪一个是最优解。

(1) $\max z = 2x_1 + 3x_2 + 4x_3 + 7x_4$

$$\begin{cases} 2x_1 + 3x_2 - x_3 - 4x_4 = 8 \\ x_1 - 2x_2 + 6x_3 - 7x_4 = -3 \\ x_1, x_2, x_3, x_4 \geqslant 0 \end{cases}$$

(2) $\min z = 5x_1 - 2x_2 + 3x_3 - 6x_4$

$$\begin{cases} x_1 + 2x_2 + 3x_3 + 4x_4 = 7 \\ 2x_1 + x_2 + x_3 + 2x_4 = 3 \\ x_1, x_2, x_3, x_4 \geqslant 0 \end{cases}$$

解 (1) 此线性规划问题的系数矩阵 $\boldsymbol{A}$ 为

$$\begin{bmatrix} 2 & 3 & -1 & -4 \\ 1 & -2 & 6 & -7 \end{bmatrix}$$

令
$$A=(P_1,P_2,P_3,P_4)$$
则
$$P_1=\begin{bmatrix}2\\1\end{bmatrix},\quad P_2=\begin{bmatrix}3\\-2\end{bmatrix},\quad P_3=\begin{bmatrix}-1\\6\end{bmatrix},\quad P_4=\begin{bmatrix}-4\\-7\end{bmatrix}$$

① 因为 P_1,P_2 线性无关，所以(P_1,P_2)为基，x_1,x_2 为基变量。

所以
$$\begin{cases}2x_1+3x_2=8+x_3+4x_4\\x_1-2x_2=-3-6x_3+7x_4\end{cases}$$
令非基变量 $x_3,x_4=0$，得
$$\begin{cases}2x_1+3x_2=8\\x_1-2x_2=-3\end{cases}$$
解得
$$\begin{cases}x_1=1\\x_2=2\end{cases}$$
基解 $X^{(1)}=(1,2,0,0)^{\mathrm{T}}$ 为可行解。
$$z_1=2\times 1+3\times 2+4\times 0+7\times 0=8$$

② 因为 P_1,P_3 线性无关，所以(P_1,P_3)为基，x_1,x_3 为基变量。

所以
$$\begin{cases}2x_1-x_3=8-3x_2+4x_4\\x_1+6x_3=-3+2x_2+7x_4\end{cases}$$
令非基变量 $x_2,x_4=0$，得
$$\begin{cases}2x_1-x_3=8\\x_1+6x_3=-3\end{cases}$$
解得
$$\begin{cases}x_1=\dfrac{45}{13}\\x_3=-\dfrac{14}{13}\end{cases}$$
由于 $x_3=-\dfrac{14}{13}<0$，与约束条件 $x_1,x_2,x_3,x_4\geqslant 0$ 矛盾，基解 $X^{(2)}=\left(\dfrac{45}{13},0,-\dfrac{14}{13},0\right)^{\mathrm{T}}$ 是非可行解。

③ 因为 P_1,P_4 线性无关，所以(P_1,P_4)为基，x_1,x_4 为基变量。

所以
$$\begin{cases}2x_1-4x_4=8-3x_2+x_3\\x_1-7x_4=-3+2x_2-6x_3\end{cases}$$
令非基变量 $x_2,x_3=0$，得
$$\begin{cases}2x_1-4x_4=8\\x_1-7x_4=-3\end{cases}$$
解得
$$\begin{cases}x_1=\dfrac{34}{5}\\x_4=\dfrac{7}{5}\end{cases}$$

基解 $\boldsymbol{X}^{(3)}=\left(\frac{34}{5},0,0,\frac{7}{5}\right)^{\mathrm{T}}$ 为可行解。

$$z_3=2\times\frac{34}{5}+3\times0+4\times0+7\times\frac{7}{5}=\frac{117}{5}$$

④ 因为 $\boldsymbol{P}_2,\boldsymbol{P}_3$ 线性无关,所以$(\boldsymbol{P}_2,\boldsymbol{P}_3)$为基,$x_2,x_3$ 为基变量。

所以
$$\begin{cases}3x_2-x_3=8-2x_1+4x_4\\-2x_2+6x_3=-3-x_1+7x_4\end{cases}$$

令非基变量 $x_1,x_4=0$,得

$$\begin{cases}3x_2-x_3=8\\-2x_2+6x_3=-3\end{cases}$$

解得

$$\begin{cases}x_2=\dfrac{45}{16}\\x_3=\dfrac{7}{16}\end{cases}$$

基解 $\boldsymbol{X}^{(4)}=\left(0,\frac{45}{16},\frac{7}{16},0\right)^{\mathrm{T}}$ 为可行解。

$$z_4=2\times0+3\times\frac{45}{16}+4\times\frac{7}{16}+7\times0=\frac{163}{16}$$

⑤ 因为 $\boldsymbol{P}_2,\boldsymbol{P}_4$ 线性无关,所以$(\boldsymbol{P}_2,\boldsymbol{P}_4)$为基,$x_2,x_4$ 为基变量。

所以
$$\begin{cases}3x_2-4x_4=8-2x_1+x_3\\-2x_2-7x_4=-3-x_1-6x_3\end{cases}$$

令非基变量 $x_1,x_3=0$,得

$$\begin{cases}3x_2-4x_4=8\\-2x_2-7x_4=-3\end{cases}$$

解得

$$\begin{cases}x_2=\dfrac{68}{29}\\x_4=-\dfrac{7}{29}\end{cases}$$

由于 $x_4=-\frac{7}{29}<0$,与 $x_4\geqslant0$ 矛盾,基解 $\boldsymbol{X}^{(5)}=\left(0,\frac{68}{29},0,-\frac{7}{29}\right)^{\mathrm{T}}$ 为非可行解。

⑥ 因为 $\boldsymbol{P}_3,\boldsymbol{P}_4$ 线性无关,所以$(\boldsymbol{P}_3,\boldsymbol{P}_4)$为基,$x_3,x_4$ 为基变量。

所以
$$\begin{cases}-x_3-4x_4=8-2x_1-3x_2\\6x_3-7x_4=-3-x_1+2x_2\end{cases}$$

令非基变量 $x_1,x_2=0$,得

$$\begin{cases}-x_3-4x_4=8\\6x_3-7x_4=-3\end{cases}$$

解得

$$\begin{cases} x_3 = -\dfrac{68}{31} \\ x_4 = -\dfrac{45}{31} \end{cases}$$

由于 $x_3<0, x_4<0$，基解 $\boldsymbol{X}^{(6)}=\left(0,0,-\dfrac{68}{31},-\dfrac{45}{13}\right)^{\mathrm{T}}$ 为非可行解。

比较 z_1, z_3, z_4，可知 $z_3=\dfrac{117}{5}$ 为最大值。

所以，最优解为 $\boldsymbol{X}^{(3)}=\left(\dfrac{34}{5},0,0,\dfrac{7}{5}\right)^{\mathrm{T}}$。

(2) 此线性规划问题的系数矩阵 $\boldsymbol{A}$ 为

$$\begin{bmatrix} 1 & 2 & 3 & 4 \\ 2 & 1 & 1 & 2 \end{bmatrix}$$

令 $$\boldsymbol{A}=(\boldsymbol{P}_1, \boldsymbol{P}_2, \boldsymbol{P}_3, \boldsymbol{P}_4)$$

则 $$\boldsymbol{P}_1=\begin{bmatrix}1\\2\end{bmatrix},\quad \boldsymbol{P}_2=\begin{bmatrix}2\\1\end{bmatrix},\quad \boldsymbol{P}_3=\begin{bmatrix}3\\1\end{bmatrix},\quad \boldsymbol{P}_4=\begin{bmatrix}4\\2\end{bmatrix}$$

① 因为 $\boldsymbol{P}_1, \boldsymbol{P}_2$ 线性无关，所以$(\boldsymbol{P}_1, \boldsymbol{P}_2)$为基，$x_1, x_2$ 为基变量。

所以 $$\begin{cases} x_1+2x_2=7-3x_3-4x_4 \\ 2x_1+x_2=3-x_3-2x_4 \end{cases}$$

令非基变量 $x_3, x_4=0$，得

$$\begin{cases} x_1+2x_2=7 \\ 2x_1+x_2=3 \end{cases}$$

解得

$$\begin{cases} x_1=-\dfrac{1}{3} \\ x_2=\dfrac{11}{3} \end{cases}$$

基解 $\boldsymbol{X}^{(1)}=\left(-\dfrac{1}{3},\dfrac{11}{3},0,0\right)^{\mathrm{T}}$ 为非可行解。

② 因为 $\boldsymbol{P}_1, \boldsymbol{P}_3$ 线性无关，所以$(\boldsymbol{P}_1, \boldsymbol{P}_3)$为基，$x_1, x_3$ 为基变量。

所以 $$\begin{cases} x_1+3x_3=7-2x_2-4x_4 \\ 2x_1+x_3=3-x_2-2x_4 \end{cases}$$

令非基变量 $x_2, x_4=0$，得

$$\begin{cases} x_1+3x_3=7 \\ 2x_1+x_3=3 \end{cases}$$

解得

$$\begin{cases} x_1=\dfrac{2}{5} \\ x_3=\dfrac{11}{5} \end{cases}$$

基解 $\boldsymbol{X}^{(2)}=\left(\frac{5}{2},0,\frac{11}{5},0\right)^{\mathrm{T}}$ 为可行解。

$$z_2=5\times\frac{2}{5}-2\times0+3\times\frac{11}{5}-6\times0=\frac{43}{5}$$

③ 因为 $\boldsymbol{P}_1,\boldsymbol{P}_4$ 线性无关，所以$(\boldsymbol{P}_1,\boldsymbol{P}_4)$为基，$x_1,x_4$ 为基变量。

所以
$$\begin{cases}x_1+4x_4=7-2x_2-3x_3\\2x_1+2x_4=3-x_2-x_3\end{cases}$$

令非基变量 $x_2,x_3=0$，得

$$\begin{cases}x_1+4x_4=7\\2x_1+2x_4=3\end{cases}$$

解得

$$\begin{cases}x_1=-\dfrac{1}{3}\\x_4=\dfrac{11}{6}\end{cases}$$

由于 $x_1=-\frac{1}{3}<0$，基解 $\boldsymbol{X}^{(3)}=\left(-\frac{1}{3},0,0,\frac{11}{6}\right)^{\mathrm{T}}$ 为非可行解。

④ 因为 $\boldsymbol{P}_2,\boldsymbol{P}_3$ 线性无关，所以$(\boldsymbol{P}_2,\boldsymbol{P}_3)$为基，$x_2,x_3$ 为基变量。

所以
$$\begin{cases}2x_2+3x_3=7-x_1-4x_4\\x_2+x_3=3-2x_1-2x_4\end{cases}$$

令非基变量 $x_1,x_4=0$，得

$$\begin{cases}2x_2+3x_3=7\\x_2+x_3=3\end{cases}$$

解得

$$\begin{cases}x_2=2\\x_3=1\end{cases}$$

基解 $\boldsymbol{X}^{(4)}=(0,2,1,0)^{\mathrm{T}}$ 为可行解。

$$z_4=5\times0-2\times2+3\times1-6\times0=-1$$

⑤ 因为 $\boldsymbol{P}_2,\boldsymbol{P}_4$ 线性相关，所以 x_2,x_4 不能构成基变量。

⑥ 因为 $\boldsymbol{P}_3,\boldsymbol{P}_4$ 线性无关，所以$(\boldsymbol{P}_3,\boldsymbol{P}_4)$为基，$x_3,x_4$ 为基变量。

所以
$$\begin{cases}3x_3+4x_4=7-x_1-2x_2\\x_3+2x_4=3-2x_1-x_2\end{cases}$$

令非基变量 $x_1,x_2=0$，得

$$\begin{cases}3x_3+4x_4=7\\x_3+2x_4=3\end{cases}$$

解得

$$\begin{cases}x_3=1\\x_4=1\end{cases}$$

基解 $\boldsymbol{X}^{(6)}=(0,0,1,1)^{\mathrm{T}}$ 为可行解。

$$z_6 = 5\times 0 - 2\times 0 + 3\times 1 - 6\times 1 = -3$$

由 $z_2=\frac{43}{5}$，$z_4=-1$，$z_6=-3$，$\min\left(\frac{43}{5},-1,-3\right)=-3$，可知 $z_6=-3$ 为最小值。

所以，最优解为 $\boldsymbol{X}^{(6)}=(0,0,1,1)^{\mathrm{T}}$。

2.5　考虑下面的线性规划问题，其中 c 为一个参数。

$$\max z = x_1 + cx_2$$

$$\text{s.t.}\begin{cases} x_1 + x_2 \leqslant 8 \\ 4x_1 + x_2 \leqslant 24 \\ x_2 \leqslant 4 \\ x_1, x_2 \geqslant 0 \end{cases}$$

请结合单纯形法，探讨当参数 c 在什么范围内取值时，最优解分别在可行域的 A、B、C、D 点处获得？

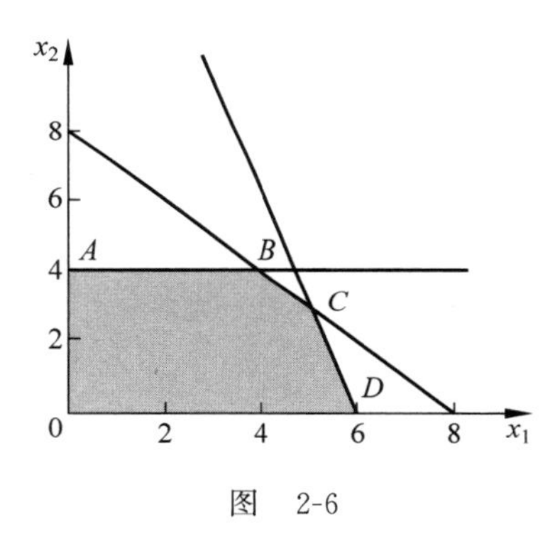

图　2-6

解　如表 2-7 所示。

表　2-7

	$A(0,4)$	$B(4,4)$	$C\left(\frac{16}{3},\frac{8}{3}\right)$	$D(6,0)$	$O(0,0)$
$z=x_1+cx_2$	$4c$	$4+4c$	$\frac{16}{3}+\frac{8c}{3}$	6	0

由于 $4+4c>4c$，$6>0$

只需比较 $4+4c$，$\frac{16}{3}+\frac{8}{3}c$ 与 6 的大小关系。

当 $c<\frac{1}{4}$ 时，在 D 点取得

当 $c=\frac{1}{4}$ 时，在 CD 线段上取得

当 $\frac{1}{4}<c<\frac{1}{2}$ 时，在 C 点取得

当 $c=\frac{1}{2}$ 时，在 BC 线段上取得

当 $c>\frac{1}{2}$ 时，在 B 点取得。

2.6 分别用单纯形法中的大 M 法和两阶段法求解下述线性规划问题，并指出属哪一类解。

(1) $\max z=2x_1+3x_2-5x_3$

$$\begin{cases} x_1+x_2+x_3=7 \\ 2x_1-5x_2+x_3\geqslant 10 \\ x_1,x_2,x_3\geqslant 0 \end{cases}$$

(2) $\max z=10x_1+15x_2+12x_3$

$$\begin{cases} 5x_1+3x_2+x_3\leqslant 9 \\ -5x_1+6x_2+15x_3\leqslant 15 \\ 2x_1+x_2+x_3\geqslant 5 \\ x_1,x_2,x_3\geqslant 0 \end{cases}$$

解 (1) 解法一：大 M 法

将上述问题化为标准型，并加入人工变量，得

$$\max z=2x_1+3x_2-5x_3-Mx_4+0\cdot x_5-Mx_6$$

$$\text{s. t.}\begin{cases} x_1+x_2+x_3+x_4=7 \\ 2x_1-5x_2+x_3-x_5+x_6=10 \\ x_1,x_2,x_3,x_4,x_5,x_6\geqslant 0 \end{cases}$$

其中，M 是一个任意大的正数。

对于此线性规划问题，用单纯形表进行计算，见表 2-8。

表 2-8

c_j			2	3	-5	$-M$	0	$-M$	θ_i
C_B	X_B	b	x_1	x_2	x_3	x_4	x_5	x_6	
$-M$	x_4	7	1	1	1	1	0	0	7
$-M$	x_6	10	[2]	-5	1	0	-1	1	5
$-z$		$17M$	$3M+2$	$3-4M$	$2M-5$	0	$-M$	0	
$-M$	x_4	2	0	$\left[\frac{7}{2}\right]$	$\frac{1}{2}$	1	$\frac{1}{2}$	$-\frac{1}{2}$	$\frac{4}{7}$
2	x_1	5	1	$-\frac{5}{2}$	$\frac{1}{2}$	0	$-\frac{1}{2}$	$\frac{1}{2}$	—
$-z$		$2M-10$	0	$\frac{7}{2}M+8$	$\frac{1}{2}M-6$	0	$\frac{1}{2}M+1$	$-\frac{3}{2}M-1$	
3	x_2	$\frac{4}{7}$	0	1	$\frac{1}{7}$	$\frac{2}{7}$	$\frac{1}{7}$	$-\frac{1}{7}$	
2	x_1	$\frac{45}{7}$	1	0	$\frac{6}{7}$	$\frac{5}{7}$	$-\frac{1}{7}$	$\frac{1}{7}$	
$-z$		$-\frac{102}{7}$	0	0	$-\frac{50}{7}$	$-M-\frac{16}{7}$	$-\frac{1}{7}$	$-M+\frac{1}{7}$	

由表 2-8 可得，此线性规划问题的最优解

$$\boldsymbol{X}^*=\left(\frac{45}{7},\frac{4}{7},0,0,0,0\right)^{\mathrm{T}}$$

目标函数最优值　　　　$\max z=\frac{102}{7}$

此线性规划问题有唯一最优解。

解法二：两阶段法

第一阶段的数学模型为

$$\min w=x_4+x_6$$
$$\text{s.t.}\begin{cases}x_1+x_2+x_3+x_4=7\\2x_1-5x_2+x_3-x_5+x_6=10\\x_1,x_2,x_3,x_4,x_5,x_6\geqslant 0\end{cases}$$

对于此线性规划问题用单纯形表进行计算，见表 2-9。

表　2-9

c_j			0	0	0	1	0	1	θ_i
$\boldsymbol{C}_B$	$\boldsymbol{X}_B$	$\boldsymbol{b}$	x_1	x_2	x_3	x_4	x_5	x_6	
1	x_4	7	1	1	1	1	0	0	7
1	x_6	10	[2]	-5	1	0	-1	1	5
$-w$		-17	-3	4	-2	0	1	0	
1	x_4	2	0	$\left[\frac{7}{2}\right]$	$\frac{1}{2}$	1	$\frac{1}{2}$	$-\frac{1}{2}$	$\frac{4}{7}$
0	x_1	5	1	$-\frac{5}{2}$	$\frac{1}{2}$	0	$-\frac{1}{2}$	$\frac{1}{2}$	—
$-w$		-2	0	$-\frac{7}{2}$	$-\frac{1}{2}$	0	$-\frac{1}{2}$	$\frac{3}{2}$	
0	x_2	$\frac{4}{7}$	0	1	$\frac{1}{7}$	$\frac{2}{7}$	$\frac{1}{7}$	$-\frac{1}{7}$	
0	x_1	$\frac{45}{7}$	1	0	$\frac{6}{7}$	$\frac{5}{7}$	$-\frac{1}{7}$	$\frac{1}{7}$	
$-w$		0	0	0	0	1	0	1	

由表 2-9 可得：第一阶段的最优解

$$\boldsymbol{X}^*=\left(\frac{45}{7},\frac{4}{7},0,0,0,0\right)^{\mathrm{T}}$$

为原线性规划问题的基本可行解。

目标函数的最优值　　　　$\min w=0$

第二阶段单纯形表，见表 2-10。

表　2-10

c_j			2	3	-5	0	θ_i
$\boldsymbol{C}_B$	$\boldsymbol{X}_B$	$\boldsymbol{b}$	x_1	x_2	x_3	x_5	
3	x_2	$\frac{4}{7}$	0	1	$\frac{1}{7}$	$\frac{1}{7}$	
2	x_1	$\frac{45}{7}$	1	0	$\frac{6}{7}$	$-\frac{1}{7}$	
$-z$		$-\frac{102}{7}$	0	0	$-\frac{50}{7}$	$-\frac{1}{7}$	

由表 2-10 可得原线性规划问题的最优解

$$X^* = \left(\frac{45}{7}, \frac{4}{7}, 0, 0, 0, 0\right)^T$$

目标函数最优值 $\max z = \frac{102}{7}$

此线性规划问题具有唯一最优解。

解（2） 解法一：大 M 法

将上述问题化为标准型，并加入人工变量，得

$$\max z = 10x_1 + 15x_2 + 12x_3 + 0 \cdot x_4 + 0 \cdot x_5 + 0 \cdot x_6 - Mx_7$$

$$\text{s.t.}\begin{cases} 5x_1 + 3x_2 + x_3 + x_4 = 9 \\ -5x_1 + 6x_2 + 15x_3 + x_5 = 15 \\ 2x_1 + x_2 + x_3 - x_6 + x_7 = 5 \\ x_1, x_2, x_3, x_4, x_5, x_6, x_7 \geqslant 0 \end{cases}$$

其中 M 是一个任意大的正数。

对于此线性规划问题，用单纯形表进行计算，见表 2-11。

表 2-11

c_j			10	15	12	0	0	0	$-M$	θ_i
$\boldsymbol{C}_B$	$\boldsymbol{X}_B$	$\boldsymbol{b}$	x_1	x_2	x_3	x_4	x_5	x_6	x_7	
0	x_4	9	[5]	3	1	1	0	0	0	$\frac{9}{5}$
0	x_5	15	-5	6	15	0	1	0	0	—
$-M$	x_7	5	2	1	1	0	0	-1	1	$\frac{5}{2}$
$-z$		$5M$	$2M+10$	$M+15$	$M+12$	0	0	$-M$	0	
10	x_1	$\frac{9}{5}$	1	$\frac{3}{5}$	$\frac{1}{5}$	$\frac{1}{5}$	0	0	0	9
0	x_5	24	0	9	[16]	1	1	0	0	$\frac{3}{2}$
$-M$	x_7	$\frac{7}{5}$	0	$-\frac{1}{5}$	$\frac{3}{5}$	$-\frac{2}{5}$	0	-1	1	$\frac{7}{3}$
$-z$		$\frac{7}{5}M-18$	0	$9-\frac{1}{5}M$	$\frac{3}{5}M+10$	$-\frac{2}{5}M-2$	0	$-M$	0	
10	x_1	$\frac{3}{2}$	1	$\frac{39}{80}$	0	$\frac{3}{16}$	$-\frac{1}{80}$	0	0	
12	x_3	$\frac{3}{2}$	0	$\frac{9}{16}$	1	$\frac{1}{16}$	$\frac{1}{16}$	0	0	
$-M$	x_7	$\frac{1}{2}$	0	$-\frac{43}{80}$	0	$-\frac{7}{16}$	$-\frac{3}{80}$	-1	1	
$-z$		$\frac{M}{2}-33$	0	$\frac{27}{8}-\frac{43}{80}M$	0	$-\frac{21}{8}-\frac{7}{16}M$	$-\frac{5}{8}-\frac{3}{8}M$	$-M$	0	

由表 2-11 可得：

所有的非基变量的检验数均为负，而存在人工变量 $x_7 = \frac{1}{2}$。所以原线性规划问题无可行解。

解法二：两阶段法

第一阶段的数学模型为

$$\min w = x_7$$

$$\text{s. t.}\begin{cases}5x_1+3x_2+x_3+x_4=9\\-5x_1+6x_2+15x_3+x_5=15\\2x_1+x_2+x_3-x_6+x_7=5\\x_1,x_2,x_3,x_4,x_5,x_6,x_7\geqslant 0\end{cases}$$

对于此线性规划问题，用单纯形表进行计算，见表 2-12。

表 2-12

c_j			0	0	0	0	0	0	1	θ_i
$\boldsymbol{C}_B$	$\boldsymbol{X}_B$	$\boldsymbol{b}$	x_1	x_2	x_3	x_4	x_5	x_6	x_7	
0	x_4	9	[5]	3	1	1	0	0	0	$\frac{9}{5}$
0	x_5	15	-5	6	15	0	1	0	0	—
1	x_7	5	2	1	1	0	0	-1	1	$\frac{5}{2}$
$-w$		-5	-2	-1	-1	0	0	1	0	
0	x_1	$\frac{9}{5}$	1	$\frac{3}{5}$	$\frac{1}{5}$	$\frac{1}{5}$	0	0	0	9
0	x_5	24	0	9	[16]	1	1	0	0	$\frac{3}{2}$
1	x_7	$\frac{7}{5}$	0	$-\frac{1}{5}$	$\frac{3}{5}$	$-\frac{2}{5}$	0	-1	1	$\frac{7}{3}$
$-w$		$-\frac{7}{5}$	0	$\frac{1}{5}$	$-\frac{3}{5}$	$\frac{2}{5}$	0	1	0	
0	x_1	$\frac{3}{2}$	1	$\frac{39}{80}$	0	$\frac{3}{16}$	$-\frac{1}{80}$	0	0	
0	x_3	$\frac{3}{2}$	0	$\frac{9}{16}$	1	$\frac{1}{16}$	$\frac{1}{16}$	0	0	0
1	x_7	$\frac{1}{2}$	0	$-\frac{43}{80}$	0	$-\frac{7}{16}$	$-\frac{3}{80}$	-1	1	
$-w$		$-\frac{1}{2}$	0	$\frac{43}{80}$	0	$\frac{7}{16}$	$\frac{3}{80}$	1	0	

由表 2-12 可得：所有的非基变量的检验数均为正。而存在人工变量 $x_7=\frac{1}{2}$。所以原线性规划问题无可行解。

2.7 求下述线性规划问题目标函数 z 的上界 $\bar{z}^*$ 和下界 $\underline{z}^*$

$$\max z = c_1x_1+c_2x_2$$

$$\begin{cases}a_{11}x_1+a_{12}x_2\leqslant b_1\\a_{21}x_1+a_{22}x_2\leqslant b_2\\x_1,x_2\geqslant 0\end{cases}$$

其中：$1\leqslant c_1\leqslant 3, 4\leqslant c_2\leqslant 6, 8\leqslant b_1\leqslant 12, 10\leqslant b_2\leqslant 14, -1\leqslant a_{11}\leqslant 3, 2\leqslant a_{12}\leqslant 5, 2\leqslant a_{21}\leqslant$

4，$4\leqslant a_{22}\leqslant 6$。

解 z 的上界 $\bar{z}^*$ 可由如下的线性规划模型求得

$$\max z=3x_1+6x_2$$
$$\begin{cases}-x_1+2x_2\leqslant 12\\2x_1+4x_2\leqslant 14\\x_1,x_2\geqslant 0\end{cases}$$

加入松弛变量 x_3,x_4，得到该线性规划问题的标准型

$$\max z=3x_1+6x_2+0\cdot x_3+0\cdot x_4$$
$$\begin{cases}-x_1+2x_2+x_3=12\\x_1+2x_2+x_4=7\\x_1,x_2,x_3,x_4\geqslant 0\end{cases}$$

计算结果如表 2-13 所示。

表 2-13

c_j			3	6	0	0	θ_i
$\boldsymbol{C}_B$	$\boldsymbol{X}_B$	$\boldsymbol{b}$	x_1	x_2	x_3	x_4	
0	x_3	12	−1	2	1	0	6
0	x_4	7	1	2	0	1	$\frac{7}{2}$
c_j-z_j			3	6	0	0	
0	x_3	5	−2	0	1	−1	
6	x_2	$\frac{7}{2}$	$\frac{1}{2}$	1	0	$\frac{1}{2}$	
c_j-z_j			0	0	0	−3	

由表 2-13 可知，最优解 $\boldsymbol{X}^*=\left(0,\frac{7}{2},5,0\right)^{\mathrm{T}}$，目标函数 z 的上界 $\bar{z}^*=6\times\frac{7}{2}=21$。由于存在非基变量检验数 $\sigma=0$，故该线性规划问题有无穷多最优解。

z 的下界 $\underline{z}^*$，可由如下的线性规划模型得到

$$\max z=x_1+4x_2$$
$$\begin{cases}3x_1+5x_2\leqslant 8\\4x_1+6x_2\leqslant 10\\x_1,x_2\geqslant 0\end{cases}$$

加入松弛变量 x_3,x_4，可以得到该线性规划问题的标准型

$$\max z=x_1+4x_2+0\cdot x_3+0\cdot x_4$$
$$\begin{cases}3x_1+5x_2+x_3=8\\2x_1+3x_2+x_4=5\\x_1,x_2,x_3,x_4\geqslant 0\end{cases}$$

计算结果如表 2-14 所示。

表 2-14

c_j			1	4	0	0	θ_i
$\boldsymbol{C}_B$	$\boldsymbol{X}_B$	$\boldsymbol{b}$	x_1	x_2	x_3	x_4	
0	x_3	8	3	5	1	0	$\frac{8}{5}$
0	x_4	5	2	3	0	1	$\frac{5}{3}$
c_j-z_j			1	4	0	0	
4	x_2	$\frac{8}{5}$	$\frac{3}{5}$	1	$\frac{1}{5}$	0	
0	x_4	$\frac{1}{5}$	$\frac{1}{5}$	0	$-\frac{3}{5}$	1	
c_j-z_j			$-\frac{7}{5}$	0	$-\frac{4}{5}$	0	

由表 2-14 可知，最优解为 $\boldsymbol{X}^*=\left(0,\frac{8}{5},0,\frac{1}{5}\right)^{\mathrm{T}}$，目标函数 z 的下界 $\underline{z}^*=0+4\times\frac{8}{5}=\frac{32}{5}$。

2.8 表 2-15 是某求极大化线性规划问题计算得到的单纯形表。表中无人工变量，a_1，a_2，a_3，d，c_1，c_2 为待定常数。试说明这些常数分别取何值时，以下结论成立。

(1) 表中解为唯一最优解；

(2) 表中解为最优解，但存在无穷多最优解；

(3) 该线性规划问题具有无界解；

(4) 表中解非最优，为对解改进，当换入变量为 x_1，换出变量为 x_6。

表 2-15

基	$\boldsymbol{b}$	x_1	x_2	x_3	x_4	x_5	x_6
x_3	d	4	a_1	1	0	a_2	0
x_4	2	-1	-3	0	1	-1	0
x_6	3	a_3	-5	0	0	-4	1
c_j-z_j		c_1	c_2	0	0	-3	0

解 (1) 当解为唯一最优解时，必有 $d\geqslant0$，$c_1<0$，$c_2<0$。

(2) 当解为最优解，但存在无穷多最优解时，必有 $d\geqslant0$，$c_1\leqslant0$，$c_2=0$ 或 $d\geqslant0$，$c_1=0$，$c_2\leqslant0$。

(3) 当该问题为无界解时，必有 $d\geqslant0$，$c_1\leqslant0$，$c_2>0$ 且 $a_1\leqslant0$。

(4) 当解为非最优，为对解进行改进，当换入变量为 x_1，换出变量为 x_6，必有 $d\geqslant0$，$c_1>0$，且 $c_1\geqslant c_2$，$a_3>0$，$\frac{3}{a_3}<\frac{d}{4}$。

2.9 某昼夜服务的公交线路每天各时间段内所需司机和乘务人员数如下：

班次	时　间	所需人数
1	6：00 — 10：00	60
2	10：00 — 14：00	70
3	14：00 — 18：00	60

4	18：00 — 22：00	50
5	22：00 — 2：00	20
6	2：00 — 6：00	30

设司机和乘务人员分别在各时间区段一开始时上班，并连续工作八小时，问该公交线路至少配备多少名司机和乘务人员。列出这个问题的线性规划模型。

解 设 $x_k(k=1,2,3,4,5,6)$ 表示 x_k 名司机和乘务人员第 k 班次开始上班。由题意，有

$$\min z = x_1 + x_2 + x_3 + x_4 + x_5 + x_6$$

$$\text{s.t.}\begin{cases} x_6 + x_1 \geqslant 60 \\ x_1 + x_2 \geqslant 70 \\ x_2 + x_3 \geqslant 60 \\ x_3 + x_4 \geqslant 50 \\ x_4 + x_5 \geqslant 20 \\ x_5 + x_6 \geqslant 30 \\ x_1, x_2, x_3, x_4, x_5, x_6 \geqslant 0 \end{cases}$$

2.10 某糖果厂用原料 A、B、C 加工成三种不同牌号的糖果甲、乙、丙。已知各种牌号糖果中 A、B、C 含量，原料成本，各种原料的每月限制用量，三种牌号糖果的单位加工费及售价如表 2-16 所示。

表 2-16

	甲	乙	丙	原料成本（元/千克）	每月限制用量（千克）
A	≥60%	≥15%		2.00	2 000
B				1.50	2 500
C	≤20%	≤60%	≤50%	1.00	1 200
加工费（元/千克）	0.50	0.40	0.30		
售 价	3.40	2.85	2.25		

问该厂每月应生产这三种牌号糖果各多少千克，使该厂获利最大？试建立这个问题的线性规划的数学模型。

解 设 x_1, x_2, x_3 分别为甲糖果中 A, B, C 的成分；x_4, x_5, x_6 分别为乙糖果中 A, B, C 的成分；x_7, x_8, x_9 分别为丙糖果中 A, B, C 的成分。由题意，有

$$\begin{aligned} \max z = & (3.40 - 0.50) \times (x_1 + x_2 + x_3) + (2.85 - 0.40) \times (x_4 + x_5 + x_6) + \\ & (2.25 - 0.30) \times (x_7 + x_8 + x_9) - 2.00 \times (x_1 + x_4 + x_7) - \\ & 1.50 \times (x_2 + x_5 + x_8) - 1.00 \times (x_3 + x_6 + x_9) \end{aligned}$$

$$
\text{s.t.}\begin{cases}
\dfrac{x_1}{x_1+x_2+x_3} \geqslant 0.6 \\
\dfrac{x_3}{x_1+x_2+x_3} \leqslant 0.2 \\
\dfrac{x_4}{x_4+x_5+x_6} \geqslant 0.15 \\
\dfrac{x_6}{x_4+x_5+x_6} \leqslant 0.6 \\
\dfrac{x_9}{x_7+x_8+x_9} \leqslant 0.5 \\
x_1+x_4+x_7 \leqslant 2\,000 \\
x_2+x_5+x_8 \leqslant 2\,500 \\
x_3+x_6+x_9 \leqslant 1\,200 \\
x_1,x_2,x_3,x_4,x_5,x_6,x_7,x_8,x_9 \geqslant 0
\end{cases}
$$

对上式进行整理得到所求问题的线性规划模型：

$$
\max z = 0.9x_1+1.4x_2+1.9x_3+0.45x_4+0.95x_5+1.45x_6-0.05x_7+0.45x_8+0.95x_9
$$

$$
\text{s.t.}\begin{cases}
-0.4x_1+0.6x_2+0.6x_3 \leqslant 0 \\
-0.2x_1-0.2x_2+0.8x_3 \leqslant 0 \\
-0.85x_4+0.15x_5+0.15x_6 \leqslant 0 \\
-0.6x_4-0.6x_5+0.4x_6 \leqslant 0 \\
-0.5x_7-0.5x_8+0.5x_9 \leqslant 0 \\
x_1+x_4+x_7 \leqslant 2\,000 \\
x_2+x_5+x_8 \leqslant 2\,500 \\
x_3+x_6+x_9 \leqslant 1\,200 \\
x_1,x_2,x_3,x_4,x_5,x_6,x_7,x_8,x_9 \geqslant 0
\end{cases}
$$

2.11 某厂生产三种产品Ⅰ,Ⅱ,Ⅲ。每种产品要经过 A,B 两道工序加工。设该厂有两种规格的设备能完成 A 工序,它们以 A_1,A_2 表示；有三种规格的设备能完成 B 工序,它们以 B_1,B_2,B_3 表示。产品Ⅰ可在 A,B 任何一种规格设备上加工。产品Ⅱ可在任何规格的 A 设备上加工,但完成 B 工序时,只能在 B_1 设备上加工；产品Ⅲ只能在 A_2 与 B_2 设备上加工。已知在各种机床设备的单件工时,原材料费,产品销售价格,各种设备有效台时以及满负荷操作时机床设备的费用如下表(表 2-17),要求安排最优的生产计划,使该厂利润最大。

表 2-17

设备	产品			设备有效台时	满负荷时的设备费用(元)
	Ⅰ	Ⅱ	Ⅲ		
A_1	5	10		6 000	300
A_2	7	9	12	10 000	321
B_1	6	8		4 000	250
B_2	4		11	7 000	783
B_3	7			4 000	200
原料费(元/件)	0.25	0.35	0.50		
单　价(元/件)	1.25	2.00	2.80		

解　对产品Ⅰ来说,设以 A_1,A_2 完成 A 工序的产品分别为 x_1,x_2 件,转入 B 工序时,以 B_1,B_2,B_3 完成 B 工序的产品分别为 x_3,x_4,x_5 件;对产品Ⅱ来说,设以 A_1,A_2 完成 A 工序的产品分别为 x_6,x_7 件,转入 B 工序时,以 B_1 完成 B 工序的产品为 x_8 件;对产品Ⅲ来说,设以 A_2 完成 A 工序的产品为 x_9 件,则以 B_2 完成 B 工序的产品也为 x_9 件。由上述条件可得

$$x_1+x_2=x_3+x_4+x_5$$
$$x_6+x_7=x_8$$

由题目所给的数据可得到解此问题的数学模型为

$$\begin{aligned}\max z=&(1.25-0.25)\times(x_1+x_2)+(2-0.35)\times(x_6+x_7)+\\&(2.8-0.5)\times x_9-\frac{300}{6\,000}\times(5x_1+10x_6)-\\&\frac{321}{10\,000}\times(7x_2+9x_7+12x_9)-\frac{250}{4\,000}\times(6x_3+8x_8)-\\&\frac{783}{7\,000}\times(4x_4+11x_9)-\frac{200}{4\,000}\times 7x_5\end{aligned}$$

$$\text{s.t.}\begin{cases}5x_1+10x_6\leqslant 6\,000\\7x_2+9x_7+12x_9\leqslant 10\,000\\6x_3+8x_8\leqslant 4\,000\\4x_4+11x_9\leqslant 7\,000\\7x_5\leqslant 4\,000\\x_1+x_2=x_3+x_4+x_5\\x_6+x_7=x_8\\x_1,x_2,x_3,x_4,x_5,x_6,x_7,x_8,x_9\geqslant 0\end{cases}$$

解之得最优解为 $\boldsymbol{X}^*=(1\,200,230,0,859,571,0,500,500,324)^{\mathrm{T}}$。最优值为 1 147 元。

2.12　考虑某玩具厂现金流的管理问题。已知该玩具厂未来一年每月都有需要支出的应付账款,同时也会回收应收账款;相关数据如表 2-18 所示。

表　2-18

月份	1	2	3	4	5	6	7	8	9	10	11	12
应付账款	10	8	5	6	10	12	20	4	5	4	3	2
应收账款	5	6	4	8	6	18	6	6	3	2	18	20

为了应付现金流的需求，该厂可能需要借助于银行借款。有两种方式：(1)为期一年的长期借款，即于上一年年末借一年期贷款，一次得到全部贷款额，从下一年度1月起每月末偿还1%的利息，于12月底偿还本金和最后一期；(2)为期一个月的短期借款，即可以每月初获得短期贷款，于当月底偿还本金和利息，假设月利率为1.4%。当该厂有多余现金时，也可以以短期存款的方式获取部分利息收入。假设该厂只能每月初存入，月末取出，月息0.4%。

请构建规划问题帮助玩具厂管理现金流。请问玩具厂最少需要花费的财务成本是多少？在最乐观的情况下，玩具厂最少需要花费的财务成本是多少？

解　定义如下决策变量

x：为期一年的长期借款金额

y_i：第 i 月初的短期借款金额，$i=1,2,\cdots,12$。

s_i：第 i 月初的短期存款金额，$i=1,2,\cdots,12$。

目标函数为追求一年长期借款金额与12个月的短期借款金额之和最小。

$$\min z = x + y_1 + y_2 + \cdots + y_{12}$$

约束条件为

1月初：$x + y_1 - s_1 = 10 - 5$

2月初：$-0.01x - 1.014y_1 + 1.004s_1 + y_2 - s_2 = 8 - 6$

3月初：$-0.01x - 1.014y_2 + 1.004s_2 + y_3 - s_3 = 5 - 4$

4月初：$-0.01x - 1.014y_3 + 1.004s_3 + y_4 - s_4 = 6 - 8$

5月初：$-0.01x - 1.014y_4 + 1.004s_4 + y_5 - s_5 = 10 - 6$

6月初：$-0.01x - 1.014y_5 + 1.004s_5 + y_6 - s_6 = 12 - 18$

7月初：$-0.01x - 1.014y_6 + 1.004s_6 + y_7 - s_7 = 20 - 6$

8月初：$-0.01x - 1.014y_7 + 1.004s_7 + y_8 - s_8 = 4 - 6$

9月初：$-0.01x - 1.014y_8 + 1.004s_8 + y_9 - s_9 = 5 - 3$

10月初：$-0.01x - 1.014y_9 + 1.004s_9 + y_{10} - s_{10} = 4 - 2$

11月初：$-0.01x - 1.014y_{10} + 1.004s_{10} + y_{11} - s_{11} = 3 - 18$

12月初：$-0.01x - 1.014y_{11} + 1.004s_{11} + y_{12} - s_{12} = 2 - 20$

加上非负约束：$x \geqslant 0, y_i \geqslant 0, s_i \geqslant 0, i=1,2,\cdots,12$。

2.13　考虑某资源配置问题：

$$\max z = 70x_1 + 120x_2$$

$$\text{s.t.}\begin{cases} \text{资源 1：} 9x_1 + 4x_2 + x_3 = 360 \\ \text{资源 2：} 4x_1 + 5x_2 + x_4 = 200 \\ \text{资源 3：} 3x_1 + 10x_2 + x_5 = 300 \\ \text{非负性：} x_1, x_2, x_3, x_4, x_5 \geqslant 0 \end{cases}$$

其中，x_1 表示产品 A 的产量，x_2 表示产品 B 的产量。通过单纯形表计算得到的最终结果如表 2-19 所示。

表　2-19

	$c_j \to$		70	120	0	0	0	
C_B	基	b	x_1	x_2	x_3	x_4	x_5	θ_i
0	x_3	84	0	0	1	$-78/25$	$29/25$	
70	x_1	20	1	0	0	$2/5$	$-1/5$	
120	x_2	24	0	1	0	$-3/25$	$4/25$	
	4280		0	0	0	-13.6	-5.2	

请在上述表格的基础上回答如下问题：

(1) 产品 B 的单位利润有可能发生变化，请问它在什么范围内变化时，最优解保持不变？

(2) 上述结果表明资源 2 和资源 3 是瓶颈资源。假设可以以 10 元的单位价格购买部分资源 2，请问购买资源 2 是否划算？如果划算，最多可以购买多少单位的资源 2？

解　(1) 由于 c_2 是基变量 x_2 的系数，因此，当 c_2 改变量，将影响所有的检验数，因此，需要重新计算检验数。

可以采用在单纯形表中计算检验数的方法，在上表中用 c_2 代表 x_2 在目标中的系数，则可得表 2-20。

表　2-20

	c_j		70	120	0	0	0	
C_B	基	b	x_1	x_2	x_3	x_4	x_5	Q_i
0	x_3	84	0	0	1	$-\frac{28}{25}$	$\frac{29}{25}$	
70	x_1	20	1	0	0	$\frac{2}{5}$	$-\frac{1}{5}$	
c_2	x_2	24	0	1	0	$-\frac{3}{25}$	$\frac{4}{25}$	
	4280		0	$120-c_2$	0	$-\frac{140}{5}+\frac{3}{25}c_2$	$\frac{70}{5}-\frac{4c_2}{25}$	

$$
\text{则由}\begin{cases}120-c_2\leqslant 0\\ -\frac{140}{5}+\frac{3}{25}c_2\leqslant 0\\ \frac{70}{5}-\frac{4}{25}c_2\leqslant 0\end{cases}\quad \text{则}\begin{cases}c_2\geqslant 120\\ c_2\leqslant\frac{700}{3}\\ c_2\geqslant\frac{350}{4}\end{cases}\quad 120\leqslant c_2\leqslant\frac{700}{3}
$$

因此当产品 B 的单位利润在 $\left[120,\frac{700}{3}\right]$ 时，最优解不变。

(2) 假设原材料 B 的可用量变为 $200+\lambda$，保持基变量为 (x_3, x_1, x_2) 时，基变量的取值为

$$\begin{bmatrix}x_3\\x_1\\x_2\end{bmatrix}=\begin{bmatrix}84\\20\\24\end{bmatrix}+\mathrm{B}^{-1}\Delta b=\begin{bmatrix}84\\20\\24\end{bmatrix}+\begin{bmatrix}1&-\frac{78}{25}&\frac{29}{25}\\0&\frac{2}{5}&-\frac{1}{5}\\0&-\frac{3}{25}&\frac{4}{25}\end{bmatrix}\begin{bmatrix}0\\\lambda\\0\end{bmatrix}$$

$$=\begin{bmatrix}84\\20\\24\end{bmatrix}+\begin{bmatrix}-\frac{78}{25}\lambda\\\frac{2}{5}\lambda\\-\frac{3}{25}\lambda\end{bmatrix}=\begin{bmatrix}84-\frac{78}{25}\lambda\\20+\frac{2}{5}\lambda\\24-\frac{3}{25}\lambda\end{bmatrix}$$

要保持最优基不变，只需满足所有基变量的取值为非负即可

$$\begin{cases}84-\frac{78}{25}\lambda>0\\20+\frac{2}{5}\lambda>0\\24-\frac{3}{25}\lambda>0\end{cases}$$

即$-50<\lambda<26.9$

故最多可以购买 26.9 单位的资料 2。

【典型例题精解】

1. 用单纯形法求解下列线性规划问题：

$$\max z=2x_1+x_2$$

$$\text{s.t.}\begin{cases}5x_2\leqslant 15\\6x_1+2x_2\leqslant 24\\x_1+x_2\leqslant 5\\x_1,x_2\geqslant 0\end{cases}$$

解　化为标准型

$$\max z=2x_1+x_2+0\cdot x_3+0\cdot x_4+0\cdot x_5$$

$$\text{s.t.}\begin{cases}5x_2+x_3=15\\6x_1+2x_2+x_4=24\\x_1+x_2+x_5=5\\x_1,x_2,x_3,x_4,x_5\geqslant 0\end{cases}$$

单纯形法迭代如表 2-21 所示。

表 2-21

$c_j\to$			2	1	0	0	0	θ_i
C_B	X_B	b	x_1	x_2	x_3	x_4	x_5	
0	x_3	15	0	5	1	0	0	—
0	x_4	24	[6]	2	0	1	0	4
0	x_5	5	1	1	0	0	1	5
$-z$		0	-2	-1	0	0	0	
0	x_3	15	0	5	1	0	0	3
2	x_1	4	1	$\frac{1}{3}$	0	$\frac{1}{6}$	0	12
0	x_5	1	0	$\left[\frac{2}{3}\right]$	0	$-\frac{1}{6}$	1	$\frac{3}{2}$
z		8	0	$-\frac{1}{3}$	0	$\frac{1}{3}$	0	
0	x_3	$\frac{15}{2}$	0	0	1	$\frac{5}{4}$	$-\frac{15}{2}$	
2	x_1	$\frac{7}{2}$	1	0	0	$\frac{1}{4}$	$-\frac{1}{2}$	
1	x_2	$\frac{3}{2}$	0	1	0	$-\frac{1}{4}$	$\frac{3}{2}$	
$-z$		$-\frac{17}{2}$	0	0	0	$\frac{1}{4}$	$\frac{1}{2}$	

得到最优解 $\boldsymbol{X}^*=\left(\frac{7}{2},\frac{3}{2}\right)^{\mathrm{T}}$，目标函数值 $z^*=\frac{17}{2}$。

2. 对于线性规划问题：

$$\min z=2x_1-x_2+2x_3$$

$$\text{s.t.}\begin{cases}-x_1+x_2+x_3=4\\-x_1+x_2-x_3\leqslant 6\\x_1\leqslant 0,x_2\geqslant 0,x_3\ \text{无约束}\end{cases}$$

(1) 用二阶段法求解。

(2) 用大 M 法求解。

解 首先化为标准型：

令 $x_1'=-x_1,x_3=x_3'-x_3''$，加入松弛变量 x_4 得

$$\min z=-2x_1'-x_2+2x_3'-2x_3''$$

$$(\text{LP})\text{s.t.}\begin{cases}x_1'+x_2+x_3'-x_3''=4\\x_1'+x_2-x_3'+x_3''+x_4=6\\x_j,x_j',x_j''\geqslant 0\end{cases}$$

(1) 用二阶段法求解

引进人工变量 x_5 构造辅助问题(LP′)

$$\min w=x_5$$

$$(\text{LP}')\text{s.t.}\begin{cases}x_1'+x_2+x_3'-x_3''+x_5=4\\x_1'+x_2-x_3'+x_3''+x_4=6\\x_j,x_j',x_j''\geqslant 0,\text{其中}\ x_5\ \text{为人工变量}\end{cases}$$

第一阶段：求解辅助问题(LP′)见表 2-22。

表　2-22

$c_j \to$			0	0	0	0	0	1	θ_i
C_B	X_B	b	x'_1	x_2	x'_3	x''_3	x_4	x_5	
1	x_5	4	[1]	1	1	−1	0	1	4
0	x_4	6	1	1	−1	1	1	0	6
w		4	−1	−1	−1	1	0	0	
0	x'_1	4	1	1	1	−1	0	1	
0	x_4	2	0	0	−2	2	1	−1	
w		0	0	0	0	0	0	1	

第二阶段：删除人工变量和人工目标函数，添入原问题目标函数，求解原问题(LP)，见表 2-23。

表　2-23

$c_j \to$			−2	−1	2	−2	0	θ_i
C_B	X_B	b	x'_1	x_2	x'_3	x''_3	x_4	
−2	x'_1	4	1	1	1	−1	0	—
0	x_4	2	0	0	−2	[2]	1	1
$-z$		−8	0	1	4	−4	0	
−2	x'_1	5	1	1	0	0	$\frac{1}{2}$	
−2	x''_3	1	0	0	−1	1	$\frac{1}{2}$	
$-z$		12	0	1	0	0	2	

因此，该线性规划问题的最优解$(x_1, x_2, x_3)^{\mathrm{T}}=(-5,0,-1)^{\mathrm{T}}$，目标函数值 $z^*=-12$。

(2) 用大 M 法求解

添加人工变量 x_5 后，原问题(LP)化为

$$\min z=-2x'_1-x_2+2x'_3-2x''_3+Mx_5+0\cdot x_4$$

$$\text{s. t.}\begin{cases}x'_1+x_2+x'_3-x''_3+x_5=4\\x'_1+x_2-x'_3+x''_3+x_4=6\\x_j, x'_j, x''_j\geqslant 0\end{cases}$$

上述问题求解迭代过程如表 2-24 所示。

表　2-24

$c_j \to$			−2	−1	2	−2	0	M	θ_i
C_B	X_B	b	x'_1	x_2	x'_3	x''_3	x_4	x_5	
M	x_5	4	[1]	1	1	−1	0	1	4
0	x_4	6	1	1	−1	1	1	0	6
$-z$		$-4M$	$-M-2$	$-M-1$	$-M+2$	$-M-2$	0	0	

续表

$c_j\rightarrow$			-2	-1	2	-2	0	M	θ_i
C_B	X_B	b	x_1'	x_2	x_3'	x_3''	x_4	x_5	
-2	x_1'	4	1	1	1	-1	0	1	—
0	x_4	2	0	0	-2	[2]	1	-1	1
z		8	0	2	4	-4	0	$-M+2$	
-2	x_1'	5	1	1	0	0	$\frac{1}{2}$	$\frac{1}{2}$	
-2	x_3''	1	0	0	-1	1	$\frac{1}{2}$	$-\frac{1}{2}$	
$-z$		12	0	1	0	0	2	M	

最优解为 $\boldsymbol{X}^*=(-5,0,-1)^{\mathrm{T}}$，目标函数值为 $z^*=-12$。

3. 用单纯形法求解：

$$\max z=2x_1+3x_2+x_3$$

$$\text{s. t.}\begin{cases}\frac{1}{3}x_1+\frac{2}{3}x_2+\frac{1}{3}x_3\leqslant 1\\ \frac{1}{3}x_1+\frac{4}{3}x_2+\frac{7}{3}x_3\leqslant 3\\ x_1,x_2,x_3\geqslant 0\end{cases}$$

解 首先将该问题化为标准型：

$$\max z=2x_1+3x_2+x_3+0\cdot x_4+0\cdot x_5$$

$$\text{s. t.}\begin{cases}\frac{1}{3}x_1+\frac{2}{3}x_2+\frac{1}{3}x_3+x_4=1\\ \frac{1}{3}x_1+\frac{4}{3}x_2+\frac{7}{3}x_3+x_5=3\\ x_1,x_2,x_3,x_4,x_5\geqslant 0\end{cases}$$

在初始表中选 x_4,x_5 为基变量。初始及迭代表如表 2-25 所示。

表 2-25

c_j			2	3	1	0	0	θ	
C_B	基	b	x_1	x_2	x_3	x_4	x_5		入基变量为 x_2 出基变量为 x_5
0	x_4	1	$\frac{1}{3}$	$\frac{1}{3}$	$\frac{1}{3}$	1	0	3	
0	x_5	3	$\frac{1}{3}$	$\boxed{\frac{4}{3}}$	$\frac{7}{3}$	0	1	$\frac{9}{4}$	
	$-z$	0	2	3↑	1	0	0		
c_j			2	3	1	0	0	θ	
C_B	基	b	x_1	x_2	x_3	x_4	x_5		入基变量为 x_1 出基变量为 x_4
0	x_4	$\frac{1}{4}$	$\boxed{-\frac{1}{4}}$	0	$-\frac{1}{4}$	1	$-\frac{1}{4}$	1←	
3	x_2	$\frac{9}{4}$	$\frac{1}{4}$	1	$\frac{7}{4}$	0	$\frac{3}{4}$	9	
	$-z$	$-\frac{27}{4}$	$\frac{5}{4}$↑	0	$-\frac{17}{4}$	0	$-\frac{9}{4}$		

续表

c_j			2	3	1	0	0	θ
C_B	基	b	x_1	x_2	x_3	x_4	x_5	
2	x_1	1	0	1	−1	4	−1	
3	x_2	2	0	−1	2	−1	1	
	$-z$	−8	0	0	−3	−5	−1	

至第三个表，非基变量 x_3，x_4，x_5 的检验数为 −3，−5，−1，均小于 0，迭代结束，得最优解为

$$X^* = (1,2,0)^{\mathrm{T}}$$
$$z^* = 8$$

4. 求解线性规划问题(大 M 法)

$$\max z = 3x_1 - x_2 - x_3$$
$$\text{s.t.}\begin{cases} x_1 - 2x_2 + x_3 \leqslant 11 \\ -4x_1 + x_2 + 2x_3 \geqslant 3 \\ -2x_1 + x_3 = 1 \\ x_1 \geqslant 0, x_2 \geqslant 0, x_3 \geqslant 0 \end{cases}$$

解 引进松弛变量 x_4，x_5，使之标准化：

$$\max z = 3x_1 - x_2 - x_3 + 0 \cdot x_4 + 0 \cdot x_5$$
$$\text{s.t.}\begin{cases} x_1 - 2x_2 + x_3 + x_4 = 11 \\ -4x_1 + x_2 + 2x_3 - x_5 = 3 \\ -2x_1 + x_3 = 1 \end{cases}$$

再引进人工变量 x_6，x_7 配齐基变量，其中引入 M：

$$\max z = 3x_1 - x_2 - x_3 + 0 \cdot x_4 + 0 \cdot x_5 - Mx_6 - Mx_7$$
$$\text{s.t.}\begin{cases} x_1 - 2x_2 + x_3 + x_4 = 11 \\ -4x_1 + x_2 + 2x_3 - x_5 + x_6 = 3 \\ -2x_1 + x_3 + x_7 = 1 \\ x_j \geqslant 0 \quad (j = 1, \cdots, 7) \end{cases}$$

易看出，基变量为 x_4，x_6，x_7。作初始表，如表 2-26，并在表上进行基变换，注意：基变量(人工变量)所对应的检验数为零，而非基变量检验数为 $\sigma_j = c_j + \sum_{i=1}^{m} a_{in} \cdot M$，即规范化。在迭代表中，所有人工变量已不是基变量及所有检验数为非正数，于是停止迭代。原线性规划问题的最优解为：$x_1^* = 4$，$x_2^* = 1$，$x_3^* = 9$，最优值 $z^* = 2$。

表 2-26

c_j			3	−1	−1	0	0	M	M	θ_i
C_B	基	b	x_1	x_2	x_3	x_4	x_5	x_6	x_7	
0	x_4	11	1	−2	1	1	0	0	0	11
$-M$	x_6	3	−4	1	2	0	−1	1	0	$\frac{3}{2}$
$-M$	x_7	1	−2	0	[1]	0	0	0	1	←1

续表

c_j			3	−1	−1	0	0	M	M	θ_i
$\boldsymbol{C}_B$	基	$\boldsymbol{b}$	x_1	x_2	x_3	x_4	x_5	x_6	x_7	
	$-z$	$4M$	$6M+3$	$M-1$	$3M-1$	0	$-M$	0	0	
0	x_4	10	3	−2	0	1	0	0	−1	—
$-M$	x_6	1	0	[1]	0	0	−1	1	−2	1←
−1	x_3		−2	0	1	0	0	1	1	
	$-z$	$M+1$	1	$M-1$↑	0	0	0	0	$-3M+1$	
0	x_4	12	[3]	0	0	1	−2	2	−5	←4
1	x_2	1	0	1	0	0	−1	1	−2	—
−1	x_3	1	−2↑	0	1	0	0	0	1	—
	$-z$	2	1	0	0	0	−1	$-M+1$	$-M-1$	
3	x_1	4	1	0	0	$\frac{1}{3}$	$-\frac{2}{3}$	$\frac{2}{3}$	$-\frac{1}{5}$	
−1	x_2	1	0	1	0	0	−1	1	−2	
−1	x_3	9	0	0	1	$\frac{2}{3}$	$-\frac{4}{3}$	$\frac{4}{3}$	$-\frac{7}{3}$	
	$-z$	−2	0	0	0	$-\frac{1}{3}$	$-\frac{1}{3}$	$-M+\frac{1}{3}$	$-M+\frac{2}{3}$	

【考研真题解答】

1. (15 分)求解下列线性规划问题：

$$\min z = 2x_1 + 3x_2$$

$$\begin{cases} 2x_1 + 3x_2 \leqslant 30 \\ x_1 + 2x_2 \geqslant 10 \\ x_1 - x_2 \geqslant 0 \\ x_1 \geqslant 5 \\ x_2 \geqslant 0 \end{cases}$$

解 用图解法，见图 2-7。

$$\min z = 2x_1 + 3x_2 \quad ①$$

$$\begin{cases} 2x_1 + 3x_2 \leqslant 30 & ② \\ x_1 + 2x_2 \geqslant 10 & ③ \\ x_1 - x_2 \geqslant 0 & ④ \\ x_1 \geqslant 5 & ⑤ \\ x_2 \geqslant 0 & ⑥ \end{cases}$$

求得问题的最优解为 $\boldsymbol{X}^* = (5, 2.5)^{\mathrm{T}}$，目标函数的值为 $z^* = 17.5$。

2. (15 分)对于线性规划问题：

$$\min f = 6x_1 + 4x_2 + 7x_3$$

$$\begin{cases} x_1 + 3x_3 \geqslant 2 \\ 3x_1 + 2x_2 + x_3 \geqslant 4 \\ -x_1 + 2x_2 + 2x_3 \geqslant 5 \\ x_1, x_2, x_3 \geqslant 0 \end{cases}$$

(1) 写出此问题的对偶问题；

(2) 求出此问题和它的对偶问题的最优解和最优值。

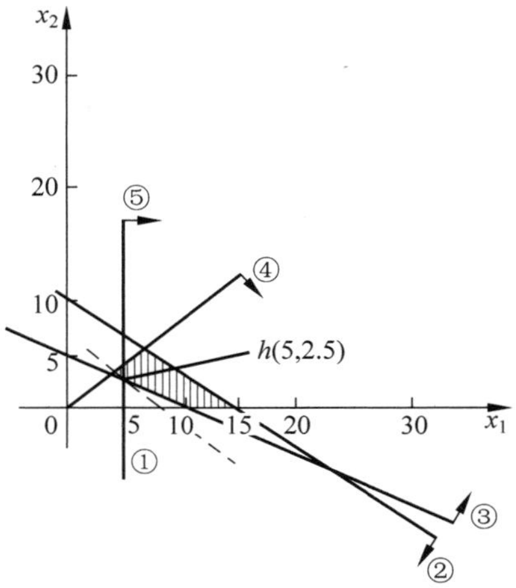

图 2-7

解 (1) 对偶问题为

$$\max z = 2y_1 + 4y_2 + 5y_3$$

$$\begin{cases} y_1 + 3y_2 - y_3 \leqslant 6 & ① \\ 2y_2 + 2y_3 \leqslant 4 & ② \\ 3y_1 + y_2 + 2y_3 \leqslant 7 & ③ \\ y_1, y_2, y_3 \geqslant 0 \end{cases}$$

(2) 引入松弛变量 y_4, y_5, y_6，将对偶问题标准化得

$$\max z = 2y_1 + 4y_2 + 5y_3 + 0 \cdot y_4 + 0 \cdot y_5 + 0 \cdot y_6$$

$$\begin{cases} y_1 + 3y_2 - y_3 + y_4 = 6 \\ 2y_2 + 2y_3 + y_5 = 4 \\ 3y_1 + y_2 + 2y_3 + y_6 = 7 \\ y_j \geqslant 0, \quad (j = 1, \cdots, 6) \end{cases}$$

用单纯形表(如表 2-27)迭代，求得最优解为

$$\begin{cases} \boldsymbol{Y}^* = (1, 0, 2, 7, 0, 0)^{\mathrm{T}} \\ z^* = 12 \end{cases}$$

因为 $y_1^* = 1 > 0, y_3^* = 2 > 0$

所以
$$\begin{cases} x_1 + 3x_3 = 2 \\ -x_1 + 2x_2 + 2x_3 = 5 \end{cases}$$

又因为式①为 $-1 < 6$，取不等号，即 $x_1 = 0$。

所以
$$\begin{cases} 3x_3 = 2 \\ 2x_2 + 2x_3 = 5 \end{cases} \Rightarrow \begin{cases} x_2 = \dfrac{11}{6} \\ x_3 = \dfrac{2}{3} \end{cases}$$

所以
$$\boldsymbol{X}^* = \left(0, \frac{11}{6}, \frac{2}{3}\right)^{\mathrm{T}}, \quad z^* = 12$$

表 2-27

基	$\boldsymbol{b}$	y_1	y_2	y_3	y_4	y_5	y_6	θ_i
y_4	6	1	3	−1	1	0	0	—
y_5	4	0	2	[2]	0	1	0	2←
y_6	7	3	1	2	0	0	1	$\frac{7}{2}$

续表

基	b	y_1	y_2	y_3	y_4	y_5	y_6	θ_i
$-z$	0	2	4	5↑	0	0↓	0	
y_4	8	1	4	0	1	$\frac{1}{2}$	0	8
y_3	2	0	1	1	0	$\frac{1}{2}$	0	—
y_6	3	[3]	−1	0	0	−1	1	1←
$-z$	−10	2↑	−1	0	0	$-\frac{5}{2}$	0	
y_4	7	0	$\frac{13}{3}$	0	1	$\frac{5}{6}$	$-\frac{1}{3}$	
y_3	2	0	1	1	0	$\frac{1}{2}$	0	
y_1	1	1	$-\frac{1}{3}$	0	0	$-\frac{1}{3}$	$\frac{1}{3}$	
$-z$	−12	0	$-\frac{1}{3}$	0	0	$-\frac{3}{2}$	$-\frac{2}{3}$	

3. (5分)在单纯形迭代中，任何出基的变量在紧接着的下一次迭代中，________(会或不会)立即再入基。

解 不会。

4. (10分)将下列线性规划问题化为标准型。

$$\max z = x_1 + 2x_2$$

$$\text{s. t.}\begin{cases} 2x_1 + 3x_2 \leqslant 6 \\ x_1 + x_2 \geqslant 4 \\ x_1 - x_2 = 3 \\ x_1 \geqslant 0 \end{cases}$$

解 令 $x_2 = x_2' - x_2''$ 且 $x_2', x_2'' \geqslant 0$，则标准型为

$$\max z = x_1 + 2x_2' - 2x_2'' + 0 \cdot x_3 + 0 \cdot x_4$$

$$\begin{cases} 2x_1 + 3x_2' - 3x_2'' + x_3 = 6 \\ x_1 + x_2' - x_2'' - x_4 = 4 \\ x_1 - x_2' + x_2'' = 3 \\ x_1, x_2', x_2'', x_3, x_4 \geqslant 0 \end{cases}$$

5. (10分)设某投资者有30 000元可供为期四年的投资。现有下列五个投资机会可供选择。

A：在四年内，投资者可在每年年初投资，每年每元投资可获利0.2元，每年获利后可将本利重新投资。

B：在四年内，投资者应在第一年年初或第三年年初投资，每两年每元投资可获利0.5元，两年后获利。然后可将本利再重新投资。

C：在四年内，投资者应在第一年年初投资，三年后每元投资可获利0.8元。获利后可将本利重新投资。这项投资最多不超过20 000元。

D：在四年内，投资者应在第二年年初投资，两年后每元投资可获利 0.6 元。获利后可将本利重新投资。这项投资最多不超过 15 000 元。

E：在四年内，投资者应在第一年年初投资，四年后每元获利 1.7 元，这项投资最多不超过 20 000 元。

投资者在四年内应如何投资，使他在四年后所获利润达到最大？写出这个问题的线性规划模型，不用求解。

解 设 A,B,C,D,E 五个投资机会为项目 1,2,3,4,5，设 x_i 分别为第一年初给第 i 个项目的投资额，$i=1,2,3,4,5$，x_{12}，x_{42} 分别为第二年初给第一个，第四个项目的投资额。x_{13}，x_{23} 分别为第三年初给第一个，第二个项目的投资额，x_{14} 为第四年给第一个项目的投资额。则有

$$\max z=0.2[x_{13}(1+0.2)+x_{31}(1+0.8)+x_{42}(1+0.6)]+0.5x_{23}+1.7x_{51}$$

$$\begin{cases} x_{11}+x_{21}+x_{31}+x_{51}\leqslant 30\,000 \\ x_{42}=x_{11}(1+0.2)-x_{12} \\ x_{23}=x_{12}(1+0.2)+x_{21}(1+0.5)-x_{13} \\ x_{31}\leqslant 20\,000 \\ x_{42}\leqslant 15\,000 \\ x_{51}\leqslant 20\,000 \\ \text{以上变量取值非负} \end{cases}$$

6.（5 分）如果把约束方程 $\begin{cases} x_1+3x_2\leqslant 4 \\ 2x_1+5x_2\geqslant 5 \end{cases}$ 标准化为 $\begin{cases} x_1+3x_2+x_3=4 \\ 2x_1+5x_2-x_4+x_5=5 \end{cases}$ 时，x_1 是____变量，x_2 是____变量，x_3 是____变量，x_4 是____变量，x_5 是____变量。

解 决策；决策；松弛；剩余；人工。

7.（5 分）LP 的基本可行解与基本解的区别是________。

解 基本可行解的分量≤0。

8.（5 分）求目标最大的 LP 中，有无穷最优解的条件是________。

解 判别式 σ_j 中至少有一个为零。

9.（6 分）对于平面中的某 LP 的约束集合（见图 2-8）。

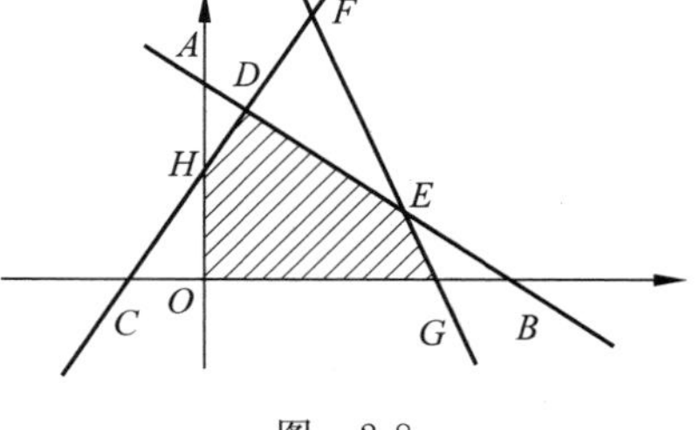

图 2-8

其可行解为________；基本解为________；基本可行解为________。

解 $OGEDH$ 所围阴影区；所有直线及坐标轴的交点；O,G,E,D,H 五个点。

10.（15 分）某厂生产 A,B,C 三种产品，每单位产品需花费的资源如下。

A：需要 1h 技术准备，10h 加工，3kg 材料。

B：需要 2h 技术准备，4h 加工，2kg 材料。

C：需要 1h 技术准备，5h 加工，1kg 材料。

可利用的技术准备总时间为 100h，加工总时间为 700h，材料总量为 400kg，考虑到销售时对销售量的优惠，利润定额确定如表 2-28 所示。

表 2-28

产品 A		产品 B		产品 C	
销售量(件)	单位利润(元)	销售量(件)	单位利润(元)	销售量(件)	单位利润(元)
0～40	10	0～50	6	0～100	5
40～100	9	50～100	3	100 以上	4
100～150	8	100 以上	4		
150 以上	7				

试确定利润最大的产品品种方案(模型)，并讨论用何种方法可以解决此问题(不计算)。

解 x_{A_1}=产品 A 以单位利润 10 元的出售数；

x_{A_2}=产品 A 以单位利润 9 元的出售数；

x_{A_3}=产品 A 以单位利润 8 元的出售数；

x_{A_4}=产品 A 以单位利润 7 元的出售数；

x_{B_1}=产品 B 以单位利润 6 元的出售数；

x_{B_2}=产品 B 以单位利润 4 元的出售数；

x_{B_3}=产品 B 以单位利润 3 元的出售数；

x_{C_1}=产品 C 以单位利润 5 元的出售数；

x_{C_2}=产品 C 以单位利润 4 元的出售数。

$$\max z = 10x_{A_1} + 9x_{A_2} + 8x_{A_3} + 7x_{A_4} + 6x_{B_1} + 4x_{B_2} + 3x_{B_3} + 5x_{C_1} + 4x_{C_2}$$

$$\begin{cases} 1\sum_{j=1}^{4}x_{A_j} + 2\sum_{j=1}^{3}x_{B_j} + 1\sum_{j=1}^{2}x_{C_j} \leqslant 100 \\ 10\sum_{j=1}^{4}x_{A_j} + 4\sum_{j=1}^{3}x_{B_j} + 5\sum_{j=1}^{2}x_{C_j} \leqslant 700 \\ 3\sum_{j=1}^{4}x_{A_j} + 2\sum_{j=1}^{3}x_{B_j} + 1\sum_{j=1}^{2}x_{C_j} \leqslant 400 \\ 0 < x_{A_1} \leqslant 40, 40 < x_{A_2} \leqslant 100, 100 < x_{A_3} \leqslant 150, x_{A_4} > 150;\ 0 < x_{B_1} \leqslant 50, \\ \quad 50 < x_{B_2} \leqslant 100, x_{B_3} > 100;\ 0 < x_{C_1} \leqslant 100, x_{C_2} > 100 \end{cases}$$

11. (10 分)求解如下线性规划问题：

$$\min f(x) = x_1 + 4x_2 + 6x_3 + 2x_4$$

$$\begin{cases} x_1 - x_2 - 2x_3 = 2 \\ -x_2 - 2x_3 + x_4 = -2 \\ x_1, x_2, x_3, x_4 \geqslant 0 \end{cases}$$

并说明使最优基保持不变时，b_1 和 c_1 的允许变化范围。

解

$$\min z = -10,$$

$$\boldsymbol{X}^* = (4,0,1,0,0)^{\mathrm{T}}$$

$$-2 \leqslant b_1 \leqslant +\infty, -5 \leqslant c_1 \leqslant +\infty$$

12. (10 分)求解下列线性规划问题:

$$\max z = x_1 + x_2$$

$$\begin{cases} 2x_1 + 3x_2 \leqslant 12 \\ | x_2 - 1 | \leqslant 3 \\ x_1 \geqslant 0, x_2 \text{ 无限制} \end{cases}$$

解 见图 2-9。

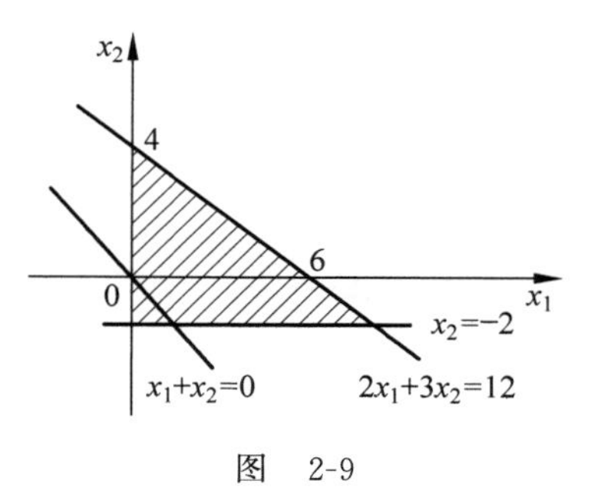

图 2-9

由图解法可得最优解为 $\boldsymbol{X}^* = (9, -2)^{\mathrm{T}}$,目标函数值为 $z^* = 9-2=7$。

13. (6 分)考虑线性规划问题

$$\min z = x_1 + \beta x_2$$

$$\begin{cases} -x_1 + x_2 \leqslant 1 \\ -x_1 + 2x_2 \leqslant 4 \\ x_1, x_2 \geqslant 0 \end{cases}$$

试讨论 β 在什么取值范围时,该问题:

(1) 有唯一最优解;

(2) 有无穷多最优解;

(3) 不存在有界最优解。

解 (1) $\beta>0$ 时,有唯一解;

(2) $\beta=0$ 时,有无穷多最优解;

(3) $\beta<0$ 时,不存在有界最优解。

CHAPTER 3
第3章 对偶理论与敏感性分析

【本章学习要求】

1. 掌握对偶理论及其性质。
2. 掌握对偶单纯形法。
3. 熟悉灵敏度分析的概念和内容。
4. 掌握限制常数和价值系数、约束条件系数的变化对原最优解的影响。
5. 掌握增加新变量和增加新约束条件对原最优解的影响，并求出相应因素的灵敏度范围。
6. 了解参数线性规划的解法。

【主要概念及算法】

1. 单纯形法的矩阵描述

对于任何线性规划问题，化为标准型后可用下面矩阵形式表示

$$\max z = \boldsymbol{C}_B\boldsymbol{X}_B + \boldsymbol{C}_N\boldsymbol{X}_N + \boldsymbol{C}_I\boldsymbol{X}_I$$

$$\text{s.t.}\begin{cases}\boldsymbol{B}\boldsymbol{X}_B + \boldsymbol{N}\boldsymbol{X}_N + \boldsymbol{I}\boldsymbol{X}_I = \boldsymbol{b}\\ \boldsymbol{X}_B \geqslant, \boldsymbol{X}_N \geqslant 0, \boldsymbol{X}_I \geqslant 0\end{cases}$$

其中，$\boldsymbol{X}_I$ 为由松弛变量和人工变量组成的向量；$\boldsymbol{C}_I$ 为 $\boldsymbol{X}_I$ 的价值向量，则初始单纯形表可列成表 3-1 的形式。

表 3-1

基		非基变量		基变量	
		$\boldsymbol{X}_B$	$\boldsymbol{X}_N$	$\boldsymbol{X}_I$	
$\boldsymbol{C}_I$	$\boldsymbol{X}_I$	$\boldsymbol{b}$	$\boldsymbol{B}$	$\boldsymbol{N}$	$\boldsymbol{I}$
σ_j		$\boldsymbol{C}_B - \boldsymbol{C}_I\boldsymbol{B}$	$\boldsymbol{C}_N - \boldsymbol{C}_I\boldsymbol{N}$	0	

经过若干步迭代，最终单纯形表具有表 3-2 所示的形式。

表 3-2

基			非基变量		基变量
			$\boldsymbol{X}_B$	$\boldsymbol{X}_N$	$\boldsymbol{X}_I$
$\boldsymbol{C}_B$	$\boldsymbol{X}_B$	$\boldsymbol{B}^{-1}\boldsymbol{b}$	$\boldsymbol{I}$	$\boldsymbol{B}^{-1}\boldsymbol{N}$	$\boldsymbol{B}^{-1}$
σ_j			0	$\boldsymbol{C}_N-\boldsymbol{C}_B\boldsymbol{B}^{-1}\boldsymbol{N}$	$\boldsymbol{C}_I-\boldsymbol{C}_B\boldsymbol{B}^{-1}$

2. 对偶问题间的关系

对偶问题间的关系如表 3-3 所示。

表 3-3

原问题(或对偶问题)		对偶问题(或原问题)	
目标函数 max z		目标函数 min w	
n个变量	$\geqslant 0$ $\leqslant 0$ 无约束	$\geqslant$ $\leqslant$ $=$	n个约束条件
m个约束条件	$\leqslant$ $\geqslant$ $=$	$\geqslant 0$ $\leqslant 0$ 无约束	m个变量
约束条件右端项		目标函数变量的系数	
目标函数变量的系数		约束条件右端项	

3. 影子价格

影子价格是根据资源在生产中作出的贡献而做的估价。它是一种边际价格,其值相当于在资源得到最优利用的生产条件下,资源每增加一个单位时目标函数的增加量。

4. 对偶单纯形法

(1) 正则解:检验数全部为非正的基本解。它一般为不可行解,如果可行,则为最优解。

(2) 原理:从一个正则解出发,用单纯形法进行迭代,迭代过程中始终保持解的正则性,使解的不可行性消失,所得第一个可行解即为最优解。

(3) 适用范围:具有正则解,且在迭代过程中始终保持解的正则性不变的线性规划问题。

(4) 求解步骤

① 根据线性规划问题,列出初始单纯形表。检查 $\boldsymbol{b}$ 列的数字,若都为非负,检验数都为非正,则已得最优解。停止计算,若 $\boldsymbol{b}$ 列的数字至少还有一个负分量,检验数都为非正,转入下一步。

② 确定换出变量。

$$\theta=\min_i\{(\boldsymbol{B}^{-1}\boldsymbol{b})_i \mid (\boldsymbol{B}^{-1}\boldsymbol{b})_i<0\}=(\boldsymbol{B}^{-1}\boldsymbol{b})_l$$

对应的基变量 x_l 为换出变量。

③ 按 θ 规则确定换入变量。

在单纯形表中检查 x_l 所在行的系数 $a_{lj}(j=1,2,\cdots,n)$。

若所有 $a_{lj}\geqslant 0$，则原问题是为无界解，停止计算。

若存在 $a_{lj}<0$，按 θ 规则计算

$$\theta=\min_j\left\{\frac{\sigma_j}{a_{lj}} \mid a_{lj}<0\right\}=\frac{\sigma_k}{a_{lk}}$$

对应的非基变量 x_k 为换入变量。

④ 以 a_{lk} 为主元素，按单纯形法在表中进行迭代，得到新的计算表，重复地做步骤①～步骤④。直至终止。

5. 参数线性规划

参数线性规划是研究参数 a_{ij}, b_i, c_j 中某一参数连续变化时使最优解发生变化的各临界点的值，即把某一参数作为参变量而目标函数在某区间内是这参变量的线性函数，包含这个参变量的约束条件是线性等式或不等式，仍然采用单纯形法和对偶单纯形法进行分析参数线性规划问题。其计算步骤如下：

(1) 对含有某参变量 t 的参数线性规划问题。令 $t=0$ 用单纯形法求出最优解。

(2) 用灵敏度分析法，将参数直接反映到最终表中。

(3) 当参变量 t 连续变大或变小时，观察 $\boldsymbol{b}$ 列和各检验行各数字的变化，若在 $\boldsymbol{b}$ 列首先出现某负值时，则以它对应的变量为换出变量；用对偶单纯形法进行迭代，若在检验行首先出现某正值时，则将它对应的变量为换入变量，用单纯形法进行迭代。

(4) 经迭代后，得到新的单纯形表，令参变量 t 继续变大或变小，重复做步骤(3)，直到 $\boldsymbol{b}$ 列不再出现负值，检验数行不再出现正值为止。

【课后习题全解】

3.1 用改进单纯形法求解以下线性规划问题。

(1) $\max z=6x_1-2x_2+3x_3$

$$\begin{cases}2x_1-x_2+2x_3\leqslant 2\\ x_1+4x_3\leqslant 4\\ x_1,x_2,x_3\geqslant 0\end{cases}$$

(2) $\min z=2x_1+x_2$

$$\begin{cases}3x_1+x_2=3\\ 4x_1+3x_2\geqslant 6\\ x_1+2x_2\leqslant 3\\ x_1,x_2\geqslant 0\end{cases}$$

解 (1) 将上述线性规划问题转化为标准型：

$$\max z=6x_1-2x_2+3x_3+0\cdot x_4+0\cdot x_5$$

$$\text{s. t.}\begin{cases}2x_1-x_2+2x_3+x_4=2\\ x_1+4x_3+x_5=4\\ x_1,x_2,x_3,x_4,x_5\geqslant 0\end{cases}$$

取

$$\boldsymbol{B}_0=(\boldsymbol{P}_4,\boldsymbol{P}_5)=\begin{bmatrix}1&0\\0&1\end{bmatrix},\quad \boldsymbol{X}_{B_0}=(x_4,x_5)^{\mathrm{T}},\quad \boldsymbol{C}_{B_0}=(0,0)$$

$$\boldsymbol{N}_0=(\boldsymbol{P}_1,\boldsymbol{P}_2,\boldsymbol{P}_3)=\begin{bmatrix}2&-1&2\\1&0&4\end{bmatrix},\quad \boldsymbol{X}_{N_0}=(x_1,x_2,x_3)^{\mathrm{T}}$$

$$C_{N_0}=(6,-2,3),\quad B_0^{-1}=\begin{bmatrix}1&0\\0&1\end{bmatrix},\quad b_0=\begin{bmatrix}2\\4\end{bmatrix}$$

非基变量的检验数

$$\sigma_{N_0}=C_{N_0}-C_{B_0}B_0^{-1}N_0=C_{N_0}=(6,-2,3)$$

因为 x_1 的检验数 $\sigma_1=6$ 为正的最大,所以 x_1 为换入变量

$$B_0^{-1}b_0=\begin{bmatrix}2\\4\end{bmatrix},\quad B_0^{-1}P_1=\begin{bmatrix}2\\1\end{bmatrix}$$

由 θ 规则得

$$\theta=\min_i\left\{\frac{(B_0^{-1}b_0)_i}{(B_0^{-1}P_1)_i}\,\middle|\,(B_0^{-1}P_1)_i>0\right\}=\min\left\{\frac{2}{2},\frac{4}{1}\right\}=1$$

所以 x_4 为换出变量。

$$B_1=(P_1,P_5)=\begin{bmatrix}2&0\\1&1\end{bmatrix},\quad X_{B_1}=(x_1,x_5)^{\mathrm{T}},\quad C_{B_1}=(6,0)$$

$$N_1=(P_4,P_2,P_3)=\begin{bmatrix}1&-1&2\\0&0&4\end{bmatrix},\quad X_{N_1}=(x_4,x_2,x_3)^{\mathrm{T}}$$

$$C_{N_1}=(0,-2,3),\quad B_1^{-1}=\begin{bmatrix}\frac{1}{2}&0\\-\frac{1}{2}&1\end{bmatrix}$$

$$b_1=B_1^{-1}b_0=\begin{bmatrix}\frac{1}{2}&0\\-\frac{1}{2}&1\end{bmatrix}\begin{bmatrix}2\\4\end{bmatrix}=\begin{bmatrix}1\\3\end{bmatrix}$$

非基变量的检验数

$$\begin{aligned}\sigma_{N_1}&=C_{N_1}-C_{B_1}B_1^{-1}N_1\\&=(0,-2,3)-(6,0)\begin{bmatrix}\frac{1}{2}&0\\-\frac{1}{2}&1\end{bmatrix}\begin{bmatrix}1&-1&2\\0&0&4\end{bmatrix}\\&=(0,-2,3)-(3,0)\begin{bmatrix}1&-1&2\\0&0&4\end{bmatrix}\\&=(0,-2,3)-(3,-3,6)=(-3,1,-3)\end{aligned}$$

因为 x_2 的检验数 $\sigma_2=1$ 为正的最大,所以 x_2 为换入变量。

$$B_1^{-1}b_0=\begin{bmatrix}1\\3\end{bmatrix},\quad B_1^{-1}P_2=\begin{bmatrix}\frac{1}{2}&0\\-\frac{1}{2}&1\end{bmatrix}\begin{bmatrix}-1\\0\end{bmatrix}=\begin{bmatrix}-\frac{1}{2}\\\frac{1}{2}\end{bmatrix}$$

由 θ 规则得

$$\theta=\min_i\left\{\frac{(B_1^{-1}b_0)_i}{(B_1^{-1}P_2)_i}\,\middle|\,(B_1^{-1}P_2)_i>0\right\}=\min\left\{\frac{3}{1/2}\right\}=6$$

所以 x_5 为换出变量。

$$\boldsymbol{B}_2=(\boldsymbol{P}_1,\boldsymbol{P}_2)=\begin{bmatrix}2 & -1\\1 & 0\end{bmatrix}$$

$$\boldsymbol{X}_{B_2}=(x_1,x_2)^{\mathrm{T}},\quad \boldsymbol{C}_{B_2}=(6,-2)$$

$$\boldsymbol{N}_2=(\boldsymbol{P}_4,\boldsymbol{P}_5,\boldsymbol{P}_3)=\begin{bmatrix}1 & 0 & 2\\0 & 1 & 4\end{bmatrix}$$

$$\boldsymbol{X}_{N_2}=(x_4,x_5,x_3)^{\mathrm{T}}$$

$$\boldsymbol{C}_{N_2}=(0,0,3),\quad \boldsymbol{B}_2^{-1}=\begin{bmatrix}0 & 1\\-1 & 2\end{bmatrix}$$

$$\boldsymbol{b}_2=\boldsymbol{B}_2^{-1}\boldsymbol{b}_0=\begin{bmatrix}0 & 1\\-1 & 2\end{bmatrix}\begin{bmatrix}2\\4\end{bmatrix}=\begin{bmatrix}4\\6\end{bmatrix}$$

非基变量的检验数

$$\begin{aligned}\sigma_{N_2}&=\boldsymbol{C}_{N_2}-\boldsymbol{C}_{B_2}\boldsymbol{B}_2^{-1}\boldsymbol{N}_2\\&=(0,0,3)-(6,-2)\begin{bmatrix}0 & 1\\-1 & 2\end{bmatrix}\begin{bmatrix}1 & 0 & 2\\0 & 1 & 4\end{bmatrix}\\&=(0,0,3)-(2,2)\begin{bmatrix}1 & 0 & 2\\0 & 1 & 4\end{bmatrix}\\&=(0,0,3)-(2,2,12)=(-2,-2,-9)\end{aligned}$$

因为非基变量的检验数均为负，所以原问题已达到最优解。

最优解 $$\boldsymbol{X}^*=\begin{bmatrix}x_1\\x_2\end{bmatrix}=\boldsymbol{B}_2^{-1}\boldsymbol{b}_0=\begin{bmatrix}4\\6\end{bmatrix}$$

即 $$\boldsymbol{X}^*=(4,6,0)^{\mathrm{T}}$$

目标函数最优值 $$\max z=6\times4-2\times6+3\times0=12$$

（2）将上述线性规划问题化为如下形式：

$$\min z=2x_1+x_2+0\cdot x_3+M\cdot x_4+M\cdot x_5+0\cdot x_6$$

$$\text{s.t.}\begin{cases}3x_1+x_2+x_4=3\\4x_1+3x_2-x_3+x_5=6\\x_1+2x_2+x_6=3\\x_1,x_2,x_3,x_4,x_5,x_6\geqslant 0\end{cases}$$

其中 M 是一个任意大的正数。取

$$\boldsymbol{B}_0=(\boldsymbol{P}_4,\boldsymbol{P}_5,\boldsymbol{P}_6)=\begin{bmatrix}1 & 0 & 0\\0 & 1 & 0\\0 & 0 & 1\end{bmatrix},\quad \boldsymbol{X}_{B_0}=(x_4,x_5,x_6)^{\mathrm{T}}$$

$$\boldsymbol{C}_{B_0}=(M,M,0),\boldsymbol{N}_0=(\boldsymbol{P}_1,\boldsymbol{P}_2,\boldsymbol{P}_3)=\begin{bmatrix}3 & 1 & 0\\4 & 3 & -1\\1 & 2 & 0\end{bmatrix}$$

$$\boldsymbol{X}_{N_0}=(x_1,x_2,x_3)^{\mathrm{T}},\quad \boldsymbol{C}_{N_0}=(2,1,0)$$

$$\boldsymbol{B}_0^{-1}=\begin{bmatrix}1&0&0\\0&1&0\\0&0&1\end{bmatrix},\quad \boldsymbol{b}_0=(3,6,3)^{\mathrm{T}}$$

非基变量的检验数

$$\begin{aligned}\sigma_{N_0}&=\boldsymbol{C}_{N_0}-\boldsymbol{C}_{B_0}\boldsymbol{B}_0^{-1}\boldsymbol{N}_0\\&=(2,1,0)-(M,M,0)\begin{bmatrix}1&0&0\\0&1&0\\0&0&1\end{bmatrix}\begin{bmatrix}3&1&0\\4&3&-1\\1&2&0\end{bmatrix}\\&=(2,1,0)-(7M,4M,-M)=(2-7M,1-4M,M)\end{aligned}$$

因为 x_1 的检验数 $\sigma_1=2-7M$ 为负的最小，所以 x_1 为换入变量。

$$\boldsymbol{B}_0^{-1}\boldsymbol{b}_0=\begin{bmatrix}3\\6\\3\end{bmatrix},\quad \boldsymbol{B}_0^{-1}\boldsymbol{P}_1=\begin{bmatrix}3\\4\\1\end{bmatrix}$$

由 θ 规则得

$$\theta=\min_i\left\{\frac{(\boldsymbol{B}_0^{-1}\boldsymbol{b}_0)_i}{(\boldsymbol{B}_0^{-1}\boldsymbol{P}_1)_i}\mid(\boldsymbol{B}_0^{-1}\boldsymbol{P}_1)_i>0\right\}=\min\left\{\frac{3}{3},\frac{6}{4},\frac{3}{1}\right\}=1$$

所以 x_4 为换出变量。

$$\boldsymbol{B}_1=(\boldsymbol{P}_1,\boldsymbol{P}_5,\boldsymbol{P}_6)=\begin{bmatrix}3&0&0\\4&1&0\\1&0&1\end{bmatrix}$$

$$\boldsymbol{X}_{B_1}=(x_1,x_5,x_6)^{\mathrm{T}},\quad \boldsymbol{C}_{B_1}=(2,M,0)$$

$$\boldsymbol{N}_1=(\boldsymbol{P}_4,\boldsymbol{P}_2,\boldsymbol{P}_3)=\begin{bmatrix}1&1&0\\0&3&-1\\0&2&0\end{bmatrix}$$

$$\boldsymbol{X}_{N_1}=(x_4,x_2,x_3)^{\mathrm{T}},\quad \boldsymbol{C}_{N_1}=(M,1,0)$$

$$\boldsymbol{B}_1^{-1}=\begin{bmatrix}\frac{1}{3}&0&0\\-\frac{4}{3}&1&0\\-\frac{1}{3}&0&1\end{bmatrix}$$

$$\boldsymbol{b}_1=\boldsymbol{B}_1^{-1}\boldsymbol{b}_0=\begin{bmatrix}\frac{1}{3}&0&0\\-\frac{4}{3}&1&0\\-\frac{1}{3}&0&1\end{bmatrix}\begin{bmatrix}3\\6\\3\end{bmatrix}=\begin{bmatrix}1\\2\\2\end{bmatrix}$$

非基变量的检验数

$$\begin{aligned}\sigma_{N_1}&=\boldsymbol{C}_{N_1}-\boldsymbol{C}_{B_1}\boldsymbol{B}_1^{-1}\boldsymbol{N}_1\\&=(M,1,0)-(2,M,0)\begin{pmatrix}\frac{1}{3}&0&0\\-\frac{4}{3}&1&0\\-\frac{1}{3}&0&1\end{pmatrix}\begin{bmatrix}1&1&0\\0&3&-1\\0&2&0\end{bmatrix}\\&=(M,1,0)-\left(\frac{2}{3}-\frac{4}{3}M,M,0\right)\begin{bmatrix}1&1&0\\0&3&-1\\0&2&0\end{bmatrix}\\&=(M,1,0)-\left(\frac{2}{3}-\frac{4}{3}M,\frac{2}{3}+\frac{5}{3}M,-M\right)\\&=\left(\frac{7}{3}M-\frac{2}{3},\frac{1}{3}-\frac{5}{3}M,M\right)\end{aligned}$$

因为 x_2 的检验数 $\sigma_2=\frac{1}{3}-\frac{5}{3}M$ 为负的最小，所以 x_2 为换入变量。

$$\boldsymbol{B}_1^{-1}\boldsymbol{b}_0=\begin{bmatrix}1\\2\\2\end{bmatrix},\quad \boldsymbol{B}_1^{-1}\boldsymbol{P}_2=\begin{pmatrix}\frac{1}{3}&0&0\\-\frac{4}{3}&1&0\\-\frac{1}{3}&0&1\end{pmatrix}\begin{bmatrix}1\\3\\2\end{bmatrix}=\begin{pmatrix}\frac{1}{3}\\\frac{5}{3}\\\frac{5}{3}\end{pmatrix}$$

由 θ 规则得

$$\theta=\min_i\left\{\frac{(\boldsymbol{B}_1^{-1}\boldsymbol{b}_0)_i}{(\boldsymbol{B}_1^{-1}\boldsymbol{P}_2)_i}\,\middle|\,(\boldsymbol{B}_1^{-1}\boldsymbol{P}_2)_i>0\right\}=\min\left\{\frac{3}{1/3},\frac{2}{5/3},\frac{2}{5/3}\right\}=\frac{6}{5}$$

所以 x_5 为换出变量。

$$\boldsymbol{B}_2=(\boldsymbol{P}_1,\boldsymbol{P}_2,\boldsymbol{P}_6)=\begin{bmatrix}3&1&0\\4&3&0\\1&2&1\end{bmatrix}$$

$$\boldsymbol{X}_{B_2}=(x_1,x_2,x_6)^{\mathrm{T}},\quad \boldsymbol{C}_{B_2}=(2,1,0)$$

$$\boldsymbol{N}_2=(\boldsymbol{P}_4,\boldsymbol{P}_5,\boldsymbol{P}_3)=\begin{bmatrix}1&0&0\\0&1&-1\\0&0&0\end{bmatrix}$$

$$\boldsymbol{X}_{N_2}=(x_4,x_5,x_3)^{\mathrm{T}},\quad \boldsymbol{C}_{N_2}=(M,M,0)$$

$$\boldsymbol{B}_2^{-1}=\begin{pmatrix}\frac{3}{5}&-\frac{1}{5}&0\\-\frac{4}{5}&\frac{3}{5}&0\\1&-1&1\end{pmatrix}$$

$$\boldsymbol{b}_2=\boldsymbol{B}_2^{-1}\boldsymbol{b}_0=\begin{pmatrix}\frac{3}{5} & -\frac{1}{5} & 0\\ -\frac{4}{5} & \frac{3}{5} & 0\\ 1 & -1 & 1\end{pmatrix}\begin{bmatrix}3\\6\\3\end{bmatrix}=\begin{pmatrix}\frac{3}{5}\\ \frac{6}{5}\\ 0\end{pmatrix}$$

非基变量的检验数

$$\begin{aligned}\sigma_{N_2}&=\boldsymbol{C}_{N_2}-\boldsymbol{C}_{B_2}\boldsymbol{B}_2^{-1}\boldsymbol{N}_2\\&=(M,M,0)-(2,1,0)\begin{pmatrix}\frac{3}{5} & -\frac{1}{5} & 0\\ -\frac{4}{5} & \frac{3}{5} & 0\\ 1 & -1 & 1\end{pmatrix}\begin{bmatrix}1 & 0 & 0\\0 & 1 & -1\\0 & 0 & 0\end{bmatrix}\\&=(M,M,0)-\left(\frac{2}{5},\frac{1}{5},0\right)\begin{bmatrix}1 & 0 & 0\\0 & 1 & -1\\0 & 0 & 0\end{bmatrix}\\&=(M,M,0)-\left(\frac{2}{5},\frac{1}{5},-\frac{1}{5}\right)=\left(M-\frac{2}{5},M-\frac{1}{5},\frac{1}{5}\right)\end{aligned}$$

因为非基变量的检验数均为正，所以原问题已达到最优解。

最优解
$$\boldsymbol{X}^*=\begin{bmatrix}x_1\\x_2\\x_3\end{bmatrix}=\boldsymbol{B}_2^{-1}\boldsymbol{b}_0=\begin{pmatrix}\frac{3}{5}\\ \frac{6}{5}\\ 0\end{pmatrix}$$

目标函数的最优值
$$\min z=2x_1+x_2=2\times\frac{3}{5}+\frac{6}{5}=\frac{12}{5}$$

3.2　已知某线性规划问题，用单纯形法计算时得到的中间某两步的计算表见表3-4，试将表中空白处的数填上。

表　3-4

c_j			3	5	4	0	0	0
$\boldsymbol{C}_B$	$\boldsymbol{X}_B$	$\boldsymbol{b}$	x_1	x_2	x_3	x_4	x_5	x_6
	x_2	$\frac{8}{3}$	$\frac{2}{3}$	1	0	$\frac{1}{3}$	0	0
	x_5	$\frac{14}{3}$	$-\frac{4}{3}$	0	5	$-\frac{2}{3}$	1	0
	x_6	$\frac{20}{3}$	$\frac{5}{3}$	0	4	$-\frac{2}{3}$	0	1
c_j-z_j	$-\frac{1}{3}$	0	4	$-\frac{5}{3}$	0	0		

续表

c_j			3	5	4	0	0	0
C_B	X_B	b	x_1	x_2	x_3	x_4	x_5	x_6
				⋮				
	x_2					$\frac{15}{41}$	$\frac{8}{41}$	$-\frac{10}{41}$
	x_3					$-\frac{6}{41}$	$\frac{5}{41}$	$\frac{4}{41}$
	x_1					$-\frac{2}{41}$	$-\frac{12}{41}$	$\frac{15}{41}$
c_j-z_j								

解　令
$$\boldsymbol{b}_1=\left(\frac{8}{3},\frac{14}{3},\frac{20}{3}\right)^{\mathrm{T}},\quad \boldsymbol{b}_0=(b_{01},b_{02},b_{03})^{\mathrm{T}}$$

则
$$\boldsymbol{b}_1=\boldsymbol{B}_1^{-1}\boldsymbol{b}_0=\begin{pmatrix}\frac{1}{3} & 0 & 0\\ -\frac{2}{3} & 1 & 0\\ -\frac{2}{3} & 0 & 1\end{pmatrix}\begin{bmatrix}b_{01}\\ b_{02}\\ b_{03}\end{bmatrix}=\begin{pmatrix}\frac{8}{3}\\ \frac{14}{3}\\ \frac{20}{3}\end{pmatrix}$$

所以
$$\begin{cases}\frac{1}{3}b_{01}=\frac{8}{3}\\ -\frac{2}{3}b_{01}+b_{02}=\frac{14}{3}\\ -\frac{2}{3}b_{01}+b_{03}=\frac{20}{3}\end{cases}$$

解得
$$b_{01}=8,\quad b_{02}=10,\quad b_{03}=12$$
$$\boldsymbol{b}_0=(8,10,12)^{\mathrm{T}}$$

所以
$$\boldsymbol{b}_2=\boldsymbol{B}_2^{-1}\boldsymbol{b}_0=\begin{pmatrix}\frac{15}{41} & \frac{8}{41} & -\frac{10}{41}\\ -\frac{6}{41} & \frac{5}{41} & \frac{4}{41}\\ -\frac{2}{41} & -\frac{12}{41} & \frac{15}{41}\end{pmatrix}\begin{bmatrix}8\\ 10\\ 12\end{bmatrix}=\begin{pmatrix}\frac{80}{41}\\ \frac{50}{41}\\ \frac{44}{41}\end{pmatrix}$$

所以表 3-4 中的数字填写如下(见表 3-5)。

表　3-5

c_j			3	5	4	0	0	0
C_B	X_B	b	x_1	x_2	x_3	x_4	x_5	x_6
5	x_2	$\frac{8}{3}$	$\frac{2}{3}$	1	0	$\frac{1}{3}$	0	0

续表

c_j			3	5	4	0	0	0
$\boldsymbol{C}_B$	$\boldsymbol{X}_B$	$\boldsymbol{b}$	x_1	x_2	x_3	x_4	x_5	x_6
0	x_5	$\frac{14}{3}$	$-\frac{4}{3}$	0	5	$-\frac{2}{3}$	1	0
0	x_6	$\frac{20}{3}$	$\frac{5}{3}$	0	4	$-\frac{2}{3}$	0	1
c_j-z_j			$-\frac{1}{3}$	0	4	$-\frac{5}{3}$	0	0
⋮								
5	x_2	$\frac{80}{41}$	0	1	0	$\frac{15}{41}$	$\frac{8}{41}$	$-\frac{10}{41}$
4	x_3	$\frac{50}{41}$	0	0	1	$-\frac{6}{41}$	$\frac{5}{41}$	$\frac{4}{41}$
3	x_1	$\frac{44}{41}$	1	0	0	$-\frac{2}{41}$	$-\frac{12}{41}$	$\frac{15}{41}$
c_j-z_j			0	0	0	$-\frac{45}{41}$	$-\frac{24}{41}$	$-\frac{11}{41}$

3.3　写出下列线性规划问题的对偶问题。

(1) $\min z=2x_1+2x_2+4x_3$

$$\begin{cases}2x_1+3x_2+5x_3\geqslant 2\\3x_1+x_2+7x_3\leqslant 3\\x_1+4x_2+6x_3\leqslant 5\\x_1,x_2,x_3\geqslant 0\end{cases}$$

(2) $\max z=x+2x_2+3x_3+4x_4$

$$\begin{cases}-x_1+x_2-x_3-3x_4=5\\6x_1+7x_2+3x_3-5x_4\geqslant 8\\12x_1-9x_2-9x_3+9x_4\leqslant 20\\x_1x_2\geqslant 0,x_3\leqslant 0,x_4\text{ 无约束}\end{cases}$$

(3) $\min z=\sum\limits_{i=1}^{m}\sum\limits_{j=1}^{n}c_{ij}x_{ij}$

$$\begin{cases}\sum\limits_{j=1}^{n}x_{ij}=a_i, & (i=1,\cdots,m)\\\sum\limits_{i=1}^{m}x_{ij}=b_j, & (j=1,\cdots,n)\\x_{ij}\geqslant 0\end{cases}$$

(4) $\max z=\sum\limits_{j=1}^{n}c_jx_j$

$$\begin{cases}\sum\limits_{j=1}^{n}a_{ij}x_j\leqslant b_i, & (i=1,\cdots,m_1\leqslant m)\\\sum\limits_{j=1}^{n}a_{ij}x_j=b_i, & (i=m_1+1,m_1+2,\cdots,m)\\x_j\geqslant 0, & \text{当 } j=1,\cdots,n_1\leqslant n\\x_j\text{ 无约束，当 } j=n_1+1,\cdots,n\end{cases}$$

解　(1) 将原问题化为

$$\max(-z)=-2x_1-2x_2-4x_3$$

$$\text{s.t.}\begin{cases}-2x_1-3x_2-5x_3\leqslant -2 & ①\\3x_1+x_2+7x_3\leqslant 3 & ②\\x_1+4x_2+6x_3\leqslant 5 & ③\\x_1,x_2,x_3\geqslant 0\end{cases}$$

设 y_1, y_2, y_3 分别为与约束条件①②③对应的对偶变量。此问题的对偶问题为

$$\min(-w) = -2y_1 + 3y_2 + 5y_3$$

$$\text{s.t.}\begin{cases} -2y_1 + 3y_2 + y_3 \geqslant -2 \\ -3y_1 + y_2 + 4y_3 \geqslant -2 \\ -5y_1 + 7y_2 + 6y_3 \geqslant -4 \\ y_1, y_2, y_3 \geqslant 0 \end{cases}$$

整理得原问题的对偶问题为

$$\max w = 2y_1 - 3y_2 - 5y_3$$

$$\text{s.t.}\begin{cases} 2y_1 - 3y_2 - y_3 \leqslant 2 \\ 3y_1 - y_2 - 4y_3 \leqslant 2 \\ 5y_1 - 7y_2 - 6y_3 \leqslant 4 \\ y_1, y_2, y_3 \geqslant 0 \end{cases}$$

（2）令 $x_5 = -x_3, x_4 = x_6 - x_7$，其中 $x_6, x_7 \geqslant 0$。将上述问题转化为如下形式

$$\max z = x_1 + 2x_2 - 3x_5 + 4x_6 - 4x_7$$

$$\text{s.t.}\begin{cases} -x_1 + x_2 + x_5 - 3x_6 + 3x_7 \leqslant 5 & ① \\ x_1 - x_2 - x_5 + 3x_6 - 3x_7 \leqslant -5 & ② \\ -6x_1 - 7x_2 + 3x_5 + 5x_6 - 5x_7 \leqslant -8 & ③ \\ 12x_1 - 9x_2 + 9x_5 + 9x_6 - 9x_7 \leqslant 20 & ④ \\ x_1, x_2, x_5, x_6, x_7 \geqslant 0 \end{cases}$$

设 y_1, y_2, y_3, y_4 分别为与约束条件①②③④相对应的对偶变量。此问题的对偶问题为

$$\min w = 5y_1 - 5y_2 - 8y_3 + 20y_4$$

$$\text{s.t.}\begin{cases} -y_1 + y_2 - 6y_3 + 12y_4 \geqslant 1 \\ y_1 - y_2 - 7y_3 - 9y_4 \geqslant 2 \\ y_1 - y_2 + 3y_3 + 9y_4 \geqslant -3 \\ -3y_1 + 3y_2 + 5y_3 + 9y_4 \geqslant 4 \\ 3y_1 - 3y_2 - 5y_3 - 9y_4 \geqslant -4 \\ y_1, y_2, y_3, y_4 \geqslant 0 \end{cases}$$

设 $y_1' = y_1 - y_2, y_3' = -y_3$，整理得原问题的对偶问题为

$$\min w = 5y_1' + 8y_3' + 20y_4$$

$$\text{s.t.}\begin{cases} -y_1' + 6y_3' + 12y_4 \geqslant 1 \\ y_1' + 7y_3' - 9y_4 \geqslant 2 \\ -y_1' + 3y_3' - 9y_4 \leqslant 3 \\ -3y_1' - 5y_3' + 9y_4 = 4 \\ y_1' \text{无约束}, y_3' \leqslant 0, y_4 \geqslant 0 \end{cases}$$

（3）将上述问题化为如下形式

$$\max(-z)=-\sum_{i=1}^{m}\sum_{j=1}^{n}c_{ij}x_{ij}$$

$$\text{s.t.}\begin{cases}\sum_{j=1}^{n}x_{ij}\leqslant a_i, & (i=1,2,\cdots,m) & ①\\ -\sum_{j=1}^{n}x_{ij}\leqslant -a_i, & (i=1,2,\cdots,m) & ②\\ \sum_{i=1}^{m}x_{ij}\leqslant b_j, & (j=1,2,\cdots,n) & ③\\ -\sum_{i=1}^{m}x_{ij}\leqslant -b_j, & (j=1,2,\cdots,n) & ④\\ x_{ij}\geqslant 0\end{cases}$$

设 $y_i,y'_i,y_{m+j},y'_{m+j}$ 分别为与约束条件①②③④相对应的对偶变量。此问题的对偶问题为

$$\min(-w)=\sum_{i=1}^{m}a_iy_i-\sum_{i=1}^{m}a_iy'_i+\sum_{j=1}^{n}b_iy_{m+j}-\sum_{j=1}^{n}b_jy'_{m+j}$$

$$\text{s.t.}\begin{cases}y_i+y_{m+j}-y'_i-y'_{m+j}\geqslant -c_{ij}\\ y_i,y_{m+j},y'_i,y'_{m+j}\geqslant 0\end{cases}\quad\begin{pmatrix}i=1,2,\cdots,m\\ j=1,2,\cdots,n\end{pmatrix}$$

令 $y''_i=y'_i-y_i,y''_{m+j}=y'_{m+j}-y_{m+j}$，整理得原问题的对偶问题为

$$\max w=\sum_{i=1}^{m}a_iy''_i+\sum_{j=1}^{n}b_jy''_{m+j}$$

$$\text{s.t.}\begin{cases}y''_i+y''_{m+j}\leqslant c_{ij}\\ y''_i,y''_{m+j}\ \text{无约束}\end{cases}\quad\begin{pmatrix}i=1,2,\cdots,m\\ j=1,2,\cdots,n\end{pmatrix}$$

（4）将上述问题化为如下形式

$$\max z=\sum_{j=1}^{n}c_jx_j$$

$$\text{s.t.}\begin{cases}\sum_{j=1}^{n}a_{ij}x_j\leqslant b_i, & (i=1,2,\cdots,m_1,m_1\leqslant m)\\ \sum_{j=1}^{n}a_{ij}x_j\leqslant b_i, & (i=m_1+1,m_2+2,\cdots,m)\\ -\sum_{j=1}^{n}a_{ij}x_j\leqslant b_i, & (i=m_1+1,m_2+2,\cdots,m)\\ x_j\geqslant 0, & (j=1,2,\cdots,n_1,n_1\leqslant n)\\ x_j\ \text{无约束}, & (j=n_1+1,n_1+2,\cdots,n)\end{cases}$$

令 $x_j=x'_j-x''_j$，且 $x'_j,x''_j\geqslant 0\ (j=n_1+1,n_1+2,\cdots,n)$

则得到

$$\max z=\sum_{j=1}^{n_1}c_jx_j+\sum_{j=n_1+1}^{n}c_j(x_j'+x_j'')$$

$$\text{s.t.}\begin{cases}\sum_{j=1}^{n_1}a_{ij}x_j+\sum_{j=n_1+1}^{n}a_{ij}(x_j'-x_j'')\leqslant b_i, & (i=1,2,\cdots,m_1,m_1\leqslant m) & ①\\ \sum_{j=1}^{n_1}a_{ij}x_j+\sum_{j=n_1+1}^{n}a_{ij}(x_j'-x_j'')\leqslant b_i, & (i=m_1+1,m_1+2,\cdots,m) & ②\\ -\sum_{j=1}^{n_1}a_{ij}x_j-\sum_{j=n_1+1}^{n}a_{ij}(x_j'-x_j'')\leqslant -b_i, & (i=m_1+1,m_1+2,\cdots,m) & ③\\ x_j\geqslant 0, & (j=1,2,\cdots,n_1,n_1\leqslant n)\\ x_j',x_j''\geqslant 0, & (j=n_1+1,n_1+2,\cdots,n)\end{cases}$$

设 $y_i(i=1,2,\cdots,m_1)$，$y_i'(i=m_1+1,m_1+2,\cdots,m)$分别为与约束条件①②③相对应的对偶变量。

此问题的对偶问题为

$$\min w=\sum_{i=1}^{m}y_ib_i-\sum_{i=m_1+1}^{m}y_i'b_i$$

$$\text{s.t.}\begin{cases}\sum_{i=1}^{m}y_ia_{ij}-\sum_{i=m_1+1}^{m}y_i'a_{ij}\geqslant c_j, & (j=1,2,\cdots,n)\\ -\sum_{i=1}^{m}y_ia_{ij}-\sum_{i=m_1+1}^{m}y_i'a_{ij}\geqslant -c_j, & (j=n_1+1,n_2+2,\cdots,n)\\ y_i\geqslant 0, & (i=1,2,\cdots,m)\\ y_i'\geqslant 0, & (i=m_1+1,m_1+2,\cdots,m)\end{cases}$$

令
$$y_i''=\begin{cases}y_i, & (i=1,2,\cdots,m_1)\\ y_i-y_i', & (i=m_1+1,m_1+2,\cdots,m)\end{cases}$$

对上式进行整理得到原问题的对偶问题为

$$\min w=\sum_{i=1}^{m}b_jy_i''$$

$$\text{s.t.}\begin{cases}\sum_{i=1}^{m}\alpha_{ij}y_i''\geqslant c_j, & (i=1,2,\cdots,n_1)\\ \sum_{i=1}^{m}\alpha_{ij}y_i''\geqslant c_j, & (i=n_1+1,n_1+2,\cdots,n)\\ y_i''\geqslant 0, & (i=1,2,\cdots,m_1)\\ y_i''\text{无约束}, & (i=m_1+1,m_1+2,\cdots,m)\end{cases}$$

3.4 判断下列说法是否正确。为什么？

（1）如线性规划的原问题存在可行解，则其对偶问题也一定存在可行解；

（2）如线性规划的对偶问题无可行解，则原问题也一定无可行解；

(3) 如果线性规划的原问题和对偶问题都具有可行解,则该线性规划问题一定具有有限最优解。

解 (1) 错误。原问题存在可行解,对偶问题可能存在可行解也可能无可行解。

(2) 错误。线性规划的对偶问题无可行解。则原问题可能无可行解也可能为无界解。

(3) 错误。线性规划问题的原问题和对偶问题都具有可行解,则该线性规划的原问题和对偶问题都有最优解,但最优解可以为唯一最优解,也可能为无穷多个最优解。

3.5 设线性规划问题 1 为

$$\max z_1 = \sum_{j=1}^{n} c_j x_j$$

$$\begin{cases} \sum_{j=1}^{n} \alpha_{ij} x_j \leqslant b_i, & (i=1,2,\cdots,m) \\ x_j \geqslant 0, & (j=1,2,\cdots,n) \end{cases}$$

$(y_1^*,\cdots,y_m^*)$是其对偶问题的最优解。

又设线性规划问题 2 为

$$\max z_2 = \sum_{j=1}^{n} c_j x_j$$

$$\begin{cases} \sum_{j=1}^{n} \alpha_{ij} x_j \leqslant b_i + k_i, & (i=1,2,\cdots,m) \\ x_j \geqslant 0, & (j=1,2,\cdots,n) \end{cases}$$

其中 k_i 是给定的常数。

求证
$$\max z_2 \leqslant \max z_1 + \sum_{i=1}^{m} k_1 y_i^*$$

证明 将原问题用矩阵形式描述如下:

①
$$\max z_1 = \boldsymbol{CX}$$
$$\text{s. t.} \begin{cases} \boldsymbol{AX} \leqslant \boldsymbol{b} \\ \boldsymbol{X} \geqslant \boldsymbol{0} \end{cases}$$

其中 $\boldsymbol{b}=(b_1,b_2,\cdots,b_m)^{\mathrm{T}}$。

设其可行解为 $\boldsymbol{X}_1$,其对偶问题的最优解 $\boldsymbol{Y}_1=(y_1^*,y_2^*,\cdots,y_m^*)$为已知。

②
$$\max z_2 = \boldsymbol{CX}$$
$$\text{s. t.} \begin{cases} \boldsymbol{AX} \leqslant \boldsymbol{b}+\boldsymbol{k} \\ \boldsymbol{X} \geqslant \boldsymbol{0} \end{cases}$$

其中 $\boldsymbol{k}=(k_1,k_2,\cdots,k_m)^{\mathrm{T}}$。

设其可行解为 $\boldsymbol{X}_2$,其对偶问题的最优解为 $\boldsymbol{Y}_2$,②的对偶问题为

$$\min w = \boldsymbol{Y}(\boldsymbol{b}+\boldsymbol{k})$$
$$\text{s. t.} \begin{cases} \boldsymbol{YA} \geqslant \boldsymbol{C} \\ \boldsymbol{Y} \geqslant \boldsymbol{0} \end{cases}$$

因为 $\boldsymbol{Y}_2$ 为最优解,所以 $\boldsymbol{Y}_2(\boldsymbol{b}+\boldsymbol{k}) \leqslant \boldsymbol{Y}_1(\boldsymbol{b}+\boldsymbol{k})$。

因为 $\boldsymbol{X}_2$ 为②的可行解，所以 $\boldsymbol{AX}_2 \leqslant \boldsymbol{b}+\boldsymbol{k}$，$\boldsymbol{Y}_2\boldsymbol{AX}_2 \leqslant \boldsymbol{Y}_2(\boldsymbol{b}+\boldsymbol{k}) \leqslant \boldsymbol{Y}_1\boldsymbol{b}+\boldsymbol{Yk}$。

因为原问题与对偶问题的最优函数值相等。所以 $\max z_2 \leqslant \max z_1 + \sum_{i=1}^{m} k_i y_i^*$。

3.6 已知线性规划问题 $\max z=\boldsymbol{CX}$，$\boldsymbol{AX}=\boldsymbol{b}$，$\boldsymbol{X}\geqslant 0$，分别说明发生下列情况时，其对偶问题的解的变化：

(1) 问题的第 k 个约束条件乘上常数 $\lambda(\lambda\neq 0)$；

(2) 将第 k 个约束条件乘上常数 $\lambda(\lambda\neq 0)$后加到第 r 个约束条件上；

(3) 目标函数 $\max z=\lambda \boldsymbol{CX}(\lambda\neq 0)$；

(4) 模型中 $\boldsymbol{X}=(x_1,x_2,\cdots,x_n)^{\mathrm{T}}$，用 $\boldsymbol{X}'=(3x_1',x_2,\cdots,x_n)^{\mathrm{T}}$ 代换。

解 (1) 因为对偶变量 $\boldsymbol{Y}=\boldsymbol{C}_B\boldsymbol{B}^{-1}$，第 k 个约束条件乘上 $\lambda(\lambda\neq 0)$，即 $\boldsymbol{B}^{-1}$ 的 k 列将为变化前的 $\frac{1}{\lambda}$，则对偶问题变化后的解为

$$y_k'=\frac{1}{\lambda}y_k,\quad y_i'=y_i\quad (i\neq k)$$

(2) 与前类似，对偶问题变化后的解为

$$y_r'=\frac{b_r}{b_r+\lambda b_r}y_r,\quad y_i'=y_i\quad (i\neq r)$$

(3) $y_i'=\lambda y_i\quad (i=1,2,\cdots,m)$

(4) $y_i'=y_i\quad (i=1,2,\cdots,m)$

3.7 已知线性规划问题

$$\max z=c_1x_1+c_2x_2+c_3x_3$$

$$\begin{bmatrix}a_{11}\\a_{21}\end{bmatrix}x_1+\begin{bmatrix}a_{12}\\a_{22}\end{bmatrix}x_2+\begin{bmatrix}a_{13}\\a_{23}\end{bmatrix}x_3+\begin{bmatrix}1\\0\end{bmatrix}x_4+\begin{bmatrix}0\\1\end{bmatrix}x_5=\begin{bmatrix}b_1\\b_2\end{bmatrix}$$

$$x_j\geqslant 0,\quad (j=1,\cdots,5)$$

用单纯形法求解，得到最终单纯形表如表 3-6 所示。

(1) 求 $a_{11},a_{12},a_{13},a_{21},a_{22},a_{23},b_1,b_2$ 的值；

(2) 求 c_1,c_2,c_3 的值。

表 3-6

$\boldsymbol{X}_B$	$\boldsymbol{b}$	x_1	x_2	x_3	x_4	x_5
x_3	$\frac{3}{2}$	1	0	1	$\frac{1}{2}$	$-\frac{1}{2}$
x_2	2	$\frac{1}{2}$	1	0	-1	2
c_j-z_j		-3	0	0	0	-4

解 (1) 初始单纯形表的增广矩阵为

$$\boldsymbol{C}_1=\left[\begin{array}{ccccc:c}a_{11}&a_{12}&a_{13}&1&0&b_1\\a_{21}&a_{22}&a_{23}&0&1&b_2\end{array}\right]$$

最终单纯形表的增广矩阵为

$$C_2=\left[\begin{array}{ccccc|c}1 & 0 & 1 & \frac{1}{2} & -\frac{1}{2} & \frac{3}{2}\\ \frac{1}{2} & 1 & 0 & -1 & 2 & 2\end{array}\right]$$

C_2 矩阵是由 C_1 矩阵作初等变换得来的，故将 C_2 作初等变换，使得 C_2 的第 4 列和第 5 列的矩阵成为 C_1 中的单位矩阵。

$$\left[\begin{array}{ccccc|c}1 & 0 & 1 & \frac{1}{2} & -\frac{1}{2} & \frac{3}{2}\\ \frac{1}{2} & 1 & 0 & -1 & 2 & 2\end{array}\right]\to\left[\begin{array}{ccccc|c}2 & 0 & 2 & 1 & -1 & 3\\ \frac{5}{2} & 1 & 2 & 0 & 1 & 5\end{array}\right]\to\left[\begin{array}{ccccc|c}\frac{9}{2} & 1 & 4 & 1 & 0 & 8\\ \frac{5}{2} & 1 & 2 & 0 & 1 & 5\end{array}\right]$$

所以 $a_{11}=\frac{9}{2},a_{12}=1,a_{13}=4,a_{21}=\frac{5}{2},a_{22}=1,a_{23}=2,b_1=8,b_2=5$。

(2) 由检验的计算可得

$$c_1-\left(c_3+\frac{1}{2}c_2\right)=-3$$

$$0-\left(\frac{1}{2}c_3-c_2\right)=0$$

$$0-\left(-\frac{1}{2}c_3+2c_2\right)=-4$$

解得：$c_1=7,c_2=4,c_3=8$。

3.8 已知线性规划问题

$$\max z=2x_1+x_2+5x_3+6x_4 \qquad \text{对偶变量}$$

$$\begin{cases}2x_1+x_3+x_4\leqslant 8 & y_1\\ 2x_1+2x_2+x_3+2x_4\leqslant 12 & y_2\\ x_j\geqslant 0,\quad (j=1,\cdots,4)\end{cases}$$

其对偶问题的最优解为 $y_1^*=4,y_2^*=1$，试应用对偶问题的性质，求原问题的最优解。

解 该问题的对偶问题为

$$\min w=8y_1+12y_2$$

$$\text{s.t.}\begin{cases}2y_1+2y_2\geqslant 2 & ①\\ 2y_2\geqslant 1 & ②\\ y_1+y_2\geqslant 5 & ③\\ y_1+2y_2\geqslant 6 & ④\\ y_1,y_2\geqslant 0\end{cases}$$

由互补松弛性：若 $\hat{X},\hat{Y}$ 分别是原问题和对偶问题的可行解，那么 $\hat{Y}X_S=0$ 和 $Y_S\hat{X}=0$，当且仅当 $\hat{X}$ 与 $\hat{Y}$ 为最优解。

设 $X^*=(x_1^*,x_2^*,x_3^*,x_4^*)^T$ 为原问题的最优解。

$$X_S=(x_5,x_6)^T$$

其中 x_5,x_6 为原问题约束条件的松弛变量，而

$$Y^*=(y_1^*,y_2^*)=(4,1)$$

为对偶问题的最优解。

$$Y_S=(y_3,y_4,y_5,y_6)$$

其中，y_3,y_4,y_5,y_6 为与条件①②③④相对应的松弛变量。

所以 $Y^*X_S=0$ 且 $Y_SX^*=0$。

因为 $y_1^*=4,y_2^*=1$。所以条件③④为等式，故 $y_5=y_6=0$。条件①②为不等式，故 $y_3\neq0,y_4\neq0$

由 $Y_SX^*=0$，即

$$y_3x_1^*+y_4x_2^*+y_5x_3^*+y_6x_4^*=0$$

得 $$x_1^*=x_2^*=0$$

因为 $$y_1,y_2>0$$

由 $$Y^*X_S=0$$

即 $$y_1^*x_5+y_2^*x_6=0$$

得 $$x_5=x_6=0$$

即原问题的约束条件应取等号。

所以
$$\begin{cases}x_3+x_4=8\\x_3+2x_4=12\end{cases}$$

解得
$$\begin{cases}x_3=4\\x_4=4\end{cases}$$

所以原问题的最优解为 $X^*=(0,0,4,4)^T$

目标函数最优值 $\max z=2\times0+1\times0+5\times4+6\times4=44$

3.9 试用对偶单纯形法求解下列线性规划问题。

（1）$\min z=x_1+x_2$

$$\begin{cases}2x_1+x_2\geqslant4\\x_1+7x_2\geqslant7\\x_1,x_2\geqslant0\end{cases}$$

（2）$\min z=3x_1+2x_2+x_3+4x_4$

$$\begin{cases}2x_1+4x_2+5x_3+x_4\geqslant0\\3x_1-x_2+7x_3-2x_4\geqslant2\\5x_1+2x_2+x_3+6x_4\geqslant15\\x_1,x_2,x_3,x_4\geqslant0\end{cases}$$

解（1） 令 $z'=-z$，将上述问题转化为如下形式：

$$\max z'=-x_1-x_2+0\cdot x_3+0\cdot x_4$$

$$\text{s.t.}\begin{cases}-2x_1-x_2+x_3=-4\\-x_1-7x_2+x_4=-7\\x_1,x_2,x_3,x_4\geqslant0\end{cases}$$

对于此线性规划问题，列出初始单纯形表，利用对偶单纯形法求解，见表 3-7。

表 3-7

c_j			-1	-1	0	0
$\boldsymbol{C}_B$	$\boldsymbol{X}_B$	$\boldsymbol{b}$	x_1	x_2	x_3	x_4
0	x_3	-4	-2	-1	1	0
0	x_4	-7	-1	[-7]	0	1
$-z'$		-1	-1	0	0	

续表

c_j			-1	-1	0	0
C_B	X_B	b	x_1	x_2	x_3	x_4
0	x_3	-3	$\left[-\frac{13}{7}\right]$	0	1	$-\frac{1}{7}$
-1	x_2	1	$\frac{1}{7}$	1	0	$-\frac{1}{7}$
$-z'$		1	$-\frac{6}{7}$	0	0	$-\frac{1}{7}$
-1	x_1	$\frac{21}{13}$	1	0	$-\frac{7}{13}$	$\frac{1}{13}$
-1	x_2	$\frac{10}{13}$	0	1	$\frac{1}{13}$	$-\frac{2}{13}$
$-z'$		$\frac{31}{13}$	0	0	$-\frac{6}{13}$	$-\frac{1}{13}$

由表 3-7 可得原线性规划问题的最优解

$$\boldsymbol{X}^*=\left(\frac{21}{13},\frac{10}{13},0,0\right)^{\mathrm{T}}$$

目标函数最优值
$$\min z=-\max z'=\frac{31}{13}$$

(2) 令 $z'=-z$,将上述问题转化为如下形式:

$$\max z'=-3x_1-2x_2-x_3-4x_4+0\cdot x_5+0\cdot x_6+0\cdot x_7$$

$$\text{s. t.}\begin{cases}-2x_1-4x_2-5x_3-x_4+x_5=0\\-3x_1+x_2-7x_3+2x_4+x_6=-2\\-5x_1-2x_2-x_3-6x_4+x_7=-15\\x_1,x_2,x_3,x_4,x_5,x_6,x_7\geqslant 0\end{cases}$$

对于此线性规划问题,列出初始单纯形表,利用对偶单纯形法进行求解,见表 3-8。

表 3-8

c_j			-3	-2	-1	-4	0	0	0
C_B	X_B	b	x_1	x_2	x_3	x_4	x_5	x_6	x_7
0	x_5	0	-2	-4	-5	-1	1	0	0
0	x_6	-2	-3	1	-7	2	0	1	0
0	x_7	-15	$[-5]$	-2	-1	-6	0	0	1
$-z'$		0	-3	-2	-1	-4	0	0	0
0	x_5	6	0	$-\frac{16}{5}$	$-\frac{23}{5}$	$\frac{7}{5}$	1	0	$-\frac{2}{5}$
0	x_6	7	0	$\frac{11}{5}$	$-\frac{32}{5}$	$\frac{28}{5}$	0	1	$-\frac{3}{5}$
-3	x_1	3	1	$\frac{2}{5}$	$\frac{1}{5}$	$\frac{6}{5}$	0	0	$-\frac{1}{5}$
$-z'$		9	0	$-\frac{4}{5}$	$-\frac{2}{5}$	$-\frac{2}{5}$	0	0	$-\frac{3}{5}$

由表 3-8 可得原线性规划问题的最优解

$$\boldsymbol{X}^{*}=(3,0,0,0,6,7,0)^{\mathrm{T}}$$

目标函数最优值 $\min z=-\max z'=9$

3.10 兹有线性规划问题

$$\max z=-5x_1+5x_2+13x_3$$

$$\begin{cases}-x_1+x_2+3x_3\leqslant 20 & ①\\ 12x_1+4x_2+10x_3\leqslant 90 & ②\\ x_1,x_2,x_3\geqslant 0\end{cases}$$

先用单纯形法求出最优解，然后分析在下列各种条件下，最优解分别有什么变化？

(1) 约束条件①的右端常数由 20 变为 30；

(2) 约束条件②的右端常数由 90 变为 70；

(3) 目标函数中 x_3 的系数由 13 变为 8；

(4) x_1 的系数列向量由 $\begin{bmatrix}-1\\12\end{bmatrix}$ 变为 $\begin{bmatrix}0\\5\end{bmatrix}$；

(5) 增加一个约束条件③ $2x_1+3x_2+5x_3\leqslant 50$；

(6) 将原约束条件②改变为 $10x_1+5x_2+10x_3\leqslant 100$。

解 将原问题划为标准型得

$$\max z=-5x_1+5x_2+13x_3+0\cdot x_4+0\cdot x_5$$

$$\text{s.t.}\begin{cases}-x_1+x_2+3x_3+x_4=20\\ 12x_1+4x_2+10x_3+x_5=90\\ x_1,x_2,x_3,x_4,x_5\geqslant 0\end{cases}$$

对于此线性规划问题，用单纯形法进行求解，见表 3-9。

表 3-9

c_j			-5	5	13	0	0	θ_i
$\boldsymbol{C}_B$	$\boldsymbol{X}_B$	$\boldsymbol{b}$	x_1	x_2	x_3	x_4	x_5	
0	x_4	20	-1	1	[3]	1	0	$\frac{20}{3}$
0	x_5	90	12	4	10	0	1	9
$-z$		0	-5	5	13	0	0	
13	x_3	$\frac{20}{3}$	$-\frac{1}{3}$	$\left[\frac{1}{3}\right]$	1	$\frac{1}{3}$	0	20
0	x_5	$\frac{70}{3}$	$\frac{46}{3}$	$\frac{2}{3}$	0	$-\frac{10}{3}$	1	35
$-z$		$-\frac{260}{3}$	$-\frac{2}{3}$	$\frac{2}{3}$	0	$-\frac{13}{3}$	0	
5	x_2	20	-1	1	3	1	0	
0	x_5	10	16	0	-2	-4	1	
$-z$		-100	0	0	-2	-5	0	

由表 3-9 可得原线性规划问题的最优解为

$$\boldsymbol{X}^{*}=(0,20,0,0,10)^{\mathrm{T}}$$

目标函数的最优值 $\max z=100$

因为非基变量 x_1 的检验数 $\sigma_1=0$,所以原线性规划问题有无穷多最优解。

(1) 约束条件 θ 的右端常数由 20 变为 30,则

$$\Delta \boldsymbol{b}'=\boldsymbol{B}^{-1}\Delta \boldsymbol{b}=\begin{bmatrix}1 & 0\\ -4 & 1\end{bmatrix}\begin{bmatrix}10\\ 0\end{bmatrix}=\begin{bmatrix}10\\ -40\end{bmatrix}$$

所以
$$\boldsymbol{b}'=\boldsymbol{b}+\Delta \boldsymbol{b}'=\begin{bmatrix}20\\ 10\end{bmatrix}+\begin{bmatrix}10\\ -40\end{bmatrix}=\begin{bmatrix}30\\ -30\end{bmatrix}$$

在表 3-9 的基础上,列出单纯形表,对于此问题,由于检验数均为非正,而初始解为非可行解,所以用对偶单纯形法进行求解,见表 3-10。

表 3-10

c_j			-5	5	13	0	0
$\boldsymbol{C}_B$	$\boldsymbol{X}_B\boldsymbol{b}$	$\boldsymbol{b}$	x_1	x_2	x_3	x_4	x_5
5	x_2	30	-1	1	3	1	0
0	x_5	-30	16	0	[-2]	-4	1
$-z$		-150	0	0	-2	-5	0
5	x_2	-15	23	1	0	[-5]	$\frac{3}{2}$
13	x_3	15	-8	0	1	2	$-\frac{1}{2}$
$-z$		-120	-16	0	0	-1	-1
0	x_4	3	$-\frac{23}{5}$	$-\frac{1}{5}$	0	1	$-\frac{3}{10}$
13	x_3	9	$\frac{6}{5}$	$\frac{2}{5}$	1	0	$\frac{1}{10}$
$-z$		-117	$-\frac{103}{5}$	$-\frac{1}{5}$	0	0	$-\frac{13}{10}$

由表 3-10 可得,线性规划问题的最优解发生了变化,其最优解为

$$\boldsymbol{X}^*=(0,0,9,3,0)^{\mathrm{T}}$$

目标函数的最优值为
$$\max z=117$$

(2) 约束条件②的右端常数由 90 变为 70

$$\Delta \boldsymbol{b}'=\boldsymbol{B}^{-1}\Delta \boldsymbol{b}=\begin{bmatrix}1 & 0\\ -4 & 1\end{bmatrix}\begin{bmatrix}0\\ -20\end{bmatrix}=\begin{bmatrix}0\\ -20\end{bmatrix}$$

所以
$$\boldsymbol{b}'=\boldsymbol{b}+\Delta \boldsymbol{b}'=\begin{bmatrix}20\\ 10\end{bmatrix}+\begin{bmatrix}0\\ -20\end{bmatrix}=\begin{bmatrix}20\\ -10\end{bmatrix}$$

在表 3-9 的基础上列出单纯形表,对于此问题,由于检验数均为非正,而初始解为非可行解,所以用对偶单纯形法进行求解,见表 3-11。

表 3-11

c_j			-5	5	13	0	0
$\boldsymbol{C}_B$	$\boldsymbol{X}_B$	$\boldsymbol{b}$	x_1	x_2	x_3	x_4	x_5
5	x_2	20	-1	1	3	1	0
0	x_5	-10	16	0	[-2]	-4	1
$-z$		-100	0	0	-2	-5	0

续表

c_j			−5	5	13	0	0
C_B	X_B	b	x_1	x_2	x_3	x_4	x_5
5	x_2	5	23	1	0	−5	$\frac{3}{2}$
13	x_3	5	−8	0	1	2	$-\frac{1}{2}$
$-z$		−90	−16	0	0	−1	−1

由表 3-11 可得，线性规划问题的最优解发生了变化，其最优解为

$$X^*=(0,5,5,0,0)^{\mathrm{T}}$$

目标函数的最优值为

$$\max z=90$$

(3) 目标函数中 x_3 的系数由 13 变为 8

由表 3-9 可知：x_3 为非基变量，此时其检验数

$$\sigma'_3=8-[5\times 3+0\times(-2)]=-7<0$$

所以线性规划问题的最优解不变。

(4) x_1 的系数列向量由 $\begin{bmatrix}-1\\12\end{bmatrix}$ 变为 $\begin{bmatrix}0\\5\end{bmatrix}$

由表 3-9 可知：x_1 为非基变量，此时其检验数

$$\sigma'_1=c_1-\boldsymbol{C}_B\boldsymbol{B}^{-1}\boldsymbol{P}_1=-5-(5,0)\begin{bmatrix}1&0\\-4&1\end{bmatrix}\begin{bmatrix}0\\5\end{bmatrix}$$

$$=-5-(5,0)\begin{bmatrix}0\\5\end{bmatrix}=-5<0$$

所以线性规划问题的最优解不变。

(5) 增加一个约束条件③ $2x_1+3x_2+5x_3\leqslant 50$

在③式加入松弛变量 x_6，得 $2x_1+3x_2+5x_3+x_6=50$。

在表 3-9 的基础上加入上述约束条件后用对偶单纯形表进行求解，见表 3-12。

表 3-12

c_j			−5	5	13	0	0	0
C_B	X_B	b	x_1	x_2	x_3	x_4	x_5	x_6
5	x_2	20	−1	1	3	1	0	0
0	x_5	10	16	0	−2	−4	1	0
0	x_6	50	2	3	5	0	0	1
5	x_2	20	−1	1	3	1	0	0
0	x_5	10	16	0	−2	−4	1	0
0	x_6	−10	5	0	[−4]	−3	0	1
$-z$		−100	0	0	−2	−5	0	0
5	x_2	$\frac{25}{2}$	$\frac{11}{4}$	1	0	$-\frac{5}{4}$	0	$\frac{3}{4}$
0	x_5	15	$\frac{27}{2}$	0	0	$-\frac{5}{2}$	1	$-\frac{1}{2}$

续表

c_j			-5	5	13	0	0	0
$\boldsymbol{C}_B$	$\boldsymbol{X}_B$	$\boldsymbol{b}$	x_1	x_2	x_3	x_4	x_5	x_6
13	x_3	$\frac{5}{2}$	$-\frac{5}{4}$	0	1	$\frac{3}{4}$	0	$-\frac{1}{4}$
$-z$		-95	$-\frac{5}{2}$	0	0	$-\frac{7}{2}$	0	$-\frac{1}{2}$

由表 3-12 可得，线性规划问题的最优解发生了变化，其最优解

$$\boldsymbol{X}^* = \left(0, \frac{25}{2}, \frac{5}{2}, 0, 15, 0\right)^{\mathrm{T}}$$

目标函数的最优值为 $\max z = 95$

(6) 将原约束条件②改为 $10x_1 + 5x_2 + 10x_3 \leqslant 100$

$$\boldsymbol{P}_1'' = \boldsymbol{B}^{-1}\boldsymbol{P}_1' = \begin{bmatrix} 1 & 0 \\ -4 & 1 \end{bmatrix}\begin{bmatrix} -1 \\ 10 \end{bmatrix} = \begin{bmatrix} -1 \\ 14 \end{bmatrix}$$

$$\boldsymbol{P}_2'' = \boldsymbol{B}^{-1}\boldsymbol{P}_2' = \begin{bmatrix} 1 & 0 \\ -4 & 1 \end{bmatrix}\begin{bmatrix} 1 \\ 5 \end{bmatrix} = \begin{bmatrix} 1 \\ 1 \end{bmatrix}$$

$\boldsymbol{P}_3, \boldsymbol{P}_4, \boldsymbol{P}_5$ 并未发生变化

$$\boldsymbol{b}'' = \boldsymbol{B}^{-1}\boldsymbol{b}' = \begin{bmatrix} 1 & 0 \\ -4 & 1 \end{bmatrix}\begin{bmatrix} 20 \\ 100 \end{bmatrix} = \begin{bmatrix} 20 \\ 20 \end{bmatrix}$$

所以 $\sigma_1' = -5 - [5 \times (-1) + 0 \times 14] = 0$，$\sigma_2' = 5 - [5 \times 1 + 0 \times 1] = 0$，$\sigma_3, \sigma_4, \sigma_5$ 并未发生变化。

故线性规划问题的最优解不发生变化。

3.11 已知某工厂计划生产Ⅰ，Ⅱ，Ⅲ三种产品，各产品需要在 A, B, C 设备上加工，有关数据见表 3-13。

表 3-13

	Ⅰ	Ⅱ	Ⅲ	设备有效台时(月)
A	8	2	10	300
B	10	5	8	400
C	2	13	10	420
单位产品利润(千元)	3	2	2.9	

试回答：

(1) 如何充分发挥设备能力，使生产盈利最大？

(2) 若为了增加产量，可借用其他工厂的设备 B，每月可借用 60 台时，租金为 1.8 万元，问借用 B 设备是否合算？

(3) 若另有两种新产品Ⅳ，Ⅴ，其中Ⅳ需用设备 A—12 台时，B—5 台时，C—10 台时，单位产品盈利 2.1 千元；新产品Ⅴ需用设备 A—4 台时，B—4 台时，C—12 台时，单位产品盈利 1.87 千元。如 A, B, C 设备台时不增加，分别回答这两种新产品投产在经济上是否合算？

（4）对产品工艺重新进行设计，改进构造。改进后生产每件产品Ⅰ，需用设备 A—9 台时，设备 B—12 台时，设备 C—4 台时，单位产品盈利 4.5 千元，问这对原计划有何影响？

解（1）设产品Ⅰ，Ⅱ，Ⅲ的产量分别为 x_1, x_2, x_3，由题目所给的数据，可以得到以下的数学模型：

$$\max z = 3x_1 + 2x_2 + 2.9x_3$$

$$\text{s.t.}\begin{cases} 8x_1 + 2x_2 + 10x_3 \leqslant 300 \\ 10x_1 + 5x_2 + 8x_3 \leqslant 400 \\ 2x_1 + 13x_2 + 10x_3 \leqslant 420 \\ x_1, x_2, x_3 \geqslant 0 \end{cases}$$

将上述问题转化为标准型，得

$$\max z = 3x_1 + 2x_2 + 2.9x_3 + 0 \cdot x_4 + 0 \cdot x_5 + 0 \cdot x_6$$

$$\text{s.t.}\begin{cases} 8x_1 + 2x_2 + 10x_3 + x_4 = 300 \\ 10x_1 + 5x_2 + 8x_3 + x_5 = 400 \\ 2x_1 + 13x_2 + 10x_3 + x_6 = 420 \\ x_1, x_2, x_3, x_4, x_5, x_6 \geqslant 0 \end{cases}$$

对于此线性规划问题，用单纯形法求解，见表 3-14。

表 3-14

c_j			3	2	2.9	0	0	0	θ_i
$\boldsymbol{C}_B$	$\boldsymbol{X}_B$	$\boldsymbol{b}$	x_1	x_2	x_3	x_4	x_5	x_6	
0	x_4	300	[8]	2	10	1	0	0	$\frac{75}{2}$
0	x_5	400	10	5	8	0	1	0	40
0	x_6	420	2	13	10	0	0	1	210
$-z$		0	3	2	2.9	0	0	0	
3	x_1	$\frac{75}{2}$	1	$\frac{1}{4}$	$\frac{5}{4}$	$\frac{1}{8}$	0	0	150
0	x_5	25	0	$\left[\frac{5}{2}\right]$	$-\frac{9}{2}$	$-\frac{5}{4}$	1	0	10
0	x_6	345	0	$\frac{25}{2}$	$\frac{15}{2}$	$-\frac{1}{4}$	0	1	$\frac{138}{5}$
$-z$		$-\frac{225}{2}$	0	$\frac{5}{4}$	$-\frac{17}{20}$	$-\frac{3}{8}$	0	0	
3	x_1	35	1	0	$\frac{17}{10}$	$\frac{1}{4}$	$-\frac{1}{10}$	0	$\frac{350}{17}$
2	x_2	10	0	1	$-\frac{9}{5}$	$-\frac{1}{2}$	$\frac{2}{5}$	0	—
0	x_6	220	0	0	[30]	6	-5	1	$\frac{22}{3}$
$-z$		-125	0	0	$\frac{7}{5}$	$\frac{1}{4}$	$-\frac{1}{2}$	0	

续表

c_j			3	2	2.9	0	0	0	θ_i
$\boldsymbol{C}_B$	$\boldsymbol{X}_B$	$\boldsymbol{b}$	x_1	x_2	x_3	x_4	x_5	x_6	
3	x_1	$\frac{338}{15}$	1	0	0	$-\frac{9}{100}$	$\frac{11}{60}$	$-\frac{17}{300}$	
2	x_2	$\frac{116}{5}$	0	1	0	$-\frac{7}{50}$	$\frac{1}{10}$	$\frac{3}{50}$	
2.9	x_3	$\frac{22}{3}$	0	0	1	$\frac{1}{5}$	$-\frac{1}{6}$	$\frac{1}{30}$	
$-z$		$-\frac{2\,029}{15}$	0	0	0	$-\frac{3}{100}$	$-\frac{4}{15}$	$-\frac{7}{150}$	

由表 3-14 可得原线性规划问题的最优解

$$\boldsymbol{X}^* = \left(\frac{338}{15}, \frac{116}{5}, \frac{22}{3}, 0, 0, 0\right)^{\mathrm{T}}$$

目标函数的最优值

$$\max z = \frac{2\,029}{15}$$

（2）由表 3-10 可知，设备 B 的影子价格为 $\frac{4}{15}$（千元/台时），而借用设备的租金为 $\frac{18}{60}=0.3$（千元/台时）$>\frac{4}{15}$（千元/台时）。

所以借用 B 设备不合算。

（3）设Ⅳ和Ⅴ生产的产量分别为 x_7，x_8，其系数列向量分别为

$$\boldsymbol{P}_7 = (12,5,10)^{\mathrm{T}}, \quad \boldsymbol{P}_8 = (4,4,12)^{\mathrm{T}}$$

则其各自在最终单纯形表对应的列向量分别为

$$\boldsymbol{P}'_7=\boldsymbol{B}^{-1}\boldsymbol{P}_7 = \begin{pmatrix} -\frac{9}{100} & \frac{11}{60} & -\frac{17}{300} \\ -\frac{7}{50} & \frac{1}{10} & \frac{3}{50} \\ \frac{1}{5} & -\frac{1}{6} & \frac{1}{30} \end{pmatrix} \begin{bmatrix} 12 \\ 5 \\ 10 \end{bmatrix} = \begin{pmatrix} -\frac{73}{100} \\ -\frac{29}{50} \\ \frac{19}{10} \end{pmatrix}$$

其检验数为

$$\sigma_7 = 2.1 - \left[3 \times \left(-\frac{73}{100}\right) + 2 \times \left(-\frac{29}{50}\right) + 2.9 \times \frac{19}{10}\right] = -0.06 < 0$$

所以生产产品Ⅳ不合算。

$$\boldsymbol{P}'_8=\boldsymbol{B}^{-1}\boldsymbol{P}_8 = \begin{pmatrix} -\frac{9}{100} & \frac{11}{60} & -\frac{17}{300} \\ -\frac{7}{50} & \frac{1}{10} & \frac{3}{50} \\ \frac{1}{5} & -\frac{1}{6} & \frac{1}{30} \end{pmatrix} \begin{bmatrix} 4 \\ 4 \\ 12 \end{bmatrix} = \begin{pmatrix} -\frac{23}{75} \\ \frac{14}{25} \\ \frac{8}{15} \end{pmatrix}$$

其检验数为

$$\sigma_8 = 1.87 - \left[3\times\left(-\frac{23}{75}\right)+2\times\frac{14}{25}+2.9\times\frac{8}{15}\right]=\frac{37}{300}>0$$

所以生产产品V合算。

在表3-14的基础上加入一列，列出初始单纯形表，用单纯形法进行迭代，见表3-15。

表 3-15

c_j			3	2	2.9	0	0	0	1.87	θ_i
C_B	X_B	b	x_1	x_2	x_3	x_4	x_5	x_6	x_8	
3	x_1	$\frac{338}{15}$	1	0	0	$-\frac{9}{100}$	$\frac{11}{60}$	$-\frac{17}{300}$	$-\frac{23}{75}$	—
2	x_2	$\frac{116}{5}$	0	1	0	$-\frac{7}{50}$	$\frac{1}{10}$	$\frac{3}{50}$	$\frac{14}{25}$	$\frac{290}{7}$
2.9	x_3	$\frac{22}{3}$	0	0	1	$\frac{1}{5}$	$-\frac{1}{6}$	$\frac{1}{30}$	$\left[\frac{8}{15}\right]$	$\frac{55}{4}$
$-z$		$-\frac{2\,029}{15}$	0	0	0	$-\frac{3}{100}$	$-\frac{4}{15}$	$-\frac{7}{150}$	$\frac{37}{300}$	
3	x_1	$\frac{107}{4}$	1	0	$\frac{23}{40}$	$\frac{1}{40}$	$\frac{7}{80}$	$-\frac{3}{80}$	0	
2	x_2	$\frac{31}{2}$	0	1	$-\frac{21}{20}$	$-\frac{7}{20}$	$\frac{11}{40}$	$\frac{1}{40}$	0	
1.87	x_8	$\frac{55}{4}$	0	0	$\frac{15}{8}$	$\frac{3}{8}$	$-\frac{5}{16}$	$\frac{1}{16}$	1	
$-z$		$-\frac{10\,957}{80}$	0	0	$-\frac{37}{160}$	$-\frac{61}{800}$	$-\frac{73}{320}$	$-\frac{87}{1\,600}$	0	

由表3-15可得线性规划问题的最优解

$$\boldsymbol{X}^* = \left(\frac{107}{4},\frac{31}{2},0,0,0,0,\frac{55}{4}\right)^{\mathrm{T}}$$

目标函数的最优值 $\max z = \dfrac{10\,957}{80}$

（4）改进后

$$c_1' = 4.5,\quad \boldsymbol{P}_1' = (9,12,4)^{\mathrm{T}}$$

此时其检验数为

$$\begin{aligned}\sigma_1' &= c_1' - \boldsymbol{C}_B\boldsymbol{B}^{-1}\boldsymbol{P}_1' \\ &= 4.5-(3,2,2.9)\begin{pmatrix}-\frac{9}{100} & \frac{11}{60} & -\frac{17}{300}\\ -\frac{7}{50} & \frac{1}{10} & \frac{3}{50}\\ \frac{1}{5} & -\frac{1}{6} & \frac{1}{30}\end{pmatrix}\begin{bmatrix}9\\12\\4\end{bmatrix} \\ &= 4.5-\left(\frac{3}{100},\frac{4}{15},\frac{7}{150}\right)\begin{bmatrix}9\\12\\4\end{bmatrix}=\frac{253}{300}>0\end{aligned}$$

所以改进技术后能够带来更多的经济效益。

3.12　分析下列参数规则中当 t 变化时最优解的变化情况。

(1) $\max z(t)=(3-6t)x_1+(2-2t)x_2+(5-5t)x_3 \quad (t\geqslant 0)$

$$\begin{cases} x_1+2x_2+x_3\leqslant 430 \\ 3x_1+2x_3\leqslant 460 \\ x_1+4x_2\leqslant 420 \\ x_1,x_2,x_3\geqslant 0 \end{cases}$$

(2) $\max z(t)=(7+2t)x_1+(12+t)x_2+(10-t)x_3 \quad (t\geqslant 0)$

$$\begin{cases} x_1+x_2+x_3\leqslant 20 \\ 2x_1+2x_2+x_3\leqslant 30 \\ x_1,x_2,x_3\geqslant 0 \end{cases}$$

(3) $\max z(t)=2x_1+x_2 \quad (0\leqslant t\leqslant 25)$

$$\begin{cases} x_1\leqslant 10+2t \\ x_1+x_2\leqslant 25-t \\ x_2\leqslant 10+2t \\ x_1,x_2\geqslant 0 \end{cases}$$

(4) $\max z(t)=21x_1+12x_2+18x_3+15x_4 \quad (0\leqslant t\leqslant 59)$

$$\begin{cases} 6x_1+3x_2+6x_3+3x_4\leqslant 30+t \\ 6x_1-3x_2+12x_3+6x_4\leqslant 78-t \\ 9x_1+3x_2-6x_3+9x_4\leqslant 135-2t \\ x_j\geqslant 0, \quad (j=1,2,3,4) \end{cases}$$

解　(1) 将上述问题化为标准型：

$$\max z(t)=(3-6t)x_1+(2-2t)x_2+(5-5t)x_3+ 0\cdot x_4+0\cdot x_5+0\cdot x_6 \quad (t\geqslant 0)$$

$$\text{s. t.}\begin{cases} x_1+2x_2+x_3+x_4=430 \\ 3x_1+2x_3+x_5=460 \\ x_1+4x_2+x_6=420 \\ x_1,x_2,x_3,x_4,x_5,x_6\geqslant 0 \end{cases}$$

令 $t=0$，用单纯形法进行求解，见表 3-16。

表　3-16

c_j			3	2	5	0	0	0	θ_i
$\boldsymbol{C}_B$	$\boldsymbol{X}_B$	$\boldsymbol{b}$	x_1	x_2	x_3	x_4	x_5	x_6	
0	x_4	430	1	2	1	1	0	0	430
0	x_5	460	3	0	[2]	0	1	0	230
0	x_6	420	1	4	0	0	0	1	—
$-z$		0	3	2	5	0	0	0	
0	x_4	200	$-\frac{1}{2}$	[2]	0	1	$-\frac{1}{2}$	0	100

续表

c_j			3	2	5	0	0	0	θ_i
C_B	X_B	b	x_1	x_2	x_3	x_4	x_5	x_6	
5	x_3	230	$\frac{3}{2}$	0	1	0	$\frac{1}{2}$	0	—
0	x_6	420	1	4	0	0	0	1	105
$-z$		$-1\ 150$	$-\frac{9}{2}$	2	0	0	$-\frac{5}{2}$	0	
2	x_2	100	$-\frac{1}{4}$	1	0	$\frac{1}{2}$	$-\frac{1}{4}$	0	
5	x_3	230	$\frac{3}{2}$	0	1	0	$\frac{1}{2}$	0	
0	x_6	20	2	0	0	-2	1	1	
$-z$		$-1\ 350$	-4	0	0	-1	-2	0	

下面将 C 的变化直接反映到最终表中,见表 3-17。

表 3-17

c_j			$3-6t$	$2-2t$	$5-5t$	0	0	0	θ_i
C_B	X_B	b	x_1	x_2	x_3	x_4	x_5	x_6	
$2-2t$	x_2	100	$-\frac{1}{4}$	1	0	$\frac{1}{2}$	$-\frac{1}{4}$	0	—
$5-5t$	x_3	230	$\frac{3}{2}$	0	1	0	$\frac{1}{2}$	0	460
0	x_6	20	2	0	0	-2	[1]	1	20
$-z$		$1\ 350t$ $-1\ 350$	$t-4$	0	0	$t-1$	$2t-2$	0	

t 开始增大,当 $t>1$ 时,首先出现 $\sigma_4,\sigma_5>0$。所以当 $0\leqslant t\leqslant 1$ 时得最优解

$$X^*=(0,100,230,0,0,20)^{\mathrm{T}}$$

目标函数的最优值 $\max z(t)=1\ 350(1-t),(0\leqslant t\leqslant 1)$

$t=1$ 为第一临界点。

当 $t>1$ 时,$\sigma_4>0,\sigma_5>0$ 且 $\sigma_5=2t-2>\sigma_4=t-1$,故 x_5 为换入变量,由 θ 规则确定 x_6 为换出变量。

用单纯形法进行迭代,得到表 3-18。

表 3-18

c_j			$3-6t$	$2-2t$	$5-5t$	0	0	0	θ_i
C_B	X_B	b	x_1	x_2	x_3	x_4	x_5	x_6	
$2-2t$	x_2	105	$\frac{1}{4}$	1	0	0	0	$\frac{1}{4}$	—
$5-5t$	x_3	220	$\frac{1}{2}$	0	1	[1]	0	$-\frac{1}{2}$	220

续表

c_j			$3-6t$	$2-2t$	$5-5t$	0	0	0	θ_i
$\boldsymbol{C}_B$	$\boldsymbol{X}_B$	$\boldsymbol{b}$	x_1	x_2	x_3	x_4	x_5	x_6	
0	x_5	20	2	0	0	-2	1	1	—
$-z$		$1\,310t-1\,310$	$-3t$	0	0	$5t-5$	0	$2-2t$	
$2-2t$	x_2	105	$\frac{1}{4}$	1	0	0	0	$\left[\frac{1}{4}\right]$	420
0	x_4	220	$\frac{1}{2}$	0	1	1	0	$-\frac{1}{2}$	—
0	x_5	460	3	0	2	0	1	0	—
$-z$		$210t-210$	$\frac{2}{5}-\frac{11}{2}t$	0	$5-5t$	0	0	$\frac{1}{2}t-\frac{1}{2}$	
0	x_6	420	1	4	0	0	0	1	
0	x_4	430	1	2	1	1	0	0	
0	x_5	460	3	0	2	0	1	0	
$-z$		0	$3-6t$	$2-2t$	$5-5t$	0	0	0	

由表 3-18 可得，当 $t>1$ 时得最优解为

$$\boldsymbol{X}^*=(0,0,0,430,460,420)^{\mathrm{T}}$$

目标函数的最优值为

$$\max z(t)=0,\quad (t>1)$$

(2) 将上述问题化为标准型，得

$$\max z(t)=(7+2t)x_1+(12+t)x_2+(10-t)x_3+0\cdot x_4+0\cdot x_5 \quad (t\geqslant 0)$$

$$\text{s.t.}\begin{cases}x_1+x_2+x_3+x_4=20\\2x_1+2x_2+x_3+x_5=30\\x_1,x_2,x_3,x_4,x_5\geqslant 0\end{cases}$$

令 $t=0$，用单纯形法求解，见表 3-19。

表 3-19

c_j			7	12	10	0	0	θ_i
$\boldsymbol{C}_B$	$\boldsymbol{X}_B$	$\boldsymbol{b}$	x_1	x_2	x_3	x_4	x_5	
0	x_4	20	1	1	1	1	0	20
0	x_5	30	2	[2]	1	0	1	15
$-z$		0	7	12	10	0	0	
0	x_4	5	0	0	$\left[\frac{1}{2}\right]$	1	$-\frac{1}{2}$	10
12	x_2	15	1	1	$\frac{1}{2}$	0	$\frac{1}{2}$	30
$-z$		-180	-5	0	4	0	-6	
10	x_3	10	0	0	1	2	-1	
12	x_2	10	1	1	0	-1	1	
$-z$		-220	-5	0	0	-8	-2	

将 $\boldsymbol{C}$ 的变化直接反映到最终表中，见表 3-20。

表 3-20

c_j			$7+2t$	$12+t$	$10-t$	0	0	θ_i
$\boldsymbol{C}_B$	$\boldsymbol{X}_B$	$\boldsymbol{b}$	x_1	x_2	x_3	x_4	x_5	
$10-t$	x_3	10	0	0	1	[2]	-1	5
$12+t$	x_2	10	1	1	0	-1	1	—
$-z$		-220	$t-5$	0	0	$3t-8$	$-2-2t$	

t 开始增大，当 $t>\frac{8}{3}$ 时，首先出现 $\sigma_4>0$。故当 $0\leqslant t\leqslant\frac{8}{3}$ 时，得最优解

$$\boldsymbol{X}^*=(0,10,10,0)^{\mathrm{T}}$$

目标函数的最优值

$$\max z(t)=220,\left(0\leqslant t\leqslant\frac{8}{3}\right)$$

$t=\frac{8}{3}$ 为第一临界点。

当 $\frac{8}{3}<t<5$ 时，$\sigma_4>0$，x_4 作为换入变量，由 θ 规则确定 x_3 为换出变量，用单纯形法进行迭代，得到表 3-21。

表 3-21

c_j			$7+2t$	$12+t$	$10-t$	0	0	θ_i
$\boldsymbol{C}_B$	$\boldsymbol{X}_B$	$\boldsymbol{b}$	x_1	x_2	x_3	x_4	x_5	
0	x_4	5	0	0	$\frac{1}{2}$	1	$-\frac{1}{2}$	—
$12+t$	x_2	15	[1]	1	$\frac{1}{2}$	0	$\frac{1}{2}$	15
$-z$		-180 $-15t$	$t-5$	0	$4-\frac{3}{2}t$	0	-6 $-\frac{1}{2}t$	

由表 3-21 可得，t 继续增大，当 $t>5$ 时，首先出现 $\sigma_1>0$。故当 $\frac{8}{3}<t\leqslant5$ 时，得最优解

$$\boldsymbol{X}^*=(0,15,0,5)^{\mathrm{T}}$$

目标函数的最优值 $$\max z(t)=180+15t\left(\frac{8}{3}<t\leqslant5\right)$$

$t=5$ 为第二临界点。

当 $t>5$ 时，$\sigma_1>0$，x_1 作为换入变量，由 θ 规则确定 x_2 作为换出变量，用单纯形法进行迭代，得到表 3-22。

表　3-22

c_j			$7+2t$	$12+t$	$10-t$	0	0	θ_i
$\boldsymbol{C}_B$	$\boldsymbol{X}_B$	$\boldsymbol{b}$	x_1	x_2	x_3	x_4	x_5	
0	x_4	5	0	0	$\frac{1}{2}$	1	$-\frac{1}{2}$	
$7+2t$	x_1	15	1	1	$\frac{1}{2}$	0	$\frac{1}{2}$	
$-z$		$-105-30t$	0	$5-t$	$\frac{13}{2}-2t$	0	$-\frac{7}{2}-t$	

由表 3-22 可得，当 t 继续增大时，所有检验数均为非正。

所以当 $t>5$ 时，得最优解

$$\boldsymbol{X}^*=(15,0,0,5)^{\mathrm{T}}$$

目标函数的最优值　　$\max z(t)=105+30t,\quad (t>5)$

（3）将上述问题化为标准型

$$\max z(t)=2x_1+x_2+0\cdot x_3+0\cdot x_4+0\cdot x_5\quad (0\leqslant t\leqslant 25)$$

$$\text{s. t.}\begin{cases}x_1+x_3=10+2t\\x_1+x_2+x_4=25-t\\x_2+x_5=10+2t\\x_1,x_2,x_3,x_4,x_5\geqslant 0\end{cases}$$

令 $t=0$，用单纯形法求解上述线性规划问题，见表 3-23。

表　3-23

c_j			2	1	0	0	0	θ_i
$\boldsymbol{C}_B$	$\boldsymbol{X}_B$	$\boldsymbol{b}$	x_1	x_2	x_3	x_4	x_5	
0	x_3	10	[1]	0	1	0	0	10
0	x_4	25	1	1	0	1	0	25
0	x_5	10	0	1	0	0	1	—
$-z$		0	2	1	0	0	0	
2	x_1	10	1	0	1	0	0	—
0	x_4	15	0	1	-1	1	0	15
0	x_5	10	0	[1]	0	0	1	10
$-z$		-20	0	1	-2	0	0	
2	x_1	10	1	0	1	0	0	
0	x_4	5	0	0	-1	1	-1	
1	x_2	10	0	1	0	0	1	
$-z$		-30	0	0	-2	0	-1	

$$\Delta\boldsymbol{b}=\begin{bmatrix}2t\\-t\\2t\end{bmatrix},\quad \boldsymbol{B}^{-1}=\begin{bmatrix}1&0&0\\-1&1&-1\\0&0&1\end{bmatrix}$$

所以 $$\Delta \boldsymbol{b} = \boldsymbol{B}^{-1}\Delta \boldsymbol{b} = \begin{bmatrix} 1 & 0 & 0 \\ -1 & 1 & -1 \\ 0 & 0 & 1 \end{bmatrix} \begin{bmatrix} 2t \\ -t \\ 2t \end{bmatrix} = \begin{bmatrix} 2t \\ -5t \\ 2t \end{bmatrix}$$

将上述计算结果反映到最终表 2-23 中，得到表 3-24。

表 3-24

c_j			2	1	0	0	0	θ_i
$\boldsymbol{C}_B$	$\boldsymbol{X}_B$	$\boldsymbol{b}$	x_1	x_2	x_3	x_4	x_5	
2	x_1	$10+2t$	1	0	1	0	0	
0	x_4	$5-5t$	0	0	-1	1	[-1]	
1	x_2	$10+2t$	0	1	0	0	1	
$-z$		$-6t-30$	0	0	-2	0	-1	

由表 3-24 可得，t 开始增大，$t>1$ 时，首先出现 $b_2<0$。所以当 $0 \leqslant t \leqslant 1$ 时，得最优解

$$\boldsymbol{X}^* = (10+2t, 10+2t, 0, 5-5t, 0)^{\mathrm{T}}$$

目标函数最优值 $$\max z(t) = 6t+30, \quad (0 \leqslant t \leqslant 1)$$

$t=1$ 为第一临界点。

当 $t>1$ 时，$b_2<0$。所以 x_4 为换出变量，由 θ 规则 x_5 为换入变量，用对偶单纯形法进行迭代，得到表 3-25。

表 3-25

c_j			2	1	10	0	0
$\boldsymbol{C}_B$	$\boldsymbol{X}_B$	$\boldsymbol{b}$	x_1	x_2	x_3	x_4	x_5
2	x_1	$10+2t$	1	0	1	0	0
0	x_5	$5t-5$	0	0	1	-1	1
1	x_2	$15-3t$	0	1	-1	1	0
$-z$		$-35-t$	0	0	-1	-1	0

当 $t>1$ 时，问题已得到最优解

$$\boldsymbol{X}^* = (10+2t, 15-3t, 0, 0, 5t-5)$$

目标函数的最优值 $$\max z(t) = 35+t, \quad (1 < t \leqslant 25)$$

(4) 将上述问题化为标准型

$$\max z(t) = 21x_1 + 12x_2 + 18x_3 + 15x_4 + 0 \cdot x_5 + 0 \cdot x_6 + 0 \cdot x_7 \quad (0 \leqslant t \leqslant 50)$$

$$\text{s.t.} \begin{cases} 6x_1 + 3x_2 + 6x_3 + 3x_4 + x_5 = 30 + t \\ 6x_1 - 3x_2 + 12x_3 + 6x_4 + x_6 = 78 - t \\ 9x_1 + 3x_2 - 6x_3 + 9x_4 + x_7 = 135 - 2t \\ x_1, x_2, x_3, x_4, x_5, x_6, x_7 \geqslant 0 \end{cases}$$

令 $t=0$，用单纯形法进行求解，见表 3-26。

表 3-26

c_j			21	12	18	15	0	0	0	θ_i
$\boldsymbol{C}_B$	$\boldsymbol{X}_B$	$\boldsymbol{b}$	x_1	x_2	x_3	x_4	x_5	x_6	x_7	
0	x_5	30	[6]	3	6	3	1	0	0	5
0	x_6	78	6	−3	12	6	0	1	0	13
0	x_7	135	9	3	−6	9	0	0	1	15
$-z$		0	21	12	18	15	0	0	0	
21	x_1	5	1	$\frac{1}{2}$	1	$\left[\frac{1}{2}\right]$	$\frac{1}{6}$	0	0	10
0	x_6	48	0	−6	6	3	−1	1	0	16
0	x_7	90	0	$-\frac{3}{2}$	−15	$\frac{9}{2}$	$-\frac{3}{2}$	0	1	20
$-z$		−105	0	$\frac{3}{2}$	−3	$\frac{9}{2}$	$-\frac{7}{2}$	0	0	
15	x_4	10	2	1	2	1	$\frac{1}{3}$	0	0	
0	x_6	18	−6	−9	0	0	−2	1	0	
0	x_7	45	−9	−6	−24	0	−3	0	1	
$-z$		−150	−9	−3	−12	0	−5	0	0	

$$\Delta \boldsymbol{b}=\begin{bmatrix} t \\ -t \\ -2t \end{bmatrix},\quad \boldsymbol{B}^{-1}=\begin{pmatrix} \frac{1}{3} & 0 & 0 \\ -2 & 1 & 0 \\ -3 & 0 & 1 \end{pmatrix}$$

所以
$$\Delta \boldsymbol{b}'=\boldsymbol{B}^{-1}\Delta \boldsymbol{b}=\begin{pmatrix} \frac{1}{3} & 0 & 0 \\ -2 & 1 & 0 \\ -3 & 0 & 1 \end{pmatrix}\begin{bmatrix} t \\ -t \\ -2t \end{bmatrix}=\begin{pmatrix} \frac{1}{3}t \\ -3t \\ -5t \end{pmatrix}$$

将上述计算结果反映到最终表 3-26 中，得到表 3-27。

表 3-27

c_j			21	12	18	15	0	0	0
$\boldsymbol{C}_B$	$\boldsymbol{X}_B$	$\boldsymbol{b}$	x_1	x_2	x_3	x_4	x_5	x_6	x_7
15	x_4	$10+\frac{1}{3}t$	2	1	2	1	$\frac{1}{3}$	0	0
0	x_6	$18-3t$	−6	[−9]	0	0	−2	1	0
0	x_7	$45-5t$	−9	−6	−24	0	−3	0	1
$-z$		$-150-5t$	−9	−3	−12	0	−5	0	0

由表 3-27 可得，t 开始增大，当 $t>6$ 时，首先出现 $b_2<0$。所以当 $0\leqslant t\leqslant 6$ 时，得最优解

$$\boldsymbol{X}^*=\left(0,0,0,10+\frac{1}{3}t,0,18-3t,45-5t\right)^{\mathrm{T}}$$

目标函数的最优值　　$\max z(t)=150+5t$，　$(0\leqslant t\leqslant 6)$

$t=6$ 为第一临界点。

当 $t>6$ 时，$b_2<0$。所以 x_6 为换出变量，由 θ 规划确定 x_2 为换入变量。

用对偶单纯形法进行迭代，得到表 3-28。

表　3-28

c_j			21	12	18	15	0	0	0
C_B	X_B	b	x_1	x_2	x_3	x_4	x_5	x_6	x_7
15	x_4	12	$\frac{4}{3}$	0	2	1	$\frac{1}{9}$	$\frac{1}{9}$	0
12	x_2	$\frac{1}{3}t-2$	$\frac{2}{3}$	1	0	0	$\frac{2}{9}$	$-\frac{1}{9}$	0
0	x_7	$33-3t$	-5	0	[-24]	0	$-\frac{5}{3}$	$-\frac{2}{3}$	1
$-z$		$-156-4t$	-7	0	-12	0	$-\frac{13}{3}$	$-\frac{1}{3}$	0

由表 3-28 可得，t 继续增大，当 $t>11$ 时，首先出现 $b_3<0$。所以当 $6<t\leqslant 11$ 时，得最优解

$$X^*=\left(0,\frac{1}{3}t-2,0,12,0,0,33-3t\right)^{\mathrm{T}}$$

目标函数最优值　　$\max z(t)=156+4t$，　$(6<t\leqslant 11)$

$t=11$ 为第二临界点。

当 $t>11$ 时，$b_3<0$。所以 x_7 为换出变量。由 θ 规则确定 x_3 为换入变量，用对偶单纯形法进行迭代，得到表 3-29。

表　3-29

c_j			21	12	18	15	0	0	0
C_B	X_B	b	x_1	x_2	x_3	x_4	x_5	x_6	x_7
15	x_4	$\frac{59}{4}-\frac{t}{4}$	$\frac{11}{12}$	0	0	1	$-\frac{1}{36}$	$\frac{1}{18}$	$\frac{1}{12}$
12	x_2	$\frac{1}{3}t-2$	$\frac{2}{3}$	1	0	0	$\frac{2}{9}$	$-\frac{1}{9}$	0
18	x_3	$\frac{1}{8}(t-11)$	$\frac{5}{24}$	0	1	0	$\frac{5}{72}$	$\frac{1}{36}$	$-\frac{1}{24}$
$-z$		$-\frac{345+5t}{2}$	$-\frac{9}{2}$	0	0	0	$-\frac{7}{2}$	0	$-\frac{1}{2}$

由表 3-29 可得，在 $t\leqslant 59$ 的条件下已得到最优解

$$X^*=\left(0,\frac{1}{3}t-2,\frac{t}{8}-\frac{11}{8},\frac{59}{4}-\frac{t}{4},0,0,0\right)^{\mathrm{T}}$$

目标函数的最优值　　$\max z(t)=\frac{5}{2}t+\frac{345}{2}$，　$(11<t\leqslant 59)$

3.13 请证明：在多个目标函数系数同时变动的敏感性分析和多个约束右边项同时变动的敏感性分析中，给出的100%法则是充分条件而不是必要条件。

(1) 充分条件：

假设原目标函数为：$a_1x_1+a_2x_2=c$. 斜率为$-\frac{a_1}{a_2}$.

a_1 的允许变动范围$[\underline{a_1},\overline{a_1}]a_2$ 为$[\underline{a_2},\overline{a_2}]$.

即原目标函数的斜率变动范围为：

$\left(-\frac{\overline{a_1}}{a_2},-\frac{a_1}{\underline{a_2}}\right)$ or $\left(-\frac{a_1}{\underline{a_2}},-\frac{a_1}{\overline{a_2}}\right)$⇒应该是等价的区间。

因此，若 a_1 变动为 $\alpha\%$，a_2 变动为 $\beta\%$ $\alpha+\beta\leqslant 100$。

假如均提高3。(其他情况同理)

$\Rightarrow -\frac{a_1'}{a_2'}=-\frac{a_1\cdot(1+(\overline{a_1}-a_1)\cdot\alpha\%)}{a_2\cdot(1+(\overline{a_2}-a_2)\cdot\beta\%)}$比较其与$-\frac{\overline{a_1}}{a_2}$与$-\frac{a_1}{\overline{a_2}}$的大小关系

易证$-\frac{a_1'}{a_2'}$仍处在斜率区间内。

(2) 不必要条件，举反例即可。

【典型例题精解】

1. 求下列线性规划问题的对偶问题。

$$\max z=-x_1+2x_2$$

$$\text{s.t.}\begin{cases}3x_1+4x_2\leqslant 12\\2x_1-x_2\geqslant 2\\x_1,x_2\geqslant 0\end{cases}$$

解 原问题化为如下形式：

$$\max z=-x_1+2x_2$$

$$\text{s.t.}\begin{cases}3x_1+4x_2\leqslant 12\\-2x_1+x_2\leqslant -2\\x_1,x_2\geqslant 0\end{cases}$$

则对偶问题为

$$\min w=12y_1-2y_2$$

$$\text{s.t.}\begin{cases}3y_1-2y_2\geqslant -1\\4y_1+y_2\geqslant 2\\y_1,y_2\geqslant 0\end{cases}$$

2. 求下列线性规划问题的对偶问题。

$$\max z=3x_1-2x_2-5x_3+7x_4+8x_5$$

$$\text{s.t.}\begin{cases} x_2-x_3+3x_4-4x_5=-6 \\ 2x_1+3x_2-3x_3-x_4\geqslant -2 \\ -x_1+2x_3-2x_4\leqslant -5 \\ -2\leqslant x_1\leqslant 10 \\ 5\leqslant x_2\leqslant 25 \\ x_3,x_4\geqslant 0,x_5\text{ 为自由变量} \end{cases}$$

解 原问题化为扩充标准型

$$\max z=3x_1-2x_5-5x_3+7x_4+8x_5$$

$$\text{s.t.}\begin{cases} x_2-x_3+3x_4-4x_5=-6\rightarrow y_1\text{ 为自由变量} \\ -2x_1-3x_2+3x_3+x_4\leqslant -2\rightarrow y_2\geqslant 0 \\ -x_1+2x_3-2x_4\leqslant -5\rightarrow y_3\geqslant 0 \\ -x_1\leqslant 2\rightarrow y_4\geqslant 0 \\ x_1\leqslant 10\rightarrow y_5\geqslant 0 \\ -x_2\leqslant -5\rightarrow y_6\geqslant 0 \\ x_2\leqslant 25\rightarrow y_7\geqslant 0 \\ x_1\text{ 为自由变量},x_2,x_3,x_4\geqslant 0,x_5\text{ 为自由变量} \end{cases}$$

则对偶问题为

$$\min w=-6y_1-2y_2-5y_3+2y_4+10y_5-5y_6+25y_7$$

$$\text{s.t.}\begin{cases} -2y_2-y_3-y_4+y_5=3 \\ y_1-3y_2-y_6+y_7\geqslant -2 \\ -y_1+3y_2+2y_3\geqslant -5 \\ 3y_1+y_2-2y_3\geqslant 7 \\ -4y_1=8 \\ y_1\text{ 为自由变量},y_2,y_3,y_4,y_5,y_6,y_7\geqslant 0 \end{cases}$$

3. 求下列线性规划问题的对偶问题。

$$\min z=2x_1+3x_2-5x_3+x_4$$

$$\text{s.t.}\begin{cases} x_1+x_2-3x_3+x_4\geqslant 5 \\ 2x_1+2x_3-x_4\leqslant 4 \\ x_2+x_3+x_4=6 \\ x_1\leqslant 0,x_2,x_3\geqslant 0,\ x_4\text{ 无约束} \end{cases}$$

解 令 $x_1=x_1'$，原问题化为扩充标准型

$$\min z=-2x_1'+3x_2-5x_3+x_4$$

$$\text{s.t.}\begin{cases} -x_1'+x_2-3x_3+x_4\geqslant 5\rightarrow y_1\geqslant 0 \\ 2x_1'-2x_3+x_4\geqslant -4\rightarrow y_2\geqslant 0 \\ x_2+x_3+x_4=6\rightarrow y_3\text{ 为自由变量} \\ x_1',x_2,x_3\geqslant 0,x_4\text{ 无约束} \end{cases}$$

则对偶问题为

$$\max w=5y_1-4y_2+6y_3$$
$$\text{s.t.}\begin{cases}-y_1+y_2\leqslant -2\\ y_1+y_3\leqslant 3\\ -3y_1-2y_2+y_3\leqslant -5\\ y_1+y_2+y_3=1\\ y_1,y_2\geqslant 0,y_3\text{ 无约束}\end{cases}$$

4. 用单纯形法解下列线性规则问题。

$$\min w=x_1+x_2$$
$$\begin{cases}2x_1+x_2\geqslant 4\\ x_1+2x_2\geqslant 6\\ x_1\leqslant 4\\ x_1,x_2\geqslant 0\end{cases}$$

解 引入松弛变量 x_3,x_4,x_5,将问题化为标准型:

$$\max z=-x_1-x_2$$
$$\begin{cases}-2x_1-x_2+x_3=-4\\ -x_1-2x_2+x_4=-6\\ x_1+x_5=4\\ x_j\geqslant 0,\quad (j=1,2,3,4,5)\end{cases}$$

其迭代过程如表 3-30。

表 3-30

$c_j\to$			-1	-1	0	0	0	
$\boldsymbol{C}_B$	$\boldsymbol{X}_B$	$\boldsymbol{b}$	x_1	x_2	x_3	x_4	x_5	
0	x_3	-4	-2	-1	1	0	0	
0	x_4	-6	-1	$[-2]$	0	1	0	
0	x_5	4	1	0	0	0	1	
$-z$		0	1	1	0	0	0	
0	x_3	-1	$\left[-\frac{3}{2}\right]$	0	1	$-\frac{1}{2}$	0	
-1	x_2	3	$\frac{1}{2}$	1	0	$-\frac{1}{2}$	0	
0	x_5	4	1	0	0	0	1	
z		-3	$\frac{1}{2}$	0	0	$\frac{1}{2}$	0	
-1	x_1	$\frac{2}{3}$	1	0	$-\frac{2}{3}$	$\frac{1}{3}$	0	
-1	x_2	$\frac{8}{3}$	0	1	$\frac{1}{3}$	$-\frac{2}{3}$	0	
0	x_5	$\frac{10}{3}$	0	0	$\frac{2}{3}$	$-\frac{1}{3}$	1	
$-z$		$-\frac{10}{3}$	0	0	$\frac{1}{3}$	$\frac{1}{3}$	0	

则得到最优解 $\boldsymbol{X}^*=\left(\frac{2}{3},\frac{8}{3}\right)^{\mathrm{T}}$,目标函数值 $w^*=\frac{10}{3}$。

【考研真题解答】

1.（15分）给出下列线性规划的最优单纯形表，如表3-31所示。其中，s_1，s_2 分别为第一、第二约束方程中的松弛变量。

$$\max z=6x_1+2x_2+12x_3$$
$$\begin{cases}4x_1+x_2+3x_3\leqslant 24\\2x_1+6x_2+3x_3\leqslant 30\\x_1,x_2,x_3\geqslant 0\end{cases}$$

表 3-31

c_j / c_b	基	$\boldsymbol{b}$	6	2	12	0	0
			x_1	x_2	x_3	s_1	s_2
12	x_2	8	$\frac{4}{3}$	$\frac{1}{3}$	1	$\frac{1}{3}$	0
0	s_2	6	-2	5	0	-1	1
z_j		96	16	4	12	4	0
c_j-z_j			-10	-2	0	-4	0

（1）求出最优解不变的 b_2 的变化范围；

（2）求出最优解不变的 c_3 的变化范围；

（3）在原线性规划的约束条件上，增加约束条件：$x_1+2x_2+2x_3\leqslant 12$。其最优解是否变化？如变化，求出最优解。

解

$$\max z=6x_1+2x_2+12x_3$$
$$\begin{cases}4x_1+x_2+3x_3\leqslant 24\\2x_1+6x_2+3x_3\leqslant 30\\x_1,x_2,x_3\geqslant 0\end{cases}$$

最终单纯形表如表3-32所示。

表 3-32

基	$\boldsymbol{b}$	x_1	x_2	x_3	s_1	s_2
x_2	8	$\frac{4}{3}$	$\frac{1}{3}$	1	$\frac{1}{3}$	0
s_2	6	-2	5	0	-1	1
$-z$	-96	-10	-2	0	-4	0

（1）设 $b_2\rightarrow b_2+\Delta b_2$，则最终表中的 $\boldsymbol{b}$ 变为

$$\bar{\boldsymbol{b}}=\boldsymbol{B}^{-1}\cdot\boldsymbol{b}^1=\begin{bmatrix}\frac{1}{3} & 0\\-1 & 1\end{bmatrix}\begin{bmatrix}24\\30+\Delta b_2\end{bmatrix}=\begin{bmatrix}8\\6+\Delta b_2\end{bmatrix}$$

要使原最优解基不变，应使 $\begin{cases}8\geqslant 0\\6+\Delta b_2\geqslant 0\end{cases}\Rightarrow\Delta b_2\geqslant -6$，所以 $b_2\geqslant 24$。

(2) 设 $c_3 \to c_3+\Delta c_3$,则最终表中 x_3 的检验数变为

$$\bar{c}_3=(12+\Delta c_3)+(-4,0)\begin{bmatrix}3\\3\end{bmatrix}=12+\Delta c_3+(-12)=\Delta c_3$$

于是原最终表变为如表 3-33 所示。

表 3-33

基	b	x_1	x_2	x_3	s_1	s_2
x_3	8	$\frac{4}{3}$	$\frac{1}{3}$	1	$\frac{1}{3}$	0
s_2	6	-2	5	0	-1	1
$-z$	-96	-10	-2	Δc_3	-4	0
$-z$	$-96-8\Delta c_3$	$-10-\frac{4\Delta c_3}{3}$	$-2-\frac{\Delta c_3}{3}$	0	$-4-\frac{\Delta c_3}{3}$	0

要使原最优解不变,应使

$$\begin{cases}-10-\dfrac{4\Delta c_3}{3}\leqslant 0\\ -2-\dfrac{\Delta c_3}{3}\leqslant 0\\ -4-\dfrac{\Delta c_3}{3}\leqslant 0\end{cases}$$

解得 $\Delta c_3 \geqslant -6$,故 $c_3 \geqslant 6$。

(3) 原最优解不满足新约束条件,即 $16\leqslant 12$ 不成立,故原最优解会发生变化。

新约束条件规范化得 $x_1+2x_2+2x_3+s_3=12$,置于原最优表中得表 3-34。

表 3-34

基	b	x_1	x_2	x_3	s_1	s_2	s_3
x_3	8	$\frac{4}{3}$	$\frac{1}{3}$	1	$\frac{1}{3}$	0	0
s_2	6	-2	5	0	-1	1	0
s_3	12	1	2	2	0	0	1
$-z$	-96	-10	-2	0	-4	0	0
x_3	8	$\frac{4}{3}$	$\frac{1}{3}$	1	$\frac{1}{3}$	0	0
s_2	6	-2	5	0	-1	1	0
s_3	-4 ←	$-\frac{5}{3}$	$\frac{4}{3}$	0	$\left[-\frac{2}{3}\right]$	0	1
$-z$	-96	-10	-2	0	-4	0	0
θ		6			6 ↑		
x_3	6	$\frac{1}{2}$	1	1	0	0	$\frac{1}{2}$
s_2	12	$\frac{1}{2}$	3	0	0	1	$-\frac{3}{2}$
s_1	6	$\frac{5}{2}$	-2	0	1	0	$-\frac{3}{2}$
$-z$	-72	0	-10	0	0	0	-6

用对偶单纯形法求新的最优解，得

$$X^*=(0,0,6,6,12,0)^{\mathrm{T}}$$
$$z^*=72$$

2.（10 分）写出下列线性规划问题的对偶问题。

$$\max z=3x_1-7x_2-5x_3+8x_4+8x_5$$
$$\begin{cases}x_2-x_3+3x_4-4x_5=-16\\2x_1+3x_2-3x_3-2x_4\geqslant 2\\-x_1+2x_3-2x_4\leqslant -5\\-2\leqslant x_1\leqslant 10\\5\leqslant x_2\leqslant 25,x_3,x_4\geqslant 0,x_5\text{ 无正负号限制}\end{cases}$$

解　将原问题化为如下形式：

$$\max z=3x_1-7x_2-5x_3+8x_4+8x_5$$
$$\begin{cases}x_2-x_3+3x_4-4x_5=-16\\-2x_1-3x_2+3x_3+2x_4\leqslant -2\\-x_1+2x_3-2x_4\leqslant -5\\-x_1\leqslant 2\\x_1\leqslant 10\\-x_2\leqslant -5\\x_2\leqslant 25\\x_3,x_4\geqslant 0,x_5\text{ 无约束}\end{cases}$$

则对偶问题为

$$\min d=-16y_1-2y_2-5y_3+2y_4+10y_5-5y_6+25y_7$$
$$\begin{cases}-2y_2-y_3-y_4+y_5=3\\y_1-3y_2-y_6+y_7\geqslant -7\\-y_1+3y_2+2y_3\geqslant -5\\3y_1+2y_2-2y_3\geqslant 8\\-4y_1=8\\y_1\text{ 为自由变量；}y_j\geqslant 0;(j=2,\cdots,7)\end{cases}$$

3.（5 分）已知 LP 数学模型：

$$\min d=\sum_{j=1}^{m}c_i y_j$$
$$\text{s.t.}\begin{cases}\sum_{j=1}^{m}a_{ij}y_j\geqslant b_i,\quad (i=1,2,\cdots,n)\\y_j\geqslant 0,\quad (j=1,2,\cdots,m)\end{cases}$$

其对偶数学模型的最优解为 $X^*=(x_1^*,x_2^*,\cdots,x_n^*)$，则原数学模型的最优目标函数值为__________。

解　$d^*=b_1x_1^*+b_2x_2^*+\cdots+b_nx_n^*$

4.（5分）在互为对偶的两个数学模型中，若其中一个数学模型有最优解，则另一个数学模型__________（有/没有/不一定有）最优解。

解　有。

5.（5分）设LP数学模型如下，则其对偶数学模型为__________。

$$\max z = \boldsymbol{CX}$$
$$\begin{cases} \boldsymbol{AX} = \boldsymbol{b} \\ \boldsymbol{X} \geqslant \boldsymbol{0} \end{cases}$$

解

$$\min d = \boldsymbol{b}^{\mathrm{T}} y$$
$$\begin{cases} \boldsymbol{A}^{\mathrm{T}} y \geqslant \boldsymbol{C}^{\mathrm{T}} \\ y \text{ 为自由变量} \end{cases}$$

6.（5分）在单纯形法中，初始基可能由__________三种类型的变量组成。

解　决策变量、松弛变量、人工变量。

7.（15分）现有LP数学模型：

$$\max z = 70x_1 + 30x_2$$
$$\begin{cases} 3x_1 + 9x_2 \leqslant 540 \\ 5x_1 + 5x_2 \leqslant 450 \\ 9x_1 + 3x_2 \leqslant 720 \\ x_1, x_2 \geqslant 0 \end{cases}$$

用单纯形法求得最优表如表3-35。

表　3-35

基	$\boldsymbol{b}$	x_1	x_2	x_3	x_4	x_5
x_3	180	0	0	1	$-\frac{12}{5}$	1
x_2	15	0	1	0	$\frac{3}{10}$	$-\frac{1}{6}$
x_1	75	1	0	0	$-\frac{1}{10}$	$\frac{1}{6}$
$-z$	$-5\,700$	0	0	0	-2	$-\frac{20}{3}$

在不重新进行迭代的前提下，试解决以下两个问题：

(1) 若限制常数540变为$540+\Delta b_1$，为使原最优解基不变，求Δb_1的变化范围。

(2) 若价值系数30变为$30+\Delta c_2$，为使原最优解基不变，求Δc_2的变化范围。

解　(1) 只会影响最优表中的$\bar{\boldsymbol{b}}$和$\bar{z}$，设分别为$\bar{\boldsymbol{b}}'$和$\bar{z}'$，则

$$\bar{\boldsymbol{b}}' = \boldsymbol{B}^{-1}\boldsymbol{b}^1 = \boldsymbol{B}^{-1}(\boldsymbol{b} + \Delta \boldsymbol{b})$$

$$= \begin{bmatrix} 1 & -15/2 & 1 \\ 0 & 3/10 & -1/6 \\ 0 & -1/10 & 1/6 \end{bmatrix} \begin{bmatrix} 540 + \Delta b_1 \\ 450 \\ 720 \end{bmatrix} = \begin{bmatrix} 180 + \Delta b_1 \\ 15 \\ 75 \end{bmatrix}$$

$$\bar{z}'=z_0+\bar{\boldsymbol{R}}_B(\boldsymbol{b}+\Delta\boldsymbol{b})=0+\left(0,-2,-\frac{20}{3}\right)\begin{bmatrix}540+\Delta b_1\\450\\720\end{bmatrix}=-5\,700$$

要使最优解基不变,应使$\begin{cases}180+\Delta b_1\geqslant 0\\15\geqslant 0\\75\geqslant 0\end{cases}$,得 $\Delta b_1\geqslant -180$。

所以 Δb_1 的变化范围是 $\Delta b_1\geqslant -180$。

(2) 只会影响最优表中 x_2 的检验数 $\bar{\sigma}_2$,设变为 $\bar{\sigma}'_2$,则

$$\begin{aligned}\bar{\sigma}'_2&=(\sigma_2+\Delta\sigma_2)+\bar{\sigma}_B d_2=(c_2+\Delta c_2)+\bar{\sigma}_B d_2\\&=(30+\Delta c_2)+\left(0,-2,-\frac{20}{3}\right)\begin{bmatrix}9\\5\\3\end{bmatrix}=\Delta c_2\end{aligned}$$

则原最优表变为(并将目标系数行规范化)表 3-36 所示。

表 3-36

基	$\boldsymbol{b}$	x_1	x_2	x_3	x_4	x_5
x_3	180	0	0	1	$-\frac{12}{5}$	1
x_2	15	0	1	0	$\frac{3}{10}$	$-\frac{1}{6}$
x_1	75	1	0	0	$-\frac{1}{10}$	$\frac{1}{6}$
$-z$	$-5\,700$	0	Δc_2	0	-2	$-\frac{20}{3}$
$-z$		0	0	0	$-2-\frac{3}{10}\Delta c_2$	$-\frac{20}{3}+\frac{1}{6}\Delta c_2$

要使原最优解基不变,应使$\begin{cases}-2-\frac{3}{10}\Delta c_2<0\\-\frac{20}{3}+\frac{1}{6}\Delta c_2\leqslant 0\end{cases}$,解得$-\frac{20}{3}\leqslant\Delta c_2\leqslant 40$。

所以 Δc_2 的变化范围是$-\frac{20}{3}\leqslant\Delta c_2\leqslant 40$。

8. (15 分)已知线性规划:

$$\max z=3x_1+2x_2$$

$$\begin{cases}-x_1+2x_2\leqslant 4\\3x_1+2x_2\leqslant 12\\x_1-x_3\leqslant 3\\x_1,x_2\geqslant 0\end{cases}$$

(1) 用单纯形法求解该线性规划问题的最优解和最优值;

(2) 写出线性规划的对偶问题;

(3) 求解对偶问题的最优解和最优值。

解 (1)
$$\boldsymbol{X}^*=\left[\frac{18}{5},\frac{3}{5},\frac{32}{5},0,0\right]$$

$$\max z=3\times\frac{18}{5}+2\times\frac{3}{5}=12$$

(2) 对偶问题为

$$\min w=4y_1+12y_2+3y_3$$

$$\begin{cases}-y_1+3y_2+y_3\geqslant 3\\2y_1+2y_2-y_3\geqslant 0\\y_1,y_2,y_3\geqslant 0\end{cases}$$

(3) $\boldsymbol{Y}^*=[0,1,0]$，$w^*=z^*=4\times0+12\times1+3\times0=12$。

9. (5分)若对偶问题为无界解，其原问题为________。

解 无可行解。

10. (15分)计算下列线性规划问题：

$$\max z=2x_1-x_2+x_3$$

$$\begin{cases}3x_1+x_2+x_3\leqslant 60\\x_1-2x_2+2x_3\leqslant 10\\x_1+x_2-x_3\leqslant 20\\x_1,x_2,x_3\geqslant 0\end{cases}$$

(1) 求出线性规划问题的解；

(2) 写出它的对偶问题；

(3) 求出影子价格并讨论它的物理意义。

解 (1) $\boldsymbol{X}=(16,67,3.33,0,6,67,0,0)$，$z=30$。

(2)

$$\min w=60y_1+10y_2+20y_3$$

$$\begin{cases}3y_1+y_2+y_3\geqslant 3\\y_1-2y_2+y_3\geqslant -1\\y_1+2y_2-y_3\geqslant 1\\y_i\geqslant 0,\quad (i=1,2,3)\end{cases}$$

(3) y_i 为资源的估价(σ_j 为原问题的影子价格)，y_2,y_3 为主要资源。

11. (5分)线性规划中的影子价格 $\boldsymbol{Y}^*=\boldsymbol{C}_B\boldsymbol{B}^{-1}$ 就是对偶问题的________。

解 检验数。

12. (10分)写出如下线性规划问题的对偶问题，并利用弱对偶性说明 z 的最大值不大于1。

$$\max z=x_1+2x_2+x_3$$

$$\begin{cases}x_1+x_2-x_3\leqslant 2\\x_1-x_2+x_3=1\\2x_1-x_2+x_3\geqslant 2\\x_1\geqslant 0,x_2\leqslant 0,x_3\text{ 无限制}\end{cases}$$

解 原问题的对偶问题为

$$\min w=2y_1+y_2+2y_3$$

$$\begin{cases} y_1+y_2+2y_3\geqslant 1 \\ y_1-y_2+y_3\leqslant 2 \\ -y_1+y_2+y_3=1 \\ y_1\geqslant 0, y_3\leqslant 0, y_2 \text{ 无约束} \end{cases}$$

由于(0,1,0)是上述对偶问题的可行解，由弱对偶性可知，对原问题的任一可行解 $\bar{\boldsymbol{X}}$ 都有 $\boldsymbol{C}\bar{\boldsymbol{X}}\leqslant \boldsymbol{Yb}$

而 $\boldsymbol{Yb}=(0\quad 1\quad 0)\begin{bmatrix}2\\1\\2\end{bmatrix}=1$，所以 z 的最大值不大于 1。

CHAPTER 4 第4章

运输问题

【本章学习要求】

1. 掌握表上作业法及其在产销平衡运输问题求解中的应用。
2. 掌握产销不平衡运输问题的求解方法。

【主要概念及算法】

1. 产销平衡问题与表上作业法

1）产销平衡问题的数学模型

具有 m 个产地 $A_i(i=1,2,\cdots,m)$ 和 n 个销地 $B_j(j=1,2,\cdots,n)$ 的运输问题的数学模型为

$$\min z=\sum_{i=1}^{m}\sum_{j=1}^{n}c_{ij}x_{ij}$$

$$\text{s. t.}\begin{cases}\sum\limits_{i=1}^{m}x_{ij}=b_j, & (j=1,2,\cdots,n)\\ \sum\limits_{j=1}^{n}x_{ij}=a_i, & (i=1,2,\cdots,m)\\ x_{ij}\geqslant 0\end{cases}$$

对于产销平衡问题有

$$\sum_{j=1}^{n}b_j=\sum_{i=1}^{m}\left(\sum_{j=1}^{n}x_{ij}\right)=\sum_{j=1}^{n}\left(\sum_{i=1}^{m}x_{ij}\right)=\sum_{i=1}^{m}a_i$$

故最多只有 $m+n-1$ 个独立的约束方程，即系数矩阵的秩$\leqslant m+n-1$。产销平衡问题的基可行解中只有 $m+n-1$ 个基变量，有$(m\times n)-(m+n-1)$个非基变量。

2）表上作业法

表上作业法是单纯形法在求解运输问题的一种简化方法。其计算步骤如下：

（1）列出产销平衡表。

（2）确定初始基可行解，即在产销平衡表上给出 $m+n-1$ 个数字格，确定初始基可行解一般用最小元素法和伏格尔法。

① 最小元素法：从单位运价表中最小的运价开始确定供销关系，然后次小，直到给出初始基可行解为止。

② 伏格尔法

第一步：在单位运价表中分别计算出各行和各列的次最小运费和最小运费的差额，并填入该表的最右列和最下行。

第二步：从行或列差额中选出最大者，选择它所在行或列中的最小元素，在最小元素格填数（此值为该格所在行和列的最小值），并划去运价表中相应的行或列。

第三步：对运价表中未划去的元素再分别计算出各行、各列的次最小运费和最小运费的差额，填入该表的最右列和最下行重复第一、第二步，直到给出初始解为止。

(3) 求各非基变量的检验数，即在表上计算空格的检验数，差别是否达到最优解。如已是最优解，则停止计算，否则转入下一步。

求空格检验数的方法有以下两种：

① 闭回路法

闭回路是指除起点和终点是同一空格以外，其余顶点均为有数字格的曲折闭合多边形，凡可行调运方案只能画唯一闭回路，沿空格的闭回路增加1个单位的运输量，由此带来的费用的代数和就是该空格的检验数。

② 位势法

第一步：确定初始基可行解后，在对应初始运行方案的数字格处填入单位运价。

第二步：在上表中增加一行一列，在列中填入 $u_i(i=1,2,\cdots,m)$，在行中填入 $v_j(j=1,2,\cdots,n)$

先令 $u_i=0$，按 $u_i+v_j=c_{ij},i,j\in B$ 来确定 u_i,v_j。

第三步：由 $\sigma_{ij}=c_{ij}-(u_i+v_j)i,j\in N$，计算所有空格的检验数。

(4) 确定换入变量的空格：取空格检验数中最小的负数对应的空格所对应的非基变量 x_p 为换入变量。

(5) 确定换出变量的数字格：在换入变量空格的闭回路中，取标负号且运输量最小者的数字格所对应的基变量 x_l 为换出变量。

(6) 沿闭回路调整运输数量 θ(θ 为换出基变量的数字格的运输量)标正号的格子增加 θ，标负号的格子减少 θ 得新的调运方案。

(7) 重复地做步骤(3)～步骤(6)，直至所有空格的检验数 σ_{ij} 均为非负为止，此时便可得到最优方案。

3) 表上作业法在计算中的问题

(1) 无穷多最优解

当某个非基变量检验数为0是该问题有无穷多最优解，以该空格作闭回路，经闭回路法进行调整可得到另一最优解。

(2) 退化

在确定初始基可行解时，有可能在产销平衡表上填入一个数字后，在单位运价表中同时划去一行和一列，这时就出现退化。

用表上作业法求解运输问题，当出现退化时，在相应的格中一定要填一个0，以表示此格为数字格。

退化有以下两种情况：

① 当确定初始基可行解的供需关系时，若在(i,j)格填入数字后，出现 A_i 处的余量等

于 B_j 处的需量，这时在产销平衡表上填入一个数，而在单位运价表上相应地划去一行和一列，为了使在产销平衡表上有 $(m+n-1)$ 个数字格，这时需要在对应同时划去的那行或那列的任一空格处填入一个0。

② 用闭回路法进行调整时，在闭回路上出现两个或两个以上的具有(−1)标记的相等的最小值，这时只能选择其中一个作为调入格，而经调整后，得到退化解，这时有一个数字格必须填入一个0，表明它是基变量，当出现退化解后，并作改进调整时，可能在某闭回路上有标记为(−1)的取值为0的数字格，这应取调整量 $\theta=0$。

2. 产销不平衡问题及其求解方法

对于总产量不等于总需求量的运输问题，不能直接采用表上作业法求最优调运方案，而是将产销不平衡问题转化为产销平衡运输问题，然后再采用表上作业法进行求解。

1）产大于销问题

对于此类问题，设有一个假想销地 B_{n+1}，其销量

$$b_{n+1}=\sum_{i=1}^{m}a_i-\sum_{j=1}^{n}b_j$$

但实际上没有运输，故其单位运价为0，这样就转化产销平衡问题，但没有破坏原问题的性质，表4-1为产销平衡表。

表 4-1

产地＼销地	B_1	B_2	…	B_n	B_{n+1}	产量
A_1	c_{11}	c_{12}	…	c_{1n}	0	a_1
A_2	c_{21}	c_{22}	…	c_{2n}	0	a_2
⋮	⋮	⋮		⋮	⋮	⋮
A_m	c_{m1}	c_{m2}	…	c_{mn}	0	a_m
销量	b_1	b_2	…	b_n	b_{n+1}	

2）销大于产问题

对于此类问题，设有一个假想产地 A_{m+1}，其产量

$$a_{m+1}=\sum_{j=1}^{n}b_j-\sum_{i=1}^{m}a_i$$

但实际上没有运输，故其单位运价为0，这样就转化为产销平衡问题，但没有破坏原问题的性质。

表4-2为产销平衡表。

表 4-2

产地＼销地	B_1	B_2	…	B_n	产量
A_1	c_{11}	c_{12}	…	c_{1n}	a_1
A_2	c_{21}	c_{22}	…	c_{2n}	a_2
⋮	⋮	⋮		⋮	⋮
A_m	c_{m1}	c_{m2}	…	c_{mn}	a_m
A_{m+1}	0	0	…	0	a_{m+1}
销量	b_1	b_2	…	b_n	

【课后习题全解】

4.1 判断表4-3和表4-4中给出的调运方案能否作为用表上作业法求解时的初始解？为什么？

表 4-3

产地＼销地	1	2	3	4	产量
1	0	15			15
2			15	10	25
3	5				5
销量	5	15	15	10	

表 4-4

产地＼销地	1	2	3	4	5	产量
1	150			250		400
2		200	300			500
3			250		50	300
4	90	210				300
5				80	20	100
销量	240	410	550	330	70	

解 表4-3中，有5个数字格，而作为初始解，应有 $m+n-1=3+4-1=6$ 个数字格，少了1个，所以表4-3的调运方案不能作为用表上作业法求解时的初始解。

表4-4中，有10个数字格，而作为初始解，应有 $m+n-1=5+5-1=9$ 个数字格，多了1个，所以表4-2的调运方案不能作为用表上作业法求解时的初始解。

4.2 判断下列说法是否正确。

（1）在运输问题中，只要任意给出一组含 $(m+n+1)$ 个非零的 $\{x_{ij}\}$，且满足 $\sum_{j=1}^{n} x_{ij}=a_i$，$\sum_{i=1}^{m} x_{ij}=b_j$，就可以作为一个初始基可行解；

（2）表上作业法实质上就是求解运输问题的单纯形法；

（3）如果运输问题单位运价表的某一行（或某一列）元素分别加上一个常数 k，最优调运方案将不发生变化；

（4）运输问题单位运价表的全部元素乘上一个常数 $k(k>0)$，最优调运方案将不发生变化。

解 （1）×

（2）√

（3）×

（4）√

4.3 用表上作业法求表4-5和表4-6中给出的运输问题的最优解(表中数字M为任意大正数)。

表 4-5

产地＼销地	甲	乙	丙	丁	戊	产量
1	10	20	5	9	10	5
2	2	10	8	30	6	6
3	1	20	7	10	4	2
4	8	6	3	7	5	9
销量	4	4	6	2	4	

表 4-6

产地＼销地	甲	乙	丙	丁	戊	产量
1	10	18	29	13	22	100
2	13	M	21	14	16	120
3	0	6	11	3	M	140
4	9	11	23	18	19	80
5	24	28	36	30	34	60
销量	100	120	100	60	80	

解 (1) 此问题是一个产销不平衡问题,由表4-5知,产大于销,所以增加一个假想销地己,令其单位运价为0,其销量为

$$(5+6+2+9)-(4+4+6+2+4)=2$$

这样便得到产销平衡表和单位运价表,见表4-7。

表 4-7

产地＼销地	甲	乙	丙	丁	戊	己	产量
1	10	20	5	9	10	0	5
2	2	10	8	30	6	0	6
3	1	20	7	10	4	0	2
4	8	6	3	7	5	0	9
销量	4	4	6	2	4	2	

对于此问题,用伏格尔法求初始解。

① 在表4-7中分别计算出各行和各列的次最小运费和最小运费的差额,填入该表的最右列和最下列,见表4-8。

表 4-8

产地＼销地	甲	乙	丙	丁	戊	己	行差额
1	10	20	5	9	10	0	5
2	2	10	8	30	6	0	2

续表

产地＼销地	甲	乙	丙	丁	戊	己	行差额
3	1	20	7	10	4	0	1
4	8	6	3	7	5	0	3
列差额	1	4	2	2	1	0	

② 从行差额或列差额中选出最大者，选择它所在的行或列中的最小元素，在表 4-8 中产地 1 所在的行为最大差额行，产地 1 所在的行的最小元素为 0，由此可确定产地 1 的产品先供应己的需要，得到表 4-9，同时将运价表中的己列数字划去，得到表 4-10。

表 4-9

产地＼销地	甲	乙	丙	丁	戊	己	产量
1						2	5
2							6
3							2
4							9
销量	4	4	6	2	4	2	

表 4-10

产地＼销地	甲	乙	丙	丁	戊	己	产量
1	10	20	5	9	10	0	5
2	2	10	8	30	6	0	6
3	1	20	7	10	4	0	2
4	8	6	3	7	5	0	9
销量	4	4	6	2	4	2	

③ 对表 4-10 中未划去的元素，分别计算出各行和各列的次最小运费和最小运费的差额，填入该表的最右列和最下行，重复地做步骤①步骤②，直到求得初始解为止，用此种方法求出表 4-7 的初始解，见表 4-11。

表 4-11

产地＼销地	甲	乙	丙	丁	戊	己	产量
1			3			2	5
2	4				2		6
3					2		2
4		4	3	2	0		9
销量	4	4	6	2	4	2	

下面用位势法进行检验。

① 在对应表 4-11 的数字格处填入单位运价，并增加一行一列，在列中填入 u_i（$i=1,2,$

3,4),在行中填入 $v_j(j=1,2,3,4,5,6)$,先令 $u_1=0$,由 $u_i+v_j=c_{ij}(i,j\in \boldsymbol{B})$来确定 u_i 和 v_j,得到表 4-12。

表 4-12

销地 / 产地	甲	乙	丙	丁	戊	己	u_i
1			5			0	0
2	2				6		−1
3					4		−3
4		6	3	7	5		−2
v_j	3	8	5	9	7	0	

② 由 $\sigma_{ij}=c_{ij}-(u_i+v_j)(i,j\in \boldsymbol{N})$计算所有空格的检验数并在每个格的右上角填入单位运价,得到表 4-13。

由表 4-13 可以看出,所有的非基变量的检验数 $\sigma_{ij}\geqslant 0$。所以此问题已达到最优解。

又因为非基变量的检验数 $\sigma_{14}=0$。所以此问题有无穷多最优解。

此时的总运费

$$\min z=4\times 2+3\times 5+4\times 6+3\times 3+2\times 7+2\times 4+2\times 6=90$$

表 4-13

销地 / 产地	甲	乙	丙	丁	戊	己	u_i
1	[10] 7	[20] 12	[5]	[9] 0	[10] 3	[0]	0
2	[2]	[10] 3	[8] 4	[30] 22	[6]	[0] 1	−1
3	[1] 1	[20] 15	[7] 5	[10] 4	[4]	[0] 3	−3
4	[8] 7	[6]	[3]	[7]	[5]	[0] 2	−2
v_j	3	8	5	9	7	0	

(2) 此问题是一个产销不平衡问题。由表 4-6 知,产大于销,所以增加一个假想销地己,令其运价为 0,其销量为

$$(100+120+140+80+60)-(100+120+100+60+80)=40$$

这样便得到产销平衡表和单位运价表,见表 4-14。

表 4-14

销地 / 产地	甲	乙	丙	丁	戊	己	产量
1	10	18	29	13	22	0	100
2	13	M	21	14	16	0	120
3	0	6	11	3	M	0	140
4	9	11	23	18	19	0	80

续表

产地＼销地	甲	乙	丙	丁	戊	己	产量
5	24	28	36	30	34	0	60
销量	100	120	100	60	80	40	

对于此问题,重复用伏格尔法求初始解和位势法进行检验,得到表 4-15。

表 4-15

产地＼销地	甲	乙	丙	丁	戊	己	u_i
1	[10]	[18] 2	[29] 8	[13]	[22] 6	[0] 12	0
2	[13] 3	[M] $M-16$	[21]	[14] 1	[16]	[0] 12	0
3	[0] 0	[6]	[11]	[3]	[M] $M-6$	[0] 22	-10
4	[9] 4	[11]	[23] 7	[18] 10	[19] 8	[0] 17	-5
5	[24] 2	[28]	[36] 3	[30] 5	[34] 6	[0]	12
v_j	10	16	21	13	16	-12	

由表 4-15 可以看出,所有的非基变量的检验数 $\sigma_{ij} \geqslant 0$。所以此问题已达到最优解。又因为非基变量的检验数 $\sigma_{31}=0$。所以此问题有无穷多最优解。

此时的总运费

$$\min z = 10\times100+13\times0+21\times40+16\times80+6\times20+11\times60+3\times60+11\times80+28\times20+0\times40=5\,520$$

4.4 已知运输问题的产销平衡表、单位运价表及最优调运方案分别见表 4-16 和表 4-17。

表 4-16 产销平衡表及最优调运方案

产地＼销地	B_1	B_2	B_3	B_4	产量
A_1		5		10	15
A_2	0	10	15		25
A_3	5				5
销量	5	15	15	10	

表 4-17 单位运价表

产地＼销地	B_1	B_2	B_3	B_4
A_1	10	1	20	11
A_2	12	7	9	20
A_3	2	14	16	18

(1) 从 $A_2 \to B_2$ 的单位运价 c_{22} 在什么范围变化时，上述最优调运方案不变？

(2) $A_2 \to B_4$ 的单位运价 c_{24} 变为何值时，有无穷多最优调运方案。除表 4-16 中方案外，至少再写出其他两种。

解 (1) ① 在对应表 4-16 的数字格处（c_{22} 未知）填入单位运价，并增加一行一列，在列中填入 $u_i(i=1,2,3)$，在行中填入 $v_j(j=1,2,3,4)$，先令 $u_1=0$，由 $u_i+v_j=c_{ij}(i,j\in \boldsymbol{B})$ 来确定 u_i 和 v_j，得到表 4-18。

表 4-18

产地＼销地	B_1	B_2	B_3	B_4	u_i
A_1		1		11	0
A_2	12	c_{22}	9		$c_{22}-1$
A_3	2				$c_{22}-11$
v_j	$13-c_{22}$	1	10	11	

② 由 $\sigma_{ij}=c_{ij}-(u_i+v_j)(i,j\in \boldsymbol{N})$ 计算所有空格的检验数，并在每个格的右上角填入单位运价（c_{22} 未知），得到表 4-19。

表 4-19

产地＼销地	B_1	B_2	B_3	B_4	u_i
A_1	[10] $c_{22}-3$	[1]	[20] $c_{22}+10$	[11]	0
A_2	[12]	[c_{22}]	[9]	[20] $10-c_{22}$	$c_{22}-1$
A_3	[2]	[14] $24-c_{22}$	[16] 17	[18] $18-c_{22}$	$c_{22}-11$
v_j	$13-c_{22}$	1	$10-c_{22}$	11	

要满足最优调运方案不变的条件，则所有非基变量的检验数都应为非负。所以

$$\begin{cases} c_{22}-3 \geqslant 0 \\ c_{22}+10 \geqslant 0 \\ 10-c_{22} \geqslant 0 \\ 24-c_{22} \geqslant 0 \\ 18-c_{22} \geqslant 0 \end{cases}$$

解得 $3\leqslant c_{22}\leqslant 10$。故单位运价 c_{22} 在[3,10]之间变化时，上述最优调运方案不变。

(2) ① 在对应表 4-16 的数字格处填入单位运价，并增加一行一列，在列中填入 $u_i(i=1,2,3)$，在行中填入 $v_j(j=1,2,3,4)$，令 $u_1=0$，由 $u_i+v_j=c_{ij}(i,j\in \boldsymbol{B})$ 来确定 u_i 和 v_j，得到表 4-20。

表 4-20

产地＼销地	B_1	B_2	B_3	B_4	u_i
A_1		1		11	0
A_2	12	7	9		6
A_3	2				−4
v_j	6	1	3	11	

② 由 $\sigma_{ij}=c_{ij}-(u_i+v_j)(i,j\in\mathbf{N})$ 计算所有空格的检验数，并在每个格的右上角填入单位运价（c_{24} 未知），得到表 4-21。

表 4-21

产地＼销地	B_1	B_2	B_3	B_4	u_i
A_1	[10] 4	[1]	[20] 17	[11]	0
A_2	[12]	[7]	[9]	[c_{24}] $c_{24}-17$	6
A_3	[2]	[14] 17	[16] 17	[18] 11	−4
v_j	6	1	3	11	

要满足有无穷多最优调运方案，则至少有一个非基变量的检验数为 0。

由表 4-21 可得，只有 $c_{24}-17=0$。所以 $c_{24}=17$。故单位运价 c_{24} 变为 17 时，该问题有无穷多调运方案。(A_2,B_4) 作为调入格，以此格为出发点，做一闭回路，见表 4-22。

表 4-22

产地＼销地	B_1	B_2	B_3	B_4	产量
A_1		5(+1)		10(−1)	15
A_2	0	10(−1)	15	(+1)	25
A_3	5				5
销量	5	15	15	10	

(A_2,B_4) 格调入量 θ 是选择闭回路上具有(−1)的数字格中的最小者即 $\theta=\min\{10,10\}=10$，按照闭回路上的正负号加上或减去此值，由于此时出现退化情况，故在 (A_1,B_4) 处填入一个 0，得到调整方案见表 4-23。或在 (A_2,B_2) 处填入一个 0，得到调整方案见表 4-24。

表 4-23

产地＼销地	B_1	B_2	B_3	B_4	产量
A_1		15		0	15
A_2	0		15	10	25
A_3	5				5
销量	5	15	15	10	

表 4-24

产地＼销地	B_1	B_2	B_3	B_4	产量
A_1		15			15
A_2	0	0	15	10	25
A_3	5				5
销量	5	15	15	10	

4.5 某百货公司去外地采购 A,B,C,D 四种规格的服装，数量分别为 A——1 500 套，B——2 000 套，C——3 000 套，D——3 500 套。有三个城市可供应上述规格服装，供应数量为城市Ⅰ——2 500 套，城市Ⅱ——2 500 套，城市Ⅲ——5 000 套。由于这些城市的服装质量、运价的销售情况不同，预计售出后的利润(元/套)也不同，详见表 4-25。请帮助该公司确定一个预期盈利最大的采购方案。

表 4-25

城市＼规格	A	B	C	D
Ⅰ	10	5	6	7
Ⅱ	8	2	7	6
Ⅲ	9	3	4	8

解 因为利润表中的最大利润为 10。所以令 $M=10$，用 M 减去利润表上的数字。则此时原问题成为一个运输问题，产销平衡表及单位运价表见表 4-26。

表 4-26

产地＼销地	A	B	C	D	产量
Ⅰ	0	5	4	3	2 500
Ⅱ	2	8	3	4	2 500
Ⅲ	1	7	6	2	5 000
销量	1 500	2 000	3 000	3 500	

对于此问题，用伏格尔法求初始解。

① 在表 4-26 中分别计算出各行和各列的次最小运费和最小运费的差额，填入该表的最右列和最下行，见表 4-27。

表 4-27

产地＼销地	A	B	C	D	行差额
Ⅰ	0	5	4	3	3
Ⅱ	2	8	3	4	1
Ⅲ	1	7	5	2	1
列差额	1	2	1	1	

② 从行差额或列差额中选出最大者，选择它所在的行或列中的最小元素，表 4-27 中产

地Ⅰ所在的行为最大差额行，其所在的行的最小元素为0，由此可确定产地Ⅰ的产品先供应A的需要，得到表4-28，同时将运价表中的A列数字划去，得到表4-29。

表 4-28

产地＼销地	A	B	C	D	产量
Ⅰ	1 500				2 500
Ⅱ					2 500
Ⅲ					5 000
销量	1 500	2 000	3 000	35 000	

表 4-29

产地＼销地	A	B	C	D	产量
Ⅰ	0	5	4	3	2 500
Ⅱ	2	8	3	4	2 500
Ⅲ	1	7	6	2	5 000
销量	1 500	2 000	3 000	35 000	

③ 对表4-29中未划去的元素分别计算出各行和各列的次最小运费和最小运费的差额，填入该表的最右列和最下行，重复地做步骤①和步骤②，直到求得初始解为止。用此种方法求出表4-26的初始解，见表4-30。

表 4-30

产地＼销地	A	B	C	D	产量
Ⅰ	1 500	500	500		2 500
Ⅱ			2 500		2 500
Ⅲ		1 500		3 500	5 000
销量	1 500	2 000	3 000	35 000	

下面用位势法进行检验。

① 在对应表4-30中的数字格处填入单位运价，并增加一行一列，在列中填入$u_i(i=1,2,3)$，在行中填入$v_j(j=1,2,3,4)$，先令$u_1=0$，由$u_i+v_j=c_{ij}(i,j\in \boldsymbol{B})$来确定$u_i$和$v_j$，得到表4-31。

表 4-31

产地＼销地	A	B	C	D	u_i
Ⅰ	0	5	4		0
Ⅱ			3		−1
Ⅲ		7		2	2
v_j	0	5	4	0	

② 由 $\sigma_{ij}=c_{ij}-(u_i+v_j)(i,j\in\boldsymbol{N})$ 计算所有空格的检验数，并在每个格的右上角填入单位运价，得到表 4-32。

表 4-32

产地 \ 销地	A	B	C	D	u_i
Ⅰ	[0]	[5]	[4]	3 [3]	0
Ⅱ	3 [2]	4 [8]	[3]	5 [4]	−1
Ⅲ	−1 [1]	[7]	0 [6]	[2]	2
v_j	0	5	4	0	

表 4-32 中还有负检验数，说明还未得到最优解，用闭回路调整法进行改进。

由表 4-32 可得，(Ⅲ,A)格的检验数 $\sigma_{31}=-1$ 为负的最小，故(Ⅲ,A)为调入格。

以此格为出发点，作一闭回路，见表 4-33。

表 4-33

产地 \ 销地	A	B	C	D	产量
Ⅰ	1 500(−1)	500(+1)	500		2 500
Ⅱ			2 500		2 500
Ⅲ	(+1)	1 500(−1)		3 500	3 500
销量	1 500	2 000	3 000	3 500	

(Ⅲ,A)格调入量 θ 是选择闭回路上具有(−1)的数字格中的最小者，即 $\theta=\min\{1\,500,1\,500\}=1\,500$，按照闭回路上的正负号加上或减去此值。由于此时出现退化情况，故在(Ⅰ,A)处填入一个 0，得到调整方案见表 4-34。

表 4-34

产地 \ 销地	A	B	C	D	产量
Ⅰ	0	2 000	500		2 500
Ⅱ			2 500		2 500
Ⅲ	1 500			3 500	5 000
销量	1 500	2 000	3 000	3 500	

下面用位势法进行检验。

① 在对应表 4-34 中的数字格处填入单位运价，并增加一行一列，在列中填入 $u_i(i=1,2,3)$，在行中填入 $v_j(j=1,2,3,4)$，先令 $u_1=0$，由 $u_i+v_j=c_{ij}(i,j\in\boldsymbol{B})$ 来确定 u_i 和 v_j，得到表 4-35。

表 4-35

产地\销地	A	B	C	D	u_i
Ⅰ	0	5	4		0
Ⅱ			3		−1
Ⅲ	1			2	1
v_j	0	5	4	1	

② 由 $\sigma_{ij}=c_{ij}-(u_i+v_j)(i,j\in\mathbf{N})$ 计算所有空格的检验数，并在每个格的右上角填入单位运价，得到表 4-36。

由表 4-36 可以看出，所有非基变量的检验数 $\sigma_{ij}>0$。所以此问题已达到最优解且为唯一最优解。此时的总运费

$$\min z=2\ 000\times5+500\times4+2\ 500\times3+1\ 500\times1+3\ 500\times2=28\ 000(\text{元})$$

原问题要求的盈利最大的采购方案见表 4-34。

表 4-36

产地\销地	A	B	C	D	u_i
Ⅰ	[0]	[5]	[4]	[3] 2	0
Ⅱ	[2] 3	[8] 4	[3]	[4] 4	−1
Ⅲ	[1]	[7] 1	[6] 1	[2]	1
v_j	0	5	4	1	

最大盈利为

$$\max z=10\times(2\ 500+2\ 500+5\ 000)-28\ 000=72\ 000(\text{元})$$

4.6 甲、乙、丙三个城市每年分别需要煤炭 320 万吨，250 万吨，350 万吨，由 A，B 两处煤矿负责供应。已知煤炭年供应量分别为 A——400 万吨，B——450 万吨。由煤矿至各城市的单位运价(万元/万吨)见表 4-37。由于需大于供，经研究平衡决定，甲城市供应量可减少 0～30 万吨，乙城市需要量应全部满足，丙城市供应量不少于 270 万吨。试求将供应量分配完又使总运费为最低的调运方案。

表 4-37

	甲	乙	丙
A	15	18	22
B	21	25	16

解 最大需求量为

$$320+250+350=920(\text{万吨})$$

而供应量为

$$400+450=850(\text{万吨})$$

设想有一个供应点 C,其供应量为

$$920-850=70(\text{万吨})$$

将甲、丙的需求量分为两部分:一部分为最低需求量,另一部分为可变部分。这样得到产销平衡表及单位运价表,见表 4-38。

表 4-38

供应地＼需求地	甲	甲′	乙	丙	丙′	供应
A	15	15	18	22	22	400
B	21	21	25	16	16	450
C	M	0	M	M	0	70
需求	290	30	250	270	80	

其中 M 是一个任意大的正数。对于此产销平衡问题,用伏格尔法求初始解。

① 在表 4-38 中分别计算出各行和各列的次最小运费和最小运费的差额,填入该表的最右列和最下行,见表 4-39。

表 4-39

供应地＼需求地	甲	甲′	乙	丙	丙′	行差额
A	15	15	18	22	22	0
B	21	21	25	16	16	0
C	M	0	M	M	0	0
列差额	6	15	7	6	16	

② 从行差额或列差额中选出最大者,选择它所在的行或列中的最小元素,在表 4-39 中丙′列为最大差额列,其所在的列的最小元素为 0。由此可确定 C 先供应丙′的需求,得到表 4-40,同时将运价表中的 C 行数字划去,得到表 4-41。

表 4-40

供应地＼需求地	甲	甲′	乙	丙	丙′	供应
A						
B						
C					70	
需求						

表 4-41

供应地 \ 需求地	甲	甲′	乙	丙	丙′	供应
A	15	15	18	22	22	400
B	21	21	25	16	16	450
C	M	0	M	M	0	70
需求	290	30	250	270	80	

③ 对表 4-41 中未划去的元素分别计算出各行和各列的次最小运费和最小运费的差额，填入该表的最右列和最下行，重复地做步骤①和步骤②，直到求得初始解为止，用此种方法求出表 4-38 的初始解，见表 4-42。

表 4-42

供应地 \ 需求地	甲	甲′	乙	丙	丙′	供应
A	150		250			400
B	140	30		270	10	450
C					70	70
需求	290	30	250	270	80	

下面用位势法进行检验。

① 在对应表 4-42 中的数字格处填入单位运价，并增加一行一列，在列中填入 $u_i(i=1,2,3)$，在行中填入 $v_j(j=1,2,3,4,5)$，先令 $u_1=0$，由 $u_i+v_j=c_{ij}(i,j\in \boldsymbol{B})$来确定 u_i 和 v_j，得到表 4-43。

表 4-43

供应地 \ 需求地	甲	甲′	乙	丙	丙′	u_i
A	15		18			0
B	21	21		16	16	6
C					0	−10
v_j	15	15	18	10	10	

② 由 $\sigma_{ij}=c_{ij}-(u_i+v_j)(i,j\in \boldsymbol{N})$计算所有空格的检验数，并在每个格的右上角填入单位运价，得到表 4-44。

表 4-44

供应地 \ 需求地	甲	甲′	乙	丙	丙′	u_i
A	15	15 0	18	22 12	22 12	0
B	21	21	25 1	16	16	6

续表

需求地 / 供应地	甲	甲′	乙	丙	丙′	u_i
C	M $M-5$	0 -5	M $M-8$	M M	0	-10
v_j	15	15	18	10	10	

表4-44中还有负检验数，说明还未得到最优解，用闭回路调整法进行改进。

由表4-44可得，(C,甲′)格的检验数 $\sigma_{32}=-5$ 为负的最小，故(C,甲′)为调入格。以此格为出发点，作一闭回路，见表4-45。

表 4-45

需求地 / 供应地	甲	甲′	乙	丙	丙′	供应
A	150		250			400
B	140	30(−1)		270	10(+1)	450
C		(+1)			70(−1)	70
需求	290	30	250	270	80	

(C,甲′)格调入量 θ 是选择闭回路上具有(−1)的数字格中的最小者，即 $\theta=\min\{30,70\}=30$，按照闭回路上的正负号加上或减去此值，得到调整方案见表4-46。

表 4-46

需求地 / 供应地	甲	甲′	乙	丙	丙′	供应
A	150		250			400
B	140			270	40	450
C		30			40	70
需求	290	30	250	270	80	

下面用位势法进行检验。

① 在对应表4-46中的数字格处填入单位运价，并增加一行一列，在列中填入 $u_i(i=1,2,3)$，在行中填入 $v_j(j=1,2,3,4,5)$，先令 $u_1=0$，由 $u_i+v_j=c_{ij}(i,j\in \boldsymbol{B})$ 来确定 u_i 和 v_j，得到表4-47。

表 4-47

需求地 / 供应地	甲	甲′	乙	丙	丙′	u_i
A	15		18			0
B	21			16	16	6
C		0			0	-10
v_j	15	10	18	10	10	

② 由 $\sigma_{ij}=c_{ij}-(u_i+v_j)(i,j\in \boldsymbol{N})$ 计算所有空格的检验数，并在每个格的右上角填入

单位运价，得到表 4-48。

表 4-48

供应地＼需求地	甲	甲′	乙	丙	丙′	u_i
A	15	15 5	18	22 12	22 12	0
B	21	21 5	25 1	16	16	6
C	M $M-5$	0	M $M-8$	M M	0	-10
v_j	15	10	18	10	10	

由表 4-48 可以看出，所有的非基变量检验数 $\sigma_{ij}>0$。所以此问题已达到最优解且为唯一最优解。

此时的总运费为

$$\min z=150\times150+18\times250+21\times140+16\times270+16\times40=14\ 650(\text{万元})$$

4.7 某造船厂根据合同要求从当年起连续三年末各提供三条规格型号相同的大型客货轮。已知该厂这三年内生产大型客货轮的能力及每艘客货轮成本如表 4-49 所示。

表 4-49

年　度	正常生产时间内可完成的客货轮数	加班生产时间内可完成的客货轮数	正常生产时每艘成本(万元)
1	2	3	500
2	4	2	600
3	1	3	550

已知加班生产时，每艘客货轮成本比正常生产时高出 70 万元。又知造出来的客货轮如当年不交货，每艘每积压一年造成积压损失为 40 万元。在签订合同时，该厂已储存了两艘客货轮，而该厂希望在第三年年末完成合同后还能储存一艘备用。问该厂应如何安排每年客货轮的生产量，使在满足上述各项要求的情况下，总的生产费用加积压损失为最少？

解　设 A_1,A_2,A_3 分别为三年的需求订货；B_1,B_2,B_3 为三年的正常生产能力；B_1',B_2',B_3' 为三年的加班生产能力；S 为因事先积压而产生的供货能力。由于第三年还要储存一艘，所以第三年的需求量为 4 艘，由题目所给的数据得到表 4-50(单位：万元)。

表 4-50

产地＼销地	A_1	A_2	A_3	供应量
B_1	500	540	580	2
B_1'	570	610	650	3
B_2	M	600	640	4
B_2'	M	670	710	2
B_3	M	M	550	1

续表

产地＼销地	A_1	A_2	A_3	供应量
B_3'	M	M	620	3
S	40	80	120	2
需求量	3	3	4	

该问题为一个产销不平衡问题且产大于销，设有一个假想销地 A_4，其运价为 0，其销量为

$$(2+3+4+2+1+3+2)-(3+3+4)=7$$

这样便得到产销平衡表和单位运价表，见表 4-51。(其中 M 为一个任意大的正数)对于此问题，用伏格尔法求初始解。

表 4-51

产地＼销地	A_1	A_2	A_3	A_4	供应量
B_1	500	540	580	0	2
B_1'	570	610	650	0	3
B_2	M	600	640	0	4
B_2'	M	670	710	0	2
B_3	M	M	550	0	1
B_3'	M	M	620	0	3
S	40	80	120	0	2
需求量	3	3	4	7	

① 在表 4-51 中分别计算出各行和各列的次最小运费和最小运费的差额，填入该表的最右列和最下行，见表 4-52。

表 4-52

产地＼销地	A_1	A_2	A_3	A_4	供应量
B_1	500	540	580	0	500
B_1'	570	610	650	0	570
B_2	M	600	640	0	600
B_2'	M	670	710	0	670
B_3	M	M	550	0	550
B_3'	M	M	620	0	620
S	40	80	120	0	40
列差额	460	460	460	0	

② 从行差额或列差额中选出最大者，选择它所在的行或列中的最小元素，表 4-52 中产地 B_2' 所在的行为最大差额行，其所在的行的最小元素为 0。由此可确定产地 B_2' 的产品应先供应 A_4 的需要，得到表 4-53，同时将运价表中的 B_2' 行的数字划去，得到表 4-54。

表 4-53

产地＼销地	A_1	A_2	A_3	A_4	供应量
B_1					2
B_1'					3
B_2					4
B_2'				2	2
B_3					1
B_3'					3
S					2
需求量	3	3	4	7	

表 4-54

产地＼销地	A_1	A_2	A_3	A_4	供应量
B_1	500	540	580	0	2
B_1'	570	610	650	0	3
B_2	M	600	640	0	4
B_2'	~~M~~	~~670~~	~~710~~	~~0~~	2
B_3	M	M	550	0	1
B_3'	M	M	620	0	3
S	40	80	120	0	2
需求量	3	3	4	7	

③ 对表 4-54 中未划去的元素分别计算出各行和各列的次最小运费和最小运费的差额，填入该表的最右列和最下行，重复地做步骤①和步骤②，直到求得初始解为止。用此种方法求出表 4-51 的初始解，见表 4-55。

表 4-55

产地＼销地	A_1	A_2	A_3	A_4	供应量
B_1	1	1			2
B_1'		2	1		3
B_2			2	2	4
B_2'				2	2
B_3			1		1
B_3'				3	3
S	2				2
需求量	3	3	4	7	

下面用位势法进行检验。

① 在对应表 4-55 的数字格处填入单位运价，并增加一行一列，在列中填入 $u_i(i=1,2,3,4,5,6,7)$，在行中填入 $v_j(j=1,2,3,4)$，先令 $u_1=0$，由 $u_i+v_j=c_{ij}(i,j\in \boldsymbol{B})$来确定 u_i

和 v_j，得到表 4-56。

表　4-56

产地＼销地	A_1	A_2	A_3	A_4	u_i
B_1	500	540			0
B_1'		610	650		70
B_2			640	0	60
B_2'				0	60
B_3			550		−30
B_3'				0	60
S	40				−460
v_j	500	540	580	−60	

② 由 $\sigma_{ij}=c_{ij}-(u_i+v_j)(i,j\in\boldsymbol{N})$ 计算所有空格的检验数，并在每个格的右上角填入单位运价，得到表 4-57。

表　4-57

产地＼销地	A_1	A_2	A_3	A_4	u_i
B_1	500	540	580 0	0 60	0
B_1'	570 0	610	650	0 −10	70
B_2	M $M-560$	600 0	610	0	60
B_2'	M $M-560$	670 70	710 70	0	60
B_3	M $M-470$	M $M-510$	550	0 90	−30
B_3'	M $M-560$	M $M-600$	620 −20	0	60
S	40	80 0	120 0	0 520	−460
v_j	500	540	580	−60	

表 4-57 中还有负检验数，说明还未得到最优解，用闭回路调整法进行改进。

由表 4-57 可得，(B_3',A_3)格的检验数 $\sigma_{63}=-20$ 为负的最小，故(B_3',A_3)为调入格。

以此格为出发点，作一闭回路，见表 4-58。

表 4-58

产地＼销地	A_1	A_2	A_3	A_4	供应量
B_1	1	1			2
B_1'		2	1		3
B_2			2(−1)	2(+1)	4
B_2'				2	2
B_3			1		1
B_3'			(+1)	3(−1)	3
S	2				2
需求量	3	3	4	7	

(B_3',A_3)格调入量θ是选择闭回路上具有(−1)的数字格中的最小者，即$\theta=\min\{2,3\}=2$。按照闭回路上的正负号加上或减去此值，得到调整方案见表 4-59。

表 4-59

产地＼销地	A_1	A_2	A_3	A_4	供应量
B_1	1	1			2
B_1'		2	1		3
B_2				4	4
B_2'				2	2
B_3			1		1
B_3'			2	1	3
S	2				2
需求量	3	3	4	7	

下面用位势法进行检验。

① 在对应表 4-59 的数字格处填入单位运价，并增加一行一列，在列中填入$u_i(i=1,2,3,4,5,6,7)$，在行中填入$v_j(j=1,2,3,4)$，先令$u_1=0$，由$u_i+v_j=c_{ij}(i,j\in\boldsymbol{B})$来确定$u_i$和$v_j$，得到表 4-60。

表 4-60

产地＼销地	A_1	A_2	A_3	A_4	u_i
B_1	500	540			0
B_1'		610	650		70
B_2				0	40
B_2'				0	40
B_3			550		−30
B_3'			620	0	40
S	2				−460
v_j	500	540	580	−40	

② 由 $\sigma_{ij}=c_{ij}-(u_i+v_j)(i,j\in \mathbf{N})$ 计算所有空格的检验数，并在每个格的右上角填入单位运价，得到表 4-61。

表 4-61

产地 \ 销地	A_1	A_2	A_3	A_4	u_i
B_1	500	540	580 0	0 40	0
B_1'	570 0	610	650	0 −30	70
B_2	M $M-540$	600 20	640 20	0	40
B_2'	M $M-540$	670 90	710 90	0	40
B_3	M $M-470$	M $M-510$	550	0 70	−30
B_3'	M $M-540$	M $M-580$	620	0	40
S	40	80 0	120 0	0 500	−460
v_j	500	540	580	−40	

在表 4-61 中还有负检验数，说明还未得到最优解，用闭回路调整法进行改进。

由表 4-61 可得，(B_1',A_4)格的检验数 $\sigma_{24}=-30$ 为负的最小，故(B_1',A_4)为调入格。以此格为出发点，作一闭回路，见表 4-62。

表 4-62

产地 \ 销地	A_1	A_2	A_3	A_4	供应量
B_1	1	1			2
B_1'		2	1(−1)	(+1)	3
B_2				4	4
B_2'				2	2
B_3					1
B_3'			2(+1)	1(−1)	3
S	2				1
需求量	3	3	4	7	

(B_3',A_4)格调入量 θ 是选择闭回路上具有(−1)的数字格中的最小者，即 $\theta=\min\{1,1\}=1$。按照闭回路上的正负号加上或减去此值，由于此时出现退化情况，故在(B_3',A_4)处填入一

个 0，得到调整方案见表 4-63。

表 4-63

产地 \ 销地	A_1	A_2	A_3	A_4	供应量
B_1	1	1			2
B_1'		2		1	3
B_2				4	4
B_2'				2	2
B_3			1		1
B_3'			3	0	3
S	2				2
需求量	3	3	4	7	

下面用位势法进行检验。

① 在对应表 4-63 中的数字格处填入单位运价，并增加一行一列，在列中填入 u_i（$i=1,2,3,4,5,6,7$），在行中填入 v_j（$j=1,2,3,4$），先令 $u_1=0$，由 $u_i+v_j=c_{ij}$（$i,j\in\boldsymbol{B}$）来确定 u_i 和 v_j，得到表 4-64。

表 4-64

产地 \ 销地	A_1	A_2	A_3	A_4	u_i
B_1	500	540			0
B_1'		610		0	70
B_2				0	70
B_2'				0	70
B_3			550		0
B_3'			620	0	70
S	40				−460
v_j	500	540	550	−70	

② 由 $\sigma_{ij}=c_{ij}-(u_i+v_j)$（$i,j\in\mathbf{N}$）计算所有空格的检验数，并在每个格的右上角填入单位运价，得到表 4-65。

表 4-65

产地 \ 销地	A_1	A_2	A_3	A_4	u_i
B_1	500	540	580 30	0 70	0
B_1'	570 0	610	650 30	0	70
B_2	M $M-570$	600 −10	640 20	0	70

续表

产地＼销地	A_1	A_2	A_3	A_4	u_i
B_2'	M；$M-570$	670；60	710；90	0	70
B_3	M；$M-500$	M；$M-540$	550	0；70	0
B_3'	M；$M-570$	M；$M-610$	620	0	70
S	40	80；0	120；30	0；530	-460
v_j	500	540	550	-70	

表 4-65 中还有负检验数，说明还未得到最优解，用闭回路调整法进行改进。

由表 4-65 可得，(B_2',A_2)格的检验数 $\sigma_{32}=-10$ 为负的最小，故(B_2',A_2)为调入格。以此格为出发点，作一闭回路，见表 4-66。

表　4-66

产地＼销地	A_1	A_2	A_3	A_4	供应量
B_1	1	1			2
B_1'		2(−1)		1(+1)	3
B_2		(+1)		4(−1)	4
B_2'				2	2
B_3			1		1
B_3'			3	0	2
S	2				2
需求量	3	3	4	7	

(B_2',A_2)格调入量 θ 是选择闭回路上具有(−1)的数字格中的最小者，即 $\theta=\min\{2,4\}=2$。按照闭回路上的正负号加上或减去此值，得到调整方案见表 4-67。

表　4-67

产地＼销地	A_1	A_2	A_3	A_4	供应量
B_1	1	1			2
B_1'				3	3
B_2		2		2	4
B_2'				2	2
B_3			1		1
B_3'			3	0	3

续表

销地 产地	A_1	A_2	A_3	A_4	供应量
S	2				2
需求量	3	3	4	7	

下面用位势法进行检验。

① 在对应表 4-67 的数字格处填入单位运价，并增加一行一列，在列中填入 $u_i(i=1,2,3,4,5,6,7)$，在行中填入 $v_j(j=1,2,3,4)$，先令 $u_1=0$，由 $u_i+v_j=c_{ij}(i,j\in \boldsymbol{B})$来确定 u_i 和 v_j，得到表 4-68。

表 4-68

销地 产地	A_1	A_2	A_3	A_4	供应量
B_1	500	540			0
B_1'				0	60
B_2		600		0	60
B_2'				0	60
B_3			550		−10
B_3'			620	0	60
S	40				−460
需求量	500	540	560	−60	

② 由 $\sigma_{ij}=c_{ij}-(u_i+v_j)(i,j\in \boldsymbol{N})$计算所有空格的检验数，并在每个格的右上角填入单位运价，得到表 4-69。

表 4-69

销地 产地	A_1	A_2	A_3	A_4	u_i
B_1	500	500	580 20	0 60	0
B_1'	570 10	610 10	650 30	0	60
B_2	M $M-560$	600	640 20	0	60
B_2'	M $M-560$	670 70	710 90	0	60
B_3	M $M-490$	M $M-530$	550	0 70	−10
B_3'	M $M-560$	M $M-600$	620	0	60
S	40	80 0	120 20	0 520	−460
v_j	500	540	560	−60	

由表 4-69 可以看出，所有非基变量的检验数 $\sigma_{ij}\geq 0$。所以此问题已达到最优解。

又因为非基变量中的 x_{72} 的检验数 $\sigma_{72}=0$。所以此问题有无穷多最优解。

此时的总运费为

$\min z=500\times 1+540\times 1+600\times 2+500\times 1+620\times 3+40\times 2=4\ 680$(万元)

该厂的生产量安排方案见表 4-67。

【典型例题精解】

1. 求下列运输问题(见表 4-70，框内数字为运价，右边数字为产量，下边数字为销量)。

表　4-70

产地 \ 销地	1	2	3	产量
1	2	7	4	25
2	3	6	5	35
销量	10	25	15	

解　此为产销不平衡问题，虚设销地 B_4，使之化为产销平衡问题。从 x_{24} 开始用最小元素法求得初始调运方案如表 4-71 所示。

表　4-71

产地 \ 销地	B_1	B_2	B_3	B_4	产量	u_i
A_1	10^2	x^7	15^4	x^0	25	0
A_2	x^3	25^6	0^5	10^0	35	1
销量	10	25	15	10	60	
v_j	2	5	4	-1		

用位势法求出所有空格检验数 $\sigma_{12}=5,\sigma_{14}=1,\sigma_{21}=0$ 均为负，当前方案最优，即 $x_{11}^*=10,x_{13}^*=15,x_{22}^*=25$，其余为 0，$z^*=230$。

2. 求下列运输问题(见表 4-72，框内数字为运价，右边数字为产量，下边数字为销量)。

表　4-72

产地 \ 销地	1	2	3	4	产量
1	3	11	3	12	7
2	1	9	2	8	4
3	7	4	10	5	9
销量	3	6	5	6	

解　此为产销平衡运输问题，用最小元素法求初始调运方案，用位势法进行调整，运算

过程如下。

表 4-73

产地＼销地	B_1	B_2	B_3	B_4	产量	u_i
A_1	x^{3}	x^{11}	+ 4^{3}	3^{12} −	7	0
A_2	3^{1}	x^{9}	1^{2}	x^{8}	4	−1
A_3	x^{7}	6^{4}	14^{10}	3^{5}	9	−7
销量	3	6	5	6	20	
v_j	2	11	3	12		

选 x_{24} 入基，x_{23} 出基：

表 4-74

产地＼销地	B_1	B_2	B_3	B_4	产量	u_i
A_1	+ x^{3}	x^{11}	5^{3}	2^{12} −	7	0
A_2	3^{1}	x^{9}	x^{2}	1^{8}	4	−4
A_3	x^{7}	6^{4}	14^{10}	3^{5}	9	−7
销量	3	6	5	6		
v_j	5	11	3	12		

选 x_{11} 入基，x_{14} 出基：

表 4-75

产地＼销地	B_1	B_2	B_3	B_4	产量	u_i
A_1	2^{3}	x^{11}	5^{+3}	x^{12} −	7	0
A_2	1^{1}	x^{9}	x^{2}	3^{8}	4	−2
A_3	x^{7}	6^{4}	14^{10}	3^{5}	9	−5
销量	3	6	5	6		
v_j	3	9	3	10		

所有空格检验数均为非零负，当前方案最优。

$x_{11}^{*}=2, x_{13}^{*}=5, x_{21}^{*}=1, x_{24}^{*}=3, x_{32}^{*}=6, x_{34}^{*}=3, z^{*}=6+15+1+24+24+15=85$。

3. 求下列运输问题(见表 4-76，框内数字为运价，右边数字为产量，下边数字为销量)。

表 4-76

产地＼销地	1	2	3	产量
1	5	1	7	10
2	6	4	6	80
3	3	2	5	15
销量	75	20	80	

解 此为产销不平衡问题，虚设产地 A_4 使之化为产销平衡问题，从 x_{41} 开始用最小元

素法求初始调运方案，用位势法进行调整，求解过程如下。

表　4-77

产地 \ 销地	B_1	B_2	B_3	产量	u_i
A_1	x_5	1^{10}	x^7	10	0
A_2	x^6	x^4	80^6	80	2
A_3	5^{3+} +	10^2 −	0^5	15	1
A_4	70^0	x^0	x^0	70	−2
销量	75	20	80	175	
v_j	2	1	4		

选 x_{43} 入基，x_{33} 出基：

表　4-78

产地 \ 销地	B_1	B_2	B_3	产量	u_i
A_1	x^5	10^1	x^1	10	0
A_2	x^6	+ x^4	− 80^6	80	4
A_3	+ 5^3	− 10^2	x^5	15	1
A_4	− 70^0	x^0	+ 0^0	70	−2
销量	75	20	80	175	
v_j	2	1	2		

选 x_{22} 入基，x_{32} 出基：

表　4-79

产地 \ 销地	B_1	B_2	B_3	产量	u_i
A_1	x^5	10^1	x^7	10	0
A_2	x^6	10^4	70^6	80	3
A_3	15^3	x^2	x^5	15	0
A_4	60^0	x^0	10^0	70	−3
销量	75	20	80	175	
v_j	3	1	3		

所有空格检验数均为非负，当前方案最优。

$x_{12}^*=10, x_{22}^*=10, x_{23}^*=70, x_{31}^*=15$，其余为 0，$z^*=10+40+420+45=515$。

【考研真题解答】

1.（10 分）某汽车零件制造商，在不同的地方开设了 3 个工厂，从这些厂将汽车零件运至设在全国各地的 4 个仓库，并希望运费最小。表 4-80 列出了运价以及 3 个厂的供应量和 4 个仓库的需求量。请求出运费最小的运输方案。

表 4-80

运价 工厂 \ 仓库	1	2	3	4	供应量
1	2	1	3	5	50
2	2	2	4	1	30
3	1	4	3	2	70
需求量	40	50	25	35	

解 ① 用最小元素法给出初始运输方案，如表 4-81 所示。

表 4-81

定价 工厂 \ 仓库	1	2	3	4	供应量
1	x 2	50 1	0 3	x 5	50
2	x 2	x 2	x 4	30 1	30
3	40 1	x 4	25 3	5 2	70
需求量	40	50	25	35	150

② 用位势法求空格检验数。

(i) 对基格，令 $u_i+v_j=c_{ij}$，得

$$\begin{cases} u_1+v_2=c_{12}=2 \\ u_1+v_3=c_{13}=3 \\ u_2+v_4=c_{24}=1 \\ u_3+v_1=c_{31}=1 \\ u_3+v_3=c_{33}=3 \\ u_3+v_4=c_{34}=2 \end{cases} \xrightarrow{\text{令 } u_1=0} \begin{cases} u_1=0 \\ u_2=-1 \\ u_3=0 \\ v_1=1 \\ v_2=2 \\ v_3=3 \\ v_4=2 \end{cases}$$

(ii) 对空格，令 $\sigma_{ij}=c_{ij}-(u_i+v_j)$得

$$\begin{cases} \sigma_{11}=c_{11}-(u_1+v_1)=2-(0+1)=1 \\ \sigma_{14}=c_{14}-(u_1+v_1)=5-(0+2)=3 \\ \sigma_{21}=c_{21}-(u_2+v_1)=2-(-1+1)=2 \\ \sigma_{22}=c_{22}-(u_2+v_2)=2-(-1+2)=1 \\ \sigma_{23}=c_{23}-(u_2+v_3)=4-(-1+3)=2 \\ \sigma_{32}=c_{32}-(u_3+v_2)=4-(0+2)=2 \end{cases}$$

检验数均为非负，故当前方案最优，$x_{12}^*=50$，$x_{24}^*=30$，$x_{31}^*=40$，$x_{33}^*=25$，$x_{34}^*=5$，其余全为0。$z^*=50\times1+30\times1+40\times1+25\times3+5\times2=205$。

2.（15分）现有以下运输问题，发量、收量以及单位运输价格如表4-82所示。试用表上作业法求最优调运方案。

表　4-82

工厂＼运价＼仓库	B_1	B_2	B_3	发量
A_1	8	7	4	15
A_2	3	5	9	25
收量	20	20	10	

解　此为产销不平衡问题，虚设发点A_3，发量为10，运价为0，化为产销平衡问题。

（1）列出产销平衡表，如表4-83所示。

表　4-83

发点＼运价＼收点	B_1	B_2	B_3	发量
A_1	8	7	4	15
A_2	3	5	9	25
A_3	0	0	0	10
收量	20	20	10	50

（2）用最小元素法求初始调运方案，如表4-84所示。

表　4-84

发点＼运量（运价）＼收点	B_1	B_2	B_3	发量	u_i
A_1	8 x	7 5	4 10	15	u_1
A_2	3 10	5 15	9 x	25	u_2
A_3	0 10	0 x	0 x	10	u_3
收量	20	20	10	50	
v_j	v_1	v_2	v_3		

（3）用位势法求初始调运方案中的空格检验数σ_{ij}，增设行(列)位势$u_i(v_j)$，如表4-84。

① 对基格，令$u_i+v_j=c_{ij}$，得

$$\begin{cases} u_1+v_2=c_{12}=7 \\ u_1+v_3=c_{13}=4 \\ u_2+v_1=c_{21}=3 \\ u_2+v_2=c_{22}=5 \\ u_3+v_1=c_{31}=0 \end{cases} \xrightarrow{\text{令 } u_1=0} \begin{cases} u_1=0 \\ u_2=-2 \\ u_3=-5 \\ v_1=5 \\ v_2=7 \\ v_3=4 \end{cases}$$

② 空格检验数 $\sigma_{ij}=c_{ij}-(u_i+v_j)$，得

$$\begin{cases} \sigma_{11}=c_{11}-(u_1+v_1)=8-(0+5)=3 \\ \sigma_{23}=c_{23}-(u_2+v_3)=9-(-2+4)=7 \\ \sigma_{32}=c_{32}-(u_3+v_2)=0-(-5+7)=-2 \\ \sigma_{33}=c_{33}-(u_3+v_3)=0-(-5+4)=1 \end{cases}$$

选 $\sigma_{32}=-2$ 对应的 x_{32} 入基，以 x_{32} 作闭回路，如表 4-84 所示，在闭回路上选标负号且运量最小的基格 x_{31} 出基。沿闭回路调整运量 10，得到新调运方案如表 4-85。

表 4-85

运量（运价）＼收点／发点	B_1	B_2	B_3	发量
A_1	8 x	7 5	4 10	15
A_2	3 20	5 5	9 x	25
A_3	0 x	0 10	0 x	10
收量	20	20	10	

(4) 继续用位势法求新调运方案中的空格检验数 λ_{ij}。

① 对基格，$u_i+v_j=c_{ij}$，得

$$\begin{cases} u_1+v_2=c_{12}=7 \\ u_1+v_3=c_{13}=4 \\ u_2+v_1=c_{21}=3 \\ u_2+v_2=c_{22}=5 \\ u_3+v_2=c_{32}=0 \end{cases} \xrightarrow{\text{令 } u_1=0} \begin{cases} u_1=0 \\ u_2=-2 \\ u_3=-5 \\ v_1=5 \\ v_2=7 \\ v_3=4 \end{cases}$$

② 空格检验数 $\sigma_{ij}=c_{ij}-(u_i+v_j)$，得

$$\begin{cases} \sigma_{11}=c_{11}-(u_1+v_1)=8-(0+5)=3 \\ \sigma_{23}=c_{23}-(u_2+v_3)=9-(-2+4)=7 \\ \sigma_{31}=c_{31}-(u_3+v_1)=0-(-7+5)=2 \\ \sigma_{33}=c_{33}-(u_3+v_3)=0-(-7+4)=3 \end{cases}$$

空格检验数均为非负，当前方案最优。

所以 $x_{11}^*=0, x_{12}^*=5, x_{13}^*=10, x_{21}^*=20, x_{22}^*=5, x_{23}^*=0$,

最小运费为 $z^*=5\times7+10\times4+20\times3+5\times5=35+40+60+25=160$(元)。

3. (15分)已知某运输问题的产销需求及单位运价如表4-86所示。求解运输费用最少的运输方案和总运价。

表 4-86

产地＼销地	B_1	B_2	B_3	产量
A_1	5	9	3	15
A_2	1	3	4	18
A_3	8	2	6	17
销量	18	12	16	

解 这是一个产大于销的问题,虚设一个销地 B_4,得到解为 $A_1\to B_3(15)$; $A_2\to B_1(18)$; $A_3\to\{B_2(12), B_3(1), B_4(4)\}$,最优方案不唯一,因为有空格 $\sigma_{33}=0$,总费用 $15\times3+18\times1+12\times2+6\times1=93$。

4. (15分)已知运输问题的产销平衡表、单位运价表及某一调运方案如表4-87和表4-88所示。

表 4-87 产销平衡表及调运方案

产地＼销地	B_1	B_2	B_3	产量
A_1	1	5		6
A_2			1	1
A_3	6		2	8
销量	7	5	3	

表 4-88 单位运价表

产地＼销地	B_1	B_2	B_3
A_1	2	3	11
A_2	3	2	8
A_3	5	8	15

要求:(1) 以该调运方案对应的变量 $x_{11}, x_{12}, x_{23}, x_{33}$ 为基变量,列出该运输问题用单纯形法求解时的单纯形表。

(2) 在单纯形表上判断方案是否最优?若否,用单纯形法继续迭代求出最优。

(3) 利用单纯形表判断 $A_3\to B_3$ 运费 c_{33} 在什么范围内变化,最优解不变。

解 见表4-89。

表 4-89

c_j			2	3	11	3	2	8	5	8	15
$\boldsymbol{C}_B$	$\boldsymbol{X}_B$	$\boldsymbol{b}$	x_{11}	x_{12}	x_{13}	x_{21}	x_{22}	x_{23}	x_{31}	x_{32}	x_{33}
2	x_{11}	1	1		[1]		−1			−1	
3	x_{12}	5		1			1			1	
8	x_{23}	1				1	1	1			
5	x_{31}	6			−1	1	1		1	1	
15	x_{33}	2			1	−1	−1				1
c_j-z_j			0	0	−1	5	3	0	0	2	0
11	x_{13}	1			1		−1			−1	
3	x_{12}	5		1			1			1	
8	x_{23}	1				1	1	1			
5	x_{31}	7	1			1			1		
15	x_{33}	1	−1			−1				1	1
c_j-z_j			1	0	0	5	2	0	0	1	0

保持最优解不变的 c_{33} 值应满足 $c_{33}-14\geqslant 0, c_{33}-10\geqslant 0, 16-c_{33}\geqslant 0$，即 $c_{33}\geqslant 14, c_{33}\geqslant 10, c_{33}\geqslant 16$。

所以 $14\leqslant c_{33}\leqslant 16$。

CHAPTER 5 第5章

线性目标规划

【本章学习要求】

1. 掌握目标规划的图解法求解模型。
2. 掌握目标规划的单纯形法的求解模型。

【主要概念及算法】

1. 目标函数

(1) 多目标的情况下,要用偏差变量限定成目标约束。

(2) 目标的重要度不同,用优先因子 P_i 来描述,P_i 可以认为是一个大的常数,针对不同目标的优先顺序,确定 $P_1 \gg P_2 \gg P_3 \gg \cdots \gg P_n$。

(3) 将所有的目标偏差总和在一起,组成一个新的目标函数,求极小。

$$\min f(d) = \sum_{i=1}^{k} P_i (d_i^+ + d_i^-)$$

难点:在进行目标约束的转换过程中,要有较好的应用题分析能力,或者说是语文逻辑分析能力。

即　当目标要求准确完成时,使

$$\min f(d) = d_i^+ + d_i^-$$

当目标允许超额完成(如利润、产值)时,使

$$\min f(d) = d_i^-$$

(注意:因为允许超额,所以 d_i^+ 可以不限制,只要让负偏差 d_i^- 尽可能小就行。)

当目标允许不完成(如:能源、原材料)时,使

$$\min f(d) = d_i^+$$

2. 约束条件

当把目标函数变成目标约束时,有

$$\sum_{j=1}^{n} c_{ij} x_j + d_i^- - d_i^+ = g_i, \quad (g_i \text{ 为常数})$$

当把原问题中的资源约束标准化后,有

$$\sum_{j=1}^{n} a_{ij} x_j + x_s = b_i, \quad (b_i \text{ 为常数})$$

上面两式就是目标规划中的约束方程。

3. 模型

目标函数 $$\min f=\sum_{i=1}^{l}P_l\sum_{i=1}^{m}(w_{li}^{-}d_i^{-}+w_{li}^{+}d_i^{+})$$

约束 $$\begin{cases}\text{目标约束：}\sum c_{ij}x_j+d_i^{-}-d_i^{+}=g_i\\ \text{资源约束：}\sum_{j=1}^{n}a_{ij}x_j+x_s=b_i\end{cases}$$

非负条件： $x_j\geqslant 0(j=1,2,\cdots,n),d_i^{-},d_i^{+}\geqslant 0,\quad (i=1,2,\cdots,m)$。

4. 建模步骤

(1) 列出全部的约束条件。

(2) 把要达到指标的约束不等式加上正、负偏差变量后，化为目标约束等式。

(3) 对目标赋予相应的优先因子。

(4) 对同一级优先因子中的各偏差变量，若重要程度不同时，可赋予不同(根据题意)的加权系数。

(5) 构造一个按优先因子及加权系数和对应的目标偏差量所要实现最小化的目标函数。

5. 解目标规划的单纯形法

目标规划的数学模型结构与线性规划的数学模型结构没有本质的区别，所以可用单纯形法求解。但要考虑目标规划的数学模型的一些特点，做以下规定。

(1) 因目标规划问题的目标函数都是求最小化，所以，以 $c_j-z_j\geqslant 0,j=1,2,\cdots,n$ 为最优准则。

(2) 因非基变量的检验数中含有不同等级的优先因子，即

$$c_j-z_j=\sum_k a_{kj}P_k,\quad (j=1,2,\cdots,n\quad k=1,2,\cdots,K)$$

因 $P_1\gg P_2\gg\cdots\gg P_k$；从每个检验数的整体来看：检验数的正、负首先决定于 P_1 的系数 a_{1j} 的正负；若 $a_{1j}=0$，这时此检验数的正负就决定于 P_2 的系数 a_{2j} 的正、负，下面可依此类推。

解目标规划问题的单纯形法的计算步骤：

① 建立初始单纯形表，在表中将检验数行按优先因子个数分别列成 K 行，置 $k=1$；

② 检验该行中是否存在负数，且对应的前 $k-1$ 行的系数是零。若有负数，取其中最小者对应的变量为换入变量，转步骤③，若无负数，则转步骤⑤。

③ 按最小比值规则确定换出变量，当存在两个或两个以上相同的最小比值时，选取具有较高优先级别的变量为换出变量。

④ 按单纯形法进行基变换运算，建立新的计算表，返回步骤②。

⑤ 当 $k=K$ 时，计算结束。表中的解即为满意解。否则置 $k=k+1$，返回步骤②。

【课后习题全解】

5.1 若用以下表达式作为目标规划的目标函数，试述其逻辑是否正确？

(1) $\max z=d^{-}+d^{+}$；　　(2) $\max z=d^{-}-d^{+}$；

(3) $\min z=d^{-}+d^{+}$；　　(4) $\min z=d^{-}-d^{+}$。

解 (1) 不正确。

要求 max $z=d^-+d^+$，而 $d^-\times d^+=0$，即求 d^- 或 d^+ 最大，而 d^- 表示决策值未达到目标值的部分，d^+ 表示决策值超过目标值的部分。故求 max $z=d^-+d^+$ 无实际意义。

(2) 正确。

要求 max $z=d^--d^+$，而 $d^-\times d^+=0$，则 $d^+=0$，$d^->0$，即表示未达到目标值越大越好。

(3) 正确。

要求 min $z=d^-+d^+$，即正、负偏差变量都要尽可能的小。而 $d^-\times d^+=0$，则 $d^+=d^-=0$，即恰好达到目标值。

(4) 正确。

要求 min $z=d^--d^+$，而 $d^-\times d^+=0$，则 $d^-=0$，$d^+>0$，即表示超过目标值越大越好。

5.2 用图解法找出以下目标规划问题的满意解。

(1) $\min z=P_1(d_1^-+d_1^+)+P_2(2d_2^++d_3^+)$

$$\begin{cases}x_1-10x_2+d_1^--d_1^+=50\\3x_1+5x_2+d_2^--d_2^+=20\\8x_1+6x_2+d_3^--d_3^+=100\\x_1,x_2,d_i^-,d_i^+\geqslant 0,\quad (i=1,2,3)\end{cases}$$

(2) $\min z=P_1(d_3^++d_4^+)+P_2d_1^++P_3d_2^-+P_4(d_3^-+1.5d_4^-)$

$$\begin{cases}x_1+x_2+d_1^--d_1^+=40\\x_1+x_2+d_2^--d_2^+=100\\x_1+d_3^--d_3^+=30\\x_2+d_4^--d_4^+=15\\x_1,x_2,d_i^-,d_i^+\geqslant 0,\quad (i=1,2,3,4)\end{cases}$$

(3) $\min z=P_1d_2^++P_1d_2^-+P_2d_1^-$

$$\begin{cases}x_1+2x_2+d_1^--d_1^+=10\\10x_1+12x_1+d_2^--d_2^+=62.4\\2x_1+x_2\leqslant 8\\x_1,x_2,d_i^-,d_i^+\geqslant 0,\quad (i=1,2)\end{cases}$$

(4) $\min z=P_1d_1^-+P_2d_2^++P_3(5d_3^-+3d_4^-)+P_4d_1^+$

$$\begin{cases}x_1+x_2+d_1^--d_1^+=80\\x_1+x_2+d_2^--d_2^+=90\\x_1+d_3^--d_3^+=70\\x_2+d_4^--d_4^+=45\\x_1,x_2,d_i^-,d_i^+\geqslant 0,\quad (i=1,2,3,4)\end{cases}$$

解 (1) 由约束条件作图 5-1。

首先考虑 P_1 优先因子的目标的实现，在目标函数中要求实现

$$\min(d_1^-+d_1^+)$$

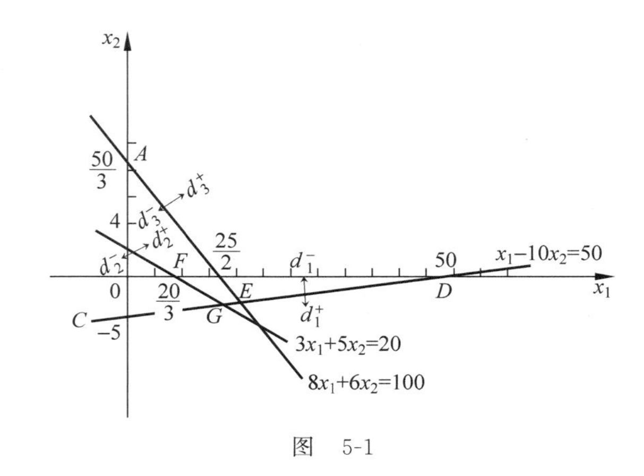

图 5-1

从图 5-1 中可以看出，当 x_1, x_2 在射线 $x_1-10x_2=50$ 且 $x_2 \geqslant 0$ 上取值，可以满足 $d_1^-=0$ 和 $d_1^+=0$。再考虑 P_2 优先因子的目标的实现，在目标函数中要求实现

$$\min\ (2d_2^+ + d_3^+)$$

因 d_2^+ 的权系数大于 d_3^+ 的权系数，由图 5-1 可知，D 点为满意解，D 点坐标为(50,0)。

(2) 由约束条件作图 5-2。

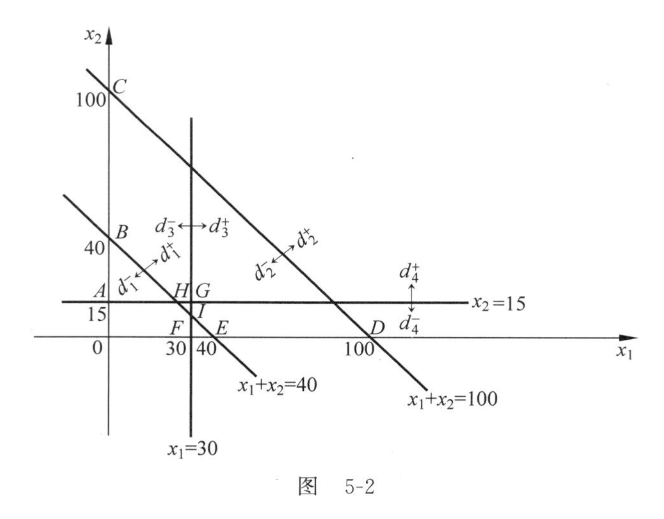

图 5-2

首先考虑 P_1 优先因子的目标的实现，在目标函数中要求实现

$$\min(d_3^+ + d_4^+)$$

从图 5-2 中可以看出，可以满足 $d_3^+=0$ 和 $d_4^+=0$。此时 x_1, x_2 在区域 $OAGFO$ 内取值。

再考虑 P_2 优先因子的目标的实现，在目标函数中要求实现

$$\min\ d_1^+$$

从图 5-2 中可以看出，可以满足 $d_1^+=0$。此时 x_1, x_2 在区域 $OAHIFO$ 内取值。

再考虑 P_3 优先因子的目标的实现，在目标函数中要求实现

$$\min\ d_2^-$$

从图 5-2 中可以看出，当 x_1, x_2 在线段 HI 上取值时，可以使 d_2^- 取最小。

最后考虑 P_4 优先因子的目标的实现。因 d_4^- 的权系数大于 d_3^- 的权系数，故先考虑 d_4^- 取最小。

从图中可以看出，可以满足 $d_4^-=0$。此时得到 H 为满意解。H 点坐标为(25,15)。

(3) 由约束条件作图 5-3。

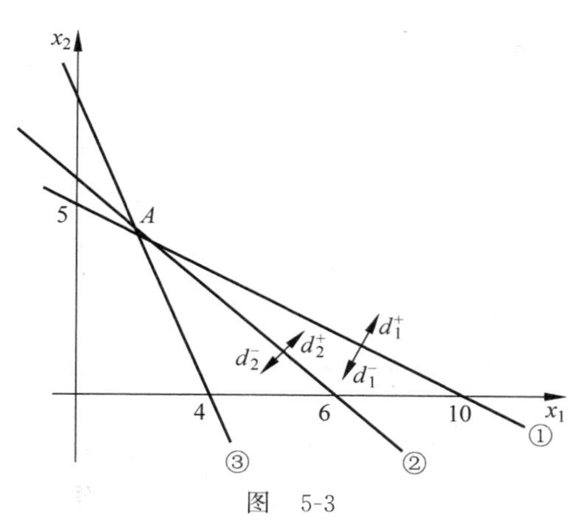

图 5-3

由图 5-3 可以看出，最优解应该在直线③的上面或者下半区域考虑目标 $P_1d_2^+ + P_1d_2^-$，即约束条件 2 的正、负偏差变量要尽可能地小，在硬约束和 P_2 的目标实现后，要使 d_1^- 尽可能地小，满后这 3 个条件，满意解应为 A

即 $\begin{cases}2x_1+x_2=8\\10x_1+12x_2=62.4\end{cases}$ $\begin{cases}x_1=2.4\\x_2=3.2\end{cases}$

此线性目标规划的最优解为 $x_1^*=2.4, x_2^*=3.2, d_1^{-*}=1.2, d_1^{+*}=0, d_2^{-*}=d_2^{+*}=0$

(4) 由约束条件作图 5-4。

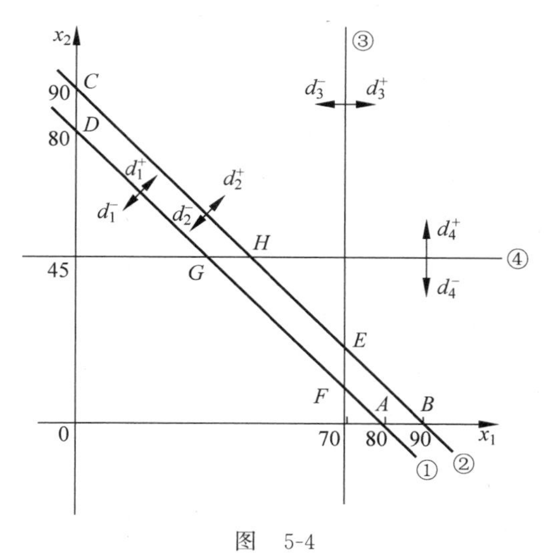

图 5-4

由图 5-4 可以看出，在考虑具有 P_1、P_2 的目标实现后，x_1，x_2 的取值范围为 $ABCD$，考虑 P_3 的目标要求为实现 $\min 5d_3^-$，这时 x_1，x_2 的取值范围为 $ABEF$，而实现 $\min 3d_4^-$，x_1，

x_2 的取值范围为 $CDGH$，因为这两者无公共区域，只能比较最邻近的 H 点和 E 点，看在哪一点使得$(5d_3^- + 3d_4^-)$实现最小值，并且 d_1^+ 最小，$H(45,45)$，在该点处，$d_3^- = 70-45 = 25$，$d_4^- = 0$，$5d_3^- + 3d_4^- = 5\times 25 = 125$ 且 $45+45+d_1^- - d_1^+ = 80$，$d_1^+ = 10$，$E(70,20)$，在该点外，$d_3^- = 70-70 = 0$，$d_4^- = 45-20 = 25$，$5d_3^- + 3d_4^- = 3\times 25 = 75$ 且 $d_1^+ = 70+20-80 = 10$，故 E 为满意解，此线性目标规划的最优解为 $x_1^* = 70$，$x_2^* = 20$，$d_1^{+*} = 10$，$d_1^{-*} = 0$，$d_2^{-*} = d_2^{+*} = 0$，$d_3^{-*} = d_3^{+*} = 0$，$d_4^{-*} = 25$，$d_4^{+*} = 0$。

5.3 根据本书第 2 章习题 2.10 给出的某糖果厂生产计划优化的各项数据，若该糖果厂确定生产计划的目标函数为：

P_1——利润不低于某预期值；

P_2——甲，乙，丙三种糖果的原材料比例性满足配方要求；

P_3——充分利用又不超过规定的原材料供应量。

根据上述要求，构建目标规划的数学模型。

解 题 2.10 的线性规划模型为

$$\max z = 0.9x_1 + 1.4x_2 + 1.9x_3 + 0.45x_4 + 0.95x_5 + 1.45x_6 - 0.05x_7 + 0.45x_8 + 0.95x_9$$

$$\text{s.t.}\begin{cases} x_1 \geqslant 0.6(x_1 + x_2 + x_3) \\ x_3 \leqslant 0.2(x_1 + x_2 + x_3) \\ x_4 \geqslant 0.15(x_4 + x_5 + x_6) \\ x_6 \leqslant 0.6(x_4 + x_5 + x_6) \\ x_9 \leqslant 0.5(x_7 + x_8 + x_9) \\ x_1 + x_2 + x_3 \leqslant 2\,000 \\ x_2 + x_5 + x_8 \leqslant 2\,500 \\ x_3 + x_6 + x_9 \leqslant 1\,200 \\ x_i \geqslant 0, \quad (i = 1,2,\cdots,9) \end{cases}$$

设利润预期值为 M，分别赋予这三个目标量，P_1，P_2，P_3 为优先因子，则该问题的目标规划，模型为

$$\min z = P_1 d_1^- + P_2 \sum_{i=2}^{6}(d_i^- + d_i^+) + P_3 \sum_{i=7}^{9} d_i^+$$

$$\text{s.t.}\begin{cases} 0.9x_1 + 1.4x_2 + 1.9x_3 + 0.45x_4 + 0.95x_5 \\ \quad + 1.45x_6 - 0.05x_7 + 0.45x_8 + 0.95x_9 + d_1^- - d_1^+ = M \\ 0.6(x_1 + x_2 + x_3) - x_1 + d_2^- - d_2^+ = 0 \\ x_3 - 0.2(x_1 + x_2 + x_3) + d_3^- - d_3^+ = 0 \\ 0.15(x_4 + x_5 + x_6) - x_4 + d_4^- - d_4^+ = 0 \\ x_6 - 0.6(x_4 + x_5 + x_6) + d_5^- - d_5^+ = 0 \\ x_9 - 0.5(x_7 + x_8 + x_9) + d_6^- - d_6^+ = 0 \\ x_1 + x_2 + x_3 + d_7^- - d_7^+ = 2\,000 \\ x_2 + x_5 + x_8 + d_8^- - d_8^+ = 2\,500 \\ x_3 + x_6 + x_9 + d_9^- - d_9^+ = 1\,200 \\ x_i \geqslant 0, d_i^- \geqslant 0, d_i^+ \geqslant 0, \quad (i = 1,2,\cdots,9) \end{cases}$$

5.4　南溪市计划在下一年度预算中购置一批救护车，已知每辆购置价为20万元。救护车用于所属A，B两个郊区县，各分配x_A辆和x_B辆。A县救护站从接到呼叫到出动的响应时间为$(40-3x_A)$分钟；B县救护站的响应时间为$(50-4x_B)$分钟。该市确定如下优先目标：

P_1——用于救护车的购置费不超过400万元；

P_2——A县的响应时间不超过8分钟；

P_3——B县的响应时间不超过8分钟。

要求：

(1) 建立目标规划模型，并求出满意解；

(2) 若对优先级目标函数进行调整，将P_2调为P_1，P_3调为P_2，P_1调为P_3。试重新构建目标规划的数学模型，并找出新的满意解。

解　(1)

$$\min z = P_1 d_1^+ + P_2 d_2^+ + P_3 d_3^+$$

$$\text{s. t.}\begin{cases} 20x_A + 20x_B + d_1^- - d_1^+ = 400 & ① \\ 40 - 3x_A + d_2^- - d_2^+ = 8 & ② \\ 50 - 4x_B + d_3^- - d_3^+ = 8 & ③ \\ x_A, x_B, d_i^-, d_i^+ \geqslant 0 \quad (i=1,2,3) \end{cases}$$

图解法：如图5-5所示。

约束条件①的可行区域为AOB，约束条件①和约束条件②的可行区域为DCB，约束条件①和约束条件③的可行区域为AEF，故无公共区，故在实现约束条件①和约束条件②的基础上考虑DCB区域中使d_3^+最小的即为满意解，显然D点为满意解。

故满意解为$\left(\frac{32}{3}, \frac{28}{3}\right)$

(2) $\min z = P_1 d_2^+ + P_2 d_3^+ + P_3 d_1^+$

$$\text{s. t.}\begin{cases} 20x_A + 20x_B + d_1^- - d_1^+ = 400 \\ 40 - 3x_A + d_2^- - d_2^+ = 8 \\ 50 - 4x_B + d_3^- - d_3^+ = 8 \\ x_A, x_B, d_i^-, d_i^+ \geqslant 0 \quad (i=1,2,3) \end{cases}$$

由图5-6可以看出：实现P_1为GC右边的区域，实现P_2为DH上边的区域，故实现约束条

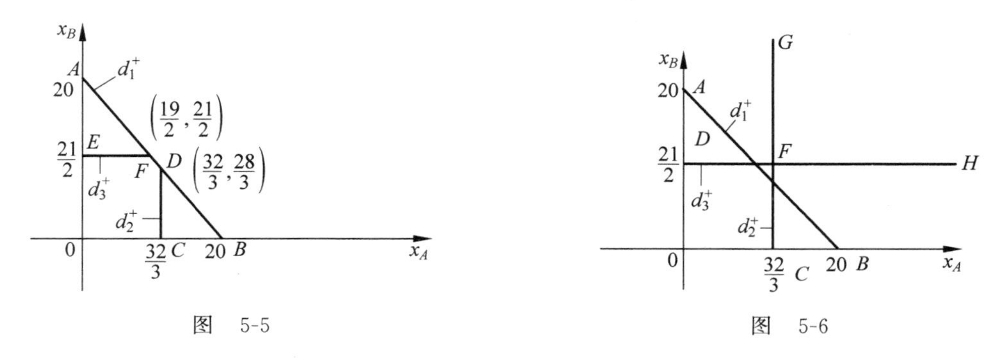

图　5-5　　　图　5-6

件①和约束条件②后区域为 GFH 右上区域，此时不能满足 $d_1^+=0$，故在 GFH 右上区域找使 d_1^+ 最小的，$F\left(\frac{32}{3},\frac{21}{2}\right)$点为满意解。

5.5 某商标的酒是用三种等级的酒兑制而成。若这三种等级的酒每天供应量和单位成本如表 5-1 所示。

表 5-1

等　级	日供应量(kg)	成本(元/kg)
Ⅰ	1 500	6.0
Ⅱ	2 000	4.5
Ⅲ	1 000	3.0

设该种酒有三种商标（红、黄、蓝），各种商标的酒对原料酒的混合比及售价见表 5-2。决策者规定：首先必须严格按规定比例兑制各商标的酒；其次是获利最大；最后是红商标的酒每天至少生产 2 000kg。试列出数学模型。

表 5-2

商　标	兑制要求	售价(元/kg)
红	Ⅲ少于 10%，Ⅰ多于 50%	5.5
黄	Ⅲ少于 70%，Ⅰ多于 20%	5.0
蓝	Ⅲ少于 50%，Ⅰ多于 10%	4.8

解 设 $x_{i1},x_{i2},x_{i3}(i=1,2,3)$分别表示第 i 种等级的兑制红、黄、蓝三种商标的酒的数量。则目标规划的数学模型为

$$\max z=P_1(d_1^-+d_2^++d_3^-+d_4^++d_5^-+d_6^+)+P_2d_8^++P_3d_7^+$$

$$\text{s.t.}\begin{cases}x_{31}-0.1(x_{11}+x_{21}+x_{31})+d_1^--d_1^+=0\\x_{11}-0.5(x_{11}+x_{21}+x_{31})+d_2^--d_2^+=0\\x_{32}-0.7(x_{12}+x_{22}+x_{32})+d_3^--d_3^+=0\\x_{12}-0.2(x_{12}+x_{22}+x_{32})+d_4^--d_4^+=0\\x_{33}-0.5(x_{13}+x_{23}+x_{33})+d_5^--d_5^+=0\\x_{13}-0.1(x_{13}+x_{23}+x_{33})+d_6^--d_6^+=0\\x_{11}+x_{21}+x_{31}+d_7^--d_7^+=2\,000\end{cases}$$

其中

$$\begin{aligned}z=&5.5\times(x_{11}+x_{21}+x_{31})+5.0\times(x_{12}+x_{22}+x_{32})+\\&4.8\times(x_{13}+x_{23}+x_{33})-6\times(x_{11}+x_{12}+x_{13})-\\&4.5\times(x_{21}+x_{22}+x_{23})-3\times(x_{31}+x_{32}+x_{33})+\\&d_8^--d_8^+\end{aligned}$$

而根据下面的模型求出最大利润

$$\max z = 5.5(x_{11}+x_{21}+x_{31})+5.0(x_{12}+x_{22}+x_{32})+4.8(x_{13}+x_{23}+x_{33})-6(x_{11}+x_{12}+x_{13})-4.5(x_{21}+x_{22}+x_{23})-3(x_{31}+x_{32}+x_{33})$$

$$\text{s.t.}\begin{cases} x_{31}-0.1(x_{11}+x_{21}+x_{31})<0 \\ x_{11}-0.5(x_{11}+x_{21}+x_{31})>0 \\ x_{32}-0.7(x_{12}+x_{22}+x_{32})<0 \\ x_{12}-0.2(x_{12}+x_{22}+x_{32})>0 \\ x_{33}-0.5(x_{13}+x_{23}+x_{33})<0 \\ x_{13}-0.1(x_{13}+x_{23}+x_{33})>0 \\ x_{11}+x_{21}+x_{31}\geqslant 2\,000 \\ x_{ij}\geqslant 0, \quad (i=1,2,3, j=1,2,3) \end{cases}$$

【典型例题精解】

1. 某市准备在下一年度预算中购置一批救护车，已知每辆救护车购置价为 20 万元。救护车用于所属的两个郊区县，各分配 x_A 和 x_B 台，A 县救护站从接到求救电话到救护车出动的响应时间为$(40-3x_A)$min，B 县相应的响应时间为$(50-4x_B)$min，该市确是如下优先级目标。

P_1：救护车购置费用不超过 400 万元。

P_2：A 县的响应时间不超过 5min。

P_3：B 县的响应时间不超过 5min。

要求：

(1) 建立目标规划模型。

(2) 若对优先级目标作出调整，P_2 变 P_1，P_3 变 P_2，P_1 变 P_3，重新建立模型。

解 设 x_A 分配给 A 县的救护车数，x_B 为分配给 B 县的救护车数量。

(1) 其目标规划模型为

$$\min z = P_1 d_1^+ + P_2 d_2^+ + P_3 d_3^+$$

$$\text{s.t.}\begin{cases} 20x_A+20x_B+d_1^- - d_1^+ = 400 \\ 40-3x_A+d_2^- - d_2^+ = 5 \\ 50-4x_B+d_3^- - d_3^+ = 5 \\ x_A, x_B \geqslant 0;\ d_i^-, d_i^+ \geqslant 0, \quad (i=1,2,3) \end{cases}$$

(2) 与(1)相比较，只是目标函数改变了，而约束条件没变。故(2)的目标规划模型为

$$\min z = P_1 d_2^+ + P_2 d_3^+ + P_3 d_1^+$$

$$\text{s.t.}\begin{cases} 20x_A+20x_B+d_1^- - d_1^+ = 400 \\ 40-3x_A+d_2^- - d_2^+ = 5 \\ 50-40x_B+d_3^- - d_3^+ = 5 \\ x_A, x_B \geqslant 0, d_i^-, d_i^+ \geqslant 0, \quad (i=1,2,3) \end{cases}$$

2. 已知某实际问题的线性规划模型为

$$\max z=100x_1+50x_2$$

$$\text{s.t.}\begin{cases}9x_1+26x_2\leqslant 200\ (\text{资源 }1)\\12x_1+4x_2\geqslant 25\ (\text{资源 }2)\\x_1,x_2\geqslant 0\end{cases}$$

假设重新确定这个问题的目标为 P_1：z 的值不低于 1 900。P_2：资源 1 必须全部利用。

求将此问题转换为目标规划问题所对应的数学模型。

解 依题意，以优先因子为序，对应关系如下。

	优先因子	$\min f=$目标值偏差
P_1：	$100x_1+50x_2\geqslant 1\,900 \xrightarrow{\text{转换}} 100x_1+50x_2+d_1^--d_1^+=1\,900$	$P_1d_1^-$
P_2：	$9x_1+26x_2\leqslant 200 \xrightarrow{\text{转换}} 9x_1+26x_2+d_2^--d_2^+=200$	$P_2d_2^-$

无级别：$12x_1+4x_2\geqslant 25 \xrightarrow{\text{转换}} 12x_1+4x_2-x_3=25$

则转化后的模型为

$$\min f=P_1d_1^-+P_2d_2^-$$

$$\begin{cases}100x_1+50x_2+d_1^--d_1^+=1\,900\\9x_1+26x_2+d_2^--d_2^+=200\\12x_1+4x_2-x_3=25\\x_i\geqslant 0,(i=1,2,3);\ d_i^+,d_i^-\geqslant 0,\quad (i=1,2)\end{cases}$$

3. 用图解法求目标规划问题的满意解。

$$\min z=P_1d_1^++P_2d_3^++P_3d_2^+$$

$$\begin{cases}-x_1+2x_2+d_1^--d_1^+=4\\x_1-2x_2+d_2^--d_2^+=4\\x_1+2x_2+d_3^--d_3^+=8\\x_1,x_2\geqslant 0;\ d_i^-,d_i^+\geqslant 0,\quad (i=1,2,3)\end{cases}$$

解 见图 5-7。先令 $d_i^-,d_i^+=0$，作相应的直线，然后在直线旁标上 d_i^-,d_i^+，这表明目标约束可以沿 d_i^-,d_i^+ 所示方向平移。

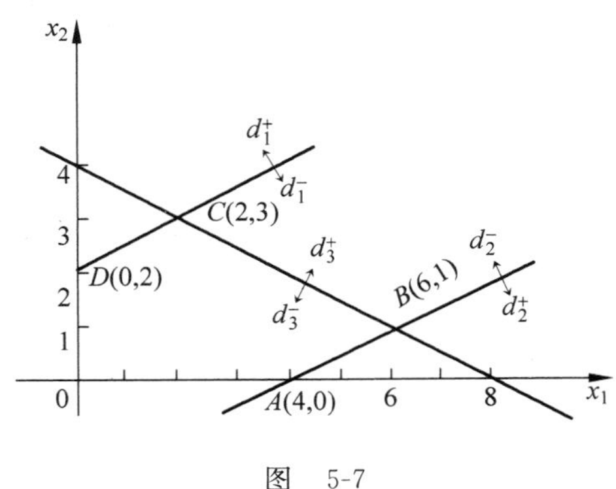

图 5-7

由图 5-7 可知，满意解为图中各点 $A(4,0)$，$B(6,1)$，$C(2,3)$，$D(0,2)$，$O(0,0)$所围成的区域。

4. 用单纯形法求下列目标规划问题的满意解。

$$\min z = P_1 d_1^- + P_2 d_2^+ + P_3(d_3^- + d_3^+)$$

$$\begin{cases} 3x_1 + x_2 + x_3 + d_1^- - d_1^+ = 60 \\ x_1 - x_2 + 2x_3 + d_2^- - d_2^+ = 10 \\ x_1 + x_2 - x_3 + d_3^- - d_3^+ = 20 \\ x_i \geqslant 0;\ d_i^-, d_i^+ \geqslant 0, \quad (i=1,2,3) \end{cases}$$

解　由解目标规划的单纯形法,可得最终单纯形表如表 5-3 所示。

表　5-3

$c_j \rightarrow$			0	0	0	P_1	0	0	P_2	P_3	P_3
$\boldsymbol{C}_B$	$\boldsymbol{X}_B$	$\boldsymbol{b}$	x_1	x_2	x_3	d_1^-	d_1^+	d_2^-	d_2^+	d_3^-	d_3^+
0	x_3	10			1	1	-1	-1	1	-2	2
0	x_1	10	1			$-\frac{1}{2}$	$\frac{1}{2}$	-1	-1	$\frac{3}{2}$	$-\frac{3}{2}$
0	x_2	20		1		$\frac{3}{2}$	$-\frac{3}{2}$	2	-2	$-\frac{5}{2}$	$\frac{5}{2}$
$c_j - z_j$		P_1				1					
		P_2							1		
		P_3								1	-1

5. 已知目标规划问题

$$\max z = P_1 d_1^- + P_2 d_2^- + P_3(5d_3^- + 3d_4^-) + P_4 d_1^+$$

$$\begin{cases} x_1 + 2x_2 + d_1^+ - d_1^+ = 6 \\ x_1 + 2x_2 + d_2^- - d_2^+ = 0 \\ x_1 - 2x_2 + d_3^- - d_3^+ = 4 \\ x_2 + d_4^- - d_4^+ = 2 \\ x_1 \geqslant 0, x_2 \geqslant 0, d_i^-, d_i^+ \geqslant 0, \quad (i=1,2,3,4) \end{cases}$$

(1) 用图解法解;

(2) 用单纯形法求解;

(3) 分析目标函数变为下式时解的变化: $\min z = P_1 d_1^- + P_2 d_2^+ + P_3 d_1^+ + P_4(5d_3^+ + 3d_4^-)$。

解　(1) 用图解法解,如图 5-8。

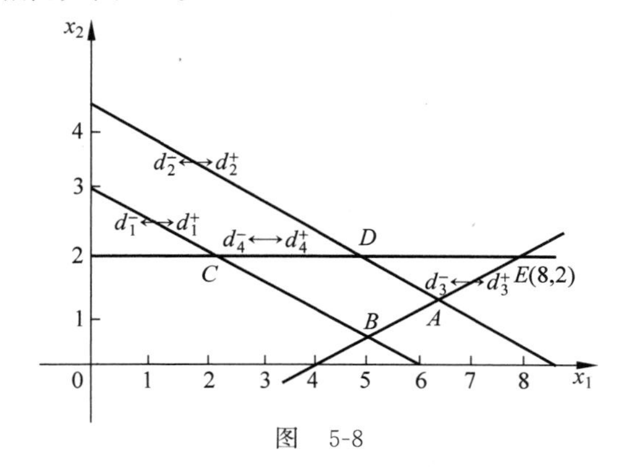

图　5-8

由图形分析可知满意解为 $A\left(\frac{13}{2},\frac{5}{4}\right)$。

（2）单纯形法的最终表如表 5-4 所示。

表 5-4

$c_j\to$			0	0	P_1	P_4	0	P_2	$5P_3$	0	$3P_3$	0
$\boldsymbol{C}_B$	$\boldsymbol{X}_B$	$\boldsymbol{b}$	x_1	x_2	d_1^-	d_1^+	d_2^-	d_2^+	d_3^-	d_3^+	d_4^-	d_4^+
0	x_1	$\frac{13}{2}$	1	0	0	0	$\frac{1}{2}$	$-\frac{1}{2}$	$\frac{1}{2}$	$-\frac{1}{2}$	0	0
P_4	d_1^+	3	0	0	-1	1	1	-1	0	0	0	0
$3P_3$	d_4^-	$\frac{3}{4}$	0	0	0	0	$-\frac{1}{4}$	$\frac{1}{4}$	$\frac{1}{4}$	$-\frac{1}{4}$	1	-1
0	x_2	$\frac{5}{4}$	0	1	0	0	$\frac{1}{4}$	$-\frac{1}{4}$	$-\frac{1}{4}$	0	0	
c_j-z_j		P_1			1							
		P_2						1				
		P_3					$\frac{3}{4}$	$-\frac{1}{4}$	$\frac{17}{4}$	$\frac{1}{4}$		3
		P_4			1	-1	1					

由表 5-4 得到解 $x_1^*=\frac{13}{2},x_2^*=\frac{5}{4}$。

故满意解为$\left(\frac{13}{2},\frac{5}{4}\right)$

（3）当目标函数变为：

$$\min z=P_1d_1^-+P_2d_2^++P_3d_1^++P_4(5d_3^-+3d_4^-)$$

时，由图 5-8 分析，满意解为 $B\left(5,\frac{1}{2}\right)$。

由单纯形法作灵敏度分析，如表 5-5 所示。

表 5-5

$c_j\to$			0	0	P_1	P_3	0	P_2	$5P_4$	0	$3P_4$	0
$\boldsymbol{C}_B$	$\boldsymbol{X}_B$	$\boldsymbol{b}$	x_1	x_2	d_1^-	d_1^+	d_2^-	d_2^+	d_3^-	d_3^+	d_4^-	d_4^+
0	x_1	$\frac{13}{2}$	1	0	0	0	$\frac{1}{2}$	$-\frac{1}{2}$	$\frac{1}{2}$	$-\frac{1}{2}$	0	0
P_3	d_1^+	3	0	0	-1	1	1	-1	0	0	0	0
$3P_4$	d_4^-	$\frac{3}{4}$	0	0	0	0	$-\frac{1}{4}$	$\frac{1}{4}$	$\frac{1}{4}$	$-\frac{1}{4}$	1	-1
0	x_2	$\frac{5}{4}$	0	1	0	0	$\frac{1}{4}$	$-\frac{1}{4}$	$-\frac{1}{4}$	$\frac{1}{4}$	0	0
c_j-z_j		P_1			1							
		P_2						1				
		P_3			1		-1	1				
		P_4					$\frac{3}{4}$	$-\frac{3}{4}$	$\frac{17}{4}$	$\frac{3}{4}$		3

续表

$c_j \to$			0	0	P_1	P_3	0	P_2	$5P_4$	0	$3P_4$	0
$\boldsymbol{C}_B$	$\boldsymbol{X}_B$	$\boldsymbol{b}$	x_1	x_2	d_1^-	d_1^+	d_2^-	d_2^+	d_3^-	d_3^+	d_4^-	d_4^+
0	x_1	5	1	0	$\frac{1}{2}$	$-\frac{1}{2}$	0	0	$-\frac{1}{2}$	$\frac{1}{2}$	0	0
0	d_3^-	3	0	0	-1	1	1	-1	0	0	0	0
$3P_4$	d_4^-	$\frac{3}{2}$	0	0	$-\frac{1}{4}$	$\frac{1}{4}$	0	0	$\frac{1}{4}$	$-\frac{1}{4}$	1	-1
0	x_2	$\frac{1}{2}$	0	1	$\frac{1}{4}$	$-\frac{1}{4}$	0	0	$-\frac{1}{4}$	$\frac{1}{4}$	0	0
$c_j - z_j$		P_1			1							
		P_2						1				
		P_3				1						
		P_4			$\frac{3}{4}$	$-\frac{3}{4}$			$\frac{17}{4}$	$\frac{3}{4}$		3

由表 5-5 可知，$x_1^* = 5$，$x_2^* = \frac{1}{2}$。故满意解为$\left(5, \frac{1}{2}\right)$。

【考研真题解答】

1. (15 分)某生产基地每天需从 A，B 两仓库中提取原材料用于生产，需提取的原材料有：原材料甲不少于 240 件，原材料乙不少于 80 公斤，原材料丙不少于 120 吨。已知：从 A 仓库每部货车能运回生产基地甲 4 件，乙 2 公斤，丙 6 吨，运费 200 元/部；从 B 仓库每部货车每天能运回生产基地甲 7 件，乙 2 公斤，丙 2 吨，运费 160 元/部，问：为满足生产需要，生产基地每天应发往 A，B 两仓库多少部货车，并使总运费最少？

解　依题意有表 5-6。

表　5-6

单位运量 原材料 / 仓库	甲 (件)	乙 (公斤)	丙 (吨)	运费 (元/部)
A	4	2	6	200
B	7	2	2	160
需求量	240	80	120	

设每天发往 A，B 两仓库的货车数分别为 x_1，x_2 部，则有

$$\min z = 200x_1 + 160x_2 \qquad ①$$

$$\begin{cases} 4x_1 + 7x_2 \geqslant 240 & ② \\ 2x_1 + 2x_2 \geqslant 80 & ③ \\ 6x_1 + 2x_2 \geqslant 120 & ④ \\ x_1, x_2 \geqslant 0 \text{ 且为整数} & ⑤ \end{cases}$$

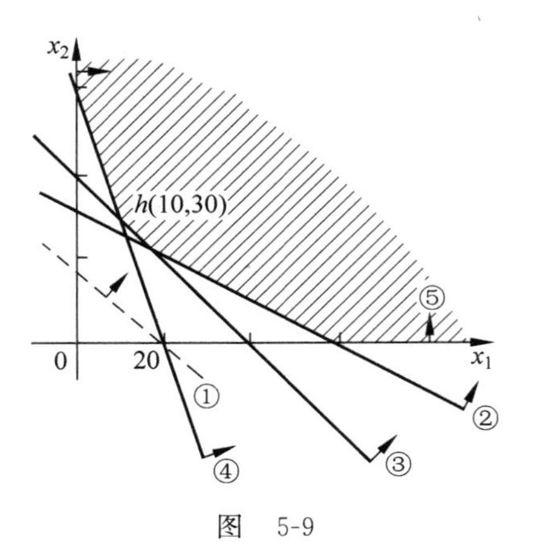

图 5-9

先不考虑整数约束，用图解法（如图 5-9），得最优解为 $x_1^*=10$，$x_2^*=30$，恰好是整数解。故 $x^*=(10,30)$就是原问题的最优整数解，且 $z^*=6\ 800$。

故生产基地每天发往 A 仓库 10 部车，发往 B 仓库 30 部车，可使总运费最少为 6 800 元。

CHAPTER 6
第6章 整数规划

【本章学习要求】

1. 熟悉分支定界法和割平面法的原理及其应用。
2. 掌握求解 0-1 规划问题的隐枚举法。
3. 掌握求解指派问题的匈牙利法。

【主要概念及算法】

1. 求解整数规划的常用方法

1）分支定界法

设有最大化的整数规划问题 A，与它相应的线性规划问题为问题 B，从解问题 B 开始，若其最优解不符合 A 的整数条件，那么 B 的最优目标函数值必是 A 的最优目标函数值 z^* 的上界，记作 $\bar{z}$，而 A 的任意可行解的目标函数值将是 z^* 的一个下界 $\underline{z}$，分支定界法就是将 B 的可行域分成子区域的方法，逐步减小 $\bar{z}$ 和增大 $\underline{z}$，最终求得 z^*。

用分支定界法求解最大化整数规划问题的步骤如下。

（1）解与整数规划问题 A 相应的线性规划问题 B，可能得到以下几种情况之一。

① B 没有可行解，A 也没有可行解，停止计算。

② B 有最优解，并符合问题 A 的整数条件，则此最优解即为 A 的最优解，停止计算。

③ B 有最优解，但不符合 A 的整数条件，记它的目标函数值为 $\bar{z}$。

（2）用观察法找问题 A 的一个整数可行解，求得其目标函数值，并记作 $\underline{z}$，以 z^* 表示问题 A 的最优目标函数值，则 $\underline{z} \leqslant z^* \leqslant \bar{z}$。

下面进行迭代。

① 分支，在 B 的最优解中任选一个不符合整数条件的变量 x_j，其值为 b_j。

构造两个约束条件

$$x_j \leqslant [b_j] \tag{①}$$

$$x_j \geqslant [b_j] + 1 \tag{②}$$

其中 $[b_j]$ 为不超过 b_j 的最大整数。

将这两个约束条件分别加入问题 B，求两个后继规划问题 B_1 和 B_2。不考虑整数约束条件求解这两个后继问题。

② 定界，以每个后继问题为一分支标明求解的结果。

第一步：先不考虑整数约束，变成一般的线性规划问题，用图解法或单纯形法求其最优解，记为 $\boldsymbol{X}_{(0)}^{*}$。

第二步：若求得的最优解 $\boldsymbol{X}_{(0)}^{*}$，刚好就是整数解，则该整数就是原整数规划的最优解，否则转下步。

第三步：对原问题进行分支寻求整数最优解。

选取非整数解 $\boldsymbol{X}_{(0)}^{*}$ 的一个非整数分量 $X_i^{*}=\overrightarrow{b_i}$，其小数部分为 d_i，以该非整数部分量的相邻整数 $\overrightarrow{b_i}-d_i$ 和 $\overrightarrow{b_i}-d_i+1$ 的为边界将原问题分支为两个子问题，并抛弃这两个整数之间的非整数区域。

- 在原线性规划模型中添加分支约束 $x_i \leqslant \overline{b_i}-d_i$，构成第一个子问题。
- 在原线性规划模型中添加分支约束 $x_i \geqslant \overline{b_i}-d_i+1$，构成第二个子问题。

第四步：对上面两个子问题按照线性规划方法求最优解。若某个子问题的解是整数解，则停止该子问题的分支，并且把它的目标值与上一步求出的最优整数解相比较以决定取舍；否则，对该子问题继续进行分支。

第五步：重复第三步、第四步直至获得原问题最优整数解为止。

2）割平面法

该方法由 R. E. Gomory 提出。分支定界法是对原问题可行解域进行切割，但子问题却由于分支的增多而呈指数增长。为了克服这个缺点，割平面法采用另一种切割可行解域的办法：既要切割掉非整数解域，又不希望对问题进行分支。步骤如下。

第一步：先不考虑整数约束，变成一般的线性规划问题，用单纯形法求其最优解，记为 $\boldsymbol{X}_{(0)}^{*}$。

第二步：若求得的最优解 $\boldsymbol{X}_{(0)}^{*}$ 刚好就是整数解，则该整数解就是原整数规划的最优解；否则，转下步。

第三步：寻求附加约束，即割平面方程。

① 从最优化表中抄下非整数解的约束方程。

$$x_i+\sum_k a_{ik}x_k=b_i$$

其中 b_i 是基变量 x_i 的非整数解。

② 将该约束方程所有系数和常数分解为整数 N 和正真数分数 f 之和。

$$x_i+\sum_k (N_{ik}+f_{ik})\cdot x_k=N_{bi}+f_{bi}$$

③ 整系数项写于方程左边，真分数项写于右边。

$$x_i+\sum_k N_{ik}x_k-N_{bi}=f_{bi}-\sum_k f_{ik}x_k$$

④ 考虑整数条件约束。以上方程左边为整数，右边的 $\sum\limits_k f_{ik}x_k$ 内是正数。所以方程右边必是非正数

即
$$\text{方程右边}=f_{bi}-\sum_k f_{ik}x_k\leqslant 0$$

这就是所求的割平面方程。

第四步：将割平面方程标准规范化。

$$-\sum_{k} f_{ik}x_k + x_{i,k+1} = -f_{bi}$$

2. 0-1 规划与隐枚举法

1）0-1 规划的概念

决策变量只取 0,1 两个数的整数规划,1,0 表示方案的取舍。

2）隐枚举法

不需要列出所有组合,只需关心目标函数值的最优可行组合,按目标值从优到劣依次列出组合,逐个检验其可行性；最先满足所有约束条件的组合为最优解,劣于最优解的组合即使可行,也不列出检验而舍去。用隐枚举法求解 0-1 规划的步骤如下。

第一步：变换目标函数和约束方程组。

① 将价值系数 c_j 前的符号进行统一。

在目标求极大时,统一带负号；求极小时统一带正号。

在不满足上述要求时,用 $x_j=1-x_j'$ 进行变换。

② 目标函数中按 $|c_j|$ 值从小到大排列决策变量项,约束方程组按该决策变量项的顺序重新排列。

第二步：用目标函数值探索法求最优解。

以 z 的最大值为上界逐步向下搜索,直至获得可行解,此即为最优解。

3. 指派问题和匈牙利法

1）指派问题的特点

把 m 项工作指派给 n 个人去做,既发挥各人特长又使效率最高。这是一类特殊 0-1 规划问题。可采用隐枚举法,但比较麻烦。下面介绍的匈牙利法可简化计算。

2）匈牙利法

该方法由匈牙利数学家 Koning 发明,也叫画圈法。

(1) 指派问题的标准型

目标为 min；系数矩阵为方阵(即人数与工作数相等,或者说每项工作只能由一人来做,每个人只能做一项工作)且其所有元素均为非负。满足这两个条件的指派问题叫作标准型的指派问题。

(2) 标准型指派问题的求解

① 原理

找出一组位于系数矩阵中不同行、不同列的零元素,对其画圈,对应的 $x_{ij}=1$；未画圈的元素,对应的 $x_{ij}=0$,此时,目标函数最优。

② 求解步骤

第一步：变换系数矩阵,使其每行每列都出现 0 元素。

首先：每行减该行中的最小数,再每列减去该列中的最小数。

定理 1 从(c_{ij})矩阵的每行(或列)减去或加上一个常数 u_i(或 v_j)构成新矩阵,$c_{ij}'=c_{ij}\pm(u_i+v_j)$,则对应$(c_{ij}')$的最优解与原$(c_{ij})$的最优解相同。

利用这个性质,可以使原系数矩阵(c_{ij})变换成含有很多 0 元素的新系数矩阵(c_{ij}'),而最优解保持不变。元素本身的大小不一定是最优解的决定因素。而元素之间的差值发生改变,则可能改变最优解。

第二步：画圈。

从只有一个0元素的行(两个或两个以上0元素的行暂时不考虑，跳过去)开始。给这个0元素加圈，记作◎，表示时该行所代表的人只有一种任务可分派。然后，划去该◎所在列的其他0元素，记作Ø，表示该列所代表的任务已分派完，不必再考虑别人了。

给只有一个0元素列(两个或两个以上0元素的列暂时不考虑，跳过去)的0元素加圈，记作◎；然后划去该◎所在行的其他0元素，记作Ø。

反复进行①，②操作，直到所有0元素都被圈出和划掉为止。若每行每列均只有一个◎时(对应的 $x_{ij}=1$，其余的 $x_{ij}=0$)，即◎的个数等于方阵阶数，得到最优解；否则，转到下一步。

第三步：◎的个数少于方阵阶数。

若出现0元素闭回路，则任选一个0画◎破闭回路，并划去同行与同列其他0元素，得最优解。

若无0元素闭回路，则用覆盖理论解决。

- 对没有◎的行打“√”。
- 对已打“√”的行中所有划去的0元素所对应的列打“√”。
- 再对已打“√”的列中有◎的元素所对应的行打“√”。
- 重复2°，3°，直到得不出新的打“√”的行和新的打“√”的列为止。
- 对没有打“√”的行画一横线，打“√”的列画一竖线。
- 未覆盖区所有元素减去它们中的最小数；而覆盖区的交叉元素加上刚才的最小数，其余元素不变。转第二步，循环执行到◎的个数等于方阵阶数为止。

定理：覆盖所有0元素最少直线条数正好等于已画的◎数。

3）非标准型的指派问题

(1) 目标为max型问题，系数矩阵仍为方阵

化为目标min型问题。

$$\max z=\sum_{i=1}^{n}\sum_{j=1}^{n}c_{ij}x_{ij}$$

两边乘以(−1)得
$$-\max z=-\sum_{i=1}^{n}\sum_{j=1}^{n}c_{ij}x_{ij}$$

即
$$\min(-z)=\sum_{i=1}^{n}\sum_{j=1}^{n}(-c_{ij})\cdot x_{ij}$$

令
$$z'=-z$$

得
$$\min z'=\sum_{i=1}^{n}\sum_{j=1}^{n}(-c_{ij})\cdot x_{ij}$$

由定理1，矩阵$(-c_{ij})_{n\times n}$每行均可加上一个数M，一般取$M=\max\{c_{ij}\}$。

令
$$b_{ij}=M-c_{ij}$$

这时系数矩阵可变换为
$$\boldsymbol{B}=(b_{ij})_{n\times n},b_{ij}\geqslant 0$$

$\boldsymbol{B}$ 叫作 $\boldsymbol{C}$ 的缩减矩阵，目标函数等价于

$$\min z'=\sum_{i=1}^{n}\sum_{j=1}^{n}b_{ij}x_{ij}$$

从而成为标准型的指派问题。用匈牙利法可求最优解。

（2）系数矩阵不是方阵，目标仍为 min 型问题

系数矩阵化为方阵。其特点为 m 个人分派做 n 项工作，系数矩阵(c_{ij})为 $m\times n$ 矩阵，$m\neq n$。

① 若 $m<n$，则增添虚构的 $s=n-m$ 行，补成方阵，但是对应的 $c_{ij}=0$，如下所示。

$$[c_{ij}]=\begin{array}{r}\\ \\ \\ \\ s\text{ 行}\left\{\begin{array}{l}\\ \\ \\ \end{array}\right.\end{array}\begin{bmatrix}c_{11} & \cdots & c_{1n}\\ \vdots & & \vdots\\ c_{m1} & \cdots & c_{mn}\\ 0 & \cdots & 0\\ \vdots & & \vdots\\ 0 & \cdots & 0\end{bmatrix}_{n\times n}$$

用匈牙利法可求得最优解，但在结果中应解除虚行的圈。

② 若 $m>n$，则增添虚构的 $s=m-n$ 列，补成方阵。但是对应的 $c_{ij}=0$。

$$[c_{ij}]=\begin{bmatrix}c_{11} & \cdots & c_{1n} & 0 & \cdots & 0\\ \vdots & & \vdots & \vdots & & \vdots\\ c_{m1} & \cdots & c_{mn} & 0 & \cdots & 0\end{bmatrix}_{m\times n}$$

用匈牙利法可求最优解。但在结果中应解除虚列的圈。

【课后习题全解】

6.1　对下列整数规划问题，问：用先解相应的线性规划，然后凑整的办法，能否求到最优整数解？

（1）$\max z=3x_1+2x_2$

$$\begin{cases}2x_1+3x_2\leqslant 14.5\\ 4x_1+x_2\leqslant 16.5\\ x_1,x_2\geqslant 0\\ x_1,x_2\text{ 为整数}\end{cases}$$

（2）$\max z=3x_1+2x_2$

$$\begin{cases}2x_1+3x_2\leqslant 14\\ 2x_1+x_2\leqslant 9\\ x_1,x_2\geqslant 0\\ x_1,x_2\text{ 为整数}\end{cases}$$

解　（1）将上述问题化为如下形式

$$\max z=3x_1+2x_2+0\cdot x_3+0\cdot x_4$$

$$\text{s.t.}\begin{cases}2x_1+3x_2+x_3=14.5\\ 4x_1+x_2+x_4=16.5\\ x_1,x_2,x_3,x_4\geqslant 0\\ x_1,x_2\in\mathbf{N}\end{cases}$$

用单纯形法解相应的线性规划问题，见表 6-1。

表　6-1

c_j			3	2	0	0	θ_i
$\boldsymbol{C}_B$	$\boldsymbol{X}_B$	$\boldsymbol{b}$	x_1	x_2	x_3	x_4	
0	x_3	$\frac{29}{2}$	2	3	1	0	$\frac{29}{4}$

续表

c_j			3	2	0	0	θ_i
$\boldsymbol{C}_B$	$\boldsymbol{X}_B$	$\boldsymbol{b}$	x_1	x_2	x_3	x_4	
0	x_4	$\frac{33}{2}$	[4]	1	0	1	$\frac{33}{8}$
$-z$		0	3	2	0	0	
0	x_3	$\frac{25}{4}$	0	$\left[\frac{5}{2}\right]$	1	$-\frac{1}{2}$	$\frac{5}{2}$
3	x_1	$\frac{33}{8}$	1	$\frac{1}{4}$	0	$\frac{1}{4}$	$\frac{33}{2}$
$-z$		$-\frac{99}{8}$	0	$\frac{5}{4}$	0	$-\frac{3}{4}$	
2	x_2	$\frac{5}{2}$	0	1	$\frac{2}{5}$	$-\frac{1}{5}$	
3	x_1	$\frac{7}{2}$	1	0	$-\frac{1}{10}$	$\frac{3}{10}$	
$-z$		$-\frac{31}{2}$	0	0	$-\frac{1}{2}$	$-\frac{1}{2}$	

由表 6-1 可得，相应线性规划问题的最优解为 $\boldsymbol{X}^*=\left(\frac{7}{2},\frac{5}{2},0,0\right)^{\mathrm{T}}$，目标函数的最优值为 $\max z=\frac{31}{2}$。

由于 $\frac{7}{2}=3.5$，可以凑成相邻整数为 4 或者 3，$\frac{5}{2}=2.5$，相邻整数为 2 或者 3，这样组合起来有(4,3)，(4,2)，(3,3)，(3,2)。

当凑整为 $\boldsymbol{X}_1=(4,3,0,0)^{\mathrm{T}}$ 时，为非可行解。

当凑整为 $\boldsymbol{X}_2=(4,2,0,0)^{\mathrm{T}}$ 时，为非可行解。

当凑整为 $\boldsymbol{X}_3=(3,3,0,0)^{\mathrm{T}}$ 时，为非可行解。

当凑整为 $\boldsymbol{X}_4=(3,2,0,0)^{\mathrm{T}}$ 时，为可行解，$z=13$。

下面用分支定界法解整数规划问题。

令 $\bar{z}=\frac{31}{2}$，显然 $x_1=0,x_2=0$ 为可行解。

所以 $\underline{z}=0$，故 $0\leqslant z^*\leqslant\frac{31}{2}$。

将原问题分解为下述两个问题：

$$(B_1)\quad \max z_1=3x_1+2x_2 \quad \text{s.t.}\begin{cases}2x_1+3x_2\leqslant 14.5\\4x_1+x_2\leqslant 16.5\\0\leqslant x_1\leqslant 3,x_2\geqslant 0\end{cases}$$

$$(B_2)\quad \max z_2=3x_1+2x_2 \quad \text{s.t.}\begin{cases}2x_1+3x_2\leqslant 14.5\\4x_1+x_2\leqslant 16.5\\x_1\geqslant 4,x_2\geqslant 0\end{cases}$$

对于(B_1)将其化为标准型：

$$\max z = 3x_1 + 2x_2 + 0 \cdot x_3 + 0 \cdot x_4 + 0 \cdot x_5$$

$$\text{s.t.} \begin{cases} 2x_1 + 3x_2 + x_3 = 14.5 \\ 4x_1 + x_2 + x_4 = 16.5 \\ x_1 + x_5 = 3 \\ x_1, x_2, x_3, x_4, x_5 \geqslant 0 \end{cases}$$

对于此线性规划问题,用单纯形法求解,见表 6-2。

表 6-2

c_j			3	2	0	0	0	θ_i
$\boldsymbol{C}_B$	$\boldsymbol{X}_B$	$\boldsymbol{b}$	x_1	x_2	x_3	x_4	x_5	
0	x_3	$\frac{29}{2}$	2	3	1	0	0	$\frac{29}{4}$
0	x_4	$\frac{33}{2}$	4	1	0	1	0	$\frac{33}{8}$
0	x_5	3	[1]	0	0	0	1	3
$-z_1$		0	3	2	0	0	0	
0	x_3	$\frac{17}{2}$	0	[3]	1	0	-2	$\frac{17}{6}$
0	x_4	$\frac{9}{2}$	0	1	0	1	-4	$\frac{9}{2}$
3	x_1	3	1	0	0	0	1	—
$-z_1$		-9	0	2	0	0	-3	
2	x_2	$\frac{17}{6}$	0	1	$\frac{1}{3}$	0	$-\frac{2}{3}$	
0	x_4	$\frac{5}{3}$	0	0	$-\frac{1}{3}$	1	$-\frac{10}{3}$	
3	x_1	3	1	0	0	0	1	
$-z_1$		$-\frac{44}{3}$	0	0	$-\frac{2}{3}$	0	$-\frac{5}{3}$	

由表 6-2 可得,(B_1)的最优解为$\left(3,\frac{17}{6},0,\frac{5}{3},0\right)^{\mathrm{T}}$。目标函数的最优值为 $\max z_1 = \frac{44}{3}$。

同样可得(B_2)的最优解为$\left(4,\frac{1}{2},5,0,0\right)^{\mathrm{T}}$。目标函数的最优值为 $\max z_2 = 13$。

所以 $\underline{z} = 0$,$\bar{z} = \frac{44}{3}$,故 $0 \leqslant z^* \leqslant \frac{44}{3}$。

再将(B_1)分为下述两个问题:

$$(B_3)\quad \max z_3 = 3x_1 + 2x_2 \quad \text{s.t.} \begin{cases} 2x_1 + 3x_2 \leqslant 14.5 \\ 4x_1 + x_2 \leqslant 16.5 \\ x_1 \leqslant 3 \\ x_2 \leqslant 2 \\ x_1, x_2 \geqslant 0 \end{cases}$$

$$(B_4)\quad \max z_4 = 3x_1 + 2x_2 \quad \text{s.t.} \begin{cases} 2x_1 + 3x_2 \leqslant 14.5 \\ 4x_1 + x_2 \leqslant 16.5 \\ x_1 \leqslant 3 \\ x_2 \geqslant 3 \\ x_1, x_2 \geqslant 0 \end{cases}$$

对于(B_3)将其化为标准型：

$$\max z_3 = 3x_1 + 2x_2 + 0\cdot x_3 + 0\cdot x_4 + 0\cdot x_5 + 0\cdot x_6$$

$$\text{s.t.}\begin{cases}2x_1 + 3x_2 + x_3 = 14.5\\4x_1 + x_2 + x_4 = 16.5\\x_1 + x_5 = 3\\x_2 + x_6 = 2\\x_1, x_2, x_3, x_4, x_5, x_6 \geqslant 0\end{cases}$$

对于此线性规划问题，用单纯形法进行求解，见表 6-3。

表 6-3

c_j			3	2	0	0	0	0	θ_i
$\boldsymbol{C}_B$	$\boldsymbol{X}_B$	$\boldsymbol{b}$	x_1	x_2	x_3	x_4	x_5	x_6	
0	x_3	$\frac{29}{2}$	2	3	1	0	0	0	$\frac{29}{4}$
0	x_4	$\frac{33}{2}$	4	1	0	1	0	0	$\frac{33}{8}$
0	x_5	3	[1]	0	0	0	1	0	3
0	x_6	2	0	1	0	0	0	1	—
$-z_3$		0	3	2	0	0	0	0	
0	x_3	$\frac{17}{2}$	0	3	1	0	−2	0	$\frac{17}{6}$
0	x_4	$\frac{9}{2}$	0	1	0	1	−4	0	$\frac{9}{2}$
3	x_1	3	1	0	0	0	1	0	—
0	x_6	2	0	[1]	0	0	0	1	2
$-z_3$		−9	0	2	0	0	−3	0	
0	x_3	$\frac{5}{2}$	0	0	1	0	−2	−3	
0	x_4	$\frac{5}{2}$	0	0	0	1	−4	−1	
3	x_1	3	1	0	0	0	1	0	
2	x_2	2	0	1	0	0	0	1	
$-z_3$		−13	0	0	0	0	−3	−2	

由表 6-3 可得，(B_3)的最优解为$\left(3,2,\frac{5}{2},\frac{5}{2},0,0\right)^{\mathrm{T}}$。目标函数的最优值 $\max z_3=13$。

同样可得(B_4)的最优解为$\left(\frac{11}{4},3,0,\frac{5}{2},\frac{1}{4},0,0\right)^{\mathrm{T}}$。目标函数的最优值为 $\max z_4=\frac{57}{4}$。

B_3 已是整数解，可取 $\underline{z}=z_3=13$。

而 $\max z_2=13$，对 B_2 分解已无意义，故舍去。

所以

$$13 \leqslant z^* \leqslant \frac{57}{4}$$

将(B_4)分解为下述两个问题：

$$\max z_5 = 3x_1 + 2x_2$$

$$(B_5)\quad \text{s.t.}\begin{cases} 2x_1 + 3x_2 \leqslant 14.5 \\ 4x_1 + x_2 \leqslant 16.5 \\ x_1 \leqslant 3 \\ x_2 \geqslant 3 \\ x_1 \leqslant 2 \\ x_1, x_2 \geqslant 0 \end{cases}$$

$$\max z_6 = 3x_1 + 2x_2$$

$$(B_6)\quad \text{s.t.}\begin{cases} 2x_1 + 3x_2 \leqslant 14.5 \\ 4x_1 + x_2 \leqslant 16.5 \\ x_1 \leqslant 3 \\ x_2 \geqslant 3 \\ x_1 \geqslant 3 \\ x_1, x_2 \geqslant 0 \end{cases}$$

对于此线性规划问题,用单纯形法解得其最优解为

$$\boldsymbol{X}^* = \left(2, \frac{7}{2}, 0, 5, 0, \frac{1}{2}, 0\right)^{\mathrm{T}}$$

目标函数最优值
$$\max z_5 = 13 = \underline{z}$$
故舍弃。

由条件,$x_1 \leqslant 3$ 和 $x_1 \geqslant 3$ 得 $x_1 = 3$。所以(B_6)变为

$$\max z_6 = 9 + 2x_2$$

$$\text{s.t.}\begin{cases} 3x_2 \leqslant 8.5 \\ x_2 \leqslant 4.5 \\ x_2 \geqslant 3 \end{cases}$$

可得此线性规划问题的可行域为空集,故舍去。

所以 $x_1 = 3, x_2 = 2$ 为最优整数解。$z^* = \underline{z} = 13$。

(2) 用图解法解其相应的线性规划问题

图 6-1 中的阴影部分为相应线性规划问题的可行域。目标函数 $z = 3x_1 + 2x_2$,即 $x_2 = -\frac{3}{2}x_1 + \frac{z}{2}$ 是斜率为 $-\frac{3}{2}$ 的一族平行线,由线性规划的性质知,其最值只可能在可行域的顶点取得,易知 $x_1 = 0, x_2 = 0$ 为可行解,将直线 $3x_1 + 2x_2 = 0$ 沿其法线方向逐渐向上平移,直至 B 点,B 点坐标为 $\left(\frac{13}{4}, \frac{5}{2}\right)$。

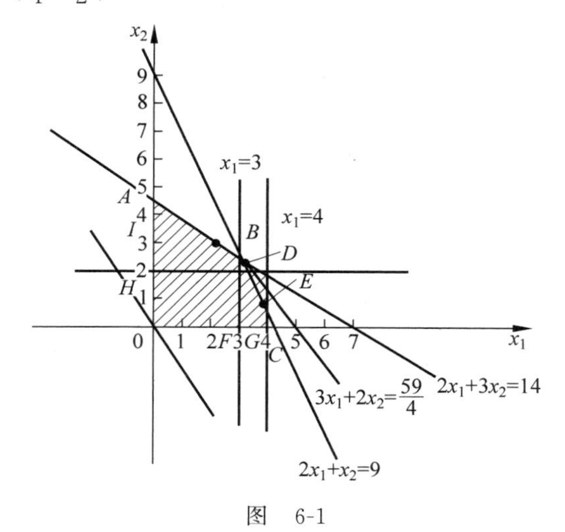

图 6-1

目标函数的最优值 $\max z=3\times\frac{13}{4}+2\times\frac{5}{2}=\frac{59}{4}$

当凑整为 $\boldsymbol{X}_1=(3,2)^{\mathrm{T}}$ 时,为可行解,$z=13$

当凑整为 $\boldsymbol{X}_2=(3,3)^{\mathrm{T}}$ 时,为非可行解。

当凑整为 $\boldsymbol{X}_3=(4,2)^{\mathrm{T}}$ 时,为非可行解。

当凑整为 $\boldsymbol{X}_4=(4,3)^{\mathrm{T}}$ 时,为非可行解。

下面用分支定界法来解整数规划问题。

令 $\bar{z}=\frac{59}{4}$,显然 $x_1=0,x_2=0$ 为可行解。

所以 $\underline{z}=0$,故 $0\leqslant z^*\leqslant\frac{59}{4}$。

将原问题分解为下述两个问题:

$$(B_1)\quad \max z_1=3x_1+2x_2 \quad \text{s.t.}\begin{cases}2x_1+3x_2\leqslant 14\\2x_1+x_2\leqslant 9\\x_1\leqslant 3\\x_1,x_2\geqslant 0\end{cases}$$

$$(B_2)\quad \max z_2=3x_1+2x_2 \quad \text{s.t.}\begin{cases}2x_1+3x_2\leqslant 14\\2x_1+x_2\leqslant 9\\x_1\geqslant 4\\x_2\geqslant 0\end{cases}$$

对于(B_1)和(B_2),用图解法求解,在图 6-1 的基础上,增加两条直线 $x_1=3$ 和 $x_1=4$,得到两个区域 $OADFO$ 和 $GECG$,分别为(B_1)和(B_2)的可行域,从该图中可以看出:

(B_1)在 D 点取得最优值。D 点坐标为$\left(3,\frac{8}{3}\right)$。$\max z_1=3\times 3+2\times\frac{8}{3}=\frac{43}{3}$。

(B_2)在 E 点取得最优值。E 点坐标为$(4,1)$,为整数点。$\max z_2=3\times 4+2\times 1=14$。

所以 $\underline{z}=14,\bar{z}=\frac{43}{3}$,故 $14\leqslant z^*\leqslant\frac{43}{3}$。

且 z^* 为整数,故 $z^*=14$。

$x_1=4,x_2=1$ 为最优整数解。

6.2 用分支定界法解:

$$\max z=x_1+x_2$$

$$\begin{cases}x_1+\frac{9}{14}x_2\leqslant\frac{51}{14}\\-2x_1+x_2\leqslant\frac{1}{3}\\x_1,x_2\geqslant 0\\x_1,x_2\ \text{为整数}\end{cases}$$

解 用图解法解其相应的线性规划问题。

图 6-2 中的阴影部分为相应线性规划问题的可行域,目标函数 $z=x_1+x_2$ 即 $x_2=-x_1+z$ 是斜率为-1 的一族平行线,由线性规划的性质知,其最值只可能在可行域的顶点取得,易知 $x_1=0,x_2=0$ 为可得解,将直线 $x_1+x_2=0$ 沿其法线方向逐渐向上平移,直至 B 点,

B 点坐标为$\left(\frac{3}{2},\frac{10}{3}\right)$。

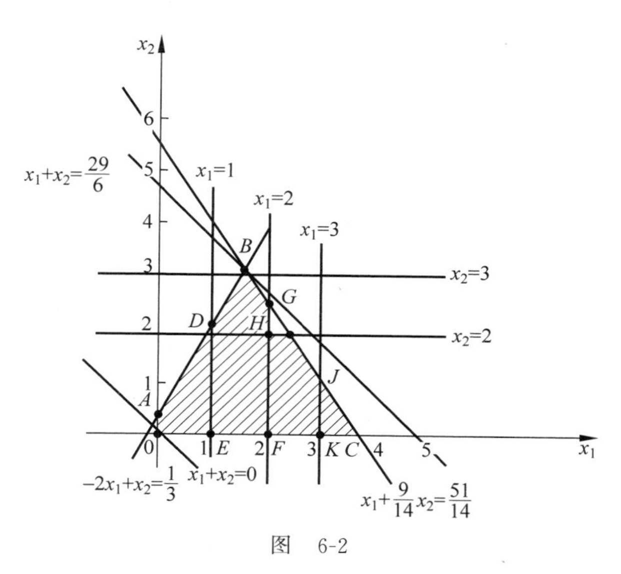

图 6-2

目标函数的最优值 $\max z=x_1+x_2=\frac{29}{6}$

下面用分支定界法来解整数规划问题。

令 $\bar{z}=\frac{29}{6}$，显然 $x_1=0, x_2=0$ 为可行解。

所以 $\underline{z}=0$，故 $0\leqslant z^*\leqslant\frac{29}{6}$。

将原问题分解为下述两个问题：

$$(B_1)\quad \max z_1=x_1+x_2 \quad \text{s.t.}\begin{cases}x_1+\frac{9}{14}x_2\leqslant\frac{51}{14}\\ -2x_1+x_2\leqslant\frac{1}{3}\\ x_1\leqslant 1\\ x_1,x_2\geqslant 0\end{cases}$$

$$(B_2)\quad \max z_2=x_1+x_2 \quad \text{s.t.}\begin{cases}x_1+\frac{9}{14}x_2\leqslant\frac{51}{14}\\ -2x_1+x_2\leqslant\frac{1}{3}\\ x_1\geqslant 2\\ x_2\geqslant 0\end{cases}$$

对于(B_1)和(B_2)用图解法求解，在图 6-2 的基础上，增加两条直线 $x_1=1$ 和 $x_1=2$，得到区域 $OADEO$ 和 $FGCF$，分别为(B_1)和(B_2)的可行域，从该图中可以看出：

(B_1)在 D 点取得最大值。D 点坐标为$\left(1,\frac{5}{3}\right)$。$\max z_1=1+\frac{5}{3}=\frac{8}{3}$。

(B_2)在 G 点取得最大值。G 点坐标为$\left(2,\frac{23}{9}\right)$。$\max z_2=2+\frac{23}{9}=\frac{41}{9}$。

所以 $\bar{z}=\frac{41}{9}, \underline{z}=0$，故 $0\leqslant z^*\leqslant\frac{41}{9}$。

将(B_2)分解为下述两个问题：

$$(B_3)\quad \max z_3 = x_1 + x_2 \quad \text{s.t.}\begin{cases} x_1 + \frac{9}{14}x_2 \leqslant \frac{51}{14} \\ -2x_1 + x_2 \leqslant \frac{1}{3} \\ x_1 \geqslant 2 \\ x_2 \leqslant 2 \\ x_2 \geqslant 0 \end{cases}$$

$$(B_4)\quad \max z_4 = x_1 + x_2 \quad \text{s.t.}\begin{cases} x_1 + \frac{9}{14}x_2 \leqslant \frac{51}{14} \\ -2x_1 + x_2 \leqslant \frac{1}{3} \\ x_1 \geqslant 2 \\ x_2 \geqslant 3 \end{cases}$$

对于(B_3)和(B_4)，用图解法求解，在图6-2的基础上，增加两条直线 $x_2=2$ 和 $x_2=3$，得到区域 $FHICF$ 为(B_3)的可行域，而(B_4)的可行域为空集，故(B_4)无可行解。

从图中可以看出：

(B_3)在 I 点取得最大值。I 点坐标为$\left(\frac{33}{14},2\right)$。$\max z_3=\frac{33}{14}+2=\frac{61}{14}$。

所以 $\bar{z}=\frac{61}{14}$，故 $0\leqslant z^*\leqslant\frac{61}{14}$。

将(B_3)分解为下述两个问题：

$$(B_5)\quad \max z_5 = x_1 + x_2 \quad \text{s.t.}\begin{cases} x_1 + \frac{9}{14}x_2 \leqslant \frac{51}{14} \\ -2x_1 + x_2 \leqslant \frac{1}{3} \\ x_1 \geqslant 2 \\ x_1 \leqslant 2 \\ x_2 \leqslant 2 \\ x_1, x_2 \geqslant 0 \end{cases}$$

$$(B_6)\quad \max z_6 = x_1 + x_2 \quad \text{s.t.}\begin{cases} x_1 + \frac{9}{14}x_2 \leqslant \frac{51}{14} \\ -2x_1 + x_2 \leqslant \frac{1}{3} \\ x_1 \geqslant 2 \\ x_1 \geqslant 3 \\ x_2 \leqslant 2 \\ x_2 \geqslant 0 \end{cases}$$

对于(B_5)和(B_6)，用图解法求解，在图6-2的基础上，增加两条直线 $x_1=2$ 和 $x_1=3$，得到区域 $KJCK$ 为(B_6)的可行域，线段 FH 为(B_5)的可行域。

从图6-2中可以看出：

(B_5)在 H 点达到最大值。H 点坐标为(2,2)。$\max z_5=2+2=4$。

(B_6)在 J 点达到最大值。J 点坐标为(3,1)。$\max z_6=3+1=4$。

所以

$$\underline{z}=4。$$

而

$$\max z_1=\frac{8}{3}<4。$$

对(B_1)进行分解已无意义，故舍去。

所以

$$4\leqslant z^*\leqslant\frac{61}{14}。$$

因为 z^* 为整数，所以 $z^*=4$。

$x_1=2,x_2=2$ 和 $x_1=3,x_2=1$ 均为该问题的最优解。

6.3 用Gomory切割法解如下问题。

(1) $\max z=x_1+x_2$

$$\begin{cases}2x_1+x_2\leqslant 6\\4x_1+5x_2\leqslant 20\\x_1,x_2\geqslant 0\\x_1,x_2\text{ 整数}\end{cases}$$

(2) $\max z=3x_1-x_2$

$$\begin{cases}3x_1-2x_2\leqslant 3\\-5x_1-4x_2\leqslant -10\\2x_1+x_2\leqslant 5\\x_1,x_2\geqslant 0\\x_1,x_2\text{ 整数}\end{cases}$$

解　(1) 将上述问题化为标准型

$$\max z=x_1+x_2+0\cdot x_3+0\cdot x_4$$

$$\text{s.t.}\begin{cases}2x_1+x_2+x_3=6\\4x_1+5x_2+x_4=20\\x_1,x_2,x_3,x_4\geqslant 0\\x_1,x_2,x_3,x_4\text{ 整数}\end{cases}$$

下面用单纯形法解其相应的线性规划问题，见表 6-4。

表　6-4

c_j		1	1	0	0		θ_i
$\boldsymbol{C}_B$	$\boldsymbol{X}_B$	$\boldsymbol{b}$	x_1	x_2	x_3	x_4	
0	x_3	6	[2]	1	1	0	3
0	x_4	20	4	5	0	1	5
$-z$		0	1	1	0	0	
1	x_1	3	1	$\frac{1}{2}$	$\frac{1}{2}$	0	6
0	x_4	8	0	[3]	-2	1	$\frac{8}{3}$
$-z$		-3	0	$\frac{1}{2}$	$-\frac{1}{2}$	0	
1	x_1	$\frac{5}{3}$	1	0	$\frac{5}{6}$	$-\frac{1}{6}$	
1	x_2	$\frac{8}{3}$	0	1	$-\frac{2}{3}$	$\frac{1}{3}$	
$-z$		$-\frac{13}{3}$	0	0	$-\frac{1}{6}$	$-\frac{1}{6}$	

由表 6-4 可得，与原问题相应的线性规划问题的解为 $\boldsymbol{X}^*=\left(\frac{5}{3},\frac{8}{3},0,0\right)^{\mathrm{T}}$。目标函数的最优值 $\max z=\frac{13}{3}$。

由最终单纯形表得到变量间的关系：

$$x_1+\frac{5}{6}x_3-\frac{1}{6}x_4=\frac{5}{3}$$

$$x_2-\frac{2}{3}x_3+\frac{1}{3}x_4=\frac{8}{3}$$

将系数和常数项都分解成整数和非负真分数之和。

上面两式变为

$$x_1-x_4-1=\frac{2}{3}-\left(\frac{5}{6}x_3+\frac{5}{6}x_4\right)$$

$$x_2-x_3-2=\frac{2}{3}-\left(\frac{1}{3}x_3+\frac{1}{3}x_4\right)$$

因为 $x_1,x_2,x_3,x_4\in\mathbf{N}$。所以上面两式左边均为整数。所以上面两式右边也均为整数且为非正。所以

$$\frac{2}{3}-\left(\frac{5}{6}x_3+\frac{5}{6}x_4\right)\leqslant 0,\quad \frac{2}{3}-\left(\frac{1}{3}x_3+\frac{1}{3}x_4\right)\leqslant 0$$

化简得

$$-5x_3-5x_4\leqslant -4,-x_3-x_4\leqslant -2$$

即
$$-x_3-x_4\leqslant -2$$

加入松弛变量 x_5，得
$$-x_3-x_4+x_5=-2$$

将这个新的约束条件反映到表 6-4 的最终计算表中，用对偶单纯形法进行迭代，得到表 6-5。

表 6-5

c_j			1	1	0	0	0
$\boldsymbol{C}_B$	$\boldsymbol{X}_B$	$\boldsymbol{b}$	x_1	x_2	x_3	x_4	x_5
1	x_1	$\frac{5}{3}$	1	0	$\frac{5}{6}$	$-\frac{1}{6}$	0
1	x_2	$\frac{8}{3}$	0	1	$-\frac{2}{3}$	$\frac{1}{3}$	0
0	x_5	-2	0	0	[-1]	-1	1
$-z$		$-\frac{13}{3}$	0	0	$-\frac{1}{6}$	$-\frac{1}{6}$	0
1	x_1	0	1	0	0	-1	$\frac{5}{6}$
1	x_2	4	0	1	0	1	$-\frac{2}{3}$
0	x_3	2	0	0	1	1	-1
$-z$		-4	0	0	0	0	$-\frac{1}{6}$

由表 6-5 可得：$\boldsymbol{X}^*=(0,4,2,0,0)^{\mathrm{T}}$，已为整数解。$\max z=4$。

所以原整数规划问题的最优解为 $x_1=0,x_2=4$。目标函数最优值为 $\max z=4$。

(2) 将上述问题化为标准型

$$\max z=3x_1-x_2+0\cdot x_3+0\cdot x_4+0\cdot x_5-Mx_6$$

$$\text{s. t.}\begin{cases}3x_1-2x_2+x_3=3\\5x_1+4x_2-x_4+x_6=10\\2x_1+x_2+x_5=5\\x_1,x_2,x_3,x_4,x_5,x_6\geqslant 0\\x_1,x_2,x_3,x_4,x_5,x_6\ \text{整数}\end{cases}$$

下面用单纯形法解其相应的线性规划问题，见表 6-6。

表 6-6

c_j			3	-1	0	0	0	$-M$	θ_i
$\boldsymbol{C}_B$	$\boldsymbol{X}_B$	$\boldsymbol{b}$	x_1	x_2	x_3	x_4	x_5	x_6	
0	x_3	3	[3]	-2	1	0	0	0	1
$-M$	x_6	10	5	4	0	-1	0	1	2
0	x_5	5	2	1	0	0	1	0	$\frac{5}{2}$
$-z$		$10M$	$5M+3$	$4M-1$	0	$-M$	0	0	
3	x_1	1	1	$-\frac{2}{3}$	$\frac{1}{3}$	0	0	0	—
$-M$	x_6	5	0	$\left[\frac{22}{3}\right]$	$-\frac{5}{3}$	-1	0	1	$\frac{15}{22}$
0	x_5	3	0	$\frac{7}{3}$	$-\frac{2}{3}$	0	1	0	$\frac{9}{7}$
$-z$		$5M-3$	0	$\frac{22}{3}M+1$	$-\frac{5}{3}M-1$	$-M$	0	0	
3	x_1	$\frac{16}{11}$	1	0	$\frac{2}{11}$	$-\frac{1}{11}$	0	$\frac{1}{11}$	—
-1	x_2	$\frac{15}{22}$	0	1	$-\frac{5}{22}$	$-\frac{3}{22}$	0	$\frac{3}{22}$	—
0	x_5	$\frac{31}{22}$	0	0	$-\frac{3}{22}$	$\left[\frac{7}{22}\right]$	1	$-\frac{7}{22}$	$\frac{31}{7}$
$-z$		$-\frac{81}{22}$	0	0	$-\frac{7}{22}$	$\frac{3}{22}$	0	$-M-\frac{3}{22}$	
3	x_1	$\frac{13}{7}$	1	0	$\frac{1}{7}$	0	$\frac{2}{7}$	0	
-1	x_2	$\frac{9}{7}$	0	1	$-\frac{2}{7}$	0	$\frac{3}{7}$	0	
0	x_4	$\frac{31}{7}$	0	0	$-\frac{3}{7}$	1	$\frac{22}{7}$	-1	
$-z$		$-\frac{30}{7}$	0	0	$-\frac{5}{7}$	0	$-\frac{3}{7}$	$-M$	

由表 6-6 可得,相应线性规划问题的最优解为:$\boldsymbol{X}^*=\left(\frac{13}{7},\frac{9}{7},0,\frac{31}{7},0,0\right)^{\mathrm{T}}$。目标函数最优值 $\max z=\frac{30}{7}$。

由最终单纯形表得到变量间的关系:

$$\begin{cases} x_1+\frac{1}{7}x_3+\frac{2}{7}x_5=\frac{13}{7} \\ x_2-\frac{2}{7}x_3+\frac{3}{7}x_5=\frac{9}{7} \\ -\frac{3}{7}x_3+x_4+\frac{22}{7}x_5-x_6=\frac{31}{7} \end{cases}$$

即

$$\begin{cases} x_1+\frac{1}{7}x_3+\frac{2}{7}x_5=\frac{13}{7} \\ 3x_2-\frac{6}{7}x_3+\frac{9}{7}x_5=\frac{27}{7} \\ 2x_4-2x_6-\frac{6}{7}x_3+\frac{44}{7}x_5=\frac{62}{7} \end{cases}$$

对于上面三式，将常数和常数项都分解成整数和非负真分数之和，得

$$\begin{cases} x_1 - 1 = \dfrac{6}{7} - \left(\dfrac{1}{7}x_3 + \dfrac{2}{7}x_5\right) \\ 3x_2 - x_3 + x_5 - 3 = \dfrac{6}{7} - \left(\dfrac{1}{7}x_3 + \dfrac{2}{7}x_5\right) \\ 2x_4 - 2x_6 - x_3 + 6x_5 - 8 = \dfrac{6}{7} - \left(\dfrac{1}{7}x_3 + \dfrac{2}{7}x_5\right) \end{cases}$$

因为 $x_1, x_2, x_3, x_4, x_5, x_6$ 均为整数

所以，上面三式左边均为整数。故上面三式右边也均为整数且为非正。

所以
$$\frac{6}{7} - \left(\frac{1}{7}x_3 + \frac{2}{7}x_5\right) \leqslant 0$$

即 $6 - x_3 - 2x_5 \leqslant 0$，加入松弛变量 x_7，得

$$-x_3 - 2x_5 + x_7 = -6$$

将这个新的约束条件反映到表 6-6 的最终计算表中，并用对偶单纯形法进行迭代，得到表 6-7。

表 6-7

c_j			3	−1	0	0	0	−M	0
$\boldsymbol{C}_B$	$\boldsymbol{X}_B$	$\boldsymbol{b}$	x_1	x_2	x_3	x_4	x_5	x_6	x_7
3	x_1	$\frac{13}{7}$	1	0	$\frac{1}{7}$	0	$\frac{2}{7}$	0	0
−1	x_2	$\frac{9}{7}$	0	1	$-\frac{2}{7}$	0	$\frac{3}{7}$	0	0
0	x_4	$\frac{31}{7}$	0	0	$-\frac{3}{7}$	1	$\frac{22}{7}$	−1	0
0	x_7	−6	0	0	−1	0	[−2]	0	1
$-z$		$-\frac{30}{7}$	0	0	$-\frac{5}{7}$	0	$-\frac{3}{7}$	−M	0
3	x_1	1	1	0	0	0	0	0	$\frac{1}{7}$
−1	x_2	0	0	1	$-\frac{1}{2}$	0	0	0	$\frac{3}{14}$
0	x_4	−5	0	0	[−2]	1	0	−1	$\frac{11}{7}$
0	x_5	3	0	0	$\frac{1}{2}$	0	1	0	$-\frac{1}{2}$
$-z$		−3	0	0	$-\frac{1}{2}$	0	0	−M	$-\frac{3}{14}$
3	x_1	1	1	0	0	0	0	0	$\frac{1}{7}$
−1	x_2	$\frac{5}{4}$	0	1	0	$-\frac{1}{4}$	0	$\frac{1}{4}$	$-\frac{5}{28}$
0	x_3	$\frac{5}{2}$	0	0	1	$-\frac{1}{2}$	0	$\frac{1}{2}$	$-\frac{11}{14}$
0	x_5	$\frac{7}{4}$	0	0	0	$\frac{1}{4}$	1	$-\frac{1}{4}$	$-\frac{3}{28}$
$-z$		$-\frac{7}{4}$	0	0	0	$-\frac{1}{4}$	0	$-M+\frac{1}{4}$	$-\frac{17}{28}$

依此类推，继续迭代，得整数解为 $x_1^*=1, x_2^*=2, x_3^*=x_4^*=x_5^*=x_6^*=x_7^*=0$。目标函数最优值 $\max z=1$。

6.4　某城市的消防总部将全市划分为 11 个防火区，设有 4 个消防(救火)站。图 6-3 表示各防火区域与消防站的位置，其中①②③④表示消防站，1，2，…，11 表示防火区域。根据历史的资料证实，各消防站可在事先规定的允许时间内对所负责的地区的火灾予以消灭。图中虚线即表示各地区由哪个消防站负责(没有虚线连系，就表示不负责)。现在总部提出：可否减少消防站的数目，仍能同样负责各地区的防火任务。如果可以，应当关闭哪个？

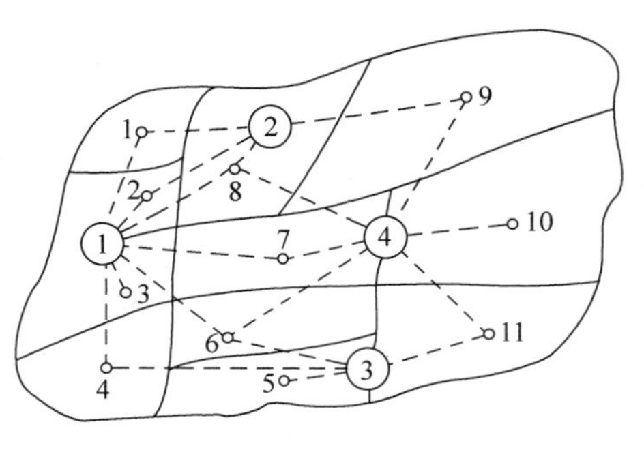

图　6-3

提示：对每个消防站定义一个 0—1 变量 x_j，令

$$x_j=\begin{cases}1, \text{当某防火区域可由第 } j \text{ 消防站负责时,}\\ 0, \text{当某防火区域不由第 } j \text{ 消防站负责时,}\end{cases}\quad (j=1,2,3,4)$$

然后对每个防火区域列一个约束条件。

解　令 $x_j=\begin{cases}1, \text{当某防火区域由第 } j \text{ 消防站负责时,}\\ 0, \text{当某防火区域不由第 } j \text{ 消防站负责时,}\end{cases}\quad (j=1,2,3,4)$

这样可得到原问题的数学模型

$$\min z=\sum_{j=1}^{4} x_j$$

$$\text{s. t.}\begin{cases}x_1+x_2\geqslant 1 & ①\\ x_1\geqslant 1 & ②\\ x_1+x_3\geqslant 1 & ③\\ x_3\geqslant 1 & ④\\ x_1+x_3+x_4\geqslant 1 & ⑤\\ x_1+x_4\geqslant 1 & ⑥\\ x_1+x_2+x_4\geqslant 1 & ⑦\\ x_2+x_4\geqslant 1 & ⑧\\ x_4\geqslant 1 & ⑨\\ x_3+x_4\geqslant 1 & ⑩\end{cases}$$

由约束条件②④⑨可得

$$x_1=1,\quad x_3=1,\quad x_4=1$$

x_1, x_3, x_4 确定后，只有两种情况：

(1) $x_2=0$，解 $(1,0,1,1)^{\mathrm{T}}$ 为可行解。目标函数值 $z=3$。

(2) $x_2=1$，解 $(1,1,1,1)^{\mathrm{T}}$ 为可行解。目标函数值 $z=4$。

比较(1)(2)，得最优解 $\boldsymbol{X}^*=(1,0,1,1)^{\mathrm{T}}$。目标函数的最优值 $\min z=3$。

故可以减少消防站的数目，即可关闭消防站②。

6.5 某大型企业每年需要进行多种类型的员工培训。假设共有需要培训的需求（如技术类、管理类）为 6 种，每种需求的最低培训人数为 $a_i, i=1,\cdots,6$，可供选择的培训方式（如内部自行培训、外部与高校合作培训）有 5 种，每种的最高培训人数为 $b_j, j=1,\cdots,5$。又设若选择了第 1 种培训方式，则第 3 种培训方式也要选择。记 x_{ij} 为第 i 种需求由第 j 种方式培训的人员数量，Z 为培训总费用。费用的构成包括固定费用和可变费用，第 j 种方式的固定培训费用为 h_j（与人数无关），与人数 x_{xj} 相应的可变费用为 C_{ij}（表示用第 j 种方式培训第 i 种需求类型的单位费用）。如果以成本费用为优化目标，请建立该培训问题的结构优化模型。

解 所求的模型为

$$\min z=\sum_{j=1}^{5}h_j+\sum_{j=1}^{5}\sum_{i=1}^{6}c_{ij}x_{ij}$$

$$\text{s.t.}\begin{cases}\sum\limits_{j=1}^{5}x_{ij}\geqslant a_i & (i=1,2,\cdots,6)\\ \sum\limits_{i=1}^{6}x_{ij}\leqslant b_j & (j=1,2,\cdots,5)\\ x_{i1}\leqslant x_{i3} & (i=1,2,\cdots,6)\\ x_{ij}=1\text{ 或 }0\end{cases}$$

6.6 为了提高校园的安全性，某大学的保安部门决定在校园内部的几个位置安装紧急报警电话。校园的主要街道示意图如图 6-4，其中①～⑧表示道路交叉口，$A\sim K$ 表示街道。现需决定在哪些地方安装，可使每条街道都有报警电话，并且总电话数目最少？请建立本问题的数学规划模型。

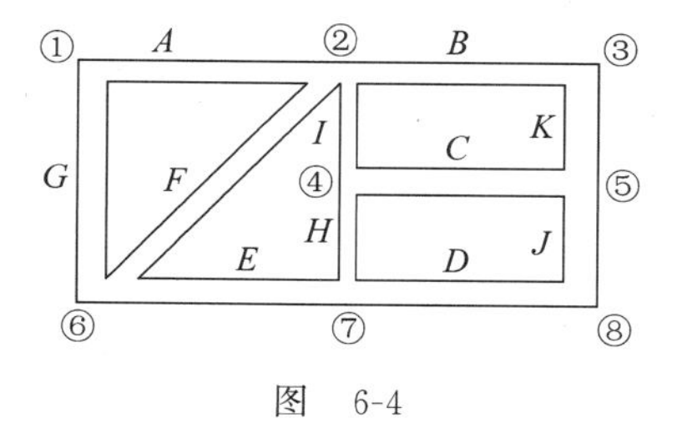

图 6-4

解 根据题意，应该在道路交叉口安装报警电话。

对每个道路交叉口定义一个 0-1 变量 x_i，

$$x_i=\begin{cases}1,\text{当某街道可由第 } i \text{ 个道路交叉口的报警电话负责时，}\\0,\text{当某街道不由第 } i \text{ 个道路交叉口的报警电话负责时}\end{cases}\quad(i=1,2,\cdots,8)$$

然后依次对 $A\sim K$ 街道列一个约束条件，共 11 个约束条件，这样可以得到本题的数学规划模型为

$$\min z=\sum_{i=1}^{8}x_i$$

$$\text{s.t.}\begin{cases}x_1+x_2\geqslant 1\\x_2+x_3\geqslant 1\\x_4+x_5\geqslant 1\\x_7+x_8\geqslant 1\\x_6+x_7\geqslant 1\\x_2+x_6\geqslant 1\\x_1+x_6\geqslant 1\\x_4+x_7\geqslant 1\\x_2+x_4\geqslant 1\\x_5+x_6\geqslant 1\\x_3+x_5\geqslant 1\end{cases}$$

6.7 在有互相排斥的约束条件的问题中，如果约束条件是(≤)型的，我们用加以 y_iM 项(y_i 是 0-1 变量，M 是很大的常数)的方法统一在一个问题中。如果约束条件是(≥)型的，我们将怎样利用 y_i 和 M 呢？

解 举例说明

$$\begin{cases}5x_1+4x_2\geqslant 24\\7x_1+3x_2\geqslant 45\end{cases}$$

可以用

$$\begin{cases}5x_1+4x_2\geqslant 24-yM & ①\\7x_1+3x_2\geqslant 45-(1-y)M & ②\\y=0\text{ 或 }1, M\text{ 为充分大的正数}\end{cases}$$

(1) $y=1$，则式②有解，

(2) $y=0$，则式①有解

6.8 解 0-1 规划

(1) $\min z=4x_1+3x_2+2x_3$

$$\begin{cases}2x_1-5x_2+3x_3\leqslant 4\\4x_1+x_2+3x_3\geqslant 3\\x_2+x_3\geqslant 1\\x_1,x_2,x_3=0\text{ 或 }1\end{cases}$$

(2) $\min z=2x_1+5x_2+3x_3+4x_4$

$$\begin{cases}-4x_1+x_2+x_3+x_4\geqslant 0\\-2x_1+4x_2+2x_3+4x_4\geqslant 4\\x_1+x_2-x_3+x_4\geqslant 1\\x_1,x_2,x_3,x_4=0\text{ 或 }1\end{cases}$$

解 (1)

$$\min z=4x_1+3x_2+2x_3$$

$$\text{s.t.}\begin{cases}2x_1-5x_2+3x_3\leqslant 4 & ①\\4x_1+x_2+3x_3\geqslant 3 & ②\\x_2+x_3\geqslant 1 & ③\\x_1,x_2,x_3=0\text{ 或 }1\end{cases}$$

通过观察可得到一个可行解$(x_1,x_2,x_3)^{\mathrm{T}}=(0,0,1)^{\mathrm{T}}$。目标函数值 $z=2$。所以，增加约束条件

$$4x_1+3x_2+2x_3\leqslant 2 \quad ⓪$$

将约束条件⓪①②③按顺序排列，得到表 6-8。

表 6-8

(x_1,x_2,x_3)	条件				目标函数值 z
	⓪	①	②	③	
(0,0,1)	√	√	√	√	2
(0,1,0)	×				
(0,1,1)	×				
(1,0,0)	×				
(1,0,1)	×				
(1,1,0)	×				
(1,1,1)	×				
(0,0,0)	√	√	×		

由表 6-8 可得，原问题的最优解为$(x_1,x_2,x_3)^T=(0,0,1)^T$。目标函数最优值 $\min z=2$。

（2）
$$\min z=5x_2+4x_4+3x_3+2x_1$$
$$\text{s.t.}\begin{cases}x_2+x_4+x_3-4x_1\geqslant 0 & ①\\ 4x_2+4x_4+2x_3-2x_1\geqslant 4 & ②\\ x_2+x_4-x_3+x_1\geqslant 1 & ③\\ x_1,x_2,x_3,x_4=0 \text{ 或 } 1\end{cases}$$

经观察可得到一可行解$(x_2,x_4,x_3,x_1)^T=(0,1,0,0)^T$。目标函数值 $z=4$。

故增加约束条件 $$5x_2+4x_4+3x_3+2x_1\leqslant 4 \quad ⓪$$

将约束条件⓪①②③按顺序排列，得到表 6-9。

由表 6-9 可得，原问题的最优解$(x_2,x_4,x_3,x_1)^T=(0,1,0,0)^T$。目标函数的最优值 $\min z=4$。

表 6-9

(x_2,x_4,x_3,x_1)	条件				目标函数值 z
	⓪	①	②	③	
(0,0,0,0)	√	√	×		
(0,0,0,1)	√	×			
(0,0,1,0)	√	√	×		
(0,0,1,1)	×				
(0,1,0,0)	√	√	√	√	4
(0,1,0,1)	×				
(0,1,1,0)	×				
(0,1,1,1)	×				
(1,0,0,0)	×				
(1,0,0,1)	×				
(1,0,1,0)	×				
(1,0,1,1)	×				
(1,1,0,0)	×				
(1,1,0,1)	×				
(1,1,1,0)	×				
(1,1,1,1)	×				

6.9　有4个工人，要指派他们分别完成4项工作，每人做各项工作所消耗的时间如表6-10。问指派哪个人去完成哪项工作，可使总的消耗时间为最小？

表　6-10

工人＼工作	A	B	C	D
甲	15	18	21	24
乙	19	23	22	18
丙	26	17	16	19
丁	19	21	23	17

解　系数矩阵 $\boldsymbol{C}$ 为

$$\begin{bmatrix} 15 & 18 & 21 & 24 \\ 19 & 23 & 22 & 18 \\ 26 & 17 & 26 & 19 \\ 19 & 21 & 23 & 17 \end{bmatrix}$$

① 从系数矩阵的每行元素减去该行的最小元素得

$$\begin{bmatrix} 15 & 18 & 21 & 24 \\ 19 & 23 & 22 & 18 \\ 26 & 17 & 16 & 19 \\ 19 & 21 & 23 & 17 \end{bmatrix} \xrightarrow[\text{第三行减 16，第四行减 17}]{\text{第一行减 15，第二行减 18}} \begin{bmatrix} 0 & 3 & 6 & 9 \\ 1 & 5 & 4 & 0 \\ 10 & 1 & 0 & 3 \\ 2 & 4 & 6 & 0 \end{bmatrix} = \boldsymbol{B}$$

② 从 B 的每列元素减去该列的最小元素得

$$\begin{bmatrix} 0 & 3 & 6 & 9 \\ 1 & 5 & 4 & 0 \\ 10 & 1 & 0 & 3 \\ 2 & 4 & 6 & 0 \end{bmatrix} \xrightarrow[\text{第三列减 0，第四列减 0}]{\text{第一列减 0，第二列减 1}} \begin{bmatrix} 0 & 2 & 6 & 9 \\ 1 & 4 & 4 & 0 \\ 10 & 0 & 0 & 3 \\ 2 & 3 & 6 & 0 \end{bmatrix} = \boldsymbol{A}$$

此时系数矩阵每行每列都有元素0。

下面进行试指派，以寻求最优解。

先给 a_{11} 加圈，然后给 a_{24} 加圈，划掉 a_{44}。给 a_{32} 加圈，划掉 a_{33} 得

$$\begin{array}{c} \\ 甲 \\ 乙 \\ 丙 \\ 丁 \end{array} \begin{array}{c} \begin{matrix} A & B & C & D \end{matrix} \\ \begin{bmatrix} \textcircled{0} & 2 & 6 & 9 \\ 1 & 4 & 4 & \textcircled{0} \\ 10 & \textcircled{0} & \not{0} & 3 \\ 2 & 3 & 6 & \not{0} \end{bmatrix} \end{array}$$

此时◎的数目为3＜4，试指派不成功，转入下一步。

给第4行打“√”，给第4列打“√”，给第2行打“√”。将第1，第3行画一横线，将第4列画一纵线，得

$$
\begin{array}{c}
\begin{bmatrix}
-\textcircled{0}- & 2- & 6- & 9- \\
1 & 4 & 4 & \textcircled{0} \\
-10- & \textcircled{0}- & \not{0}- & 3- \\
2 & 3 & 6 & \not{0}
\end{bmatrix}
\begin{array}{c} - \\ \surd \\ - \\ \surd \end{array} \\
\qquad\qquad\qquad\qquad \surd
\end{array}
$$

变换矩阵得

$$
\begin{array}{c} \\ 甲 \\ 乙 \\ 丙 \\ 丁 \end{array}
\begin{array}{c}
\begin{array}{cccc} A & B & C & D \end{array} \\
\begin{bmatrix}
\textcircled{0} & 2 & 6 & 10 \\
\not{0} & 3 & 3 & \textcircled{0} \\
10 & \textcircled{0} & \not{0} & 4 \\
1 & 2 & 5 & \not{0}
\end{bmatrix}
\end{array}
$$

给第 1,第 4 列打“√”,对第 1,第 2,第 4 行打“√”,给第 1,第 4 列画一纵线,第 3 行画一横线得

$$
\begin{array}{c}
\begin{bmatrix}
\textcircled{0} & 2 & 6 & 10 \\
\not{0} & 3 & 3 & \textcircled{0} \\
-10- & \textcircled{0}- & \not{0}- & 4- \\
1 & 2 & 5 & \not{0}
\end{bmatrix}
\begin{array}{c} \surd \\ \surd \\ - \\ \surd \end{array} \\
\surd \qquad\qquad \surd
\end{array}
$$

变换矩阵得

$$
\begin{array}{c} \\ 甲 \\ 乙 \\ 丙 \\ 丁 \end{array}
\begin{array}{c}
\begin{array}{cccc} A & B & C & D \end{array} \\
\begin{bmatrix}
0 & 0 & 4 & 10 \\
0 & 1 & 1 & 1 \\
12 & 0 & 0 & 6 \\
1 & 0 & 3 & 0
\end{bmatrix}
\end{array}
$$

则

$$
\begin{array}{c} \\ 甲 \\ 乙 \\ 丙 \\ 丁 \end{array}
\begin{array}{c}
\begin{array}{cccc} A & B & C & D \end{array} \\
\begin{bmatrix}
\not{0} & \textcircled{0} & 4 & 10 \\
\textcircled{0} & 1 & 1 & 1 \\
12 & \not{0} & \textcircled{0} & 6 \\
1 & \not{0} & 3 & \textcircled{0}
\end{bmatrix}
\end{array}
$$

得最优指派方案为：甲—B,乙—A,丙—C,丁—D。

所消耗的总时间为：18＋19＋16＋17＝70。

【典型例题精解】

1. 用隐枚举法求解下列 0-1 规划：

$$\max z = 2x_1 - x_2 + 5x_3 - 3x_4 + 4x_5$$

$$\text{s.t.}\begin{cases}3x_1 - 2x_2 + 7x_3 - 5x_4 + 4x_5 \leqslant 6\\ x_1 - x_2 + 2x_3 - 4x_4 + 2x_5 \leqslant 0\\ x_i = 0 \text{ 或 } 1,\quad (i=1,2,\cdots,5)\end{cases}$$

解　首先将其化为标准型。令 $x_1 = 1 - x'_1, x_3 = 1 - x'_3, x_5 = 1 - x'_5$，原模型化为

$$\max z = 11 - 2x'_1 - x_2 - 5x'_3 - 3x_4 - 4x'_5$$

$$\text{s.t.}\begin{cases}-3x'_1 - 2x_2 - 7x'_3 - 5x_4 - 4x'_5 \leqslant -8\\ -x'_1 - x_2 - 2x'_3 - 4x_4 - 2x'_5 \leqslant -5\\ x'_1, x'_3, x'_5, x_2, x_4 \text{ 取 } 0 \text{ 或 } 1\end{cases}$$

其求解分支图如图 6-5 所示，在图中弧线上的变量为固定变量，其余为自由变量，结点序号为分支的序号。

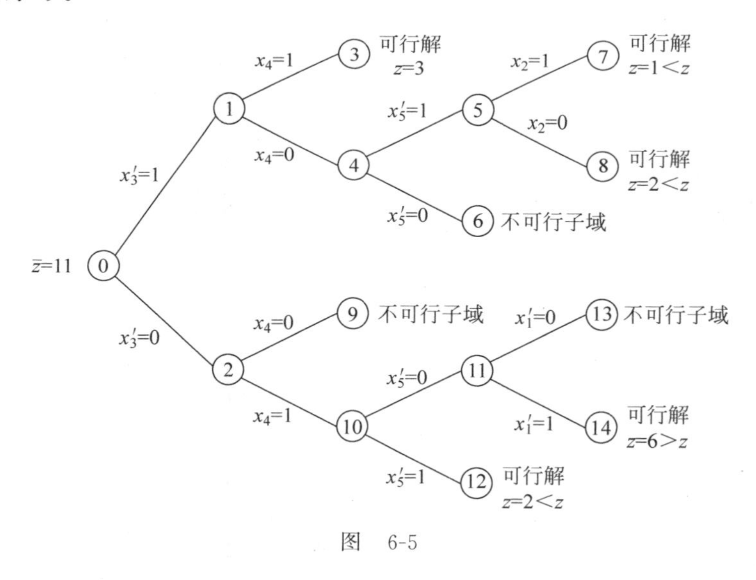

图　6-5

由图 6-5 可知，最优解为 $x'_3 = 0, x_4 = 1, x'_5 = 0, x'_1 = 1, x_2 = 0, \max z = 6$。

因此，原 0-1 规划最优解为 $x_1 = 0, x_2 = 0, x_3 = 1, x_4 = 1, x_5 = 1$。最优值为 $\max z = 6$。

2. 6 个人完成 4 项工作任务，由于个人和技术专长不同，他们完成 4 项工作任务所获得收益如表 6-11，且规定每人只能做一项工作，一项工作任务只需一人操作，试求使总收益最大的分派方案。

表　6-11

任务 人编号	Ⅰ	Ⅱ	Ⅲ	Ⅳ
1	3	5	4	5
2	6	7	6	8

续表

人编号 \ 任务	Ⅰ	Ⅱ	Ⅲ	Ⅳ
3	8	9	8	10
4	10	10	9	11
5	12	11	10	12
6	13	12	11	13

解 此问题由一个非平衡的指派问题，虚设两项任务Ⅴ，Ⅵ并设任务的收益为0，化为平衡指派问题。

平衡指派问题的收益矩阵为

$$(c_{ij})=\begin{bmatrix}3&5&4&5&0&0\\6&7&6&8&0&0\\8&9&8&10&0&0\\10&10&9&11&0&0\\12&11&10&12&0&0\\13&12&11&13&0&0\end{bmatrix}$$

目标函数
$$\max z=\sum_{i=1}^{6}\sum_{j=1}^{6}c_{ij}x_{ij}$$

将其化为极小值问题

$$c=\max\{c_{ij}\}=13, c'_{ij}=c-c_{ij}$$

$$(c'_{ij})=\begin{bmatrix}10&8&9&8&13&13\\7&6&7&5&13&13\\5&4&5&3&13&13\\3&3&4&2&13&13\\1&2&3&1&13&13\\0&1&2&0&13&13\end{bmatrix}$$

用匈牙利法求解，将矩阵(c'_{ij})变换为

$$(c'_{ij})\rightarrow\begin{bmatrix}2&0&0&0&0&0\\2&1&1&0&3&3\\2&1&1&0&5&5\\1&1&1&0&6&6\\0&1&1&0&7&7\\0&1&1&0&8&8\end{bmatrix}\xrightarrow{\text{进行试指派}}\begin{bmatrix}2&\not{0}&\not{0}&\not{0}&\not{0}&\textcircled{0}\\2&1&1&\textcircled{0}&3&3\\2&1&1&\not{0}&5&5\\1&1&1&\not{0}&6&6\\\textcircled{0}&1&1&\not{0}&7&7\\\not{0}&1&1&\not{0}&8&8\end{bmatrix}$$

$$\xrightarrow[\text{直线覆盖}]{\text{做最小}}\begin{array}{c}\begin{bmatrix}2&\not{0}&\not{0}&\not{0}&\not{0}&\textcircled{0}\\2&1&1&\textcircled{0}&3&3\\2&1&1&\not{0}&5&5\\1&1&1&\not{0}&6&6\\\textcircled{0}&1&1&\not{0}&7&7\\\not{0}&1&1&\not{0}&8&8\end{bmatrix}\begin{matrix}\\-1\\-1\\-1\\-1\\-1\end{matrix}\\ \begin{matrix}+1&&&&&&\end{matrix}\end{array}\xrightarrow[\text{并试指派}]{\text{调整}}\begin{bmatrix}3&\not{0}&\not{0}&\not{0}&\not{0}&\textcircled{0}\\3&\not{0}&\not{0}&\textcircled{0}&2&2\\3&\not{0}&\textcircled{0}&\not{0}&4&4\\2&\textcircled{0}&\not{0}&\not{0}&5&5\\\textcircled{0}&\not{0}&\not{0}&\not{0}&6&6\\\not{0}&\not{0}&\not{0}&\not{0}&7&7\end{bmatrix}$$

$$\xrightarrow[\text{覆盖}]{\text{做最小直线}}\begin{bmatrix}3&0&0&0&0&0\\3&0&0&0&2&2\\3&0&0&0&4&4\\2&0&0&0&5&5\\0&0&0&0&6&6\\0&0&0&0&7&7\end{bmatrix}\begin{matrix}\\-2\\-2\\-2\\-2\\-2\end{matrix}\xrightarrow[\text{并试指派}]{\text{调整}}\begin{bmatrix}5&\emptyset&\emptyset&\emptyset&\emptyset&⓪\\5&\emptyset&\emptyset&\emptyset&⓪&\emptyset\\5&\emptyset&\emptyset&⓪&2&2\\4&\emptyset&⓪&\emptyset&3&3\\\emptyset&⓪&\emptyset&\emptyset&4&4\\⓪&\emptyset&\emptyset&\emptyset&5&5\end{bmatrix}$$

$+2$

由此可知⓪的个数为 6,已求得最优解

$$x_{16}^*=x_{25}^*=x_{34}^*=x_{43}^*=x_{52}^*=x_{61}^*=1,\text{其余为 }0$$

即第 3 个人做第Ⅳ项工作,第 4 个人做第Ⅲ项工作,第 5 个人做第Ⅱ项工作,第 6 个人做第Ⅰ项工作,所得最大总收益为

$$\max z=6\times13-(13+13+3+4+2)=43$$

3. 某厂拟建两种不同类型的冶炼炉。甲种炉每台投资为 2 个单位,乙种炉每台需投资为 1 个单位,总投资不能超过 10 单位;又该厂被许可用电量为 2 个单位,乙种炉被许可用电量为 2 个单位,但甲种炉利用余热发电,不仅可满足本身需要,而且可供出电量 1 个单位。已知甲种炉每台收益为 6 个单位,乙种炉每台收益为 4 个单位。试问:应建甲、乙两种炉各多少台,使之收益为最大?

解 依题意有表 6-12。

表 6-12

	收益/单位	每台投资/单位	用电量/单位
甲种炉(x_1)	6	2	−1
乙种炉(x_2)	4	1	2
限 量		10	2

设 x_1,x_2 为甲、乙种炉应建台数。则

$$\max z=6x_1+4x_2$$

$$\text{s.t.}\begin{cases}2x_1+x_2\leqslant10\\-x_1+2x_2\leqslant2\\x_1,x_2\geqslant0,\quad \text{且 }x_1,x_2\text{ 为整数}\end{cases}$$

采用分支定界法

① 解除整数约束,用图解法求得相应线性规划问题的最优解

$$z_0=\begin{bmatrix}x_1\\x_2\end{bmatrix}=(3.6,2.8)^{\mathrm T},\quad z_0=32.8$$

② 因为 $3<x_1<4$,上述数学模型分支为两个子问题数学模型:

$$\max z=6x_1+4x_2$$

$$\text{s.t.}\begin{cases}2x_1+x_2\leqslant10\\-x_1+x_2\leqslant2\\x_1\leqslant3\\x_1x_2\geqslant0\end{cases}$$

$$\max z=6x_1+4x_2$$

$$\text{s.t.}\begin{cases}2x_1+x_2\leqslant0\\-x_1+2x_2\leqslant0\\x_1\geqslant4\\x_1x_2\geqslant0\end{cases}$$

用图解法知(见图 6-6)，这两个子问题最优解为

$$\boldsymbol{X}_1=\left(3,\frac{5}{2}\right)^{\mathrm{T}},\quad z_1=28$$

$$\boldsymbol{X}_2=(4,2)^{\mathrm{T}},\quad z_2=32$$

$\boldsymbol{X}_2$ 为最优整数解。

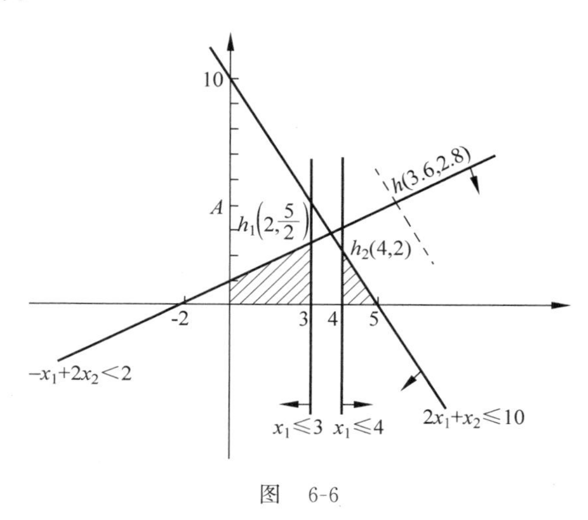

图 6-6

用单纯形迭代法求最优解，见表 6-13。

表 6-13

基变量	**b**	x_1	x_2	x_3	x_4	θ_i
x_3	10	[2]	1	1	0	5←
x_4	2	−1	2	0	1	—
$-z$	0	6↑	4	0	0	
x_1	5	1	$\frac{1}{2}$	$\frac{1}{2}$	0	10
x_4	7	0	$\left[\frac{5}{2}\right]$	$\frac{1}{2}$	1	$\frac{14}{5}$←
$-z$	−30	0	1↑	−3	0	
x_1	$\frac{18}{5}$	1	0	$\frac{2}{5}$	$-\frac{1}{5}$	
x_2	$\frac{14}{5}$	0	1	$\frac{1}{5}$	$\frac{2}{5}$	
$-z$	$-32\frac{4}{5}$	0	0	$-\frac{16}{5}$	$-\frac{2}{5}$	

最优解为
$$\boldsymbol{X}_0=\left(\frac{18}{5},\frac{14}{5},0,0\right)^{\mathrm{T}},z_0=32.8$$

③ 确定割平面方程：从最优表中抄下非整数解的约束方程(一般取 b 值较小的方程)。

取
$$x_2+\frac{1}{5}x_3+\frac{2}{5}x_4=\frac{14}{5}$$

即
$$x_2-2=\frac{4}{5}-\left(\frac{1}{5}x_3+\frac{2}{5}x_4\right)\leqslant 0$$

这是由于原问题所有变量均取非负整数，故有

$$\frac{1}{5}x_3+\frac{2}{5}x_4=\frac{4}{5}+i>0,\quad i=0,1,2,\cdots,$$

从而

$$\frac{4}{5}-\left(\frac{1}{5}x_3+\frac{2}{5}x_4\right)=-i\leqslant 0$$

即 $\frac{4}{5}-\left(\frac{1}{5}x_3+\frac{2}{5}x_4\right)\leqslant 0$ 为割平面方程。

对原数模引入割平面约束，为此，引入非负整松弛变量 x_5，将割平面方程规范化

$$-\frac{1}{5}x_3-\frac{2}{5}x_4+x_5=-\frac{4}{5}$$

加到最优表中，用对偶单纯形法求最优解，见表 6-14。

表 6-14

基变量	$\boldsymbol{b}$	x_1	x_2	x_3	x_4	x_5
x_1	$\frac{18}{5}$	1	0	$\frac{2}{5}$	$-\frac{1}{5}$	0
x_2	$\frac{14}{5}$	0	1	$\frac{1}{5}$	$\frac{2}{5}$	0
x_5	$-\frac{4}{5}$	0	0	$-\frac{1}{5}$	$\left[-\frac{2}{5}\right]$	1
$-z$	$-32\frac{4}{5}$	0	0	$-\frac{16}{5}$	$-\frac{2}{5}$	0
θ				16	1↑	
x_1	4	1	0	$\frac{1}{2}$	0	$-\frac{1}{2}$
x_2	2	0	1	0	0	1
x_4	2	0	0	$\frac{1}{2}$	1	$-\frac{5}{2}$
$-z$	-32	0	0	-3	0	-1

$$\boldsymbol{X}^*=(4,2,0,2,0)^{\mathrm{T}},\quad z^*=32$$

此解为整数解，故计算停止。

故原数模的最优解为 $x_1^*=4, x_2^*=2$。$z^*=32$。

4. 某厂拟在 A,B,C,D,E 五个城市中建立若干个产品经销联营点，各处设点都需资金、人力、设备等，而这样的需求量及能提供的利润各处不同，有些点可能亏本，但却能获得贷款和人力等。设数据已知(见表 6-15)，为使总利益最大，问厂方应作出何种最优点决策？

表 6-15

城市 \ 资源	应投资金(百万元)	应投人力(人)	应投设备(套)	获利(10 万元)
A	4	5	1	4.5
B	6	4	1	3.8
C	12	12	1	9.5
D	-8	3	0	-2
E	1	-8	0	-1.5
资源限制	20	15	2	

解 这是一个规划问题，上述城市是否被选，可用决策变量 x_j 表示($j=1,2,\cdots,5$)。$x_j=1$ 表示第 j 个城市被选；$x_j=0$ 表示第 j 个城市不选。

根据已知数据可建立数学模型如下：

$$\max z=4.5x_1+3.8x_2+9.5x_3-2x_4-1.5x_5 \quad ①$$

$$\text{s.t.}\begin{cases}4x_1+6x_2+12x_3-8x_4+x_5\leqslant 20 & (\text{资金约束}) \quad ②\\ 5x_1+6x_2+12x_3+3x_4-8x_5\leqslant 15 & (\text{人力约束}) \quad ③\\ x_1+x_2+x_3\leqslant 2 & (\text{设备约束}) \quad ④\\ x_j=0,1 \quad (j=1,2,\cdots,5) & \quad ⑤\end{cases}$$

仅从目标函数看，为使总收益最大，应取 $x_1=x_2=x_3=1,x_4=x_5=0$。
即选 A,B,C 三城建联营点，D,E 不选。这时，总收益为：$z=17.8$(10 万元)；但从约束方程来看，这个决策不可行。

每个城市都有可能入选和不入选，即 x_j 取值有 0 或 1 两种状态；有 5 个变量，这样的组合共有 $2^5=32$ 个，我们并不需要列出所有可行组合，感兴趣的仅是目标函数值最优的可行组合。只要按目标函数值从优至劣顺序列出组合，逐个检验可行性，最先满足条件的组合就是最优解；而劣于最优解的组合即使可行，也不用列出和检验。这相当于把枚举法得出的所有非优组合隐去不算，故称为隐枚举法。

第一步：变换目标函数和约束方程组。

① 将价值系数 c_j 前的符号统一带负号

令
$$x_1=1-\bar{x}_1,\quad x_2=1-\bar{x}_2,\quad x_3=1-\bar{x}_3$$

② 目标函数中 $|c_j|$ 值从小到大排列决策变量项，约束方程组按该决策变量项的顺序重新排列，得

$$\max z=17.8-(1.5x_5+2x_4+3.8\bar{x}_2+4.5\bar{x}_1+9.5\bar{x}_3)$$

$$\text{s.t.}\begin{cases}x_5-8x_4-6\bar{x}_2-4\bar{x}_1-12\bar{x}_3\leqslant -2 & ①\\ -8x_5+3x_4-4\bar{x}_2-5\bar{x}_1-12\bar{x}_3\leqslant -6 & ②\\ -\bar{x}_2-\bar{x}_1-\bar{x}_3\leqslant -1 & ③\\ x_j,\bar{x}_j=0,1 & ④\end{cases}$$

第二步用目标函数值探索法求最优解。

以 z 的最大值为上界，逐步向下搜索，直至获得可行解为止，即为最优解。

列表求解，如表 6-16。

表 6-16

$\sum\lvert c_j\rvert$	z 值	组合解					是否满足约束			是否可行解
		x_5	x_4	$\bar{x}_2$	$\bar{x}_1$	$\bar{x}_3$	(2)	(3)	(4)	
0	17.8	0	0	0	0	0	×			否
1.5	16.3	1	0	0	0	0	×			否
2.0	15.8	0	1	0	0	0	√	×		否
3.5	14.3	1	1	0	0	0	√	×		否

续表

$\sum \lvert c_j \rvert$	z 值	组合解					是否满足约束			是否可行解
		x_5	x_4	$\bar{x}_2$	$\bar{x}_1$	$\bar{x}_3$	$(\bar{2})$	$(\bar{3})$	$(\bar{4})$	
3.8	14.0	0	0	1	0	0	√	×		否
4.5	13.3	0	0	0	1	0	√	×		否
5.3	12.5	1	0	1	0	0	√	√	√	是

得最优解为 $x_1=1, x_2=0, x_3=1, x_4=0, x_5=1$，即在 A、C、E 三个城市中设联营点，可获得最大收益 12.5(单位：十万元)。城市 E 设联营点会亏损，但仍然选择设点。这是从整体最优的角度考虑。

【考研真题解答】

1.（15 分）现要在 5 个工人中确定 4 个人来分别完成 4 项工作中的一项工作，由于每个工人的技术特长不同，他们完成各项工作所需的工时也不同。每个工人完成每项工作所需工时如表 6-17 所示。

表 6-17

工人 \ 所需工时 \ 工作	A	B	C	D
Ⅰ	9	4	3	7
Ⅱ	4	6	5	6
Ⅲ	5	4	7	5
Ⅳ	7	5	2	3
Ⅴ	10	6	7	4

试找出一个工作分配方案，使总工时最小。

解 虚拟一项工作 E，设每人完成 E 所用的时间都是"0"，从而转化为 5 个人完成 5 项工作的分配问题，再用匈牙利法求解。

最优解为：Ⅰ—C，Ⅱ—A，Ⅲ—B，Ⅳ—D，Ⅴ—E，即应安排工人Ⅰ，Ⅱ，Ⅲ，Ⅳ分别完成工作 C，A，B，D，此时所用时间最少，为 $3+4+4+3=14$。

2.（10 分）采用变量代换，试把下述非线性 0-1 整数规划转换成一个线性 0-1 整数规划。

$$\max z = x_1^2 + x_2x_3 - x_1x_2x_3$$

$$\text{s.t.}\begin{cases} -3x_1 + 4x_2 + x_3 \leqslant 3 \\ x_1, x_2, x_3 \text{ 为 0 或 1} \end{cases}$$

解 令 $y_1=\begin{cases} 1, \text{当 } x_2=x_3=1 \\ 0, \text{否则} \end{cases}$，故有 $x_2x_3=y_1$。

再令 $y_2=\begin{cases} 1, \text{当 } x_1=x_2=x_3=1 \\ 0, \text{否则} \end{cases}$，故有 $x_1x_2x_3=y_2$。

而 x_1^2 与 x_1 等价，故原题可等价地写为

$$\max z = x_1 + y_1 - y_2$$

$$\text{s. t.}\begin{cases} -3x_1 + 4x_2 + x_3 \leqslant 3 \\ y_1 \leqslant x_2 \\ y_1 \leqslant x_3 \\ y_2 \leqslant x_1 \\ y_2 \leqslant x_2 \\ y_2 \leqslant x_3 \\ x_1 + x_2 \leqslant y_1 + 1 \\ x_1 + x_2 + x_3 \leqslant y_2 + 2 \\ x_1, x_2, x_3, y_1, y_2 \text{ 为 0 或 1} \end{cases}$$

3.（15分）某房产公司计划在一住宅小区建设5栋不同类型的楼房 B_1, B_2, B_3, B_4, B_5。由三家建筑公司 A_1, A_2, A_3 进行投标，允许每家建筑公司可承建1～2栋楼，经过投标得出建筑公司 A_i 对新楼 B_j 的预算费用 c_{ij} 见表6-18，求使总费用最少的分派方案。

表 6-18

	B_1	B_2	B_3	B_4	B_5
A_1	3	8	7	15	11
A_2	7	9	10	14	12
A_3	6	9	13	12	17

解 A_1 承建 B_1 和 B_3 楼。A_2 承建 B_2 楼。A_3 承建 B_4 和 B_5 楼。

4.（10分）某企业的三种产品要经过三种不同的工序加工，各种产品每一件在各工序上所需加工时间、每天各道工序的加工能力和每一种产品的单位利润如表6-19所示。

表 6-19

工序	每件加工时间(min)			加工能力
	产品1	产品2	产品3	(min/天)
1	1	2	1	430
2	3	1	2	460
3	1	4	1	420
每件利润(元)	3	2	5	

试建立使总利润达最大的线性规划模型(不需求解)。

解 设 x_i 分别为产品 i 的产量，模型为

$$\max z = 3x_1 + 2x_2 + 5x_3$$

$$\text{s. t.}\begin{cases} x_1 + 2x_2 + x_3 \leqslant 430 \\ 3x_1 + x_2 + 2x_3 \leqslant 460 \\ x_3 + 4x_2 + x_3 \leqslant 420 \\ x_i \geqslant 0 \text{ 且为整数，} \quad (i = 1, 2, 3) \end{cases}$$

CHAPTER 7 第7章

非线性规划

【本章学习要求】

1. 掌握凸函数和凹函数的定义。
2. 掌握二次型的类型。
3. 掌握斐波那契法和黄金分割法。
4. 掌握最速下降法,共轭梯度法,变尺度法,步长加速法。
5. 掌握库恩-塔克条件。
6. 掌握二次规划定义及其求解。
7. 会用可行方法解非线性规划问题。
8. 掌握求解非线性规划问题的制约函数法。

【主要概念及算法】

1. 非线性规划问题的数学模型

非线性规划的数学模型常表示成以下形式

$$\begin{cases} \min f(\boldsymbol{X}) \\ h_i(\boldsymbol{X})=0, \quad (i=1,2,\cdots,m) \\ g_j(\boldsymbol{X})\geqslant 0, \quad (j=1,2,\cdots,l) \end{cases}$$

其中 $\boldsymbol{X}=(x_1,x_2,\cdots,x_n)^{\mathrm{T}}$ 是 n 维欧氏空间 E^n 中的向量(点); $f(\boldsymbol{X})$为目标函数,$h_i(\boldsymbol{X})=0$ 和 $g_j(\boldsymbol{X})\geqslant 0$ 为约束条件。

2. 极值点存在的条件

(1) 必要条件

设 R 是 n 维欧氏空间 E^n 上的某一个开集,$f(\boldsymbol{X})$在 R 上有一阶连续偏导数,且在点 $\boldsymbol{X}^*\in R$ 取得局部极值,则必有

$$\frac{\partial f(\boldsymbol{X}^*)}{\partial x_1}=\frac{\partial f(\boldsymbol{X}^*)}{\partial x_2}=\cdots=\frac{\partial f(\boldsymbol{X}^*)}{\partial x_n}=0$$

或

$$\nabla f(\boldsymbol{X}^*)=0$$

上式中

$$\nabla f(\boldsymbol{X}^*)=\left(\frac{\partial f(\boldsymbol{X}^*)}{\partial x_1},\frac{\partial f(\boldsymbol{X}^*)}{\partial x_2},\cdots,\frac{\partial f(\boldsymbol{X}^*)}{\partial x_n}\right)^{\mathrm{T}}$$

为函数 $f(\boldsymbol{X})$在点 $\boldsymbol{X}^*$ 处的梯度。

由数学分析知道，$\nabla f(\boldsymbol{X})$的方向为 $f(\boldsymbol{X})$的等值面（等值线）的法线（在点 $\boldsymbol{X}$ 处）方向，沿这个方向函数值增加最快。

满足上式的点称为平稳点或驻点，在区域内部，极值点必为平稳点，但平稳点不一定为极值点。

（2）充分条件

设 R 是 n 维欧氏空间 E^n 上的某一开集，$f(\boldsymbol{X})$在 R 上具有二阶连续偏导数，$\boldsymbol{X}^*\in R$，若$\nabla f(\boldsymbol{X}^*)=0$，且对任何非零向量 $\boldsymbol{Z}\in E^n$ 有

$$\boldsymbol{Z}^{\mathrm{T}}\boldsymbol{H}(\boldsymbol{X}^*)\boldsymbol{Z}>0$$

则 $\boldsymbol{X}^*$ 为 $f(\boldsymbol{X})$的严格局部极小点。此处 $\boldsymbol{H}(\boldsymbol{X}^*)$为 $f(\boldsymbol{X})$在点 $\boldsymbol{X}^*$ 处的海赛(Hesse)矩阵。

$$\boldsymbol{H}(\boldsymbol{X}^*)=\begin{bmatrix}\frac{\partial^2 f(\boldsymbol{X}^*)}{\partial x_1^2} & \frac{\partial^2 f(\boldsymbol{X}^*)}{\partial x_1\partial x_2} & \cdots & \frac{\partial^2 f(\boldsymbol{X}^*)}{\partial x_1\partial x_n}\\ \frac{\partial^2 f(\boldsymbol{X}^*)}{\partial x_2\partial x_1} & \frac{\partial^2 f(\boldsymbol{X}^*)}{\partial x_2^2} & \cdots & \frac{\partial^2 f(\boldsymbol{X}^*)}{\partial x_2\partial x_n}\\ \vdots & \vdots & & \vdots\\ \frac{\partial^2 f(\boldsymbol{X}^*)}{\partial x_n\partial x_1} & \frac{\partial^2 f(\boldsymbol{X}^*)}{\partial x_n\partial x_2} & \cdots & \frac{\partial^2 f(\boldsymbol{X}^*)}{\partial x_n^2}\end{bmatrix}$$

3. 凸函数

设 $f(\boldsymbol{X})$为定义在 n 维欧氏空间 E^n 中某个凸集 R 上的函数，若对任何实数 $\alpha(0<\alpha<1)$以及 R 中的任意两点 $\boldsymbol{X}^{(1)}$ 和 $\boldsymbol{X}^{(2)}$，恒有

$$f(\alpha\boldsymbol{X}^{(1)}+(1-\alpha)\boldsymbol{X}^{(2)})\leqslant\alpha f(\boldsymbol{X}^{(1)})+(1-\alpha)f(\boldsymbol{X}^{(2)})$$

则称 $f(\boldsymbol{X})$为定义在 R 上的凸函数。

若对每一个 $\alpha(0<\alpha<1)$和 $\boldsymbol{X}^{(1)}\neq\boldsymbol{X}^{(2)}\in R$ 恒有

$$f(\alpha\boldsymbol{X}^{(1)}+(1-\alpha)\boldsymbol{X}^{(2)})<\alpha f(\boldsymbol{X}^{(1)})+(1-\alpha)f(\boldsymbol{X}^{(2)})$$

则称 $f(\boldsymbol{X})$为定义在 R 上的严格凸函数。

4. 函数凸性的判定

（1）一阶条件

设 R 为 n 维欧氏空间 E^n 上的开凸集，$f(\boldsymbol{X})$在 R 上具有一阶连续偏导数，则 $f(\boldsymbol{X})$为 R 上的凸函数的充要条件是，对任意两个不同点 $\boldsymbol{X}^{(1)}\in R$ 和 $\boldsymbol{X}^{(2)}\in R$，恒有

$$f(\boldsymbol{X}^{(2)})\geqslant f(\boldsymbol{X}^{(1)})+\nabla f(\boldsymbol{X}^{(1)})^{\mathrm{T}}(\boldsymbol{X}^{(2)}-\boldsymbol{X}^{(1)})$$

（2）二阶条件

设 R 为 n 维欧氏空间 E^n 上的某一开凸集，$f(\boldsymbol{X})$在 R 上具有二阶连续偏导数，则 $f(\boldsymbol{X})$为 R 上的凸函数的充要条件是：$f(\boldsymbol{X})$的海赛矩阵 $H(\boldsymbol{X})$在 R 上处处半正定。

5. 凸函数的极值

（1）若 $f(\boldsymbol{X})$为定义在凸集 R 上的凸函数，则它的任一极小点就是它在 R 上的最小点

（全局极小点）；而且，它的极小点形成一个凸集。

（2）设 $f(\boldsymbol{X})$ 是定义在凸集 R 上的可微凸函数，若存在点 $\boldsymbol{X}^* \in R$，使得对于所有的 $x \in R$ 有

$$\nabla f(\boldsymbol{X}^*)^{\mathrm{T}}(\boldsymbol{X}-\boldsymbol{X}^*) \geqslant 0$$

则 $\boldsymbol{X}^*$ 是 $f(\boldsymbol{X})$ 在 R 上的最小点（全局极小点）。

6. 下降迭代算法的步骤

（1）选定某一初始点 $\boldsymbol{X}^{(0)}$，并令 $k:=0$。

（2）确定搜索方向 $P^{(k)}$。

（3）从 $\boldsymbol{X}^{(k)}$ 出发，沿方向 $P^{(k)}$ 求步长 λ_k，以产生下一个迭代点 $\boldsymbol{X}^{(k+1)}$。

（4）检查得到的新点 $\boldsymbol{X}^{(k+1)}$ 是否为极小点或近似极小点，若是，则停止迭代。否则，令 $k:=k+1$，转回步骤(2)继续进行迭代。

7. 最速下降法计算步骤

（1）给定初始近似点 $\boldsymbol{X}^{(0)}$ 及精度 $\varepsilon>0$，若 $\|\nabla f(\boldsymbol{X}^{(0)})\|^2<\varepsilon$，则 $\boldsymbol{X}^{(0)}$ 为近似极小点。

（2）若 $\|\nabla f(\boldsymbol{X}^{(0)})\|^2>\varepsilon$，求步长 λ_0，并计算

$$\boldsymbol{X}^{(1)}=\boldsymbol{X}^{(0)}-\lambda_0 \nabla f(\boldsymbol{X}^{(0)})$$

求步长可用一维搜索法、微分法或试算法。若求最佳步长，则应使用前两种方法。

（3）一般地，若 $\|\nabla f(\boldsymbol{X}^{(k)})\|^2<\varepsilon$，则 $\boldsymbol{X}^{(k)}$ 即为所求的近似解。若

$$\|\nabla f(\boldsymbol{X}^{(k)})\|^2>\varepsilon$$

则求步长 λ_k，并确定一个近似点。

$$\boldsymbol{X}^{(k+1)}=\boldsymbol{X}^{(k)}-\lambda_k \nabla f(\boldsymbol{X}^{(k)})$$

如此继续，直至达到要求的精度为止。

8. 共轭梯度法的计算步骤

（1）选择初始近似 $\boldsymbol{X}^{(0)}$，给出允许误差 $\varepsilon>0$。

（2）计算 $$P^{(0)}=-\nabla f(\boldsymbol{X}^{(0)})$$

由上两式算出 $\boldsymbol{X}^{(1)}$，计算步长也可使用以前介绍过的一维搜索法。

（3）一般地，假定已得出 $\boldsymbol{X}^{(k)}$ 和 $P^{(k)}$，则可计算其第 $k+1$ 次近似 $\boldsymbol{X}^{(k+1)}$。

$$\begin{cases}\boldsymbol{X}^{(k+1)}=\boldsymbol{X}^{(k)}+\lambda_k P^{(k)} \\ \lambda_k: \min\limits_{\lambda} f(\boldsymbol{X}^{(k)}+\lambda P^{(k)})\end{cases}$$

（4）若 $\|\nabla f(\boldsymbol{X}^{(k+1)})\|^2 \leqslant \varepsilon$，停止计算，$\boldsymbol{X}^{(k+1)}$ 即为要求的近似解。否则，若

$$k<n-1$$

则用

$$P^{(k+1)}=-\nabla f(\boldsymbol{X}^{(k+1)})+\beta_k P^{(k)} \text{ 和 } \lambda_k=-\frac{\nabla f(\boldsymbol{X}^{(k)})^{\mathrm{T}} P^{(k)}}{(P^{(k)})^{\mathrm{T}} A P^{(k)}}$$

计算 β_k 和 $P^{(k+1)}$，并转向第(3)步。

9. 变尺度法的计算步骤

（1）给定初始点 $\boldsymbol{X}^{(0)}$ 及梯度允许误差 $\varepsilon>0$。

（2）若 $$\|\nabla f(\boldsymbol{X}^{(0)})\|^2 \leqslant \varepsilon$$

则 $\boldsymbol{X}^{(0)}$ 即为近似极小点，停止迭代，否则，转向下一步。

（3）令 $\overline{\boldsymbol{H}}^{(0)}=1$(单位阵)，$P^{(0)}=-\overline{\boldsymbol{H}}^{(0)}\nabla f(\boldsymbol{X}^{(0)})$

在 $P^{(0)}$ 方向进行一维搜索，确定最佳步长 λ_0

$$\min_{\lambda} f(\boldsymbol{X}^{(0)}+\lambda P^{(0)})=f(\boldsymbol{X}^{(0)}+\lambda_0 P^{(0)})$$

如此可得下一个近似点

$$\boldsymbol{X}^{(1)}=\boldsymbol{X}^{(0)}+\lambda_0 P^{(0)}$$

（4）一般地，设已得到近似点 $\boldsymbol{X}^{(k)}$，算出 $\nabla f(\boldsymbol{X}^{(k)})$，若

$$\|\nabla f(\boldsymbol{X}^{(k)})\|^2\leqslant\varepsilon$$

则 $\boldsymbol{X}^{(k)}$ 即为所求的近似解，停止迭代；否则，按式

$$\overline{\boldsymbol{H}}^{(k+1)}=\overline{\boldsymbol{H}}^{(k)}+\frac{\Delta\boldsymbol{X}^{(k)}(\Delta\boldsymbol{X}^{(k)})^{\mathrm{T}}}{(\Delta G^{(k)})^{\mathrm{T}}\Delta\boldsymbol{X}^{(k)}}-\frac{\overline{\boldsymbol{H}}^{(k)}\Delta G^{(k)}(\Delta G^{(k)})^{\mathrm{T}}\overline{\boldsymbol{H}}^{(k)}}{(\Delta G^{(k)})^{\mathrm{T}}\overline{\boldsymbol{H}}^{(k)}\Delta G^{(k)}}$$

计算 $\overline{\boldsymbol{H}}^{(k)}$，并令 $P^{(k)}=-\overline{\boldsymbol{H}}^{(k)}\nabla f(\boldsymbol{X}^{(k)})$

在 $P^{(k)}$ 方向进行一维搜索，确定最佳步长 λ_k

$$\min_{\lambda} f(\boldsymbol{X}^{(k)}+\lambda P^{(k)})=f(\boldsymbol{X}^{(k)}+\lambda_k P^{(k)})$$

其下一个近似点为

$$\boldsymbol{X}^{(k+1)}=\boldsymbol{X}^{(k)}+\lambda_k P^{(k)}$$

（5）若 $\boldsymbol{X}^{(k+1)}$ 点满足精度要求，则 $\boldsymbol{X}^{(k+1)}$ 即为所求的近似解，否则，转回第(4)步，直到求出某点满足精度要求为止。

10. 库恩-塔克条件

设 $\boldsymbol{X}^*$ 是非线性规划的极小点，而且与 $\boldsymbol{X}^*$ 点的各起约束作用的梯度线性无关，则存在向量 $\boldsymbol{\Gamma}^*=(r_1^*,r_2^*,\cdots,r_l^*)^{\mathrm{T}}$，使下述条件成立：

$$\begin{cases}\nabla f(\boldsymbol{X}^*)-\sum\limits_{j=1}^{l}r_j^*\ \nabla g_j(\boldsymbol{X}^*)=0\\ r_j^*g_j(\boldsymbol{X}^*)=0,\quad (j=1,2,\cdots,l)\\ r_j^*\geqslant 0,\quad (j=1,2,\cdots,l)\end{cases}$$

上述条件常称为 K-T 条件，满足这个条件的点（它当然也满足非线性规划的所有约束条件）称为库恩-塔克点（或 K-T 点）。

11. 可行方向法的迭代步骤

（1）确定允许误差 $\varepsilon_1>0$ 和 $\varepsilon_2>0$，选初始近似点 $\boldsymbol{X}^{(0)}\in R$，并令 $k:=0$

（2）确定起作用约束指标集

$$J(\boldsymbol{X}^{(k)})=\{j\mid g_j(\boldsymbol{X}^{(k)})=0,1\leqslant j\leqslant l\}$$

① 若 $J(\boldsymbol{X}^{(k)})=\phi$（$\phi$ 为空集），而且 $\|\nabla f(\boldsymbol{X}^{(k)})\|^2\leqslant\varepsilon_1$，停止迭代，得点 $\boldsymbol{X}^{(k)}$。

② 若 $J(\boldsymbol{X}^{(k)})=\phi$，但

$$\|\nabla f(\boldsymbol{X}^{(k)})\|^2>\varepsilon_1$$

则取搜索方向 $D^{(k)}=-\nabla f(\boldsymbol{X}^{(k)})$，然后转向第(5)步。

③ 若 $J(\boldsymbol{X}^{(k)})\neq\phi$，转下一步。

(3) 求解线性规划

$$\begin{cases}\min \eta \\ \nabla f(\boldsymbol{X}^{(k)})^{\mathrm{T}} D \leqslant \eta \\ -\nabla g_j(\boldsymbol{X}^{(k)})^{\mathrm{T}} D \leqslant \eta, \quad (j \in J(\boldsymbol{X}^{(k)})) \\ -1 \leqslant d_i \leqslant 1, \quad (i=1,2,\cdots,n)\end{cases}$$

设它的最优解是$(D^{(k)}, \eta_k)$

(4) 检验是否满足$|\eta_k| \leqslant \varepsilon_2$

(5) 解下述一维极值问题

$$\lambda_k: \min_{0 \leqslant \lambda \leqslant \lambda} f(\boldsymbol{X}^{(k)} + \lambda D^{(k)})$$

此处

$$\lambda = \max\{\lambda \mid g_j(\boldsymbol{X}^{(k)} + \lambda D^{(k)}) \geqslant 0, \quad j=1,2,\cdots,l\}$$

(6) 令

$$\boldsymbol{X}^{(k+1)} = \boldsymbol{X}^{(k)} + \lambda_k D^{(k)}$$

$$k := k+1$$

转回第(2)步。

12. 外点法的迭代步骤

(1) 取 $M_1 > 0$(例如,取 $M_1 = 1$),允许误差 $\varepsilon > 0$,并令 $k := 1$

(2) 求无约束问题的最优解

$$\min_{x \in E^n} P(\boldsymbol{X}, M_k) = p(\boldsymbol{X}^{(k)}, M_k)$$

其中

$$P(\boldsymbol{X}, M_k) = f(\boldsymbol{X}) + M_k \sum_{j=1}^{l} [\min(0, g_j(\boldsymbol{X}))]^2$$

(3) 若对某一个 $j(1 \leqslant j \leqslant l)$有

$$-g_j(\boldsymbol{X}^{(k)}) \geqslant \varepsilon$$

则取 $M_{k+1} > M_k$(例如,$M_{k+1} = CM_k$,$C=5$ 或 10)

令

$$k := k+1$$

并转向第(2)步。

否则,停止迭代,得

$$\boldsymbol{X}_{\min} \approx \boldsymbol{X}^{(k)}$$

13. 内点法迭代步骤

(1) 取 $r_i > 0$(例如,$r_1 = 1$),允许误差 $\varepsilon > 0$。

(2) 找出一可行内点 $\boldsymbol{X}^{(0)} \in R_0$,并令 $k := 1$。

(3) 构造障碍函数,障碍项可采用倒数函数,也可采用对数函数。

(4) 以 $\boldsymbol{X}^{(k-1)} \in R_0$ 为初始点,并对障碍函数进行无约束极小化(在 R_0 内)

$$\begin{cases}\min\limits_{\boldsymbol{X} \in R_0} \overline{P}(\boldsymbol{X}, r_k) = \overline{P}(\boldsymbol{X}^{(k)}, r_k) \\ \boldsymbol{X}^{(k)} = \boldsymbol{X}(r_k) \in R_0\end{cases}$$

其中

$$\overline{P}(\boldsymbol{X}, r_k) = f(\boldsymbol{X}) + r_k \sum_{j=1}^{l} \frac{1}{g_j(\boldsymbol{X})}$$

或

$$\overline{P}(\boldsymbol{X}, r_k) = f(\boldsymbol{X}) - r_k \sum_{j=1}^{l} \lg(g_j(\boldsymbol{X})), \quad (r_k > 0)$$

（5）检验是否满足收敛准则

$$r_k \sum_{j=1}^{l} \frac{1}{g_j(\boldsymbol{X}^{(k)})} \leqslant \varepsilon$$

或

$$\left| r_k \sum_{j=1}^{l} \lg(g_j(\boldsymbol{X}^{(k)})) \right| \leqslant \varepsilon$$

如满足上述准则，则以 $\boldsymbol{X}^{(k)}$ 为原问题的近似极小解 $\boldsymbol{X}_{\min}$；否则，取 $r+1<r_k$ $\left(取\ r_{k+1}=\frac{r_k}{10}或\frac{r_k}{5}\right)$，令 $k:=k+1$，转向第(3)步继续进行迭代。

【课后习题全解】

7.1 在某一试验中变更条件 x_i 四次，测得相应的结果 y_i 示于表 7-1，试为这一试验拟合一条直线，使在最小二乘意义上最好地反映这项试验的结果(仅要求写出数学模型)。

表 7-1

x_i	2	4	6	8
y_i	1	3	5	6

解 设直线为 $y=ax+b$，则有最小二乘意义上的目标函数为

$$\min z=(b+2a-1)^2+(b+4a-3)^2+(b+6a-5)^2+(b+8a-6)^2$$

$$\begin{cases} \dfrac{\partial z}{\partial b}=2(b+2a-1)+2(b+4a-3)+2(b+6a-5)+2(8a+b-6)=0 \\ \dfrac{\partial z}{\partial a}=4(2a+b-1)+8(4a+b-3)+12(6a+b-5)+16(8a+b-6)=0 \end{cases}$$

解得 $a=\frac{17}{20}, b=-\frac{1}{2}$，故拟合直线方程为 $y=\frac{17}{20}x-\frac{1}{2}$

7.2 有一线性方程组如下

$$\begin{cases} x_1-2x_2+3x_3=2 \\ 3x_1-2x_2+x_3=7 \\ x_1+x_2-x_3=1 \end{cases}$$

现欲用无约束极小化方法求解，试建立数学模型并说明计算原理。

解 （1）建立数学模型

$$\min f(\boldsymbol{X})=(x_1-2x_2+3x_3-2)^2+(3x_1-2x_2+x_3-7)^2+(x_1+x_2-x_3-1)^2$$

（2）计算原理

1）梯度法(最速下降法)

① 给定初始近似点 $\boldsymbol{X}^{(0)}$ 不妨为(0,0,0)，精度 $\varepsilon>0$，不妨为 $\varepsilon=0.01$，若

$$\|\nabla f(\boldsymbol{X}^{(0)})\|^2 \leqslant \varepsilon$$

则 $\boldsymbol{X}^{(0)}$ 即为近似极小点。

② 若$\|\nabla f(\boldsymbol{X}^{(0)})\|^2>\varepsilon$,求步长$\lambda$。并计算

$$\boldsymbol{X}^{(1)}=\boldsymbol{X}^{(0)}-\lambda_0\nabla f(\boldsymbol{X}^{(0)})$$

步长求法用近似最佳步长。

③ 一般地,若$\|\nabla f(\boldsymbol{X}^{(k)})\|^2\leqslant\varepsilon$,则$\boldsymbol{X}^{(k)}$即为所求的近似解;若

$$\|\nabla f(\boldsymbol{X}^{(k)})\|^2>\varepsilon$$

则求步长λ_k,并确定下一个近似点

$$\boldsymbol{X}^{(k+1)}=\boldsymbol{X}^{(k)}-\lambda_k\nabla f(\boldsymbol{X}^{(k)})$$

如此继续,直至达到要求的精度为止。

2）近似最佳步长求法

$$\begin{aligned}f(\lambda)&=f(\boldsymbol{X}^{(k)}-\lambda\nabla f(\boldsymbol{X}^{(k)}))\\&=f(\boldsymbol{X}^{(k)})-\nabla f(\boldsymbol{X}^{(k)})^{\mathrm{T}}\lambda\nabla f(\boldsymbol{X}^{(k)})+\frac{1}{2}\lambda\nabla f(\boldsymbol{X}^{(k)})^{\mathrm{T}}H(\boldsymbol{X}^{(k)})\lambda\nabla f(\boldsymbol{X}^{(k)})\end{aligned}$$

由$\frac{\mathrm{d}f}{\mathrm{d}\lambda}=0$,求出步长$\lambda$。

7.3 用图解法求非线性规划问题

$$\begin{cases}\max\quad(x_1+x_2)\\ \qquad x_1^2+x_2^2-1\leqslant 0\end{cases}$$

解 约束条件为单位圆的内部及圆周,如图7-1。

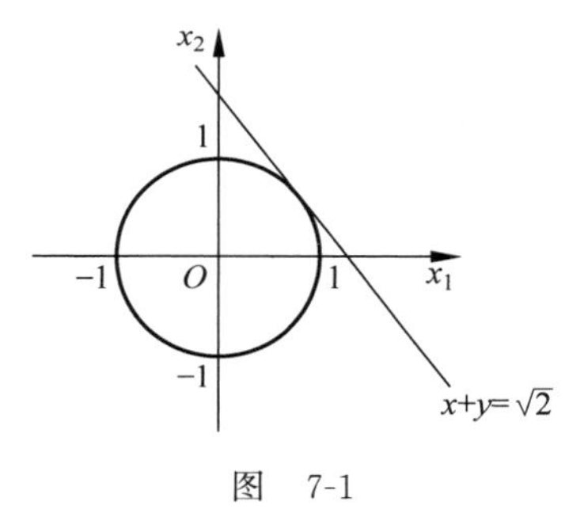

图 7-1

当$x_1=\frac{\sqrt{2}}{2}$,$x_2=\frac{\sqrt{2}}{2}$时,即直线与单位圆在第一象限相切时,目标函数x_1+x_2的最大值为$\frac{\sqrt{2}}{2}+\frac{\sqrt{2}}{2}=\sqrt{2}$

7.4 试判定下述非线性规划是否为凸规划:

(1) $\begin{cases}\min f(\boldsymbol{X})=x_1^2+x_2^2+8\\ x_1^2-x_2\geqslant 0\\ -x_1-x_2^2+2=0\\ x_1,x_2\geqslant 0\end{cases}$

(2) $\begin{cases}\min f(\boldsymbol{X})=2x_1^2+x_2^2+x_3^2-x_1x_2\\ x_1^2+x_2^2\leqslant 4\\ 5x_1^2+x_3=10\\ x_1,x_2,x_3\geqslant 0\end{cases}$

解 (1)
$$\begin{cases}\min f(\boldsymbol{X})=x_1^2+x_2^2+8\\ g_1(\boldsymbol{X})=x_1^2-x_2\geqslant 0\\ g_2(\boldsymbol{X})=-x_1-x_2^2+2=0\\ x_1,x_2\geqslant 0\end{cases}$$

$f(\boldsymbol{X}),g_1(\boldsymbol{X}),g_2(\boldsymbol{X})$的海赛矩阵为

$$\nabla^2 f(\boldsymbol{X})=\begin{bmatrix}\dfrac{\partial^2 f(\boldsymbol{X})}{\partial x_1^2} & \dfrac{\partial^2 f(\boldsymbol{X})}{\partial x_1\partial x_2}\\ \dfrac{\partial^2 f(\boldsymbol{X})}{\partial x_2\partial x_1} & \dfrac{\partial^2 f(\boldsymbol{X})}{\partial x_2^2}\end{bmatrix}=\begin{bmatrix}2&0\\0&2\end{bmatrix}$$，各阶主子式 $|2|=2>0$，$\begin{vmatrix}2&0\\0&2\end{vmatrix}=4>0$

$$\nabla^2 g_1(\boldsymbol{X})=\begin{bmatrix}\dfrac{\partial^2 g_1(\boldsymbol{X})}{\partial x_1^2} & \dfrac{\partial^2 g_1(\boldsymbol{X})}{\partial x_1\partial x_2}\\ \dfrac{\partial^2 g_1(\boldsymbol{X})}{\partial x_2\partial x_1} & \dfrac{\partial^2 g_1(\boldsymbol{X})}{\partial x_2^2}\end{bmatrix}=\begin{bmatrix}2&0\\0&0\end{bmatrix}$$，各阶主子式 $|2|=2>0$，$\begin{vmatrix}2&0\\0&0\end{vmatrix}=0$

$$\nabla^2 g_2(\boldsymbol{X})=\begin{bmatrix}\dfrac{\partial^2 g_2(\boldsymbol{X})}{\partial x_1^2} & \dfrac{\partial^2 g_2(\boldsymbol{X})}{\partial x_1\partial x_2}\\ \dfrac{\partial^2 g_2(\boldsymbol{X})}{\partial x_2\partial x_1} & \dfrac{\partial^2 g_2(\boldsymbol{X})}{\partial x_2^2}\end{bmatrix}=\begin{bmatrix}0&0\\0&-2\end{bmatrix}$$，各阶主子式 $|0|=0$，$\begin{vmatrix}0&0\\0&-2\end{vmatrix}=0$

知 $f(\boldsymbol{X})$为严格凸函数，$g_1(\boldsymbol{X})$为凸函数，$g_2(\boldsymbol{X})$为凹函数，所以不是一个凸规划问题。

(2)
$$\begin{cases}\min f(\boldsymbol{X})=2x_1^2+x_2^2+x_3^2-x_1x_2\\ g_1'(\boldsymbol{X})=x_1^2+x_2^2\leqslant 4 \Longleftrightarrow g_1(\boldsymbol{X})=-(x_1^2+x_2^2)+4\geqslant 0\\ g_2(\boldsymbol{X})=5x_1^2+x_3=10\\ x_1,x_2,x_3\geqslant 0\end{cases}$$

$f(\boldsymbol{X}),g_1(\boldsymbol{X}),g_2(\boldsymbol{X})$的海赛矩阵为

$$\nabla^2 f(\boldsymbol{X})=\begin{bmatrix}\dfrac{\partial^2 f(\boldsymbol{X})}{\partial x_1^2} & \dfrac{\partial^2 f(\boldsymbol{X})}{\partial x_1\partial x_2} & \dfrac{\partial^2 f(\boldsymbol{X})}{\partial x_1\partial x_3}\\ \dfrac{\partial^2 f(\boldsymbol{X})}{\partial x_2\partial x_1} & \dfrac{\partial^2 f(\boldsymbol{X})}{\partial x_2^2} & \dfrac{\partial^2 f(\boldsymbol{X})}{\partial x_2\partial x_3}\\ \dfrac{\partial^2 f(\boldsymbol{X})}{\partial x_3\partial x_1} & \dfrac{\partial^2 f(\boldsymbol{X})}{\partial x_3\partial x_2} & \dfrac{\partial^2 f(\boldsymbol{X})}{\partial x_3^2}\end{bmatrix}=\begin{bmatrix}4&-1&0\\-1&2&0\\0&0&2\end{bmatrix}$$，各阶主子式 $|4|>0$，

$\begin{vmatrix}4&-1\\-1&2\end{vmatrix}=7>0$，$\begin{vmatrix}4&-1&0\\-1&2&0\\0&0&2\end{vmatrix}=14>0$，因而$\nabla^2 f(\boldsymbol{X})$为正定矩阵。

$$\nabla^2 g_1(\boldsymbol{X})=\begin{bmatrix}\dfrac{\partial^2 g_1(\boldsymbol{X})}{\partial x_1^2} & \dfrac{\partial^2 g_1(\boldsymbol{X})}{\partial x_1 \partial x_2} & \dfrac{\partial^2 g_1(\boldsymbol{X})}{\partial x_2^2} \\ \dfrac{\partial^2 g_1(\boldsymbol{X})}{\partial x_2 \partial x_1} & \dfrac{\partial^2 g_1(\boldsymbol{X})}{\partial x_2^2} & \dfrac{\partial^2 g_1(\boldsymbol{X})}{\partial x_2 \partial x_3} \\ \dfrac{\partial^2 g_1(\boldsymbol{X})}{\partial x_3 \partial x_1} & \dfrac{\partial^2 g_1(\boldsymbol{X})}{\partial x_3 \partial x_2} & \dfrac{\partial^2 g_1(\boldsymbol{X})}{\partial x_3^2}\end{bmatrix}=\begin{bmatrix}-2 & 0 & 0 \\ 0 & -2 & 0 \\ 0 & 0 & 0\end{bmatrix}$$，各阶主子式 $|-2|=$

$-2<0$，$\begin{vmatrix}-2 & 0 \\ 0 & -2\end{vmatrix}=4>0$，$\begin{vmatrix}-2 & 0 & 0 \\ 0 & -2 & 0 \\ 0 & 0 & 0\end{vmatrix}=0$，因而 $\nabla^2 g'(\boldsymbol{X})$ 为半负定矩阵。

$$\nabla^2 g_2(\boldsymbol{X})=\begin{bmatrix}\dfrac{\partial^2 g_2(\boldsymbol{X})}{\partial x_1^2} & \dfrac{\partial^2 g_2(\boldsymbol{X})}{\partial x_1 \partial x_2} & \dfrac{\partial^2 g_2(\boldsymbol{X})}{\partial x_2^2} \\ \dfrac{\partial^2 g_2(\boldsymbol{X})}{\partial x_2 \partial x_1} & \dfrac{\partial^2 g_2(\boldsymbol{X})}{\partial x_2^2} & \dfrac{\partial^2 g_2(\boldsymbol{X})}{\partial x_2 \partial x_3} \\ \dfrac{\partial^2 g_2(\boldsymbol{X})}{\partial x_3 \partial x_1} & \dfrac{\partial^2 g_2(\boldsymbol{X})}{\partial x_3 \partial x_2} & \dfrac{\partial^2 g_2(\boldsymbol{X})}{\partial x_3^2}\end{bmatrix}=\begin{bmatrix}10 & 0 & 0 \\ 0 & 0 & 0 \\ 0 & 0 & 0\end{bmatrix}$$，各阶主子式 $|10|=10>0$，

$\begin{vmatrix}10 & 0 \\ 0 & 0\end{vmatrix}=0$，$\begin{vmatrix}10 & 0 & 0 \\ 0 & 0 & 0 \\ 0 & 0 & 0\end{vmatrix}=0$，因而 $\nabla^2 g_2(\boldsymbol{X})$ 为半正定矩阵。

则 $f(\boldsymbol{X})$ 为严格凸函数，$g_1(\boldsymbol{X})$ 为凹函数，$g_2(\boldsymbol{X})$ 为凸函数，故上述非线性规划不是凸规划。

7.5 试用斐波那契法求函数

$$f(x)=x^2-6x+2$$

在区间[0,10]上的极小点，要求缩短后的区间长度不大于原区间长度的8%。

解 函数求值次数 $n=8$；最终区间为

$$[a_7,b_7]=[2.942,3.236]$$

近似极小点为 $t=2.947$

近似极小值为 $f(2.947)=2.947^2-6\times 2.947+2=-6.997$

由 $\dfrac{\mathrm{d}f}{\mathrm{d}x}=2x-6=0$

所以 $x=3$

故精确解为

$$t^*=3,\quad f(t^*)=3^2-6\times 3+2=-7$$

7.6 试用0.618法重做习题7.5，并将计算结果与习题7.5用斐波那契法所得计算结果进行比较。

解 函数求值次数 $n=9$，最终区间为

$$[a_8,b_8]=[2.918,3.131]$$

近似极小点为 $t=3.05$

近似极小值 $f(3.05)=3.05^2-6\times 3.05+2=-6.9975$

7.7 试用最速下降法求解

$$\min f(\boldsymbol{X})=x_1^2+x_2^2+x_3^2$$

选初始点 $\boldsymbol{X}^{(0)}=(2,-2,1)^{\mathrm{T}}$，要求做三次迭代，并验证相邻两步的搜索方向正交。

$$\nabla f=\left(\frac{\partial f}{\partial x_1},\frac{\partial f}{\partial x_2},\frac{\partial f}{\partial x_3}\right)^{\mathrm{T}}=(2x_1,2x_2,2x_3)^{\mathrm{T}}$$

解 计算结果如表 7-2 所示。

表 7-2

迭代次数 k	λ_k	$\boldsymbol{X}^{(k)}$	$\nabla f(\boldsymbol{X}^{(k)})$
0	$\frac{3}{8}$	$(2,-2,1)^{\mathrm{T}}$	$(4,-4,4)^{\mathrm{T}}$
1	$\frac{3}{10}$	$\left(\frac{1}{2},-\frac{1}{2},-\frac{1}{2}\right)^{\mathrm{T}}$	$(1,-1,-2)^{\mathrm{T}}$
2	$\frac{3}{8}$	$\left(\frac{2}{10},-\frac{2}{10},-\frac{1}{10}\right)^{\mathrm{T}}$	$\left(\frac{4}{10},-\frac{4}{10},\frac{4}{10}\right)^{\mathrm{T}}$
3		$\left(\frac{1}{20},-\frac{1}{20},-\frac{1}{20}\right)^{\mathrm{T}}$	$\left(\frac{1}{10},-\frac{1}{10},-\frac{2}{10}\right)^{\mathrm{T}}$

由 $\begin{bmatrix}4\\-4\\4\end{bmatrix}\begin{bmatrix}1\\-1\\-2\end{bmatrix}=0$，$\begin{bmatrix}1\\-1\\-2\end{bmatrix}\begin{bmatrix}\frac{4}{10}\\-\frac{4}{10}\\\frac{4}{10}\end{bmatrix}=0$，$\begin{bmatrix}\frac{4}{10}\\-\frac{4}{10}\\\frac{4}{10}\end{bmatrix}\begin{bmatrix}\frac{1}{10}\\-\frac{1}{10}\\-\frac{2}{10}\end{bmatrix}=0$，可知相邻两步的搜索方向正交。

7.8 试用最速下降法求函数

$$f(\boldsymbol{X})=-(x_1-2)^2-2x_2^2$$

的极大点。首先以 $\boldsymbol{X}^{(0)}=(0,0)^{\mathrm{T}}$ 为初始点进行计算，求出极大点；其次以 $\boldsymbol{X}^{(0)}=(0,1)^{\mathrm{T}}$ 为初始点进行两次迭代；最后比较从上述两个不同初始点出发的寻优过程。

解 求 $f(\boldsymbol{X})=-(x_1-2)^2-2x_2^2$ 的极大点，即求 $g(\boldsymbol{X})=(x_1-2)^2+2x_2^2$ 的极小点。

(1) 取初始点 $\boldsymbol{X}^{(0)}=(0,0)^{\mathrm{T}}$，取精度 $\varepsilon=0.1$

$$\nabla g(\boldsymbol{X})=[2(x_1-2),4x_2]^{\mathrm{T}},\nabla g(\boldsymbol{X}^{(0)})=(-4,0)^{\mathrm{T}}$$

$$\|\nabla g(\boldsymbol{X}^{(0)})\|^2=(\sqrt{(-4)^2+0^2})^2=16>\varepsilon$$

$$\boldsymbol{H}(\boldsymbol{X})=\begin{pmatrix}2&0\\0&4\end{pmatrix}$$

$$\lambda_0=\frac{\nabla g(\boldsymbol{X}^{(0)})^{\mathrm{T}}\nabla g(\boldsymbol{X}^{(0)})}{\nabla g(\boldsymbol{X}^{(0)})^{\mathrm{T}}\boldsymbol{H}(\boldsymbol{X}^{(0)})\nabla g(\boldsymbol{X}^{(0)})}$$

$$=\frac{(-4,0)\begin{bmatrix}-4\\0\end{bmatrix}}{(-4,0)\begin{bmatrix}2&0\\0&4\end{bmatrix}\begin{bmatrix}-4\\0\end{bmatrix}}$$

$$=\frac{16}{32}=\frac{1}{2}$$

$$X^{(1)}=X^{(0)}-\lambda_0\nabla g(X^{(0)})=\begin{bmatrix}0\\0\end{bmatrix}-\frac{1}{2}\begin{bmatrix}-4\\0\end{bmatrix}=\begin{bmatrix}2\\0\end{bmatrix}$$

$$\nabla g(X^{(1)})=[2\times(2-2),4\times 0]^{\mathrm{T}}=(0,0)^{\mathrm{T}}$$

即 $X^{(1)}$ 为 $g(X)$的极小点。

所以 $\begin{bmatrix}2\\0\end{bmatrix}$ 为 $f(X)$的极大点。

(2) 取初始点 $X^{(0)}=(0,1)^{\mathrm{T}}$,取精度 $\varepsilon=0.1$,同上方法进行两次迭代,有

两次步长 $$\lambda_0=\frac{1}{3},\quad \lambda_1=\frac{1}{3}$$

两次迭代结果 $$X^{(1)}=\left(\frac{4}{3},-\frac{1}{3}\right)^{\mathrm{T}},\quad X^{(2)}=\left(\frac{16}{9},\frac{1}{9}\right)^{\mathrm{T}}$$

比较:对于目标函数的等值线为椭圆的问题来说,椭圆的圆心即为最小值,负梯度方向指向圆心,但初值点与圆心在同一水平直线上时,收敛很快,即尽量使搜索路径呈现较少的直角锯齿状。

7.9 试用牛顿法重解习题7.7。

解

$$\min f(X)=x_1^2+x_2^2+x_3^2$$

$$X^{(0)}=(2,-2,1)^{\mathrm{T}}$$

$$\nabla f(X)=(2x_1,2x_2,2x_3)^{\mathrm{T}}$$

$$\nabla f(X^{(0)})=(4,-4,2)^{\mathrm{T}}$$

因为 $$H(X^{(0)})=\begin{bmatrix}2&0&0\\0&2&0\\0&0&2\end{bmatrix}$$

所以 $$H(X^{(0)})^{-1}=\begin{bmatrix}\frac{1}{2}&0&0\\0&\frac{1}{2}&0\\0&0&\frac{1}{2}\end{bmatrix}$$

$$X=X^{(0)}-H(X^{(0)})^{-1}\nabla f(X^{(0)})$$

$$=\begin{bmatrix}2\\-2\\1\end{bmatrix}-\begin{bmatrix}\frac{1}{2}&0&0\\0&\frac{1}{2}&0\\0&0&\frac{1}{2}\end{bmatrix}\begin{bmatrix}4\\-4\\2\end{bmatrix}=\begin{bmatrix}0\\0\\0\end{bmatrix}$$

7.10 试用牛顿法求解

$$\max f(X)=\frac{1}{x_1^2+x_2^2+2}$$

取初始点 $X^{(0)}=(4,0)^{\mathrm{T}}$,用最佳步长进行。然后采用固定步长 $\lambda=1$,并观察迭代情况。

解 令 $g(\boldsymbol{X})=x_1^2+x_2^2+2$，则要求 $\max f(\boldsymbol{X})$，即求 $\min g(\boldsymbol{X})$，由 $\boldsymbol{X}^{(0)}=(4,0)^{\mathrm{T}}$，$\nabla g(\boldsymbol{X})=(2x_1,2x_2)^{\mathrm{T}}$

$$\frac{\partial^2 g(\boldsymbol{X})}{\partial x_1^2}=2,\quad \frac{\partial^2 g(\boldsymbol{X})}{\partial x_1 \partial x_2}=\frac{\partial^2 g(\boldsymbol{X})}{\partial x_2 \partial x_1}=0,\quad \frac{\partial^2 g(\boldsymbol{X})}{\partial x_2^2}=2,$$

则 $\nabla g(\boldsymbol{X}_0)=(8,0)^{\mathrm{T}}$，$\boldsymbol{H}(\boldsymbol{X}^{(0)})=\begin{bmatrix}2 & 0\\0 & 2\end{bmatrix}$，$\boldsymbol{H}(\boldsymbol{X}^{(0)})^{-1}=\begin{bmatrix}\frac{1}{2} & 0\\0 & \frac{1}{2}\end{bmatrix}$，

故 $\boldsymbol{X}=\boldsymbol{X}^{(0)}-\boldsymbol{H}(\boldsymbol{X}^0)^{-1}\ \nabla g(\boldsymbol{X}^0)=\begin{bmatrix}4\\0\end{bmatrix}-\begin{bmatrix}\frac{1}{2} & 0\\0 & \frac{1}{2}\end{bmatrix}\begin{bmatrix}8\\0\end{bmatrix}=\begin{bmatrix}0\\0\end{bmatrix}$，故 $g(\boldsymbol{X})$ 的极小值点为 $(0,0)^{\mathrm{T}}$，即 $f(\boldsymbol{X})$ 的极大值点为 $(0,0)^{\mathrm{T}}$，极大值为 $f(\boldsymbol{X}^*)=\frac{1}{0^2+0^2+2}=\frac{1}{2}$，由以上步骤可知 $\lambda=1$，因此，当采用固定步长 $\lambda=1$ 时，迭代情况与采用最佳步长情形一致。

7.11 试用共轭梯度法求二次函数

$$f(\boldsymbol{X})=\frac{1}{2}\boldsymbol{X}^{\mathrm{T}}\boldsymbol{A}\boldsymbol{X}$$

的极小点，此处
$$\boldsymbol{A}=\begin{bmatrix}1 & 1\\1 & 2\end{bmatrix}$$

解 因为
$$\boldsymbol{A}=\begin{bmatrix}1 & 1\\1 & 2\end{bmatrix}$$

$$f(\boldsymbol{X})=\frac{1}{2}\boldsymbol{X}^{\mathrm{T}}\boldsymbol{A}\boldsymbol{X}=\frac{1}{2}(x_1^2+2x_1x_2+2x_2^2)$$

$$\nabla f(x)=\left[\frac{\partial f}{\partial x_1},\frac{\partial f}{\partial x_2}\right]^{\mathrm{T}}=[x_1+x_2,x_1+2x_2]^{\mathrm{T}}$$

现从 $\boldsymbol{X}^{(0)}=(1,1)^{\mathrm{T}}$，开始

$$\nabla f(\boldsymbol{X}^{(0)})(2,3)^{\mathrm{T}}$$
$$\boldsymbol{P}^{(0)}=-\nabla f(\boldsymbol{X}^{(0)})=(-2,-3)^{\mathrm{T}}$$

$$\lambda_0=\frac{\nabla f(\boldsymbol{X}^{(0)})^{\mathrm{T}}\boldsymbol{P}^{(0)}}{(\boldsymbol{P}^{(0)})^{\mathrm{T}}\boldsymbol{A}\boldsymbol{P}^0}=\frac{(2,3)\begin{bmatrix}-2\\-3\end{bmatrix}}{(-2,-3)\begin{bmatrix}1 & 1\\1 & 2\end{bmatrix}\begin{bmatrix}-2\\-3\end{bmatrix}}=\frac{13}{34}$$

于是
$$\boldsymbol{X}^{(1)}=\boldsymbol{X}^{(0)}+\lambda_0\boldsymbol{P}^{(0)}=\begin{bmatrix}1\\1\end{bmatrix}+\frac{13}{34}\begin{bmatrix}-2\\-3\end{bmatrix}=\left(\frac{8}{34},-\frac{5}{34}\right)^{\mathrm{T}}$$

$$\nabla f(\boldsymbol{X}^{(1)})=\left(\frac{8}{34}-\frac{5}{34},\frac{8}{34}-\frac{10}{34}\right)^{\mathrm{T}}=\left(\frac{3}{34},-\frac{2}{34}\right)^{\mathrm{T}}$$

$$\beta_0=\frac{\nabla f(\boldsymbol{X}^{(1)})^{\mathrm{T}}\nabla f(\boldsymbol{X}^{(1)})}{\nabla f(\boldsymbol{X}^{(0)})^{\mathrm{T}}\nabla f(\boldsymbol{X}^{(0)})}=\frac{\left(\frac{3}{34},-\frac{2}{34}\right)\begin{bmatrix}\frac{3}{34}\\-\frac{2}{34}\end{bmatrix}}{(2,3)\begin{bmatrix}2\\3\end{bmatrix}}=\frac{1}{34^2}$$

$$\boldsymbol{P}^{(1)}=-\nabla f(\boldsymbol{X}^{(1)})+\beta_0\boldsymbol{P}^{(0)}=-\begin{bmatrix}\frac{3}{34}\\-\frac{2}{34}\end{bmatrix}+\frac{1}{34^2}\begin{bmatrix}-2\\-3\end{bmatrix}=\frac{1}{34^2}(-104,65)^{\mathrm{T}}$$

$$\lambda_1=-\frac{\nabla f(\boldsymbol{X}^{(1)})^{\mathrm{T}}\boldsymbol{P}^{(1)}}{(\boldsymbol{P}^{(1)})^{\mathrm{T}}\boldsymbol{A}\boldsymbol{P}^{(1)}}=-\frac{\left(\frac{3}{34},-\frac{2}{34}\right)\left(-\frac{104}{34^2},\frac{65}{34^2}\right)^{\mathrm{T}}}{\left(-\frac{104}{34^2},\frac{65}{34^2}\right)\begin{bmatrix}1&1\\1&2\end{bmatrix}\left(-\frac{104}{34^2},\frac{65}{34^2}\right)^{\mathrm{T}}}$$

$$=-\frac{\dfrac{-3\times104-2\times65}{34^3}}{\dfrac{-39\times(-104)+26\times65}{34^4}}=\frac{34}{13}$$

故
$$\boldsymbol{X}^{(2)}=\boldsymbol{X}^{(1)}+\lambda_1\boldsymbol{P}^{(1)}=\begin{bmatrix}\frac{8}{34}\\-\frac{5}{34}\end{bmatrix}+\frac{34}{13}\begin{pmatrix}-\frac{104}{34^2}\\\frac{65}{34^2}\end{pmatrix}=\begin{bmatrix}0\\0\end{bmatrix}$$

故得到极小值点
$$\boldsymbol{X}^{(2)}=(0,0)^{\mathrm{T}}$$

7.12　令 $\boldsymbol{X}^{(i)}(i=1,2,\cdots,n)$ 为一组 $\boldsymbol{A}$ 共轭向量(假定为列向量),$\boldsymbol{A}$ 为 $n\times n$ 对称正定阵,试证

$$\boldsymbol{A}^{-1}=\sum_{i=1}^{n}\frac{\boldsymbol{X}^{(i)}(\boldsymbol{X}^{(i)})^{\mathrm{T}}}{(\boldsymbol{X}^{(i)})^{\mathrm{T}}\boldsymbol{A}\boldsymbol{X}^{(i)}}$$

证明　由于 $\boldsymbol{X}^{(i)}(i=1,2,\cdots,n)$ 为 $\boldsymbol{A}$ 共轭,故它们线性独立。设 $\boldsymbol{Y}$ 为 E^n 中的任一向量,则存在 $a_i(i=1,2,\cdots,n)$,使

$$\boldsymbol{Y}=\sum_{i=1}^{n}a_i\boldsymbol{X}^{(i)}$$

用 $\boldsymbol{A}$ 左乘上式,得

$$\boldsymbol{A}\boldsymbol{Y}=\sum_{i=1}^{n}a_i\boldsymbol{A}\boldsymbol{X}^{(i)}=a_1\boldsymbol{A}\boldsymbol{X}^{(1)}+a_2\boldsymbol{A}\boldsymbol{X}^{(2)}+\cdots+a_n\boldsymbol{A}\boldsymbol{X}^{(n)}$$

分别用 $\boldsymbol{X}^{(i)}(i=1,2,\cdots,n)$ 左乘上式,并考虑到共轭关系,则有

$$(\boldsymbol{X}^{(i)})^{\mathrm{T}}\boldsymbol{A}\boldsymbol{Y}=a_i(\boldsymbol{X}^{(i)})^{\mathrm{T}}\boldsymbol{A}\boldsymbol{X}^{(i)}\quad(i=1,2,\cdots,n)$$

从而
$$a_i=\frac{(\boldsymbol{X}^{(i)})^{\mathrm{T}}\boldsymbol{A}\boldsymbol{Y}}{(\boldsymbol{X}^{(i)})^{\mathrm{T}}\boldsymbol{A}\boldsymbol{X}^{(i)}}\quad(i=1,2,\cdots,n)$$

令
$$\boldsymbol{B}=\sum_{i=1}^{n}\frac{\boldsymbol{X}^{(i)}(\boldsymbol{X}^{(i)})^{\mathrm{T}}}{(\boldsymbol{X}^{(i)})^{\mathrm{T}}\boldsymbol{A}\boldsymbol{X}^{(i)}}$$

用 $\boldsymbol{AY}$ 右乘上式，得

$$\boldsymbol{BAY}=\left[\sum_{i=1}^{n}\frac{\boldsymbol{X}^{(i)}(\boldsymbol{X}^{(i)})^{\mathrm{T}}}{(\boldsymbol{X}^{(i)})^{\mathrm{T}}\boldsymbol{AX}^{(i)}}\right]\boldsymbol{AY}=\sum_{i=1}^{n}\frac{\boldsymbol{X}^{(i)\mathrm{T}}\boldsymbol{AY}}{(\boldsymbol{X}^{(i)})^{\mathrm{T}}\boldsymbol{AX}^{(i)}}\boldsymbol{X}^{(i)}=\sum_{i=1}^{n}a_i\boldsymbol{X}^{(i)}=\boldsymbol{Y}$$

故
$$\boldsymbol{BA}=\boldsymbol{E}\quad（单位矩阵）$$

即
$$\boldsymbol{A}^{-1}=\boldsymbol{B}=\sum_{i=1}^{n}\frac{\boldsymbol{X}^{(i)}(\boldsymbol{X}^{(i)})^{\mathrm{T}}}{(\boldsymbol{X}^{(i)})^{\mathrm{T}}\boldsymbol{AX}^{(i)}}$$

7.13 试用变尺度法求解

$$\min f(\boldsymbol{X})=(x_1-2)^3+(x_1-2x_2)^2$$

取初始点 $\boldsymbol{X}^{(0)}=(0.00,3.00)^{\mathrm{T}}$，要求近似极小点处梯度的模不大于 0.5。

解
$$\min f(\boldsymbol{X})=(x_1-2)^3+(x_1-2x_2)^2$$

取
$$\overline{H}^{(0)}=\begin{bmatrix}1&0\\0&1\end{bmatrix},\quad \boldsymbol{X}^{(0)}=\begin{bmatrix}0.00\\3.00\end{bmatrix}$$

$$\nabla f(\boldsymbol{X})=[3(x_1-2)^2+2(x_1-2x_2),-4(x_1-2x_2)]^{\mathrm{T}},\nabla f(\boldsymbol{X}^{(0)})=(0,24)^{\mathrm{T}}$$

由于 $\|\nabla f(\boldsymbol{X}^{(0)})\|^2=0^2+24^2>0.5$，所以

$$\boldsymbol{X}^{(1)}=\boldsymbol{X}^{(0)}+\lambda_0\boldsymbol{P}^{(0)}=\boldsymbol{X}^{(0)}+\lambda_0[-\overline{H}^{(0)}\nabla f(\boldsymbol{X}^{(0)})]$$

$$=\begin{bmatrix}0.00\\3.00\end{bmatrix}-\lambda_0\begin{bmatrix}1&0\\0&1\end{bmatrix}\begin{bmatrix}0\\24\end{bmatrix}=\begin{bmatrix}0.00\\3.00-24\lambda_0\end{bmatrix}$$

$$f(\boldsymbol{X}^{(1)})=(-2)^3+(-2)^2\cdot(3.00-24\lambda_0)^2$$

由
$$\frac{\mathrm{d}f(\boldsymbol{X}^{(1)})}{\mathrm{d}\lambda_0}=(-2)^2\times2\times(-24)\cdot(3.00-24\lambda_0)=0$$

得
$$\lambda_0=\frac{1}{8}$$

故
$$\boldsymbol{X}^{(1)}=\begin{bmatrix}0.00\\3.00-24\times\frac{1}{8}\end{bmatrix}=\begin{bmatrix}0\\0\end{bmatrix}$$

由于
$$\|\nabla f(\boldsymbol{X}^{(1)})\|=\sqrt{0^2+0^2}=0<0.5$$

故 $(0.0)^{\mathrm{T}}$ 为近似极小点。且 $\min f(x^{(1)})=(0-2)^3+(0-2\times0)^2=-8$

7.14 试以 $\boldsymbol{X}^{(0)}=(0,0)^{\mathrm{T}}$ 为初始点，分别使用

(1) 最速下降法（迭代 4 次）；

(2) 牛顿法；

(3) 变尺度法。

求解无约束极值问题

$$\min f(\boldsymbol{X})=2x_1^2+x_2^2+2x_1x_2+x_1-x_2$$

并绘图表示使用上述各方法的寻优过程。

解 (1) 用最速下降法

根据：$\nabla f(\boldsymbol{X})=[4x_1+2x_2+1,2x_2+2x_1-1]^{\mathrm{T}}$，$\boldsymbol{H}(\boldsymbol{X})=\begin{bmatrix}4&2\\2&2\end{bmatrix}$，$\lambda_0=\dfrac{\nabla f(\boldsymbol{X}^{(0)})^{\mathrm{T}}\nabla f(\boldsymbol{X}^{(0)})}{\nabla f(\boldsymbol{X}^{(0)})^{\mathrm{T}}H(\boldsymbol{X}^{(0)})\nabla f(\boldsymbol{X}^{(0)})}$，$\boldsymbol{X}^{(1)}=X^{(0)}-\lambda_0\nabla f(X^{(0)})$，可得

$$\boldsymbol{X}^{(0)}=(0,0)^{\mathrm{T}},\quad \lambda_0=1$$

$$\boldsymbol{X}^{(1)}=(-1,0)^{\mathrm{T}},\quad \lambda_1=\frac{1}{5}$$

$$\boldsymbol{X}^{(2)}=(-0.8,1.2)^{\mathrm{T}},\quad \lambda_2=1$$

$$\boldsymbol{X}^{(3)}=(-1,1.4)^{\mathrm{T}},\quad \lambda_3=\frac{1}{5}$$

$$\boldsymbol{X}^{(4)}=(-0.96,1.44)^{\mathrm{T}}$$

（2）牛顿法

$$\boldsymbol{X}^{(0)}=(0,0)^{\mathrm{T}},\quad \boldsymbol{H}^{-1}=\begin{bmatrix}\frac{1}{2} & -\frac{1}{2}\\ -\frac{1}{2} & 1\end{bmatrix}$$

得极小点

$$\boldsymbol{X}^{(1)}=\left(-1,\frac{3}{2}\right)^{\mathrm{T}}$$

（3）变尺度法

$$\boldsymbol{X}^{(0)}=(0,0)^{\mathrm{T}},\quad \boldsymbol{P}^{(0)}=(-1,1)^{\mathrm{T}},\quad \lambda_0=1$$

$$\boldsymbol{X}^{(1)}=(-1,1)^{\mathrm{T}},\quad \beta_0=1,\quad \boldsymbol{P}^{(1)}=(0,2)^{\mathrm{T}},\quad \lambda_1=\frac{1}{4}$$

得极小点

$$\boldsymbol{X}^{(2)}=\left(-1,\frac{3}{2}\right)^{\mathrm{T}}$$

7.15 分析非线性规划

$$\begin{cases}\min f(\boldsymbol{X})=(x_1-2)^2+(x_2-3)^2\\ x_1^2+(x_2-2)^2\geqslant 4\\ x^2\leqslant 2\end{cases}$$

在以下各点的可行下降方向：

（1）$\boldsymbol{X}^{(1)}=(0,0)^{\mathrm{T}}$； （2）$\boldsymbol{X}^{(2)}=(2,2)^{\mathrm{T}}$；

（3）$\boldsymbol{X}^{(3)}=(3,2)^{\mathrm{T}}$。

并绘图表示各点可行下降方向的范围。

解 原非线性规划等同于

$$\begin{cases}\min f(\boldsymbol{X})=(x_1-2)^2+(x_2-3)^2\\ g_1(\boldsymbol{X})=x_1^2+(x_2-2)^2-4\geqslant 0\\ g_2(\boldsymbol{X})=-x_2+2\geqslant 0\end{cases}$$

$$\nabla g_1(\boldsymbol{X})^{\mathrm{T}}=(2x_1,2(x_2-2))^{\mathrm{T}}$$

$$\nabla g_2(\boldsymbol{X})^{\mathrm{T}}=(0,-1)^{\mathrm{T}}$$

$$\nabla f(\boldsymbol{X})^{\mathrm{T}}=((2x_1-2),2(x_2-3))^{\mathrm{T}}$$

(1) $\boldsymbol{X}^{(1)}=(0,0)^{\mathrm{T}}$

起作用约束的是 $g_1(\boldsymbol{X})$

所以

$$\nabla g_1(\boldsymbol{X}^{(1)})^{\mathrm{T}}D=(0,-4)D>0$$

$$\nabla f(\boldsymbol{X}^{(1)})^{\mathrm{T}}D=(-4,-6)D<0$$

得 $D=(a,b)^{\mathrm{T}}$ 则有

$$\begin{cases}-4b>0\\-4a-6b<0\end{cases}\Rightarrow\begin{cases}b<0\\a>-\dfrac{3}{2}b\end{cases}$$

存在可行下降方向。

(2) $\boldsymbol{X}^{(2)}=(2,2)^{\mathrm{T}}$

起作用约束的是 $g_1(\boldsymbol{X}),g_2(\boldsymbol{X})$

所以

$$\nabla g_1(\boldsymbol{X}^{(2)})^{\mathrm{T}}D=(4,0)D>0$$

$$\nabla g_2(\boldsymbol{X}^{(2)})^{\mathrm{T}}D=(0,-1)D>0$$

$$\nabla f(\boldsymbol{X}^{(2)})^{\mathrm{T}}D=(0,-2)D<0$$

即

$$\begin{cases}4a>0\\-b>0\\-2b<0\end{cases}\quad 即\quad\begin{cases}a>0\\b<0\\b>0\end{cases}\quad(无可行解)$$

不存在可行下降方向。

(3) $\boldsymbol{X}^{(3)}=(3,2)^{\mathrm{T}}$

起作用约束的为 $g_2(\boldsymbol{X})$

所以

$$\nabla g_2(\boldsymbol{X}^{(3)})^{\mathrm{T}}D=(0,-1)D>0$$

$$\nabla f(\boldsymbol{X}^{(3)})^{\mathrm{T}}D=(2,-2)D<0$$

所以

$$\begin{cases}-b>0\\2a-2b<0\end{cases}\Rightarrow\begin{cases}b<0\\a<b\end{cases}$$

存在可行下降方向。

7.16 试写出下述二次规划的 Kuhn-Tucker 条件：

$$\begin{cases}\max\ f(\boldsymbol{X})=C^{\mathrm{T}}\boldsymbol{X}+\boldsymbol{X}^{\mathrm{T}}\boldsymbol{H}\boldsymbol{X}\\\boldsymbol{A}\boldsymbol{X}\leqslant\boldsymbol{b}\\\boldsymbol{X}\geqslant 0\end{cases}$$

其中：$\boldsymbol{A}$ 为 $m\times n$ 矩阵，$\boldsymbol{H}$ 为 $n\times n$ 矩阵，$\boldsymbol{C}$ 为 n 维列向量，$\boldsymbol{b}$ 为 m 维列向量，变量 $\boldsymbol{X}$ 为 n 维列向量。

解 二次规划等同于

$$\begin{cases}\min\ f(\boldsymbol{X})=-\boldsymbol{C}^{\mathrm{T}}\boldsymbol{X}-\boldsymbol{X}^{\mathrm{T}}\boldsymbol{H}\boldsymbol{X}\\g_1(\boldsymbol{X})=-\boldsymbol{A}\boldsymbol{X}+\boldsymbol{b}\geqslant 0\\g_2(\boldsymbol{X})=\boldsymbol{X}\geqslant 0\end{cases}$$

设 $\boldsymbol{X}^*$ 为极小点，且与 $\boldsymbol{X}^*$ 点起作用约束的各梯度线性无关，这里假设 $g_1(\boldsymbol{X}),g_2(\boldsymbol{X})$ 都为起作用约束，则存在向量 $\boldsymbol{\Gamma}^*=(\gamma_1^*,\cdots,\gamma_l^*)^{\mathrm{T}}$

$$\begin{cases}\nabla f(\boldsymbol{X}^*)-\sum_{j=1}^{l}\gamma_j^*\ \nabla g_j(\boldsymbol{X}^*)=0\\ \gamma_j^* g_j(\boldsymbol{X}^*)=0,\quad (j=1,2,\cdots,l)\\ \gamma_j^*\geqslant 0\end{cases}$$

$$\Longrightarrow\begin{cases}-\boldsymbol{C}^{\mathrm{T}}\ \nabla\boldsymbol{X}\ |_{\boldsymbol{X}=\boldsymbol{X}^*}-\nabla(\boldsymbol{X}^{\mathrm{T}}\boldsymbol{H}\boldsymbol{X})\ |_{\boldsymbol{X}=\boldsymbol{X}^*}-\sum_{j=1}^{l}\gamma_j^*\ \nabla g_j(\boldsymbol{X}^*)=0\\ \gamma_j^* g_j(\boldsymbol{X}^*)=0,\quad (j=1,2,\cdots,l)\\ \gamma_j^*\geqslant 0\end{cases}$$

$$\Longrightarrow\begin{cases}-\boldsymbol{C}^{\mathrm{T}}\ \nabla\boldsymbol{X}\ |_{\boldsymbol{X}=\boldsymbol{X}^*}-\nabla(\boldsymbol{X}^{\mathrm{T}}\boldsymbol{H}\boldsymbol{X})\ |_{\boldsymbol{X}=\boldsymbol{X}^*}+\gamma_1^*\boldsymbol{A}\ \nabla\boldsymbol{X}\ |_{\boldsymbol{X}=\boldsymbol{X}^*}-\gamma_2^*\ \nabla\boldsymbol{X}\ |_{\boldsymbol{X}=\boldsymbol{X}^*}=0\\ \gamma_1^*(-\boldsymbol{A}\boldsymbol{X}^*+\boldsymbol{b})=0\\ \gamma_2^*\boldsymbol{X}^*=0\\ \gamma_1^*,\gamma_2^*,\cdots,\gamma_l^*\geqslant 0\end{cases}$$

7.17　试写出下述非线性规划的 Kuhn-Tucker 条件并进行求解。

(1) $\begin{cases}\max\ f(x)=(x-3)^2\\ 1\leqslant x\leqslant 5\end{cases}$　　　(2) $\begin{cases}\min\ f(x)=(x-3)^2\\ 1\leqslant x\leqslant 5\end{cases}$

解　(1) 原式等同于

$$\begin{cases}\min\ f(x)=-(x-3)^2\\ g_1(x)=x-1\geqslant 0\\ g_2(x)=-x+5\geqslant 0\end{cases}$$

写出目标函数和约束函数的梯度

$$\nabla f(x)=-2(x-3),\quad \nabla g_1(x)=1,\quad \nabla g_2(x)=-1$$

对第一个和第二个约束条件分别引入广义拉格朗日乘子 γ_1^*,γ_2^*，得 K-T 点为 $\boldsymbol{X}^*$，则有

$$\begin{cases}-2(x^*-3)-\gamma_1^*+\gamma_2^*=0\\ \gamma_1^*(x^*-1)=0\\ \gamma_2^*(5-x^*)=0\\ \gamma_1^*,\gamma_2^*\geqslant 0\end{cases}$$

① 令 $\gamma_1^*\neq 0,\gamma_2^*\neq 0$，无解；

② 令 $\gamma_1^*\neq 0,\gamma_2^*=0$，解之得 $x^*=1,\gamma_1^*=4$ 是 K-T 点，目标函数值 $f(\boldsymbol{X}^*)=-4$；

③ 令 $\gamma_1^*=0,\gamma_2^*\neq 0$，解之得 $x^*=5,\gamma_2^*=4$ 是 K-T 点，目标函数值 $f(\boldsymbol{X}^*)=-4$；

④ 令 $\gamma_1^*=\gamma_2^*=0$，则 $x^*=3$，是 K-T 点，$f(\boldsymbol{X}^*)=0$，但不最优。

此问题不为凸规划，故极小点 1 和 5 是最优点。

(2) 原式等同于 $\begin{cases}\min\ f(x)=(x-3)^2\\ g_1(x)=x-1\geqslant 0\\ g_2(x)=5-x\geqslant 0\end{cases}$

$$\nabla f(x)=2(x-3),\quad \nabla g_1(x)=1,\quad \nabla g_2(x)=-1$$

引入广义拉格朗日乘子 γ_1^*,γ_2^*，设 K-T 点为 x^*，则有

$$\begin{cases}2(x^*-3)-\gamma_1^*+\gamma_2^*=0\\ \gamma_1^*(x^*-1)=0\\ \gamma_2^*(5-x^*)=0\end{cases}$$

① 令 $\gamma_1^*\neq0,\gamma_2^*\neq0$，无解；

② 令 $\gamma_1^*\neq0,\gamma_2^*=0$，则 $x^*=1,\gamma_1^*=-4$，不是 K-T 点；

③ 令 $\gamma_1^*=0,\gamma_2^*\neq0$，则 $x^*=5,\gamma_2^*=-4$，不是 K-T 点；

④ 令 $\gamma_1^*=\gamma_2^*=0$，则 $x^*=3$，为 K-T 点，目标函数值 $f(x^*)=(3-3)^2=0$。

由于该非线性规划问题为凸规划，故 $x^*=3$ 是全局极小点。

7.18 试找出非线性规划

$$\begin{cases}\max f(\boldsymbol{X})=x_1\\ x_2-2+(x_1-1)^3\leqslant0\\ (x_1-1)^3-x_2+2\leqslant0\\ x_1,x_2\geqslant0\end{cases}$$

的极大点，然后写出其 Kukn-Tucker 条件，这个极大点满足 Kukn-Tucker 条件吗？试加以说明。

解 这个非线性规划的 Kukn-Tucker 条件为

$$\begin{cases}-1+3\gamma_1^*(x_1^*-1)^2+3\gamma_2^*(x_1^*-1)^2-\gamma_3^*=0\\ \gamma_1^*-\gamma_2^*-\gamma_4^*=0\\ \gamma_1^*[(x_2^*-2)-(x_1^*-1)^3]=0\\ \gamma_2^*[(x_2^*-2)-(x_1^*-3)^3]=0\\ \gamma_3^*x_1^*=0\\ \gamma_4^*x_2^*=0\\ \gamma_1^*,\gamma_2^*,\gamma_3^*,\gamma_4^*\geqslant0\end{cases}$$

极大点是 $\boldsymbol{X}=(1,2)^{\mathrm{T}}$，但它不是约束条件的正则点。

7.19 试解二次规划

$$\begin{cases}\min f(\boldsymbol{X})=2x_1^2-4x_1x_2+4x_2^2-6x_1-3x_2\\ x_1+x_2\leqslant3\\ 4x_1+x_2\leqslant9\\ x_1,x_2\geqslant0\end{cases}$$

解 将上述二次规划改写为

$$\begin{cases}\min f(\boldsymbol{X})=\dfrac{1}{2}(4x_1^2-8x_1x_2+8x_2^2)-6x_1-3x_2\\ 3-x_1-x_2\geqslant0\\ 9-4x_1-x_2\geqslant0\\ x_1,x_2\geqslant0\end{cases}$$

$$\frac{\partial f}{\partial x_1}=4x_1-4x_2-6,\quad \frac{\partial f}{\partial x_2}=-4x_1+8x_2-3$$

$$\frac{\partial^2 f}{\partial x_1^2}=4,\quad \frac{\partial^2 f}{\partial x_1\partial x_2}=-4,\quad \frac{\partial^2 f}{\partial x_2\partial x_1}=-4,\quad \frac{\partial^2 f}{\partial x_2^2}=8$$

$$\boldsymbol{H}(X)=\begin{bmatrix}4 & -4\\ -4 & 8\end{bmatrix},\quad |4|>0,\quad \begin{vmatrix}4 & -4\\ -4 & 8\end{vmatrix}=16>0,$$

可知目标函数为严格凸函数，此外

$$c_1=-6,\quad c_2=-3,$$

由于 c_1 和 c_2 小于零，故引入的人工变量 z_1 和 z_2 前面取负号，得到线性规划问题

$$\begin{cases}\min g(z)=z_1+z_2\\ -y_3-4y_4+y_1-4x_1+4x_2-z_1=-6\\ -y_3-y_4+y_2+4x_1-4x_2-z_2=-3\\ -x_1-x_2-x_3+3=0\\ -4x_1-x_2-x_4+9=0\\ x_1,x_2,x_3,x_4,y_1,y_2,y_3,y_4,z_1,z_2\geqslant 0\end{cases}$$

利用单纯形法解得

$$x_1^*=\frac{39}{20},\quad x_2^*=\frac{21}{20},\quad x_3^*=0,\quad x_4^*=\frac{3}{20}$$

$$z_1^*=0,\quad z_2^*=0,\quad y_3^*=\frac{21}{5},\quad y_4^*=0$$

$$f(\boldsymbol{X}^*)=2\times\left(\frac{39}{20}\right)^2-4\times\frac{39}{20}\times\frac{21}{20}+4\times\left(\frac{21}{20}\right)^2-6\times\frac{39}{20}-3\times\frac{21}{20}=-\frac{441}{40}$$

7.20　试用可行方向法求解

$$\begin{cases}\min f(\boldsymbol{X})=2x_1^2+2x_2^2-2x_1x_2-4x_1-6x_2\\ x_1+x_2\leqslant 2\\ x_1+5x_2\leqslant 5\\ x_1,x_2\geqslant 0\end{cases}$$

解　原式等同于
$$\begin{cases}\min f(\boldsymbol{X})=2x_1^2+2x_2^2-2x_1x_2-4x_1-6x_2\\ g_1(\boldsymbol{X})=-(x_1+x_2)+2\geqslant 0\\ g_2(\boldsymbol{X})=-(x_1+5x_2)+5\geqslant 0\\ x_1,x_2\geqslant 0\end{cases}$$

取初始可行点　$\boldsymbol{X}^{(0)}=(0,0)^{\mathrm{T}},\quad f(\boldsymbol{X}^{(0)})=0,\quad \varepsilon=0.1$

$$\nabla f(\boldsymbol{X})=\begin{pmatrix}\dfrac{\partial f}{\partial x_1}\\ \dfrac{\partial f}{\partial x_2}\end{pmatrix}=\begin{bmatrix}4x_1-2x_2-4\\ 4x_2-2x_1-6\end{bmatrix}$$

$$\nabla f(\boldsymbol{X}^{(0)})=\begin{bmatrix}4\times 0-2\times 0-4\\ 4\times 0-2\times 0-6\end{bmatrix}=\begin{bmatrix}-4\\ -6\end{bmatrix}$$

$$\nabla g_1(\boldsymbol{X})=(-1,-1)^{\mathrm{T}},\quad \nabla g_2(\boldsymbol{X})=(-1,-5)^{\mathrm{T}}$$

$$g_1(\boldsymbol{X}^{(0)})=2>0,\quad g_2(\boldsymbol{X}^{(0)})=5>0,$$

从而 $J(\boldsymbol{X}^{(0)})$ 为空集。

因
$$\|\nabla f(\boldsymbol{X}^{(0)})\|^2=16+36=52>\varepsilon$$

故 $\boldsymbol{X}^{(0)}$ 不是极小点,现取搜索方向

$$D^{(0)}=-\nabla f(\boldsymbol{X}^{(0)})=(4,6)^{\mathrm{T}}$$

则
$$\boldsymbol{X}^{(1)}=\boldsymbol{X}^{(0)}+\lambda D^{(0)}=(4\lambda,6\lambda)^{\mathrm{T}}$$

将其代入约束条件,令
$$g_1(\boldsymbol{X}^{(1)})=0$$

得
$$\lambda=0.2$$

令
$$g(\boldsymbol{X}^{(2)})=0$$

得
$$\lambda=\frac{5}{34}<0.2$$

$$f(\boldsymbol{X}^{(1)})=32\lambda^2+72\lambda^2-48\lambda^2-16\lambda-36\lambda=56\lambda^2-52\lambda$$

由
$$\frac{\mathrm{d}f(\boldsymbol{X}^{(1)})}{\mathrm{d}\lambda}=0,\quad \text{即}\quad 56\times 2\lambda-52=0$$

得
$$\lambda=\frac{13}{28}$$

因
$$\frac{5}{34}<\frac{13}{28}$$

故取
$$\lambda_0=\lambda=\frac{5}{34},\quad \boldsymbol{X}^{(1)}=\left(\frac{10}{17},\frac{15}{17}\right)^{\mathrm{T}}$$

$$f(\boldsymbol{X}^{(1)})=-\frac{-1\,860}{289},\quad \nabla f(\boldsymbol{X}^{(1)})=\left(-\frac{58}{17},-\frac{62}{17}\right)^{\mathrm{T}}$$

$$g_1(\boldsymbol{X}^{(1)})=\frac{9}{17}>0,\quad g_2(\boldsymbol{X}^{(1)})=0$$

现构成下述线性规划问题

$$\begin{cases}\min\ \eta\\ -\dfrac{58}{17}d_1-\dfrac{62}{17}d_2\leqslant\eta\\ d_1+5d_2\leqslant\eta\\ -1\leqslant d_1\leqslant 1,\quad -1\leqslant d_2\leqslant 1\end{cases}$$

为便于用单纯形法求解,令 $y_1=d_1+1,\quad y_2=d_2+1,\quad y_3=-\eta$

从而有

$$\begin{cases}\min\ (-y_3)\\ \dfrac{58}{17}y_1+\dfrac{62}{17}y_2-y_3\geqslant\dfrac{120}{17}\\ y_1+5y_2+y_3\leqslant 6\\ y_1\leqslant 2\\ y_2\leqslant 2\\ y_1,y_2,y_3\geqslant 0\end{cases}$$

引入剩余变量 y_4，松弛变量 y_5，y_6 和 y_7 及人工变量 y_8，得线性规划问题

$$\begin{cases}\min\ (-y_3+My_8)\\ \dfrac{58}{17}y_1+\dfrac{62}{17}y_2-y_3-y_4+y_8=\dfrac{120}{17}\\ y_1+5y_2+y_3+y_5=6\\ y_1+y_6=2\\ y_2+y_7=2\\ y_i\geqslant 0\quad(i=1,2,\cdots,8)\end{cases}$$

其中 M 为任意大的数。

得最优解
$$D^{(1)}=\begin{bmatrix}d_1\\ d_2\end{bmatrix}=\begin{bmatrix}y_1-1\\ y_2-1\end{bmatrix}=\begin{bmatrix}\dfrac{11}{14}\\ \dfrac{30}{7}\end{bmatrix}$$

由此
$$\boldsymbol{X}^{(2)}=\boldsymbol{X}^{(1)}+\lambda D^{(1)}=\left(\frac{10}{17},\frac{15}{17}\right)^{\mathrm{T}}+\lambda\left(\frac{11}{14},\frac{30}{7}\right)^{\mathrm{T}}$$

令
$$\frac{\mathrm{d}f(\boldsymbol{X}^{(2)})}{\mathrm{d}\lambda}=0$$

得
$$\lambda=\frac{3}{71}$$

$$\boldsymbol{X}^{(2)}=\left(\frac{10}{17},\frac{15}{17}\right)^{\mathrm{T}}+\frac{3}{71}\left(\frac{11}{14},\frac{30}{7}\right)^{\mathrm{T}}=(0.769,0.957)^{\mathrm{T}}$$

7.21　试用 SUMT 外点法求解

$$\begin{cases}\min\ f(\boldsymbol{X})=x_1^2+x_2^2\\ x_2=1\end{cases}$$

并求出当罚因子等于 1 和 10 时的近似解。

解　构造惩罚函数

$$\boldsymbol{P}(\boldsymbol{X},M)=x_1^2+x_2^2+M\{\min(0,x_2-1)\}^2$$

$$\frac{\partial \boldsymbol{P}}{\partial x_1}=2x_1$$

$$\frac{\partial \boldsymbol{P}}{\partial x_2}=2x_2+2M\{\min(0,x_2-1)\}$$

由
$$\frac{\partial \boldsymbol{P}}{\partial x_1}=\frac{\partial \boldsymbol{P}}{\partial x_2}=0$$

则 $\min \boldsymbol{P}(\boldsymbol{X},M)$ 的解为
$$\boldsymbol{X}(M)=\left(0,\frac{M}{1+M}\right)$$

当 $M=1$ 时，$\boldsymbol{X}=\left(0,\dfrac{1}{2}\right)^{\mathrm{T}}$；当 $M=10$ 时，$\boldsymbol{X}=\left(0,\dfrac{10}{11}\right)^{\mathrm{T}}$。

当 $M\rightarrow+\infty$ 时，$\boldsymbol{X}(M)$ 趋于原问题的极小解。$\boldsymbol{X}_{\min}=(0,1)^{\mathrm{T}}$。

7.22 试用 SUMT 外点法求解

$$\begin{cases}\max f(\boldsymbol{X})=x_1\\(x_2-2)+(x_1-1)^3\leqslant 0\\(x_1-1)^3-(x_2-2)\leqslant 0\\x_1,x_2\geqslant 0\end{cases}$$

解 构造惩罚函数

$$P(x,M)=x_1+M\{[\min(0,(x_2-2)+(x_1-1)^3)]^2+[\min(0,(x_1-1)^3-(x_2-2))]^2\}$$

$$\frac{\partial P}{\partial x_1}=1+2M[\min(0,((x_2-2)+(x_1-1)^3)\cdot 3(x_1-1)^2)]+$$

$$2M[\min(0,((x_1-1)^3-(x_2-2))\cdot 3(x_1-1)^2)]=0$$

$$\frac{\partial P}{\partial x_2}=2M[\min(0,(x_2-2)+(x_1-1)^3)+2M(\min(0,-(x_1-1)^3+(x_2-2)))]$$

解得最优解为 $\boldsymbol{X}^*=(1,2)^{\mathrm{T}}$

7.23 试用 SUMT 内点法求解

$$\begin{cases}\min f(x)=(x+1)^2\\x\geqslant 0\end{cases}$$

解 构造障碍函数

$$\overline{P}(x,\gamma)=(x+1)^2+\frac{\gamma}{x}$$

由 $$\frac{\partial\overline{P}}{\partial x}=2(x+1)-\frac{\gamma}{x^2}=0$$

即 $$2x^2(x+1)=\gamma$$

当 $\gamma\to 0$ 时，则 $x\to 0$ 或 $x\to -1$（舍去）

故最优解为 $x^*=0,\quad f(x^*)=(0+1)^2=1$

7.24 试用 SUMT 内点法求解

$$\begin{cases}\min f(x)=x\\0\leqslant x\leqslant 1\end{cases}$$

解 原问题等价于

$$\min f(x)=x$$

$$\text{s. t.}\begin{cases}x\geqslant 0\\1-x\geqslant 0\end{cases}$$

构造障碍函数

$$\overline{P}(x,\gamma)=x+\frac{\gamma}{x}+\frac{\gamma}{1-x}$$

令 $$\frac{\partial\overline{P}(x,\gamma)}{\partial x}=1-\frac{\gamma}{x^2}+\frac{\gamma}{(1-x)^2}=0$$

则 $\dfrac{x^2(1-x)^2-\gamma(1-x)^2+\gamma x^2}{x^2(1-x)^2}=0$，其中 $x\neq 0,x\neq 1$，故 $\gamma=\dfrac{x^2(1-x)^2}{1-2x}$，$\left(x\neq\dfrac{1}{2}\right)$

故当 $\gamma\to 0$ 时，或 $\gamma\to 1$ 时，又因为 $f(0)=0<f(1)=1$，故最优解为 $x^*=0,f(x^*)=0$

【典型例题精解】

1. 试计算以下各函数的梯度和 Hesse 矩阵。

(1) $f(\boldsymbol{X})=x_1^2+x_2^2+x_3^2$

(2) $f(\boldsymbol{X})=\ln(x_1^2+x_1x_2+x_2^2)$

(3) $f(\boldsymbol{X})=3x_1x_2^2+4\mathrm{e}^{x_1x_2}$

(4) $f(\boldsymbol{X})=x_1^{x_2}+\ln(x_1x_2)$

解 (1)

$$\nabla f(\boldsymbol{X})=\left(\frac{\partial f}{\partial x_1},\frac{\partial f}{\partial x_2},\frac{\partial f}{\partial x_3}\right)^{\mathrm{T}}=(2x_1,2x_2,2x_3)^{\mathrm{T}}$$

$$\boldsymbol{H}(x)=\begin{bmatrix}\dfrac{\partial^2 f}{\partial x_1^2} & \dfrac{\partial^2 f}{\partial x_1\partial x_2} & \dfrac{\partial^2 f}{\partial x_1\partial x_2}\\ \dfrac{\partial^2 f}{\partial x_2\partial x_1} & \dfrac{\partial^2 f}{\partial x_2^2} & \dfrac{\partial^2 f}{\partial x_2\partial x_3}\\ \dfrac{\partial^2 f}{\partial x_3\partial x_1} & \dfrac{\partial^2 f}{\partial x_3\partial x_2} & \dfrac{\partial^2 f}{\partial x_3^2}\end{bmatrix}=\begin{bmatrix}2 & 0 & 0\\0 & 2 & 0\\0 & 0 & 2\end{bmatrix}$$

(2)

$$\nabla f(\boldsymbol{X})=\left(\frac{2x_1+x_2}{x_1^2+x_1x_2+x_2^2},\frac{x_1+2x_2}{x_1^2+x_1x_2+x_2^2}\right)^{\mathrm{T}}$$

$$\boldsymbol{H}(x)=\frac{1}{(x_1^2+x_1x_2+x_2^2)^2}\begin{bmatrix}-2x_1^2-2x_1x_2+x_2^2 & -x_1^2-4x_1x_2-x_2^2\\ -x_1^2-4x_1x_2-x_2^2 & -x_1^2-2x_1x_2-2x_2^2\end{bmatrix}$$

(3)

$$\nabla f(\boldsymbol{X})=(3x_2^2+4x_2\mathrm{e}^{x_1x_2},6x_1x_2+4x_1\mathrm{e}^{x_1x_2})^{\mathrm{T}}$$

$$\boldsymbol{H}(x)=\begin{bmatrix}4x_2^2\mathrm{e}^{x_1x_2} & 6x_2+4\mathrm{e}^{x_1x_2}(1+x_1x_2)\\ 6x_2+4\mathrm{e}^{x_1x_2}(1+x_1x_2) & 6x_1+4x_1^2\mathrm{e}^{x_1x_2}\end{bmatrix}$$

(4)

$$\nabla f(\boldsymbol{X})=\left(x_2x_1^{x_2-1}+\frac{1}{x_1},x_1^{x_2}\ln x_1+\frac{1}{x_2}\right)^{\mathrm{T}}$$

$$\boldsymbol{H}(x)=\begin{bmatrix}x_2(x_2-1)x_1^{x_2-2}-\dfrac{1}{x_2} & x_2x_1^{x_2-2}\ln x_1+x_1^{x_2-1}\\ x_2x_1^{x_2-1}\ln x_1+x_1^{x_2-1} & x_1^{x_2}(\ln x_1)^2-\dfrac{1}{x_2}\end{bmatrix}$$

2. 已知 $f(x)=4-7x+x^2$，要求：

(1) 计算该函数在 $x_0=2$ 点的值；

(2) 利用 $f(x)$ 的导数及(1)的结果求 $f(x)$ 在 $x=4$ 这一点的值。

解 (1)

$$f(x_0=2)=4-7\times2+4=-6$$

(2)

$$f'(x)=2x-7,f''(x)=2,f'''(x)=0$$

$$f(4)=f(2)+f'(2)\times(4-2)+\frac{f''(2)}{2!}\times(4-2)^2+\frac{f'''(c)}{3!}(4-2)^3=-8\quad 2<c<4$$

3. $f(\boldsymbol{X})=x_1^2+x_1x_2+x_2^2$，已知 $\boldsymbol{X}^*=(x_1,x_2)=(2,3)$ 时，$f(\boldsymbol{X})=19$，求 $f(\boldsymbol{X})$ 在 $\boldsymbol{X}=(3,5)$ 的值。

解
$$f(\boldsymbol{X})=f(\boldsymbol{X}^*)+\left(\frac{\partial f}{\partial x_1}\right)^*\Delta x_1+\left(\frac{\partial f}{\partial x_2}\right)^*\Delta x_2+\frac{1}{2}\Delta x^{\mathrm{T}}[H(\boldsymbol{X})]\Delta x$$

因为
$$\Delta x^{\mathrm{T}}=\boldsymbol{X}-\boldsymbol{X}^*=(3,5)-(2,3)=(1,2)$$
$$\frac{\partial f}{\partial x_1}=2x_1+x_2,\quad \frac{\partial f}{\partial x_2}=2x_2+x_1$$
$$\frac{\partial f}{\partial x_1\partial x_2}=1,\quad \frac{\partial^2 f}{\partial x_1^2}=2,\quad \frac{\partial^2 f}{\partial x_2^2}=2,\quad \frac{\partial^2 f}{\partial x_2\partial x_1}=1$$

所以
$$\boldsymbol{H}(\boldsymbol{X})=\begin{bmatrix}\dfrac{\partial^2 f}{\partial x_1^2} & \dfrac{\partial^2 f}{\partial x_1\partial x_2}\\ \dfrac{\partial^2 f}{\partial x_2\partial x_1} & \dfrac{\partial^2 f}{\partial x_2^2}\end{bmatrix}=\begin{bmatrix}2 & 1\\ 1 & 2\end{bmatrix}$$

由此
$$f(\boldsymbol{X})=19+7\times1+8\times2+\frac{1}{2}(1,2)\begin{bmatrix}2 & 1\\ 1 & 2\end{bmatrix}\begin{bmatrix}1\\ 2\end{bmatrix}=49$$

4. 用斐波那契法求函数 $f(x)=-3x^2+21.6x+1$ 在区间[0,25]上的极大值点，要求缩短后的区间长度不小于原区间长度的8%。

解 $f(x)$ 为严格凹函数，因 $\delta=0.08$，$Fn=\dfrac{1}{\delta}=12.5$，由教材中表7-1查得 $n=6$，再由式(7.33)计算得

$$t_1=b_0+\frac{F_5}{F_6}(a_0-b_0)=25+\frac{8}{13}\times(0-25)=9.615\,4$$
$$t_1^1=a_0+\frac{F_5}{F_6}(b_0-a_0)=0+\frac{8}{13}\times(25-0)=15.384\,6$$
$$f(t_1)=-68.671\,5>f(t_1^1)=-376.750\,4$$

故取
$$a_1=0,\quad b_1=15.384\,6,\quad t_2^1=9.615\,4$$
$$t_2=b_1+\frac{F_4}{F_5}(a_1-b_1)=5.769\,2$$
$$f(t_2)=25.762\,4>f(t_2^1)$$

故取
$$a_2=0,\quad b_2=9.615\,4,\quad t_3^1=5.769\,2$$
$$t_3=b_2+\frac{F_3}{F_4}(a_2-b_2)=3.846\,2$$

因
$$f(t_3)=39.698>f(t_3^1)$$

故取
$$a_3=0,\quad b_3=5.769\,2,\quad t_4^1=3.846\,2$$
$$t_4=b_3+\frac{F_2}{F_3}(a_3-b_3)=1.923\,1$$

因
$$f(t_4)=31.444<f(t_4^1)$$

故取
$$a_4=1.9231,\quad b_4=5.7692,\quad t_5=1.9231$$
并令
$$\varepsilon=0.01$$
$$t_5'=a_4+\left(\frac{1}{2}+\varepsilon\right)(b_4-a_4)=3.850$$
因
$$f(t_5')=39.6924>f(t_5)$$
故取
$$a_5=3.85,\quad b_5=5.7692$$
因
$$f(t_5')<f(t_3)$$
故 $t_3=3.8642$ 为近似最优点。

5. 用步长加速法求下述函数的极小点：
$$\min f(\boldsymbol{X})=3x_1^2+x_2^2-12x_1-8x_2$$
取初始点为 $\boldsymbol{X}^{(0)}=(1,1)^{\mathrm{T}}$，其初始步 $\Delta=(0.5,0.5)^{\mathrm{T}}$。

解 题中给定初始点 $\boldsymbol{X}^{(0)}=(1,1)^{\mathrm{T}}$，初始步长 $\Delta=(0.5,0.5)^{\mathrm{T}}$，由此出发进行探索。因有
$$\boldsymbol{X}_1^{(1)}=1+0.5=1.5$$
$$f(1.5,1)=3\times\left(\frac{3}{2}\right)^2+1^2-12\times\frac{3}{2}-8\times1=-18.25<f(1,1)$$
$$\boldsymbol{X}_2^{(1)}=1+0.5=1.5,\quad f(1.5,1.5)=-21.0<f(1.5,1)$$
得新的基点
$$\boldsymbol{X}^{(1)}=(1.5,1.5),\quad f(\boldsymbol{X}^{(1)})=-21.0$$
由 $\boldsymbol{X}^{(1)}$ 和 $\boldsymbol{X}^{(0)}$ 确定第一模矢，并求得第一模矢的初始临时矢点。
$$\boldsymbol{X}^{(2)}=\boldsymbol{X}^{(0)}+2(\boldsymbol{X}^{(1)}-\boldsymbol{X}^{(0)})=2\boldsymbol{X}^{(1)}-\boldsymbol{X}^{(0)}=(2.0,2.0)^{\mathrm{T}}$$
$$f(\boldsymbol{X}^{(2)})=-24.0$$
再在 $\boldsymbol{X}^{(2)}$ 附近进行同上类似的探索，因有
$$\boldsymbol{X}_1^{(3)}=2.0+0.5=2.5,\quad f(2.5,2)=-23.25>f(2,2)$$
$$\boldsymbol{X}_1^{(3)}=2.0-0.5=1.5,\quad f(1.5,2)=-23.25>f(2,2)$$
$$\boldsymbol{X}_2^{(3)}=2.0+0.5=2.5,\quad f(2.0,2.5)=-25.75<f(2,2)$$
又得新的基点
$$\boldsymbol{X}^{(3)}=(2.0,2.5)^{\mathrm{T}},\quad f(\boldsymbol{X}^{(3)})=-25.75$$
由 $\boldsymbol{X}^{(3)}$ 和 $\boldsymbol{X}^{(1)}$ 确定第二模矢，并求得第二模矢的初始临时矢点。
$$\boldsymbol{X}^{(4)}=2\boldsymbol{X}^{(3)}-\boldsymbol{X}^{(1)}=(2.5,3.5)^{\mathrm{T}},\quad f(\boldsymbol{X}^{(4)})=-27$$
在 $\boldsymbol{X}^{(4)}$ 附近探索，有
$$\boldsymbol{X}_1^{(5)}=2.5+0.5=3.0,\quad f(3.0,3.5)=-24.75>f(2,2.5)$$
$$\boldsymbol{X}_1^{(5)}=2.5-0.5=2.0,\quad f(2.0,3.5)=-27.75<f(2,2.5)$$
$$\boldsymbol{X}_2^{(5)}=3.5+0.5=4.0,\quad f(2.0,4.0)=-28.0<f(2,3.5)$$
故又得新的基点
$$\boldsymbol{X}^{(5)}=(210,4.0)^{\mathrm{T}},\quad f(\boldsymbol{X}^{(5)})=-28.0$$
由 $\boldsymbol{X}^{(5)}$ 和 $\boldsymbol{X}^{(3)}$ 确定第三模矢，求得该模矢的初始临时矢点
$$\boldsymbol{X}^{(6)}=2\boldsymbol{X}^{(5)}-\boldsymbol{X}^{(3)}=(2.0,5.5)^{\mathrm{T}},\quad f(\boldsymbol{X}^{(6)})=-25.75$$
再在 $\boldsymbol{X}^{(6)}$ 的附近探索，因有
$$\boldsymbol{X}_1^{(7)}=2.0+0.5=2.5,\quad f(2.5,5.5)=-25>f(2,4)$$

$$X_1^{(7)}=2.0-0.5=1.5,\quad f(1.5,5.5)=-25>f(2,4)$$

$$X_2^{(7)}=5.5+0.5=6.0,\quad f(2.0,6.0)=-24>f(2,4)$$

$$X_2^{(7)}=5.5+0.5=5.0,\quad f(2.0,5.0)=-27>f(2,4)$$

可以回来在 $X^{(5)}$ 附近以 $\frac{\Delta}{2}$ 的步长探索，最后结果 $X^{(5)}=(2.0,4.0)^{\mathrm{T}}$ 为最优解。

6. 求曲面 $4z=3x^2-2xy+3y^2$ 到平面 $x+y-4z=1$ 的最短距离。

解 设 $A(x_1,y_1,z_1)$，$B(x_2,y_2,z_2)$ 分别为曲面和平面上的任意一点。则问题为

$$\min f(x_1,y_1,z_1,x_2,y_2,z_2)=(x_1-x_2)^2+(y_1-y_2)^2+(z_1-z_2)^2$$

$$\begin{cases}3x_1^2-2x_1y_1+3y_1^2-4z_1=0\\x_2+y_2-4z_2-1=0\end{cases}$$

构造拉格朗日函数

$$\begin{aligned}L(x_1,x_2,y_1,y_2,z_1,z_2,\lambda_1,\lambda_2)=&(x_1-x_2)^2+(y_1-y_2)^2+(z_1-z_2)^2\\&-\lambda_1(3x_1^2-2x_1y_1+3y_1^2-4z_1)\\&-\lambda_2(x_2+y_2-4z_2-1)\end{aligned}$$

则

$$\frac{\partial L}{\partial x_1}=2(x_1-x_2)-\lambda_1(6x_1-2y_1)=0$$

$$\frac{\partial L}{\partial y_1}=2(y_1-y_2)-\lambda_1(-2x_1+6y_1)=0$$

$$\frac{\partial L}{\partial z_1}=2(z_1-z_2)+4\lambda_1=0$$

$$\frac{\partial L}{\partial x_2}=-2(x_1-x_2)-\lambda_2=0$$

$$\frac{\partial L}{\partial y_2}=-2(y_1-y_2)-\lambda_2=0$$

$$\frac{\partial L}{\partial z_2}=-2(z_1-z_2)+4\lambda_2=0$$

$$3x_1^2-2x_1y_1+3y_1^2-4z_1=0$$

$$x_2+y_2-4z_2-1=0$$

由上述方程组可得 $x_1=y_1=\frac{1}{4}$，$z_1=\frac{1}{16}$，$x_2=y_2=\frac{7}{24}$，$z_2=-\frac{5}{48}$。

最短距离为 $\left(\frac{7}{24}-\frac{1}{4}\right)^2\times2+\left(-\frac{5}{48}-\frac{1}{16}\right)^2=\frac{\sqrt{2}}{8}$。

7. 求以下非线性规划的 K-T 点。

$$\min f(x_1,x_2)=x_1^2+x_2$$

$$\begin{cases}-x_1^2-x_2^2+9\geqslant0\\-x_1-x_2+1\geqslant0\end{cases}$$

解 由 K-T 条件得

$$2x_1+2\lambda_1x_1+\lambda_2=0 \quad ①$$

$$1+2\lambda_1x_2+\lambda_2=0 \quad ②$$

$$\lambda_1(-x_1^2-x_2^2+9)=0 \qquad ③$$

$$\lambda_2(-x_1-x_2+1)=0 \qquad ④$$

$$\lambda_1\geqslant 0,\lambda_2\geqslant 0$$

再由约束条件

$$-x_1^2-x_2^2+9\geqslant 0 \qquad ⑤$$

$$-x_1-x_2+1\geqslant 0 \qquad ⑥$$

i) 若等式⑤成立,则由式③得 $\lambda_1=0$,代入式②得 $\lambda_2=-1$,矛盾,则

$$-x_1^2-x_2^2+9=0$$

ii) 若等式⑥不成立,则由式④有 $\lambda_2=0$,代入式①和式②得

$$x_1(1+\lambda_1)=0,\quad 1+2\lambda_1 x_2=0 \qquad ⑦$$

由 $\lambda_1\geqslant 0$,则 $x_1>0$,代入式⑤和式⑦得

$$x_2=-3,\quad \lambda_1=\frac{1}{6}$$

iii) 若等式⑥成立,则由式⑤和式⑥,得

$$\begin{cases}x_1=\dfrac{1+\sqrt{17}}{2}\\ y_1=\dfrac{1-\sqrt{17}}{2}\end{cases} \text{或} \begin{cases}x_1=\dfrac{1-\sqrt{17}}{2}\\ y_1=\dfrac{1+\sqrt{17}}{2}\end{cases}$$

结合式①和式②及 $\lambda_1\geqslant 0,\lambda_2\geqslant 0$。上述两组解均不能取。

由i),ii),iii)可得,所求非线性规划有唯一的K-T点 $\boldsymbol{X}=(0,-3)^{\mathrm{T}}$。

8. 设由约束条件

$$2x_1+x_2-3x_3+4x_4=7 \qquad ①$$

$$-2x_1-3x_2+x_3+2x_4\geqslant 5 \qquad ②$$

$$x_1+3x_2+x_3-x_4\leqslant 2 \qquad ③$$

$$4x_2+x_3-2x_4\leqslant 1 \qquad ④$$

$$x_i\geqslant 0,\quad (i=1,2,3,4) \qquad ⑤$$

所确定的可行集,任求一个在点 $x_0=(0,1,2,3)^{\mathrm{T}}$ 处的可行方向。

解 由可行域 $D\subset R^n$ 是非空集,$x\in D$,若对某非零向量 $d\in R^n$,存在 $\delta>0$,使 $\forall t\in(0,\delta)$ 均有 $x+td\in D$,则称 d 为从点 x 出发的可行方向。检查可知式①,②,③和 $x_1\geqslant 0$ 为有效约束。设所求可行方向 $d=(d_1,d_2,d_3,d_4)^{\mathrm{T}}$。根据可行方向 d 的定义,应存在 $d>0$,对 $\forall t\in(0,\delta)$,有

$$y_0+td=(0+td_1,1+td_2,2+td_3,3+td_4)^{\mathrm{T}}$$

满足有效约束

$$\begin{cases}td_1\geqslant 0\\ 2td_1+(1+td_2)-3(2+td_3)+4(3+td_4)=7\\ -2td_1-3(1+td_2)+(2+td_3)+2(3+td_4)\geqslant 5\\ td_1+3(1+td_2)+(2+td_3)-(3+td_4)\leqslant 2\end{cases}$$

即
$$\begin{cases}d_1\geqslant 0\\2d_1+d_2-3d_3+4d_4=0\\-2d_1-3d_2+d_3+2d_4\geqslant 0\\d_1+3d_2+d_3-d_4\leqslant 0\end{cases}$$
满足上述不等式组的 d 均为可行方向，题目只要求求一个可行方向，故可尝试把不等号改为等号。
$$\begin{cases}d_1\geqslant 0\\2d_1+d_2-3d_3+4d_4=0\\-2d_1-3d_2+d_3+2d_4=0\\d_1+3d_2+d_3-d_4=0\end{cases}$$
得
$$d_1=2d_3,\quad d_2=-d_3,\quad d_4=0$$
取 $d_3=2$，得一可行方向 $d=(4,-2,2,0)^{\mathrm T}$。

9. 用可行方向法求解
$$\min f(\boldsymbol X)=x_1^2+4x_2^2$$
$$\begin{cases}x_1+x_2\geqslant 1\\15x_1+10x_2\geqslant 12\\x_1\geqslant 0\\x_2\geqslant 0\end{cases}$$

解 取 $\boldsymbol X^{(0)}=(0,2)^{\mathrm T}$

由
$$\nabla f(\boldsymbol X)=\left(\frac{\partial f}{\partial x_1},\frac{\partial f}{\partial x_2}\right)=(2x_1,8x_2)^{\mathrm T}$$
则
$$\nabla f(\boldsymbol X^{(0)})=(2\times 0,8\times 2)^{\mathrm T}=(0,16)^{\mathrm T}$$
设所求下降可行方向 $\boldsymbol D^{(0)}=(D_1,D_2)^{\mathrm T}$，其相应的线性规划为
$$\min 16D_2$$
$$\begin{cases}D_1\geqslant 0\\-1\leqslant D_1\leqslant 1\\-1\leqslant D_2\leqslant 1\end{cases}$$
求得最优解 $\boldsymbol D^{(0)}=(0,-1)^{\mathrm T}$。
$$\nabla f(\boldsymbol X^{(0)})^{\mathrm T}\boldsymbol D^{(0)}=(0,16)\begin{pmatrix}0\\-1\end{pmatrix}=-16\neq 0$$
$$\min f(\boldsymbol X^{(0)}+\lambda\boldsymbol D^{(0)})=4(2-\lambda)^2,\quad \lambda\in\left[0,\frac{4}{5}\right]$$
得
$$\lambda=\frac{4}{5}$$
$$\boldsymbol X^{(1)}=\boldsymbol X^{(0)}+\lambda\boldsymbol D^{(0)}=(0,2)^{\mathrm T}+\lambda(0,-1)^{\mathrm T}=(0,2-\lambda)^{\mathrm T}=\left(0,\frac{6}{5}\right)^{\mathrm T}$$
继续迭代可得

$$\boldsymbol{X}^{(3)}=\left(\frac{4}{5},\frac{1}{5}\right)^{\mathrm{T}},\quad D^{(3)}=(0,0)^{\mathrm{T}},\quad \nabla f(\boldsymbol{X}^{(3)})^{\mathrm{T}}D^{(3)}=0$$

得到最优解为$\left(\frac{4}{5},\frac{1}{5}\right)^{\mathrm{T}}$。

10. 用外点法求解非线性规划

$$\min f(x_1,x_2)=(x_1-1)^2+x_2^2$$
$$x_2\geqslant 1$$

解 构造惩罚函数

$$P(x,\lambda)=(x_1-1)^2+x_2^2+\lambda[\min\{0,(x_2-1)\}]^2$$
$$\begin{cases}(x_1-1)^2+x_2^2, & \text{当 } x_2\geqslant 1\\ (x_1-1)^2+x_2^2+\lambda(x_2-1)^2, & \text{当 } x_2<1\end{cases}$$

则

$$\frac{\partial P}{\partial x_1}=2(x_1-1)$$
$$\frac{\partial P}{\partial x_2}=\begin{cases}2x_2, & \text{当 } x_2\geqslant 1\\ 2x_2+2\lambda(x_2-1), & \text{当 } x_2<1\end{cases}$$

令

$$\frac{\partial P}{\partial x_1}=0,\quad \frac{\partial P}{\partial x_2}=0$$

得

$$x(\lambda)=\begin{bmatrix}x_1\\x_2\end{bmatrix}=\begin{bmatrix}1\\ \dfrac{\lambda}{1+\lambda}\end{bmatrix}$$

当$\lambda\to\infty$时，$\boldsymbol{X}^*=\begin{bmatrix}1\\1\end{bmatrix}$。则$\boldsymbol{X}^*$为所求非线性规划的最优解。

11. 用内点法求解

$$\min f(x_1,x_2)=\frac{1}{12}(x_1+1)^3+x_3$$
$$\begin{cases}x_1-1\geqslant 0\\ x_2\geqslant 0\end{cases}$$

解 构造障碍函数

$$\overline{P}(\boldsymbol{X},r)=\frac{1}{12}(x_1+1)^3+x_3+\frac{r}{x_1-1}+\frac{r}{x_2}$$

令

$$\frac{\partial\overline{P}}{\partial x_1}=\frac{1}{4}(x_1+1)^2-\frac{r}{(x_1-1)^2}=0$$
$$\frac{\partial\overline{P}}{\partial x_2}=1-\frac{r}{x_2^2}=0$$

解得

$$x_1(r)=\sqrt{1+\sqrt{r}},\quad x_2(r)=\sqrt{r}$$

得最优解

$$\boldsymbol{X}_{\min}=\lim_{r\to 0}\left(\sqrt{1+2\sqrt{r}},\sqrt{r}\right)^{\mathrm{T}}=(1,0)$$

CHAPTER 8 第8章

动态规划

【本章学习要求】

1. 了解动态决策问题的特点及其类型。
2. 掌握贝尔曼最优化原理及其在动态规划中的运用。
3. 掌握各种资源分配问题的求法。
4. 掌握生产与储存问题的求法。
5. 了解背包问题和复合系统工作可靠性问题的求法。
6. 掌握排序问题和设备更新问题的求法。
7. 了解货郎担问题的求法。

【主要概念及算法】

1. 动态规划的基本思想和基本方程

（1）动态规划的基本方程：k 阶段与 $k+1$ 阶段之间的递推关系。

$$\begin{cases} f_k(s_k)=\min\limits_{u_k\in D_k(s_k)}\{d_k(s_k,u_k(s_k))+f_{k+1}u_k(s_k)\} & (k=6,5,4,3,2,1) \\ f_7(s_7)=0(\text{或写成 } f_6(s_6)=d_6(s_6,G)) \end{cases}$$

一般情况，k 阶段与 $k+1$ 阶段的递推关系式可写为

$$f_k(s_k)=\mathop{\text{opt}}\limits_{u_k\in D_k(s_k)}\{v_k(s_k,u_k(s_k))+f_{k+1}(u_k(s_k))\} \quad (k=n,n-1,\cdots,1)$$

边界条件为

$$f_{n+1}(s_{n+1})=0$$

（2）动态规划的基本思想

① 动态规划方法的关键在于正确写出基本的递推关系式和恰当的边界条件(简言之为基本方程)。要做到这一点，必须先将问题的过程分成几个相互联系的阶段，恰当地选取状态变量和决策变量及定义最优值函数，从而把一个大问题化成一族同类型的子问题，然后逐个求解，即从边界条件开始，逐段递推寻优，在每一个子问题的求解中均利用了它前面的子问题的最优化结果，依次进行，最后一个子问题所得的最优解，就是整个问题的最优解。

② 在多阶段决策过程中，动态规划方法是既把当前段和未来各段分开，又把当前效益和未来效益结合起来考虑的一种最优化方法。因此，每段决策的选取是从全局来考虑的，与该段的最优选择答案一般是不同的。

③ 在求整个问题的最优策略时，由于初始状态是已知的，而每段的决策都是该段状态的函数，故最优策略所经过的各段状态便可逐次变换得到，从而确定了最优路线。

如初始状态 A 已知，则按下面箭头所指的方向逐次变换有

$$\begin{array}{ccccccccc} & & u_1(A) & & u_2(B_1) & & \cdots & & u_6(F_2) \\ & \nearrow & \downarrow & \nearrow & \downarrow & \nearrow & & \nearrow & \downarrow \\ A & & B_1 & & C_2 & & \cdots & & G \\ (\text{已知}) & & & & & & & & \end{array}$$

从而可得最优策略为 $\{u_1(A), u_2(B_1), \cdots, u_6(F_2)\}$，相应的最短路线为 $A \to B_1 \to C_2 \to D_1 \to E_2 \to F_2 \to G$。

2. 标号法：一种直接在图上作业的方法

逆序解法：规定从 A 点到 G 点可顺行方向，以 A 为始端，G 为终端，从 G 到 A 的解法。

顺序解法：规定从 A 点到 G 点为顺行方向，以 G 为始端，A 为终端，从 A 到 G 的解法。

在明确了动态规划的基本概念和基本思想之后，我们看到，给一个实际问题建立动态规划模型时，必须做到下面五点。

(1) 将问题的过程划分成恰当的阶段。

(2) 正确选择状态变量 s_k，使它既能描述过程的演变，又要满足无后效性。

(3) 确定决策变量 u_k 及每阶段的允许决策集合 $D_k(s_k)$。

(4) 正确写出状态转移方程。

(5) 正确写出指标函数 $v_{k,n}$ 的关系，它应满足下面三个性质：

① 是定义在全过程和所有后部子过程上的数量函数；

② 要具有可分离性，并满足递推关系。即

$$V_{k,n}(s_k, u_k, \cdots, s_{n+1}) = \phi_k[s_k, u_k, V_{k+1,n}(s_{k+1}, u_{k+1}, \cdots, s_{n+1})]$$

③ 函数 $\phi_k(s_k, u_k, V_{k+1})$ 对于变量 $V_{k+1,n}$ 要严格单调。

3. 逆推解法

设已知初始状态为 s_1，并假定最优值函数 $f_k(s_k)$ 表示第 k 阶段的初始状态为 s_k，从 k 阶段到 n 阶段所得到的最大效益。从第 n 阶段开始，则有

$$f_n(s_n) = \max_{x_n \in D_n(s_n)} v_n(s_n, x_n)$$

其中 $D_n(s_n)$ 是由状态 s_n 所确定的第 n 阶段的允许决策集合。解此一维极值问题，就得到最优解 $x_n = x_n(s_n)$ 和最优值 $f_n(s_n)$。要注意的是，若 $D_n(s_n)$ 只有一个决策，则 $x_n \in D_n(s_n)$ 就应写成 $x_n = x_n(s_n)$。

在第 $n-1$ 阶段，有

$$f_{n-1}(s_{n-1}) = \max_{x_{n-1} \in D_n(s_{n-1})} [v_{n-1}(s_{n-1}, x_{n-1}) \cdot f_n(s_n)]$$

其中 $s_n = T_{n-1}(s_{n-1}, x_{n-1})$ 解此一维极值问题，得到最优解 $x_{n-1} = x_{n-1}(s_{n-1})$ 和最优值 $f_{n-1}(s_{n-1})$。

在第 k 阶段，有

$$f_k(s_k) = \max_{x_k \in D_k(s_k)} [v_k(s_k, x_k) \cdot f_{k+1}(s_{k+1})]$$

其中 $s_{k+1} = T_k(s_k, x_k)$ 解得最优解 $x_k = x_k(s_k)$ 和最优值 $f_k(s_k)$。依此类推，直到第 1 阶段，有

$$f_1(s_1)=\max_{x_1\in D_1(s_1)}[v_1(s_1,x_1)\cdot f_2(s_2)]$$

其中 $s_2=T_1(s_1,x_1)$，解得最优解 $x_1=x_1(s_1)$ 和最优值 $f_1(s_1)$。

4. 顺推解法

设已知终止状态 s_{n+1}，并假定最优值函数 $f_k(s)$ 表示第 k 阶段末的结束状态为 s，从第 1 阶段到第 k 阶段所得到的最大收益。

从第一阶段开始，有

$$f_1(s_2)=\max_{x_1\in D_1(s_1)}v_1(s_1,x_1)$$

其中 $s_1=T_1^*(s_2,x_1)$，解得最优解 $x_1=x_1(s_2)$ 和最优值 $f_1(s_2)$。若 $D_1(s_1)$ 只有一个决策，则 $x_1\in D_1(s_1)$ 就写成 $x_1=x_1(s_2)$。

在第 2 阶段，有

$$f_2(s_3)=\max_{x_2\in D_2(s_2)}[v_2(s_2,x_2)\cdot f_1(s_2)]$$

其中 $s_2=T_2^*(s_3,x_2)$，解得最优解 $x_2=x_2(s_3)$ 和最优值 $f_2(s_3)$。

依此类推，直到第 n 阶段，有

$$f_n(s_{n+1})=\max_{x_n\in D_n(s_n)}[v_n(s_n,x_n)\cdot f_{n-1}(s_n)]$$

其中 $s_n=T_n^*(s_{n+1},x_n)$，解得最优解 $x_n=x_n(s_{n+1})$ 和最优值 $f_n(s_{n+1})$。

由于终止状态 s_{n+1} 是已知的，故 $x_n=x_n(s_{n+1})$ 和 $f_n(s_{n+1})$ 是确定的。再按计算过程的相反顺序推算上去，就可逐步确定出每阶段的决策及效益。

应指出的是，若将优态变量的记法改为 $s_0,s_1,\cdots,s_n$，决策变量记法不变，则按顺序解法，此时的最优值函数为 $f_k(s_k)$。因而，这个符号与逆推解法的符号一样，但含义是不同的，这里的 s_k 是表示第 k 阶段末的结束状态。

5. 一维资源分配问题

(1) 问题

设有某种原料，总数量为 a，用于生产 n 种产品。若分配数量 x_i 用于生产第 i 种产品，其收益为 $g_i(x_i)$。问应如何分配，才能使生产 n 种产品的总收入最大？

(2) 模型及其解法

此问题可写成静态规划问题：

$$\begin{cases}\max z=g_1(x_1)+g_2(x_2)+\cdots+g_n(x_n)\\ x_1+x_2+\cdots+x_n=a\\ x_i\geqslant 0,\quad (i=1,2,\cdots,n)\end{cases}$$

当 $g_i(x_i)$ 都是线性函数时，它是一个线性规划问题；当 $g_i(x_i)$ 是非线性函数时，它是一个非线性规划问题。但当 n 比较大时，具体求解是比较麻烦的。然而，由于这类问题的特殊结构，可以将它看成一个多阶段决策问题，并利用动态规划的递推关系来求解。

在应用动态规划方法处理这种"静态规划"问题时，通常以把资源分配给一个或几个使用者的过程作为一个阶段，把问题中的变量 x_i 为决策变量，将累计的量或随递推过程变化的量选为状态变量。

设状态变量 s_k 表示分配用于生产第 k 种产品至第 n 种产品的原料数量。

决策变量 u_k 表示分配给生产第 k 种产品的原料数，即 $u_k=x_k$。

状态转移方程：

$$s_{k+1}=s_k-u_k=s_k-x_k$$

允许决策集合：

$$D_k(s_k)=\{u_k \mid 0\leqslant u_k=x_k\leqslant s_k\}$$

令最优值函数 $f_k(s_k)$ 表示以数量为 s_k 的原料分配给第 k 种产品至第 n 种产品所得到的最大总收入。因而可写出动态规划的逆推关系式为

$$\begin{cases} f_k(s_k)=\max\limits_{0\leqslant x_k\leqslant s_k}\{g_k(x_k)+f_{k+1}(s_k-x_k)\}, \quad (k=n-1,\cdots,1) \\ f_n(s_n)=\max\limits_{x_n=s_n} g_n(x_n) \end{cases}$$

利用这个递推关系式进行逐段计算，最后求得 $f_1(a)$ 即为所求问题的最大总收入。

6. 二维资源分配问题

(1) 问题

设有两种原料，数量分别为 a 和 b 单位，需要分配用于生产 n 种产品。如果第一种原料以数量 x_i 为单位，第二种原料以数量 y_i 为单位，用于生产第 i 种产品，其收入为 $g_i(x_i,y_i)$。问应如何分配这两种原料于 n 种产品的生产使总收入最大？

(2) 模型及解法

此问题可写成静态规划问题：

$$\max[g_1(x_1,y_1)+g_2(x_2,y_2)+\cdots+g_n(x_n,y_n)]$$

$$\begin{cases} x_1+x_2+\cdots+x_n=a \\ y_1+y_2+\cdots+y_n=b \\ x_i\geqslant 0, y_i\geqslant 0, \quad (i=1,2,\cdots,n)\text{且为整数} \end{cases}$$

用动态规划方法求解，状态变量和决策变量要取二维的，设状态变量 (x,y)：

x 表示分配用于生产第 k 种产品至第 n 种产品的第一种原料的单位数量。

y 表示分配用于生产第 k 种产品至第 n 种产品的第二种原料的单位数量。

决策变量 (x_k,y_k)

x_k 表示分配给第 k 种产品用的第一种原料的单位数量。

y_k 表示分配给第 k 种产品用的第二种原料的单位数量。

状态转换关系：$\tilde{x}=x-x_k$，　$\tilde{y}=y-y_k$

式中 $\tilde{x}$ 和 $\tilde{y}$ 分别表示用来生产第 $k+1$ 种产品至第 n 种产品的第一种和第二种原料的单位数量。

允许决策集合：

$$D_k(x,y)=\left\{u_k \left| \begin{matrix} 0\leqslant x_k\leqslant x \\ 0\leqslant y_k\leqslant y \end{matrix} \right.\right\}$$

$f_k(x,y)$ 表示以第一种原料数量为 x 单位，第二种原料数量为 y 单位，分配用于生产第 k 种产品至第 n 种产品时所得到的最大收入。故可写出逆推关系为

$$\begin{cases} f_n(x,y)=g_n(x,y) \\ f_k(x,y)=\max\limits_{\substack{0\leqslant x_k\leqslant x \\ 0\leqslant y_k\leqslant y}}[g_k(x_k,y_k)+f_{k+1}(x-x_k,y-y_k)] \end{cases}$$

$$k=n-1,\cdots,1$$

最后求得 $f_1(a,b)$ 即为所求问题的最大收入。

在实际问题中,由于 $g(x,y)$ 的复杂性,一般计算较难,常利用这个递推关系进行数值计算,并采用拉格朗日乘数法、逐次逼近法、粗格子点法(疏密法)等方法进行降维和简化处理,以求得它的解或近似解。

7. 固定资金分配问题

(1) 问题

设有 n 个生产行业,都需要某两种资源。对于第 k 个生产行业,如果用第 1 种资源 x_k 和第 2 种资源 y_k 进行生产,可获得利润为 $r_k(x_k,y_k)$。若第 1 种资源的单位价格为 a,第 2 种资源的单位价格为 b,现有资金 Z。问应购买第 1 种资源多少单位(设为 X),第 2 种资源多少单位(设为 Y),分配到 n 个生产行业,使总利润最大?

(2) 模型及其解法

此问题的数学模型可写为

$$\max\sum_{k=1}^{n}r_k(x_k,y_k)$$

$$\begin{cases}\sum_{k=1}^{n}x_k=X, & x_k \text{ 为非负整数}\\ \sum_{k=1}^{n}y_k=Y, & y_k \text{ 为非负整数}\\ aX=bY\leqslant Z\end{cases}$$

解决这个问题,可以从固定资金开始,找出所有满足 $aX+bY\leqslant Z$ 的 X 和 Y;然后将资源量最优地分配给 n 个生产行业,找出获利最大的。这当然是一个算法,但不是有效的。

如果我们把资源分配换算成资金分配,那样做要简单些。

首先,把资源分配利润表换算成资金分配利润表,即将 $r_k(x_k,y_k)$ 换算成 $R_k(z)$,$z=0,1,\cdots,Z$。但必须注意,分配的资金应先使较贵的资源单位最大。

其次,计算最优资金分配所获得最大利润。规定最优值函数 $f_k(z)$ 表示以总的资金 z 分配到 k 至 n 个生产行业可能获得的最大利润。

则有逆推关系式:

$$\begin{cases}f_k(z)=\max\limits_{z_k=0,1,\cdots,z}[R_k(z_k)+f_{k+1}(z-z_k)]\\ f_n(z)=R_n(z)\end{cases}$$

最后求出 $f_1(z)$,即为问题的解。这样,就把一个原含有两个状态变量的问题转化为只含有一个状态变量的问题。

8. 生产计划问题

(1) 问题

设某公司对某种产品要制定一项 n 个阶段的生产(或购买)计划,已知它的初始库存量为零,每阶段生产(或购买)该产品的数量有上限的限制;每阶段社会对该产品的需求量是已知的,公司保证供应;在 n 阶段末的终结库存量为零。问该公司如何制定每个阶段的生产(或采购)计划,从而使总成本最小。

(2) 模型及其解法

设 d_k 为第 k 阶段对产品的需求量，x_k 为第 k 阶段该产品的生产量(或采购量)，v_k 为第 k 阶段结束时的产品库存量。则有 $v_k=v_{k-1}+x_k-d_k$。

$c_k(x_k)$表示第 k 阶段生产产品 x_k 时的成本费用，它包括生产准备成本 K 和产品成本 ax_k(其中 a 是单位产品成本)两项费用，即

$$c_k(x_k)=\begin{cases}0 & \text{当 } x_k=0\\ K+ax_k & \text{当 } x_k=1,2,\cdots,m\\ \infty & \text{当 } x_k>m\end{cases}$$

$h_k(v_k)$表示在第 k 阶段结束时有库存量 v_k 所需的存储费用。

故第 k 阶段的成本费用为 $c_k(x_k)+h_k(x_k)$

m 表示每阶段最多能生产该产品的上限数。

因而，上述问题的数学模型为

$$\min g=\sum_{k=1}^{n}[c_k(x_k)+h_k(v_k)]$$

$$\begin{cases}v_0=0,v_n=0\\ v_k=\sum_{j=1}^{k}(x_j-d_j)\geqslant 0, & (k=2,\cdots,n-1)\\ 0\leqslant x_k\leqslant m, & (k=1,2,\cdots,n)\\ x_k \text{ 为整数}, & (k=1,2,\cdots,n)\end{cases}$$

用动态规划方法来求解，把它看作一个 n 阶段决策问题。令 v_{k-1} 为状态变量，它表示第 k 阶段开始时的库存量。

x_k 为决策变量，它表示第 k 阶段的生产量。

状态转移方程为

$$v_k=v_{k-1}+x_k-d_k,\quad (k=1,2,\cdots,n)$$

最优值函数 $f_k(u_k)$表示从第 1 阶段初始库存量为 0 到第 k 阶段末库存量为 u_k 时的最小总费用。

因此可写出顺序递推关系式为

$$f_k(v_k)=\min_{0\leqslant x_k\leqslant\sigma_k}[c_k(x_k)+h_k(v_k)+f_{k-1}(v_{k-1})],\quad (k=1,\cdots,n)$$

其中 $\sigma_k=\min(v_k+d_k,m)$。这是因为一方面每阶段生产的上限为 m；另一方面由于保证供应，故第 $k-1$ 阶段末的库存量 v_{k-1} 必须非负，即

$$v_k+d_k-x_k\geqslant 0$$

所以

$$x_k\leqslant v_k+d_k$$

从边界条件出发，利用上面的递推关系式，对每个 k，计算出 $f_k(v_k)$ 中的 v_k 在 0 至 $\min\left[\sum_{j=k+1}^{n}d_j,m-d_k\right]$ 之间的值，最后求得的 $f_n(0)$ 即为所求的最小总费用。

9. 再生产点性质(又称重生性质)

(1) 问题

由假设 $v_0=0$ 和 $v_n=0$，故阶段 0 和 n 是再生产点。可以证明：若库存问题的目标函

数 $g(x)$在凸集合 S 上是凹函数(或凸函数),则 $g(x)$在 S 的顶点上具有再生产点性质的最优策略。下面运用再生产点性质来求库存问题为凹函数的解。

(2) 模型及其解法

设 $c(j,i)(j\leqslant i)$为阶段 j 到阶段 i 的总成本,给定 $j-1$ 和 i 是再生产点,并且阶段 j 到阶段 i 期间的产品全部由阶段 j 供给。则

$$c(j,i)=c_i\Big(\sum_{s=j}^{i}d_s\Big)+\sum_{s=j+1}^{i}c_s(0)+\sum_{s=j}^{i-1}h_s\Big(\sum_{t=s+1}^{i}d_t\Big) \tag{8-1}$$

根据两个再生产点之间的最优策略,可以得到一个更有效的动态规划递推关系式。

设最优值函数 f_i 表示在阶段 i 末库存量 $v_i=0$ 时,从阶段 1 到阶段 i 的最小成本。则对应的递推关系式为

$$f_i=\min_{1\leqslant j\leqslant i}[f_{i-1}+c(j,i)],\quad (i=1,2,\cdots,n) \tag{8-2}$$

边界条件为

$$f_0=0 \tag{8-3}$$

为了确定最优生产决策,逐个计算 $f_1,f_2,\cdots,f_n$。则 $f_n(0)$为 n 个阶段的最小总成本。设 $j(n)$为计算 f_n 时,使式(8-2)右边最小的 j 值,即

$$f_n=\min_{1\leqslant j\leqslant n}[f_{i-1}+c(j,n)]=f_{j(n)-1}+c(j(n),n)$$

则从阶段 $j(n)$到阶段 n 的最优生产决策为

$$x_{j(n)}=\sum_{s=j(n)}^{n}d_s$$

$$x_s=0$$

当 $s=j(n)+1,j(n)+2,\cdots,n$ 时,故阶段 $j(n)-1$ 为再生产点。为了进一步确定阶段 $j(n)-1$ 到阶段 1 的最优生产决策,记 $m=j(n)-1$,而 $j(m)$是在计算 f_m 时,使式(8-2)右端最小的 j 值,则从阶段 $j(m)$到阶段 $j(n)$的最优生产决策为

$$x_{j(m)}=\sum_{s=j(m)}^{m}d_s$$

$$x_s=0$$

当 $s=j(m)+1,j(m)+2,\cdots,m$ 时,故阶段 $j(m)-1$ 为再生产点,其余依此类推。

10. 复合系统工作可靠性问题

(1) 问题

若某种机器的工作系统由 n 个总件串联组成,只要有一个部件失灵,整个系统就不能工作,为提高系统工作的可靠性,在每一个部件上均装有主要元件的备用件,并且设计了备用元件自动投入装置,显然,备用元件越多,整个系统正常工作的可靠性越大。但备用元件多了,整个系统的成本、重量、体积均相应加大,工作精度也降低。因此,最优化问题是在考虑上述限制条件下,应如何选择各部件的备用元件数,使整个系统的工作可靠性最大。

(2) 模型及其解法

设部件 $i(i=1,2,k,\cdots,n)$上装有 u_i 个备用件时,它正常工作的概率为 $p_i(u_i)$。

部件 1 ⟶ 部件 2 ⟶ ⋯ ⟶ 部件 n

因此,整个系统正常工作的可靠性,可用它正常工作的概率衡量。即

$$P=\prod_{i=1}^{n}p_i(u_i)$$

设装一个部件 i 备用元件费用为 c_i，重量为 w_i，要求总费用不超过 c，总重量不超过 w，则这个问题有两个约束条件，它的静态规划模型为

$$\max P=\prod_{i=1}^{n}p_i(u_i)$$

$$\begin{cases}\sum_{i=1}^{n}c_iu_i\leqslant c\\ \sum_{i=1}^{n}w_iu_i\leqslant w\\ u_i\geqslant 0\text{ 且为整数}, \quad (i=1,2,3,\cdots,n)\end{cases}$$

这是一个非线性整数规划问题。因 u_i 要求为整数，且目标函数是非线性的。非线性整数规划是个较为复杂的问题。但是用动态规划方法来解还是比较容易的。

为了构造动态规划模型。根据有两个约束条件，就选二维状态变量，采用两个状态变量符号 x_k，y_k 来表达，其中

x_k 为由第 k 个到第 n 个部件所容许使用的总费用；

y_k 为由第 k 个到第 n 个部件所容许具有的总重量。

决策变量 u_k 为部件 k 上装的备用元件数，这时决策变量是一维的。

这样，状态转移方程为

$$x_{k+1}=x_k-u_kc_k$$
$$y_{k+1}=y_k-u_kw_k, \quad (1\leqslant k\leqslant n)$$

允许决策集合为

$$D_k(x_k,y_k)=\left\{u_k: 0\leqslant u_k\leqslant\min\left(\left[\frac{x_k}{c_k}\right],\left[\frac{y_k}{w_k}\right]\right)\right\}$$

最优值函数 $f_k(x_k,y_k)$ 为由状态 x_k 和 y_k 出发，从部件 k 到部件 n 的系统的最大可靠性。

因此，整机可靠性的动态规划基本方程为

$$\begin{cases}f_k(x_k,y_k)=\max\limits_{u_k\in D_k(x_k,y_k)}[p_k(u_k)f_{k+1}(x_k-c_ku_k,y_k-w_ku_k)]\\ f_{n+1}(x_{n+1},y_{n+1})=1, \quad (k=n,n-1,\cdots,1)\end{cases}$$

边界条件为 1，这是因为 x_{n+1}，y_{n+1} 均为零，装置根本不工作，故可靠性当然为 1。最后计算得 $f_1(c,w)$ 即为所求问题的最大可靠性。

这个问题的特点是指标函数为连乘积形式，而不是连加形式，但仍满足可分离性和递推关系；边界条件为 1 而不为零。它们是由研究对象的特性所决定的。另外，这里可靠性 $p_i(u_i)$ 是 u_i 的严格单调上升函数，而且 $p_i(u_i)\leqslant 1$。

在这个问题中，如果静态模型的约束条件增加为三个，例如要求总体积不许超过 v，则状态变量就要选为三维的 (x_k,y_k,z_k)。它说明静态规划问题的约束条件增加时，对应的动态规划的状态变量维数也需要增加，而决策变量维数可以不变。

11. 排序问题

(1) 问题

设有 n 个工件需要在机床 A、B 上加工，每个工件都必须经过先 A 后 B 的两道加工工

序。以 a_i, b_i 分别表示工件 $i(1\leqslant i\leqslant n)$ 在 A、B 上的加工时间。问应如何在两机床上安排各工件加工的顺序，使在机床 A 上加工第一个工件开始到在机床 B 上将最后一个工件加工完为止，所用的加工总时间最少？

（2）模型及其解法

$$\min(a_i, b_j) \leqslant \min(a_j, b_i)$$

这个条件就是工件 i 应该排在工件 j 之前的条件。即对于从头到尾的最优排序而言，它的所有前后相邻接的两个工件所组成的对，都必须满足上述不等式。根据这个条件，得到最优排序的规则如下：

① 先作工件的加工时间的工时矩阵

$$\boldsymbol{M}=\begin{bmatrix} a_1 & a_2 & \cdots & a_n \\ b_1 & b_2 & \cdots & b_n \end{bmatrix}$$

② 在工时矩阵 $\boldsymbol{M}$ 中找出最小元素（若最小的不止一个，可任选其一）；若它在上行，则将相应的工件排在最前位置；若它在下行，则相应的工作排在最后位置。

③ 将排定位置的工作所对应的列从 $\boldsymbol{M}$ 中划掉，然后对余下的工作重复按②进行，但那时的最前位置（或最后位置）是在已排定位置的工件之后（或之前）。如此继续下去，直至把所有工件都排完为止。

12. 设备更新问题

（1）问题

从经济上来分析，一种设备应该用多少年后进行更新为最恰当，即更新的最佳策略应该如何。从而使在某一时间内的总收入达到最大（或总费用达到最小）。

现以一台机器为例，随着使用年限的增加，机器的使用效率降低，收入减少，维修费用增加，而且机器使用年限越长，它本身的价值就越小，因而更新时所需的净支出费用就越多。

（2）模型及其解法

设 $I_j(t)$ 为在第 j 年机器役龄为 t 年的一台机器运行所得的收入。

$O_j(t)$ 为在第 j 年机器役龄为 t 年的一台机器运行时所需的运行费用。

$C_j(t)$ 为在第 j 年机器役龄为 t 年的一台机器更新时所需更新净费用。

α 为折扣因子（$0\leqslant\alpha\leqslant1$），表示一年以后的单位收入的价值视为现年的 α 单位。

T 表示在第一年开始时，正在使用的机器的役龄。

n 表示计划的年限总数。

$g_j(t)$ 表示在第 j 年开始使用一个役龄为 t 年的机器时，第 j 年至第 n 年内的最佳收入。

$x_i(t)$ 表示给出 $g_j(t)$ 时，在第 j 年开始时的决策（保留或更新）。

即得递推关系式为

$$g_j(t)=\max\begin{bmatrix} R: I_j(0)-O_j(0)-C_j(t)+a g_{j+1}(1) \\ K: I_j(t)-O_j(t)+a g_{j+1}(t+1) \end{bmatrix}$$

$$(j=1,2,\cdots,n;\quad t=1,2,\cdots,j-1,j+T-1)$$

其中 K 表示保留使用；R 表示更新机器。

由于研究的是今后 n 年的计划，故还要求

$$g_{n+1}(t)=0$$

对于 $g_1(\cdot)$来说，允许的 t 值只能是 T。因为当进入计划过程时，机器必然已使用了 T 年。

13. 货郎担问题

(1) 问题

设有 n 个城市，以 $1,2,\cdots,n$ 表示之。d_{ij} 表示从 i 城到 j 城的距离。一个推销员从城市 1 出发到其他每个城市去一次且仅仅是一次，然后回到城市 1。问他如何选择行走的路线，使总的路程最短。这个问题属于优化组合最优化问题，当 n 不太大时，利用动态规划方法求解是很方便的。

(2) 模型及其解法

由于推销员是从城市 1 开始的，设推销员走到 i 城，记

$$N_i=\{2,3,\cdots,i-1,i+1,\cdots,n\}$$

表示由 1 城到 i 城的中间城市集合。

S 表示到达 i 城之前中途所经过城市的集合，则有 $S\subseteq N_i$。因此，可选取(i,S)作为描述过程的状态变量，决策为由一个城市走到另一个城市，并定义最优值函数 $f_k(i,S)$为从 1 城开始经由 k 个中间城市的 S 集到 i 城的最短路线的距离，则可写出动态规划的递推关系式为

$$f_k(i,S)=\min_{i\in s}[f_{k-1}(j,S\backslash\{j\})+d_{ji}]$$

$$(k=1,2,\cdots,n-1,\quad i=2,3,\cdots,n,\quad S\subseteq N_i)$$

边界条件为 $f_0(i,\varphi)=d_{1i}$。

$P_k(i,S)$为最优决策函数，它表示从 1 城开始经 k 个中间城市的 S 集到 i 城的最短路线上紧挨着 i 城前面的那个城市。

【课后习题全解】

8.1 设某工厂自国外进口一部精密机器，由机器制造厂至出口港有三个港口可供选择，而进口港又有三个可供选择，进口后可经由两个城市到达目的地，其间的运输成本如图 8-1 中所标的数字，试求运费最低的路线。

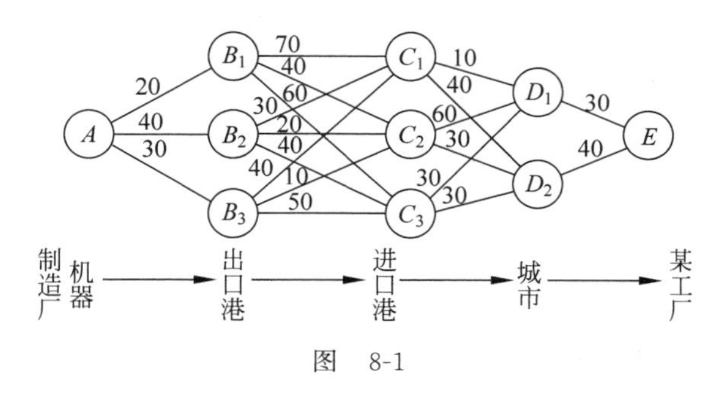

图 8-1

解 用 $f_k(s_k)$表示第 k 阶段点 s_k 到终点 E 的运输成本

$$D_k(s_k,u_k)=V_k(s_k,u_k)$$

表示在第 k 阶段由点 s_k 到点 $s_{k+1}=u_k(s_k)$ 的运输成本。

(1) 当 $k=4$ 时,

$$f_4(D_1)=30,\quad f_4(D_2)=40$$

(2) 当 $k=3$ 时,

$$f_3(C_1)=\min\begin{Bmatrix}d_3(C_1,D_1)+f_4(D_1)\\d_3(C_1,D_2)+f_4(D_2)\end{Bmatrix}=\min\begin{Bmatrix}10+30\\40+40\end{Bmatrix}=\min\begin{Bmatrix}40\\80\end{Bmatrix}=40$$

$u_3(C_1)=D_1$。

$$f_3(C_2)=\min\begin{Bmatrix}d_3(C_2,D_1)+f_4(D_1)\\d_3(C_2,D_2)+f_4(D_2)\end{Bmatrix}=\min\begin{Bmatrix}60+40\\30+40\end{Bmatrix}=\min\begin{Bmatrix}100\\70\end{Bmatrix}=70$$

$u_3(C_2)=D_2$。

$$f_3(C_3)=\min\begin{Bmatrix}d_3(C_3,D_1)+f_4(D_1)\\d_3(C_3,D_2)+f_4(D_2)\end{Bmatrix}=\min\begin{Bmatrix}30+30\\30+40\end{Bmatrix}=\min\begin{Bmatrix}60\\70\end{Bmatrix}=60$$

$u_3(C_3)=D_1$。

(3) 当 $k=2$ 时,

$$f_2(B_1)=\min\begin{Bmatrix}d_2(B_1,C_1)+f_3(C_1)\\d_2(B_1,C_2)+f_3(C_2)\\d_2(B_1,C_3)+f_3(C_3)\end{Bmatrix}=\min\begin{Bmatrix}70+40\\40+70\\60+60\end{Bmatrix}=\min\begin{Bmatrix}110\\110\\120\end{Bmatrix}=110$$

$u_2(B_1)=C_1,u_2(B_1)=C_2$。

$$f_2(B_2)=\min\begin{Bmatrix}d_2(B_2,C_1)+f_3(C_1)\\d_2(B_2,C_2)+f_3(C_2)\\d_2(B_2,C_3)+f_3(C_3)\end{Bmatrix}=\min\begin{Bmatrix}30+40\\20+70\\40+60\end{Bmatrix}=\min\begin{Bmatrix}70\\90\\100\end{Bmatrix}=70$$

$u_2(B_2)=C_1$。

$$f_2(B_3)=\min\begin{Bmatrix}d_2(B_3,C_1)+f_3(C_1)\\d_2(B_3,C_2)+f_3(C_2)\\d_2(B_3,C_3)+f_3(C_3)\end{Bmatrix}=\min\begin{Bmatrix}40+40\\10+70\\50+60\end{Bmatrix}=\min\begin{Bmatrix}80\\80\\110\end{Bmatrix}=80$$

$u_2(B_3)=C_1,u_2(B_3)=C_2$。

(4) 当 $k=1$ 时,

$$f_1(A)=\min\begin{Bmatrix}d_1(A,B_1)+f_2(B_1)\\d_1(A,B_2)+f_2(B_2)\\d_1(A,B_3)+f_2(B_3)\end{Bmatrix}=\min\begin{Bmatrix}20+110\\40+70\\30+80\end{Bmatrix}=\min\begin{Bmatrix}130\\110\\110\end{Bmatrix}=110$$

$u_1(A)=B_2,u_1(A)=B_3$。

采用顺递的方法可以得到最优的决策序列。有以下三种:

(1) 由 $u_1(A)=B_2,u_2(B_2)=C_1,u_3(C_1)=D_1,u_4(D_1)=E$,得到最优决策序列为

$$A\rightarrow B_2\rightarrow C_1\rightarrow D_1\rightarrow E$$

(2) 由 $u_1(A)=B_3,u_2(B_3)=C_1,u_3(C_1)=D_1,u_4(D_1)=E$,得到最优决策序列为

$$A\rightarrow B_3\rightarrow C_1\rightarrow D_2\rightarrow E$$

(3) 由 $u_1(A)=B_3, u_2(B_3)=C_2, u_3(C_2)=D_2, u_4(D_2)=E$，得到最优决策序列为

$$A \to B_3 \to C_2 \to D_2 \to E$$

采用标号法的逆序解法如图 8-2 所示，其中每节点处上方的数表示该点到终点 E 的最低运费。用直线连接的点表示该点到终点的最短路线。未用直线连接的点说明它不是该点到终点的最短路线，故这些支路均被舍去。

由图 8-2 直接可以看出从 A 到 E 有三条路线，即三个最优决策序列：

$A \to B_2 \to C_1 \to D_1 \to E$， $A \to B_3 \to C_1 \to D_1 \to E$， $A \to B_3 \to C_2 \to D_2 \to E$。

最低运费为 110。

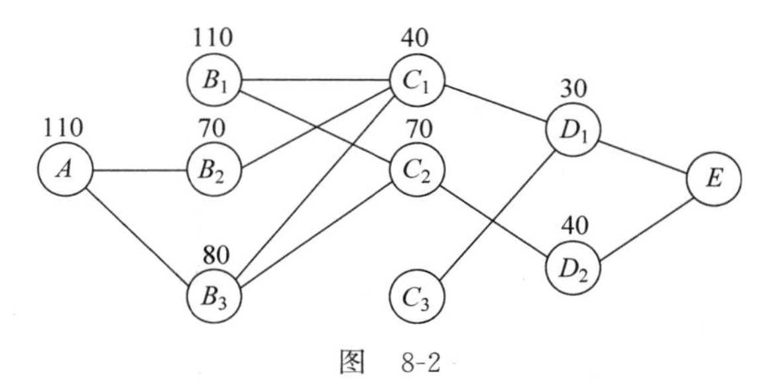

图 8-2

8.2 计算从 A 到 B、C 和 D 的最短路线。已知各段路线的长度如图 8-3 所示。

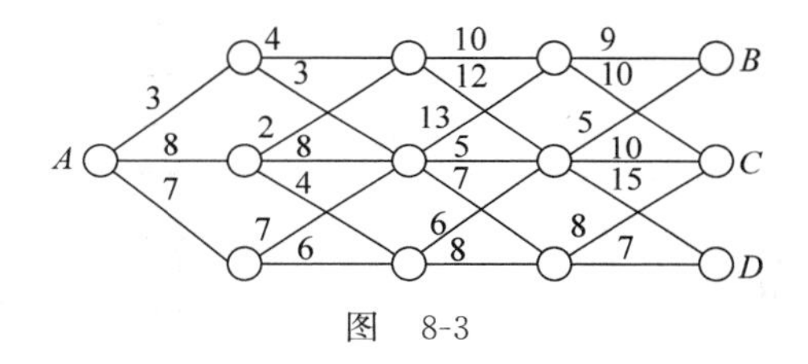

图 8-3

解 用 $d_k(s_k, u_k)$ 表示在第 k 阶段由点 s_k 至点 $s_{k+1}=u_k(s_k)$ 的距离，$f_k(s_k)$ 表示从 k 阶段点 s_k 到点 A 的距离，采用顺序解法。

构造如图 8-4 所示。

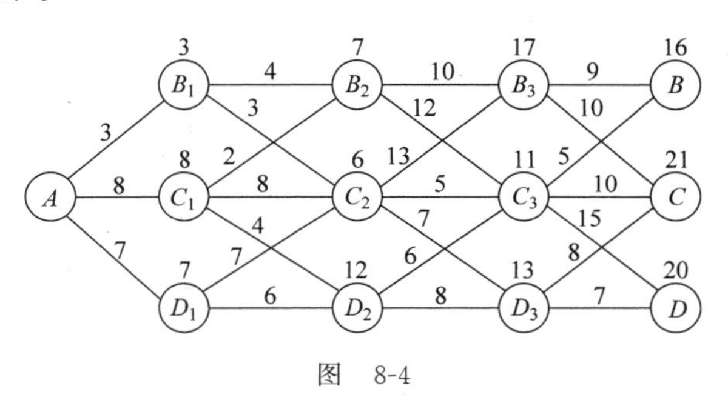

图 8-4

(1) 当 $k=1$ 时，

$f_1(B_1)=3$， $f_1(C_1)=8$， $f_1(D_1)=7$

(2) 当 $k=2$ 时,

$$f_2(B_2)=\min\begin{Bmatrix}d_1(B_1,B_2)+f_1(B_1)\\d_1(C_1,B_2)+f_1(C_1)\end{Bmatrix}=\min\begin{Bmatrix}4+3\\2+8\end{Bmatrix}=\min\begin{Bmatrix}7\\10\end{Bmatrix}=7$$

$u_2(B_2)=B_1$。

$$f_2(C_2)=\min\begin{Bmatrix}d_1(B_1,C_2)+f_1(B_1)\\d_1(C_1,C_2)+f_1(C_1)\\d_1(D_1,C_2)+f_1(D_1)\end{Bmatrix}=\min\begin{Bmatrix}3+3\\8+8\\7+7\end{Bmatrix}=\min\begin{Bmatrix}6\\16\\14\end{Bmatrix}=6$$

$u_2(C_2)=B_1$。

$$f_2(D_2)=\min\begin{Bmatrix}d_1(C_1,D_2)+f_1(C_1)\\d_1(D_1,D_2)+f(D_1)\end{Bmatrix}=\min\begin{Bmatrix}4+8\\6+7\end{Bmatrix}=\min\begin{Bmatrix}12\\13\end{Bmatrix}=12$$

$u_2(D_2)=C_1$。

(3) 当 $k=3$ 时,

$$f_3(B_3)=\min\begin{Bmatrix}d_2(B_2,B_3)+f_2(B_2)\\d_2(C_2,B_3)+f_2(C_2)\end{Bmatrix}=\min\begin{Bmatrix}10+7\\13+6\end{Bmatrix}=\min\begin{Bmatrix}17\\19\end{Bmatrix}=17$$

$u_3(B_3)=B_2$。

$$f_3(C_3)=\min\begin{Bmatrix}d_2(B_2,C_3)+f_2(B_2)\\d_2(C_2,C_3)+f_2(C_2)\\d_3(D_2,C_3)+f_2(D_2)\end{Bmatrix}=\min\begin{Bmatrix}12+7\\5+6\\6+12\end{Bmatrix}=\min\begin{Bmatrix}19\\11\\18\end{Bmatrix}=11$$

$u_3(C_3)=C_2$。

$$f_3(D_3)=\min\begin{Bmatrix}d_2(C_2,D_3)+f_2(C_2)\\d_2(D_2,D_3)+f_2(D_2)\end{Bmatrix}=\min\begin{Bmatrix}7+6\\8+12\end{Bmatrix}=\min\begin{Bmatrix}13\\20\end{Bmatrix}=13$$

$u_3(D_3)=C_2$。

(4) 当 $k=4$ 时,

$$f_4(B)=\min\begin{Bmatrix}d_3(B_3,B)+f_3(B_3)\\d_3(C_3,B)+f_3(C_3)\end{Bmatrix}=\min\begin{Bmatrix}9+17\\5+11\end{Bmatrix}=\min\begin{Bmatrix}26\\16\end{Bmatrix}=16$$

$u_4(B)=C_3$。

$$f_4(C)=\min\begin{Bmatrix}d_3(B_3,C)+f_3(B_3)\\d_3(C_3,C)+f_3(C_3)\\d_3(D_3,C)+f_3(D_3)\end{Bmatrix}=\min\begin{Bmatrix}10+17\\10+11\\8+13\end{Bmatrix}=\min\begin{Bmatrix}27\\21\\21\end{Bmatrix}=21$$

$u_4(C)=C_3, u_4(C)=D_3$。

$$f_4(D)=\min\begin{Bmatrix}d_3(C_3,D)+f_3(C_3)\\d_3(D_3,D)+f_3(D_3)\end{Bmatrix}=\min\begin{Bmatrix}15+11\\7+13\end{Bmatrix}=\min\begin{Bmatrix}26\\20\end{Bmatrix}=20$$

$u_4(D)=D_3$。

由上面的分析可得:

$A\to B$ 的最优路径为 $A\to B_1\to C_2\to C_3\to B$,最短距离为 16。

$A \to C$ 的最优路径为 $A \to B_1 \to C_2 \to C_3 \to C$ 或 $A \to B_1 \to C_2 \to D_3 \to C$，最短距离为 21。

$A \to D$ 的最优路径为 $A \to B_1 \to C_2 \to D_3 \to D$，最短距离为 20。

8.3　写出下列问题的动态规划的基本方程。

(1) $\max z = \sum_{i=1}^{n} \phi_i(x_i)$

$$\begin{cases} \sum_{i=1}^{n} x_i = b, & (b > 0) \\ x_i \geqslant 0, & (i = 1, 2, \cdots, n) \end{cases}$$

(2) $\min z = \sum_{i=1}^{n} c_i x_i^2$

$$\begin{cases} \sum_{i=1}^{n} a_i x_i \geqslant b, & (a_i > 0) \\ x_i \geqslant 0, & (i = 1, 2, \cdots, n) \end{cases}$$

解　(1) 以 $f_k(s_k)$ 表示第 k 阶段到第 n 阶段状态 $s_k = \sum_{i=k}^{n} x_k$ 时，使 $z = \sum_{i=1}^{n} \phi_i(x_i)$ 最优的值，则动态规划的基本方程为

$$f_k(s_k) = \max_{0 \leqslant x_i \leqslant s_k} \{\phi_k(s_k) + f_{k+1}(s_k - x_k)\}, \quad (k = n, n-1, \cdots, 1)$$

$$f_n(s_n) = \max_{x_n = s_n} \phi_n(x_n)$$

或

$$f_{n+1}(s_{n+1}) = 0$$

状态转移方程为

$$s_{k+1} = s_k - x_k, \quad s_1 = b$$

(2) 设状态变量为 s_k，$(k = 1, \cdots, n)$，并记

$$s_k = \sum_{i=k}^{n} a_i x_i, \quad s_1 \geqslant b$$

状态转移方程为

$$s_{k+1} = s_k - a_k x_k$$

决策变量为

$$x_k (k = 1, 2, \cdots, n)$$

最优值函数 $f_k(s_k)$ 表示在 s_k 状态下从第 k 至第 n 阶段的指标函数的最小值，有

$$f_k(s_k) = \min_{0 \leqslant x_k \leqslant s_k a_k} \{c_k x_k^2 + f_{k+1}(s_k - a_k x_k)\}$$

$$f_{n+1}(s_n - a_n x_n) = 0$$

8.4　用递推方法求解下列问题

(1) $\max z = 4x_1 + 9x_2 + 2x_3^2$

$$\begin{cases} x_1 + x_2 + x_3 = 10 \\ x_i \geqslant 0, \quad (i = 1, 2, 3) \end{cases}$$

(2) $\max z = 4x_1 + 9x_2 + 2x_3^2$

$$\begin{cases} 2x_1 + 4x_2 + 3x_3 \leqslant 10 \\ x_i \geqslant 0, \quad (i = 1, 2, 3) \end{cases}$$

(3) $\max z = x_1 \cdots x_n$

$$\begin{cases} \sum_{i=1}^{n} x_i = c \quad (c > 0) \\ x_i \geqslant 0, \quad (i = 1, 2, \cdots, n) \end{cases}$$

(4) $\min z = 3x_1^2 - 5x_1 + 3x_2^2 - 3x_2 + 2x_3^2 - 7x_3$

$$\begin{cases} 2x_1 + 3x_2 + 2x_3 \geqslant 16 \\ x_i \geqslant 0, \quad (i = 1, 2, \cdots, n) \end{cases}$$

(5) $\max z = 3x_1^3 - 4x_1 + 2x_2^2 - 5x_2 + 2x_3$

$$\begin{cases} 4x_1 + 2x_2 + 3x_3 \leqslant 18 \\ x_i \geqslant 0, \quad (i = 1, 2, 3) \end{cases}$$

(6) $\min z = \sum_{i=1}^{n} x_i^p \quad (p > 1)$

$$\begin{cases} \sum_{i=1}^{n} x_i = c \quad (c > 0) \\ x_i \geqslant 0, \quad (i = 1, 2, \cdots, n) \end{cases}$$

解　(1) 由题意，将问题划分为三个阶段，设状态变量为 s_0, s_1, s_2, s_3，并记 $s_3 = 10, x_1$，

x_2, x_3 为各阶段的决策变量，各阶段指标函数按加法方式结合。

$f_k(s_k)$表示第 k 阶段结束状态为 s_k，第 1 至第 k 阶段的最大值则由约束条件可知

$$x_1 = s_1,\quad s_1 + x_2 = s_2,\quad s_2 + x_3 = s_3 = 10$$

即 $$s_1 = x_1,\quad 0 \leqslant x_2 \leqslant s_2,\quad 0 \leqslant x_3 \leqslant s_3$$

由顺推法 $$f_1(s_1) = \max_{x_1 = s_1}(4x_1) = 4s_1$$

最优解：$x_1^* = s_1$。

$$f_2(s_2) = \max_{0 \leqslant x_2 \leqslant s_2}[9x_2 + f_1(s_1)] = \max_{0 \leqslant x_2 \leqslant s_2}[9x_2 + 4s_1]$$
$$= \max_{0 \leqslant x_2 \leqslant s_2}[9x_2 + 4(s_2 - x_2)] = \max_{0 \leqslant x_2 \leqslant s_2}[5x_2 + 4s_2] = 9s_2$$

最优解：$x_2^* = s_2$。

$$f_2(s_3) = \max_{0 \leqslant x_3 \leqslant 10}[2x_3^2 + f_2(s_2)] = \max_{0 \leqslant x_3 \leqslant 10}[2x_3^2 + 9s_2] = \max_{0 \leqslant x_3 \leqslant 10}[2x_3^2 + 9(10 - x_3)]$$
$$= \max_{0 \leqslant x_3 \leqslant 10}[2x_3^2 - 9x_3 + 90] \quad \text{（由二次函数的性质）}$$
$$= 2 \times 10^2 - 9 \times 10 + 90 = 200$$

最优解 $\quad x_3^* = 10, x_2^* = s_2 = 10 - x_3^* = 0, x_1^* = s_1 = s_2 - x_2^* = 0 - 0 = 0$。

从而得到最优解 $x_1^* = 0, x_2^* = 0, x_3^* = 10$。最优值 $\max z = 200$。

(2) 将该问题分为三个阶段，状态变量为 s_0, s_1, s_2, s_3，且 $s_3 \leqslant 10$。

令 x_1, x_2, x_3 为各阶段的决策变量，各阶段指标函数按加法方式结合。最优值函数 $f_k(s_k)$表示第 k 阶段结束状态为 s_k，从第 1 至第 k 阶段的最大值，则

$$2x_1 = s_1,\quad s_1 + 4x_2 = s_2,\quad s_2 + 3x_3 = s_3 \leqslant 10$$

解得 $$x_1 = \frac{s_1}{2},\quad 0 \leqslant x_2 \leqslant \frac{s_2}{4},\quad 0 \leqslant x_3 \leqslant \frac{s_3}{3}\quad \left(\text{即 } 0 \leqslant x_3 \leqslant \frac{10}{3}\right)$$

用递推法得 $$f_1(s_1) = \max_{x_1 = \frac{s_1}{2}}(4x_1) = 2s_1$$

最优解为 $x_1^* = \dfrac{s_1}{2}$。

$$f_2(s_2) = \max_{0 \leqslant x_2 \leqslant \frac{s_2}{4}}(f_1(s_1) + 4x_2) = \max_{0 \leqslant x_2 \leqslant \frac{s_2}{4}}(2s_1 + 9x_2) = \max_{0 \leqslant x_2 \leqslant \frac{s_2}{4}}[2(s_2 - 4x_2) + 9x_2]$$
$$= \max_{0 \leqslant x_2 \leqslant \frac{s_2}{4}}[2s_2 + x_2] = 2s_2 + \frac{s_2}{4} = \frac{9}{4}s_2$$

最优解为$x_2^* = \dfrac{s_2}{4}$。

$$f_3(s_3) = \max_{0 \leqslant x_3 \leqslant \frac{s_3}{3}}[2x_3^2 + f_2(s_2)] = \max_{0 \leqslant x_3 \leqslant \frac{s_3}{3}}\left[2x_3^2 + \frac{9}{4}s_2\right]$$
$$= \max_{0 \leqslant x_3 \leqslant \frac{s_3}{3}}\left[2x_3^2 + \frac{9}{4}(s_3 - 3x_3)\right] = \max_{0 \leqslant x_2 \leqslant \frac{s_3}{3}}\left[2x_3^2 - \frac{27}{4}x_3 + \frac{9}{4}s_3\right]$$

因为 $0 \leqslant s_3 \leqslant 10$，由二次函数的性质，在 $x_3^* = 0, s_3 = 10$ 处

$$f_3(s_3)=\frac{90}{4}$$

$$x_2^*=\frac{s_2}{4}=\frac{1}{4}(s_3-3x_2^*)=\frac{1}{4}(10-0)=\frac{10}{4}$$

$$x_1^*=\frac{s_1}{2}=\frac{1}{2}(s_2-4x_2^*)=0$$

故最优解为$\left(0,\frac{5}{2},0\right)$。最优值 $\max z=4x_1^*+9x_2^*+2(x_3^*)^2=9\times\frac{10}{4}=\frac{45}{2}$。

(3) 将该问题分为 n 个阶段,设置状态变量为 $s_0,s_1,\cdots,s_n,s_n=c$。

设 $x_1,x_2,\cdots,x_n$ 为各阶段的决策变量。指标函数按乘法方式结合。最优值函数 $f_k(s_k)$表示第 k 阶段结束状态 s_k,从第 1 至第 k 阶段的最大值。

$$x_1=s_1,s_1+x_2=s_2,s_2+x_3=s_3,\cdots,s_{n-1}+x_n=s_n=c$$

则

$$x_1=s_1,0\leqslant x_2\leqslant s_2,0\leqslant x_3\leqslant s_3,\cdots,0\leqslant x_n\leqslant s_n$$

用递推法得

$$f_1(s_1)=\max_{x_1=s_1}(x_1)=s_1$$

最优解为 $x_1^*=s_1$。

$$f_2(s_2)=\max_{0\leqslant x_2\leqslant s_2}[x_2f_1(s_1)]=\max_{0\leqslant x_2\leqslant s_2}[x_2s_1]=\max_{0\leqslant x_2\leqslant s_2}[x_2(s_2-x_2)]$$

$$=\max_{0\leqslant x_2\leqslant s_2}[-x_2^2+x_2s_2]=\frac{s_2^2}{4}\quad\text{(由二次函数的性质)}$$

最优解为 $x_2^*=\frac{s_2}{2}$。

$$f_3(s_3)=\max_{0\leqslant x_3\leqslant s_3}[x_3f_2(s_2)]=\max_{0\leqslant x_2\leqslant s_2}\left[x_3\frac{s_2^2}{4}\right]$$

$$=\max_{0\leqslant x_3\leqslant s_3}\left[x_3\frac{(s_3-x_3)^2}{4}\right]\frac{\partial\left[x_3\frac{(s_3-x_3)^2}{4}\right]}{\partial x_3}$$

$$=\frac{1}{4}[(s_3-x_3)^2-2x_3(s_3-x_3)]=0$$

在 $x_3^*=\frac{s_3}{3}$处,$f_3(s_3)$取得最大值为

$$f_3(s_3)=\frac{s_3^3}{27}=\left(\frac{s_3}{3}\right)^3$$

由以上可类推得

$$f_k(s_k)=\left(\frac{s_k}{k}\right)^k$$

则

$$k_{f+1}(s_{k+1})=\max_{0\leqslant x_{k+1}\leqslant s_{k+1}}[x_{k+1}f_k(s_k)]=\max_{0\leqslant x_{k+1}\leqslant s_{k+1}}\left[x_{k+1}\left(\frac{s_k}{k}\right)^k\right]$$

$$=\max_{0\leqslant x_{k+1}\leqslant s_{k+1}}\left[x_{k+1}\left(\frac{s_{k+1}-x_{k+1}}{k}\right)^k\right]$$

在 $x_{k+1}^*=\frac{s_{k+1}}{k+1}$处,$f_{k+1}(s_{k+1})$取得最大值为

$$f_{k+1}(s_{k+1})=\left(\frac{s_{k+1}}{k+1}\right)^{k+1}$$

由数学归纳可得
$$f_n s_n=\left(\frac{s_n}{n}\right)^n=\left(\frac{c}{n}\right)^n$$

最优解为 $x_n^*=\frac{c}{n}$。则

$$s_{n-1}=s_n-x_n^*=c-\frac{c}{n}=\frac{n-1}{n}c$$

$$x_{n-1}^*=\frac{s_{n-1}}{n-1}=\frac{n-1}{n-1}\cdot\frac{c}{n}=\frac{c}{n}$$

依此类推得
$$x_{n-2}^*=\frac{c}{n},\cdots,x_n^*=\frac{c}{n}$$

$$\max z=x_1^* x_2^* \cdots x_n^*=\left(\frac{c}{n}\right)^n$$

（4）原问题变形为

$$\min z=(3x_1^2-5x_1)+(3x_2^2-3x_2)+(2x_3^2-7x_3)$$

$$\text{s. t.}\begin{cases}2x_1+3x_2+2x_3\geqslant 16\\ x_i\geqslant 0,\quad (i=1,2,3)\end{cases}$$

即
$$\min z=3\left(x_1-\frac{5}{6}\right)^2+3\left(x_2-\frac{1}{2}\right)^2+2\left(x_3-\frac{7}{4}\right)^2\geqslant -\frac{215}{24}$$

$$\text{s. t.}\begin{cases}2\left(x_1-\frac{5}{6}\right)+3\left(x_2-\frac{1}{2}\right)+2\left(x_3-\frac{7}{4}\right)\geqslant\frac{28}{3}\\ x_i\geqslant 0,\quad (i=1,2,3)\end{cases}$$

设 $y_1=x_1-\frac{5}{6}$，$y_2=x_2-\frac{1}{2}$，$y_3=x_3-\frac{7}{4}$，则原问题等价为

$$\min z=3y_1^2+3y_2^2+2y_3^2-\frac{215}{24}$$

$$\text{s. t.}\begin{cases}2y_1+3y_2+2y_3\geqslant\frac{28}{3}\\ y_1+\frac{5}{6}\geqslant 0\\ y_2+\frac{1}{2}\geqslant 0\\ y_3+\frac{7}{4}\geqslant 0\end{cases}$$

对上述问题分为三个阶段，状态变量设为 s_0,s_1,s_2,s_3 且 $s_3\geqslant\frac{28}{3}$。

设 y_1,y_2,y_3 为各阶段的决策变量。各阶段指标函数按加法方式结合。最优值函数 $f_k(s_k)$表示第 k 阶段结束状态为 s_k，从第 1 至第 k 阶段的最小值

$$2y_1=s_1,\quad s_1+3y_2=s_2,\quad s_2+2y_3=s_3,\quad s_3\geqslant\frac{28}{3}$$

结合题干中的约束条件，即

$$y_1=\frac{s_1}{2},\quad -\frac{1}{2}\leqslant y_2\leqslant\frac{s_2}{3},\quad -\frac{7}{4}\leqslant y_3\leqslant\frac{s_3}{2}$$

$$f_1(s_1)=\min_{y_1=\frac{s_1}{2}}(3y_1^2)=\frac{3s_1^2}{4}$$

最优解为 $y_1^*=\dfrac{s_1}{2}$。

$$f_2(s_2)=\min_{-\frac{1}{2}\leqslant y_2\leqslant\frac{s_2}{3}}[3y_2^2+f_1(s_1)]=\min_{-\frac{1}{2}\leqslant y_2\leqslant\frac{s_2}{3}}\left[3y_2^2+\frac{3s_1^2}{4}\right]$$

$$=\min_{-\frac{1}{2}\leqslant y_2\leqslant\frac{s_2}{3}}\left[3y_2^2+\frac{3(s^2-3y_2)^2}{4}\right]=\min_{-\frac{1}{2}\leqslant y_2\leqslant\frac{s_2}{3}}\left[\frac{39}{4}y_2^2+\frac{3s_2^2}{4}-\frac{18s_2}{4}y^2\right]$$

由
$$\frac{\partial\left(\frac{39}{4}y_2^2+\frac{3}{4}s_2^2-\frac{18s_2}{4}y_2\right)}{\partial y_2}=\frac{19}{2}y_2-\frac{18}{4}s_2=0$$

得
$$y_2^*=\frac{3}{13}s_2,f_2(s_2)=\frac{3}{13}s_2^2$$

$$f_3(s_3)=\min_{-\frac{4}{7}\leqslant y_3\leqslant\frac{s_3}{2}}[2y_3^2+f_2(s_2)]=\min_{-\frac{4}{7}\leqslant y_3\leqslant\frac{s_3}{2}}\left[2y_3^2+\frac{3}{13}s_2^2\right]$$

$$=\min_{-\frac{1}{2}\leqslant y_2\leqslant\frac{s_3}{3}}\left[2y_3^2+\frac{3(s_3-2y_3)^2}{13}\right]$$

由
$$\frac{\partial\left[2y_3^2+\frac{3(s_3-2y_3)^2}{13}\right]}{\partial y_3}=0,$$

得
$$y_3^*=\frac{3}{19}s_3,\quad f_3(s_3)=\frac{3}{19}s_3^2$$

又因为 $s_3\geqslant\dfrac{28}{3}$，所以 $f_3(s_3)\geqslant\dfrac{3}{19}\times\left(\dfrac{28}{3}\right)^2$。

而
$$\min z=\min\left\{f_3(s_3)-\frac{215}{24}\right\}=\frac{3}{19}\times\left(\frac{28}{3}\right)^2-\frac{215}{24}=\frac{729}{152}$$

反推得到最优解为 $x_1^*=\dfrac{69}{38},x_2^*=\dfrac{5}{38},x_3^*=\dfrac{245}{76}$。

(5) 将问题分为三个阶段，状态变量为 $s_0,s_1,s_2,s_3\leqslant18$。

x_1,x_2,x_3 为各阶段的决策变量，各阶段指标函数按加法方式结合。最优值函数 $f_k(s_k)$为第 k 阶段结束状态为 s_k，第 1 至第 k 阶段的最大值。

$$4x_1=s_1,\quad s_1+2x_2=s_2,\quad s_2+3x_3=s_3\leqslant18$$

则
$$x_1=\frac{s_1}{4},\quad 0\leqslant x_2\leqslant\frac{s_2}{2},\quad 0\leqslant x_3\leqslant\frac{s_3}{3}$$

$$f_1(s_1)=\max_{x_1=\frac{s_1}{4}}[3x_1^3-4x_1]=\frac{3}{64}s_1^3-s_1$$

最优解为$x_1^*=\frac{s_1}{4}$。

$$f_2(s_2)=\max_{0\leqslant x_2\leqslant\frac{s_2}{2}}[2x_2^2-5x_2+f_1(s_1)]$$

$$=\max_{0\leqslant x_2\leqslant\frac{s_2}{2}}\left[2x_2^2-5x_2+\frac{3}{64}(s_2-2x_2)^3-(s_2-2x_2)\right]$$

由
$$\frac{\partial\left[2x_2^2-5x_2+\frac{3}{64}(s_2-2x_2)^3-(s_2-2x_2)\right]}{\partial x_2}=0$$

得最优解为 $x_2^*=0$。$f_2(s_2)=\frac{3}{64}s_2^3-s_2$。

$$f_3(s_3)=\max_{0\leqslant x_3\leqslant\frac{s_3}{3}}[2x_3+f_2(s_2)]=\max_{0\leqslant x_3\leqslant\frac{s_3}{3}}\left[2x_3+\frac{3s_2^3}{64}-s_2\right]$$

$$=\max_{0\leqslant x_3\leqslant\frac{s_3}{3}}\left[2x_3+\frac{3(s_3-3x_3)^3}{64}-(s_3-3x_3)\right]$$

$$=\max_{0\leqslant x_3\leqslant\frac{s_3}{3}}\left[5x_3+\frac{3(s_3-3x_3)^3}{64}-s_3\right]$$

由
$$\frac{\partial\left[5x_3+\frac{3(s_3-3x_3)^3}{64}-s_3\right]}{\partial x_3}=0$$

得最优解为 $x_3^*=0$。$f_3(s_3)=\frac{3}{64}s_3^2-s_3$。

$$\max z=\max\{f_3(s_3)\}=\max\left\{\frac{3}{64}s_3^2-s_3\right\}$$

$$=\frac{204^3}{8}\quad(s_3=18)$$

$$s_2=s_3-3x_3^*=18-0=18$$

$$s_1=s_2-2x_2^*=18-2\times0=18$$

$$x_1^*=\frac{s_1}{4}=\frac{18}{4}=\frac{9}{2}$$

最优解为$x_1^*=\frac{9}{2}$，$x_2^*=0$，$x_3^*=0$。

（6）划分 n 个阶段，状态变量为 $s_0,s_1,\cdots,s_n,s_n=c$。$x_1,\cdots,x_n$ 为各阶段的决策变量。其指标函数按加法方式结合。最优值函数 $f_k(s_k)$为第 k 阶段结束状态为s_k，第 1 至第 k 阶段的最大值。

$$s_1=x_1,\quad s_1+x_2=s_2,\quad \cdots,\quad s_{n-1}+x_n=s_n=c。$$

则
$$x_1=s_1,\quad 0\leqslant x_2\leqslant s_2,\quad \cdots,\quad 0\leqslant x_n\leqslant s_n,$$
$$f_1(s_1)=\min_{x_1=s_1}(x_1^p)=s_1^p$$

最优解为 $x_1^*=s_1$。

$$f_2(s_2)=\min_{0\leqslant x_2\leqslant s_2}[x_2^p+f_1(s_1)]=\min_{0\leqslant x_2\leqslant s_2}[x_2^p+s_1^p]$$
$$=\min_{0\leqslant x_2\leqslant s_2}[x_2^p+(s_2-x_2)^p]=2\cdot\left(\frac{s_2}{2}\right)^p$$

最优解为 $x_2^*=\dfrac{s_2}{2}$。

依此类推得
$$f_n(s_n)=n\cdot\left(\frac{s_n}{n}\right)^p$$

最优解为 $x_n^*=\dfrac{s_n}{n}$。

$$s_{n-1}=s_n-x_n^*=s_n-\frac{s_n}{n}=\frac{n-1}{n}s_n$$
$$x_{n-1}^*=\frac{1}{n-1}s_{n-1}=\frac{1}{n-1}\cdot\frac{n-1}{n}s_n=\frac{1}{n}s_n$$

依此类推得
$$x_1^*=\frac{1}{n}s_n$$

而
$$x_1^*+\cdots+x_n^*=c$$

所以
$$s_n=c$$

最优解为 $x_1^*=x_2^*=\cdots=x_n^*=\dfrac{c}{n}$。最优值为 $\min z=n\left(\dfrac{1}{n}\cdot c\right)^p=\dfrac{c^p}{n^{p-1}}$。

8.5　设某人有 400 万元资金,计划在 4 年内全部用于投资。已知在一年内若投资用去 x 万元就能获得 $\sqrt{x}$ 万元的效用。每年没有用掉的资金,连同利息(年利息 10%)可再用于下一年的投资。而每年已打算用于投资的资金不计利息。试制订资金的使用计划,使 4 年内获得的总效用最大。

(1) 用动态规划方法求解;

(2) 用拉格朗日乘数法求解;

(3) 比较两种解法,并说明动态规划方法有哪些优点。

解　(1) 用动态规划方法解

设置阶段:按年份分为 4 阶段,则 $k=1,2,3,4$。

状态变量 s_k:第 k 年年初的可供投资的资金。

决策变量 x_k:第 k 年实际用于投资的资金。

状态转移方程:$s_{k+1}=1.1(s_k-x_k)$。

允许决策集合:$p_k(s_k)=\{0\leqslant x_k\leqslant s_k\}$。

最优值函数 $f_k(s_k)$:以数量 s_k 可供投资的资金投资于第 k 年至第 4 年年末所得到的最大效用。

该问题的逆序关系式为

$$\begin{cases} f_k(s_k)=\max\limits_{0\leqslant x_k\leqslant s_k}\{\sqrt{x_k}+f_{k+1}(s_{k+1})\} \\ f_5(s_5)=0, k=4,3,2,1 \end{cases}$$

当 $k=4$ 时，$f_4(s_4)=\max\limits_{0\leqslant x_4\leqslant s_4}\{\sqrt{x_4}\}=\sqrt{s_4}$

最优解为 $x_4^*=s_4$。

当 $k=3$ 时，$f_3(s_3)=\max\limits_{0\leqslant x_3\leqslant s_3}\{\sqrt{x_3}+f_4(s_4)\}=\max\limits_{0\leqslant x_3\leqslant s_3}\{\sqrt{x_3}+\sqrt{s_4}\}$

$$=\max_{0\leqslant x_3\leqslant s_3}\{\sqrt{x_3}+\sqrt{1.1(s_3-x_3)}\}=\sqrt{2.1s_3}$$

最优解为 $x_3^*=\dfrac{1}{2.1}s_3$。

$$\begin{aligned} f_2(s_2)&=\max_{0\leqslant x_2\leqslant s_2}\{\sqrt{x_2}+f_3(s_3)\}=\max_{0\leqslant x_2\leqslant s_2}\{\sqrt{x_2}+\sqrt{2.1s_3}\} \\ &=\max_{0\leqslant x_2\leqslant s_2}\{\sqrt{x_2}+\sqrt{2.1\times 1.1(s_2-x_2)}\} \\ &=\max_{0\leqslant x_2\leqslant s_2}\{\sqrt{x_2}+\sqrt{2.31(s_2-x_2)}\}=\sqrt{3.31s_2} \end{aligned}$$

最优解为 $x_2^*=\dfrac{1}{3.31}s_2$。

$$\begin{aligned} f_1(s_1)&=\max_{0\leqslant x_1\leqslant s_1}\{\sqrt{x_1}+f_2(s_2)\}=\max_{0\leqslant x_1\leqslant s_1}\{\sqrt{x_1}+\sqrt{3.31s_2}\} \\ &=\max_{0\leqslant x_1\leqslant s_1}\{\sqrt{x_1}+\sqrt{3.31\times 1.1(s_1-x_1)}\} \\ &=\max_{0\leqslant x_1\leqslant s_1}\{\sqrt{x_1}+\sqrt{3.461(s_1-x_1)}\}=\sqrt{4.461s_1} \end{aligned}$$

最优解为 $x_1^*=\dfrac{s_1}{4.461}$。

而

$$s_1=400$$

故4年内的最大效用为

$$f_1(400)=\sqrt{4.461\times 400}=43$$

反推可得最优解为

$$x_1^*=\frac{s_1}{4.461}=\frac{400}{4.461}=86$$

$$s_2=1.1(s_1-x_1^*)=1.1\times(400-86)=345$$

$$\begin{aligned} x_2^*&=\frac{1}{3.31}s_2=\frac{1}{3.31}\times 1.1(s_1-x_1^*) \\ &=\frac{1}{3.31}\times 1.1\times(400-86)=104 \end{aligned}$$

$$s_3=1.1\times(s_2-x_2^*)=1.1\times(345-104)=265$$

$$x_3^*=\frac{1}{2.1}s_3=\frac{1}{2.1}\times 1.1\times(s_2-x_2^*)=\frac{1}{2.1}\times 1.1\times(345-104)=126$$

$$x_4^*=s_4=1.1(s_3-x_3^*)=1.1\times(265-126)=153$$

(2) 用拉格朗日乘数法解

第 i 年($i=1,2,3,4$)用于投资的金额为 x_i 万元,获得效用为$\sqrt{x_i}$万元,没有用掉的金额为 y_i 万元,其中 $y_4=0$,则

$$\max z=\sqrt{x_1}+\sqrt{x_2}+\sqrt{x_3}+\sqrt{x_4}$$

$$\text{s. t.}\begin{cases}x_1+y_1=400\\x_2+y_2=1.1y_1\\x_3+y_3=1.1y_2\\x_4=1.1y_3\\x_i\geqslant 0,\quad (i=1,2,3,4)\\y_j\geqslant 0,\quad (j=1,2,3)\end{cases}$$

拉格朗日函数为

$$L(x_i,y_j,\lambda_i)=(\sqrt{x_1}+\sqrt{x_2}+\sqrt{x_3}+\sqrt{x_4})+\lambda_1(x_1+y_1-400)+\lambda_2(x_2+y_2-1.1y_1)+\lambda_3(x_3+y_3-1.1y_2)+\lambda_4(x_4-1.1y_3)$$

其中

$$\lambda_i\geqslant 0\quad (i=1,2,3,4)$$

由

$$\begin{cases}\dfrac{\partial L}{\partial x_i}=\dfrac{1}{2}\dfrac{1}{\sqrt{x_i}}+\lambda_i=0\\\dfrac{\partial L}{\partial y_1}=\lambda_1-1.1\lambda_2=0\\\dfrac{\partial L}{\partial y_2}=\lambda_2-1.1\lambda_3=0\\\dfrac{\partial L}{\partial y_3}=\lambda_3-1.1\lambda_4=0\\x_1+y_1=400\end{cases}$$

得最优解为 $x_1=86,x_2=104,x_3=126,x_4=153$。

(3) 两种方法所得结果相吻合,用动态规划方法求解有以下的优点:

① 易于确定全局最优解。

② 得到的不仅是全过程的解,而且包含所有子过程的一族解。

8.6 有一部货车每天沿着公路给 4 个零售店卸下 6 箱货物,如果各零售店出售该货物所得利润如表 8-1 所示,试求在各零售店卸下几箱货物,能使获得总利润最大?其值是多少?

表 8-1

箱数 \ 利润 \ 零售店	1	2	3	4
0	0	0	0	0
1	4	2	3	4
2	6	4	5	5
3	7	6	7	6
4	7	8	8	6
5	7	9	8	6
6	7	10	8	6

解 由题设，可将问题分为四阶段，s_k 表示分配给第 k 至第 4 个零售店的货物数。x_k 表示分配给第 k 个零售店的箱数。

状态转移方程

$$s_{k+1}=s_k-x_k$$

$p_k(x_k)$表示 x_k 箱货物分配到第 k 个店的盈利，$f_k(s_k)$表示 s_k 箱货物给第 k 至第 n 个零售店的最大盈利值。

得递推关系为

$$\begin{cases} f_k(x_k)=\max\limits_{0\leqslant x_k\leqslant s_k}[p_k(s_k)+f_{k+1}(s_k-x_k)], \quad (k=4,3,2,1) \\ f_5(s_5)=0 \end{cases}$$

当 $k=4$ 时，设将 s_4 箱货物($s_4=0,1,\cdots,6$)全部卸下给零售店 4 时，则最大盈利值为

$$f_4(s_4)=\max_{x_4}[p_4(x_4)]$$

其中 $x_4=s_4=0,1,2,3,4,5,6$。

数值计算如表 8-2 所示。

表 8-2

s_4 \ x_4	$p_4(x_4)$							$f_4(s_4)$	x_4^*
	0	1	2	3	4	5	6		
0	0							0	0
1		4						4	1
2			5					5	2
3				6				6	3
4					6			6	4
5						6		6	5
6							6	6	6

表中 x_4^* 表示使 $f_4(s_4)$为最大值时的最优决策。

当 $k=3$ 时，设把 s_3 箱货物($s_3=0,1,2,3,4,5,6$)卸下给零售店 3，零售店 4 时；则对每个 s_3 值，有一种最优分配方案，使最大盈利值

$$f_3(s_3)=\max_{x_3}[p_3(x_3)+f_4(s_3-x_3)]$$

其中 $x_3=0,1,2,3,4,5,6$。

因为给零售店 3 为 s_3 箱，其盈利 $p_3(x_3)$，余下的 s_3-x_3 箱就给零售店 4，则盈利最大值为 $f_4(s_3-x_3)$，现要选择 x_3 的值，使 $p_3(x_3)+f_4(s_3-x_3)$取最大值，其数值计算如表 8-3。

表 8-3

s_3 \ x_3	$p_3(x_3)+f_4(s_3-x_3)$							$f_3(s_3)$	x_3^*
	0	1	2	3	4	5	6		
0	0+0=0							0	0
1	0+4=4	3+0=3						4	0
2	0+5=5	3+4=7	5+0=5					7	1 或 3

续表

s_3 \ x_3	$p_3(x_3)+f_4(s_3-x_3)$							$f_3(s_3)$	x_3^*
	0	1	2	3	4	5	6		
3	0+6=6	3+5=8	5+4=9	7+0=7				9	2
4	0+6=6	3+6=9	5+5=10	7+4=11	8+0=8			11	3
5	0+6=6	3+6=9	5+6=11	7+5=12	8+4=12	8+0=8		12	3
6	0+6=6	3+6=9	5+6=11	7+6=13	8+5=13	8+4=12	8+0=8	13	3

当 $k=2$ 时，设把 s_2 箱货物($s_2=0,1,2,3,4,5,6$)分配给零售店 2,3,4 时，则对每个 s_2 值，有一种最优分配方案，使最大盈利值为

$$f_2(s_2)=\max_{x_2}[p_2(x_2)+f_3(s_2-x_2)]$$

其中 $x_2=0,1,2,3,4,5,6$。

因为零售店 2 分给 x_2 箱货物，其盈利为 $p_2(x_2)$，余下的 s_2-x_2 台就给零售店 3,4，则它的盈利值为 $f_3(s_2-x_2)$，现要选择 x_2 的值，使 $p_2(x_2)+f_3(s_2-x_2)$取最大值，其数值计算如表 8-4。

表 8-4

s_4 \ x_4	$p_2(x_2)+f_3(s_2-x_2)$							$f_2(s_2)$	x_2^*
	0	1	2	3	4	5	6		
0	0								
1	4	2						4	0
2	7	6	4					7	0
3	9	9	8	6				9	0,1
4	11	11	11	10	8			11	0,1,2
5	12	13	13	13	12	9		13	1,2,3
6	13	14	15	15	15	13	10	15	2,3,4

当 $k=1$ 时，设把 s_1 箱货物($s_1=6$)分配给零售店 1,2,3,4 时，则最大盈利为

$$f_1(6)=\max_{x_1}[p_1(x_1)+f_2(6-x_1)]$$

其中 $x_1=0,1,2,3,4,5,6$。

因为零售店 1 分给 x_1 台箱，其盈利为 $p_1(x_1)$，剩下 $6-x_1$ 箱就给零售店 2,3,4，则它的盈利最大值为 $f_2(6-x_1)$，现要选择 x_1 值，使 $p_1(x_1)+f_2(6-x_1)$取最大值，它就是所求的总盈利最大值，其数值计算如表 8-5。

表 8-5

s_1 \ x_1	$p_1(x_1)+f_2(s_1-x_1)$							$f_1(6)$	x_1^*
	0	1	2	3	4	5	6		
6	15	17	17	16	14	11	7	17	1,2

故知总利润最大值为 17；最优分配方案有 6 种，依次卸箱数为

① (1,1,3,1)，② (1,2,2,1)，③ (1,5,1,1)

④ (2,0,3,1)，⑤ (2,1,2,1)，⑥ (2,2,1,1)

8.7 设有某种肥料共 6 个单位重量，准备供给 4 块粮田用。其每块田施肥数量与增产粮食数字关系如表 8-6 所示。试求对每块田施多少单位重量的肥料，才使总的增产粮食最多。

表 8-6

施肥	粮田			
	1	2	3	4
0	0	0	0	0
1	20	25	18	28
2	42	45	39	47
3	60	57	61	65
4	75	65	78	74
5	85	70	90	80
6	90	73	95	85

解 由题设，问题可划分为 4 个阶段，s_k 表示分配给第 k 至第 4 块田的肥料重量，x_k 表示分给第 k 块田的肥料重量。

状态转移方程

$$s_{k+1}=s_k-x_k$$

$p_k(x_k)$为 x_k 的肥料用于第 k 块田的增产数，$f_k(s_k)$表示为 s_k 的肥料分配给 k 至 4 块田的最大产值。

递推公式为

$$\begin{cases} f_k(s_k)=\max\limits_{0\leqslant x_k\leqslant s_k}[p_k(x_k)+f_{k+1}(s_k-x_k)], \quad (k=1,2,3,4) \\ f_5(s_5)=0 \end{cases}$$

当 $k=4$ 时，设将 s_4 个单位($s_4=0,1,\cdots,6$)全部分配给第 4 块田地时，则最大的盈利值为

$$f_4(s_4)=\max[p_4(x_4)]$$

其中 $x_4=s_4=0,1,2,\cdots,6$。

因为此时只有一块田地，全部分配给第 4 块田地，故它的盈利值就是该段的最大盈利值，其数值计算如表 8-7。

表 8-7

s_4 \ x_4	$p_4(x_4)$							$f_4(s_4)$	x_4^*
	0	1	2	3	4	5	6		
0	0							0	0
1		28						28	1
2			47					47	2
3				65				65	3
4					74			74	4
5						80		80	5
6							85	85	6

当 $k=3$ 时，把 s_3 个单位重量($s_3=0,1,2,\cdots,6$)分配给第 3,4 两块田地时，则对每个 s_3

的值，有一种最优分配方案，使最大盈利值为

$$f_3(s_3)=\max_{x_3}[p_3(x_3)+f_4(s_3-x_3)]$$

其中 $x_3=0,1,2,3,4,5,6$。

给第3块田分 x_3 个单位重量，其盈利为 $p_3(x_3)$，余下的 s_3-x_3 个单位重量就给第4块田地，则它的盈利最大值为 $f_4(s_3-x_3)$，现要选择 x_3 的值，使 $p_3(x_3)+f_4(s_3-x_3)$ 的最大值，其数值计算如表8-8。

表 8-8

s_3 \ x_3	$p_3(x_3)+f_4(s_3-x_3)$							$f_3(s_3)$	x_4^*
	0	1	2	3	4	5	6		
0	0							0	0
1	28	18						28	0
2	47	46	39					47	0
3	65	65	67	61				67	2
4	74	83	86	89	78			89	3
5	80	92	104	108	106	90		108	3
6	85	98	113	126	125	118	95	126	3

当 $k=2$ 时，把 s_2 个单位重量($s_2=0,1,2,3,4,5,6$)分配给第2,3,4块田地时，则对每个 s_2 值，有一种最优分配方案，使最大盈利值为

$$f_2(s_2)=\max_{x_2}[p_2(x_2)+f_3(s_2-x_2)]$$

其中 $x_2=0,1,2,3,4,5,6$。

分给第2块田地 x_2 个单位重量，其盈利为 $p_2(x_2)$，余下的(s_2-x_2)个单位就给第3,4块田地，则它的盈利最大值为 $f_3(s_2-x_2)$，现要选择 x_2 的值，使 $p_2(x_2)+f_3(s_2-x_2)$ 取最大值，其数值如表8-9。

表 8-9

s_2 \ x_2	$p_2(x_2)+f_3(s_2-x_2)$							$f_2(s_2)$	x_2^*
	0	1	2	3	4	5	6		
0	0							0	0
1	28	25						28	0
2	47	53	45					53	1
3	67	72	73	57				73	2
4	89	92	92	85	65			92	1,2
5	108	114	112	104	93	70		114	1
6	126	133	134	133	128	113	90	134	0,1,2

当 $k=1$ 时，把 s_1 个单位重量(这里只有 $s_1=6$ 的情况)分配给第1,2,3,4块田地时，则最大盈利值为

$$f_1(6)=\max_{x_1}[p_1(x_1)+f_2(6-x_1)]$$

其中 $x_1=0,1,2,3,4,5,6$。

给第1块田地 x_1 个单位重量，其盈利值为 $p_1(x_1)$，剩下的($6-x_1$)个单位重量，就分给第

2,3,4 块田地，则它的盈利最大值为 $f_2(6-x_1)$，现要选择 x_1 的值，使 $p_1(x_1)+f_2(6-x_1)$ 取最大值，它就是所求的总盈利最大值，其数值如表 8-10。

表 8-10

x_1 \ s_1	$p_1(x_1)+f_2(s_1-x_1)$							$f_1(s_1)$	x_1^*
	0	1	2	3	4	5	6		
6	134	134	134	133	128	113	90	134	0,1,2

综合上述得最大产量为 134，最优方案 $(x_1^*, x_2^*, x_3^*, x_4^*)$ 如下：

① (0,2,3,1)

② (1,1,3,1)

③ (2,1,3,1)

④ (2,2,0,2)

8.8 某公司打算向它的 3 个营业区增设 6 个销售店，每个营业区至少增设一个。从各区赚取的利润与增设的销售店个数有关，其数据如表 8-11。

表 8-11

销售店增加数	A 区利润(万元)	B 区利润(万元)	C 区利润(万元)
0	100	200	150
1	200	210	160
2	280	220	170
3	330	225	180
4	340	230	200

试求各区应分配几个增设的销售店，才能使总利润最大？其值是多少？

解 按营业区分为三个阶段，$k=1,2,3$。

s_k 为 k 至第 3 个区增设的店数；x_k 为第 k 个区增设的店，并根据题意有 $x_k \geqslant 1$，$p_k(s_k)$ 为 k 区增设 x_k 店所取得的利润；$f_k(s_k)$ 为从第 k 至第 3 个区分配 s_k 的设置的最大利润。

状态转移方程为 $s_{k+1}=s_k-x_k$，则有逆序递推关系

$$\begin{cases} f_k(s_k)=\max\limits_{1\leqslant x_k \leqslant s_k}\{p_k(x_k)+f_{k+1}(s_{k+1})\}, \quad (k=3,2,1) \\ f_4(s_4)=0 \end{cases}$$

当 $k=3$ 时，设将 s_3 个销售店($s_3=1,2,3,4$)全部分配给 C 区时，则最大盈利值为

$$f_3(s_3)=\max_{x_3}[p_3(x_3)]$$

其中 $x_3=s_3=1,2,3,4$。

此时只有 C 区增设，增设多少个销售店就全部分配给 C 区，故它的盈利就是该段的最大盈利值，其数值计算为表 8-12。

表 8-12

x_3 \ s_3	$p_3(x_3)$				$f_3(s_3)$	x_3^*
	1	2	3	4		
1	160				160	1
2		170			170	2

续表

s_3 \ x_3	$p_3(x_3)$				$f_3(s_3)$	x_3^*
	1	2	3	4		
3			180		180	3
4				200	200	4

当 $k=2$ 时，设把增设 s_2 个销售店（$s_2=2,3,4,5$）分配给 B、C 区时，则对每个 s_2 值有一种最优分配方案，使最大盈利值为

$$f_2(s_2)=\max_{x_2}[p_2(x_2)+f_2(s_2-x_2)]$$

其中 $x_2=1,2,3,4$。

给 B 区增设 x_2 个销售店，其盈利为 $p_2(x_2)$，剩下的（s_2-x_2）个销售店就给 C 区，则它的盈利最大值为 $f_3(s_2-x_2)$，现要选择 x_2 的值，使 $p_2(x_2)+f_3(s_2-x_3)$ 取最大值，其数值计算如表 8-13。

表 8-13

s_2 \ x_2	$p_2(x_2)+f_3(s_3)$				$f_2(s_2)$	x_2^*
	1	2	3	4		
2	370				370	1
3	380	380			380	1,2
4	390	390	385		390	1,2
5	410	400	395	390	410	1

当 $k=1$ 时，设 s_1 个销售店（$s_1=6$）分配给 A、B、C 三个区时，则最大盈利值为

$$f_1(6)=\max_{x_1}[p_1(x_1)+f_2(6-x_1)]$$

其中 $x_1=1,2,3,4$。

因为给 A 区增设 x_1 个零售店，其盈利 $p_1(x_1)$，剩下的（$6-x_1$）个零售店，给 B 和 C 两区，则它为盈利最大值为 $f_1(6-x_1)$，现要选择 x_1 值，使 $p_1(x_1)+f_2(6-x_1)$ 取最大值，它就是阶求的总盈利最大值，其数值计算如表 8-14。

表 8-14

s_1 \ x_1	$p_1(x_1)+f_2(s_1-x_1)$				$f_1(s_1)$	x_1^*
	1	2	3	4		
6	610	670	710	710	710	3,4

故总利润最大为 710 万元，增设方案（A，B，C）有三个分别为

① (3,1,2) ② (3,2,1) ③ (4,1,1)

8.9 某工厂有 100 台机器，拟分 4 个周期使用，在每一周期有两种生产任务。据经验，把机器 x_1 台投入第一种生产任务，则在一个生产周期中将有 $\frac{1}{3}x_1$ 台机器作废；余下的机器全部投入第二种生产任务，则有 1/10 机器作废。如果完成第一种生产任务每台机器可收

益 10，完成第二种生产任务每台机器可收益 7。问怎样分配机器，使总收益最大？

解 按周期划分为 4 阶段，$k=1,2,3,4$。

状态变量 s_k 表示第 k 年年初的完好机器数。

决策变量 u_k 表示，第 k 年度用于第一种任务的机器数，则 s_k-u_k 表示该年度第二种任务所用的机器台数。

状态转移方程为

$$s_{k+1}=\left(1-\frac{1}{3}\right)u_k+\left(1-\frac{1}{10}\right)(s_k-u_k)=\frac{2}{3}u_k+\frac{9}{10}(s_k-u_k)$$

设 $v_k(s_k,u_k)$为第 k 周期的收益，则

$$v_k=10u_k+7(s_k-u_k)$$

指标函数为
$$v_{1,4}=\sum_{k=1}^{4}u_k(s_k,u_k)$$

最优值函数 $f_k(s_k)$为由资源是 s_k 出发，从第 k 至第 4 周期的总收益最大值，递推关系式为

$$\begin{cases}f_k(s_k)=\max\limits_{0\leqslant u_k\leqslant f_k(s_k)}\{v_k=f_{k+1}(s_{k+1})\}\\ f_5(s_5)=0\end{cases}$$

$$\begin{aligned}f_4(s_4)&=\max_{0\leqslant u_4\leqslant s_4}[10u_4+7(s_4-u_4)]\\&=\max_{0\leqslant u_4\leqslant s_4}[7s_4+3u_4]=7s_4+3s_4=10s_4\end{aligned}$$

最优解为
$$u_4^*=s_4$$

依此类推。

解得最优决策为 $u_1=0,\quad u_2=0,\quad u_3=81,\quad u_4=54$

总收益为
$$f_1(s_1)=134\times\frac{100}{5}=2\,680$$

8.10 用逐次逼近法求解下述问题。

$$\max z=x_1^2y_1+3x_2y_2^2+4x_3^2y_3$$

$$\begin{cases}2x_1+3x_2+4x_3\leqslant 24\\3y_1+2y_2+5y_3\leqslant 30\\x^i\geqslant 0,y_j\geqslant 0\text{ 且为整数。}\quad(i=1,2,3;\ j=1,2,3)\end{cases}$$

解 逐次逼近法的思想为：先保持一个变量不变，对另一个变量实现最优化，然后交替固定，以迭代的形式反复进行，直到获得某种要求为止。

设 $x^{(0)}=(4,2,2)^{\mathrm{T}}$，固定 $x^{(0)}$，对 y 求解。

问题转化为

$$\max z=16y_1+6y_2^2+16y_3$$

$$\begin{cases}3y_1+2y_2+5y_3\leqslant 30\\y_i\geqslant 0\text{ 且为整数，}\quad(i=1,2,3)\end{cases}$$

逐步迭代得：此问题的最优解为

$$\boldsymbol{X}^*=(0,8,0)^{\mathrm{T}},\quad \boldsymbol{Y}^*=(0,15,0)^{\mathrm{T}}$$

最优目标函数值 $z^*=5\,400$。

8.11 设有三种资源,每单位的成本分别为 a,b,c。给定的利润函数为 $r_i(x_i,y_i,z_i),(i=1,2,\cdots,n)$,现有资金为 W,应购买各种资源多少单位分配给 n 个行业,才能使总利润最大。试给出动态规划的公式,并写出它的一维递推关系式。

解 数学模型为

$$\max z=\sum_{i=1}^{n} r_i \quad (x_i,y_i,z_i)$$

$$\text{s.t.}\begin{cases}a\sum_{i=1}^{n}x_i+b\sum_{i=1}^{n}y_i+c\sum_{i=1}^{n}z_i\leqslant W\\ x_i,y_i,z_i\geqslant 0\text{ 且为整数}\end{cases}$$

则按 n 个行业划分 n 个阶段。

状态变量 s_k 表示第 1 至 k 阶段的总资金数。

决策变量 w_k 表示第 k 阶段所用资金。

状态转移方程

$$s_k=s_{k+1}-w_{k-1}$$

最优值函数 $f_k(s_k)$表示在 s_k 状态下第 1 至 k 阶段的最大利润,即

$$f_k(s_k)=\max z=\sum_{i=1}^{n} r_i(w_i)$$

则,动态规划的一维递推公式为

$$f_1(s_1)=\max r_1(x_1,y_1,z_1)=\max r_1(w_1)$$

$$f_k(s_k)=\max\{r_i(w_i)+f_{k-1}(s_k-w_k)\}\quad 2\leqslant k\leqslant n$$

8.12 某工厂要对一种产品制定今后 4 个时期的生产计划,据估计在今后 4 个时期内,市场对于该产品的需求量如表 8-15 所示。

表 8-15

时期(k)	1	2	3	4
需求量(d_k)	2	3	2	4

假定该厂生产每批产品的固定成本为 3 千元,若不生产就为 0;每单位产品成本为 1 千元;每个时期末未售出的产品,每单位需付存储费 0.5 千元。还假定在第 1 个时期的初始库存量为 0,第 4 个时期之末的库存量也为 0。试问该厂应如何安排各个时期的生产与库存,才能在满足市场需要的条件下,使总成本最小。

解 4 个时期分为 4 阶段;v_{k-1} 为状态变量,表示第 k 阶级开始时的库存量,x_k 为决策变量,表示第 k 阶段的生产量,d_k 为第 k 阶段对产品需求量,状态转移方程为

$$v_k=v_{k-1}+x_k-d_k,\quad (k=1,2,\cdots,n)$$

最优值函数 $f_k(v_k)$表示第 1 阶段初始库存量为 0 至第 k 阶段末库存量为 v_k 的最小总费用。

第 k 时期生产成本为

$$c_k(x_k)=\begin{cases}0, & x_k=0\\ 3+x_k, & (x_k=1,2,\cdots,n)\end{cases}$$

第 k 时期末库存量为 v_k 时的存储费用为

$$h_k(v_k)=0.5v_k, \quad \sigma_k=v_k+d_k$$

第 k 时期总成本为 $c_k(x_k)+h_k(v_k)$。

动态规划的顺序递推关系式为

$$\begin{cases} f_k(v_k)=\min\limits_{0\leqslant x_k\leqslant \sigma_k}[c_k(x_k)+h_k(v_k)+f_{k-1}(v_k+d_k-x_k)], \quad (k=2,3,4) \\ f_1(v_1)=\min\limits_{x_1=v_1+d_1}[c_1(x_1)+h_1(v_1)] \end{cases}$$

由
$$f_1(v_1)=3+(v_1+2)+0.5v_1=5+1.5v$$

相应的最优解为
$$x_1^*=v_1+2$$

又
$$f_2(v_2)=\min_{0\leqslant x_2\leqslant \sigma_2}[c_2(x_2)+0.5v_2+f_1(v_2+d_2-x_2)]$$

其中 $v_2\in[2,6]$，所以

$$f_2(v_2)=\begin{cases} 9.5+2v_2 & v_2\in[0,3] \quad x_2^*=0 \\ 11+1.5v_2 & v_2\in[3,6] \quad x_2^*=v_2+3 \end{cases}$$

$$f_2(0)=9.5 \quad f_2(1)=11.5 \quad f_2(2)=13.5$$

$$f_2(3)=15.5 \quad f_2(4)=17 \quad f_2(5)=18.5 \quad f_2(6)=20$$

$$f_3(0)=\min\begin{Bmatrix} 5+9.5 \\ 4+11.5 \\ 13.5 \end{Bmatrix}=\min\begin{Bmatrix} 14.5 \\ 15.5 \\ 13.5 \end{Bmatrix}=13.5, \quad \text{则 } x_3=0$$

$$f_3(1)=\min\begin{Bmatrix} 6+0.5+9.5 \\ 5+0.5+11.5 \\ 4+0.5+13.5 \\ 0.5+15.5 \end{Bmatrix}=\min\begin{Bmatrix} 16 \\ 17 \\ 18 \\ 16 \end{Bmatrix}=16, \quad \text{则 } x_3=0 \text{ 或 } 3$$

$$f_3(2)=\min\begin{Bmatrix} 7+1+9.5 \\ 6+1+11.5 \\ 5+1+13.5 \\ 4+1+15.5 \\ 1+17 \end{Bmatrix}=\min\begin{Bmatrix} 17.5 \\ 18.5 \\ 19.5 \\ 20.5 \\ 18 \end{Bmatrix}=17.5, \quad \text{则 } x_3=4$$

$$f_3(3)=\min\begin{Bmatrix} 8+1.5+9.5 \\ 7+1.5+11.5 \\ 6+1.5+13.5 \\ 5+1.5+15.5 \\ 4+1.5+17 \\ 1.5+18.5 \end{Bmatrix}=\min\begin{Bmatrix} 19 \\ 20 \\ 21 \\ 22 \\ 22.5 \\ 20 \end{Bmatrix}=19, \quad \text{则 } x_3=5$$

$$f_3(4)=\min\begin{Bmatrix} 9+2+9.5 \\ 8+2+11.5 \\ 7+2+13.5 \\ 6+2+15.5 \\ 5+2+17 \\ 4+2+18.5 \\ 2+20 \end{Bmatrix}=\min\begin{Bmatrix} 20.5 \\ 21.5 \\ 22.5 \\ 23.5 \\ 24 \\ 24.5 \\ 22 \end{Bmatrix}=20.5, \quad \text{则 } x_3=6$$

$$f_4(0)=\min\begin{cases}7+13.5\\6+16\\5+17.5\\4+19\end{cases}=\min\begin{cases}20.5\\22\\22.5\\23\end{cases}=20.5,\quad 则\ x_4=0$$

再按计算的顺序反推算，可找出每个时期的最优生产决策(x_1^*,x_2^*,x_3^*,x_4^*)为：

$$(5,0,6,0)\quad 或\quad (7,0,0,4)$$

最小总成本为 20.5 千元。

8.13 利用再生产点性质解上题。

解 因为 $c_i(x_i)=\begin{cases}0 & x_i=0\\3+x_i & x_i=1,2,\cdots,n\end{cases}$ 和 $h_i(v_i)=0.5v_i$

(1) 先计算$c(j,i)$，$1\leqslant j\leqslant i$，$i=1,2,3,4$，于是有

$$c(1,1)=c(2)+h(0)=5+0=5$$
$$c(1,2)=c(5)+h(3)=8+1.5=9.5$$
$$c(1,3)=c(7)+h(5)+h(2)=10+2.5+1=13.5$$
$$c(1,4)=c(11)+h(9)+h(6)+h(4)=14+4.5+3+2=23.5$$
$$c(2,2)=c(3)+h(0)=6+0=6$$
$$c(2,3)=c(5)+h(2)=8+1=9$$
$$c(2,4)=c(9)+h(6)+h(4)=12+3+2=17$$
$$c(3,3)=c(2)+h(0)=5+0=5$$
$$c(3,4)=c(6)+h(4)=9+2=11$$
$$c(4,4)=c(4)+h(0)=7+0=7$$

(2) 再计算 f_i，有 $f_0=0$， $f_1=f_0+c(1,1)=0+5=5$。

则 $j(1)=1$，$j(n)$为计算 f_n 时，使 $f_s=\min\limits_{1\leqslant j\leqslant i}(f_{j-1}+c(j,i))$式右边最小的 j 值。

$$\begin{aligned}f_2&=\min[f_0+c(1,2),f_1+c(2,2)]\\&=\min[0+9.5,5+6]=\min[9.5,11]=9.5\end{aligned}$$

则 $j(2)=1$。

$$\begin{aligned}f_3&=\min[f_0+c(1,3),f_1+c(2,3),f_2+c(3,3)]\\&=\min[0+13.5,5+9,9.5+5]\\&=\min[13.5,14,14.5]=13.5\end{aligned}$$

则 $j(3)=1$。

$$\begin{aligned}f_4&=\min[f_0+(1,4),f_1+c(2,4),f_2+c(3,4),f_3+c(4,4)]\\&=\min[0+23.5,5+17,9.5+11,13.5+7]\\&=\min[23.5,22,20.5,20.5]=20.5\end{aligned}$$

则 $j(4)=3$ 或 4。

(3) 最优生产决策

由于 $j(4)=3$ 时，有 $x_3=d_3+d_4=6$， $x_4=0$

因 $m=j(4)-1=2$， $j(m)=j(2)=1$

$x_1=d_1+d_2=5$， $x_2=0$

于是方案Ⅰ为

$$(x_1^*, x_2^*, x_3^*, x_4^*) = (5,0,6,0)$$

因 $m = j(4) - 1 = 3,\quad j(m) = j(3) = 1$

则 $x_1 = d_1 + d_2 + d_3 = 7,\quad x_2 = x_3 = 0$

于是方案Ⅱ为 $(x_1^*, x_2^*, x_3^*, x_4^*) = (7,0,0,4)$

8.14 某厂生产一种产品，估计该产品在未来 4 个月的销售量分别为 400、500、300、200 件。该项产品的生产准备费用每批为 500 元，每件的生产费用为 1 元，存储费用每件每月为 1 元。假定 1 月初的存货为 100 件，4 月底的存货为零。试求该厂在这 4 个月内的最优生产计划。

解 (1) 生产成本函数

$$c_k(x_k) = \begin{cases} 0 & (x_k = 0) \\ 5 + 1 \cdot x_k & (x_k = 1, 2, \cdots, n) \end{cases} \quad (\text{单位：百元})$$

第 k 时期末库存量为 V_k 时，库存费用函数为 $h_k(v_k) = v_k$。

可视为凹函数，用生产点性质解此题，故第 k 时期内总成本为 $c_k(x_k) + h_k(v_k)$

$$c(1,1) = c(3) + h(0) = 8 + 0 = 8$$
$$c(1,2) = c(8) + h(5) = 13 + 5 = 18$$
$$c(1,3) = c(11) + h(8) + h(3) = 16 + 8 + 3 = 27$$
$$c(1,4) = c(13) + h(10) + h(5) + h(2) = 18 + 10 + 5 + 2 = 35$$
$$c(2,2) = c(5) + h(0) = 10 + 0 = 10$$
$$c(2,3) = c(8) + h(3) = 13 + 3 = 16$$
$$c(2,4) = c(10) + h(5) + h(2) = 15 + 5 + 2 = 22$$
$$c(3,3) = c(3) + h(10) = 8 + 10 = 18$$
$$c(3,4) = c(15) + h(2) = 20 + 2 = 22$$
$$c(4,4) = c(2) + h(0) = 7 + 0 = 7$$

(2) $f_0 = 0$

$f_1 = f_0 + c(1,1) = 8$

$j(1) = 1$

$$f_2 = \min[f_0 + c(1,2), f_1 + c(2,2)] = \min[10+8, 8+10]$$
$$= \min[18, 18] = 18$$

$j(2) = 1, 2$

$$f_3 = \min[f_0 + c(1,3), f_1 + c(2,3), f_2 + c(3,3)]$$
$$= \min[0+27, 8+16, 18+8] = \min[27, 24, 26] = 24$$

$j(3) = 2$

$$f_4 = \min[f_0 + c(1,4), f_1 + c(2,4), f_2 + c(3,4), f_3 + c(4,4)]$$
$$= \min[0+35, 8+22, 18+22] = \min[35, 30, 30, 40] = 30$$

$j(4) = 2, 3$

(3) 1 月初原有库存货 100 件外，总成本最低为 3 千元，最优生产计划有以下 3 种。

Ⅰ：$j(4) = 2$ 时，$\quad x_2 = d_2 + d_3 + d_4 = 10,\quad x_3 = x_4 = 0$

$$m = j(4) - 1 = 1,\quad j(m) = j(1) = 1$$

$$x_1=4-1=3$$

即 $$x_1^*=3,\quad x_2^*=10,\quad x_3^*=x_4^*=0$$

Ⅱ：$j(4)=3$ 时，$$x_3=d_3+d_4=5,\quad x_4=0$$

$$m=j(4)-1=2$$

$j(m)=j(2)=1$ 时，$$x_1=8,\quad x_2=0$$

即 $$x_1^*=8,\quad x_2^*=0,\quad x_3^*=5,\quad x_4^*=0$$

Ⅲ：$j(4)=3$ 时，$$x_3=5,\quad x_4=0$$

$j(m)=2$ 时，$$x_2=5,\quad x_1=3$$

即 $$x_1^*=3, x_2^*=5, x_3^*=5, x_4^*=0$$

综上所述，最优生产计划为(3,10,0,0)，(8,0,5,0)或(3,5,5,0)。(单位：百件)

即最优生产计划为(300,1 000,0,0)，(800,0,500,0)或(300,500,500,0)。

8.15 某电视机厂为生产电视机而需生产喇叭，生产以万只为单位。根据以往记录，一年的四个季度需要喇叭分别是3万只、2万只、3万只、2万只。设每万只存放在仓库内一个季度的存储费为0.2万元，每生产一批的装配费为2万元，每万只的生产成本费为1万元。问应该怎样安排四个季度的生产，才能使总的费用最小？

解 $c_i(x_i)=\begin{cases}0, & x_1=0\\ 2+x_i, & x_i=1,2,3,4,\cdots,n\end{cases}$ 和 $h_i(v_i)=0.2v_i$

第 k 时期内的总成本为 $c_k(x_k)+h_k(v_k)$。

(1)
$$c(1,1)=c(3)+h(0)=5+0=5$$
$$c(1,2)=c(5)+h(2)=7+0.4=7.4$$
$$c(1,3)=c(8)+h(5)+h(3)=10+1+0.6=11.6$$
$$c(1,4)=c(10)+h(7)+h(5)+h(2)$$
$$=12+1.4+1+0.4=14.8$$
$$c(2,2)=c(2)+h(0)=4+0=4$$
$$c(2,3)=c(5)+h(3)=7+0.6=7.6$$
$$c(2,4)=c(7)+h(5)+h(2)=9+1+0.4=10.4$$
$$c(3,3)=c(3)+h(0)=5+0=5$$
$$c(3,4)=c(5)+h(2)=7+0.4=7.4$$
$$c(4,4)=c(2)+h(0)=4+0=4$$

(2)
$$f_0=0$$
$$f_1=f_0+c(1,1)=0+5=5$$
$$j(1)=1$$
$$f_2=\min[f_0+c(1,2),f_1+c(2,2)]$$
$$=\min[0+7.4,5+4]=\min[7.4,9]=7.4$$
$$j(2)=1$$
$$f_3=\min[f_0+c(1,3),f_1+c(2,3),f_2+(3,3)]$$
$$=\min[0+11.6,5+7.6,7.4+5]$$
$$=\min[11.6,12.6,12.4]=11.6$$

$j(3)=1$

$f_4=\min[f_0+c(1,4),f_1+c(2,4),f_2+c(3,4),f_3+c(4,4)]$

$=\min[0+14.8,5+10.4,7.4+7.4,11.6+4]$

$=\min[14.8,15.8,14.8,15.6]=14.8$

$j(4)=1,3$

最小总费用为 14.8 万元。

(3) 最优生产决策为

Ⅰ：$j(4)=1$ 时，d_k 为第 k 阶段的需求量

$$x_1^*=d_1+d_2+d_3+d_4=10, \quad x_2^*=x_3^*=x_4^*=0$$

Ⅱ：$j(4)=3$ 时，$x_3^*=d_3+d_4=5, \quad x_4^*=0$

由 $m=j(4)-1=2$ 有 $j(m)=j(2)$

$$x_1^*=d_1+d_2=5, \quad x_2^*=0$$

综上所述，最优生产决策为(10,0,0,0)或(5,0,5,0)。(单位：万只)

8.16 某公司需要对某产品决定未来半年内每个月的最佳存储量，以使总费用极小化。已知半年里对该产品的需求量和单位订货费用、单位存储费用的数据如表 8-16 所示。

表 8-16

月份 k	1	2	3	4	5	6
需求量 d_k	50	55	50	45	40	30
单位订货费用 c_k	825	775	850	850	775	825
单位存储费用 p_k	40	30	35	20	40	

解 按月份将问题划分为 6 阶段，$k=1,2,3,\cdots,6$

状态变量 s_k 为第 k 阶段开始时产品的存储量；决策变量 u_k 为第 k 阶段订货量；d_k 为 k 阶段需求量。

状态转移方程 $$s_{k+1}=s_k+u_k-d_k$$

允许决策方程 $D_k(s_k)=\left\{u_k;\ u_k\geqslant 0, d_k\leqslant u_k+s_k\leqslant \sum_{i=k}^{n} d_i\right\}$

最优值函数 $f_k(s_k)$ 表示在第 k 阶段开始时存储为 s_k 时，从第 1 至第 k 阶段($k=1,2,\cdots,6$)的最小存储费用。

$c(j,i)(j\leqslant i)$ 为阶段 j 则阶段 i 的总成本。

(1) 由 $c(j,i)=c_j\left(\sum_{s=j}^{i} d_s\right)+\sum_{s=j}^{i-1} h_s\left(\sum_{t=s+1}^{i} d_t\right)$ 得

$c(j,i), 1\leqslant j\leqslant i, \quad (i=1,2,3,4,5,6)$。

$c(1,1)=50\times 825=41\ 250$

$c(1,2)=(50+55)\times 825+40\times 55=88\ 825$

$c(1,3)=825\times(50+55+50)+40\times(55+50)+30\times 50=133\ 575$

$c(1,4)=825\times(50+55+50+45)+40\times(55+50+45)+$
$30\times(50+45)+35\times 45=17\ 545$

$c(1,5)=825\times(50+55+50+45+40)+40\times(55+50+45+40)+$

$30\times(50+45+40)+35\times(45+40)+20\times45=213\ 425$

$c(1,6)=825\times(50+55+50+45+40+30)+40(55+50+45+30)+$
$30\times(50+45+40+30)+35\times(45+40+30)+$
$20\times(40+30)+40\times30=2\ 413\ 125$

$c(2,2)=775\times65=42\ 625$

$c(2,3)=775\times(50+55)+30\times50=82\ 875$

$c(2,4)=775\times(55+50+45)+30\times(50+45)+35\times45=120\ 675$

$c(2,5)=775\times(55+50+45+40)+30\times(50+45+40)+$
$35\times(45+40)+20\times40=155\ 075$

$c(2,6)=775\times(55+50+45+40+30)+30\times(50+45+40+30)+$
$35\times(45+40+30)+20\times(40+30)+40\times30=182\ 075$

$c(3,3)=850\times50=42\ 500$

$c(3,4)=850\times(50+45)+35\times45=82\ 325$

$c(3,5)=850\times(50+45+40)+35\times(45+40)+20\times40=118\ 525$

$c(3,6)=850\times(50+45+40+30)+35\times(45+40+30)+$
$20\times(40+30)+40\times30=146\ 875$

$c(4,4)=850\times45=38\ 250$

$c(4,5)=850\times(45+40)+20\times40=73\ 050$

$c(4,6)=850\times(45+40+30)+20\times(40+30)+40\times50=101\ 150$

$c(5,5)=775\times40=31\ 000$

$c(5,6)=775\times(40+30)+40\times30=55\ 450$

$c(6,6)=825\times30=24\ 750$

(2) 递推关系式有

$$\begin{cases} f_i=\min\limits_{1\leqslant j\leqslant i}[f_{j-1}+c(j,i)], \quad (i=1,2,\cdots,6) \\ \text{边界条件为 } f_0=0 \end{cases}$$

$f_0=0$

$f_1=f_0+c(1,1)=41\ 250$

$f_2=\min\{f_0+c(1,2),f_1+c(2,2)\}$
$=\min\{0+88\ 825,41\ 250+42\ 625\}=83\ 875$

$f_3=\min\{f_0+c(1,3),f_1+c(2,3),f_2+c(3,3)\}$
$=\min\{133\ 575,41\ 250+8\ 287\ 583\ 875+42\ 500\}=124\ 125$

$f_4=\min\{f_0+c(1,4),f_1(2,4),f_2+c(3,4),f_4+c(4,4)\}$
$=\min\{175\ 425,41\ 250+120\ 675,83\ 875+82\ 325,124\ 125+38\ 250\}=161\ 925$

$f_5=\min\{f_0+c(1,5),f_1+c(2,5),f_2+c(3,5),f_3+c(4,5),f_4+c(5,5)\}$
$=\min\{213\ 425,41\ 250+155\ 075,83\ 875+118\ 525,124\ 125+$
$73\ 050,161\ 925+31\ 000\}=192\ 925$

$f_6=\min\{f_0+c(1,6),f_1+c(2,6),f_2+c(3,6),f_3+c(4,6),f_4+c(5,6),f_5+c(6,6)\}$
$=\min\{243\ 125,41\ 250+182\ 075,83\ 875+146\ 875,$

124 125＋101 150，161 925＋55 450，192 925＋24 750}＝217 375

则最优决策方案为第 1 个月初订货量为 50，第 2 个月初订货量为 150，第 5 个月订货量为 70。

8.17 某罐头制造公司需要在近 5 周内必须采购原料一批，估计在未来 5 周内价格有波动，其浮动价格和概率如表 8-17 所示，试求各周以什么价格购入，使采购价格的数学期望值最小。

表 8-17

单价	概率
9	0.4
8	0.3
7	0.3

解 按采购期限 5 周分 5 个阶段，将每周的价格看作该阶段的状态，即 y_k 为状态变量，表示第 k 周的实际价格。

x_k 为决策变量，当 $x_k=1$，表示第 k 周决定采购；当 $x_k=0$，表示第 k 周决定等待。y_{kE} 表示第 k 周决定等待，而在以后采取最优决策时采购价格的期望值。

$f_k(x_k)$表示第 k 周实际价格为 y_k 时，从第 k 周至第 5 周采取最优决策所得的最小期望值，逆序递推关系式为

$$f_k(y_k)=\min(y_k, y_{kE}),\quad y_k\in s_k \tag{8-4}$$

$$f_5(y_k)=y_5,\quad y_5\in s_5$$

其中 $s_k=\{9,8,7\},\quad k=1,2,3,4,5$

由 y_{kE} 和 $f_k(y_k)$的定义可知

$$y_{kE}=0.4f_{k+1}(9)+0.3f_{k+1}(8)+0.3f_{k+1}(7) \tag{8-5}$$

并且得出最优决策为

$$x_k=\begin{cases}1 & f_k(y_k)=y_k\\ 0 & f_k(y_k)=y_{kE}\end{cases} \tag{8-6}$$

从最后 1 周开始，逐步向前递推计算，具体计算过程如下：

当 $k=5$ 时，因 $$f_5(y_5)=y_5,\quad y_5\in s_5$$

故有 $$f_5(9)=9;\quad f_5(8)=8;\quad f_5(7)=7$$

即在第 5 周时，若所需的原料尚未买入，则无论市场价格如何，都必须采购，不能再等。

当 $k=4$ 时，由 $$y_{kE}=0.4f_{k+1}(9)+0.3f_{k+1}(8)+0.5f_{k+1}(7)$$

知 $$y_{kE}=0.4\times9+0.3\times8+0.3\times7=8.1$$

于是由式(8-4)得

$$f_4(y_4)=\min_{y_4\in s_4}\{y_4, y_{4E}\}=\min_{y_4\in s_4}\{y_4, 8.1\}=\begin{cases}8.1, & y_4=9\\ 8, & y_4=8\\ 7, & y_4=7\end{cases}$$

由式(8-6)可知，第 4 周的最优决策为

$$x_4=\begin{cases}1 & y_4=8\text{ 或 }7\\0 & y_4=9\end{cases}$$

同理求得

$$\begin{aligned}y_{3E}&=0.4f_{4E}(8.1)+0.3f_{4E}(8)+0.3f_{4E}(7)\\&=0.4\times 8.1+0.3\times 8+0.3\times 7=7.74\end{aligned}$$

$$\begin{aligned}f_3(g_3)&=\min_{y_3\in s_3}\{y_3,y_{3E}\}=\min_{y_3\in s_3}\{y_3,7.74\}\\&=\begin{cases}7.74 & y_3=9\text{ 或 }8\\7 & y_3=7\end{cases}\end{aligned}$$

则

$$x_3=\begin{cases}1 & y_3=7\\0 & y_3=9\text{ 或 }8\end{cases}$$

$$y_{2E}=(0.4+0.7)\times 7.74+0.3\times 7=7.518$$

$$\begin{aligned}f_2(y_2)&=\min_{y_2\in s_2}\{y_2,y_{2E}\}=\min_{y_2\in s_2}\{y_2,7.518\}\\&=\begin{cases}7 & y_2=7\\7.518 & y_2=9\text{ 或 }8\end{cases}\end{aligned}$$

则

$$x_2=\begin{cases}1 & y_2=7\\0 & y_2=9\text{ 或 }8\end{cases}$$

$$f_{1E}=(0.4+0.3)\times 7.518+0.3\times 7=7.362\,6$$

则

$$x_1=\begin{cases}1 & y_1=7\\0 & y_1=9\text{ 或 }8\end{cases}$$

则最优策略为：在第1、2、3周时，若价格为7选择采购，否则选择等待；在第4周时，价格为8或7应采购，否则选择等待；在第5周时，无论什么价格都选择采购。

依照上述最优政策进行采购时，单价的数学期望为

$$0.7\times 7.362\,6+0.3\times 7\approx 7.25$$

8.18 求下列问题的最优解

(1) $\max z=10x_1+22x_2+17x_3$

$$\begin{cases}2x_1+4x_2+3x_3\leqslant 20\\x_i\geqslant 0\text{ 且为整数}(i=1,2,3)\end{cases}$$

(2) $\max z=x_1x_2+x_3x_4$

$$\begin{cases}2x_1+3x_2+x_3+2x_4=11\\x_i\geqslant 0\text{ 且为整数}(i=1,2,3,4)\end{cases}$$

(3) $\max z=4x_1+5x_2+8x_3$

$$\begin{cases}x_1+x_2+x_3\leqslant 10\\x_1+3x_2+6x_3\leqslant 13\\x_i=0\text{ 且为整数，}\quad(i=1,2,3)\end{cases}$$

(4) $\max z=g_1(x_1)+g_2(x_2)+g_3(x_3)$

$$\begin{cases}x_1^2+x_2^2+x_3^2\leqslant 20\\x_i\geqslant 0\text{ 且为整数，}\quad(i=1,2,3)\end{cases}$$

其中 x_i 与 $g_i(x_i)$ 的关系如表8-18所示。

表 8-18

x_i	0	1	2	3	4	5	6	7	8	9	10
$g_1(x_1)$	2	4	7	11	13	15	18	22	18	15	11
$g_2(x_2)$	5	10	15	20	24	18	12	9	5	3	1
$g_3(x_3)$	8	12	17	22	19	16	14	11	9	7	4

解 （1）$f_3(20)=\max\limits_{\substack{2x_1+4x_2+3x_3\leqslant 20\\ x_i\geqslant 0}}\{10x_1+22x_2+17x_3\}$

$$=\max_{\substack{20-3x_3\geqslant 0\\ x_3\geqslant 0}}\left\{17x_3+\max_{\substack{2x_1+4x_2\leqslant 20-3x_3\\ x_1\geqslant 0,x_2\geqslant 0}}(10x_1+22x_2)\right\}$$

$$=\max_{x_2=0,1,2,3,4,5,6}\{17x_3+f_2(20-3x_3)\}$$

$$=\max\{0+f_2(20),17+f_2(17),34+f_2(14),51+f_2(11),68+f_2(8),85+f_2(5),102+f_2(2)\}$$

逐步迭代得最优方案有两个，分别为

Ⅰ：$x_1^*=0,\quad x_2^*=3,\quad x_3^*=4$ 和 Ⅱ：$x_1^*=1,\quad x_2^*=0,\quad x_3^*=6$

（2）用动态规划方法来解，即要求 $f_4(11)$，

$$f_4(11)=\max_{\substack{2x_1+3x_2+x_3+2x_4\leqslant 11\\ x_i\geqslant 0,i=1,2,3}}\{x_1\cdot x_2\cdot x_3\cdot x_4\}$$

$$=\max_{\substack{2x_1+3x_2+x_3+2x_4\leqslant 11\\ x_i\geqslant 0,i=1,2,3}}\{x_1\cdot x_2\cdot x_3\cdot(x_4)\}$$

$$=\max_{\substack{11-2x_4\geqslant 0\\ x_4\geqslant 0}}\left\{x_4\cdot\max_{2x_1+3x_2+x_3\leqslant 11+2x_4}(x_1\cdot x_2\cdot x_3)\right\}$$

$$=\max_{x_4=0,1,2,3,4,5}\left\{x_4\cdot\max_{2x_1+3x_2+x_3\leqslant 11-2x_4}[x_1\cdot x_2\cdot x_3]\right\}$$

$$=\max\{0\cdot f_3(11),f_2(9),2f_3(7),3f_3(5),4f_3(3),5f_3(1)\}$$

故最优解有 3 个，即

$$X^*=(1,1,4,1)^{\mathrm T},\quad X^*=(2,1,2,1)^{\mathrm T}\quad 或\quad X^*=(1,1,2,2)^{\mathrm T}$$

最优值均为 $Z_{\max}=4$。

（3）用动态规划方法求解，其思想方法与一维背包问题完全类似，只是这时的状态变量是两个，而决策变量仍是一个，问题变为求 $f_3(10,13)$。

$$f_3(10,13)=\max_{\substack{x_1+x_2+x_3\leqslant 10\\ x_1+3x_2+6x_3\leqslant 13\\ x_i\geqslant 0,i=1,2,3}}\{4x_1+5x_2+8x_3\}$$

$$=\max_{\substack{x_1+x_2\leqslant 10-x_3\\ x_1+3x_2\leqslant 13-6x_3\\ x_i\geqslant 0}}\{4x_1+5x_2+(8x_3)\}$$

$$=\max_{\substack{10-x_3\geqslant 0\\ 13-6x_3\geqslant 0\\ x_3\geqslant 0}}\left\{8x_3+\max_{\substack{x_1+x_2\leqslant 10-x_3\\ x_1+3x_2\leqslant 13-6x_3\\ x_i\geqslant 0,x_2\geqslant 0}}[4x_1+5x_2]\right\}$$

$$=\max_{0\leqslant x_3\leqslant\min\left(\left[\frac{10}{1}\right],\left[\frac{13}{6}\right]\right)}\left\{8x_3+\max_{\substack{x_1+x_2\leqslant 10-x_3\\ x_1+3x_2\leqslant 13-6x_3\\ x_1,x_2\geqslant 0}}[4x_1+5x_2]\right\}$$

$$=\max\{8x_0+f_2(10,13),8\times 1+f_2(9,7),8\times 2+f_2(8,1)\}$$

$$=\max\{f_2(10,13),8+f_2(9,7),16+f_2(8,1)\}$$

要算 $f_3(10,13)$，必先算 $f_2(10,13)$，$f_2(9,7)$，$f_2(8,1)$。

逐步计算，则最优方案为 $x_3^*=0, x_2^*=1, x_1^*=9$。最优值 $\max z=4\times 9+5\times 1-8\times 0=41$。

（4）用动态方法解即要求 $f_3(20)$

$$f_3(20)=\max_{\substack{x_1^2+x_2^2+x_3^2\leqslant 20\\ x_i\geqslant 0, i=1,2,3}}\{g_1(x_1)+g_2(x_2)+g_3(x_3)\}$$

$$=\max_{\substack{x_1^2+x_2^2\leqslant 20-x_3^2\\ x_i\geqslant 0, i=1,2,3}}\{g_3(x_3)+g_1(x_1)+g_2(x_2)\}$$

$$=\max_{\substack{20-x_3^2\geqslant 0\\ x_3\geqslant 0}}\left\{g_3(x_3)+\max_{\substack{x_1^2+x_2^2-x_3^2\\ x_i\geqslant 0, i=1,2}}[g_1(x_1)+g_2(x_2)]\right\}$$

$$=\max_{x_3=0,1,2,3,4}\left\{g_3(x_3)+\max_{\substack{x_1^2+x_2^2\leqslant 20-x_3^2\\ x_i\geqslant 0, i=1,2}}[g_1(x_1)+g_2(x_2)]\right\}$$

$$=\max\{g_3(0)+f_2(20), g_3(1)+f_2(19), g_3(2)+f_2(16), g_3(3)+f_2(11), g_3(4)+f_2(4)\}$$

$$=\max\{8+f_2(20), 12+f_2(19), 17+f_2(16), 22+f_2(11), 19+f_2(4)\}$$

要算 $f_3(20)$，必先算 $f_2(20)$，$f_2(19)$，$f_2(16)$，$f_2(11)$，$f_2(4)$。

逐步计算得最优方案为 $x_1^*=2, x_2^*=3, x_3^*=2$。最优值 $\max z=f_3(20)=46$。

8.19　某工厂生产 3 种产品，各产品重量与利润关系如表 8-19 所示。现将此 3 种产品运往市场出售，运输能力总重量不超过 6 吨。问如何安排运输使总利润最大。

表　8-19

种类	1	2	3
重量	2	3	4
利润	80	130	180

解　设 3 种产品其运输重量分别为 x_1, x_2, x_3，由题意得模型为

$$\max z=80x_1+130x_2+180x_3$$

$$\begin{cases}2x_1+3x_2+4x_3\leqslant 6\\ x_1,x_2,x_3\geqslant 0, x_1,x_2,x_3 \text{ 为整数}\end{cases}$$

用动态规划方法来解，此问题要为求 $f_3(6)$，其中 $f_k(s_k)$ 表示当载重量为 s_k 时，采取最优决策装载第 k 种至第 n 种货物所得的最大利润。

$$f_3(6)=\max_{\substack{2x_1+3x_2+4x_3\leqslant 6\\ x_1,x_2,x_3\geqslant 0}}\left\{180x_3+\max_{\substack{2x_1+3x_2\leqslant 6-4x_3\\ x_1,x_2\geqslant 0}}(80x_1+130x_2)\right\}$$

$$=\max\{180x_3+f_2(6-4x_3)\}$$

$$=\max\{f_2(6), 180+f_2(2)\}$$

要计算 $f_3(6)$，必须先计算 $f_2(6)$ 和 $f_2(2)$。

$$f_2(6)=\max_{\substack{2x_1+3x_2\leqslant 6\\ x_1,x_2\geqslant 0}}\{80x_1+130x_2\}$$

$$=\max_{\substack{2x_1\leqslant 6-3x_2\\ x_1,x_2\geqslant 0}}\{80x_1+(130x_2)\}$$

$$= \max_{x_2=0,1,2} \{130x_2 + f_1(6-3x_2)\}$$

$$= \max\{f_1(6), 130 + f_1(3), 260 + f_1(0)\}$$

$$f_2(2) = \max_{\substack{2x_1+3x_2 \leqslant 2 \\ x_1, x_2 \geqslant 0}} \{80x_1 + 130x_2\}$$

$$= \max_{\substack{2x_1 \leqslant 2-3x_2 \\ x_1, x_2 \geqslant 0}} \{80x_1 + 130x_2\}$$

$$= \max\{130x_2 + f_1(2-3x_2)\} = f_1(2)$$

为了计算出 $f_2(6)$ 和 $f_2(2)$，必须先计算出 $f_1(0), f_1(2), f_1(3), f_1(6)$

$$f_1(w) = \max_{\substack{2x_1 \leqslant w \\ x_1 \geqslant 0}} (80x_1) = 80\left[\frac{w}{2}\right]$$

$$f_1(6) = 80 \times 3 = 240 \quad (x_1 = 3)$$

$$f_1(3) = 80 \times 1 = 80 \quad (x_1 = 1)$$

$$f_1(2) = 80 \times 1 = 80 \quad (x_1 = 1)$$

$$f_1(0) = 80 \times 0 = 0 \quad (x_1 = 0)$$

故

$$f_2(6) = \max\{240, 210, 260\} = 260 \quad (x_1 = 0, x_2 = 2)$$

$$f_2(2) = 80 \quad (x_1 = 1, x_2 = 0)$$

$$f_2(6) = \max\{260, 260\} = 260$$

运输方案有两个：(0,2,0)和(1,0,1)。

总利润最大为 260。

8.20 某工厂在一年进行了 A、B、C 三种新产品试制，由于资金不足，估计在年内这三种新产品研制不成功的概率分别为 0.40，0.60，0.80，因而都研制不成功的概率为 $0.40 \times 0.60 \times 0.80 = 0.192$。为了促进三种新产品的研制，决定增拨 2 万元的研制费，并要资金集中使用，以万元为单位进行分配。其增拨研制费与新产品不成功的概率如表 8-20所示。试问如何分配费用，使这三种新产品都研制不成功的概率为最小。

表 8-20

研制费 S(万元) \ 新产品	不成功概率		
	A	B	C
0	0.40	0.60	0.80
1	0.20	0.40	0.50
2	0.15	0.20	0.30

解 分为三个阶段，状态变量 s_k 表示第 k 种产品至第 n 种产品的研制费用，x_k 表示第 k 种产品研制费用，$P_k(x_k)$表示给 k 种产品补加研制费 x_k 后的不成功概率。模型为

$$\min z = \prod_{i=1}^{3} P_i(x_i)$$

$$x_1 + x_2 + x_3 = 2, \quad x_i \geqslant 0 \text{ 为整数。}$$

$$\begin{cases} f_k(s_k) = \min\limits_{0 \leqslant x_k \leqslant s_k} [p_k(x_k) \cdot f_{k+1}(s_k - x_k)], \quad k = 3,2,1 \\ f_4(s_4) = 1 \end{cases}$$

当 $k=3$ 时，设 s_3 万元($s_3 = 0,1,2$)全部分配给新产品 C，则不成功概率为

$$f_3(s_3)=\min_{x_3=s_3}[p_3(x_3)\times 0.4\times 0.6]$$

计算结果如表 8-21 所示。

表 8-21

s_3 \ x_3	$p_3(x_3)$			$f_3(s_3)$	x_3^*
	0	1	2		
0	0.8			0.8	0
1		0.5		0.5	1
2			0.3	0.3	2

当 $k=2$ 时，设 s_2 万元($s_2=0,1,2$)全部分配给新产品 B,C,则不成功的概率为

$$f_2(s_2)=\min_{0\leqslant x_2\leqslant s_2}[p_2(x_2)\cdot f_2(s_2-x_2)]$$

计算结果如表 8-22 所示。

表 8-22

s_2 \ x_2	$p_2(x_2)\cdot f_2(s_2-x_2)$			$f_2(s_2)$	x_2^*
	0	1	2		
0	0.6×0.8			0.6×0.8=0.48	0
1	0.6×0.5	0.4×0.8		0.30	0
2	0.6×0.3	0.4×0.5	0.2×0.8	0.16	2

当 $k=1$ 时，设 $s_1=2$ 万元，全部分配给新产品 A、B、C,则不成功的概率为

$$f_1(2)=\min_{0\leqslant x_2\leqslant 2}[p_1(x_1)\cdot f_2(2-x_1)]$$

计算结果如表 8-23 所示。

表 8-23

s_1 \ x_1	0	1	2	$f_1(2)$	x_1^*
2	0.4×0.016	0.2×0.3	0.15×0.48	0.06	1

故 $x_1^*=1,x_2^*=0,x_3^*=1,f_1(2)=0.06$。即 A 产品分配 1 万元，B 产品不分配，C 产品分配 1 万元，这三种产品都研究不成功的概率最小为 0.2×0.6×0.5=0.06。

8.21 某一印刷厂有 6 项加工任务，对印刷车间和装订车间所需时间(单位：天)如表 8-24 所示，试求最优的加工顺序和总加工天数。

表 8-24

车间 \ 任务	J_1	J_2	J_3	J_4	J_5	J_6
印刷车间	3	10	5	2	9	11
装订车间	8	12	9	6	5	2

解 工件的加工工时矩阵为

$$\boldsymbol{M}=\begin{matrix} J_1 & J_2 & J_3 & J_4 & J_5 & J_6 \\ \end{matrix}\begin{pmatrix}3 & 10 & 5 & 2 & 9 & 11\\ 8 & 12 & 9 & 6 & 5 & 2\end{pmatrix}\xrightarrow{\text{最优排序规则排序后}}\begin{matrix} J_4 & J_1 & J_3 & J_2 & J_5 & J_6 \\ \end{matrix}\begin{pmatrix}2 & 3 & 5 & 10 & 9 & 11\\ 6 & 8 & 9 & 12 & 5 & 2\end{pmatrix}$$

则最优加工顺序为

$$J_4 \to J_1 \to J_3 \to J_2 \to J_5 \to J_6$$

总加工时间为 44 天。

8.22 试对一台机器制定 5 年的更新策略，使总收入达到最大。设 $a=1, T=2$，有关数据如表 8-25 所示。

表 8-25

项目 \ 机龄 \ 产品年代	第 1 年					第 2 年				第 3 年		
	0	1	2	3	4	0	1	2	3	0	1	2
收　入	20	19	18	16	14	25	23	22	20	27	24	22
运行费用	4	4	6	6	8	3	4	6	7	3	3	4
更新费用	25	27	30	32	35	27	29	32	34	29	30	31
收　入	28	26	30	16	14	14	12	12				
运行费用	2	3	2	6	6	7	7	8				
更新费用	30	31	32	30	32	34	34	36				

解 由题意：$a=1, T=2, n=5$

$I_j(t)$为在第 j 年机器役龄为 t 年的一台机器运行所得收入；

$O_j(t)$为在第 j 年机器役龄为 t 年的一台机器运行所需费用；

$C_j(t)$为第 j 年机器役龄为 t 年的一台机器更新所需的更新净费用；

$g_j(t)$是第 j 年开始使用役龄为 t 年的机器时，从第 j 至第 5 年的最佳收入；

$x_j(t)$表示给出 $g_j(t)$时，在第 j 年开始时的决策。

得递推关系式为

$$g_j(t)=\max\begin{bmatrix} R: I_j(0)-O_j(0)-C_j(t)+g_{j+1}(1) \\ K: I_j(t)-O_j(t)+g_{j+1}(t+1) \end{bmatrix}$$

其中“K”是 keep 的缩写，表示保留使用，“R”是 Replacement 的缩写表示更新机器。

其中　　$g_6(t)=0$，　$(j=1,2,\cdots,5)$；　$(t=1,2,\cdots,j-1)$

当 $j=5$ 时，

$$g_5(t)=\max\begin{bmatrix} R: I_5(0)-O_5(0)-C_5(t)+1\cdot g_6(1) \\ K: I_5(t)-O_5(t)+g_6(t+1) \end{bmatrix}$$

$$g_5(1)=\max\begin{bmatrix} R: 30-2-31=-3 \\ K: 26-3=23 \end{bmatrix}=23, \quad \text{则 } x_5(1)=K$$

$$g_5(2)=\max\begin{bmatrix} R: 30-2-31=-3 \\ K: 22-4=18 \end{bmatrix}=18, \quad \text{则 } x_5(2)=K$$

$$g_5(3)=\max\begin{bmatrix} R: 30-2-34=-6 \\ K: 20-7=13 \end{bmatrix}=13, \quad \text{则 } x_5(3)=K$$

$$g_5(4)=\max\begin{bmatrix} R: 30-2-35=-7 \\ K: 14-8=6 \end{bmatrix}=6, \quad \text{则 } x_5(4)=K$$

$$g_5(6)=\max\begin{bmatrix} R: 30-2-36=-8 \\ K: 12-8=4 \end{bmatrix}=4, \quad \text{则 } x_5(6)=K$$

当 $j=4$ 时，

$$g_4(t)=\max\begin{bmatrix}R: I_4(0)-O_4(0)-C_4(t)+g_5(1)\\K: I_4(t)-O_4(t)-g_5(t+1)\end{bmatrix}$$

$$g_4(1)=\max\begin{bmatrix}R: 28-2-30+23=19\\K: 24-3+18=39\end{bmatrix}=39,\quad \text{则 } x_4(1)=K$$

$$g_4(2)=\max\begin{bmatrix}R: 28-2-32+23=17\\K: 22-6+13=29\end{bmatrix}=29,\quad \text{则 } x_4(2)=K$$

$$g_4(3)=\max\begin{bmatrix}R: 28-2-32+23=17\\K: 16-6+6=16\end{bmatrix}=17,\quad \text{则 } x_4(3)=R$$

$$g_4(5)=\max\begin{bmatrix}R: 28-2-34+23=15\\K: 12-7+4=9\end{bmatrix}=15$$

当 $j=3$ 时，

$$g_3(t)=\max\begin{bmatrix}R: I_3(0)-O_3(0)-C_3(t)+g_4(1)\\K: I_3(t)-O_3(t)+g_4(t+1)\end{bmatrix}$$

$$g_3(1)=\max\begin{bmatrix}R: 27-3-29+39=34\\K: 23-4+29=48\end{bmatrix}=48,\quad \text{则 } x_3(1)=K$$

$$g_3(2)=\max\begin{bmatrix}R: 27-3-30+39=33\\K: 18-6+17=29\end{bmatrix}=33,\quad \text{则 } x_3(2)=R$$

$$g_3(4)=\max\begin{bmatrix}R: 27-3-34+39=29\\K: 14-7+15=32\end{bmatrix}=29,\quad \text{则 } x_3(4)=R$$

当 $j=2$ 时，

$$g_2(t)=\max\begin{bmatrix}R: I_2(0)-O_2(0)-C_2(t)+g_3(1)\\K: I_2(t)-O_2(t)+g_3(t+1)\end{bmatrix}$$

$$g_2(1)=\max\begin{bmatrix}R: 25-3-27+48=43\\K: 19-4+33=48\end{bmatrix}=48,\quad \text{则 } x_2(1)=K$$

$$g_2(3)=\max\begin{bmatrix}R: 25-3-32+48=38\\K: 14-6+29=37\end{bmatrix}=38$$

当 $j=1$ 时，

$$g_1(t)=\max\begin{bmatrix}R: I_1(0)-O_1(0)-C_1(t)+g_2(1)\\K: I_1(t)-O_1(t)+g_2(t+1)\end{bmatrix}$$

$$g_1(2)=\max\begin{bmatrix}R: 20-4-30+48=34\\K: 16-6+38=48\end{bmatrix}=48,\quad \text{则 } x_1(2)=K$$

由 $g_1(2)=48$，得最大总收入为 48，根据上面计算过程反推之，可求得最佳策略见表 8-26。

表　8-26

年度	1	2	3	4	5
机龄	2	3	1	2	3
最佳决策	K	R	K	K	K

8.23 求解 6 个城市旅行推销员问题，其距离矩阵如表 8-27 所示。设推销员从 1 城出发，经过每个城市一次且仅一次，最后回到 1 城。问按怎样的路线走，使总的行程最短。

表 8-27

距离 i / j	1	2	3	4	5	6
1	0	10	20	30	40	50
2	12	0	18	30	25	21
3	23	9	0	5	10	15
4	34	32	4	0	8	16
5	45	27	11	10	0	18
6	56	22	16	20	12	0

解 动态规划的递推关系为

$$f_k(i,S)=\min_{j\in s}[S_{k-1}(j,S/\{j\})+d_{ji}],$$

$$k=1,2,\cdots,5,\quad i=2,3,\cdots,6,\quad S\subseteq N_i$$

边界条件为 $f_0(i,\Phi)=d_{1i}$，$p_k(i,S)$为最优决策函数，它表示从 1 城开始经 k 个中间城市到 S 集到 i 城的最短路线上紧挨着 i 城前面的那个城市。

由边界条件可知

$$f_0(2,\Phi)=d_{12}=10$$

$$f_0(3,\Phi)=d_{13}=20$$

$$f_0(4,\Phi)=d_{14}=30$$

$$f_0(5,\Phi)=d_{15}=40$$

$$f_0(6,\Phi)=d_{16}=50$$

当 $k=1$ 时，即从 1 城开始，中间经过一个城市到达 i 城的最短距离为

$$f_1(2,\{3\})=f_0(3,\Phi)+d_{32}=20+9=29$$

$$f_1(2,\{4\})=f_0(4,\Phi)+d_{42}=30+32=62$$

$$f_1(2,\{5\})=f_0(5,\Phi)+d_{52}=40+27=67$$

$$f_1(2,\{6\})=f_0(6,\Phi)+d_{62}=50+22=72$$

$$f_1(3,\{2\})=f_0(2,\Phi)+d_{23}=10+18=28$$

$$f_1(3,\{4\})=f_0(4,\Phi)+d_{43}=30+4=34$$

$$f_1(3,\{5\})=f_0(5,\Phi)+d_{53}=40+11=51$$

$$f_1(3,\{6\})=f_0(6,\Phi)+d_{63}=50+16=66$$

$$f_1(4,\{2\})=f_0(2,\Phi)+d_{24}=10+30=40$$

$$f_1(4,\{3\})=f_0(3,\Phi)+d_{34}=20+5=25$$

$$f_1(4,\{5\})=f_0(5,\Phi)+d_{54}=40+10=50$$

$$f_1(4,\{6\})=f_0(6,\Phi)+d_{64}=50+20=70$$

$$f_1(5,\{2\})=f_0(2,\Phi)+d_{25}=10+25=35$$

$$f_1(5,\{3\}) = f_0(3,\Phi) + d_{35} = 20 + 10 = 30$$
$$f_1(5,\{4\}) = f_0(4,\Phi) + d_{45} = 30 + 8 = 38$$
$$f_1(5,\{6\}) = f_0(6,\Phi) + d_{65} = 50 + 12 = 62$$
$$f_1(6,\{2\}) = f_0(2,\Phi) + d_{26} = 10 + 21 = 31$$
$$f_1(6,\{3\}) = f_0(3,\Phi) + d_{36} = 20 + 15 = 35$$
$$f_1(6,\{4\}) = f_0(4,\Phi) + d_{46} = 30 + 16 = 46$$
$$f_1(6,\{5\}) = f_0(5,\Phi) + d_{56} = 40 + 18 = 58$$

当 $k=2$ 时,即从 1 城开始,中间经过两个城市(它们的顺序任意)到达 i 城的最短距离为

$$f_2(2,\{3,4\}) = \min\{f_1(3,\{4\}) + d_{32}, f_1(4,\{3\}) + d_{42}\}$$
$$= \min\{34 + 9, 25 + 32\} = \min\{43, 57\} = 43$$

则 $$p_2(2,\{3,4\}) = 3。$$

$k=2$ 的其余部分,$k=3$,$k=4$ 的情况依此类推。当 $k=5$ 时,即从 1 城开始,中间经过 5 个城市,回到 1 城的最短距离是:

$$f_5(1,\{2,3,4,5,6\}) = \min\{f_4(2,\{3,4,5,6\}) + d_{21}, f_4(3,\{2,4,5,6\}) + d_{31},$$
$$f_4(4,\{2,3,5,6\}) + d_{41}, f_4(5,\{2,3,4,6\}) + d_{51},$$
$$f_4(6,\{2,3,4,5\}) + d_{61}\}$$
$$= \min\{73 + 12, 57 + 23, 59 + 34, 60 + 45, 59 + 56\}$$
$$= \min\{85, 80, 93, 105, 105\} = 80 \quad 则 \quad p_5(1,\{2,3,4,5,6\}) = 3$$

综合前面的递推过程

$$P_4(3,\{2,4,5,6\}) = 4 \quad P_3(4,\{2,5,6\}) = 5$$
$$P_2(5,\{2,6\}) = 6 \quad P_1(6,\{2\}) = 2$$

由此可知推销员最短路线为:1→2→6→5→4→3→1

最短总距离为 10+21+12+10+4+23=80。

【典型例题精解】

1. 某有色金属公司拟拨出 50 万元对所属三家冶炼厂进行技术改造。若以 10 万元为最小分割单位,各厂收益与投资的关系如表 8-28。

表 8-28

投资额(单位:十万元)	技术改造后收益(万元)		
	工厂 1	工厂 2	工厂 3
0	0	0	0
1	4.5	2.0	5.0
2	7.0	4.5	7.0
3	9.0	7.5	8.0
4	10.5	11.0	10.0
5	12.0	15	13.0

公司经理从定量决策的需要出发，要求公司的系统分析组求出：对三个工厂如何分配这 50 万元，才使收益达最大?

解 这是一个资源分配问题，首先对工厂 1 进行分配，余下的对工厂 2 进行分配，最后余下的分配给工厂 3。建立如下动态规划数学模型(由阶段图及 6 个要求组成)。

$\longrightarrow$工厂 1$\longrightarrow$工厂 2$\longrightarrow$工厂 3

① 阶段 n：(工厂)

② 阶段 S_n：$S_1=\{5\}, S_2=S_1-x_1, S_3=S_2-x_2$

(可供分配的资金量)$=\{0,1,2,\cdots,5\}=\{0,1,2,\cdots,5\}$

③ 决策 X_n：$0\leqslant x_1\leqslant S_1, 0\leqslant x_2\leqslant S_2, x_3=S_3$(分配的资金量)

④ 状态转移方程：$S_{n+1}=S_n-x_n$

⑤ 阶段指标函数 $g_n(x_n)$：$g_1(x_1)=\{0,4.5,7,9,10.5,12\}$

(收益) $g_2(x_2)=\{0,2,4.5,7.5,11,15\}$

$g_3(x_3)=\{0,5,7,8,10,13\}$

⑥ 指标递推方程

$$f_n^*(S_n)=\max_{0\leqslant x_n\leqslant S_n}[g_n(x_n)+f_{n+1}^*(S_n+1)],\quad n=2,1$$

$$f_3^*(S_3)=\max_{0\leqslant x_3\leqslant S_3}[g_3(x_3)],\quad n=3$$

下面利用表格进行计算(见表 8-29～表 8-31)，从最后一个阶段开始。

当 $n=3$ 时，$x_3=S_3$。

表 8-29

S_3 \ x_3	$f_3(S_3)=d_3(S_3,x_3)$						$f_3^*(S_3)$	x_3^*
	0	1	2	3	4	5		
0	0						0	0
1		5					5	1
2			7				7	2
3				8			8	3
4					10		10	4
5						13	15	5

当 $n=2$ 时，$x_2\leqslant S_2, S_3=S_2-x_2$。

表 8-30

S_2 \ x_2	$f_2(S_2)=d_2(S_2,x_2)+f_3^*(S_3)$						$f_2^*(S_2)$	x_2^*
	0	1	2	3	4	5		
0	0+0=0						0	0
1	0+5=5	2+0=2					5	0
2	0+7=7	2+5=7	4.5+0=4.5				7	0.1
3	0+8=8	2+7=9	4.5+5=9.5	7.5+0=7.5			9.5	2
4	0+10=10	2+8=10	4.5+7=11.5	7.5+5=12.5	11+1=11		12.5	3
5	0+13=13	2+10=12	4.5+8=12.5	7.5+7=14.5	11+5=16	15+0=15	16	4

当 $n=1$ 时，$x_1 \leqslant S_1, S_2 = S_1 - x_1$。

表 8-31

S_1 \ x_1	$f_1(S_1)=d_1(S_1,x_1)+f_2^*(S_2)$						$f_2^*(S_1)$	x_1^*
	0	1	2	3	4	5		
5	0+16=16	4.5+12.5=17	7+9.5=16.5	7+9=16	10.5+5=15.5	12+0=12	17	1

由此可知，$S_1=5$；此时 $x_1^*=1$。$S_2=S_1-x_1^*=5-1=4$；此时 $x_2^*=3$。$S_3=S_2-x_2^*=4-3=1$；此时 $x_3^*=1$。

最优策略为
$$P^*=\{x_1^*, x_2^*, x_3^*\}=\{1,3,1\}$$
$$Z^*=17$$

给工厂 1 分配 10 万元，工厂 2 分配 30 万元，工厂 3 分配 10 万元，可使总效益达最大，为 17 万元。

2. 用动态规划解下列问题：

$$\max z = 4x_1 + 9x_2 + 2x_3^2$$
$$\text{s. t.}\begin{cases} x_1 + x_2 + x_3 = 10 \\ x_1, x_2, x_3 \geqslant 0 \end{cases}$$

这是资源分配问题的非线性规划数字模型，用动态规划来求解。

① 阶段 n：(逆序)

② 状态 S_n：$S_3=10, S_2=S_3-x_3, S_1=S_2-x_2$(可供分配的资源)

③ 决策 x_n：$0\leqslant x_3 \leqslant S_3, 0\leqslant x_2\leqslant S_2, x_1=S_1$(分配的资源量)

④ 状态转移方程：$S_n=S_{n+1}-x_{n+1}$

⑤ 阶段指标函数 $g_n(x_n)$：$g_3(x_3)=2x_3^2, g_2(x_2)=9x_2, g_1(x_1)=4x_1$

⑥ 指标递推方程：

$$f_n^*(S_n)=\max_{0\leqslant x_n\leqslant S_n}[g_n(x_n)+f_{n-1}^n(s_{n-1})], n=2,3$$
$$f_1^*(S_1)=\max_{0\leqslant x_1\leqslant S_1}[g_1(x_1)]=[4x_2]/x_1=S_1=4S_1, \quad (x_1=S_1)$$

当 $n=2$ 时：$x_2\leqslant S_2, S_1=S_2-x_2$

$$f_2^*(S_2)=\max_{0\leqslant x_2\leqslant S_2}[g_2(x_2)+f_1^*(S_1)]=\max_{0\leqslant x_2\leqslant S_2}[9x_2+4(S_1)]$$
$$=\max_{0\leqslant x_2\leqslant S_2}[9x_2+4(S_2-x_2)]=\max_{0\leqslant x_2\leqslant S_2}[5x_2+4S_2]=9S_2, \quad (x_2=S_2)$$

当 $n=3$ 时：$x_3\leqslant S_3, S_2=S_3-x_3$

$$f_3^*(S_3)=\max_{0\leqslant x_3\leqslant S_3}[g_3(x_3)+f_2^*(S_2)]=\max_{0\leqslant x_3\leqslant S_3}[2x_3^2+9S_2]$$
$$=\max_{0\leqslant x_3\leqslant S_3}[2x_3^2+9(S_3-x_3)]=\max_{0\leqslant x_3\leqslant 10}[2x_3^2-9x_3+90]$$
$$=[2x_3^2-9x_3+90]/x^3=10=200, (x_3=10)$$

由此可知：$S_3=10$；此时，$x_3^*=10$。

$$S_2=S_3-x_3^*=10-10=0; \quad 此时, x_2^*=S_2=0。$$
$$S_1=S_2-x_2^*=0-0=0; \quad 此时, x_1^*=S_1=0。$$

最优解为：$x^*=\{x_1^*,x_2^*,x_3^*\}=\{0,0,10\},Z^*=200$。

3. 设有3种物品，每种的数量无限，其重量和价值如表8-32。现有一只可装载重量为 $w=5$ 千克的背包。试问：各种物品应各取多少件放入背包，方可使背包中的所有物品总价值最高？

表　8-32

物品	重量 w_i（千克/件）	价值 C_i（元/件）
A	2	65
B	3	80
C	1	30
背包重量	5	

解　此问题为背包问题，可用整数规划模型来描述。

设第 i 种物品取 x_i 件放入背包，背包中物品总价值记为 z，则有静态数学模型：

$$\max z=65x_1+80x_2+30x_3$$

$$\text{s.t.}\begin{cases}2x_1+3x_2+x_3\leqslant 5\\ x_j\geqslant 0,\quad j=1,2,3\text{ 且为整数}\end{cases}$$

这个模型与资源分配问题的模型有相同之处，但也有不同之处，此约束条件为"≤"，下面采用动态规划求解。

建立如下动态规划数学模型（由阶段图及6个要素组成）：

⟶ 物品 A ⟶ 物品 B ⟶ 物品 C

① 阶段 n：（物品）

② 状态 S_n：$S_1=\{5\}\quad S_2=S_1-W_1,\quad x_1=\{1,3,5\}$

$S_3=S_2-W_2,\quad x_2=\{0,1,2,3,5\}$

③ 决策 x_n：$0\leqslant x_1\leqslant\dfrac{S_1}{W_1},\quad 0\leqslant x_2\leqslant\dfrac{S_2}{W_2},\quad 0\leqslant x_3\leqslant\dfrac{S_3}{W_3}$

（装入的物品件数）$x_1=\{0,1,2\},\quad x_2=\{0,1\},\quad x_3=\{0,1,2,3,5\}$

④ 状态转移方程：$S_{n+1}=S_n=W_nx_n$

⑤ 阶段指标函数（价值）：$r_1(x_2)=65x_1,\quad r_2(x_2)=80,\quad r_3(x_3)=30x_3$

⑥ 指标递推方程：

$$f_n^*(S_n)=\max_{0\leqslant x_n\leqslant S_n/W_n}[r_n(x_n)+f_{n+1}^*(S_{n+1})],\quad n=2,1$$

$$f_3^*(S_3)=\max_{0\leqslant x_3\leqslant S_3/W_3}[r_3(x_3)],\quad n=3$$

下面利用表格进行计算（见表8-33～表8-35），从最后一个阶段开始。

当 $n=3$ 时，$x_3=\dfrac{S_3}{W_3}=S_3$，且为整数。

表　8-33

S_3 \ x_3	$f_3(S_3)=r_3(x_3)$					$f_3^*(S_3)$	x_3^*
	0	1	2	3	5		
0	0					0	0
1	0	30				30	1

续表

S_3 \ x_3	$f_3(S_3)=r_3(x_3)$					$f_3^*(S_3)$	x_3^*
	0	1	2	3	5		
2	0	30	60			60	2
3	0	30	60	90		90	3
5	0	30	60	90	150	150	5

当 $n=2$ 时，$x_2 \leqslant S_2/W_2=S_{2/3}$，且为整数，$S_3=S_2-x_2$。

表 8-34

S_2 \ x_2	$f_2(S_2)=r_2(x_2)+f_3^*(S_3)$		$f_2^*(S_2)$	x_2^*
	0			
1	0+30=30		30	0
3	0+90=90	80+0=80	90	0
5	0+150=150	80+60=140	150	0

当 $n=1$ 时，$x_1 \leqslant S_1/W_1=S_{1/2}$，且为整数，$S_2=S_1-x_1$。

表 8-35

S_1 \ x_1	$f_1(S_1)=r_1(x_1)+f_2^*(S_2)$			$f_2^*(S_2)$	x_1^*
	0	1	2		
5	0+150=150	65+90=155	130+30=160	160	2

由此可知：$S_1=5$；此时，$X_1^*=20$。

$$S_2=S_1-W_1x_1^*=5-2\times2=1；此时，x_2^*=0。$$

$$S_3=S_2-W_2x_2^*=1-3\times0=1；此时，x_3^*=1。$$

最优策略为：$x^*=\{x_1^*,x_2^*,x_3^*\}=\{2,0,1\}$。$Z^*=f_1^*(S_1)=160$。

应取第一种物品 2 件，第二种物品 0 件，第三种物品 1 件放入背包，才能使背包中的所有物品总价值最高，为 160 元。

4. 某公司拥有一座仓库经营单一商品，该仓库最大容量为 $T=1\,000$ 个单位该商品，初始库存量为 $S_1=500$ 个单位该商品，以未来 4 个月为经营周期，估计 4 个月的购销价格如表 8-36。

表 8-36

月份	购价(C_i)	售价(P_i)
1	10	12
2	9	9
3	11	13
4	15	17

当月进货需上月订购，货源与销路无限。问：应如何计划每个月的销量与订购量，方能使全期的利润最大？

解 用动态规划求解，建立如下动态规划数学模型：

$\longrightarrow$ 1 月 $\longrightarrow$ 2 月 $\longrightarrow$ 3 月 $\longrightarrow$ 4 月

① 阶段 n：（月份）

② 状态 S_n：$S_1=500, S_2=S_1+y_1=x_1, S_3=S_2+y_2-x_2, S_1=S_3+y_3=x_3$（月初库存）

③ 决策 $\begin{cases}\text{销售量 } x_n: 0\leqslant x_1\leqslant S_1, 0\leqslant x_2\leqslant S_2, 0\leqslant x_3\leqslant S_3, 0\leqslant x_4\leqslant S_4 \\ \text{订购量 } y_n: 0\leqslant y_1\leqslant T-(s_1-x_1), 0\leqslant y_2\leqslant T-(S_2-x_1)\end{cases}$

$0\leqslant y_3\leqslant T-(S_3-x_3), 0\leqslant y_4\leqslant T-(S_4-x_4)$

④ 状态转移方程：$S_{n+1}=S_n+y_n-x_n$

⑤ 阶段指标函数（利润）：$y_n(x_n)=P_n x_n-C_n y_n$

⑥ 指标递推方程：

$$f_n^*(S_n)=\max_{\substack{0\leqslant x_n\leqslant S_n\\0\leqslant x_n\leqslant T-(S_n-x_n)}}[r_n(x_n,y_n)+f_{n+1}^*(S_{n+1})],\quad n=3,2,1$$

$$f_4^*(S_4)=\max_{\substack{0\leqslant x_4\leqslant S_4\\0\leqslant y_4\leqslant T-(S_4-x_4)}}[r_4(x_4,y_4)],\quad n=4$$

下面利用函数进行计算，从最后一个阶段开始：

当 $n=4$ 时，

$$f_4^*(S_4)=\max_{\substack{0\leqslant x_4\leqslant S_4\\0\leqslant y_4\leqslant T-(S_4-x_4)}}[r_4(x_4,y_4)]=\max_{\substack{0\leqslant x_4\leqslant S_4\\0\leqslant y_4\leqslant T-(S_4-x_4)}}[P_4x_4-C_4y_4]$$

$$=P_4S_4-C_4\cdot 0=17S_4\text{（这里 } S_4=x_4, y_4=0\text{）}$$

当 $n=3$ 时，$S_4=S_3+y_3-x_3$。

$$\begin{aligned}f_3^*(S_3)&=\max_{\substack{0\leqslant x_3\leqslant S_3\\0\leqslant y_3\leqslant T-(S_3-x_3)}}[r_3(x_3,y_3)+f_4^*(S_4)]\\&=\max_{\substack{0\leqslant x_3\leqslant S_3\\0\leqslant y_3\leqslant (S_2-x_3)}}[P_3x_3-C_3y_3+17S_4]\\&=\max_{\substack{0\leqslant x_3\leqslant S_3\\0\leqslant y_3\leqslant T-(S_3-x_3)}}[P_3x_3-C_3y_3+17(S_3+y_3-x_3)]\\&=\max_{\substack{0\leqslant x_2\leqslant S_3\\0\leqslant y_3\leqslant T-(S_3-x_3)}}[-4x_3+6y_3+17S_3]\\&=-4S_3+6T+17S_3=13S_3+6T\text{（取 } y_3=T\text{，则 } S_3=x_3\text{）}\end{aligned}$$

当 $n=2$ 时，$S_3=S_2+y_2-x_2$

$$\begin{aligned}f_2^*(S_2)&=\max_{\substack{0\leqslant x_2\leqslant S_2\\0\leqslant y_2\leqslant T-(S_2-x_2)}}[r_2(x_2,y_2)+f_3^*(S_3)]\\&=\max_{\substack{0\leqslant x_2\leqslant S_2\\0\leqslant y_2\leqslant T-(S_2-x_2)}}[P_2x_2-C_2y_2+13S_2+6T]\\&=\max_{\substack{0\leqslant x_2\leqslant S_2\\0\leqslant y_2\leqslant T-(S_2-x_2)}}[P_2x_2-C_2y_2+13(S_2+y_2-x_2)+6T]\\&=\max_{\substack{0\leqslant x_2\leqslant S_2\\0\leqslant y_2\leqslant T-(S_2-x_2)}}[-4x_2+4y_2+13S_2+6T]\\&=-4S_2+4T+13S_2+6T=9S_2+10T\text{（取 } y_2=T\text{，则 } x_2=S_2\text{）}\end{aligned}$$

当 $n=1$ 时，$S_2=S_1+y_1-x_1$

$$f_1^*(S_1)=\max_{\substack{0\leqslant x_1\leqslant S_1\\0\leqslant y_1\leqslant T-(S_1-x_1)}}[r_1(x_1,y_1)+f_2^*(S_2)]$$

由于

$$\begin{aligned}r_1(x_1,y_1)+f_2^*(S_2)&=P_1x_1-C_1y_1+9S_2+10T\\&=P_1x_1-C_1y_1+9(S_1+y_1-x_1)+10T\\&=3x_1-y_1+9S_1+10T\end{aligned}$$

所以 $f_1^*S_1=\max\limits_{\substack{0\leqslant x_1\leqslant S_1\\0\leqslant y_1\leqslant T-(S_1-x_1)}}[3x_1-y_1+9S_1+10T]$

$=3S_1-0+9S_1+10T=12S_1+10T=16\,000$(取 $x_1=S_1,y_1=0$)

由此可得结论如表 8-37 所示。

表 8-37

月(i)	期前存货(S_i)	售出量(x_i)	订购量(y_i)
1	500	500	0
2	0	0	1 000
3	1 000	1 000	1 000
4	1 000	1 000	0

$$S_2=S_1+y_1-x_1=500+0-500=0$$

$$S_3=S_2+y_2-x_2=0+1\,000-0=1\,000$$

$$S_4=S_3+y_3-x_3=1\,000+1\,000-1\,000=1\,000$$

5. 某厂生产一种产品,该产品在未来三个月中的需要量分别为 3,4,3 万件,若生产准备为 3 万元/次,每件成本为 1 元,每件存储费为 0.7 元,假定 1 月初和 4 月初存货为 0,并每月产量不限,试求该厂未来三个月的最优生产计划?

解 这是一个生产与存储问题,用动态规划求解,建立如下模型:

动态规划数学模型

⟶ 1 月 ⟶ 2 月 ⟶ 3 月 ⟶ 4 月

① 阶段 n:(月份)

② 需求量 D_n:$D_1=3,\quad D_2=3,\quad D_3=3$

③ 状态 S_n:$S_1=\{0\}\quad S_2=S_1+x_1-D_1=\{0,1,2,\cdots,7\}$

$S_3=S_2+x_2-D_2=\{0,1,2,3\}\quad S_4=S_3+x_3-D_3=0$

(月初库存)

④ 决策 x_n:$x_1=\{3,4,\cdots,10\}\quad x_2=\{0,1,2,\cdots,7\}\quad x_3=\{0,1,2,3\}$

⑤ 状态转移方程:$S_{n+1}=S_n+x_n-D_n$

⑥ 阶段指标函数(成本):成本=生产费用+存储费用

$$r_n(x_n)=\begin{cases}3+1\cdot x_n & x_n>0\\0 & x_n=0\end{cases}+0.7S_n$$

⑦ 指标递推方程:

$$f_n^*(S_n)=\min_{\substack{x_n\geqslant 0\\S_{n+1}+x_n\geqslant 0}}[r_n(x_n)+f_{n+1}^*(S_{n+1})],\quad n=2,1$$

$$f_3^*(S_3)=\min_{\substack{x_3\geqslant 0\\ S_3-x_3\geqslant 0}}[r_3(x_3,y_3)],\quad n=3$$

下面利用表格进行计算(见表 8-38～表 8-40),从最后一个阶段开始。

当 $n=3$ 时,$S_3+x_3-n=0$,即 $x_3=3-S_3$

表 8-38

S_3 \ x_3	$f_3(S_3)=r_3(x_3)$				$f_3^*(S_3)$	x_3^*
	0	1	2	3		
0				6+0=6	6	3
1			5+0.7=5.7		5.7	2
2		4+1.4=5.4			5.4	1
3	0+2.1=2.1				2.1	0

当 $n=2$ 时,$S_2+x_2\geqslant D_2=4$,即 $x_2\geqslant 4-S_2$;$S_3=S_2+x_2-D_2$,即 $S_3=S_2+x_2-4$,$S_2-4\leqslant x_2\leqslant 7-S_2$。

表 8-39

S_2 \ x_2	$f_2(S_2)=r_2(x_2)+f_3^*(S_3)$								$f_2^*(S_2)$	x_2^*
	0	1	2	3	4	5	6	7		
0					7+6	8+5.8	9+5.4	10+2.1	12.1	7
1				6.7+6	7.7+5.7	8.7+4.9	9.7+2.1		11.8	6
2			6.4+6	7.4+5.7	8.4+5.4	9.4+2.1			11.6	5
3		6.1+6	7.1+5.7	8.4+5.4	9.1+2.1				11.2	4
4	2.8+3.6	6.8+5.7	7.8+5.4	8.8+2.1					8.8	0
5	3.5+5.7	7.5+5.4	8.5+2.1						9.2	0
6	4.2+5.4	8.2+2.1							9.6	0
7	4.9+2.1								7	0

当 $n=1$ 时,$S_1+x_1\geqslant D_1=3$,即 $x_1\geqslant 3-S_1$;$S_2=S_1+x_1-D$,即 $S_2=S_1+x_1-3$,$3-S_1\leqslant x_1\leqslant 10-S_1$。

表 8-40

S_1 \ x_1	$f_1(S_1)=r_1(x_1)+f_2^*(S_2)$								$f_1^*(S_2)$	x_1^*
	3	4	5	6	7	8	9	10		
0	6+1.2	7+11.8	8+11.6	9+11.2	10+8.8	11+9.2	12+9.6	13+7	18.1	3

由此可知:$S_1=0$;此时,$x_1^*=3$;

$S_2=S_2+x_1^*-3=0+3-3=0$,此时,$x_2^*=7$;

$S_3=S_2+x_2^*-4=0+7-4=3$,此时,$x_3^*=0$。

最优策略为 $x^*=\{x_1^*,x_2^*,x_3^*\}=\{3,7,0\}$, $Z^*=f^*(S_1)=18.1$

第一个月生产 3 万件,第二个月生产 7 万件,第三个月生产 0 万件,可使总效益达最高为 18.1 万元。

6. 设现有两种原料，数量各为3个单位，现要将这两种原料分配用于生产3种产品，如果第一种原料以数量 x_j 单位，第二种原料以 y_j 单位生产第 j 种产品($j=1,2,3$)，所得的收入 $g_j(x_i,y_i)$ 如表8-41所示，问应如何分配两种原料于3种产品的生产，使总收入最大？

表　8-41

x \ y (g)	$g_1(x,y)$				$g_2(x,y)$				$g_3(x,y)$			
	0	1	2	3	0	1	2	3	0	1	2	3
0	0	1	3	6	0	2	4	6	0	3	5	8
1	4	5	6	7	1	4	6	7	2	5	7	9
2	5	6	7	8	4	6	8	9	4	7	9	11
3	6	7	8	9	6	8	10	11	6	9	11	13

解　(1) 建立动态规划模型

阶段变量：将两种原料分配于生产每一种产品看成一个阶段，则可将问题划分为3个阶段，即 $k=1,2,3$。

状态变量 (S_k,u_k)，S_k 表示第 k 阶段初至第3阶段可用于分配的第一种原料数量，u_k 表示第 k 阶段初至第3阶段可用于分配的第二种原料数量。

决策变量 (x_k,y_k)，x_k,y_k 分别表示第 k 阶段分配给第 k 种产品用第 k 种产品用的第一种，第二种原料的数量，x_k,y_k 取整数

状态转移方程：

$$S_{k+1}=S_k-x_k$$
$$u_{k+1}=u_k-y_k$$

阶段指标 $g_k(x_k,y_k)$ 表示第 k 阶段分配给第 k 种产品的第一种，第二种原料数量分别为 x_k,y_k 所获得的收入。

基本推导方程为

$$\begin{cases} f_k(S_k,u_k)=\max\limits_{\substack{0\leqslant x_k\leqslant S_k\\0\leqslant y_k\leqslant u_k}}\{g_k(x_k,y_k)+f_{k+1}(S_{k+1},u_{k+1})\}(k=1,2,3) \\ f_4(S_4,u_4)=0 \end{cases}$$

(2) 用逆序算法求解

当 $k=3$ 时，$f_3(S_3,u_3)=\max\limits_{\substack{0\leqslant x_3\leqslant S_3\\0\leqslant y_3\leqslant u_3}}\{g_3(x_3,y_3)\}$

而 $S_3\in\{0,1,2,3\}$，$u_3\in\{0,1,2,3\}$，故 $f_3(S_3,u_3)$ 即为表中 $g_3(x,y)$。

当 $k=2$ 时，$f_2(S_2,u_2)=\max\limits_{\substack{0\leqslant x_2\leqslant S_2\\0\leqslant y_2\leqslant u_2}}\{g_2(x_2,y_2)+f_3(S_3,u_3)\}$

而
$$S_2\in\{0,1,2,3\},\quad u_2\in\{0,1,2,3\}$$

所以
$$x_2\in\{0,1,2,3\},\quad y_2\in\{0,1,2,3\}$$

将 $f_2(S_2,u_2)$ 的计算结果和相应的最优决策 (x_2^*,y_2^*)，分别如表8-42和表8-43所示。

表 8-42

S_2 \ u_2	0	1	2	3
0	0	3	5	8
1	2	5	7	9
2	4	7	9	12
3	6	9	11	14

表 8-43

(x_2^*, y_2^*) S_2 \ u_2	0	1	2	3
0	(0,0)	(0,0)	(0,0)(0,1)	(0,0)
1	(0,0)	(0,0)	(0,0)(0,1)(1,1)	(0,0)(0,1)(0,2) (1,0)(1,1)(1,2)
2	(0,0)(0,0)	(0,0)(2,0)	(0,0)(0,0)(1,1) (2,0)(2,1)	(2,0)
3	(0,0)(2,0)(3,0)	(0,0)(2,0)(3,0)	(0,0)(0,1)(1,1) (2,0)(2,1)(3,0) (3,1)	(3,0)

例如计算 $f_2(2,1)$：

$$
\begin{aligned}
f_2(2,1) &= \max_{\substack{x_2=0,1,2,3\\ y_2=0,1,2,3}} \{g_2(x_2,y_2)+f_3(2-x_2,1-y_2)\}\\
&=\max[g_2(0,0)+f_3(2,1),g_2(1,0)+f_3(1,1),g_2(2,0)+f_3(0,1),\\
&\quad g_2(0,1)+f_3(2,0),g_2(1,1)+f_3(1,0),g_2(2,1)+f_3(0,0)]\\
&=\max[0+7,1+5,4+3,2+4,4+2,6+0]\\
&=7
\end{aligned}
$$

故相应的最优决策的 $(x_2^*, y_2^*)=((0,0)(2,0))$，其余类推。

当 $k=1$ 时，$f_1(S_1,u_1)=\max\limits_{\substack{x_1=0,1,2,3\\ y_1=0,1,2,3}}\{g_1(x_1,y_1)+f_2(S_1-x_1,u_1-y_1)\}$

而 $S_1=u_1=3$，计算结果如表 8-44 所示。

表 8-44

$g_1(x_1,y_1)+f_2(S_2,u_2)$ x_1 \ y_1	0	1	2	3
0	14	14	12	12
1	16	14	13	11
2	14	13	12	10
3	14	12	11	9

由表 8-44 可知：$f_1(S_1,u_1)=16$，最优决策 $(x_1^*, y_1^*)=(1,0)$，即分配给第一种产品第一种原料为 $x_1^*=1$，留下为 $S_2-x_1=3-1=2$；第二种原料 $y_1^*=0$，留下为 $3-0=3$，再从前表中知 $(x_2^*, y_2^*)=(2,0)$，即分配第二种产品的第一种原料为 x_2^*，留下 $2-2=0$；第二

种原料为 $y_2^*=0$，留下仍为 $3-0=3$，故分配给第三种产品的第一种原料为 $x_3^*=0$，第二种原料 $y_3^*=3$。

所以最优策略为 $x_1^*=1, y_1^*=0$；$x_2^*=2, y_2^*=0$；$x_3^*=0, y_3^*=3$，最大收入为 $f_1(3,3)=16$。

7. 用动态规划方法求解下列非线性问题：

$$\max z=\prod_{j=1}^{3} j \cdot x_j$$

$$\text{s. t.} \begin{cases} x_1+3x_2+2x_3 \leqslant 12 \\ x_j \geqslant 0, \quad (j=1,2,3) \end{cases}$$

解 （1）建立动态规划模型

阶段变量：把依次给变量 x_1, x_2, x_3 赋值各看成一个阶段，划分为三个阶段，$k=1,2,3$。

状态变量 s_k 表示从第 k 阶段到第 3 阶段结束端的最大值，因而 $s_1=12$。

决策变量 x_k 表示第 k 阶段赋给 x_k 的值。

允许决策集合为：$0 \leqslant x_1 \leqslant 12, 0 \leqslant x_2 \leqslant \frac{s_2}{3}, 0 \leqslant x_3 \leqslant \frac{s_3}{7}$。

状态转移方程：$s_2=s_1-x_1, s_3=s_2-3x_2$。

阶段指标 $v_k(s_k, x_k)=kx_k$

而过程指标函数 $V_{k,n}=\prod_{i=k}^{3} v_i(s_i, x_i)$，因此，

基本方程采用乘积形式，即

$$\begin{cases} f_k(s_k)=\max\limits_{x_k \in D_k(s_k)} \begin{Bmatrix} V_k(s_k, x_k) \cdot f_{k+1}(s_{k+1}) \\ \vdots \end{Bmatrix} \\ f_4(s_4)=1, \end{cases}$$

（2）采用逆序法求解

当 $k=3$ 时，$f_3(s_3)=\max\limits_{0 \leqslant x_3 \leqslant \frac{s_3}{2}}\{3x_3 \cdot f_4(s_4)\}=\max\limits_{0 \leqslant x_3 \leqslant \frac{s_3}{2}}\{3x_3\}$。

显然 $x_3^*=\frac{s_3}{2}$ 时，$f_3(s_3)=\frac{3}{2}s_3$。

当 $k=2$ 时，

$$\begin{aligned} f_2(s_2) &= \max_{0 \leqslant x_2 \leqslant \frac{s_2}{2}}\{2x_2 \cdot f_3(s_2-3x_2)\}=\max_{0 \leqslant x_2 \leqslant \frac{s_2}{2}}\left\{2x_2 \cdot \frac{3}{2}(s_2-3x_2)\right\} \\ &= \max_{0 \leqslant x_2 \leqslant \frac{s_2}{2}}\{3x_2 \cdot (s_2-3x_2)\} \end{aligned}$$

令 $y_1=3x_2 \cdot (s_2-3x_2)$。由 $\frac{\mathrm{d}y_1}{\mathrm{d}x_2}=3s_2-18x_2=0$，得 $x_2^*=\frac{1}{6}s_2$。

又 $\frac{\mathrm{d}^2 y_1}{\mathrm{d}x_2^2}=-18<0$，故 $x_2^*=\frac{1}{6}s_2$ 时 y_1 取最大值，代入得

$$f_2(s_2)=\frac{s_2^2}{2}-\frac{s_2^2}{4}=\frac{1}{4}s_2^2。$$

当 $k=1$ 时，

$$f_1(s)=\max_{0\leqslant x_1\leqslant s_1}\{x_1\cdot f_2(s_1-x_1)\}=\max_{0\leqslant x_1\leqslant s_1}\left\{x_1\cdot\frac{(12-x_1)^2}{4}\right\}$$

令 $y_2=x_1\cdot\dfrac{(12-x_1)^2}{4}$，　$\dfrac{\mathrm{d}y_2}{\mathrm{d}x_1}=\dfrac{1}{4}(144-48x_1+3x_1^2)=0$

得 $x_1^*=4$ 或 12，

又
$$\frac{\mathrm{d}^2y_2}{\mathrm{d}x_1^2}=\frac{1}{4}(-48+6x_1)$$

当 $x_1=4$ 时，　$\dfrac{\mathrm{d}^2y_2}{\mathrm{d}x_1^2}=\dfrac{1}{4}(-48+6\times4)=-6<0$

当 $x_1=12$ 时，　$\dfrac{\mathrm{d}^2y_2}{\mathrm{d}x_1^2}=\dfrac{1}{4}(-48+6\times12)=\dfrac{1}{4}\times24=6>0$

因而，当 $x_1^*=4$ 时，y_2 有最大值，代入得

$$f_1(s_1)=\frac{4(12-4)^2}{4}=64$$

由计算顺序反推：

$$s_1=12, x_1^*=4, s_2=s_1-x_1=8,\quad x_2^*=\frac{1}{6}s_2=\frac{4}{3},$$

$$s_3=s_2-3x_2=8-3\times\frac{4}{3}=4,\quad x_3^*=\frac{1}{2}s_3=\frac{1}{2}\times4=2$$

所以，该问题的最优解为 $x_1^*=4$，　$x_2^*=\dfrac{4}{3}$，　$x_3^*=2$。最优值 $\max z=64$。

8. 求图 8-5 中 A 到 F 的最短路线及最短距离。

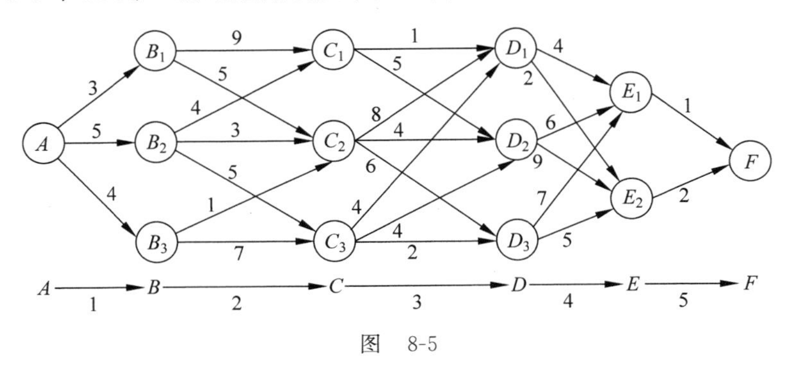

图 8-5

解　① 阶段 n：路线 n 站点，$n=1,2,3,4,5$

② 状态 s_n：阶段 n 的起点

$s_1=\{A\}$，　$s_2=\{B_1,B_2,B_3\}$，　$s_3=\{C_1,C_2,C_3\}$，　$s_4=\{D_1,D_2,D_3\}$，　$s_5=\{E_1,E_2\}$

③ 决策 x_n：阶段 n 的终点，决策集 $D_n(s_n)$

$$D_1(s_1)=\{B_1,B_2,B_3\},\quad D_2(s_2)=\{C_1,C_2,C_3\},\quad D_3(s_3)=\{D_1,D_2,D_3\},$$
$$D_4(s_4)=\{E_1,E_2\},\quad D_5(s_5)=\{F\}$$

④ 状态转移方程：前一阶段的终点(决策)是后一阶段的起点状态，即 $x_n = s_{n+1}$

⑤ 阶段指标函数(距离)：$d_n(s_n, x_n)$

⑥ 指标递推方程：

$$f_n^*(s_n) = \min_{x_n \in D_n(s_n)} [d_n(s_n, x_n) + f_{n+1}^*(s_n + 1)], \quad (n = 4,3,2,1)$$

$$f_s^*(s_5) = \min_{x_5 \in D_5(s_5)} [d_5(s_5, x_5)], \quad (n = 5)$$

下面利用表格进行计算，从最后一个阶段开始，见表 8-45 所示。

当 $n=5$ 时，这一步的数据是已知的，是递推的起点。

表 8-45

s_5 \ x_5	$f_5(s_5)=d_5(s_5,x_5)$	$f_5^*(s_5)$	X_5^*
	F		
E_1	1	1	F
E_2	2	2	F

当 $n=4$ 时，利用第 5 步数据，推出本步(第 4 步)的结果，第 4 阶段到终点分两步走，第 4 阶段到终点的距离等于第 4 阶段的距离加上第 5 阶段到终点的最短距离。其计算结果如表 8-46 所示。

表 8-46

s_4 \ x_4	$f_4(s_4)=d_4(s_4,x_4)+f_5^*(s_5)$		$f_4^*(s_4)$	X_4^*
	E_1	E_2		
D_1	4+1=5	2+2=4	4	E_2
D_2	6+1=7	9+2=11	7	E_1
D_3	7+1=8	5+2=7	7	E_2

当 $n=3$ 时，利用第 4 步的数据，推出本步(第 3 步)的结果。第 3 阶段到终点分两步走：第 3 阶段到终点的距离，等于第 3 阶段的距离加上第 4 阶段到终点的最短距离。其计算过程如表 8-47 所示。

表 8-47

s_3 \ x_3	$f_3(s_3)=d_3(s_3,x_3)+f_4^*(s_4)$			$f_3^*(s_3)$	X_3^*
	D_1	D_2	D_3		
C_1	1+4=5	5+7=12	111	5	D_1
C_2	8+4=12	4+7=11	6+7=13	11	D_2
C_3	4+4=8	4+7=11	2+7=9	8	D_1

当 $n=2$ 时，利用第 3 步的数据，推出本步(第 2 步)的结果。第 2 阶段到终点分两步走：第 2 阶段到终点的距离，等于第 2 阶段的距离加上第 3 阶段到终点的最短距离。其计算过程如表 8-48 所示。

表 8-48

x_2 \ s_2	$f_2(s_2)=d_2(s_2,x_2)+f_3^*(s_3)$			$f_2^*(s_2)$	X_2^*
	C_1	C_2	C_3		
B_1	9+5=14	5+11=16	111	14	C_1
B_2	4+5=9	3+11=14	5+8=13	9	C_1
B_3	111	1+11=12	7+8=15	12	C_2

当 $n=1$ 时,利用(第 2 步)的数据,推出(第 1 步)的结果。第 1 阶段到终点分两步走:第 1 阶段到终点的距离等于第 1 阶段的距离加上第 2 阶段到终点的最短距离。计算过程如表 8-49 所示。

表 8-49

x_1 \ s_1	$f_1(s_1)=d_1(s_1,x_1)+f_2^*(s_2)$			$f_1^*(s_1)$	X_1^*
	B_1	B_2	B_3		
A	3+4=17	5+9=14	4+12=16	14	B_2

从 $A(n=1)$ 开始顺序推出 A 到 F 的最短路线为:

$$A\to B_2\to C_1\to D_1\to E_2\to F$$

A 到 F 的最短距离为 $f_1^*(s_1)=14$。

【考研真题解答】

1. (15 分)某施工单位有 500 台挖掘设备,在超负荷施工情况下,年产值为 20 万元/台,但其完好率仅为 0.4;正常负荷下,年产值为 15 万元/台,完好率为 0.80,在四年内合理安排两种不同负荷下施工的挖掘设备数量,使四年年末仍有 160 台设备保持完好,并使产值最高。求解四年年末使其产值最高的施工方案和产值数。

解 状态变量 s_k 在第 k 年用于正常生产负荷的设备数决策变量 u_k 在第 k 年用于超负荷生产的设备数

$$s_{k+1}=-0.4u_k+0.8s_k$$

$$\begin{cases} f_4(s_4)=\max\limits_{0\leqslant u_4\leqslant s_4}\{20u_4+15(s_4-u_4)\} \\ f_k(s_k)=\max\limits_{0\leqslant u_k\leqslant s_k}\{5u_k+15s_k+f_{k+1}(s_{k+1})\}k=3,2,1 \end{cases}$$

解得 $u_1^*=0, s_1=500$; $u_2^*=0, s_2=400$; $u_3^*=0, s_3=320$; $u_4^*=112, s_4=144$。

2. (20 分)某公司从银行获得贷款 400 万元,现有 3 个项目 A,B,C 可供投资,投资不同项目所获收益(单位:十万元)不同,见表 8-50 所示。

表 8-50

收益（十万元）投资额（百万元） 项目	0	1	2	3	4
A	0	4	7	9	12
B	0	5	10	11	12
C	0	4	6	11	12

试用运态规划决策以下问题：公司如何分配这400万元资金用于以下三个项目，才能使公司总收益最大？

解 项目 $A \rightarrow$ 项目 $B \rightarrow$ 项目 C

① 阶段 n：$n=1,2,3$

② 状态 s_n：$s_1=\{4\}$，$s_2=s_1-x_1=\{0,1,2,3,4\}$，$s_3=s_2-x_2=\{0,1,2,3,4\}$（可用资金）

③ 决策 x_n：$x_1=\{0,1,2,3,4\}$，$x_2=\{0,1,2,3,4\}$，$x_3=s_3=\{0,1,2,3,4\}$（分配资金）

④ 状态转移方程：$s_{n+1}=s_n-x_n$

⑤ 指标函数（收益）：$g_1(x_1)=\{0,4,7,9,12\}$，$g_2(x_2)=\{0,5,10,11,12\}$，$g_3(x_3)=\{0,4,6,11,12\}$。

⑥ 指标递推方程：$f_n^*(s_n)=\max\limits_{0\leqslant x_n\leqslant s_n}[g_n(x_n)+f_{n+1}^*(s_n+1)]$，$n=2,1$

$$f_3^*(s_3)=\max_{0\leqslant x_3\leqslant s_3}[g_3(x_3)]，n=3$$

当 $n=3$ 时，$x_3=s_3$。计算过程如表8-51所示。

表 8-51

x_3 / s_3	$f_3(s_3)=g_3(x_3)$					$f_3^*(s_3)$	x_3^*
	0	1	2	3	4		
0	0					0	0
①		4				4	①
2			6			6	2
3				11		11	3
4					12	12	4

当 $n=2$ 时，$0\leqslant x_2\leqslant s_2$，$s_3=s_2-x_2$。计算过程如表8-52所示。

表 8-52

x_2 / s_2	$f_2(s_2)=g_2(x_2)+f_3^*(s_3)$					$f_2^*(s_2)$	x_2^*
	0	1	2	3	4		
0	0+0=0					0	0
1	0+4=4	5+0=5				5	1
2	0+6=0	5+4=9	10+0=10			10	2
③	0+11=11	5+6=11	10+4=14	11+0=11		14	②
4	0+12=12	5+11=16	10+6=16	11+4=15	12+0=12	16	12

当 $n=1$ 时，$0\leqslant x_1\leqslant s_1$，$s_2=s_1-x_1$。计算过程如表8-53所示。

表 8-53

s_1 \ x_1	$f_1(s_1)=g_1(x_1)+f_2^*(s_2)$					$f_1^*(s_1)$	x_1^*
	0	1	2	3	4		
④	0+16=16	4+14=18	7+10=17	9+5=14	12+0=12	18	①

$$s_1^*=4, x_1^*=1;\ s_2^*=s_1^*-x_1^*=3, x_2^*=2;\ s_3^*=s_2^*-x_2^*=1, x_3^*=1$$

所以，公司应投资项目A 100 万元，项目B 200 万元，项目C 100 万元，才能使公司收益最大，$f_1^*(s_1)=180$(万元)。

3. (10 分)有 800 万元，分别用于 3 个项目的投资，按规定每个项目最少投资 200 万元，最多投资 400 万元，各项目得到不同投资时的预期效益如表 8-54 所示，要求确定使投资效益最大的各项目投资数。

表 8-54

投资额(万元) \ 预期效益 \ 项目	Ⅰ	Ⅱ	Ⅲ
200	C_{21}	C_{22}	C_{23}
300	C_{31}	C_{32}	C_{33}
400	C_{41}	C_{42}	C_{43}

建立动态规划模型，列出递推关系式(基本方程)，并说明方程中各符号意义。

解 动态规划递推关系式为

$$f_k(x_k)=\max_{200\leqslant u_k\leqslant 400}\{C_{ik}(u_k)+f_{k+1}(x_{k+1})\}$$

$$x_{k+1}=x_k-u_k$$

其中，x_k 为状态变量，为每阶段初剩余投资额；u_k 为k 阶段实际投资额；$C_{ik}(u_k)$为 k 阶段投资为 u_k 时的预期效益。

4. (20 分)设某公司拟将 5 台设备分配给下属的甲、乙、丙三个工厂。各工厂获得这种设备后，可以为公司带来的盈利如表 8-55 所示。

表 8-55

设备台数 \ 赢利 \ 工厂	甲	乙	丙
0	0	0	0
1	3	5	4
2	7	10	6
3	9	11	11
4	12	11	12
5	13	11	13

问：分配给各工厂多少台这种设备，可以为公司带来盈利的总和为最大，用动态规划方法求解。

解 把 5 台设备分配给三个工厂看成依次分三个阶段(用 k 表示，$k=1,2,3$)。每个阶段尚未分配出的设备数目用状态变量 x_k 表示。各阶段的决策变量，就是向相应工厂分配的设备数，用 u_k 表示。各阶段的允许决策集合为

$$D_k(x_k)=\{u_k \mid u_k \text{ 是不大于 5 的非负整数，且 } u_k \leqslant x_k\},(k=1,2,3)$$

状态转移

$$x_{k+1}=x_k-u_k,\quad (k=1,2)$$

用 $P_k(u_k)$ 表示第 k 个阶段分配的设备为 u_k 时，该厂的盈利额，故指标函数为

$$V_{k,3}=P_k(u_k)+V_{k+1,4},\quad (k=1,2)$$

基本方程为

$$f_k(x_k)=\max_{u_k \in D_k(x_k)}\{P_k(u_k)+f_{k+1}(x_{k+1})\},\quad (k=1,2,3)$$

用逆序算法

当 $k=3$ 时，$f_3(x_3)=\max\limits_{u_k \in D_k(x_k)} P_3(u_3)$（因为边界条件 $f_4(x_4)=0$）。计算过程如表 8-56 所示。

表 8-56

u_4 \ x_4	$P_3(u_3)$						$f_3(x_3)$	u_3^*
	0	1	2	3	4	5		
0	0						0	0
1	0	4					4	1
2	0	4	6				6	2
3	0	4	6	11			11	3
4	0	4	6	11	12		12	4
5	0	4	6	11	12	13	13	5

当 $k=2$ 时，$f_2(x_2)=\max\limits_{u_2 \in D_2(x_2)}\{P_2(u_2)+f_3(x_3)\}$。计算过程如表 8-57 所示。

表 8-57

u_2 \ x_2	$P_2(u_2)+f_3(x_3)$						$f_2^*(s_2)$	u_2^*
	0	1	2	3	4	5		
0	0+0						0	0
1	0+4	5+0					5	1
2	0+6	5+4	10+0				10	2
3	0+11	5+6	10+4	11+0			14	2
4	0+12	5+11	10+6	11+4	11+0		16	1 或 2
5	0+13	5+12	10+11	11+6	11+4	11+0	21	2

当 $k=2$ 时，$f_1(x_1)=\max\limits_{u_1 \in D_1(x_1)}\{P_1(u_1)+f_2(x_2)\}$。计算过程如表 8-58 所示。

表 8-58

u_1 \ x_1	$P_1(u_1)+f_2(x_2)$						$f_1^*(x_1)$	u_1^*
	0	1	2	3	4	5		
5	0+21	3+16	7+14	9+10	12+5	13+0	21	0 或 2

即最优分配方案为：分配给甲厂 0 台、乙厂 2 台、丙厂 3 台，或分配给甲厂 2 台、乙厂 2 台、丙

厂1台，这样总盈利最大为21。

5.（15分）某公司有5台新设备，将有选择地分配给3个工厂，所得收益如表8-59（表中"—"表示不存在这样的方案）。请用动态规划求出收益最大的分配方案。

表 8-59

新设备台数	工厂		
	1	2	3
0	0	0	0
1	—	—	4
2	6	5	7
3	8	7	10
4	9	9	—
5	—	—	—

解

工厂1 ⟶ 工厂2 ⟶ 工厂3

① 阶段 n：1,2,3

② 状态 S_n：$S_1=\{5\}, S_2=S_1-x_1=\{0,\cdots,5\}$

$S_3=S_2-x_2=\{0,\cdots,5\}$ （可供分配设备数）

③ 决策：$x_1=\{0,1,\cdots,5\}, x_2=\{0,1,\cdots,5\}$

$x_3=S_3=\{0,1,\cdots,5\}$ （分配的设备数）

④ 状态转移方程：$S_{n+1}=S_n-x_n$

⑤ 指标函数：$g_1(x_1)=\{0,-,6,8,9,-\}$，

$g_2(x_2)=\{0,-,5,7,9,-\}$，$g_3(x_3)=\{0,4,7,10,-,-\}$。

⑥ 指标递推方程：$f_{n+1}^*(S_{n+1})=\max\limits_{0\leqslant x_n\leqslant S_n}[g_n(x_n)+f_n^*(S_n)]$

$n=2,1$ 时 $f_3^*(S_3)=\max\limits_{0\leqslant x_3\leqslant S_3}[g_3(x_3)],n=3$。

利用表格计算（见表8-60～表8-62）。

当 $n=3$ 时，$x_3=S_3$

表 8-60

S_3 \ x_3	$f_3(S_3)=g_3(x_3)$						$f_3^*(S_3)$	x_3^*
	0	1	2	3	4	5		
0	0						0	0
1		4					4	1
2			7				7	2
③				10			10	③
4					—		—	—
5						—	—	—

当 $n=2$ 时，$0\leqslant x_2\leqslant S_2, S_3=S_2-x_2$。

表　8-61

S_2 \ x_2	$f_2(S_2)=g_2(x_2)+f_2^*(S_2)$						$f_2^*(S_2)$	x_2^*
	0	1	2	3	4	5		
0	0+0						0	0
1	0+4	—					4	0
2	0+7	—	5+0				7	0
③	0+10	—	5+4	7+0			10	③
4	—	—	5+7	7+4	9+0		12	2
5	—	—	5+10	7+7	9+4	—	15	2

当 $n=1$ 时，$S_2=S_1-x_1, 0\leqslant x_1\leqslant S_1$。

表　8-62

S_1 \ x_1	$f_1(S_1)=g_1(x_1)+f_1^*(S_1)$						$f_1^*(S_1)$	x_1^*
	0	1	2	3	4	5		
⑤	0+15=15	—	6+10=16	8+7=15	9+4=13	—	16	②

$$S_1=5, x_1=2;\quad S_2=S_1-x_1=3, x_2=0;\quad S_3=S_2-x_2=3, x_3=3$$

所以　$x_1^*=2,\quad x_2^*=0,\quad x_3^*=3,\quad z^*=16$

6.（15 分）某生产单位要对其生产的某一种零件制定为期 4 个月的生产计划，据市场调查表明，在今后 4 个月内，市场对该零件的需求量如表 8-63。

表　8-63

月份(i)	1	2	3	4
需求量(d_i)	2	3	2	4

假定该单位生产某批零件的固定成本费为 30 元，若不生产就为 0，每个零件的变动成本费为 10 元，每月末设没有售出的零件，要收取存储费 5 元，还知道第 1 个月的初始库存量为 0，并要求到第 4 个月末的库存量也为 0。若该厂每月生产一批该零件，每批的数量无限制，试问该单位每月应生产多少零件才能在满足市场需求的条件下，使总成本最小？

解　$D_1=2, D_2=3, D_3=2, D_4=4$

$$\longrightarrow 1月 \longrightarrow 2月 \longrightarrow 3月 \longrightarrow 4月 \longrightarrow 5月$$

① 阶段 n（月份）：1,2,3,4,5

② 状态 S_n（月初库存）：$S_1=\{0\}$，　$S_2=S_1+x_1-2=\{0,1,\cdots,9\}$，　$S_3=S_2+x_2-3=\{0,1,\cdots,6\}$，　$S_4=S_3+x_3-2=\{0,1,2,3,4\}$，　$S_5=S_4+x_4-4=0$

③ 决策 x_n（生产量）：$x_1=\{2,3,4,5,6,7,8,9,10,11\}$，　$x_2=\{0,1,\cdots,9\}$，　$x_3=\{0,1,\cdots,6\}$，　$x_4=\{0,1,2,3,4\}$

④ 状态转移方程：$S_{n+1}=S_n+x_n-D_n$

⑤ 指标函数（成本）：成本＝生产费用＋存储费用

$$r_n(x_n)=\begin{cases}30+10x_n+5, & x_n>0\\ 0+5, & x_n=0\end{cases}$$

⑥ 指标递推方程：

$$f_{n+1}^{*}(S_{n+1})=\min_{\substack{r_n\geqslant 0\\ S_n+x_n\geqslant D_n}}[r_n(x_n)+f_{n+1}^{*}(S_{n+1})],\quad (n=3,2,1)$$

$$f_4^{*}(S_4)=\min_{\substack{x_4\geqslant 0\\ S_4+x_4\geqslant D_4}}[r_4(x_4)],\quad (n=4)$$

利用表格计算(见表 8-64～表 8-67)。

当 $n=4$ 时，$S_4+x_4=4$，即 $0\leqslant S_4+x_4\leqslant 4$

表　8-64

S_4 \ x_4	$f_4(S_4)=f_4(x_4)$					$f_4^{*}(S_4)$	x_4^{*}
	0	1	2	3	4		
0					75	75	4
1				65		65	3
2			55			55	2
3		45				45	1
④	5					5	⓪

当 $n=3$ 时，$0\leqslant S_4\leqslant S_3+x_3-2\leqslant 4$，$2\leqslant S_3+x_3\leqslant 6$，$S_4=S_3+x_3-2$。

表　8-65

S_3 \ x_3	$f_3(S_3)=r_3(x_3)+f_3^{*}(S_3)$							$f_3^{*}(S_3)$	x_3^{*}
	0	1	2	3	4	5	6		
0			55+75	65+65	75+55	85+45	95+5	100	6
1		45+75	55+65	65+65	75+45	85+5		85	
2	0+75	45+65	55+55	65+45	75+5			75	0
3	0+65	45+55	55+45	65+5				65	0
4	0+55	45+45	55+5					55	0
5	0+45	45+5						45	0
⑥	0+5							5	⓪

当 $n=2$ 时，$0\leqslant S_3=S_2+x_2-3\leqslant 6$，$3\leqslant S_2+x_2\leqslant 9$，$0\leqslant S_2+x_2\leqslant 9$，$S_3=S_2+x_2-3$。

表　8-66

S_2 \ x_2	$f_2(S_2)=r_2(x_2)+f_2^{*}(S_2)$										$f_2^{*}(S_2)$	x_2^{*}
	0	1	2	3	4	5	6	7	8	9		
0				65+100	75+90	85+75	95+65	105+55	115+45	125+5	130	9
1			55+100	65+90	75+75	85+65	95+55	105+45	115+5		120	8
2		45+100	55+90	65+75	75+65	85+55	95+45	105+5			110	7
3	0+100	45+90	55+75	65+65	75+55	85+45	95+5				100	6
4	0+90	45+75	55+65	65+55	75+45	85+5					90	0.5
5	0+75	45+65	55+55	65+45	75+5						75	0
6	0+65	45+55	55+45	65+5							65	0
7	0+55	45+45	55+5								55	0

续表

x_2 / S_2	$f_2(S_2)=r_2(x_2)+f_2^*(S_2)$										$f_2^*(S_2)$	x_2^*
	0	1	2	3	4	5	6	7	8	9		
8	0+45	45+5									45	0
9	0+5										5	⓪

当 $n=1$ 时，$0\leqslant S_2=S_1+x_1-2\leqslant 9$，　$2\leqslant S_1+x_1\leqslant 11, 2\leqslant x_1\leqslant 11$，　$S_2=S_1+x_1-2$。

表　8-67

x_1 / S_1	$f_1(S_1)=r_1(x_1)+f_1^*(S_1)$									$f_1^*(S_1)$	x_1^*
	2	3	4	5	6	7	8	9	10	11		
⓪	55+130 =185	65+120 =185	75+110 =185	85+100 =185	95+90 =185	105+70 =175	115+65 =180	125+55 =180	135+45 =180	145+5 =150	150	11

$$S_1=0, x_1=11,\quad S_2=S_1+x_1-2=9, x_2=0,$$
$$S_3=S_2+x_2-3=6,\quad x_3=0, S_4=S_3+x_3-2=4,$$
$$S_5=S_4+x_4-4=0,\quad x_4=0$$

所以　　$x_1^*=11$，　$x_2^*=0$，　$x_3^*=0$，　$x_4^*=0$，　$z^*=150$。

即第1个月生产11件，第2,3,4个月都不生产，总成本最小为150元。

CHAPTER 9 第9章

图与网络

【本章学习要求】

1. 掌握避圈法和破圈法。
2. 理解并掌握贝尔曼最优化原理及其在网络规划中的应用。
3. 掌握网络最短路线问题及“T,P”标号法。
4. 掌握网络最大流与最小割的概念及其求法。

【主要概念及算法】

1. 图的基本概念

(1) 两点之间的不带箭头的连线称为边,带箭头的连线称为弧。

(2) 如果一个图 G 是由点及边所构成的,则称之为无向图(也简称为图),记为 $G=(V,E)$,式中 V,E 分别是 G 的点集合和边集合。一条联结点 $v_i,v_j\in V$ 的边记为 $[v_i,v_j]$(或 $[v_j,v_i]$)。

(3) 如果一个图 D 是由点及弧所构成的,则称为有向图,记为 $D=(V,A)$,式中 V,A 分别表示 D 的点集合和弧集合。一条方向是从 v_i 指向 v_j 的弧记为 (v_i,v_j)。

(4) 在无向图 $G=(V,E)$ 中,若边 $e=(u,v)\in E$,则 u,v 是 e 的端点。也称 u,v 是相邻的。称 e 是点 u(及点 v)的关联边。若图 G 中,某个边的两个端点相同,则称 e 为环。若两点之间有多于一条的边,称这些为多重边。一个多环,无多重边的图形称为简单图,一个无环,但允许有多重边的图称为多重图。

以点 v 为端点的边的个数称为 v 的次,记为 $d_G(v)$ 或 $d(v)$。在图 10-1 中,$d(v_1)=4$,$d(v_2)=3$,$d(v_3)=3$,$d(v_4)=4$(环 e_7 在计算 $d(v_4)$ 时算作两次)。

称次为 1 的点为悬挂点,悬挂点的关联边称为悬挂边,次为零的点称为孤立点。

(5) 设给了一个有向图,$D=(V,A)$ 从 D 中去掉所有弧上的箭头,就得到一个无向图,称之为 D 的基础图,记之为 $G(D)$。

给 D 中的一条弧 $a=(u,v)$,称 u 为 a 的始点,v 为 a 的终点,称弧 a 是从 u 指向 v 的。

如果 $(v_{i_1},a_{i_1},v_{i_2},a_{i_2},\cdots,v_{i_{k-1}},a_{i_{k-1}},v_{i_k})$ 是 D 中的一条链,并且对 $t=1,2,\cdots,k-1$,均有 $a_{i_t}=(v_{i_t},v_{i_{t+1}})$,称之为从 v_{i_1} 到 v_{i_k} 的一条路。若路的第一个点和最后一个点相同,则称之为回路。

2. 树的基本概念

(1) 一个无圈的连通图称为树。

(2) 设图 $G=(V,E)$是一个树,$p(G)\geqslant 2$,则 G 中至少有两个悬挂点。

图 $G=(V,E)$是一个树的充分必要条件是 G 不含圈,且恰有 $p-1$ 条边。

图 $G=(V,E)$是一个树的充分必要条件是 G 是连通图,并且

$$q(G)=p(G)-1$$

图 G 是树的充分必要条件是任意两个顶点之间恰有一条链。

(3) 设图 $T=(V,E')$是图 $G=(V,E)$的支撑子图,如果图 $T=(V,E')$是一个树,则称 T 是 G 的一个支撑树。

图 G 有支撑树的充分必要条件是图 G 是连通的。

(4) 给图 $G=(V,E)$,对 G 中的每一条边(v_i,v_j),相应地有一个数 w_{ij},则称这样的图 G 为赋权图,w_{ij} 称为边$[v_i,v_j]$上的权。

(5) 如果 $T=(V,E')$是 G 的一个支撑树,称 E'中所有边的权之和为支撑树 T 的权,记为 $w(T)$。即

$$w(T)=\sum_{(v_i,v_j)\in T} w_{ij}$$

如果支撑树 T^* 的权 $w(T^*)$是 G 的所有支撑树的权中最小者,则称 T^* 是 G 的最小支撑树(简称最小树),即

$$w(T^*)=\min_T w(T)$$

【课后习题全解】

9.1 证明如下序列不可能是某个简单图的次的序列:

(1) 7,6,5,4,3,2。

(2) 6,6,5,4,3,2,1。

(3) 6,5,5,4,3,2,1。

解 (1) 由定理 1,图中所有点的次之和是边数的两倍,即

$$\sum_{v\in V} d(v)=2q$$

而在此序列中

$$\sum d(v)=7+6+5+4+2=27$$

为奇数,所以,此序列不可能为图的次的序列。

(2) 序列中奇点为 5,3,1,个数为 3 个,因而,不可能为图的次的序列。

(3) 对于 7 顶点的图,由题意,依次假设为

$$d(v_1)=6,\quad d(v_2)=5,\quad d(v_3)=5,\quad d(v_4)=4,$$
$$d(v_5)=3,\quad d(v_6)=2,\quad d(v_7)=1$$

并假定 G 为简单图,则 v_1 存在与其他 6 个点的连线(包括与 v_7)v_2 与 v_1 间存在边 e_{12},而 v_7 的次为 1,所以必不与 v_7 外的其他点相连,因而,v_2 与除 v_1,v_7 外的 4 点间各有一连线。

假设 $G(V,E)$为简单图,则余下的 v_3,v_4,v_5,v_6 中任一点与 v_1,v_2 都存在连线,与 v_7

之间不存在边。而由 $d(v_3)=5$，则 v_3 必与除 v_7 外的每一点都有连线。

由上推论，v_4,v_5,v_6 都同时与 v_1,v_2,v_3 相连，即 v_4,v_5,v_6 的次至少是 3，这与 $d(v_6)=2$ 相矛盾。

故假设不成立，该图中可能有环或多重边非简单图的次的序列。

9.2 已知 9 个人 $v_1,v_2,\cdots,v_9$ 中 v_1 和两个人握过手，v_2,v_3 各和 4 个人握过手，v_4,v_5,v_6,v_7 各和 5 个人握过手，v_8,v_9 各和 6 个人握过手，证明这 9 个人中一定可以找出 3 个人互相握过手。

解 设 9 个人为 9 个点，则该问题可表述为 9 个点的简单图问题，不存在重复边及环，则根据题意知：

$d(v_1)=2,d(v_2)=d(v_3)=4,d(v_4)=d(v_5)=d(v_6)=d(v_7)=5,d(v_8)=d(v_9)=6$

由 $d(v_9)=6$，则 v_4,v_5,v_6,v_7 中至少有两点存在与 v_9 的连线。

设该点为 v_4 与 v_5，假设 v_4 和 v_8 相连的其他 5 点之间无边，则 $d(v_4)\leqslant 8-5=3$，与已知 $d(v_4)=5$ 相矛盾。

故假设不成立，即 v_4 与上述 5 点间必存在至少两条边，设其中一点为 v_k，则 v_k,v_4,v_8 两两相连，即存在 3 人互相握过手。如图 9-1。

9.3 用破圈法和避圈法找出图 9-2 的一个支撑树。

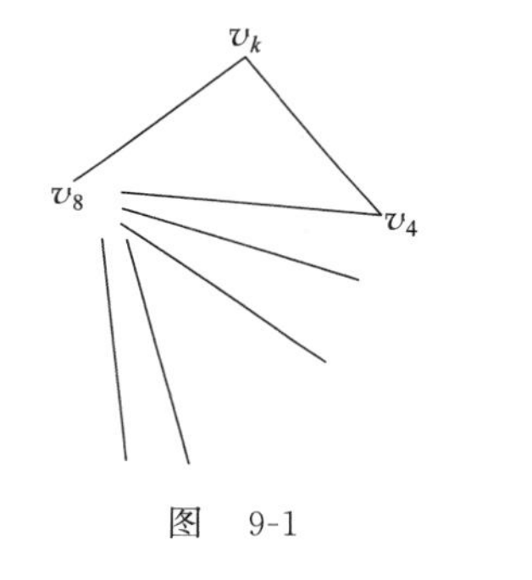

图 9-1

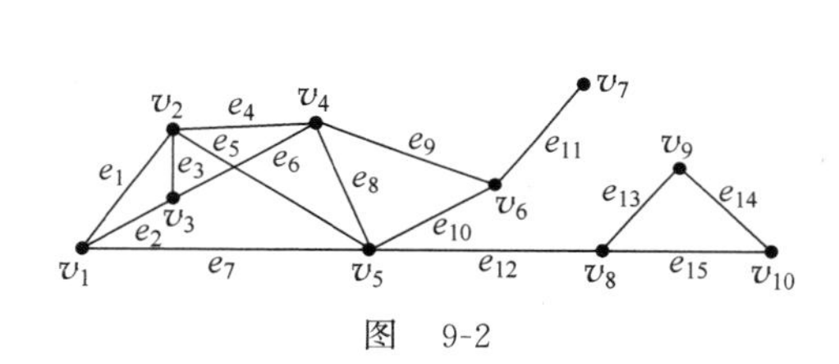

图 9-2

解 (1) 破圈法

根据破圈法的基本原理(见图 9-3，在边上用“//”表示)

① 取圈(v_1,v_2,v_3)，去掉边 e_2。

② 取圈(v_1,v_2,v_5)，去掉边 e_7。

③ 取圈(v_2,v_3,v_4)，去掉边 e_3。

④ 取圈(v_2,v_4,v_5)，去掉边 e_5。

⑤ 取圈(v_4,v_5,v_6)，去掉边 e_{10}。

⑥ 取圈(v_8,v_9,v_{10})，去掉边 e_{14}。

得到一个支撑树如图 9-4 所示。

(2) 避圈法

① 任取一条边 e_1，找一条与 e_1 不构成圈的边 e_4。

② 找一条与$\{e_1,e_4\}$不构成圈的边 e_6。

③ 找一条与$\{e_1,e_4,e_6\}$不构成圈的边 e_8。

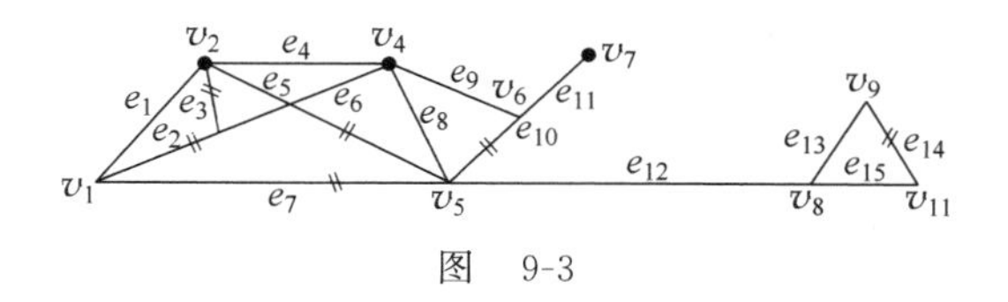

图　9-3

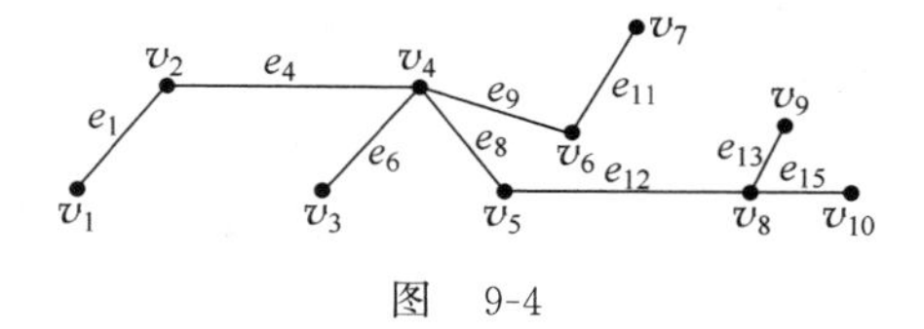

图　9-4

④ 找一条与$\{e_1,e_4,e_6,e_8\}$不构成圈的边e_9。

⑤ 找一条与$\{e_1,e_4,e_6,e_8,e_9\}$不构成圈的边e_{11}。

⑥ 找一条与$\{e_1,e_4,e_6,e_8,e_9,e_{11}\}$不构成圈的边$e_{12}$。

⑦ 找一条与$\{e_1,e_4,e_6,e_8,e_9,e_{11},e_{12}\}$不构成圈的边$e_{15}$。

⑧ 找一条与$\{e_1,e_4,e_6,e_8,e_9,e_{11},e_{12},e_{15}\}$不构成圈的边$e_{14}$。

⑨ 得到一个支撑树$\{e_1,e_4,e_6,e_8,e_9,e_{11},e_{12},e_{15},e_{14}\}$。

如图 9-5 所示。

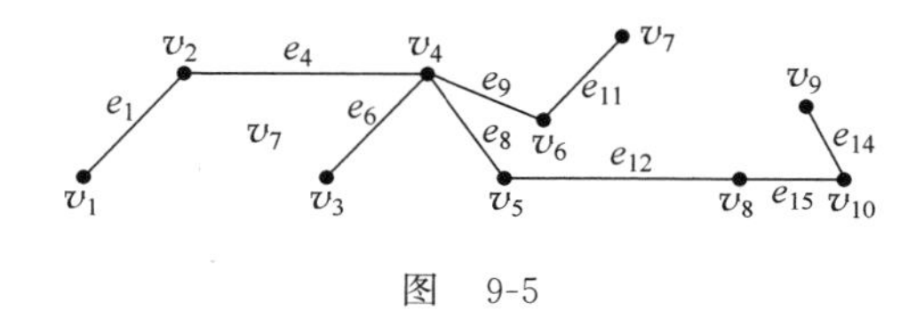

图　9-5

9.4　用破圈法和避圈法求图 9-6 中各图的最小树。

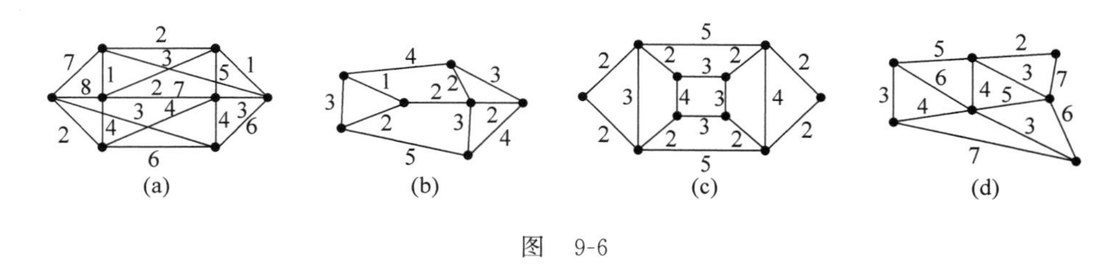

图　9-6

解　(a)给图中的点和边分别加上名称，如图 9-7。

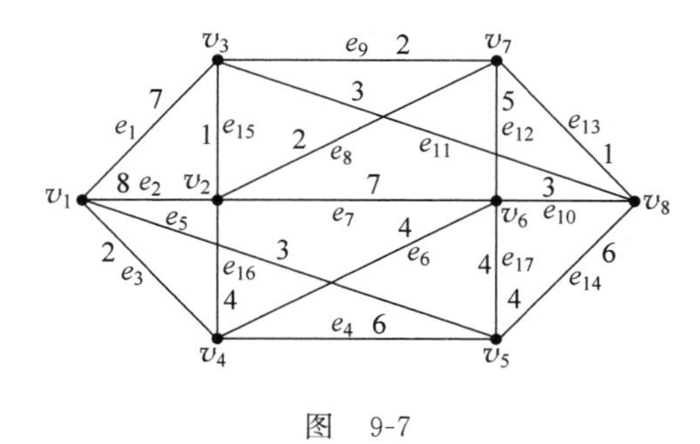

图　9-7

(1) 避圈法的方法为：开始选一条最小权的边，以后每步中，总从未被选取的边上选一条权最小的边，并使之与已选取的边不构成圈（每一步中，如果有两条或两条以上的边都是权最小的边，则从中任选一条）。

按照此方法，算法步骤如图 9-8，ⓘ 表示第 i 次的选取。

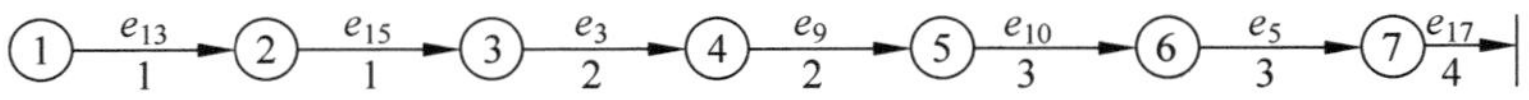

$$① \xrightarrow[1]{e_{13}} ② \xrightarrow[1]{e_{15}} ③ \xrightarrow[2]{e_3} ④ \xrightarrow[2]{e_9} ⑤ \xrightarrow[3]{e_{10}} ⑥ \xrightarrow[3]{e_5} ⑦ \xrightarrow[4]{e_{17}} |$$

图 9-8

则以 $\{e_{13},e_{15},e_3,e_9,e_{10},e_5,e_{17}\}$ 构成的图正好就是一个支撑树。

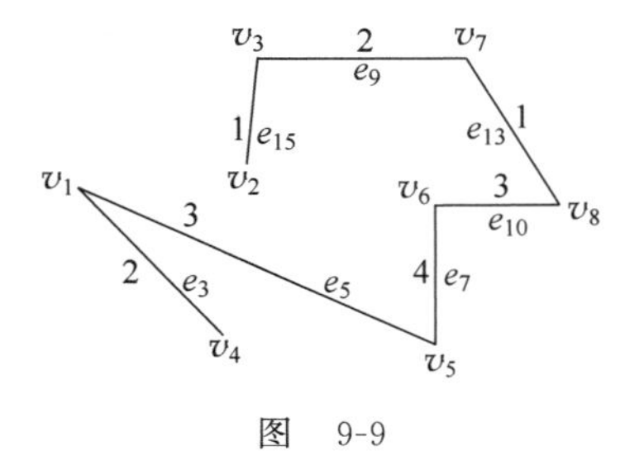

图 9-9

支撑树的权为

$$1+1+2+2+3+3+4=16$$

对应的最小树如图 9-9 所示。

(2) 破圈法的基本方法为：任取一个圈，从圈中去掉一条权最大的边(如果两条或两条以上的边都是权最大的边，则去掉任意其中一条)，在余下的图中，重复这个步骤，一直得到一个不含圈的图为止，这时的图便是最小树。

按照上述方法，去边的具体过程如图 9-10 所示。

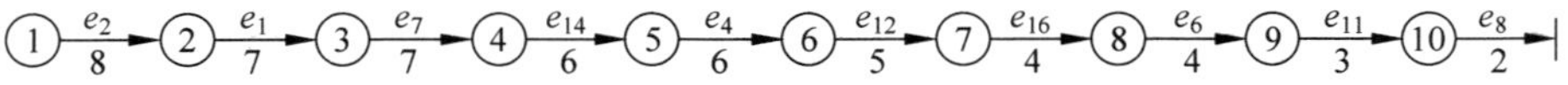

$$① \xrightarrow[8]{e_2} ② \xrightarrow[7]{e_1} ③ \xrightarrow[7]{e_7} ④ \xrightarrow[6]{e_{14}} ⑤ \xrightarrow[6]{e_4} ⑥ \xrightarrow[5]{e_{12}} ⑦ \xrightarrow[4]{e_{16}} ⑧ \xrightarrow[4]{e_6} ⑨ \xrightarrow[3]{e_{11}} ⑩ \xrightarrow[2]{e_8} |$$

图 9-10

其中ⓘ表示第 i 次进行删除的边。

得到最小树如图 9-11 所示。

(b) 给图 9-11 中的点和边加上名称分别为 v_i，e_i，如图 9-12 所示。

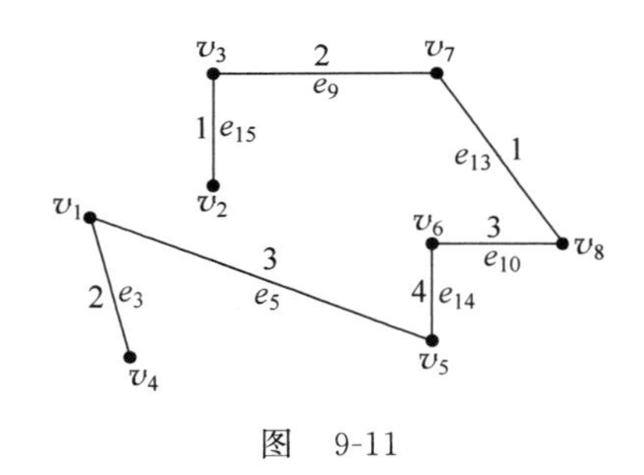

图 9-11

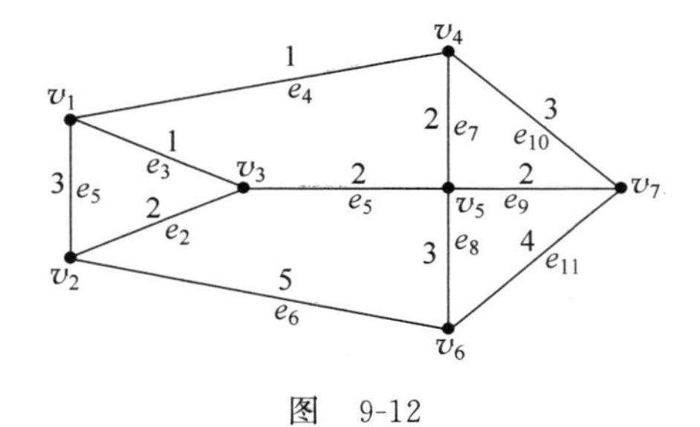

图 9-12

(1) 避圈法：依次找不构成圈的最小边，寻找过程如图 9-13 所示。

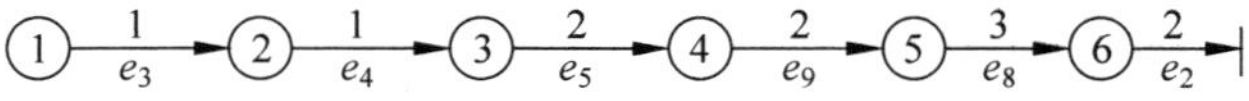

$$① \xrightarrow[e_3]{1} ② \xrightarrow[e_4]{1} ③ \xrightarrow[e_5]{2} ④ \xrightarrow[e_9]{2} ⑤ \xrightarrow[e_8]{3} ⑥ \xrightarrow[e_2]{2} |$$

图 9-13

则由 $\{e_3,e_4,e_5,e_9,e_8,e_2\}$ 构成最小支撑树，如图 9-14 所示。

树的权重为 $1+1+2+2+3+2=11$。

(2) 破圈法：本质为依次从所构成的圈中去除最大边，去除过程如图 9-15 所示。最后剩下的边 $\{e_2,e_3,e_4,e_5,e_8,e_9\}$ 所构成的图为最小支撑树图。

总权重为 $1+1+2+2+2+3=11$。

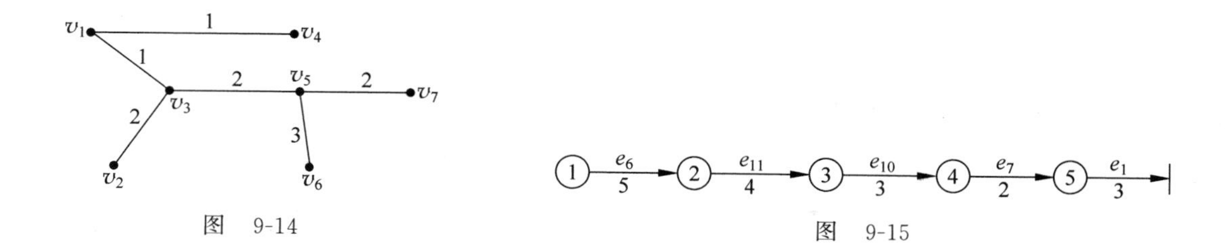

图　9-14　　　　图　9-15

(c) 给(c)中的点和边加上名称分别为 v_i, e_i，如图 9-16 所示。

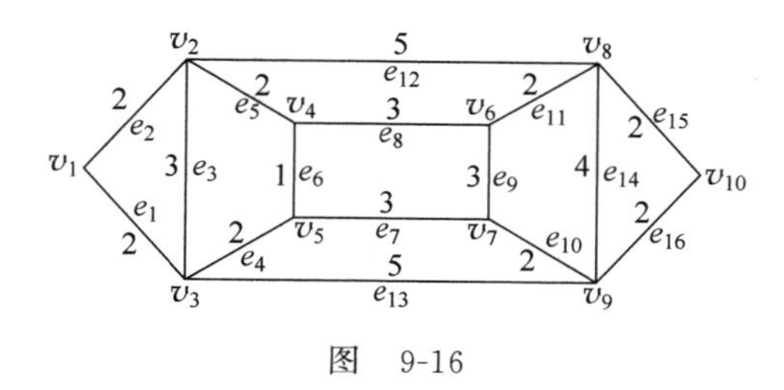

图　9-16

(1) 避圈法，寻找最小边的过程如图 9-17 所示。

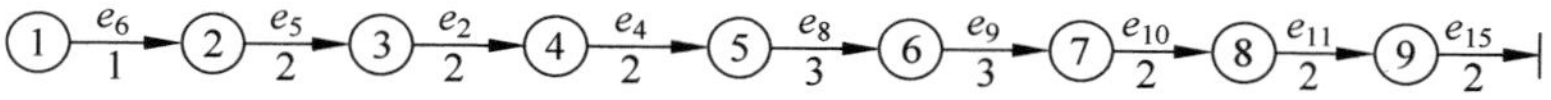

① e_6 1 → ② e_5 2 → ③ e_2 2 → ④ e_4 2 → ⑤ e_8 3 → ⑥ e_9 3 → ⑦ e_{10} 2 → ⑧ e_{11} 2 → ⑨ e_{15} 2 →|

图　9-17

则由 $\{e_6, e_5, e_2, e_4, e_8, e_9, e_{10}, e_{11}, e_{15}\}$ 构成最小支撑树。

如图 9-18 所示。

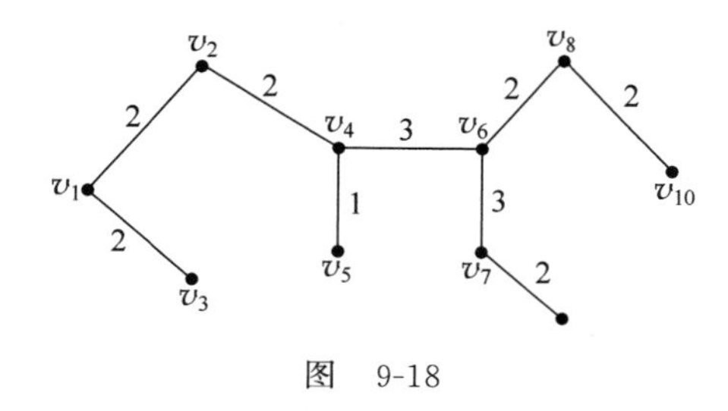

图　9-18

总权重为 $1+2+2+2+3+3+2+2+2=19$。

(2) 破圈法，去除边的过程如图 9-19 所示。

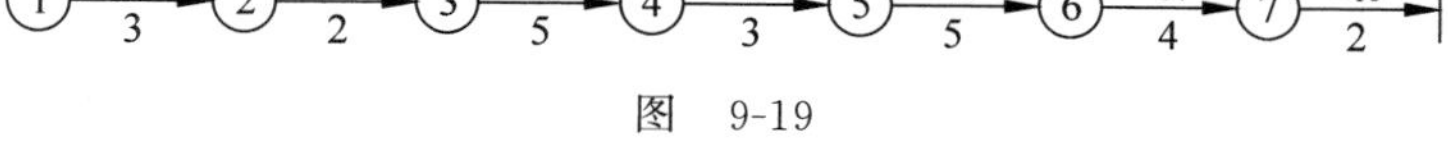

① e_3 3 → ② e_4 2 → ③ e_{12} 5 → ④ e_7 3 → ⑤ e_{13} 5 → ⑥ e_{14} 4 → ⑦ e_{16} 2 →|

图　9-19

最后剩下 $\{e_1, e_2, e_5, e_6, e_8, e_9, e_{10}, e_{11}, e_{15}\}$ 构成最小支撑树。

如图 9-20 所示。

总权重为 $2+2+2+3+1+2+3+2+2=19$。

(d) 给(d)中的点和边加上名称分别为 v_i, e_i，如图 9-21 所示。

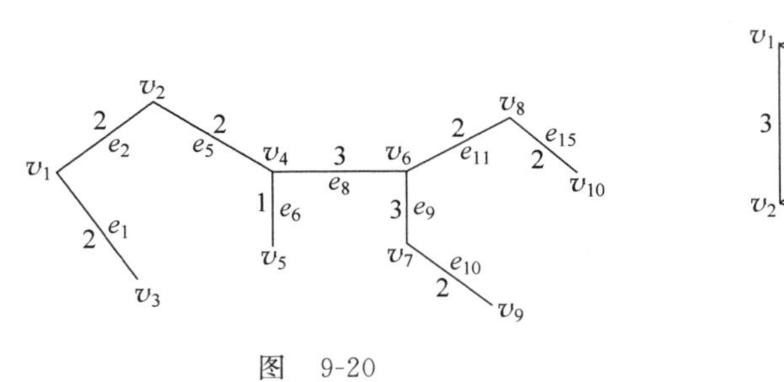

图 9-20

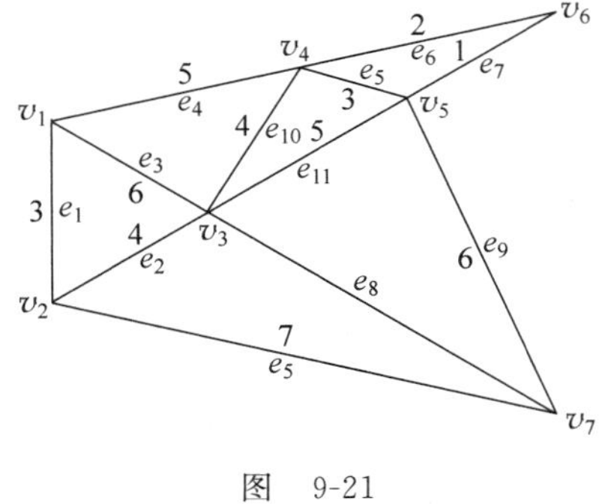

图 9-21

（1）避圈法

寻找最小边的过程如图 9-22 所示。

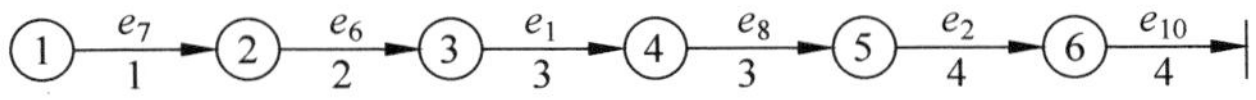

① $\xrightarrow[1]{e_7}$ ② $\xrightarrow[2]{e_6}$ ③ $\xrightarrow[3]{e_1}$ ④ $\xrightarrow[3]{e_8}$ ⑤ $\xrightarrow[4]{e_2}$ ⑥ $\xrightarrow[4]{e_{10}}$ |

图 9-22

最后找出$\{e_7, e_6, e_1, e_8, e_2, e_{10}\}$构成最小支撑树。

如图 9-23 所示。

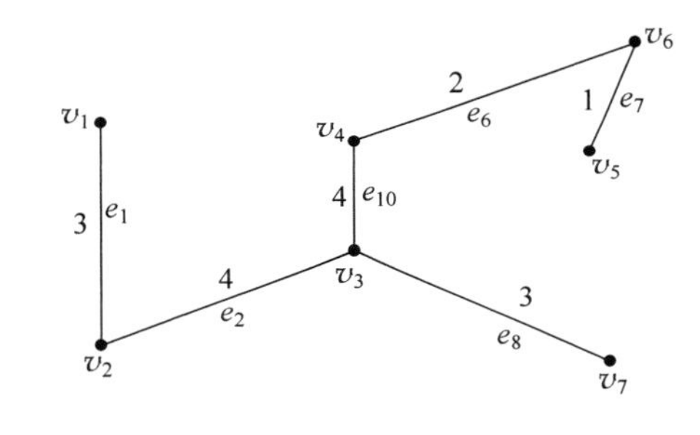

图 9-23

总权重为 $w(T)=3+4+4+2+1+3=17$。

（2）破圈法，去除图中最大边的过程如图 9-24 所示。

最小剩下的$\{e_1, e_2, e_{10}, e_6, e_7, e_8\}$所构成最小支撑树如图 9-25 所示。

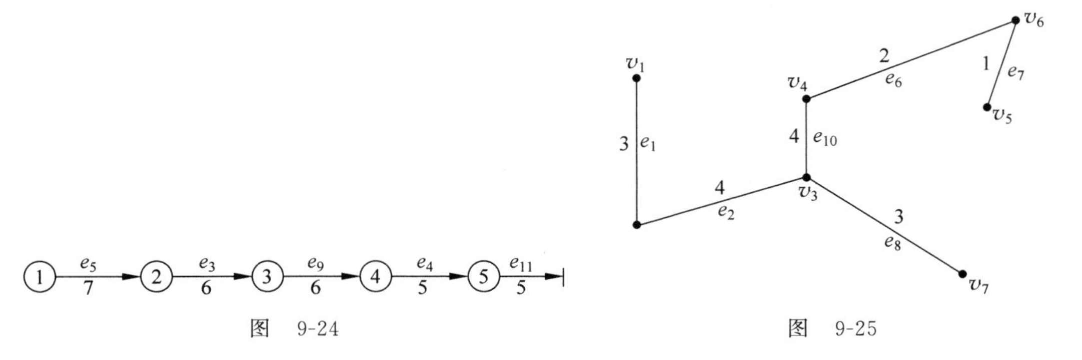

图 9-24　　图 9-25

总权重为 $w(T)=3+4+4+2+1+3=17$。

9.5 已知世界六大城市：Pe,N,Pa,L,T,M 试在由表 9-1 所示交通网络的数据中确定最小支撑树。

表 9-1

	Pe	T	Pa	M	N	L
Pe	×	13	51	77	68	50
T	13	×	60	70	67	59
Pa	51	60	×	57	36	2
M	77	70	57	×	20	55
N	68	67	36	20	×	34
L	50	59	2	55	34	×

解 把表 9-1 用图表示如图 9-26。

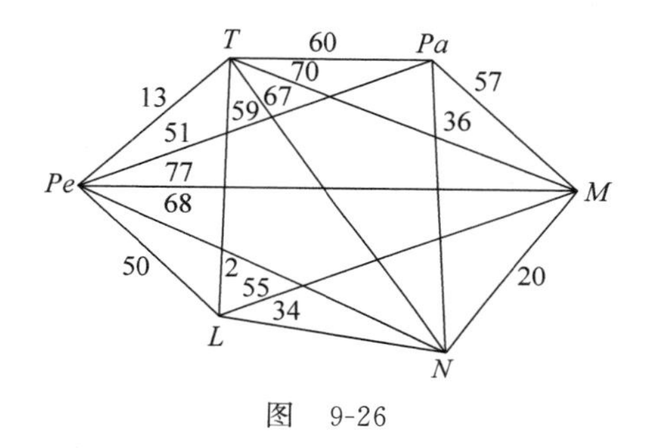

图 9-26

采用避圈法，寻找最小边的过程如图 9-27 所示。

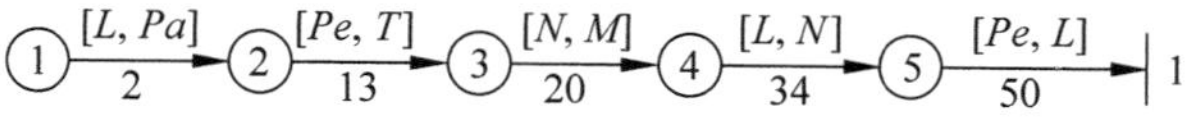

①$\xrightarrow[2]{[L,Pa]}$②$\xrightarrow[13]{[Pe,T]}$③$\xrightarrow[20]{[N,M]}$④$\xrightarrow[34]{[L,N]}$⑤$\xrightarrow[50]{[Pe,L]}$| 1

图 9-27

最后找到$\{[L,Pa],[Pe,T],[N,M]\},[L,N],[Pe,L]$
构成最小支撑树如图 9-28 所示。

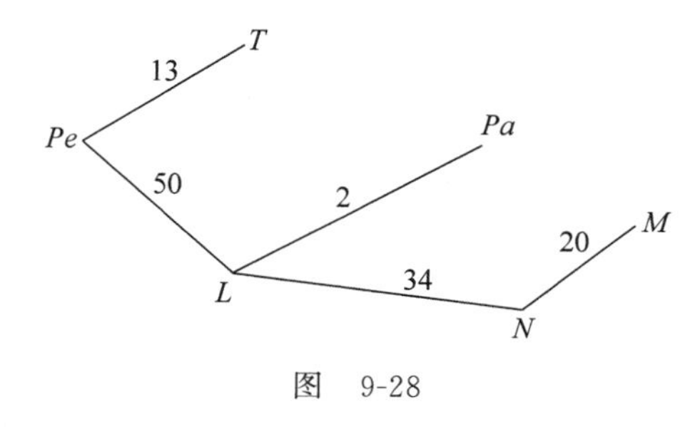

图 9-28

总权重为 $w(T)=2+13+50+34+20=119$。

9.6 有 9 个城市 $v_1,v_2,\cdots,v_9$，其公路网如图 9-29 所示。弧旁数字是该段公路的长度，有一批货物从 v_1 运到 v_9，问走哪条路最短？

解 最短路线问题的一般提法是：欲寻找网络中从起点 v_1 到终点 v_n 的最短路线，即

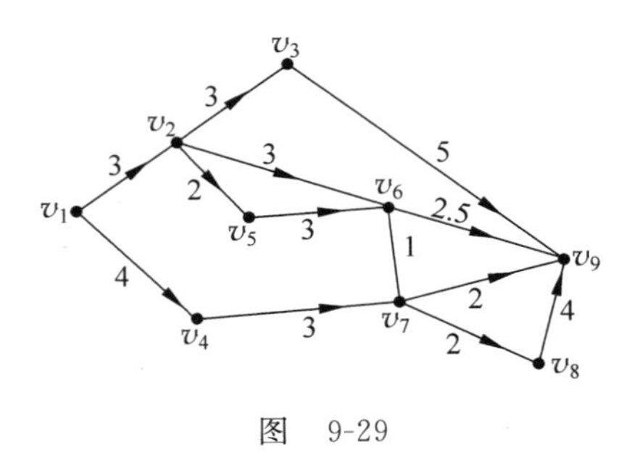

图 9-29

寻求连接这两点的边的总长度为最小的通路，最短路线中的网络大都是有向网络，也可以是无向网络。

以 l_{ij} 表示 v_i 到 v_j 的弧上的距离权，则可以写出网络的距离矩阵 $L=(l_{ij})$，其中若 v_i 到 v_j 没有弧，则 $l_{ij}=\infty$，若网络为无向网络，则 L 成为一个对称矩阵。

则最短路可以这样描述：要找从 v_1 到 v_n 的通路 μ，使全长为最短，即

$$\min L(\mu)=\sum_{e_{ij}\in\mu} l_{ij}$$

其中 $L(\mu)$ 为沿着通路 μ 从 v_1 到 v_n 的距离，l_{ij} 为 v_i 到 v_j 的弧的长度。

由题设有

$$L=\begin{array}{c}\\ v_1\\ v_2\\ v_3\\ v_4\\ v_5\\ v_6\\ v_7\\ v_8\\ v_9\end{array}\begin{array}{c} \begin{array}{ccccccccc} v_1 & v_2 & v_3 & v_4 & v_5 & v_6 & v_7 & v_8 & v_9\end{array}\\ \begin{bmatrix} 0 & 3 & \infty & 4 & \infty & \infty & \infty & \infty & \infty\\ \infty & 0 & 3 & \infty & 2 & 3 & \infty & \infty & \infty\\ \infty & \infty & 0 & \infty & \infty & \infty & \infty & \infty & 5\\ \infty & \infty & \infty & 0 & \infty & \infty & 3 & \infty & \infty\\ \infty & \infty & \infty & \infty & 0 & 3 & \infty & \infty & \infty\\ \infty & \infty & \infty & \infty & \infty & 0 & 1 & \infty & 2.5\\ \infty & \infty & \infty & \infty & \infty & \infty & 0 & 2 & 2\\ \infty & \infty & \infty & \infty & \infty & \infty & \infty & 0 & 4\\ \infty & \infty & \infty & \infty & \infty & \infty & \infty & \infty & 0 \end{bmatrix}\end{array}$$

表 9-2 中第 1 行是初始值 $T(v_j)$，{ }表示 $P(v_i)$。

表 9-2

	v_j	v_1	v_2	v_3	v_4	v_5	v_6	v_7	v_8	v_9
初始值	$T(\ \ )$	{0}	∞	∞	∞	∞	∞	∞	∞	∞
第一次迭代	$P(\ \ )+l_{ij}$		0+3	0+∞	0+4	0+∞	0+∞	0+∞	0+∞	0+∞
	$T(\ \ )$		{3}	∞	4	∞	∞	∞	∞	∞
第二次迭代	$P(\ \ )+l_{ij}$			3+3	3+∞	3+2	3+3	3+∞	3+∞	3+∞
	$T(\ \ )$			6	{4}	5	6	∞	∞	∞
第三次迭代	$P(\ \ )+l_{ij}$			4+∞		4+∞	4+∞	4+3	4+∞	4+∞
	$T(\ \ )$			6		{5}	6	7	∞	∞
第四次迭代	$P(\ \ )+l_{ij}$			5+∞			5+3	5+∞	5+∞	5+∞
	$T(\ \ )$			{6}			6	7	∞	∞
第五次迭代	$P(\ \ )+l_{ij}$						6+∞	6+∞	6+∞	6+5
	$T(\ \ )$						{6}	7	∞	11
第六次迭代	$P(\ \ )+l_{ij}$							6+1	6+∞	6+2.5
	$T(\ \ )$							{7}	∞	8.5
第七次迭代	$P(\ \ )+l_{ij}$								7+2	7+2
	$T(\ \ )$								9	{8.5}

以后的 $P(\ \ )+l_{ij}$ 行是由上一行中{ }中的 $P(v_i)$ 与 l_{ij} 的和，$T(\ \ )$行是由上两行

中对应列的元素中取最小的一个，相当于：

$$T(v_j)=\min\{T(v_j),P(v_i)+l_{ij}\}$$

每次迭代在 $T(v_j)$行选最小的，用{ }表示 $P(Xv_k)$，以后对应的列不再进行计算，相当于从 $\bar{S}$ 中去掉。

根据上面的迭代，得

v_1 到 v_9 的最短路为(v_1,v_2,v_6,v_9)

其分解为

$$8.5=6+2.5=3+3+2.5=(v_1,v_2)+(v_2,v_6)+(v_6,v_9)$$

总权值为 8.5。

9.7 用 Dijkstra 方法求图 9-30 中从 v_1 到各点的最短路。

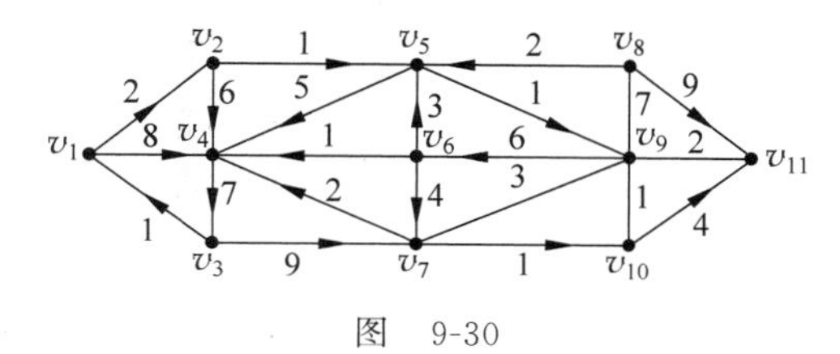

图 9-30

解 用 Dijkstra 方法的计算步骤如下：

距离矩阵 $L=(l_{ij})$为

$$L=\begin{array}{c} \\ v_1\\ v_2\\ v_3\\ v_4\\ v_5\\ v_6\\ v_7\\ v_8\\ v_9\\ v_{10}\\ v_{11}\end{array}\begin{array}{ccccccccccc} v_1 & v_2 & v_3 & v_4 & v_5 & v_6 & v_7 & v_8 & v_9 & v_{10} & v_{11}\\ \end{array}$$

$$\begin{array}{c|ccccccccccc} & v_1 & v_2 & v_3 & v_4 & v_5 & v_6 & v_7 & v_8 & v_9 & v_{10} & v_{11}\\ \hline v_1 & 0 & 2 & 1 & 8 & \infty & \infty & \infty & \infty & \infty & \infty & \infty\\ v_2 & \infty & 0 & \infty & 6 & 1 & \infty & \infty & \infty & \infty & \infty & \infty\\ v_3 & \infty & \infty & 0 & \infty & \infty & \infty & 9 & \infty & \infty & \infty & \infty\\ v_4 & \infty & \infty & 7 & 0 & \infty & \infty & \infty & \infty & \infty & \infty & \infty\\ v_5 & \infty & \infty & \infty & 5 & 0 & \infty & \infty & \infty & 1 & \infty & \infty\\ v_6 & \infty & \infty & \infty & \infty & 3 & 0 & 4 & \infty & \infty & \infty & \infty\\ v_7 & \infty & \infty & \infty & \infty & \infty & \infty & 0 & \infty & \infty & 1 & \infty\\ v_8 & \infty & 2 & \infty & \infty & \infty & \infty & \infty & 0 & \infty & \infty & 9\\ v_9 & \infty & \infty & \infty & \infty & \infty & 6 & \infty & \infty & 0 & \infty & \infty\\ v_{10} & \infty & \infty & \infty & \infty & \infty & \infty & \infty & \infty & 1 & 0 & 4\\ v_{11} & \infty & \infty & \infty & \infty & \infty & \infty & \infty & \infty & 2 & \infty & 0 \end{array}$$

表 9-3

	v_j	v_1	v_2	v_3	v_4	v_5	v_6	v_7	v_8	v_9	v_{10}	v_{11}
初始值	$T(\quad)$	{0}	∞	∞	∞	∞	∞	∞	∞	∞	∞	∞
第一次迭代	$P(\quad)+l_{ij}$		$0+2$	$0+\infty$	$0+\infty$	$0+\infty$	$0+\infty$	$0+\infty$	$0+\infty$	$0+\infty$	$0+\infty$	$0+\infty$
	$T(\quad)$		{2}	∞	∞	∞	∞	∞	∞	∞	∞	∞
第二次迭代	$P(\quad)+l_{ij}$			$2+\infty$	$2+6$	$2+1$	$2+\infty$	$2+\infty$	$2+\infty$	$2+\infty$	$2+\infty$	$2+\infty$
	$T(\quad)$			∞	8	{3}	∞	∞	∞	∞	∞	∞

续表

	v_j	v_1	v_2	v_3	v_4	v_5	v_6	v_7	v_8	v_9	v_{10}	v_{11}
初始值	$T(\quad)$	$\{0\}$	∞	∞	∞	∞	∞	∞	∞	∞	∞	∞
第三次迭代	$P(\quad)+l_{ij}$			$3+\infty$	$3+5$		$3+\infty$	$3+\infty$	$3+\infty$	$3+1$	$3+\infty$	$3+\infty$
	$T(\quad)$			∞	8		∞	∞	∞	$\{4\}$	∞	∞
第四次迭代	$P(\quad)+l_{ij}$			$4+\infty$	$4+\infty$		$4+6$	$4+\infty$	$4+7$		$4+\infty$	$4+\infty$
	$T(\quad)$			∞	8		$\{10\}$	∞	11		∞	∞
第五次迭代	$P(\quad)+l_{ij}$			$10+\infty$	$10+4$			$10+\infty$	$10+\infty$		$10+\infty$	$10+\infty$
	$T(\quad)$			∞	$\{8\}$			∞	11		∞	∞
第六次迭代	$P(\quad)+l_{ij}$			$8+7$				$8+\infty$	$8+\infty$		$8+\infty$	$8+\infty$
	$T(\quad)$			$\{15\}$				10	11		∞	∞
第七次迭代	$P(\quad)+l_{ij}$							$15+9$	$15+\infty$		$15+\infty$	$15+\infty$
	$T(\quad)$							$\{14\}$	11		∞	∞
第八次迭代	$P(\quad)+l_{ij}$								$14+\infty$		$14+1$	$10+\infty$
	$T(\quad)$								$\{11\}$		15	∞
第九次迭代	$P(\quad)+l_{ij}$										$11+\infty$	$11+9$
	$T(\quad)$										$\{15\}$	20
第十次迭代	$P(\quad)+l_{ij}$											$15+4$
	$T(\quad)$											$\{19\}$

由表 9-3 的迭代过程可得：

$$s_q=\{v_1,v_2,v_5,v_9,v_4,v_6,v_8,v_7,v_3,v_{10},v_{11}\}$$

$d(v_1,v_2)=2$，最短路：(v_1,v_2)；

$d(v_1,v_5)=3$，最短路：(v_1,v_2,v_5)；

$d(v_1,v_9)=4$，最短路：(v_1,v_2,v_5,v_9)；

$d(v_1,v_7)=14$，最短路：$(v_1,v_2,v_5,v_9,v_6,v_7)$；

$d(v_1,v_8)=11$，最短路：(v_1,v_2,v_5,v_9,v_8)；

$d(v_1,v_4)=8$，最短路：(v_1,v_2,v_4)或(v_1,v_4)；

$d(v_1,v_6)=10$，最短路：(v_1,v_2,v_5,v_9,v_6)；

$d(v_1,v_3)=15$，最短路：(v_1,v_2,v_4,v_3)或(v_1,v_4,v_3)；

$d(v_1,v_{10})=15$，最短路：$(v_1,v_2,v_5,v_9,v_6,v_7,v_{10})$；

$d(v_1,v_{11})=19$，最短路：$(v_1,v_2,v_5,v_9,v_6,v_7,v_{10},v_{11})$。

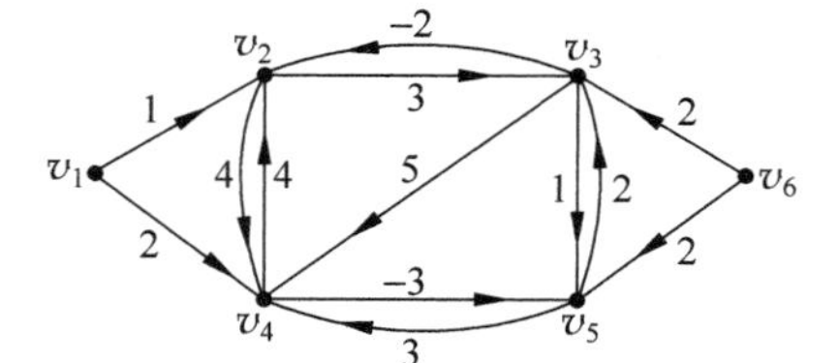

图 9-31

9.8 求图 9-31 中从 v_1 到各点的最短路。

解 当赋权有向图 D 中，存在具有负权的弧时，求最短路的方法如下：

不妨设从任一点 v_i 到任一个点 v_j 都有一条弧。（如果在 D 中，$(v_i,v_j)\notin A$，则添加弧(v_i,v_j)，令 $w_{ij}=+\infty$）

显然，从 v_s 到 v_j 的最短路总是从 v_s 出发，沿着

一条路到某个点 v_i，再沿 (v_i, v_j) 到 v_j 的（这里 v_i 可以是 v_s 本身），从 v_s 到 v_i 的这条路必定是从 v_s 到 v_j 的最短路，所以 $d(v_s, v_j)$ 必满足如下方程。

$$d(v_s, v_j) = \min_i \{d(v_s, v_i) + w_{ij}\}$$

为了求得这个方程的解，$d(v_s, v_1), d(v_s, v_2), \cdots, d(v_s, v_p)$（这里 $p = p(0)$），可用如下递推公式。

开始时，令

$$d^{(1)}(v_s, v_j) = w_{sj}, \quad (j = 1, 2, \cdots, p)$$

对 $t = 2, 3, \cdots$

$$d^{(t)}(v_s, v_j) = \min_i \{d^{(t-1)}(v_s, v_i) + w_{ij}\}, \quad (j = 1, 2, \cdots, p)$$

若进行到某一步，例如第 k 步时，对所求 $j = 1, 2, \cdots, p$，有

$$d^{(k)}(v_s, v_j) = d^{(k-1)}(v_s, v_j)$$

则 $\{d^{(k)}(v_s, v_j)\}, j = 1, 2, \cdots, p$，即为 v_s 到各点的最短路的权。

根据下面计算把计算结果填入表 9-4。

表　9-4

	w_{ij}						$d^{(t)}(v_i, v_j)$			
	v_1	v_2	v_3	v_4	v_5	v_6	$t=1$	$t=2$	$t=3$	$t=4$
v_1	0	1	1	2	∞	∞	0	0	0	0
v_2	∞	0	3	4	∞	∞	1	1	1	1
v_3	0	−2	0	5	2	∞	∞	4	1	1
v_4	∞	4	∞	0	−3	∞	2	2	2	2
v_5	∞	∞	2	3	0	∞	∞	−1	−1	−1
v_6	∞	∞	2	∞	2	0	∞			

当 $t = 1$ 时，

$$d^{(1)}(w_1, v_1) = w_{11} = 0, \qquad d^{(1)}(v_1, w_2) = w_{12} = 1$$

$$d^{(1)}(v_1, v_3) = w_{13} = +\infty, \qquad d^{(1)}(v_1, v_4) = w_{14} = 2$$

$$d^{(1)}(v_1, v_5) = w_{15} = +\infty, \qquad d^{(1)}(v_1, v_6) = w_{16} = +\infty$$

当 $t = 2$ 时，

$$\begin{aligned} d^{(2)}(v_1, v_1) = \min\{&d^{(1)}(v_1, v_1) + w_{11}, d^{(1)}(v_1, v_2) + w_{21}, \\ &d^{(1)}(v_1, v_3) + w_{31}, d^{(1)}(v_1, v_4) + w_{41}, \\ &d^{(1)}(v_1, v_5) + w_{51}, d^{(1)}(v_1, v_6) + w_{61}\} \\ = \min\{&0+0, 1+\infty, \infty+\infty, 2+\infty, \infty+\infty, \infty+\infty\} = 0 \end{aligned}$$

$$\begin{aligned} d^{(2)}(v_1, v_2) = \min\{&d^{(1)}(v_1, v_1) + w_{12}, d^{(1)}(v_1, v_2) + w_{22}, \\ &d^{(1)}(v_1, v_3) + w_{32}, d^{(1)}(v_1, v_4) + w_{42}, \\ &d^{(1)}(v_1, v_5) + w_{52}, d^{(1)}(v_1, v_6) + w_{62}\} \\ = \min\{&0+1, 1+0, \infty-2, 2+4, \infty+\infty, \infty+\infty\} = 1 \end{aligned}$$

$$\begin{aligned} d^{(2)}(v_1, v_3) = \min\{&d^{(1)}(v_1, v_1) + w_{13}, d^{(1)}(v_1, v_2) + w_{23}, \\ &d^{(1)}(v_1, v_3) + w_{33}, d^{(1)}(v_1, v_4) + w_{43}, \end{aligned}$$

$$d^{(1)}(v_1,v_5)+w_{53},d^{(1)}(v_1,v_6)+w_{63}\}$$
$$=\min\{0+\infty,1+3,\infty+0,2+\infty,\infty+2,\infty+2\}=4$$
$$d^{(2)}(v_1,v_4)=\min\{d^{(1)}(v_1,v_1)+w_{14},d^{(1)}(v_1,v_2)+w_{24},$$
$$d^{(1)}(v_1,v_3)+w_{34},d^{(1)}(v_1,v_4)+w_{44},$$
$$d^{(1)}(v_1,v_5)+w_{54},d^{(1)}(v_1,v_6)+w_{64}\}$$
$$=\min\{0+2,1+4,\infty+5,2+0,\infty+3,\infty+\infty\}=2$$
$$d^{(2)}(v_1,v_5)=\min\{d^{(1)}(v_1,v_1)+w_{15},d^{(1)}(v_1,v_2)+w_{25},$$
$$d^{(1)}(v_1,v_3)+w_{35},d^{(1)}(v_1,v_4)+w_{45},$$
$$d^{(1)}(v_1,v_5)+w_{55},d^{(1)}(v_1,v_6)+w_{65}\}$$
$$=\min\{0+\infty,1+\infty,\infty+1,2-3,\infty+0;\infty+2\}=-1$$
$$d^{(2)}(v_1,v_6)=\min\{d^{(1)}(v_1,v_1)+w_{16},d^{(1)}(v_1,v_2)+w_{26},$$
$$d^{(1)}(v_1,v_3)+w_{36},d^{(1)}(v_1,v_4)+w_{46},$$
$$d^{(1)}(v_1,v_5)+w_{56},d^{(1)}(v_1,v_6)+w_{66}\}$$
$$=\min\{0+\infty,1+\infty,\infty+\infty,2+\infty,\infty+\infty,\infty+\infty\}=\infty$$

当 $t=3$ 时，

$$d^{(3)}(v_1,v_1)=\min\{d^{(2)}(v_1,v_1)+w_{11},d^{(2)}(v_1,v_2)+w_{21},$$
$$d^{(2)}(v_1,v_3)+w_{31},d^{(2)}(v_1,v_4)+w_{41},$$
$$d^{(2)}(v_1,v_5)+w_{51},d^{(2)}(v_1,v_6)+w_{61}\}$$
$$=\min\{0+0,1+\infty,4+\infty,2+\infty,-1+\infty,\infty+\infty\}=0$$
$$d^{(3)}(v_1,v_2)=\min\{d^{(2)}(v_1,v_1)+w_{12},d^{(2)}(v_1,v_2)+w_{22},$$
$$d^{(2)}(v_1,v_3)+w_{32}d^{(2)}(v_1,v_4)+w_{42},$$
$$d^{(2)}(v_1,v_5)+w_{52},d^{(2)}(v_1,v_6)+w_{62}\}$$
$$=\min\{0+1,1+\infty,4-2,2+4,-1+\infty,\infty+\infty\}=1$$
$$d^{(3)}(v_1,v_3)=\min\{d^{(2)}(v_1,v_1)+w_{13},d^{(2)}(v_1,v_2)+w_{23},$$
$$d^{(2)}(v_1,v_3)+w_{33},d^{(2)}(v_1,v_4)+w_{43},$$
$$d^{(2)}(v_1,v_5)+w_{53},d^{(2)}(v_1,v_6)+w_{63}\}$$
$$=\min\{0+\infty,1+3,4+0,2+\infty,-1+2,\infty+2\}=1$$
$$d^{(3)}(v_1,v_4)=\min\{d^{(2)}(v_1,v_1)+w_{14},d^{(2)}(v_1,v_2)+w_{24},$$
$$d^{(2)}(v_1,v_3)+w_{34},d^{(2)}(v_1,v_4)+w_{44},$$
$$d^{(2)}(v_1,v_5)+w_{54},d^{(2)}(v_1,v_6)+w_{64}\}$$
$$=\min\{0+2,1+4,4+5,2+0,-1+3,\infty+\infty\}=2$$
$$d^{(3)}(v_1,v_5)=\min\{d^{(2)}(v_1,v_1)+w_{15},d^{(2)}(v_1,v_2)+w_{25},$$
$$d^{(2)}(v_1,v_3)+w_{35},d^{(2)}(v_1,v_4)+w_{45},$$
$$d^{(2)}(v_1,v_5)+w_{55},d^{(2)}(v_1,v_6)+w_{65}\}$$
$$=\min\{0+\infty,1+\infty,4+1,2-3,-1+0,\infty+2\}=-1$$
$$d^{(3)}(v_1,v_6)=\min\{d^{(2)}(v_1,v_1)+w_{16},d^{(2)}(v_1,v_2)+w_{26},$$
$$d^{(2)}(v_1,v_3)+w_{36},d^{(2)}(v_1,v_4)+w_{46},$$

$$d^{(2)}(v_1,v_5)+w_{56},d^{(2)}(v_1,v_6)+w_{66}\}$$
$$=\min\{0+\infty,1+\infty,4+\infty,2+\infty,-1+\infty,\infty+\infty\}=+\infty$$

当 $t=4$ 时，

$$d^{(2)}(v_1,v_1)=d^{(3)}(v_1,v_1)=0,$$
$$d^{(2)}(v_1,v_2)=d^{(3)}(v_1,v_2)=1$$
$$d^{(2)}(v_1,v_5)=d^{(3)}(v_1,v_5)=-1,$$
$$d^{(2)}(v_1,v_6)=d^{(3)}(v_1,v_6)=+\infty$$

即 v_1 到 v_1 的距离为 0，v_1 到 v_2 的距离为 1，v_1 到 v_5 的距离为 -1，v_1 到 v_6 的距离为 $+\infty$，只要继续计算 $d^{(4)}(v_1,v_3)$，$d^4(v_1,v_4)$

$$\begin{aligned}d^{(4)}(v_1,v_3)=\min\{&d^{(3)}(v_1,v_1)+w_{13},d^{(3)}(v_1,v_2)+w_{23},\\&d^{(3)}(v_1,v_3)+w_{33},d^{(3)}(v_1,v_4)+w_{43},\\&d^{(3)}(v_1,v_5)+w_{53},d^{(3)}(v_1,v_6)+w_{63}\}\\=\min\{&0+\infty,1+3,1+0,-1+\infty,-1+2,\infty+2\}\\=\min\{&\infty,4,1,\infty,1,\infty\}=1\end{aligned}$$

$$\begin{aligned}d^{(4)}(v_1,v_4)=\min\{&d^{(3)}(v_1,v_1)+w_{14},d^{(3)}(v_1,v_2)+w_{24},\\&d^{(3)}(v_1,v_3)+w_{34},d^{(3)}(v_1,v_4)+w_{44},\\&d^{(3)}(v_1,v_5)+w_{54},d^{(3)}(v_1,v_6)+w_{64}\}\\=\min\{&0+2,1+4,1+5,2+0,-1+3,\infty+\infty\}\\=\min\{&2,5,6,2,2,\infty\}=2\end{aligned}$$

由

$$d^{(3)}(v_1,v_3)=d^{(4)}(v_1,v_3)=1$$
$$d^{(3)}(v_1,v_4)=d^{(4)}(v_1,v_4)=2$$

故 v_1 到 v_3 的距离为 1，v_1 到 v_4 的距离为 2。综上可得

$$d(v_1,v_2)=1,\quad d(v_1,v_3)=1,\quad d(v_1,v_4)=2,$$
$$d(v_1,v_5)=-1,\quad d(v_1,v_6)=+\infty。$$

9.9 在图 9-32 中，(1)用 Dijkstra 方法求从 v_1 到各点的最短路；(2)指出对 v_1 来说那些顶点是不可到达的。

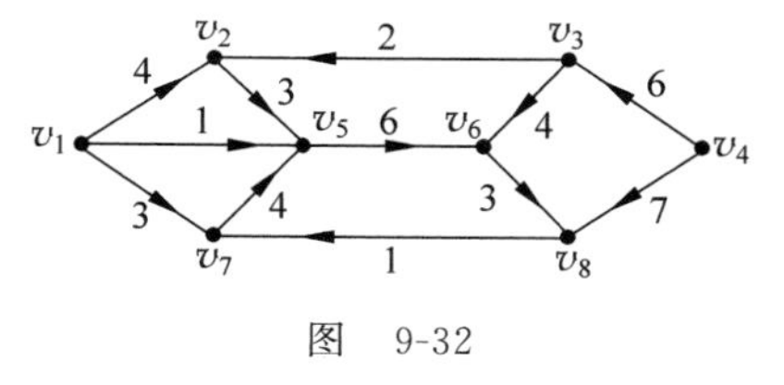

图 9-32

解 (1) 首先设

$P(v_1)=0,\quad T(v_j)=+\infty(j=2,3,\cdots,8)$

第一步，v_1 已经 P 标号，(v_1,v_2)，(v_1,v_5)，$(v_1,v_7)\in A$

$$T'(v_2)=P(v_1)+w_{12}=0+4=4$$

由 $$T'(v_2)<T(v_2)$$

则 $$T(v_2)=4,\quad T'(v_5)=P(v_1)+w_{15}=0+1=1$$

由 $$T'(5)=T(v_5)$$

则 $$T(v_5)=1,\quad T'(v_7)=P(v_1)+w_{17}=0+3=3$$

由 $$T'(v_7)<T(v_7)$$
则 $$T(v_7)=3$$
则 $$\min\{T(v_2),T(v_5),T(v_7)\}=\min\{4,1,3\}=1$$
于是，有 $$P(v_5)=1$$

第二步，v_5 已标号，由 $(v_5,v_6)\in A$

$$T'(v_6)=P(v_5)+w_{56}=1+6=7$$

因 $$T'(v_6)<T(v_6)$$
则 $$T(v_6)=7,\quad \min\{T(v_2),T(v_7),T(v_6)\}=3$$
故 $$P(v_7)=3$$

第三步，对于已 P 标号的 v_7

$$\min\{T(v_2),T(v_6)\}=4$$

故 $$P(v_2)=4$$

第四步，对于已 P 标号的 v_2

则 $$P(v_6)=7$$

第五步，已 P 标号的 v_6，$(v_6,v_8)\in A$

$$T'(v_8)=P(v_6)+w_{68}=7+3=10$$

由于 $$T'(v_8)<T(v_8)$$
故 $$T(v_8)=10,\quad \min\{T(v_8)\}=10$$
故 $$P(v_8)=10$$

第六步，已 P 标号 v_8，$(v_8,v_j)\in A$，$j\in$ 其他剩余点。故

$d(v_1,v_2)=4$，　$d(v_1,v_7)=3$，　$d(v_1,v_5)=1$，$d(v_1,v_6)=7$，　$d(v_1,v_8)=10$。

(2) v_1 不能达到 v_3 和 v_4。

9.10 求图 9-33 中从任意一点到另外任意一点的最短路。

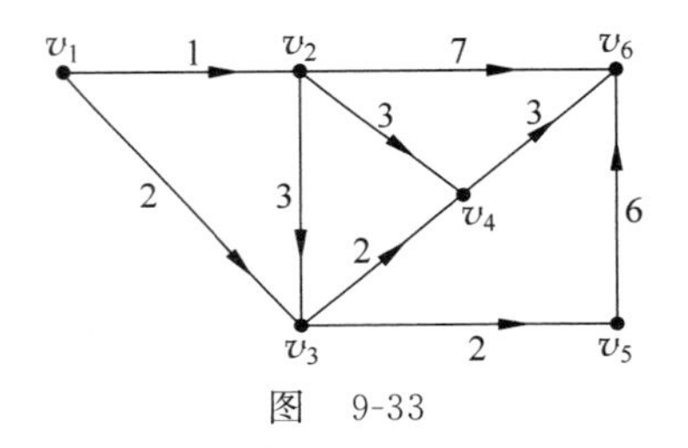

图 9-33

解 (1) 从 v_1 始发求最短路。

表 9-5

	v_j	v_1	v_2	v_3	v_4	v_5	v_6
初始值	$T(\quad)$	{0}	∞	∞	∞	∞	∞
第一次迭代	$P(\quad)+l_{ij}$		0+1	0+2	$0+\infty$	$0+\infty$	$+\infty$
	$T(\quad)$		{1}	2	∞	∞	∞
第二次迭代	$P(\quad)+l_{ij}$			1+3	1+3	$1+\infty$	1+7
	$T(\quad)$			{2}	4	∞	8
第三次迭代	$P(\quad)+l_{ij}$				2+2	2+2	$2+\infty$
	$T(\quad)$				{4}	4	8
第四次迭代	$P(\quad)+l_{ij}$					$4+\infty$	4+3
	$T(\quad)$					{4}	7
第五次迭代	$P(\quad)+l_{ij}$						4+6
	$T(\quad)$						{7}

由上计算过程可知

$d(v_1,v_2)=1$,最短路为(v_1,v_2)。

$d(v_1,v_3)=2$,最短路为(v_1,v_3)。

$d(v_1,v_4)=4$,最短路为(v_1,v_3,v_4)或(v_1,v_2,v_4)。

$d(v_1,v_5)=4$,最短路为(v_1,v_3,v_5)。

$d(v_1,v_6)=7$,最短路为(v_1,v_2,v_4,v_6)。

(2) 以 v_2 为出发点,

$d(v_2,v_3)=3$,最短路为(v_2,v_3)。

$d(v_2,v_4)=3$,最短路为(v_2,v_4)。

$d(v_2,v_5)=5$,最短路为(v_2,v_3,v_5)。

$d(v_2,v_6)=6$,最短路为(v_2,v_4,v_6)。

v_1 为不可到达点。

(3) 以 v_3 为始发点,

$d(v_3,v_4)=2$,最短路为(v_3,v_4)。

$d(v_3,v_5)=2$,最短路为(v_3,v_5)。

$d(v_3,v_6)=5$,最短路为(v_3,v_4,v_6)。

v_1,v_2 均为不可到达点。

(4) 以 v_4 为始发点,只有一条路 $d(v_4,v_6)$,且 $d(v_4,v_6)=3$。其余均为不可到达点。

(5) 以 v_5 为始发点,只有路(v_5,v_6),且 $d(v_5,v_6)=6$。

(6) 以 v_6 为始发点,则无路。

9.11 在如图 9-34 所示的网络中,每弧旁的数字是(c_{ij},f_{ij})。

(1) 确定所有的截集;

(2) 求最小截集的容量;

(3) 证明指出的流是最大流。

解 把题设中的中间点标号如图 9-35 所示。

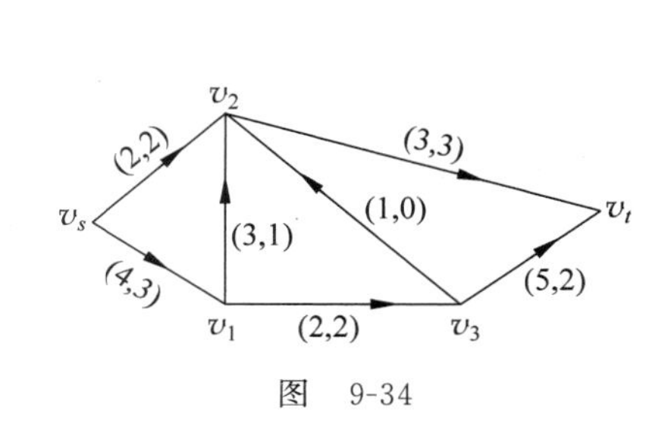

图 9-34

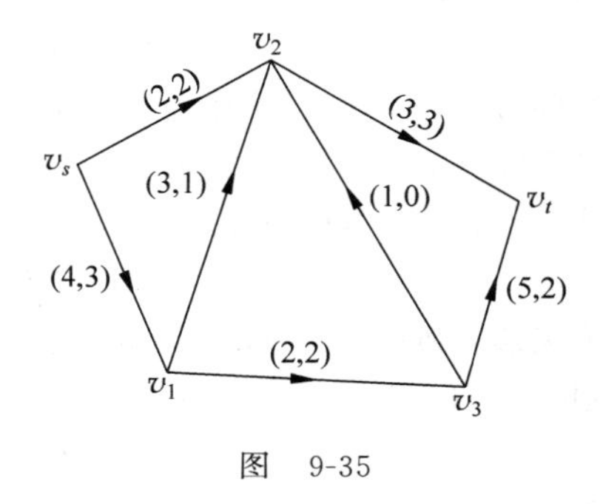

图 9-35

(1) 该网络的截集如表 9-6。

表 9-6

v	$\bar{v}$	截　集	截集的容量
v_s	v_1,v_2,v_3,v_t	$(v_s,v_1)(v_s,v_2)$	$4+2=6$
v_s,v_1	v_2,v_3,v_t	$(v_s,v_2)(v_1,v_t)$	$4+3=7$
v_s,v_2	v_1,v_3,v_t	$(v_s,v_1)(v_2,v_1)(v_2,v_3)$	$2+3+2=7$
v_s,v_1,v_2	v_3,v_t	$(v_1,v_t)(v_2,v_3)$	$2+3=5^*$
v_s,v_2,v_3	v_1,v_t	$(v_s,v_1)(v_2,v_1)(v_3,v_1)(v_3,v_t)$	$2+3+1+5=11$
v_s,v_1,v_2,v_3	v_t	$(v_1,v_t)(v_3,v_t)$	$3+5=8$
v_s,v_3	v_1,v_2,v_t	$(v_s,v_1),(v_s,v_2),(v_3,v_2),(v_3,v_t)$	$4+2+1+5=12$
v_s,v_2,v_3	v_1,v_t	$(v_s,v_1),(v_2,v_t),(v_3,v_t)$	$4+3+5=12$

(2) 从表中看出最小截集容量为 5。

(3) 根据最大流量最小截量定理,最大流量为 $v(f^*)=C(v_1^*,\bar{v}_1^*)=5$。

9.12 求如图 9-36 所示的网络的最大流(每弧旁的数字是(c_{ij},f_{ij}))。

解 给中间点标上编号如图 9-37。

(1) 标号过程

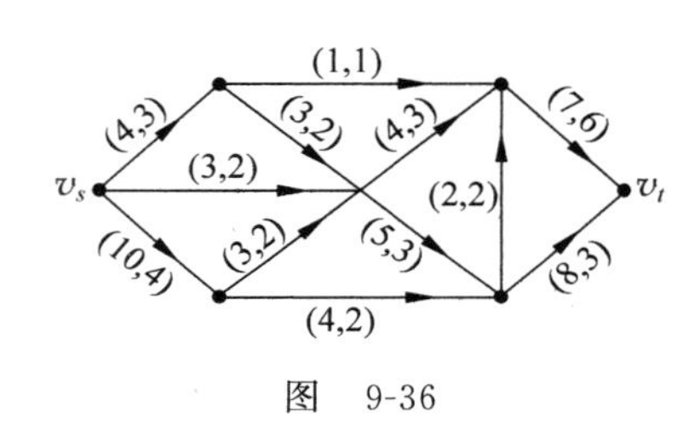

图 9-36

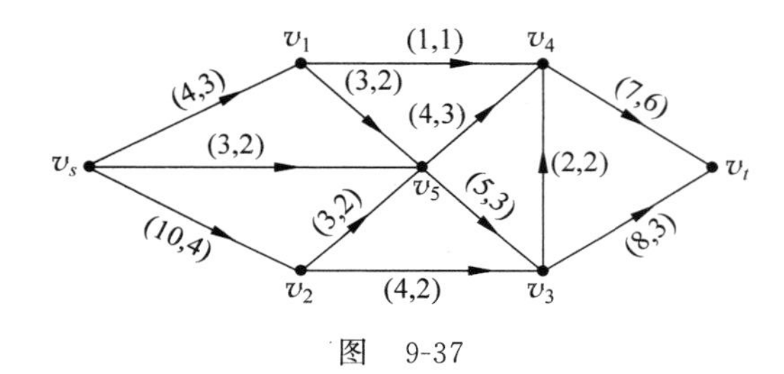

图 9-37

开始先给 v_s 标上$(0,+\infty)$,这时,v_s 是标号而未检查的点。

第一步:弧(v_1,v_4),因 $f_{s1}=3,c_{s1}=4$。

则 $f_{s1}<c_{s1}$。则给 v_1 标号$(v_s,L(v_1))$,

$$L(v_1)=\min\{L(v_s),c_1-fs_1\}=\min\{+\infty,4-3\}=1$$

第二步:检查弧(v_1,v_4)。

$$f_{14}=1,\qquad c_{14}=1$$

不满足标号条件,对 v_4 不进行标号。

对于弧(v_1,v_5),$f_{15}=2,c_{15}=3$,则 $f_{15}<c_{15}$。

给 v_5 标号$(v_1,L(v_5))$,

$$L(v_5)=\min\{L(v_1),c_{15}-f_{15}\}=\min(1,1)=1$$

第三步:弧(v_5,v_4),$f_{54}=3,c_{54}=4$,则 $f_{54}<c_{54}$。

则给 v_4 标号$(v_5,L(v_4))$。

$$L(v_4)=\min\{L(v_5),c_{54}-f_{54}\}=\min\{1,4-3\}=1$$

第四步:对于弧(v_4,v_t),因 $f_{4t}=6,c_{4t}=7,f_{4t}<c_{4t}$。

则给 v_t 标号$(v_4,L(v_t))$。

$$L(v_t)=\min\{L(v_4),c_{4t}-f_{4t}\}=\min\{1,7-6\}=1$$

故
$$\theta=L(v_t)=1$$

（2）调整过程

由点的第一个标号找到一条增广链。如图 9-38 中的“//”所示：

按 $\theta=1$ 在 M 上进行调整。

$$f_{s1}+1=4 \qquad f_{15}+1=2+1=3$$

$$f_{54}+1=4 \qquad f_{4t}+1=7$$

其余 f_{ij} 不变，调整后如图 9-39 所示。

再对这个可行流进行标号过程，寻找增广链。

（1）标号过程

开始先给 v_s 标上$(0,+\infty)$，

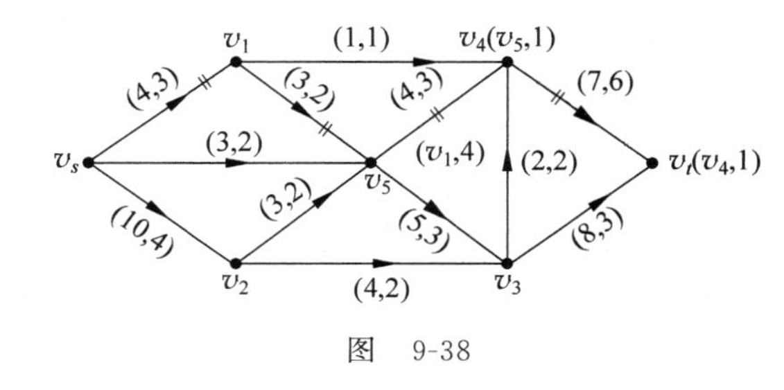

图 9-38

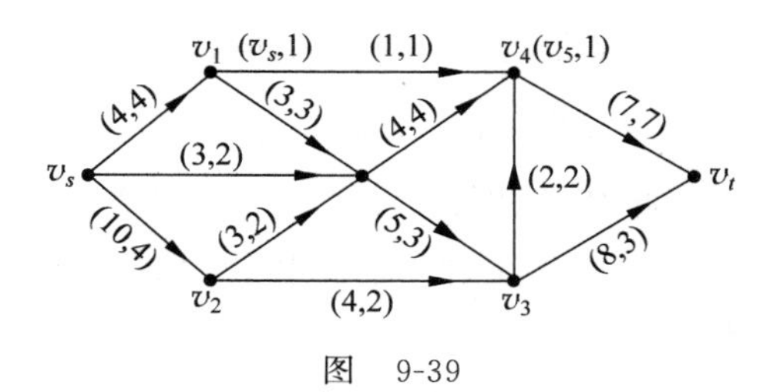

图 9-39

第一步：对于(v_s,v_2)，$f_{s2}=4$，$c_{s2}=10$，$f_{s2}<c_{s2}$，则给 v_1 标号$(v_2,L(v_2))$，

$$L(v_2)=\min\{L(v_s),c_{s2}-f_{s2}\}=\min\{+\infty,10-4\}=6$$

第二步：对于弧(v_2,v_3)，$f_{23}=2$，$c_{23}=4$。则 $f_{23}<c_{23}$。

给 v_2 标号$(v_s,L(v_3))$，

$$L(v_3)=\min\{L(v_2),c_{23}-f_{23}\}=\min\{6,4-2\}=2$$

第三步：对于弧(v_3,v_t)，$f_{3t}=3$，$c_{3t}=8$，则 $f_{3t}<c_{3t}$。

给 v_t 标号$(v_3,L(v_t))$，

$$L(v_t)=\min\{L(v_3),c_{3t}-f_{3t}\}=\min\{2,8-3\}=2$$

故 v_t 有了标点，转入调整过程。

（2）调整过程

由点的第一个标号找到一条增广链。如图 9-40 中的“//”表示。

根据 $\theta=2$，在 M 上调整 f：

$$f_{s2}+2=6, \qquad f_{23}+2=4, \qquad f_{3t}+2=5$$

其他 f_{ij} 不变，调整后得到如图 9-41 所示的可行流。对这个可行流进入标号过程，寻找增广链。

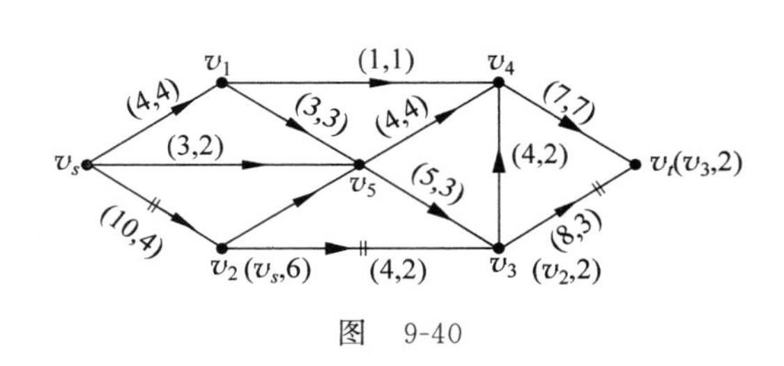

图 9-40

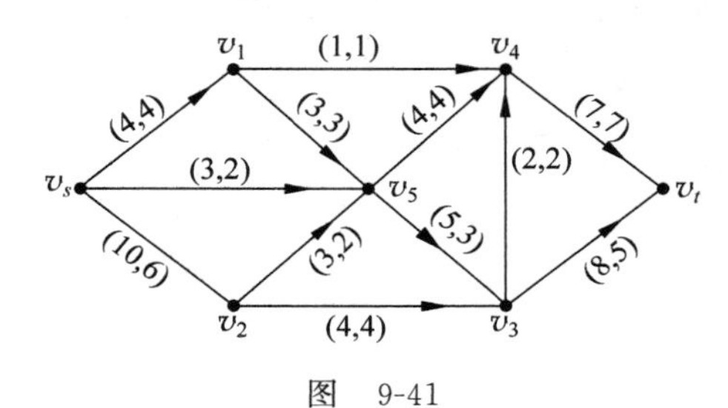

图 9-41

同理，再进行标号过程和调整过程。

可以找到两条增广链。

第一条为：

(1) $v_s \xrightarrow{(3,2)} v_5 \xrightarrow{(5,3)} v_3 \xrightarrow{(8,5)} v_t$

调整量为 1，则调整后的链为

$v_s \xrightarrow{(3,3)} v_5 \xrightarrow{(5,4)} v_3 \xrightarrow{(8,6)} v_t$

第二条为：

(2) $v_s \xrightarrow{(10,6)} v_2 \xrightarrow{(3,2)} v_5 \xrightarrow{(5,4)} v_3 \xrightarrow{(8,6)} v_t$

调整量为 1，则调整后的链为

$v_s \xrightarrow{(10,7)} v_2 \xrightarrow{(3,3)} v_5 \xrightarrow{(5,5)} v_3 \xrightarrow{(8,7)} v_t$

此时，标号无法继续下去，算法结束。

由图 9-41 和上面调整后的链，可以看出收点 v_t 的流量为 $7+7=14$，即为所求网络的最大流。

9.13 求如图 9-42 所示的网络的最大流。

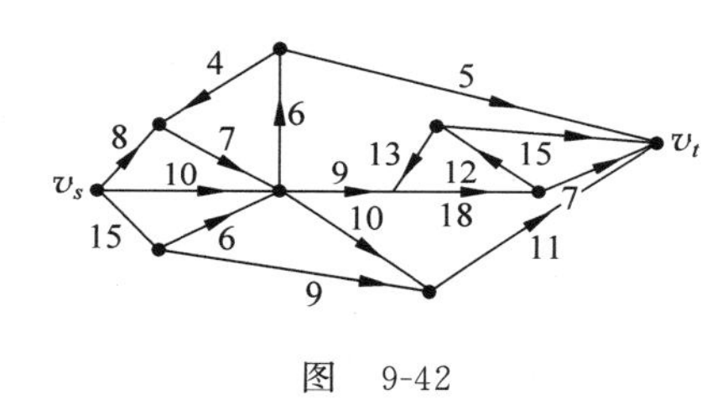

图 9-42

解 由题设，给图中的中间点加上名称如图 9-43 所示，令所有弧的可行流为 0。

不断重复标号过程及调整过程。

计算结果表示在图 9-44 上。

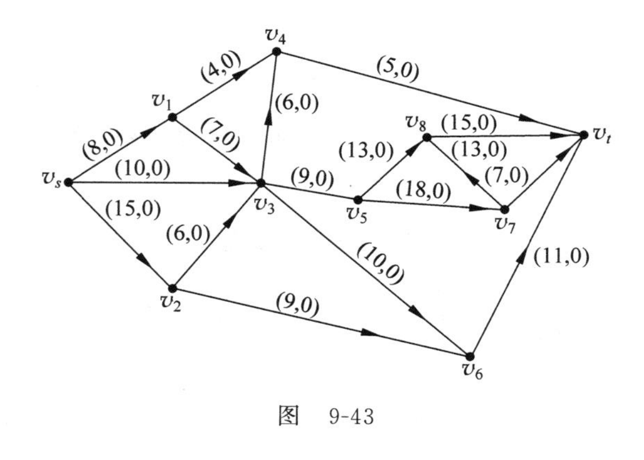

图 9-43

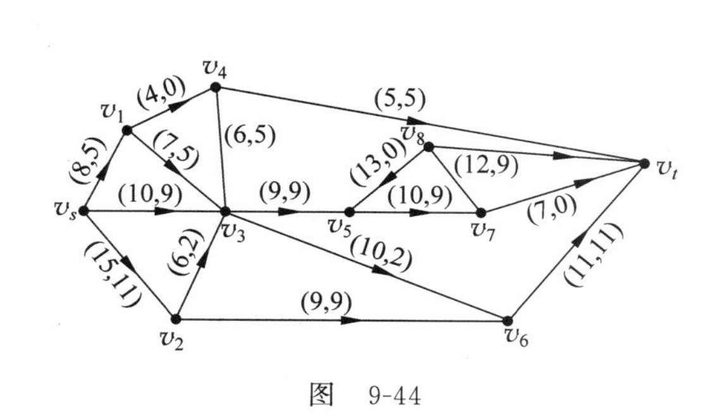

图 9-44

按照标号过程，得到标号为

$$v_s(0,+\infty),v_1(v_s,3),v_4(v_1,3),v_3(v_s,1),v_6(v_3,1),v_2(v_s,4)。$$

这时已不存在 v_s 到 v_t 的最短路。即得到最大流

$$v(f^*)=5+9+11=25$$

最小截集为$(v_1^*,\bar{v}_1^*)$，$v_1^*=\{v_s,v_2,v_6,v_3,v_1,v_4\}$，$\bar{v}_1^*=\{v_5,v_7,v_8,v_t\}$。

9.14　两家工厂 x_1 和 x_2 生产一种商品，商品通过如图 9-45 所示的网络运送到市场 y_1,y_2,y_3，试用标号法确定从工厂到市场所能运送最大总量。

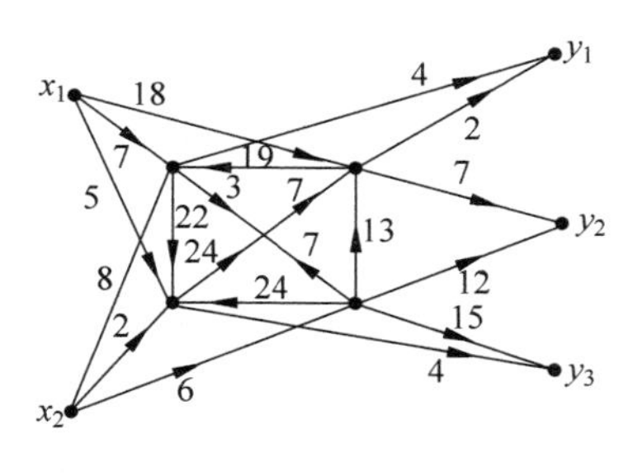

图　9-45

解　添加 v_s,v_t 点，给中间点加上名称，令所有弧的可行流都为 0，如图 9-46 所示。

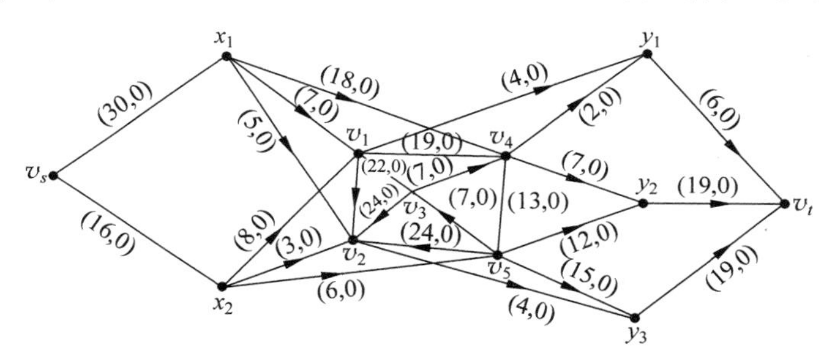

图　9-46

不断重复标号过程及调整过程。

计算得到结果表示在图 9-47 上。

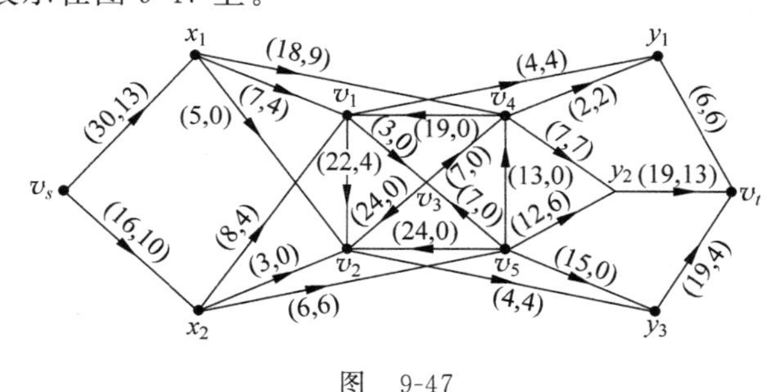

图　9-47

最大流量为：

$$6+13+4=23$$

9.15　求如图 9-48 所示的网络的最小费用最大流，每弧旁的数字是(b_{ij},c_{ij})。

解　给题设中的图的中间点加上名称如图 9-49 所示。

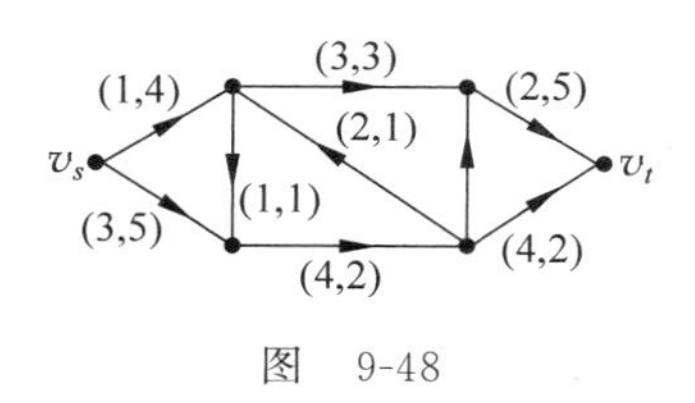

图 9-48

(1) 取 $f^{(0)}=0$ 为初始可行流。

(2) 构造有向赋权图 $w(f^{(0)})$。

① 当(v_i,v_j)为前向弧时，

$$w_{ij}=\begin{cases}b_{ij}, & 若\ f_{ij}<c_{ij}\\ +\infty, & f_{ij}=c_{ij}\end{cases}$$

② 当(v_i,v_j)为后向弧时，

$$w_{ij}=\begin{cases}-b_{ij}, & 若\ f_{ij}>0\\ +\infty, & f_{ij}=0\end{cases}$$

求出从 v_s 到 v_t 的最短路(v_s,v_2,v_4,v_t)，如图 9-50 所示(标有“//”为最短路)。

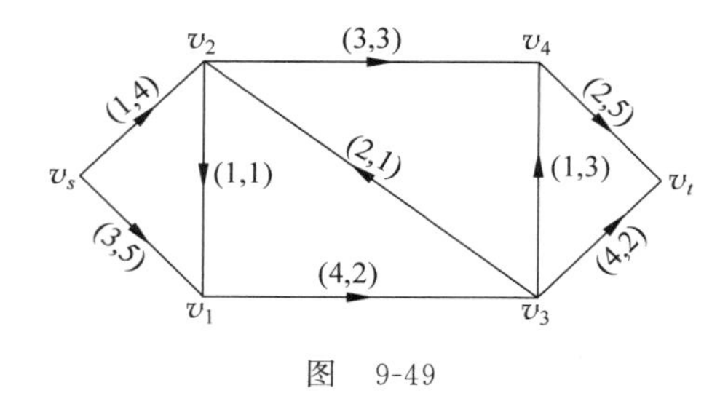

图 9-49

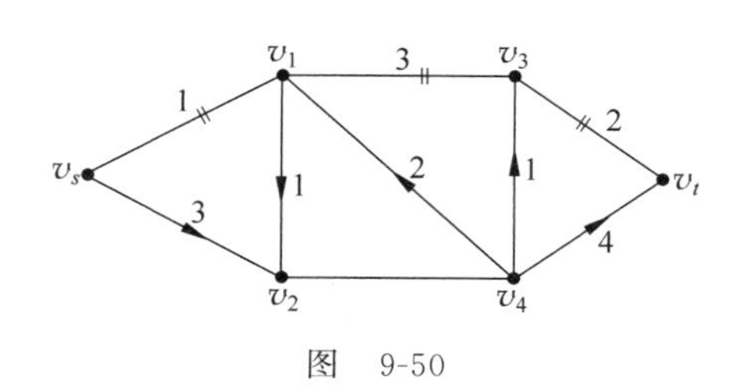

图 9-50

(3) 在原网络 D 中，与这条最短路相应的增广链为 $\mu=\{v_s,v_2,v_4,v_t\}$。

(4) 在 μ 上进行调整。$\theta=3$，得图 $f^{(1)}$。

按照上述算法依次得 $f^{(2)}, f^{(3)}$。流量依次为 4,5。构造相应的赋权图：图 9-51 至图 9-53。

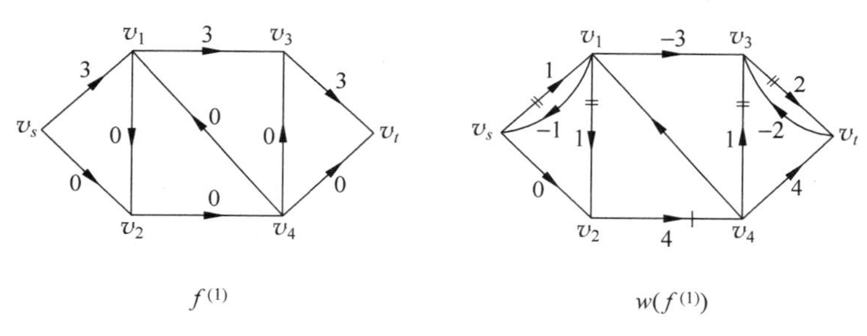

图 9-51

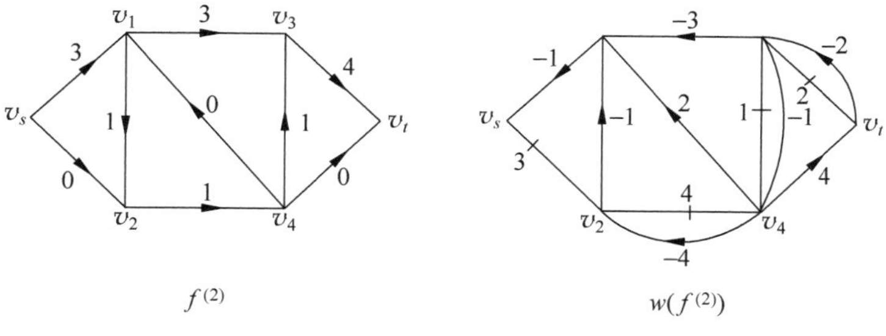

图 9-52

注意到 $w(f^{(3)})$中已不存在从 v_s 到 v_t 的最短路，所以 $f^{(3)}$ 即为最小费用最大流。

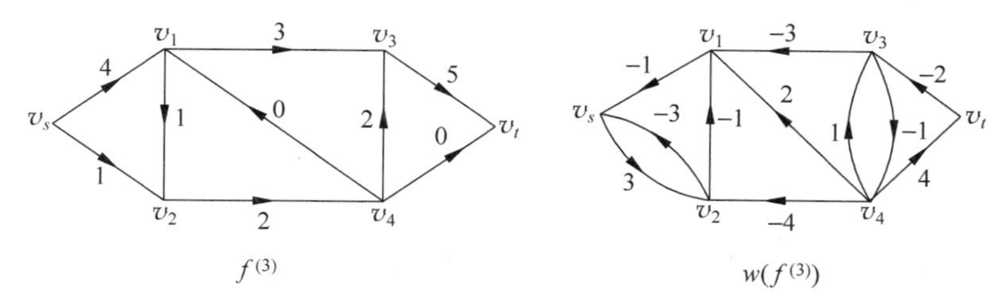

图 9-53

最大流量为：5+0=5。

总费用为：

$$4\times1+1\times1+3\times1+2\times4+3\times3+2\times1+5\times2=37$$

9.16 求如图 9-54 所示的中国邮递员问题。

解 图中有 4 组奇点，分别为 v_2 和 v_5，v_4 和 v_7，v_6 和 v_9，v_8 和 v_{11}。然后得图中奇点按最短连线两两相连，如图 9-55 所示。

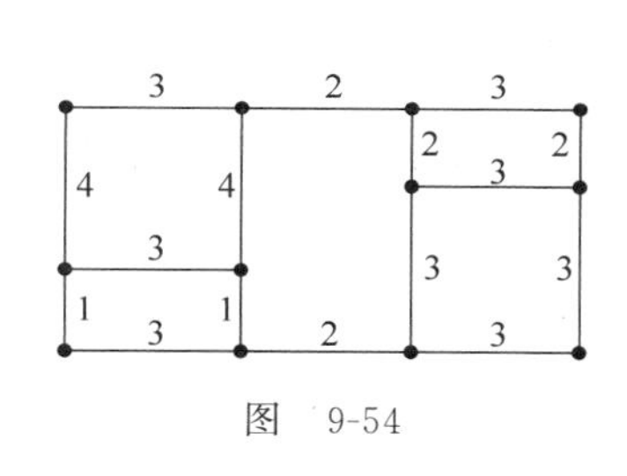

图 9-54

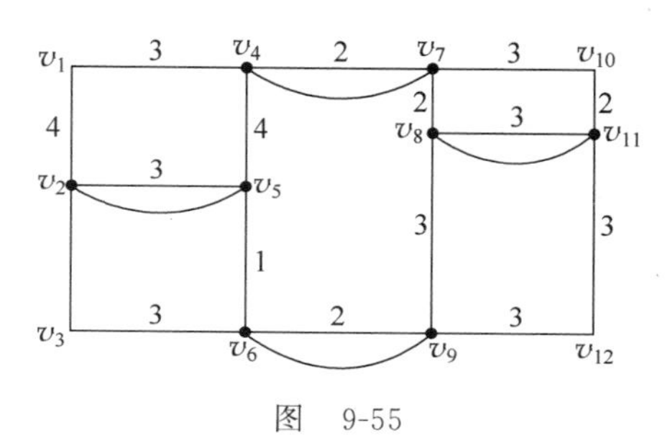

图 9-55

由图 9-55 可知：

(1) 在图的每一条边上至多有一条重复边。

(2) 图中每圈上重复边的总权不大于该圈总权的一半。

故任一欧拉圈就是邮递员的最优邮递路线。

9.17 设 $G=(v,E)$ 是一个简单图，令 $\delta(G)=\min\limits_{v\in V}\{d(v)\}$（称 $\delta(G)$ 为 G 的最小次）。证明：

(1) 若 $\delta(G)\geqslant 2$，则 G 必有圈；

(2) 若 $\delta(G)\geqslant 2$，则 G 必有包含至少 $\delta(G)+1$ 条边的圈。

解 (1) 由题设，$G(V,E)$ 是简单圈，即该图中无环，无重复边。由已知，$\delta(G)\geqslant 2$，即 G 的最小边大于或等于 2。假设 G 中无圈，则 G 可能为树或非连通图，对该两种情况均存在悬挂点，即 $\min\limits_{v\in V}\{d(v)\}=1$，与 $\delta(G)\geqslant 2$ 矛盾，故假设不成立，G 必有圈。

(2) 若 $\delta(G)\geqslant 2$，设与 $\delta(G)$ 对应的点为 v_k，即 v_k 必与 $\delta(G)$ 个端点相连。根据(1)结论，G 中必有圈。(由于圈中的连通图至少 v_k 与这 $\delta(G)$ 个端点构成圈)。$v_i(i=1,2,\cdots,\delta(G))$ 的次至少为 $\delta(G)$，至少与 $\delta(G)$ 个端点相连。若 v_k 与 v_i 这 $\delta(G)+1$ 个端点不构成圈，则在端点处必向外延伸，对该圈而言，边数大于 $\delta(G)+1$ 条，故 G 必有包含至少 $\delta(G)+1$ 条边的圈。

9.18 设 G 是一个连通图，不含奇点。证明：从 G 中丢去任一条边后，得到的图仍是连通图。

证 因 G 连通且不含奇点，则 $d(v)=2n$，无悬挂点。根据上题中的结论，G 必有圈，又因为 G 是连通的，所以从 G 中去掉任一条边，都必在某一圈中，从圈中去掉任一条边，所得仍为连通图。

9.19 给一个连通赋权图 G，类似于求 G 的最小支撑树的 Kruskal 方法，给出一个求 G 的最大支撑树的方法。

解 首先选一条最大权边，以后每步均从未被选取的边中选最大权边，并使之与已选取的边不构成圈(如在某步中有两条或两条以上的边都是最大权边，则从中任取一条。)

9.20 下述论断正确与否：可行流 f 的流量为零，即 $v(f)=0$，当且仅当 f 是零流。

解 论断错误，流量

$$v(f)=\sum_{(v_s,v_j)\in A} f_{sj}-\sum_{(v_j,v_s)\in A} f_{js}=0$$

只表明发点净输出量为零。可能流出等于流入，而 f 为零流，则 $f_{ij}=0$。如对以下简单网络如图 9-56 所示。

图 9-56

$$v(f)=1-1=0$$

而 $f_{ij}=1\neq 0$，非零流。

9.21 设 $D=(v,A,C)$ 是一个网络。证明：如果 D 中所有弧的容量 c_{ij} 都是整数，那么必存在一个最大流 $f=\{f_{ij}\}$，使所有 f_{ij} 都是整数。

解 由标号法，初始 $f_{ij}=0$。

因对弧 (v_i,v_j)，v_j 标号，$c(v_j)=\min\{c(v_i),c_{ij}-f_{ij}\}$。

弧 (v_j,v_i)。v_j 标号，$c(v_j)=\min\{c(v_i),f_{ij}\}$。

依此类推，因 c_{ij} 均为整数，故最终得到调整量 $\theta=c(v)$ 也为整数。

$$f'_{ij}=\begin{cases} f_{ij}+\theta, & (v_i,v_j)\in\mu^+ \\ f_{ij}-\theta, & (v_i,v_j)\in\mu^- \\ f_{ij}, & (v_i,v_j)\notin\mu \end{cases}$$

标号最终结果，得最大流 f 必为整数。

9.22 已知有六台机床 $x_1,x_2,\cdots,x_6$，六个零件 $y_1,y_2,\cdots,y_6$。机床 x_1 可加工零件 y_1；x_2 可加工零件 y_1,y_2；x_3 可加工零件 y_1,y_2,y_3；x_4 可加工零件 y_2；x_5 可加工零件 y_2,y_3,y_4；x_6 可加工零件 y_2,y_5,y_6。现在要求制定一个加工方案，使一台机床只加工一个零件，一个零件只在一台机床上加工，要求尽可能多地安排零件的加工。试把这个问题化为求网络最大流的问题，求出能满足上述条件的加工方案。

解 由题设，标号 v_s 和 v_t 可得最大容量的网络图如图 9-57 所示($f^{(0)}=0$)。

(1) 由题 9.13 的方法进行标号，得到增广链。

$$v_s\to x_1\to y_1\to x_t$$

因 v_t 已标号，转入调整过程。

(2) 调整过程。

由点的第一个标号找到一条增广链。

$$\mu=(v_s,x_1,y_1,x_t)$$

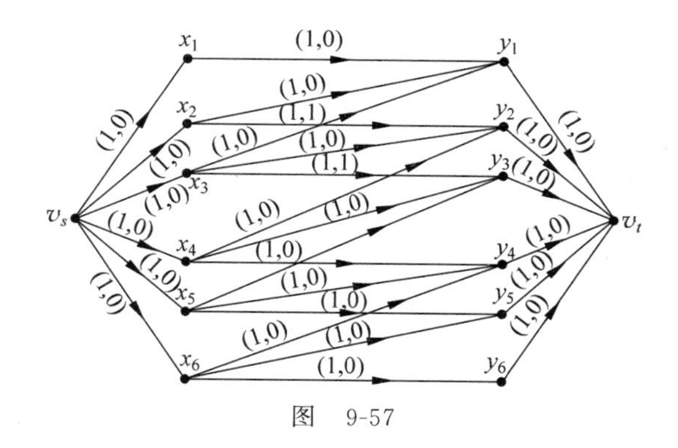

图　9-57

依据 $\theta=1$ 在 μ 上调整。

$$f_{v_s x_1}+1=1,\qquad f_{x_1 y_1}+1=1,\qquad f_{y_1 x_t}+1=1$$

调整后得如图 9-58 所示的可行流，对这个可行流进入标号过程，寻找增广链。

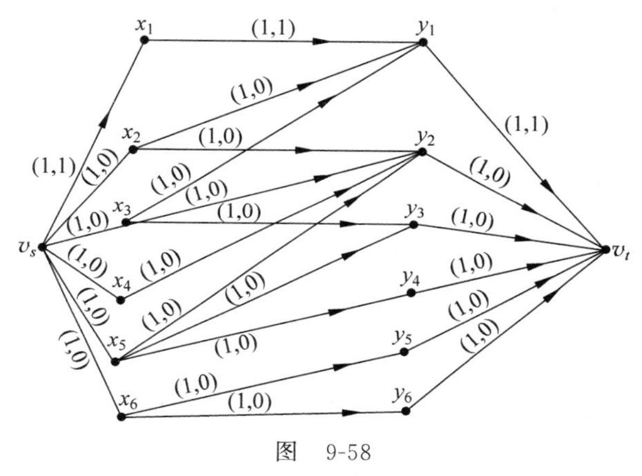

图　9-58

反复进行标号过程和调整，得到结果如图 9-59 所示。

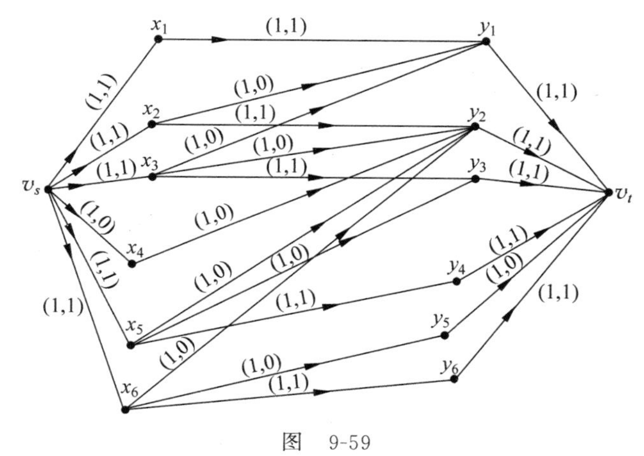

图　9-59

由

$$v_s \xrightarrow{(1,1)} x_1 \xrightarrow{(1,1)} y_1 \xrightarrow{(1,1)} v_t,\qquad v_s \xrightarrow{(1,1)} x_2 \xrightarrow{(1,1)} y_2 \xrightarrow{(1,1)} v_t,$$

$$v_s \xrightarrow{(1,1)} x_3 \xrightarrow{(1,1)} y_3 \xrightarrow{(1,1)} v_t,\qquad v_s \xrightarrow{(1,1)} x_5 \xrightarrow{(1,1)} y_4 \xrightarrow{(1,1)} v_t,$$

$$v_s \xrightarrow{(1,1)} x_6 \xrightarrow{(1,1)} y_6 \xrightarrow{(1,1)} v_t。$$

得到加工方案如表 9-7。

表 9-7

机床	x_1	x_2	x_3	x_5	x_6
零件	y_1	y_2	y_3	y_4	y_6

机床 x_4 不加工零件，零件 y_5 没有机床加工。$v(f)=5$。

9.23 两个人玩一个游戏：在某个固定的图 G 中，他们交替地构造一条路。如果 $v_1,\cdots,v_n$ 是目前为止已经构造的路，下一个游戏者就要找到一个顶点 v_{n+1} 使得 $v_1,\cdots,v_{n+1}$ 还是一条路，不能进一步延长这条路的游戏者就要输掉这局游戏，对什么图 G，第一个游戏者有一个必胜策略；对什么图，第二个游戏者必胜呢？

解 此证明可以归结为：两个人在图 G 上做游戏，交替选择相异的顶点 $v_0,v_1,v_2,\cdots$，使得对每个 $i>0$，v_i 与 v_{i-1} 相邻，选择最后一个顶点者获胜。去证明，第一选点人有一个得胜策略当且仅当图 G 没有完美匹配。

9.24 证明下面这个"明显的"算法并不一定给出二部图的稳定匹配。从任意匹配开始，若当前的匹配不是极大的，则增加一条边；如果它是极大的但不是稳定的，则把产生不稳定性的边加进去，同时删去当前任何与它的端点匹配的边。

解 尝试去解决这样一个问题：找到一个非二部图以及它的一个优先集使得这个图没有稳定匹配。注意到，变化最可能发生的时候是，当不"幸福"的顶点不需要寻求其他幸福顶点的帮助也可以变得幸福。可以考虑以 K_3 为例。

【典型例题精解】

1. 求图 9-60 中的网络从 v_1 到 v_6 的最短距离。

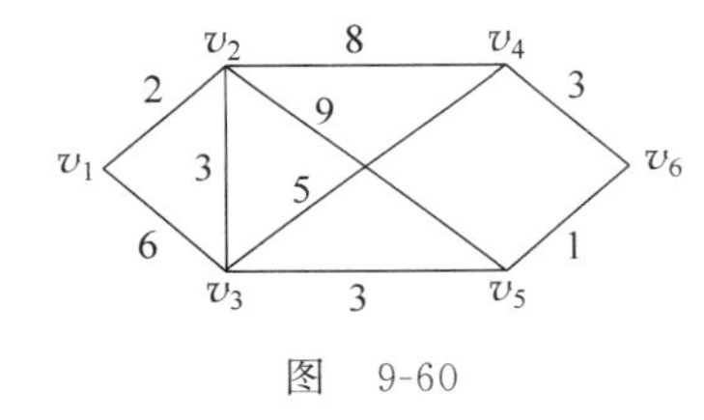

图 9-60

解 用狄克斯拉算法求解。

狄克斯拉算法的过程列成表格如表 9-8。

表 9-8

v_j		v_1	v_2	v_3	v_4	v_5	v_6
初始值	$T(\quad)$	{0}	∞	∞	∞	∞	∞
第一次迭代	$P(\quad)+l_{ij}$		0+2	0+6	0+∞	0+∞	0+∞
	$T(\quad)$		{2}	6	∞	∞	∞
第二次迭代	$P(\quad)+l_{ij}$			2+3	2+8	2+9	2+∞
	$T(\quad)$			{5}	10	11	∞
第三次迭代	$P(\quad)+l_{ij}$				5+5	5+3	5+∞
	$T(\quad)$				10	{8}	∞
第四次迭代	$P(\quad)+l_{ij}$				8+∞		8+1
	$T(\quad)$				10		{9}
第五次迭代	$P(\quad)+l_{ij}$				9+3		
	$T(\quad)$				{10}		

上表中第 1 行是初始值 $T(v_j)$，{ } 表示 $P(v_i)$。

以后的 $P(\ )+l_{ij}$ 行是由上一行中{ }中的 $P(v_i)$与 l_{ij} 的和。$T(\ )$行是由上两行中对应列的元素中取最小的一个。即

$$T(v_j)=\min\{T(v_j),P(v_i)+l_{ij}\}$$

每次迭代在 $T(v_j)$行中选最小的，用{ }表示 $P(v_k)$，以后对应的列不再进行计算，相当于从 $\overline{S}$ 中去掉 v_k。v_1 到 v_6 的最短距离为 9。

2. 求图 9-61 中网络从 v_s 到 v_t 的最小费用最大流，图中弧上数字为(l_{ij},c_{ij})

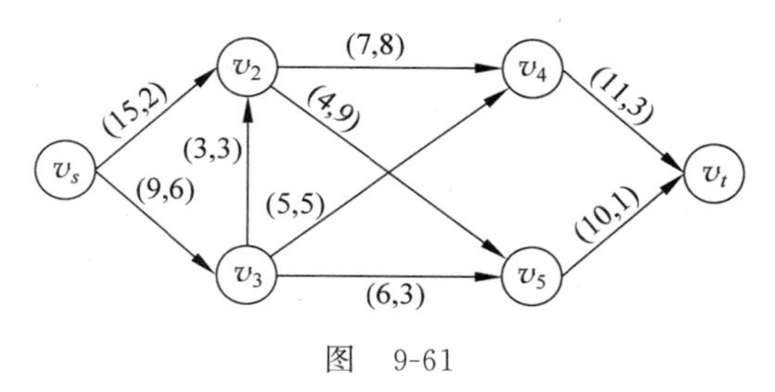

图 9-61

解 用对偶法求解，第 1 步首先求出从 v_s 到 v_t 的最大流量为 $f_{\max}=20$。

通过逐次迭代，最后绘制可行流图如图 9-62 所示。此时 $f=f_{\max}=20$。因此，可行流是最小费用最大流，费用总和 241。

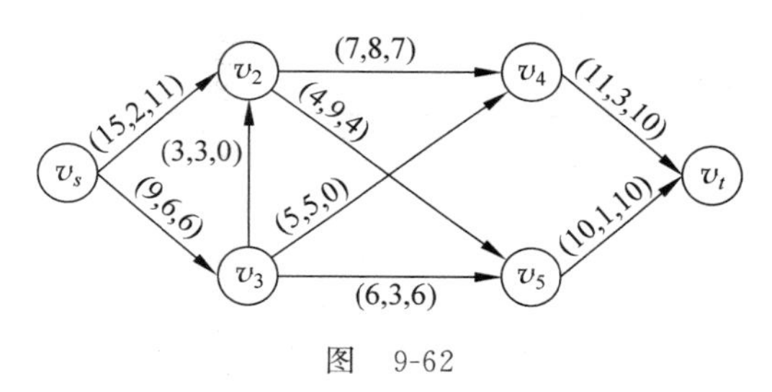

图 9-62

3. 求图 9-63 所示网络的最大流，其中顶点 1 为发点，顶点 5 为收点，弧上数字为弧的容量。

解 此题未给出初始可行流，则以零流为初始可行流。如图 9-64。

① 给顶点 1,2,5 标号，找到增广链 1→2→5，$\theta_1=3$，

于是有 $$1\xrightarrow{[3,3]}2\xrightarrow{[9,3]}5$$

② 给顶点 1,3,5 标号，找到增广链 1→3→5，$\theta_2=4$，

于是有 $$1\xrightarrow{[7,4]}3\xrightarrow{[4,4]}5$$

③ 给顶点 1,4,5 标号，找到增广链 1→4→5，$\theta_3=4$，

于是有 $$1\xrightarrow{[4,4]}4\xrightarrow{[7,4]}5$$

④ 给顶点 1,3,2,5 标号，找增广链 1→3→2→5，$\theta_4=3$，

于是有 $$1\xrightarrow{[7,7]}3\xrightarrow{[3,3]}2\xrightarrow{[9,6]}5$$

由以上 4 步，得网络图，如图 9-65。

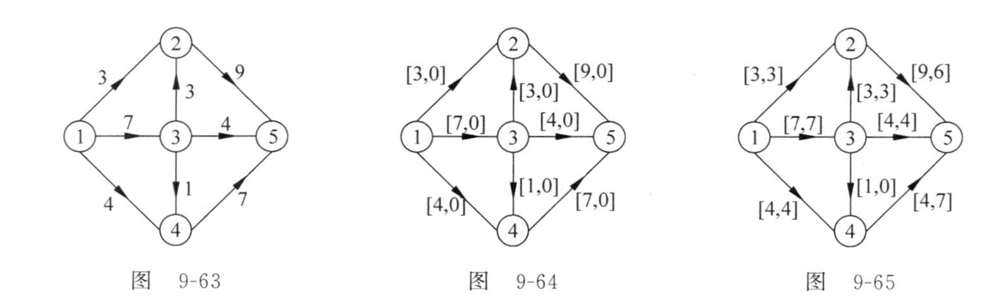

图 9-63　　图 9-64　　图 9-65

再给顶点1标号后，无法进行下去，由此可行流即为最大流，最大流量为 $F=f_{12}+f_{13}+f_{14}=3+7+4=14$。

4. 求图9-66所示网络的最小截集。

解　用标号法求出网络的最大流如图9-67，则 v_s, v_1, v_2 为标号顶点，其余为不可标号点，令 $v=\{v_s, v_1, v_2\}$，$\bar{v}=\{v_3, v_4, v_6\}$，则 $(v,\bar{v})=\{e_{14}, e_{13}, e_{23}\}$ 即为最小截集，最小截集 $k(v,\bar{v})=w_{14}+w_{13}+w_{23}=3+4+5=12$。

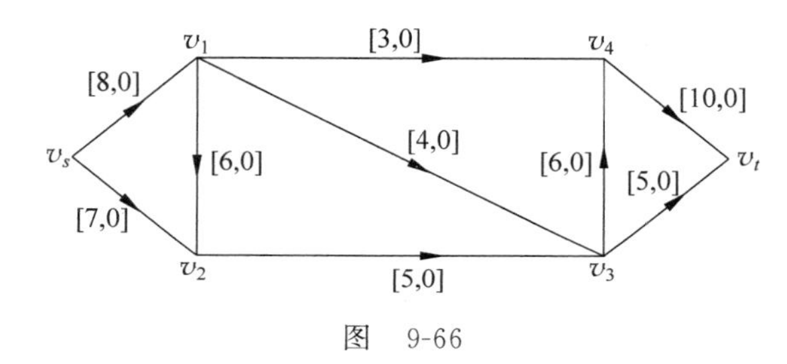

图　9-66

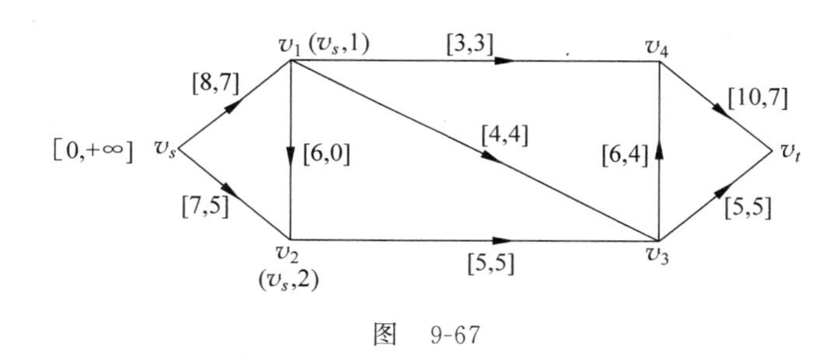

图　9-67

【考研真题解答】

1. (15分)求图9-68所示网络的最大流(图中弧旁数字表示 (c_{ij}, f_{ij})，c_{ij}——容量，f_{ij}——流量)。

解　如图9-69。

$$S_{\min}=\{(v_1,v_4),(v_s,v_2),(v_3,v_5)\}$$

$$c(\bar{v},\bar{v}^*)=5+8+5=18$$

所以

$$Q(F^*)=18$$

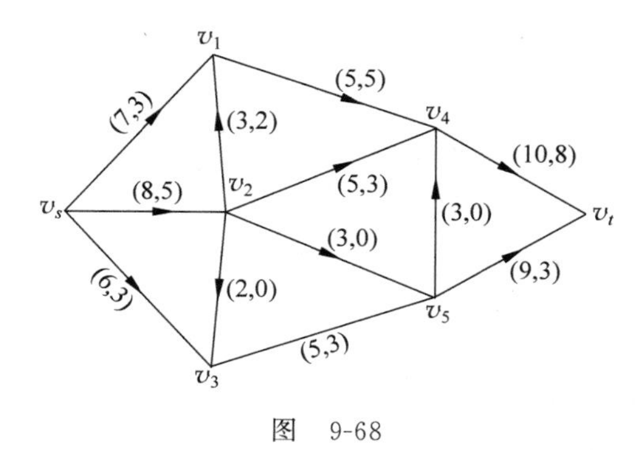

图 9-68

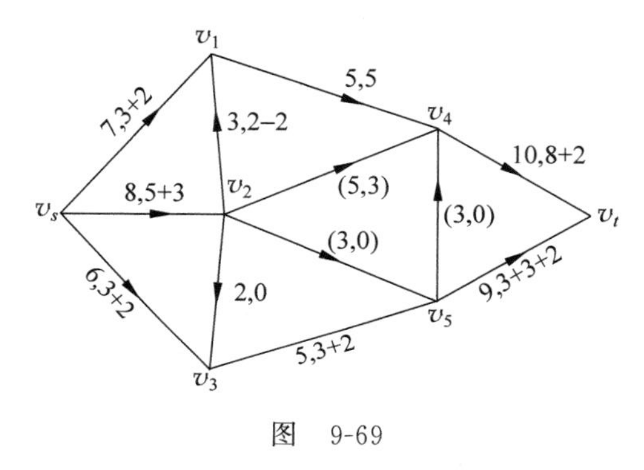

图 9-69

2. (20 分)已知容量网络如图 9-70(其中弧旁数字为弧容量 C_{ij}),试求从 v_1 到 v_{11} 的最大流和最小割。

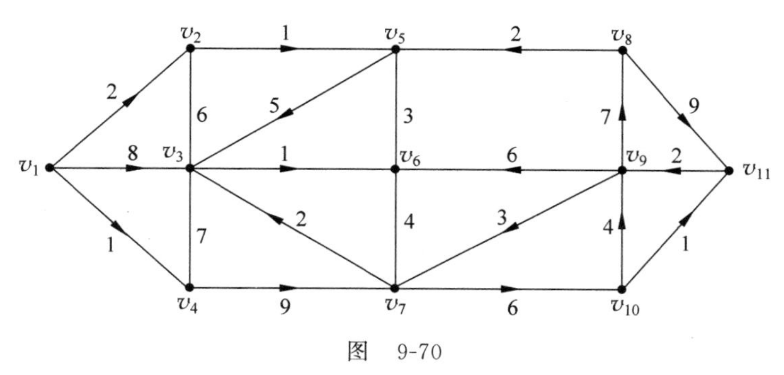

图 9-70

解 ① 给出初始可行流如图 9-71。

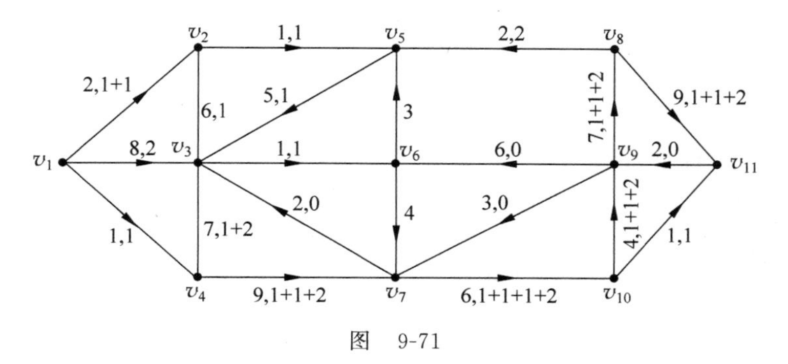

图 9-71

② 给顶点、标点找增广链。

可标号的点构成点集 $V^* = \{v_1, v_2, v_3, v_4, v_5, v_6, v_7, v_{10}\}$ 不能标号的点构成点集 $\bar{V}^* = \{v_8, v_9, v_{11}\}$，故无增广链，当前流最大。形成最小割 $S_{\min} = \{(v_{10}, v_9), (v_{10}, v_{11})\}$。

③ 最大流 $Q^* = C(V^*, \bar{V}^*) = 4+1=5$。

3．(15 分)求图 9-72 网络的最大流与最小截集(弧旁数字为该弧的容量)。

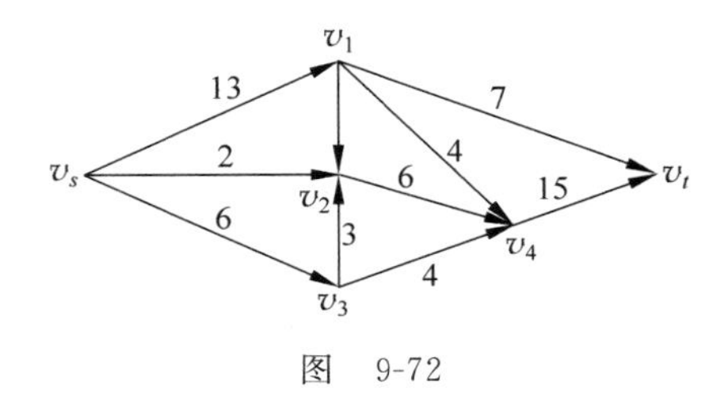

图 9-72

解 最大流

$$V(f^*) = fs_1 + fs_2 + fs_3 = 13+2+6=21$$

最小截集

$$V_1 = V_3$$

$$\bar{V}_1 = \{v_1, v_2, v_3, v_4, v_5\}$$

$$(V_1, \bar{V}_1) = \{(v_s, v_1), (v_s, v_2), (v_s, v_3)\}$$

4．(5 分)树的任意两个顶点之间有且只有一条________。

解 初等链

5．(10 分)用表格法求图 9-73 中从点 v_1 到各点的最短路。

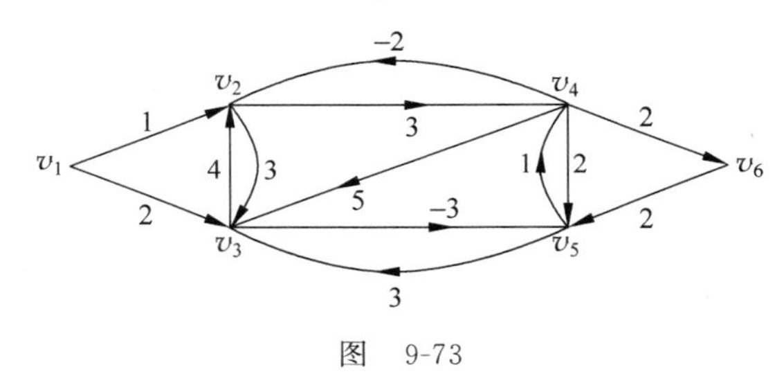

图 9-73

解 $v_2 = -2$，$(v_1, v_3, v_5, v_4, v_2) = -2$

$v_3 = 2$，$(v_1, v_3) = 2$

$v_4 = 0$，$(v_1, v_3, v_5, v_4) = 0$

$v_5 = -1$，$(v_1, v_3, v_5) = -1$

$v_6 = 2$，$(v_1, v_3, v_5, v_4, v_6) = 2$

(对循环过程进行归纳判断)

6．(5 分)容量网中满足容量限制条件和中间点平衡条件的弧上的流程为________。

解 可行流

7．(10 分)试判断如下论断是否正确。

(a) 若图 G 是无圈的，则 $q(G) < p(G) - 1$。

(b) 若图 G 是连续的，则 $q(G)>p(G)-1$。

解 (a) 错。若该图无圈，则是一棵树，由树性质可知 $q(G)=p(G)-1$。

(b) 错。若图是连通，则应是一棵树，由树的性质可知 $q(G)=p(G)-1$。

8. (10分)求图 9-74 中 v_1 至 v_6 的最短路及其长度。

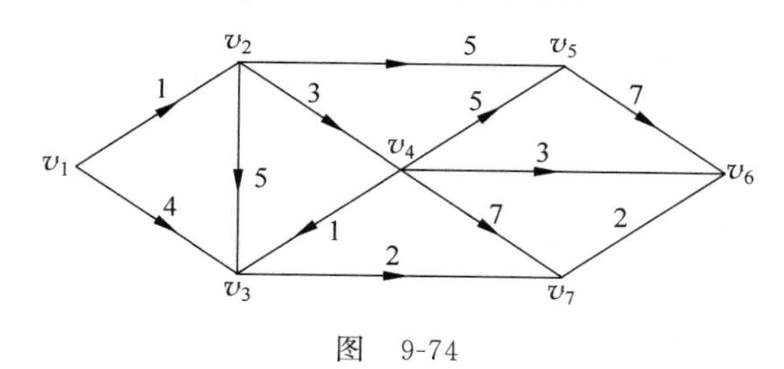

图 9-74

解 最短路为 $v_1-v_2-v_4-v_6$，长度为 7。

9. (15分)判断图 9-75 容量网络上的可行流是否为最大流，并说明理由。

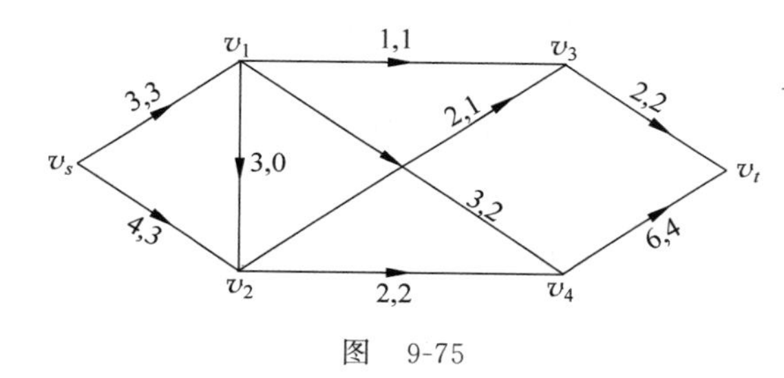

图 9-75

解 是最大流。

给 v_3 标号$(0,+\infty)$：检查 v_s，$f_{s1}=G_{13}=3$，不符合条件。

检查 v_s，$f_{s2}<C_{s2}$，给 v_2 标号$(s,1)$。

检查 v_2，弧(v_2,v_3)上，$f_{23}<C_{23}$，给 v_3 标号$(2,1)$。

检查 v_3，均不符合条件，标号过程无法继续，是最大流。

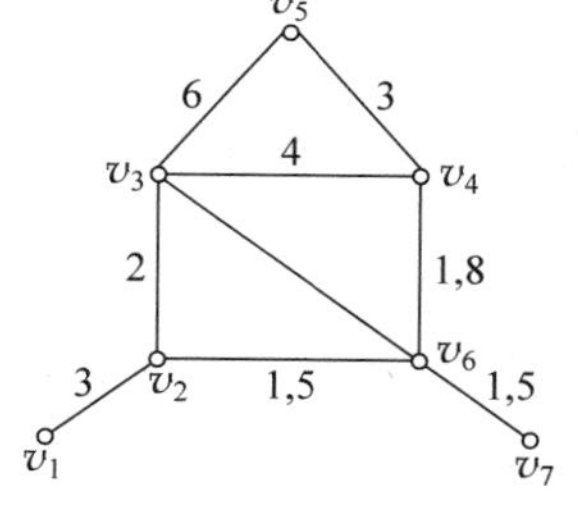

图 9-76

10. (20分)见图 9-76，现准备在 $v_1,v_2,\cdots,v_7$ 7 个居民点中设置一工商银行，各点之间的距离由图给出。问工商银行设在哪个点，可使最大的服务距离最小？若要设置两个银行，问设在哪两个点？

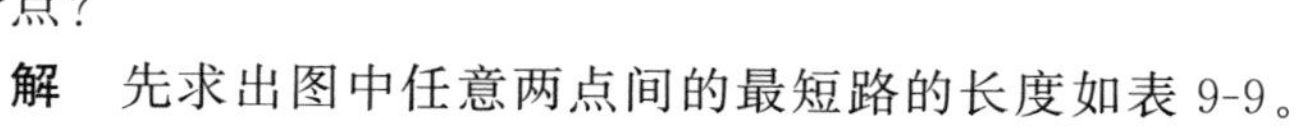

解 先求出图中任意两点间的最短路的长度如表 9-9。

表 9-9

	v_1	v_2	v_3	v_4	v_5	v_6	v_7	各行中最大数 $e(v_i)$
v_1	0	3	5	6.3	9.3	4.5	6	9.3
v_2	3	0	2	3.3	6.3	1.5	3	6.3
v_3	5	2	0	4	6	3.5	4	6
v_4	6.3	3.3	4	0	3	1.8	3.3	6.3
v_5	9.3	6.3	6	3	0	4.8	6.3	9.3

续表

	v_1	v_2	v_3	v_4	v_5	v_6	v_7	各行中最大数 $e(v_i)$
v_6	4.5	1.5	3.5	1.8	4.8	0	1.5	4.8
v_7	6	3	4	3.3	6.3	1.5	0	6.3

从表 9-9 最后一列中找出最小数：$4.8=e(v_6)$，故若设一个银行应设于 v_6，此时最大服务距离最小，为 4.8。

由于 $C_7^2=21$，故应比较如下 21 个方案。

从表 9-9 前 7 列中任取两列，如 $\bar{V}_j,\bar{V}_k(1\leqslant j<k\leqslant 7)$，记这两列为

$$\bar{V}_j=\begin{bmatrix}a_{1j}\\a_{2j}\\\vdots\\a_{7j}\end{bmatrix},\quad \bar{V}_k=\begin{bmatrix}a_{1k}\\a_{2k}\\\vdots\\a_{7k}\end{bmatrix}$$

从这两列相序号的两个分量中选出最小数，$\min\{a_{i,j},a_{i,k}\},i=1,\cdots,7$。再从这 7 个最小数中选出最大者，记为 b_{jk}，即

$$b_{jk}=\max_{1\leqslant i\leqslant 7}\{\min\{a_{ij},a_{ik}\}\}$$

易于算出：

$$b_{12}=\max\{0,0,2,3,3,6.3,1.5,3\}=6.3$$

$$b_{13}=\max\{0,2,0,4,6,2.5,4\}=6$$

类似可得：

$b_{14}=4\quad b_{15}=6\quad b_{16}=4.8\quad b_{17}=6.3\quad b_{23}=6\quad b_{24}=3\quad b_{25}=3$

$b_{26}=4.8\quad b_{27}=6.3\quad b_{34}=5\quad b_{35}=5\quad b_{36}=4.8\quad b_{37}=6\quad b_{45}=6.3$

$b_{46}=4.5\quad b_{47}=6\quad b_{56}=4.5\quad b_{57}=6\quad b_{67}=4.8$

从以上 21 个数字中选出最小者，为 $3=b_{24}=b_{25}$，即表明若设置两个银行应设于 v_2,v_4 或 v_2,v_5，此时最大服务距离最小，为 3。

CHAPTER 10 第10章

网络计划

【本章学习要求】

1. 正确掌握计算网络图中的时间参数法，特别要注意结点的时间参数和作业的时间参数之间的关系和基本概念。

2. 掌握确定关键路线的方法，分析并讨论。

3. 优化网络图，重点在时间(工期)，费用及人力安排上。

4. 掌握工期完成概率的计算方法，总时差利用的分析与讨论。

【主要概念及算法】

1. 网络图

网络图是由结点(点)、弧及权所构成的有向图，即有向的赋权图。

(1) 结点表示一个事项(事件)。它是一个或若干个工序的开始或结束是相邻工序在时间上的分界点。结点用圆圈和里面的数字表示，数字表示结点的编号。如①，②…。

(2) 弧表示一个工序，工序需要一定的人力、物力等资源和时间，弧用箭线"→"表示。

(3) 权：表示为完成某个工序所需要的时间或资源等数据。通常标注在箭线下面或其他合适的位置上。

在网络图中，用一条弧和两个结点表示一个确定的工序。例如，②$\xrightarrow{b}$⑦表示一个确定的工序 b。工序开始的结点常以ⓘ表示，称为箭尾结点，工序结束的结点。

2. 绘制网络图应遵循的原则

(1) 方向、时序与结点编号

网络图是有向图，按照工艺流程的顺序，规定工序从左向右排列，网络图中的各个结点都有一个时间。一般按各个结点的时间顺序编号。

(2) 紧前工序与紧后工序

如只有在 a 工序结束后，b 工序才能开始，则 a 工序是 b 工序的紧前工序，b 工序是 a 的紧后工序。

(3) 虚工序

为了用来表达相邻工序之间的衔接关系，是实际上并不存在而虚设的工序。用虚箭线ⓘ…→ⓙ表示，虚工序不需要人力，物力等资源和时间。

(4) 相邻的两个结点之间只能有一条弧。

(5) 网络图中不能有缺口和回路。

(6) 平行作业

某些工序可以同时进行，即可采用平行作业的方式。

(7) 交叉作业

对需要较长时间才能完成的一些工序，在工艺流程与生产组织条件允许的情况下，可以不必等待工序全部结束后再转入其紧后工序，而是分期分批地转入，这种方式称为交叉作业。

(8) 始点和终点

为表示工程的开始和结束，在网络图中只能有一个始点和一个终点。当工程开始时有几个工序平行作业，或在几个工序结束后完工，用一个始点，一个终点表示。若这些工序不能用一个始点或一个终点表示时，可用虚工序把它们与始点、终点连接起来。

(9) 网络图的分解与综合

根据综合程度高网络图的要求，制作本部门综合程度低的网络图(子网络)，将母网络分解为若干个子网络，称为网络的分解。而将若干个子网络综合为一个母网络，则称为网络图的综合。

(10) 网络图的布局

网络图中，尽可能将关键路线布置在中心位置，并尽量将联系紧密的工作布置在相近的位置。

为使网络图清楚和便于在图上填写有关的时间数据与其他数据，弧线尽量用水平线或具有一段水平的折线。

3. 网络时间与关键路线

(1) 路线：在网络图中，从始点开始，按照各个工序的顺序，连续不断地到达终点的一条通路。

(2) 关键路线：完成各个工序需要时间最长的路线。

(3) 作业时间(T_{ij})：为完成某一工序所需要的时间称为该工序ⓘ→ⓙ 的作业时间，用 T_{ij} 表示。

① 一点时间估计法：即在确定作业时间时，只给出一个时间值。

② 三点时间估计法

在不具备劳动定额和类似工序的作业时间消耗的统计资料，且作业时间较长，在未知的和难以估计的因素较多的条件下，对完成工序可估计三种时间，之后计算它们的平均时间作为该工序的作业时间。

估计的三种时间为：

乐观时间：在顺利情况下，完成工序所需要的最少时间，常用 a 表示。

最可能时间：在正常情况下，完成工序所需要的时间，常用符号 m 表示。

悲观时间：在不顺利情况下，完成工序所需要的最多时间，常用 b 表示。

一般情况下，可按下列公式计算作业时间

$$T=\frac{a+4m+b}{6}$$

方差为

$$\sigma^2=\left(\frac{b-a}{6}\right)^2$$

(4) 工程完工时间等于各关键工序的平均时间之和。

假设所有工序的作业时间相互独立,且具有相同分布,若在关键路线上有 s 道工序,则工程完工时间可以认为是一个以

$$T_E=\sum_{i=1}^{s}\frac{a_i+4m_i+b_i}{6}$$

为均值,以

$$\sigma_E^2=\sum_{i=1}^{s}\left(\frac{b_i-a_i}{6}\right)^2$$

为方差的正态分布。

根据 T_E 和 σ_E^2 即可计算出工程的不同完工时间的概率。

(5) 事项时间

① 事项最早时间 $T_E(j)$:通常按箭头事项计算事项最早时间,它等于从始点事项起到本事项最长路线的时间长度。即

$$T_E(1)=0$$

$$T_E(j)=\max\{T_E(i)+T(i,j)\},\quad (j=2,\cdots,n)$$

式中,$T_E(j)$和 $T_E(i)$分别为箭头和箭尾事项的最早时间。

假定始点事项的最早时间等于0,即 $T_E(1)=0$。

② 事项最迟时间 $T_L(i)$:即为箭头事项各工序的最迟必须结束时间,或箭尾事项各工序的最迟必须开始时间,即

$$T_L(n)=T_E(n)$$

$$T_L(i)=\min\{T_L(j)-T(i,j)\},\quad (i=n-1,n-2,\cdots,2,1)$$

式中,n 为终点事项,$T_L(i)$和 $T_L(j)$分别为箭尾和箭头事项的最迟时间。

(6) 工序的有关时间

① 工序最早开始时间 $T_{ES}(i,j)$:它等于该工序箭尾事项的最早时间,即

$$T_{ES}(i,j)=T_E(i)$$

② 工序最早结束时间 $T_{EF}(i,j)$:它等于工序最早开始时间加上该工序的作业时间,即

$$T_{EF}(i,j)=T_{ES}(i,j)+T(i,j)$$

③ 工序最迟结束时间 $T_{LF}(i,j)$:它等于工序的箭头事项的最迟时间,即

$$T_{LF}(i,j)=T_L(j)$$

④ 工序最迟开始时间 $T_{LS}(i,j)$:它等于工序最迟结束时间减去工序的作业时间,即

$$T_{LS}(i,j)=T_{LF}(i,j)-T(i,j)$$

⑤ 工序总时差 $TF(i,j)$:

$$TF(i,j)=T_{LF}(i,j)-T_{EF}(i,j)=T_{LS}(i,j)-T_{ES}(i,j)$$

⑥ 工序单时差 $EF(i,j)$:

$$EF(i,j)=T_{ES}(j,k)-T_{EF}(i,j)$$

式中 $T_{ES}(j,k)$为工序 $i\rightarrow j$ 的紧后工序的最早开始时间。

4. 网络优化

(1) 时间优化

① 采取技术措施,缩短工程完工时间。

② 采取组织措施，充分利用非关键工序的总时差，合理调配技术力量及人、财、物等资源；缩短关键工序的作业时间。

（2）时间—资源优化

① 优先安排关键工序所需要的资源。

② 利用非关键工序的总时差，错开各工序的开始时间，拉平资源需要量的高峰。

③ 在资源受到限制或考虑综合经济效益的条件下，也可以适当推迟工程完工时间。

（3）时间—费用优化

在编制网络计划过程中，研究如何使得工程完工时间短，费用少或者在保证即定的工程完工时间的条件下，所需要的费用最少；或者在限制费用的条件下，工程完工时间最短。

【课后习题全解】

10.1 已知下列资料：

表 10-1

工序	紧前工序	工序时间	工序	紧前工序	工序时间	工序	紧前工序	工序时间
A	G,M	3	E	C	5	I	A,L	2
B	H	4	F	A,E	5	K	F,I	1
C	—	7	G	B,C	2	L	B,C	7
D	L	3	H	—	5	M	C	3

要求：（1）绘制网络图；

（2）用图上计算法计算各项时间参数（r 除外）；

（3）确定关键路线。

解 网络图如图 10-1 所示。

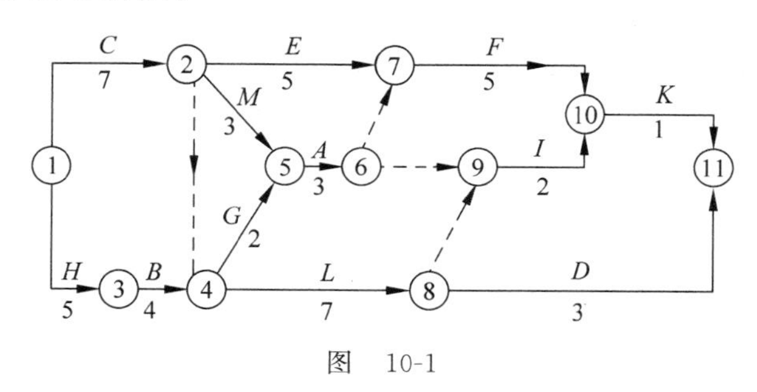

图 10-1

（1）（2）各工序最早开工时间 T_{ES}，最早完工时间 T_{EF}，最迟开工时间 T_{CS}。最迟完工时间 T_{LF} 及总时差 TF，关键工序如表 10-2 所示。

表 10-2

工序	i	j	工序时间	T_{ES}	T_{EF}	T_{LS}	T_{LF}	TF	关键工序
C	1	2	7	0	7	1	8	1	
H	1	3	5	0	5	0	5	0	*

续表

工序	i	j	工序时间	T_{ES}	T_{EF}	T_{LS}	T_{LF}	TF	关键工序
虚	2	4	0	7	7	9	9	2	
m	2	5	3	7	10	8	11	1	
E	2	7	5	7	12	9	14	2	
B	3	4	4	5	9	5	9	0	*
G	4	5	2	9	11	9	11	0	*
L	4	8	7	9	16	10	17	1	
A	5	6	3	11	14	11	14	0	*
虚	6	7	0	14	14	14	14	0	
虚	6	9	0	14	14	17	17	3	
F	7	10	5	14	19	14	19	0	*
虚	8	9	0	16	16	17	17	1	
D	8	11	3	16	19	17	20	1	
I	9	10	2	16	18	17	19	1	
K	10	11	1	19	20	19	20	0	*

（3）由上表可知，关键路线为

①→③→④→⑤→⑥→⑦→⑩→⑪

对应的工序为

$$H\to B\to G\to A\to F\to K$$

10.2 已知下列资料，如表10-3所示。

表 10-3

工序	紧前工序	工序时间	工序	紧前工序	工序时间	工序	紧前工序	工序时间
a	—	60	g	b,c	7	m	j,k	5
b	a	14	h	e,f	12	n	i,l	15
c	a	20	i	f	60	o	n	2
d	a	30	j	d,g	10	p	m	7
e	a	21	k	h	25	q	o,p	5
f	a	10	l	j,k	10			

要求：（1）绘制网络图；

（2）计算各项时间参数；

（3）确定关键路线。

解 （1）由题意，网络图如图10-2所示。

（2）各工序事项最早时间和事项最迟时间分别为：① 0,0；② 60,60；③ 80,118；④ 80,118；⑤ 90,125；⑥ 70,70；⑦ 81,98；⑧ 93,110；⑨ 118,135；⑩ 130,130；⑪ 123,140；⑫ 145,145；⑬ 147,147；⑭ 152,152。

（3）关键路线为：①→②→⑥→⑩→⑫→⑬→⑭，对应的工序为：$a\to f\to i\to n\to o\to q$

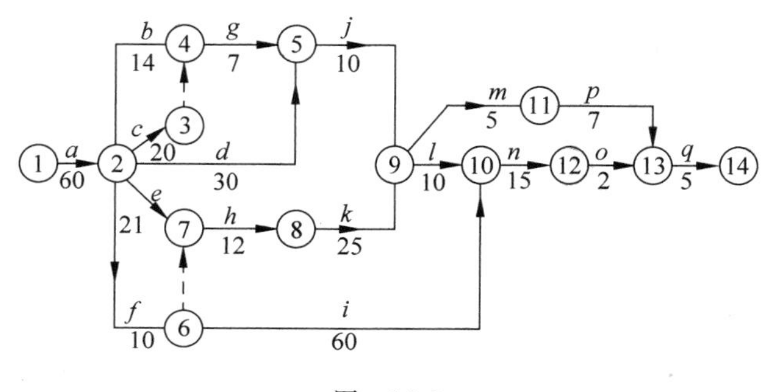

图 10-2

10.3 已知下列资料

表 10-4

活动	作业时间	紧前活动	正常完成进度的直接费用(百元)	赶进度一天所需费用(百元)
A	4		20	5
B	8		30	4
C	6	B	15	3
D	3	A	5	2
E	5	A	18	4
F	7	A	40	7
G	4	B、D	10	3
H	3	E、F、G	15	6
合计			153	
工程的间接费用			5(百元/天)	

求出该项工程的最低成本日程。

解 由题设绘制网络图如图 10-3 所示。

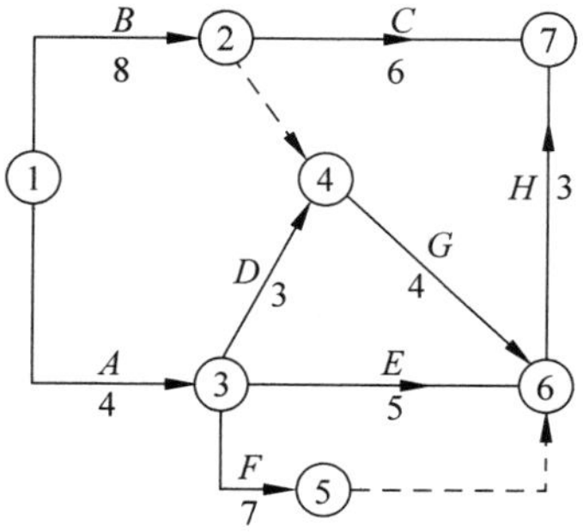

图中：箭线 A、B、C、D、E、F、G、H 分别代表 8 个工序。箭线旁边的数字分别表示为完成该个工序所需的时间(天数)。

结点①、②、③、④、⑤、⑥、⑦分别表示工序的开始和结束。在上述网络中，各事项的最早时间分别为：

图 10-3

$$T_E(1)=0$$

$$T_E(2)=T_E(1)+T(1,2)=0+8=8$$

$$T_E(3)=T_E(1)+T(1,3)=0+4=4$$

$$T_E(4)=\max\{T_E(3)+T(3,4),T_E(2)+T(2,4)\}$$
$$=\max\{4+3,8+0\}=8$$

$$T_E(5)=T_E(3)+T(3,5)=4+7=11$$

$$T_E(6)=\max\{T_E(4)+T(4,6),T_E(3)+T(3,6),T_E(5)+T(5,6)\}$$
$$=\max\{8+4,4+5,11+0\}$$

$$
\begin{aligned}
&= \max\{12,9,11\} = 12 \\
T_E(7) &= \max\{T_E(2)+T(2,7), T_E(6)+T(6,7)\} \\
&= \max\{8+6, 12+3\} \\
&= \max\{14,15\} = 15
\end{aligned}
$$

对于上述网络图中，计算各事项最迟时间为：

$$
\begin{aligned}
T_L(7) &= 15 \\
T_L(6) &= T_L(7) - T(6,7) = 15-3 = 12; \\
T_L(4) &= T_L(6) - T(4,6) = 12-4 = 8 \\
T_L(2) &= \min\{T_L(7)-T(2,7), T_L(4)-T(2,4)\} \\
&= \min\{15-6, 8-0\} \\
&= \min\{9,8\} = 8 \\
T_L(3) &= \min\{T_L(4)-T(3,4), T_L(6)-T(3,6), T_L(5)-T(3,5)\} \\
&= \min\{8-3, 12-5, 12-7\} \\
&= \min\{5,7,5\} = 5 \\
T_L(1) &= \min\{T_L(2)-T(1,2), T_L(3)-T(1,3)\} \\
&= \min\{8-8, 5-4\} \\
&= \min\{0,1\} = 0
\end{aligned}
$$

由于事项的最早时间与事项最迟时间相等时为关键工序。

从而可得关键路线为：

①→②-->④→⑥→⑦

对应的关键工序为

$$B \to G \to H$$

由题设，工程工期为 15 天，则工程的直接费用(各工序直接费用之和)为

$$(20+30+15+5+18+10+10+15) \times 100 = 15\,300(\text{元})$$

间接费用为　　$15 \times 500 = 7\,500(\text{元})$

总费用为　　$15\,300 + 7\,500 = 22\,800(\text{元})$

以上这个按正常时间进行的方案称作第Ⅰ方案。

若要第Ⅰ方案的完工时间，首先要缩短关键路线上直接费用变动率最低的工序的作业时间。

例如，关键路线 B,G,H 中，工序中 B,G 的直接费用率低于间接费用。缩短 G 工序 1 天，此时总费用为

$$22\,800 + (300-500) = 22\,600(\text{元})$$

则关键路线有三条，分别为 B,G,H；B,C；A,D,G,H。

为第Ⅱ方案。

此时缩短工期减少间接费用，要大大增加三条关键路线的直接费用。

由最低成本方程，第Ⅱ方案为最优方案。

故工程为 14 天时，总成本最低。

10.4 已知下列资料，见表 10-5。

表 10-5

活动	紧前活动	工期(天)		
		a	m	b
A	/	1	3	5
B	/	1	2	3
C	A	1	2	3
D	A	2	3	4
E	B	3	4	11
F	C，D	3	4	5
G	D，E	2	4	6
H	F，G	3	4	5

（1）画出网络图；

（2）指出关键路线，项目的期望完成时间是多少天？

（3）项目在 16 天完成的概率是多少？

解 （1）网络图如图 10-4 所示。

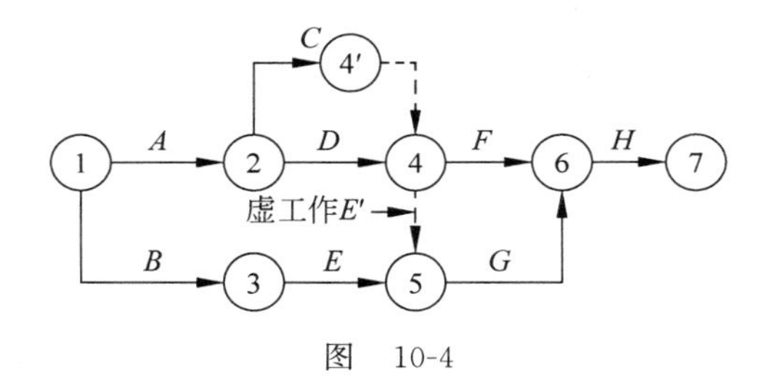

图 10-4

（2）本题有 4 条线路

线路 1：线路组成为①→②→④→⑥→⑦

工序为 $A\to C\to F\to H$

线路 2：线路组成为①→②→④→⑥→⑦

工序为 $A\to D\to F\to H$

线路 3：线路组成为①→②→④→⑤→⑥→⑦

工序为 $A\to D\to G\to H$

线路 4：线路组成为①→③→⑤→⑥→⑦

工序为 $B\to E\to G\to H$

根据三时估计法来求工作持续时间

A 的时间为：$\dfrac{1+3\times4+5}{6}=3$

B 的时间为$\dfrac{a+m\times4+6}{6}=\dfrac{1+2\times4+3}{6}=2$

C 的时间为：$\dfrac{1+2\times4+3}{6}=2$

D 的时间为：$\dfrac{2+3\times4+4}{6}=3$

E 的时间为：$\dfrac{3+4\times4+11}{6}=5$

F 的时间为：$\dfrac{3+4\times4+5}{6}=4$

G 的时间为：$\dfrac{2+4\times4+6}{6}=4$

H 的时间为：$\dfrac{3+4\times4+5}{6}=4$

故线路1的持续时间为 $3+2+4+4=13$(天)

线路2的持续时间为 $3+3+4+4=14$(天)

线路3的持续时间为 $3+3+4+4=14$(天)

线路4的持续时间为：$2+5+4+4=15$(天)

故关键路线为 $B\to E\to G\to H$

项目的期望完成时间为15天。

(3) 由(2)可知项目的期望完成时间为15天。

关键路线的方差为关键路线上每个活动方差之和，即为 B、E、G、H 的方差之和。

由公式 $\sigma^2=\left(\dfrac{b-a}{b}\right)^2$ 可知总方差为

$$\sigma_{\mathrm{cp}}^2=\left(\frac{3-1}{6}\right)^2+\left(\frac{11-3}{6}\right)^2+\left(\frac{6-2}{6}\right)^2+\left(\frac{5-3}{6}\right)^2=\frac{90}{36}=\frac{5}{2}$$

则工期 D 在16天完成的概率为

$$\begin{aligned}P\{D\leqslant16\}&=P\left\{\frac{D-15}{\sqrt{\frac{5}{2}}}\leqslant\frac{16-15}{\sqrt{\frac{5}{2}}}\right\}\\&=P\left\{\frac{D-15}{\sqrt{\frac{5}{2}}}\leqslant\frac{\sqrt{10}}{5}\right\}\\&=\Phi\left(\frac{\sqrt{10}}{5}\right)=\Phi\left(\frac{3.1623}{5}\right)\\&=\Phi(0.6325)=73\%\end{aligned}$$

因此，项目在16天完成的概率是73%。

【典型例题精解】

已知图10-5网络图，计算各结点的最早与最迟时间。各工序的最早开工、最早完工、最迟开工及最迟完工时间。

解 见表10-6和表10-7。

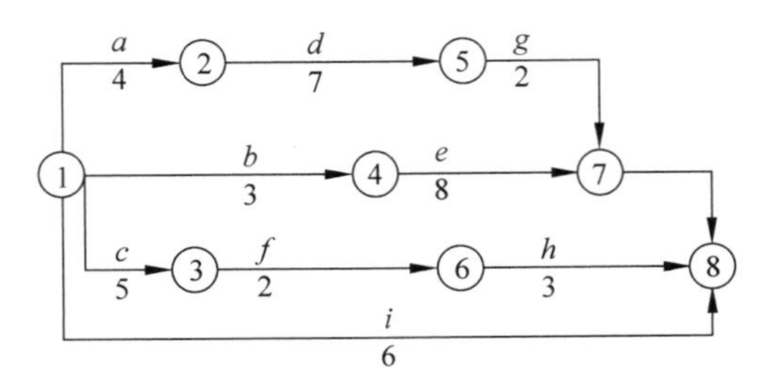

图 10-5

表 10-6

结点	最早时间	最迟时间
①	0	0
②	4	4
③	5	8
④	3	5
⑤	11	11
⑥	7	10
⑦	13	13
⑧	13	13

表 10-7

工序	最早开工时间	最早完工时间	最迟开工时间	最迟完工时间
a	0	4	0	4
b	0	3	2	5
c	0	5	3	8
d	4	11	4	11
e	3	11	5	13
f	5	7	8	10
g	11	13	11	13
h	7	10	10	13
i	0	6	7	13

【考研真题解答】

1. (15 分)某企业要进行一项工程项目,工作的相互关系如表 10-8。

表 10-8

工序	a	b	c	d	e	f	g
紧前工序	/	/	a,b	a,b	b	c	d,e
时间/天	4	2	3	4	3	1	2

根据以上资料：

(1) 绘制网络图；

(2) 计算各结点的时间参数；

(3) 确定关键路线和总工期。

答：(1)(2)如图 10-6 所示。

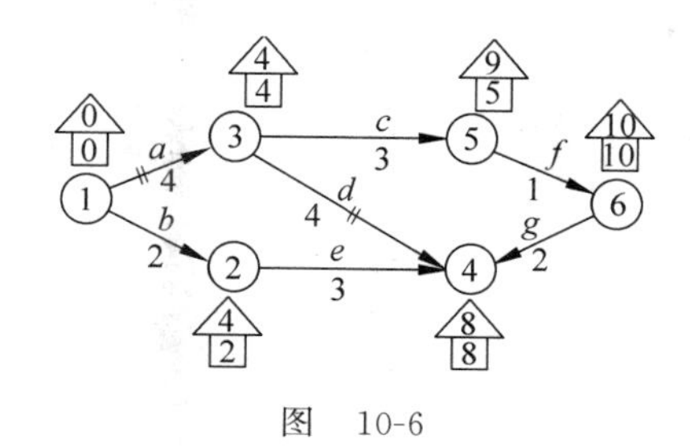

图　10-6

(3) 关键路线①→③→④→⑥，即工序序列为 $a \to d \to g$，总工期为：4+4+2=10 天。

2. (15 分)间接费用为每天 4.5 元。某高架工程的作业明细表以及有关资料如表 10-9，试计算最低成本日程及费用。

表　10-9

工序代号	紧前工序	工序时间（天）	直接费用（元）
a		3	10
b	a	7	15
c	a	4	12
d	c	5	18

解　网络图如图 10-7 所示。

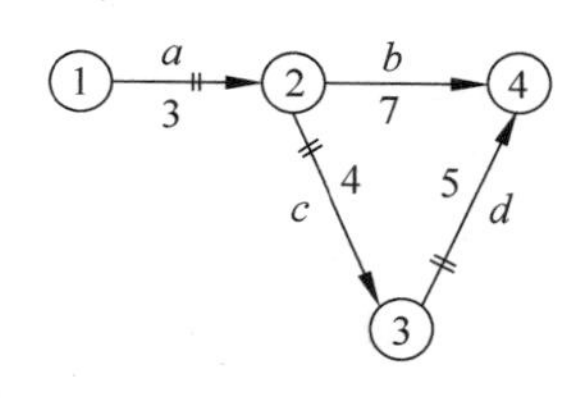

图　10-7

其关键路线为 $a-c-d$，用“//”表示，共用时 12 天，

全部费用为直接费用和间接费用之和

$$3 \times 10 + 7 \times 15 + 4 \times 12 + 5 \times 18 + 12 \times 4.5 = 327$$

全部费用为 327 元。

CHAPTER 11 第11章

排　队　论

【本章学习要求】

1. 熟练掌握各种常见排队模型的状态转移关系图和各状态间的转移差分方程，系统运行指标。

2. 掌握常见的排队模型及其各种系统运行指标。

【主要概念及算法】

1. 排队模型的分类

用6个特征来表示一个排队模型，即 $X/Y/Z/A/B/C$。

X：相继到达的间隔时间的分布

Y：服务时间的分布

Z：服务台的数目

A：系统客量的限制

B：顾客源数目

C：服务规则

2. 生灭过程及其差分方程

(1) 生灭过程

设有一个系统，具有有限个状态，其状态集 $S=\{0,1,\cdots,k\}$，或有可数个状态 $S=\{0,1,2,\cdots\}$，令 $N(t)$为系统在时刻 t 所处的状态，若在某一时刻 t 系统的状态数为 n，若对充分小的 $\Delta t>0$，有

① 到达(生)：在$(t,t+\Delta t)$内，系统出现一个新的到达的概率为 $1-\lambda_n\Delta t+o(\Delta t)$；出现多于一个以上新的到达的概率为 $o(\Delta t)$。

② 消失(灭)：在$[t,t+\Delta t]$内，系统消失一个的概率为 $\mu_n\Delta t+o(\Delta t)$，消失多于一个以上的概率为 $o(\Delta t)$。

则称系统状态随时间而变化的这种过程 $N(t)$为一个生灭过程。

(2) 状态转移速度图

图11-1中的圆圈表示状态，圆圈中的标号是状态符号，它表示系统中稳定顾客数，图中的箭头表示从一个状态到另一个状态的转移。λ_i 表示由状态 i 转移到 $i+1$ 的转移速度，$i=0,1,2,\cdots$，μ_j 表示由状态 j 转移到 $j-1$ 的转移速度，$j=1,2,\cdots$。

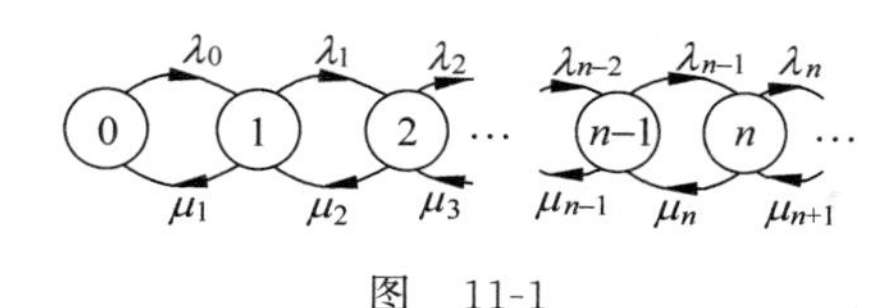

图 11-1

用状态转移速度图很容易得到稳态概率平衡方程。

(3) 稳态概率平衡方程(差分方程)

系统处于稳态时,对每个状态来说,转入率应等于转出率,即对于状态 $n\geqslant 1$ 而言,转入率为

$$\lambda_{n-1}P_{n-1}+\mu_{n+1}P_{n+1}$$

而转出率为

$$(\lambda_n+\mu_n)P_n$$

则

$$\lambda_{n-1}P_{n-1}+\mu_{n+1}P_{n+1}=(\lambda_n+\mu_n)P_n$$

即

$$\lambda_{n-1}P_{n-1}-(\lambda_n+\mu_n)P_n+\mu_{n+1}P=0$$

对于状态 0 而言,则有:$\lambda_0P_0=\mu_1P_1$

当系统处于稳态时,对每两个相邻状态而言,相互间的转移率应相同。

则

$$\mu_nP_n=\lambda_{n-1}P_{n-1}$$

3. 系统的运行指标

根据稳态时系统状态为 n 的概率,可以计算出稳态时系统的各项运行指标。

(1) 系统中顾客数的期望值 L_s

系统内的顾客数是一个随机变量,它的可能值为 $0,1,2,\cdots,n,\cdots$,相应的概率为 P_0,$P_2,\cdots,P_n,\cdots$,因而顾客数的期望值为

$$L_s=\sum_{k=0}^{\infty}kP_k=0\cdot P_0+1\cdot P_1+2\cdot P_2+\cdots+n\cdot P_n+\cdots$$

(2) 排队等待服务顾客数的期望值 L_q

对于有 C 个服务台的排队系统,排队等待的顾客数为 $n-c$,则排队等待的顾客数的期望值为

$$L_q=\sum_{n>c}(n-c)P_n=\sum_{n>c}P_n-c\sum_{n>c}P_n$$

(3) 有效到达率 λ_e 和有效离去率 μ_e

有效到达率是平均每单位时间进入系统的顾客数。在稳态情况下,单位时间内平均进入系统的顾客数应等于平均离开系统的顾客数。因此,有效到达率等于有效离去率,即 $\lambda_e=\mu_e$。

$$\lambda_e=\sum\lambda_nP_n,\quad \mu_e=\sum\mu_nP_n$$

(4) Little 公式(里特公式,L_s,L_q,λ_e,W_s 和 W_q 之间的关系)对于任一排队系统,记 $E(\text{服务时间})=\dfrac{1}{\mu}$,这个排队系统若满足以下三个条件:

① 排队系统能够进入统计平衡状态。

② 服务台的忙期与闲期交替出现，即系统不是总处于忙的状态。

③ 系统中任一顾客不会永远等待，系统也不会永远无顾客到达。

则以下 Little 公式总是成立的。

$$L_s = W_s \lambda_e,\quad L_q = W_q \cdot \lambda_e,\quad W_s = W_q + \frac{1}{\mu},\quad L_s = L_q + \frac{\lambda_e}{\mu}$$

4. *M/M/1/N* 系统

状态转移速度如图 11-2。

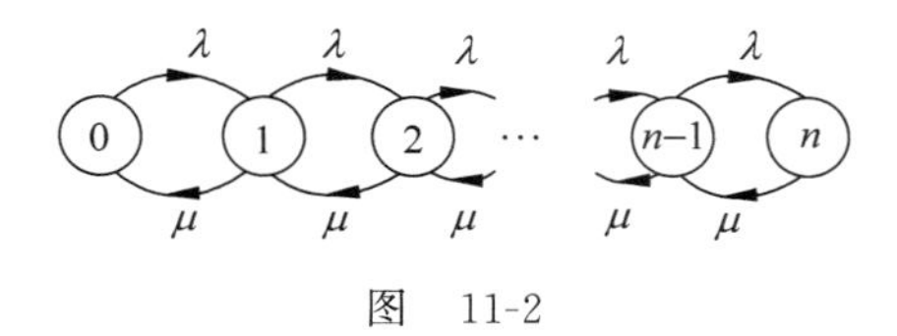

图 11-2

稳态概率方程为

$$P_n = \frac{\lambda}{\mu} P_{n-1} = \left(\frac{\lambda}{\mu}\right)^n P_0,\quad (1 \leqslant n \leqslant N)$$

$$P_0 = \left[\sum_{n=0}^{N}\left(\frac{\lambda}{\mu}\right)^n\right]^{-1} = \begin{cases} \dfrac{1}{N+1} & \lambda = \mu \\ \dfrac{1-\dfrac{\lambda}{\mu}}{1-\left(\dfrac{\lambda}{\mu}\right)^{N+1}} & \lambda < \mu \end{cases}$$

$$P_n = \begin{cases} \dfrac{1}{N+1}, & \lambda = \mu \\ \dfrac{\left(1-\dfrac{\lambda}{\mu}\right)\left(\dfrac{\lambda}{\mu}\right)^n}{1-\left(\dfrac{\lambda}{\mu}\right)^{N+1}}, & \lambda < \mu \end{cases}$$

$$L_s = \sum_{n=0}^{N} n P_n$$

$$\lambda_e = \sum_{n=0}^{N-1} \lambda P_n = \lambda(1 - P_N) + 0 \cdot P_N = \lambda(1 - P_N)$$

$$\mu_e = \sum_{n=0}^{N} \mu P_n = \mu(1 - P_0) + 0 \cdot P_0 = \mu(1 - P_0)$$

$$W_s = \frac{L_s}{\lambda_e},\quad W_q = W_s - \frac{1}{\mu},\quad L_q = W_q \lambda_e$$

5. *M/M/1* 等待制系统

状态转移关系如图 11-3 所示。

由图 11-3 可得稳态概率方程为

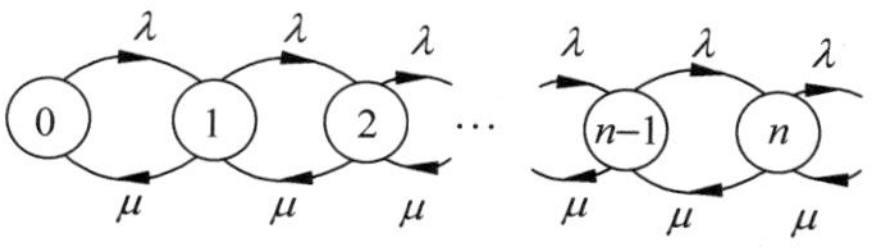

图 11-3

$$P_n=\frac{\lambda}{\mu}P_{n-1}=\left(\frac{\lambda}{\mu}\right)^nP_0$$

$$P_0=\left[\sum_{n=0}^{\infty}\left(\frac{\lambda}{\mu}\right)^n\right]^{-1}=1-\frac{\lambda}{\mu}=1-\rho\quad(\rho<1)$$

$$L_s=\sum_{n=1}^{\infty}nP_n=\sum_{n=1}^{\infty}n\left(\frac{\lambda}{\mu}\right)^n\left(1-\frac{\lambda}{\mu}\right)$$

$$=\sum_{n=1}^{\infty}n\left(\frac{\lambda}{\mu}\right)^n-\sum_{n=1}^{\infty}n\left(\frac{\lambda}{\mu}\right)^{n+1}=\frac{\lambda}{\mu-\lambda}$$

$$\lambda_e=\mu(1-P_0)=\mu\left[1-\left(1-\frac{\lambda}{\mu}\right)\right]=\lambda$$

$$W_s=\frac{L_s}{\lambda_e}=\frac{\frac{\lambda}{\mu-\lambda}}{\lambda}=\frac{1}{\mu-\lambda}$$

$$W_q=W_s-\frac{1}{\mu}=\frac{1}{\mu-\lambda}-\frac{1}{\mu}=\frac{\lambda}{\mu(\mu-\lambda)}$$

$$L_q=W_q\cdot\lambda_e=\frac{\lambda^2}{\mu(\mu-\lambda)}$$

6. M/M/1 损失制

其状态转移关系如图 11-4 所示。

得 $P_1=\frac{\lambda}{\mu}P_0$

由 $P_1+P_0=1$ 得 $P_0=\frac{\mu}{\mu+\lambda}, P_1=\frac{\lambda}{\mu+\lambda}$

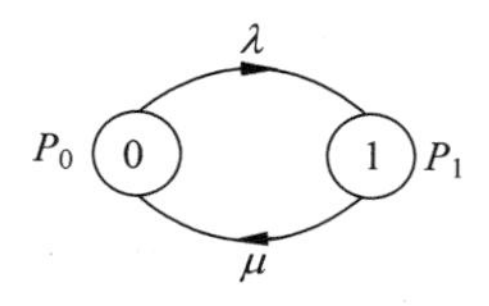

图 11-4

7. M/M/c/N 系统

其状态转移关系如图 11-5 所示。

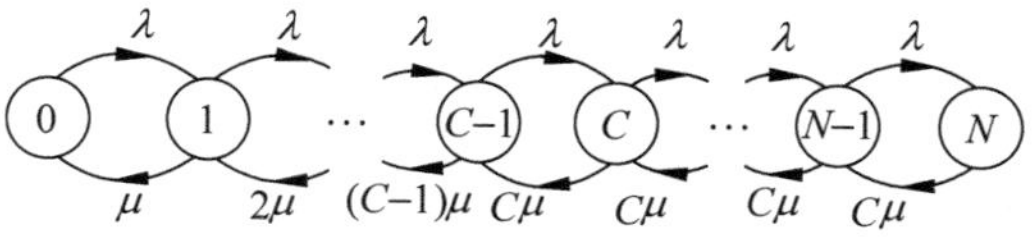

图 11-5

由图 11-5 可得稳态概率如下：

$$P_n=\begin{cases}\frac{\lambda}{n\mu}P_{n-1}, & n<c\\ \frac{\lambda}{c\mu}P_{n-1}, & n\geqslant c\end{cases}=\begin{cases}\frac{c}{n}\rho P_{n-1}, & n<c\\ \rho P_{n-1}, & N\geqslant n\geqslant c\end{cases}=\begin{cases}\frac{c^n}{n!}\rho^nP_0, & n<c\\ \frac{c^c}{c!}\rho^nP_0, & N\geqslant n\geqslant c\end{cases}$$

$$P_0=\left[\sum_{n=0}^{c-1}\frac{c^n}{n!}\rho^n+\sum_{n=c}^{N}\frac{c^c}{c!}\rho^n\right]^{-1}$$

$$L_q=\sum_{n=c+1}^{N}(n-c)P_n=\sum_{n=c+1}^{N}(n-c)\frac{c^c}{c!}\rho^n P_0=\frac{c^c}{c!}\rho^{c+1}P_0\sum_{n=c+1}^{N}(n-c)\rho^{n-c-1}$$

$$=\frac{1-(N-c+1)P^{N-c}+(N-c)P^{N-c+1}}{(1-\rho)^2}$$

$$\lambda_e=\lambda(1-P_N),\quad W_q=\frac{L_q}{\lambda_e}$$

$$W_s=W_q+\frac{1}{\mu},\quad L_s=W_s\cdot\lambda_e=L_q+\frac{\lambda}{\mu}(1-P_N)$$

8. $M/M/c$ 等待制系统

其状态转移关系如图 11-6 所示。

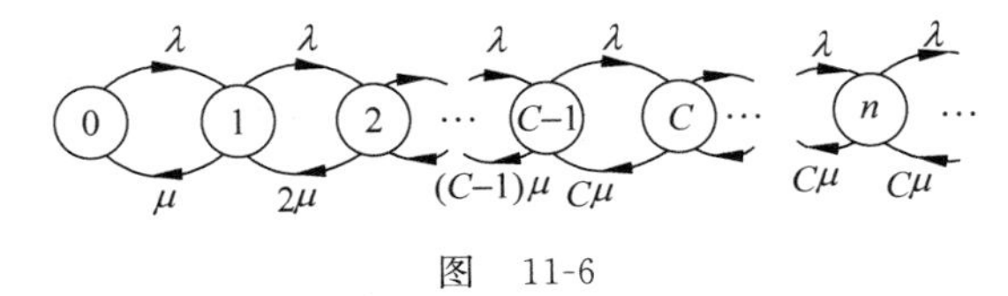

图 11-6

由图 11-6 得

$$P_n=\begin{cases}\dfrac{c^n}{n!}\rho^n P_0, & n<c\\[2mm] \dfrac{c^c}{c!}\rho^n P_0, & n\geqslant c\end{cases}$$

其中 $\rho=\dfrac{\lambda}{c\mu}$

$$P_0=\lim_{N\to\infty}\left[\sum_{n=0}^{c-1}\frac{c^n}{n!}\rho^n+\frac{c^c}{c!}\frac{\rho^c-\rho^{N+1}}{(1-\rho)}\right]^{-1}=\left[\sum_{n=0}^{c-1}\frac{c^n}{n!}\rho^n+\frac{c^c}{c!}\frac{\rho^c}{(1-\rho)}\right]^{-1}$$

$$L_q=\lim_{N\to\infty}\frac{c^c}{c!}\rho^{c+1}P_0=\frac{c^c\rho^{c+1}P_0}{c!(1-\rho)^2}$$

$$\lambda_e=\lambda,\quad W_q=\frac{L_q}{\lambda},\quad W_s=W_q+\frac{1}{\mu},\quad L_s=L_q+\frac{\lambda}{\mu}$$

9. $M/M/1/m/m$ 系统

其状态转移关系如图 11-7 所示。

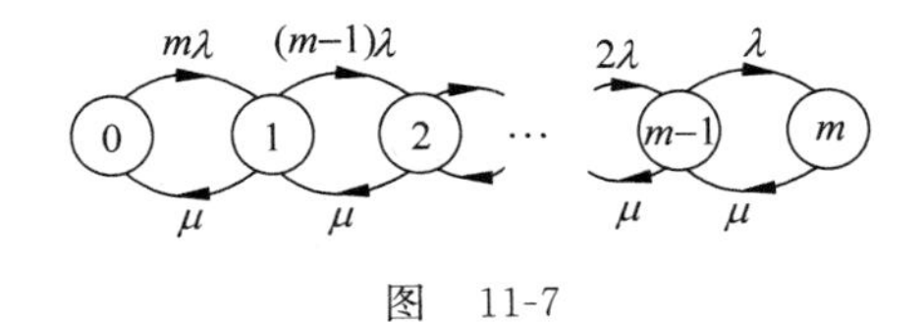

图 11-7

由图 11-7 可得

$$P_n=\frac{(m-n+1)\lambda}{\mu}P_{n-1},\quad (1\leqslant n\leqslant m)$$

$$=\frac{m!}{(m-n)!}\left(\frac{\lambda}{\mu}\right)^n P_0,\quad (1\leqslant n\leqslant m)$$

$$P_0=\left[\sum_{n=0}^{m}\frac{m!}{(m-n)!}\left(\frac{\lambda}{\mu}\right)^n\right]^{-1}$$

$$P_n=\frac{m!}{(m-n)!}\left(\frac{\lambda}{\mu}\right)^n\left[\sum_{i=0}^{m}\frac{m!}{(m-i)!}\left(\frac{\lambda}{\mu}\right)^i\right]^{-1}$$

由于 L_s 是平均在系统中的顾客数，因此平均在系统之外的顾客数为 $m-L_s$，由此可得有效到达率为

$$\lambda_e=\lambda(m-L_s)$$

而

$$\lambda_e=\mu_e=\mu(1-P_0)$$

则

$$\lambda(m-L_s)=\mu(1-P_0)$$

故

$$L_s=m-\frac{\mu}{\lambda}(1-P_0)$$

$$W_s=\frac{L_s}{\lambda_e}=\frac{L_s}{\mu(1-P_0)}=\frac{m}{\mu(1-P_0)}-\frac{1}{\lambda}$$

$$W_q=W_s-\frac{1}{\mu}=\frac{m}{\mu(1-P_0)}-\frac{1}{\lambda}-\frac{1}{\mu}$$

$$L_q=W_q\lambda_e=L_s-\frac{\lambda_e}{\mu}=L_s-(1-P_0)$$

10. $M/M/c/m/m$ 系统

其状态转移关系如图 11-8 所示。

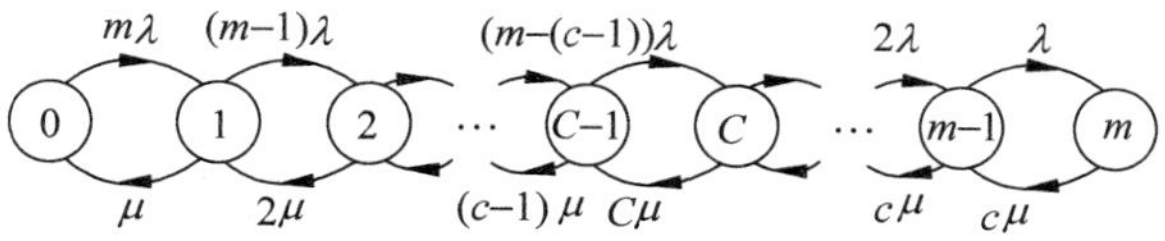

图 11-8

$$P_n=\begin{cases}\dfrac{m!}{n!(m-n)!}\left(\dfrac{\lambda}{\mu}\right)^n P_0, & n\leqslant c\\[2ex] \dfrac{m!}{c!(m-n)!\ c^{n-c}}\left(\dfrac{\lambda}{\mu}\right)^n P_0, & n>c\end{cases}$$

$$P_0=\left[\sum_{n=0}^{c}\frac{m!}{n!(m-n)!}\left(\frac{\lambda}{\mu}\right)^n+\sum_{n=c+1}^{m}\frac{m!}{c!(m-n)!\ c^{n-c}}\left(\frac{\lambda}{\mu}\right)^n\right]^{-1}$$

$$L_q=\sum_{n=c+1}^{m}(n-c)P_n=\sum_{n=c+1}^{m}(n-c)\cdot\frac{m!}{c!(m-n)!\ c^{n-c}}\left(\frac{\lambda}{\mu}\right)^n P_0$$

$$\lambda_e=\lambda(m-L_s)$$

而 $$L_s=L_q=\frac{\lambda_e}{\mu}=L_q+\frac{\lambda(m-L_s)}{\mu}$$

故 $$L_s=\frac{L_q+\frac{\lambda}{\mu}m}{1+\frac{\lambda}{\mu}}$$

又 $$W_q=\frac{L_q}{\lambda_e},\quad W_s=\frac{L_s}{\lambda_e}=\frac{L_s}{\lambda(m-L_s)}$$

11. P-K 公式

对于 $M/G/1/\infty$ 系统,当服务时间 T 的分布是一般的,且其数学期望 $E[T]$ 与方差 $D(T)$ 都存在时,则有如下公式成立

$$L_s=\rho+\frac{\rho^2+\lambda^2 D[T]}{2(1-\rho)}$$

即 P-K 公式,其中 $\rho=\lambda E[T]$。

综合 Little 公式可以看出,只要知道 λ,$E[T]$和 $D[T]$,就可以把 L_s,L_q,W_s 和 W_q 求出。

12. 排队系统的最优化问题

(1) $M/M/1$ 模型中最优服务率 μ

① 标准的 $M/M/1$ 模型

取目标函数 z 为单位时间服务成本与顾客在系统逗留费用之和的期望值。

$$z=c_s\mu+c_w L_s$$

其中 c_s 为 $\mu=1$ 时服务机构单位时间的费用。

c_w 为每个顾客在系统停留单位时间的费用,则

$$z=c_s\mu+c_w\frac{\lambda}{\mu-\lambda}$$

其中 λ 为已知。

由$\frac{\mathrm{d}z}{\mathrm{d}\mu}=0$ 可得

$$\mu^*=\lambda+\sqrt{\frac{c_w\lambda}{c_s}}$$

② 系统中顾客最大限制数为 N 的最优服务率 μ。

在这种情形下,系统中如已有 N 个顾客,则后来的顾客即被拒绝 P_N,即为被拒绝的概率。$(1-P_N)$为能接受服务的概率。

$\lambda(1-P_N)$为单位时间实际进入服务机构顾客的平均数,在稳态下,它也等于单位时间内实际服务完成的平均顾客数。

设每服务 1 人能收入 G 元,于是单位时间收入的期望值为 $\lambda(1-P_N)G$ 元。

$$\begin{aligned}z&=\lambda(1-P_N)G-c_s\mu\\&=\lambda G\frac{1-\rho^N}{1-\rho^{N+1}}-c_s\mu\\&=\lambda\mu G\frac{\mu^N-\lambda^N}{\mu^{N+1}-\lambda^{N+1}}-c_s\mu\end{aligned}$$

由$\frac{dz}{d\mu}=0$,得

$$\rho^{N+1}\frac{N-(N+1)P+\rho^{N+1}}{(1-\rho^{N+1})^2}=\frac{c_s}{G}$$

由上式所得的μ^*为最优解。

③ 顾客源有限(设为m)的$M/M/1$模型

$$z=(m-L_s)G-c_s\mu=\frac{mG}{\rho}\frac{E_{m-1}\left(\frac{m}{\rho}\right)}{E_m\left(\frac{m}{\rho}\right)}-c_s\mu$$

其中$E_m(x)=\sum_{k=0}^{m}\frac{x^k}{k!}e^{-x}$称为泊松部分和,$\rho=\frac{m\lambda}{\mu}$

$$\frac{d}{dx}E_m(x)=E_{m-1}(x)-E_m(x)$$

由$\frac{dz}{d\mu}=0$得

$$\frac{E_{m-1}\left(\frac{m}{\rho}\right)E_m\left(\frac{m}{\rho}\right)+\frac{m}{\rho}\left[E_m\left(\frac{m}{\rho}\right)E_{m-2}\left(\frac{m}{\rho}\right)-E_{m-1}^2\left(\frac{m}{\rho}\right)\right]}{E_m^2\left(\frac{m}{\rho}\right)}=\frac{c_s\lambda}{G}$$

由上式所得的μ^*为最优解。

(2) $M/M/c$模型中最优的服务台数c

单位时间内的全部费用

$$z=c_s'c+c_w\cdot L$$

其中:c是服务台数,c_s'是每服务台单位时间的成本。

c_w为每个顾客在系统停留单位时间的费用。

L为系统中顾客平均数L_s,或队列中等待的顾客平均数L_q,随c的不同而不同。

c_s'和c_w为给定的,唯一可能变动的是服务台数c。

要求$z(c^*)$最小,而c只取整数值,$z(c)$不是连续变量的函数,由边际分析法。

$$\begin{cases}z(c^*)\leqslant z(c^*-1)\\z(c^*)\geqslant z(c^*+1)\end{cases}$$

即

$$\begin{cases}c_s'c^*+c_wL(c^*)\leqslant c_s'(c^*-1)+c_wL(c^*-1)\\c_s'c^*+c_wL(c^*)\leqslant c_s'(c^*+1)+c_wL(c^*+1)\end{cases}$$

化简得

$$L(c^*)-L(c^*+1)\leqslant\frac{c_s'}{c_w}\leqslant L(c^*-1)-L(c^*)$$

依次求$c=1,2,\cdots$时L的值,并作两相邻的L值之差,因$\frac{c_s'}{c_w}$是已知数,根据这个数落在哪个不等式的区间里就可定出c^*来。

13. 分析排队系统的随机模拟法

当排队系统的到达间隔时间和服务时间的概率分布很复杂或不能用公式给出时，那么就不能用解析法求解，这就需要用随机模拟法求解。

随机模拟法首先要求事件能按历史的概率分布规律出现，根据已知的概率分布，分配随机数，当模拟时间越长结果越准确，这种方法适用于对不同方案可能产生的结果进行比较，用计算机进行模拟更为方便。

模拟方法只能得到数值结果，不能得到解析式。

【课后习题全解】

11.1 某工地为了研究发放工具应设置几个窗口，对于请领和发放工具分别做了调查记录：

(1) 以 10 分钟为一段，记录了 100 段时间内每段到来请领工具的工人数，见表 11-1。

(2) 记录了 1 000 次发放工具(服务)所用时间(秒)，见表 11-2。

表 11-1

每 10 分钟内领工具人数	次　数
5	1
6	0
7	1
8	1
9	1
10	2
11	4
12	6
13	9
14	11
15	12
16	13
17	10
18	9
19	7
20	4
21	3
22	3
23	1
24	1
25	1
	100

表 11-2

发放时间(秒)	次　数
15	200
30	175
45	140
60	104
75	78
90	69
105	51
120	47
135	38
150	30
165	16
180	12
195	10
210	7
225	9
240	9
255	3
270	1
285	1
	1 000

试求：(1) 平均到达率和平均服务率(单位：人/分)

(2) 利用统计学的方法证明：若假设到来的数是服从参数 $\lambda=1.6$ 的普阿松分布，服务

时间服从参数 $\mu=0.9$ 的负指数分布，这是可以接受的。

(3) 这时只设一个服务员是不行的，为什么？试分别就服务员数 $c=2,3,4$ 各情况计算等待时间 W_q，注意用表 11-3。

表 11-3 多服务台 $W_q \cdot \mu$ 的数值表

$\lambda/c\mu$	服务台数				
	$c=1$	$c=2$	$c=3$	$c=40$	$c=5$
0.1	0.111 1	0.010 1	0.001 4	0.000 2	0.000 0*
0.2	0.250 0	0.041 7	0.010 3	0.003 0	0.001 0
0.3	0.428 6	0.098 9	0.033 3	0.013 2	0.005 8
0.4	0.666 7	0.190 5	0.078 4	0.037 8	0.019 9
0.5	1.000 0	0.333 3	0.157 9	0.087 0	0.052 1
0.6	1.500 0	0.562 5	0.295 6	0.179 4	0.118 1
0.7	2.333 3	0.960 8	0.547 0	0.357 2	0.251 9
0.8	4.000 0	1.777 8	1.078 7	0.745 5	0.554 1
0.9	9.000 0	4.263 2	2.723 5	1.969 4	1.525 0
0.95	19.000 0	9.256 4	6.046 7	4.457 1	3.511 2

* 小于 0.000 05

(4) 设请领工具的工人等待的费用损失为每小时 6 元，发放工具的服务员空闲费用损失为每小时 3 元，每天按 8 小时计算，问设几个服务员使总费用损失为最小？

解 (1) 由平均到达率 $=\dfrac{\text{到达总数}}{\text{总时间}}$

则
$$\lambda=[5\times1+6\times0+7\times1+8\times1+9\times1+10\times2+11\times4+12\times6+13\times9+14\times11+15\times12+16\times13+17\times10+18\times9+19\times7+20\times4+21\times3+22\times3+23\times1+24\times1+25\times1]\div1\,000$$
$$=1\,570\div1\,000=1.57(\text{人}/\text{分})$$

由
$$\text{平均服务率}=\frac{\text{服务总数}}{\text{总时间}}$$

$$\text{总时间}=0.25\times200+0.5\times175+0.75\times140+1\times104+1.25\times78+1.5\times69+1.75\times51+2\times47+2.25\times38+2.5\times30+2.75\times16+3\times12+3.25\times10-13.5\times7+3.75\times9+4\times9+4.25\times3+4.5\times1+4.75\times1$$
$$=1\,120(\text{分})$$

则
$$\mu=\frac{1\,000}{1\,120}\approx0.89(\text{人}/\text{分})$$

(2) 令 $p_n(t)=\dfrac{(\lambda t)^n}{n!}e^{-\lambda t}(n=0,1,2,\cdots,t>0)$ 表示长为 t 时间内到达 n 个顾客的概率，随机变量 $\{N(t)=N(s+t)-N(s)\}$ 服从泊松分布，且有 $E[N(t)]=\lambda t$，则单位时间内平均到达率为 λ，而此处 $\lambda=1.57$(人/分)。因此假设到来的人数服从参数 $\lambda=1.6$ 的泊松分布是可以接受的。

对于负指数分布

$$f(x)=\begin{cases}\mu e^{-\mu x} & x\geqslant 0\\ 0 & \text{其他}\end{cases}$$

得
$$E(x)=\frac{1}{\mu}$$

即平均服务时间为$\frac{1}{\mu}$,亦即单位时间服务μ人。

由题设计算$\mu=0.89$(人/分),故假设$\mu=0.9$的负指数分布是可以接受的。

(3) $\lambda=1.57$(人/分)， $\mu=0.96$(人/分) $\lambda>\mu$

若只设一个服务员,由于平均到达率大于平均服务率,将使队伍越排越长。

① 当$c=2$时，

$$p=\frac{\lambda}{c\mu}=\frac{1.6}{2\times 0.9}\approx 0.9$$

查表11-3
$$W_q\mu=4.2632$$

则
$$W_q=\frac{4.2632}{0.9}\approx 4.737(\text{分})$$

② 当$c=3$时，

$$p=\frac{\lambda}{c\mu}=\frac{1.6}{3\times 0.9}\approx 0.6$$

查表11-3
$$W_q\mu=0.2956$$

则
$$W_q=\frac{0.2956}{\mu}=\frac{0.2956}{0.9}\approx 0.33(\text{分})$$

③ 当$c=4$时，
$$p=\frac{\lambda}{c\mu}=\frac{1.6}{4\times 0.9}=0.44$$

由表11-3用插值法可得
$$W_q\mu=0.0597$$

则
$$W_q=\frac{0.0597}{\mu}=\frac{0.0597}{0.9}=0.067(\text{分})$$

(4) 由$\lambda=1.6$人/分,则每天平均到达人数为：

$$1.6\times 60\times 8=768(\text{人})$$

需服务时间
$$T=\frac{768}{0.9}=853(\text{分})$$

① 当$c=2$时,损失值为

$$\frac{4.43\times 768}{60}\times 6+\frac{8\times 60\times 2-853}{60}\times 3\approx 346(\text{元})$$

② 当$c=3$时,损失值为

$$\frac{0.33\times 768}{60}\times 6+\frac{8\times 60\times 3-853}{60}\times 3\approx 55(\text{元})$$

③ 当$c=4$时,损失值为

$$\frac{0.067\times 768}{60}\times 6+\frac{8\times 60\times 4-853}{60}\times 3\approx 58(\text{元})$$

为使总费用最小,应设3个服务台。

11.2 某修理店只有一个修理工人,来修理的顾客到达次数服从普阿松分布,平均每小时 4 人，修理时间服从负指数分布，平均需 6 分钟，求：

(1) 修理店空闲时间概率；

(2) 店内有 3 个顾客的概率；

(3) 店内至少有 1 个顾客的概率；

(4) 在店内顾客平均数；

(5) 在店内平均逗留时间；

(6) 等待服务的顾客平均数；

(7) 平均等待修理(服务)时间；

(8) 必须在店内消耗 15 分钟以上的概率。

解 由题设系统为$(M/M/1/\infty/\infty)$模型

$$\lambda=4\text{ 人 / 小时},\quad \mu=\frac{60}{6}=10\text{ 人 / 小时},\quad \rho=\frac{\lambda}{\mu}=\frac{4}{10}$$

(1) $p_0=1-\rho=1-\frac{4}{10}=\frac{3}{5}$

(2) $p_3=(1-\rho)\rho^3=\left(1-\frac{4}{10}\right)\left(\frac{4}{10}\right)^3=\frac{384}{10^4}$

(3) 店内至少有一个顾客的概率为

$$1-p_0=1-(1-\rho)=\rho=\frac{4}{10}$$

(4) $L_s=\frac{\lambda}{\mu-\lambda}=\frac{4}{10-4}=\frac{2}{3}$(人)

(5) $W_s=\frac{L_s}{\lambda}=\frac{\lambda}{\lambda(\mu-\lambda)}=\frac{1}{\mu-\lambda}=\frac{1}{10-4}=\frac{1}{6}=10$(分钟)

(6) $L_q=\frac{\rho\lambda}{\mu-\lambda}=\frac{\frac{4}{10}\times 4}{10-4}=\frac{4}{15}$(人)

(7) $W_q=\frac{L_q}{\lambda}=\frac{\rho\lambda}{\mu-\lambda}\frac{1}{\lambda}=\frac{\rho}{\mu-\lambda}=\frac{\frac{4}{10}}{10-4}=\frac{1}{15}=4$(分钟)

(8) 因为修理时间服从负指数分布，则

$$\begin{aligned}p\left\{T\geqslant\frac{15}{60}\right\}&=p\left\{T\geqslant\frac{1}{4}\right\}=1-p\left\{T\leqslant\frac{1}{4}\right\}\\&=1-F\left(\frac{1}{4}\right)=1-(1-\mathrm{e}^{-(\mu-\lambda)\times\frac{1}{4}})\\&=\mathrm{e}^{-(10-4)\times\frac{1}{4}}=\mathrm{e}^{-\frac{3}{2}}\end{aligned}$$

11.3 在某单人理发店顾客到达为普阿松流，平均到达间隔为 20 分钟，理发时间服从负指数分布，平均时间为 15 分钟。求：

(1) 顾客来理发不必等待的概率；

(2) 理发店内顾客平均数；

(3) 顾客在理发店内平均逗留时间；

(4) 若顾客在店内平均逗留时间超过 1.25 小时，则店主将考虑增加设备及理发员，问平均到达率提高多少时店主才做这样考虑呢？

解 由题设，系统为 $M/M/1$ 排队模型。

$$\lambda=\frac{60}{20}=3(\text{人}/\text{小时}),\quad \mu=\frac{60}{15}=4(\text{人}/\text{小时}),\quad \rho=\frac{\lambda}{\mu}=\frac{3}{4}$$

(1) $p_0=1-p=1-\frac{3}{4}=\frac{1}{4}$

(2) $L_s=\frac{\lambda}{\mu-\lambda}=\frac{3}{4-3}=3(\text{人})$

(3) $W_s=\frac{L_s}{\lambda}=\frac{1}{\mu-\lambda}=\frac{1}{4-3}=1(\text{小时})$

(4) 由 $W_s=\frac{1}{\mu-\lambda}>1.25$，$\frac{1}{4-\lambda}\geqslant 1.25$，即 $\lambda\geqslant 3.2$

则

$$\lambda=3.2-3=0.2(\text{人}/\text{小时})$$

即平均到达率提高 0.2 人/小时，店主才会考虑增加设备及理发员。

11.4 某医院手术室根据病人来诊和完成手术时间的记录，任意抽查 100 个工作小时，每小时来就诊的病人数 n 的出现次数如表 11-4 所示。又任意抽查了 100 个完成手术的病历，所用时间 v(小时)出现的次数如表 11-5 所示。

表 11-4

到达的病人数 n	出现次数 f_n
0	10
1	28
2	
3	16
4	10
5	6
6 以上	1
合计	100

表 11-5

为病人完成手术时间 v(小时)	出现次数 f_v
0.0～0.2	38
0.2～0.4	25
0.4～0.6	17
0.6～0.8	9
0.8～1.0	6
1.0～1.2	5
1.2 以上	0
合计	100

(1) 试求系统中(包括手术室和候诊室)有 0、1、2、3、4、5 个病人的概率。

(2) 设 λ 不变而 μ 是可控制的，证明：若医院管理人员认为使病人在医院平均耗费时间超过 2 小时是不允许的，那么允许平均服务率 μ 达到 2.6(人/小时)以上。

解 (1) 由 $\lambda=2.1$，$\mu=2.5$，$\rho=\frac{\lambda}{\mu}=\frac{2.1}{2.5}=0.84$

则

$$p_0=1-\rho=1-0.84=0.16$$

$$p_1=p_0\rho=(1-\rho)\rho=0.16\times 0.84=0.134$$

$$p_2=p_0\rho^2(1-\rho)\rho^2=0.16\times 0.84^2=0.113$$

$$p_3=p_0\rho^3=(1-\rho)\rho^3=0.16\times 0.84^3=0.095$$

$$p_4=p_0\rho^4=(1-\rho)\rho^4=0.16\times 0.84^4=0.08$$

$$p_5=p_0\rho^5=(1-\rho)\rho^5=0.16\times0.84^5=0.067$$

(2) 因为

$$W_s=\frac{1}{\mu-\lambda}=\frac{1}{\mu-2.1}\leqslant 0.5$$

则
$$\mu-2.1\geqslant 0.5,\quad \mu\geqslant 2.6$$
即平均服务率 μ 必须达到 2.6 人/小时以上。

11.5 称顾客为等待所费时间与服务时间之比为顾客损失率,用 R 表示。

(1) 试证:对于 $M/M/1$ 模型 $R=\dfrac{\lambda}{\mu-\lambda}$

(2) 在例 3 中仍设 λ 不变,μ 是可控制的,试定 μ 使顾客损失率小于 4。

解 在 $M/M/1$ 模型中:

$$W_q=\frac{\rho}{\mu-\lambda}$$

(1) 由题设定义,则有

$$R=\frac{W_q}{\frac{1}{\mu}}=\mu W_q=\mu\frac{\rho}{\mu-\lambda}=\mu\frac{\frac{\lambda}{\mu}}{\mu-\lambda}=\frac{\lambda}{\mu-\lambda}$$

(2) 要使 $R<4$,λ 不变,μ 为可控制的,即

$$\frac{\lambda}{\mu-\lambda}<4$$

则
$$\frac{2.1}{\mu-2.1}<4$$

即
$$\mu-2.1>\frac{2.1}{4},\quad \mu>2.625(\text{人/小时})$$

即当 $\mu>2.625$ 人/小时时,顾客损失率小于 4。

11.6 设 n_s 表示系统中顾客数,n_q 表示队列中等候的顾客数,在单服务台系统有 $n_s=n_q+1\quad(n_s,n_q>0)$

试说明它们的期望值 $L_s\neq L_q+1$,而是 $L_s=L_q+\rho$。

根据这关系式给 ρ 以直观解释。

解 因为为单服务台,只有超过 1 个顾客时,才会出现排队等待。

$$L_q=\sum_{n=1}^{\infty}(n-1)p_n=\sum_{n=1}^{\infty}np_n-\sum_{n=1}^{\infty}p_n$$
$$=L_s-\left(\sum_{n=0}^{\infty}p_n-p_0\right)=L_s-(1-p_0)=L_s-\rho$$

则
$$L_s=L_q+\rho$$
由系统中的顾客数和等候服务的顾客数期望值之间的相差为 ρ,则 ρ 的直观解释为服务台的忙碌程度,即服务台的利用率。

11.7 某工厂为职工设立了昼夜 24 小时都能看病的医疗室(按单服务台处理)。病人到达的平均间隔时间为 15 分钟,平均看病时间为 12 分钟,且服从负指数分布,因工人看病

每小时给工厂造成损失为 30 元。

（1）试求工厂每天损失期望值；

（2）问平均服务率提高多少，方可使上述损失减少一半？

解 （1）由题设为 $M/M/1$ 模型，且

$$\mu=\frac{60}{12},\quad \lambda=\frac{60}{15}$$

则

$$W_s=\frac{1}{\mu-\lambda}=\frac{1}{\frac{60}{12}-\frac{60}{15}}=\frac{1}{5-4}=1(\text{小时})$$

即每位病人在系统中的时间期望值为 1 小时。

而每天平均人数：

$$\frac{60}{15}\times 24=96(\text{人})$$

则工人每天损失期望值为

$$1\times 96\times 30=2\,880(\text{元})$$

（2）由题设，要想使损失减少一半，则必须使得 W_s 减少一半。

则 $W_s=\frac{1}{2}$小时，即

$$\frac{1}{\mu-\lambda}=\frac{1}{2}$$

所以

$$\frac{1}{\mu-4}=\frac{1}{2}$$

则

$$\mu=6(\text{人}/\text{小时})$$

则平均服务率提高值为

$$6-5=1(\text{人}/\text{小时})$$

11.8 对于 $M/M/1/\infty/\infty$模型，在先到先服务情况下，试证：顾客排队等待时间分布概率密度是

$$f(w_q)=\lambda(1-\rho)\mathrm{e}^{-(\mu-\lambda)w}q,\quad W_q>0$$

并根据这式求等待时间的期望值 w_q。

解 令 N_1 表示在统计平衡下一个顾客到达时刻看到系统中已有的顾客数（还包括此顾客），T_q 表示在统计平衡下顾客的等待时间，则

$$\begin{aligned}p\{T_q>t\}&=\sum_{n=0}^{\infty}p\{T_q>t,N_1=n\}\\&=\sum_{n=0}^{\infty}p\{T_q>t\mid N_1=n\}\cdot p\{N_1=n\}\end{aligned}$$

设 $p\{N_1=n\}=a_n$，有

$$p\{T_q>t\}=\sum_{n=0}^{\infty}a_n\cdot p\{T_q>t\mid N_1=n\}$$

则

$$p\{T_q>t\}=\sum_{n=0}^{\infty}p_n\cdot p\{T_q>t\mid N_1=n\}\tag{11-1}$$

而服务台得空次数 $m(t)<n$ 是新到顾客的等待时间 $T_q>t$ 的充要条件。则

$$p\{T_q>t \mid N_1=n\}=\sum_{n=0}^{\infty}p\{m(t)=k\},n\geqslant 1 \tag{11-2}$$

另外,服务时间为负指数分布,参数为 μ,则

$$p\{m(t)=k\}=\mathrm{e}^{-\mu t}\frac{(\mu t)^k}{k!} \tag{11-3}$$

把式(11-3)、式(11-2)代入式(11-1)得

$$p\{T_q>t\}=\sum_{n=1}^{\infty}p_n\sum_{k=0}^{n-1}\mathrm{e}^{-\mu t}\frac{(\mu t)^k}{k!}$$

其中 $p_n=\rho^n(1-\rho)$,当 $p<1,n\geqslant 0$ 时,有

$$\begin{aligned}
p\{T_q>t\}&=\sum_{n=1}^{\infty}p_n\sum_{k=1}^{n-1}\mathrm{e}^{-\mu t}\frac{(\mu t)^k}{k!}=\mathrm{e}^{-\mu t}\sum_{k=0}^{\infty}\frac{(\mu t)^k}{k!}\sum_{n=k-1}^{\infty}p_n\\
&=\mathrm{e}^{-\mu t}\sum_{k=0}^{\infty}\frac{(\mu t)^k}{k!}(1-\sum_{n=0}^{k}p_n)\\
&=\mathrm{e}^{-\mu t}\sum_{k=0}^{\infty}\frac{(\mu t)^k}{k!}\left[1-(1-\rho)\frac{1-\rho^{k+1}}{1-\rho}\right]\\
&=\mathrm{e}^{-\mu t}\sum_{k=0}^{\infty}\frac{(\mu t)^k}{k!}\rho^{k+1}=\rho\mathrm{e}^{-\mu t}\sum_{k=0}^{\infty}\frac{(\mu t)^k}{k!}\rho^k\\
&=\rho\mathrm{e}^{-\mu t}\sum_{k=0}^{\infty}\frac{(\mu\rho t)^k}{k!}=\rho\mathrm{e}^{-\mu(1-\rho)t},\quad (t\geqslant 0,\rho<1)
\end{aligned}$$

则顾客在系统中的等待时间分布为

$$W_q(t)=p\{T_q=t\}=1-p\{T_q>t\}=1-\rho\mathrm{e}^{-\mu(1-\rho)t},\quad (t\geqslant 0,\rho<1)$$

$$f(w_q(t))=w_q'(t)=\begin{cases}1-\rho, & t=0\\ \lambda(1-\rho)\mathrm{e}^{-\mu(1-\rho)t}, & t>0\end{cases}$$

$$\begin{aligned}
E[W_q(t)]&=\int_0^{+\infty}t\lambda(1-\rho)\mathrm{e}^{-\mu(1-\rho)t}\mathrm{d}t\\
&=\lambda(1-\rho)\left(-\frac{1}{\mu(1-\rho)}t-\frac{1}{\mu^2(1-\rho)^2}\right)\mathrm{e}^{-\mu(1-\rho)t}\Big|_0^{+\infty}\\
&=\frac{\lambda(1-\rho)}{\mu^2(1-\rho)^2}=\frac{\lambda}{\mu^2(1-\rho)}
\end{aligned}$$

11.9 在 $M/M/1/N/\infty$ 模型中,如 $\rho=1$(即 $\lambda=\mu$),试证:

$$\begin{cases}P_0=\dfrac{1-\rho}{1-\rho^{N+1}}, & \rho\neq 1\\[2ex] P_n=\dfrac{1-\rho}{1-\rho^{N+1}}\rho^n, & n\leqslant N\end{cases}$$

因为

$$P_0=P_1=\cdots=\frac{1}{N+1}$$

于是

$$L_s=N/2$$

解 在 $M/M/1/N/\infty$ 模型中,其状态转移图如图11-9。

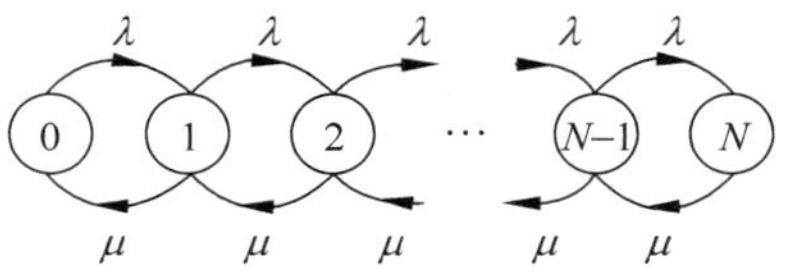

图 11-9

则 $$P_n = \frac{\lambda}{\mu} P_{n-1}$$

又因为 $\rho=1$，则 $P_n = P_{n-1}$，依此类推

$$P_0 = P_1 = \cdots = P_N$$

又因为 $\sum_{n=0}^{N} P_n = 1$，则 $$(P_0 + P_2 + \cdots + P_n) = 1$$

即 $$(N+1)P_0 = 1$$

故 $$P_0 = \frac{1}{N+1}$$

$$L_s = \sum_{n=0}^{N} nP_n = \sum_{n=0}^{N} n \cdot \frac{1}{N+1}$$

$$= \frac{1}{N+1}\sum_{n=0}^{N} n = \frac{1}{N+1} \cdot \frac{N(N+1)}{2}$$

$$= \frac{N}{2}$$

11.10 对于 $M/M/1/N/\infty$ 模型，试证：

$$\lambda(1 - P_N) = \mu(1 - P_0)$$

并对上式给予直观的解释。

解 设 $\rho = \frac{\lambda}{\mu}$ 由 $M/M/1/N/\infty$ 模型的数字特征有

$$P_n = \frac{\lambda}{\mu} P_{n-1} = \rho P_{n-1}$$

$$P_0 = \begin{cases} \dfrac{1-\rho}{1-\rho^{N+1}}, & \rho \neq 1 \\ \dfrac{1}{N+1}, & \rho = 1 \end{cases}$$

故 $$P_n = \begin{cases} \dfrac{(1-\rho)\rho^n}{1-\rho^{N+1}}, & \rho \neq 1, \quad 0 \leqslant n \leqslant N \\ \dfrac{1}{N+1}, & \rho = 1 \end{cases}$$

当 $\rho=1$ 时， $$P_0 = P_N = \frac{1}{N+1}, \quad \lambda = \mu$$

显然 $$\lambda(1 - P_N) = \mu(1 - P_0)$$

当 $\rho \neq 1$ 时，$$P_N=\frac{(1-\rho)\rho^N}{1-\rho^{N+1}},\quad P_0=\frac{1-\rho}{1-\rho^{N+1}}$$

即
$$\rho(1-P_N)=\rho\left(1-\frac{(1-\rho)\rho^N}{1-\rho^{N+1}}\right)$$
$$=\frac{\rho(1-\rho^N)}{1-\rho^{N+1}}=\frac{\rho-\rho^{N+1}}{1-\rho^{N+1}}$$
$$1-P_0=1-\frac{1-\rho}{1-\rho^{N+1}}=\frac{\rho-\rho^{N+1}}{1-\rho^{N+1}}$$

则
$$\rho(1-P_N)=1-P_0$$

即
$$\frac{\lambda}{\mu}(1-P_N)=1-P_0$$

故
$$\lambda(1-P_N)=\mu(1-P_0)$$

由于系统的容量为 N，则有效到达率为
$$\lambda_e=\lambda(P_0+P_1+\cdots+P_{N-1})=\lambda(1-P_N)$$
则有效服务率为 $$\mu_e=\mu(P_1+\cdots+P_N)=\mu(1-P_0)$$
当系统平衡时，有效到达率和有效服务率应当相等。即
$$\lambda(1-P_N)=\mu(1-P_0)$$

11.11 某新工厂正在决定分配给一个特别的工作中心多少存贮空间。工作以平均每小时三个的泊松分布被送到工作中心，工作中心每次只能执行一个工作，完成该工作所需要的时间遵从每个 0.25 小时的指数分布。若工作到达时工作中心内已满，则工作需转放到一个不方便的地方。如果每个工作在工作中心存放时需要一平方米的空间，工厂希望工作中心内的空间能够保证 90% 的时间里容纳下全部到达的工作，需要分配多少空间给工作中心？$\left(\text{提示：几何数列的和}\sum_{n=0}^{N}x^n=\frac{1-x^{N+1}}{1-x}\right)$

解 此题属于 $M/M/1/N/\infty$ 类型

$\lambda=3$ 个/小时，$\mu=4$ 个/小时，$\rho=\frac{\lambda}{\mu}=\frac{3}{4}$

拒绝率为 $P_N=\rho^N P_0=\left(\frac{3}{4}\right)^N\frac{1-\rho}{1-\rho^{N+1}}$

若要求 $P_N=1-0.9=0.1$，即 $\left(\frac{3}{4}\right)^N\frac{1-\frac{3}{4}}{1-\left(\frac{3}{4}\right)^{N+1}}=0.1$

得 $\frac{5}{2}+\frac{3}{4}=\left(\frac{4}{3}\right)^N$

所以 $N=\log_{\frac{4}{3}}3.25=4.097\approx 4$

故需要分配 4 平方米空间给工作中心。

11.12 在 11.2 题中，如店内已有 3 个顾客，那么后来的顾客即不再排队，其他条件不变，试求：

(1) 店内空闲的概率；

(2) 各运行指标 L_s, L_q, W_s, W_q。

解 系统为 $M/M/1/N/\infty$ 排队模型。

$$N=3, \lambda=4 \text{ 人/小时}, \mu=10 \text{ 人/小时}, \rho=\frac{\lambda}{\mu}=\frac{4}{10}=0.4$$

(1) 店内空闲的概率为

$$P_0=\frac{1-\rho}{1-\rho^{N+1}}=\frac{1-0.4}{1-0.4^4}=0.62$$

(2)
$$L_s=\sum_{n=0}^{N} nP_n=\frac{\rho}{1-\rho}-\frac{(N+1)\rho^{N+1}}{1-\rho^{N+1}}$$

$$=\frac{0.4}{1-0.4}-\frac{(3+1)0.4^{3+1}}{1-0.4^{3+1}}\approx 0.77$$

$$L_q=\sum_{n=2}^{N}(n-1)P_n=L_s-(1-P_0)$$

$$=0.77-(1-0.62)=0.39$$

$$W_s=\frac{L_s}{\lambda_e}=\frac{L_s}{\mu(1-P_0)}=\frac{0.77}{10\times(1-0.62)}=0.2$$

$$W_q=w_s-\frac{1}{\mu}=0.2-\frac{1}{10}=0.1$$

11.13 在 11.2 题中，若顾客平均到达率增加到每小时 12 人，仍为普阿松流，服务时间不变，这时增加了一个工人。

(1) 根据 λ/μ 的值说明增加工人的原因；

(2) 增加工人后求店内空闲概率；店内有 2 个或更多顾客(即工人繁忙)的概率；

(3) 求 L_s, L_q, W_s, W_q。

解 (1) 由题设，$\lambda=12$ 人/小时，$\mu=10$ 人/小时。

当 $c=1$ 时，$\lambda>\mu$，则系统的输入率大于输出率。显然，队列越来越长，故要增加工人。

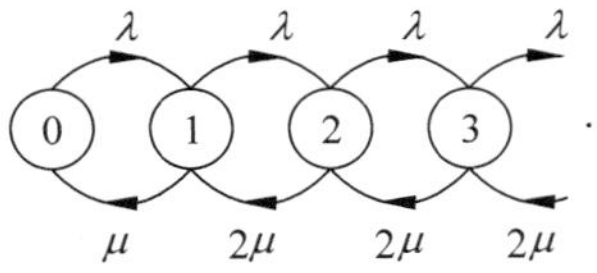

(2) 增加一个工人后，系统变为 $M/M/2$ 排队系统。其状态概率转移图如图 11-10 所示。$c=2$。

图 11-10

$$\rho_c=\frac{\lambda}{c\mu}=\frac{12}{2\times 10}=0.6<1$$

$$\rho=\frac{\lambda}{\mu}=\frac{12}{10}=1.2$$

$$P\{n\geqslant 2\}=\sum_{n=2}^{\infty}\frac{1}{c!\ c^{n-c}}\left(\frac{\lambda}{\mu}\right)^n P_0=1-P_0-P_1$$

则
$$P_0=\left[1+\rho+\frac{1}{c!}\frac{1}{1-\rho_c}\left(\frac{\lambda}{\mu}\right)^c\right]^{-1}=\left[1+1.2+\frac{1.2^2}{2!}\times\frac{1}{1-0.6}\right]^{-1}=\frac{1}{4}$$

$$P_1=\rho P_0=\frac{12}{10}\times\frac{1}{4}=\frac{3}{10}$$

则 $$P\{n\geqslant 2\}=1-P_0-P_1=1-\frac{1}{4}-\frac{3}{10}=0.45$$

(3) $$P_2=\frac{1}{2}\times\left(\frac{12}{10}\right)^2\times\frac{1}{4}=0.18$$

$$L_q=\frac{\rho_c}{(1-\rho_c)^2}P_2=\frac{0.6}{(1-0.6)^2}\times 0.18=\frac{60}{4\times 4}\times 0.18=\frac{27}{40}$$

$$L_s=L_q+\rho=\frac{27}{40}+\frac{12}{10}=\frac{15}{8}$$

$$W_s=\frac{L_s}{\lambda}=\frac{\frac{15}{8}}{12}=\frac{15}{96}$$

$$W_q=\frac{L_q}{\lambda}=\frac{\frac{27}{40}}{12}=\frac{27}{480}$$

11.14 有 $M/M/1/5/\infty$ 模型，平均服务率 $\mu=10$，就两种到达率：$\lambda=6$(分钟)，$\lambda=15$(分钟)已计算出相应的概率 P_n，如表 11-6 所示。

表 11-6

系统中顾客数 n	$(\lambda=6)P_n$	$(\lambda=15)P_n$
0	0.42	0.05
1	0.25	0.07
2	0.15	0.11
3	0.09	0.16
4	0.05	0.24
5	0.04	0.37

试就这两种情况计算：

(1) 有效到达率和服务台的服务强度；

(2) 系统中平均顾客数；

(3) 系统的满足率；

(4) 服务台应从哪些方面改进工作？理由是什么？

解 第一种因为排队模型为 $M/M/1/5/\infty$，则当 $\mu=10,\lambda=6$ 时，有

$$P_N=P_5=0.04,\quad \rho=\frac{\lambda}{\mu}=\frac{6}{10}=0.6$$

(1) 有效到达率为：

$$\lambda_e=\lambda(1-P_5)=6\times(1-0.04)=5.76$$

服务台的服务强度为：

$$\bar{\rho}=\frac{\lambda_e}{\mu}=\frac{\lambda(1-P_5)}{\mu}=\frac{6\times(1-0.04)}{10}=0.576$$

(2) 系统中平均等待顾客数为：

$$L_q=P_0\frac{\rho^{c-1}}{(c-1)!(c-\rho)^2}[1-\rho^{N-c}-(N-c)(1-\rho_c)\rho_c^{N-c}]$$

$$=0.42\times\frac{0.6^0}{0!(1-0.6)}[1-0.6^4-(5-1)(1-0.6)\times0.6^{5-1}]=0.696\,2$$

则系统中平均顾客数为

$$L_s=L_q+\frac{\lambda_e}{\mu}=0.696\,2+\frac{5.76}{10}=1.272\,2$$

(3) 系统的满足率为：$P_5=0.04$

(4) 由于 $P_0=0.42$，即系统中没有顾客的概率比重大，服务台增加服务强度。

第二种

当 $\mu=10,\lambda=15$ 时　　$\rho=\frac{\lambda}{\mu}=\frac{15}{10}=1.5$

(1) 有效到达率为

$$\lambda_e=\lambda(1-P_N)=15\times(1-P_5)=15\times(1-0.37)=9.45$$

服务台的强度为

$$\bar{\rho}=\frac{\lambda_e}{\mu}=\frac{\lambda(1-P_5)}{\mu}=\frac{15\times(1-0.37)}{10}=0.945$$

(2) 系统平均排队等待服务的顾客数为

$$L_q=P_0\frac{\rho^{c+1}}{(c-1)!(c-\rho)^2}[1-\rho^{N-c}-(N-c)(1-\rho)\rho^{N-c}]$$

$$=0.03\times\frac{1.5^2}{(1-1.5)^2}\times[1-1.5^{5-1}-(5-1)\times(1-1.5)\times1.5^{5-1}]\approx1.64$$

则

$$L_s=L_q+\frac{\lambda_e}{\mu}=1.64+\frac{9.45}{10}=2.585$$

(3) 系统的满足率为：$P_5=0.37$

(4) 由$\frac{\lambda}{\mu}=\frac{15}{10}>1.5>1$，即 $\lambda>\mu$。

如果室内空间有限，排队的顾客却越来越多，从而使有些顾客等不到服务而自动离开，因而，服务台应提高服务率。

11.15 对于 $M/M/1/m/m$ 模型，试证

$$L_s=m-\frac{\mu(1-P_n)}{\lambda}$$

并给予直观解释。

证 由于系统的有效服务率为：

$$\mu_e=\mu(1-P_0)$$

L_s 表示系统中平均出故障的机器数，则系统外的机器平均数为$(m-L_s)$，则系统的有效到达率，即 m 台机器单位时间内实际发生故障的平均数为：

$$\lambda_e=\lambda(m-L_s)$$

当系统达到平衡时

$$\lambda_e=\mu_e$$

则

$$\mu(1-P_0)=\lambda(m-L_s)$$

故

$$L_s=m-\frac{\mu(1-P_0)}{\lambda}$$

11.16 对于 $M/M/c/\infty/\infty$ 模型，μ 是每个服务台的平均服务率，试证：

(1) $L_s - L_q = \lambda/\mu$

(2) $\lambda = \mu\left[c - \sum_{n=0}^{c}(c-n)P_n\right]$

并给予直观解释。

注意在单服务台情况，(1)式是很容易解释的。但是 c 个服务台时，其结果仍相同，且与 c 无关，这是引人注意的。

解 (1) 因

$$L_s = L_q + \bar{c}$$

$\bar{c}$ 为系统服务台的平均忙的个数，即为服务台的强度 ρ，故

$$L_s - L_q = \rho$$

(2)

$$\rho = \sum_{n=0}^{c-1} nP_n + c\sum_{n=c}^{\infty} P_n = \sum_{n=0}^{c-1} nP_n + c\left[1 - \sum_{n=0}^{c-1} P_n\right]$$

$$= c - \sum_{n=0}^{c-1}(c-n)P_n = c - \sum_{n=0}^{c}(c-n)P_n$$

而

$$\rho = \frac{\lambda}{\mu}$$

则

$$\lambda = \mu\rho = \mu\left[c - \sum_{n=0}^{c-1}(c-n)P_n\right]$$

$$= \mu\left[c - \sum_{n=0}^{c}(c-n)P_n\right]$$

其中 $c - \sum_{n=0}^{c-1}(c-n)P_n$ 为系统服务台的平均空闲个数。则 $c - \sum_{n=0}^{c}(c-n)P_n$ 为系统服务台平均忙的个数，即服务台的强度 ρ。

11.17 机场有两条跑道，一条专供起飞用，一条专供降落用。已知要求起飞和降落的飞机都分别按平均每小时 25 架次的泊松流到达，每架飞机起飞或降落占用跑道的时间都服从平均 2 分钟的负指数分布。又设起飞和降落是彼此无关的。

(1) 试求一架飞机起飞或降落为等待使用跑道所需的平均时间；

(2) 若机场拟调整使用跑道办法，每条跑道都可做起飞或降落用。但为了安全，每架飞机占用跑道时间延长为平均 2.16 分钟的负指数分布，这时要求起飞和要求降落的飞机将混合成一个参数为 50 架次/小时的泊松到达流。试计算这种情形下的平均等待时间。

(3) 以上两种办法哪个更好些呢？

解

(1)这是两个独立的标准的 $M/M/1$ 模型

$$\lambda = 25(\text{架} / \text{小时})$$

$$\mu = \frac{60}{2} = 30(\text{架} / \text{小时})$$

一架飞机起飞或者降落为等待跑道所需的平均时间为

$$w_q = \frac{\rho}{\mu - \lambda} = \frac{\lambda/\mu}{\mu - \lambda} = \frac{25/30}{30 - 25} = \frac{1}{6} = 0.167(\text{小时})$$

(2)这是一个标准的 $M/M/2$ 模型

$$\lambda=50(\text{架}/\text{小时})$$

$$\mu=\frac{60}{2.16}=\frac{250}{9}(\text{架}/\text{小时})$$

$$\rho=\frac{\lambda}{2\mu}=\frac{50}{2\times\frac{250}{9}}=0.9$$

$$\frac{\lambda}{\mu}=\frac{50}{\frac{250}{9}}=1.8$$

$$p_0=\left[\sum_{k=0}^{c-1}\frac{1}{k!}\left(\frac{\lambda}{\mu}\right)^k+\frac{1}{c!}\frac{1}{1-\rho}\left(\frac{\lambda}{\mu}\right)^c\right]^{-1}$$

$$=\left[(1.8)^0+(1.8)^1+\frac{1}{2!}\frac{1}{1-0.9}(1.8)^2\right]^{-1}$$

$$=\frac{1}{19}$$

则平均等待时间为

$$w_q=\frac{(c\rho)^c\rho}{c!\ (1-\rho)^2}p_0\times\frac{1}{\lambda}=\frac{(2\times0.9)^2\times0.9}{2!\ (1-0.9)^2}\times\frac{1}{19}\times\frac{1}{50}=0.077(\text{小时})$$

(3)由于第二种办法的等待时间比第一种办法的平均等待时间要少，所以第二种办法更好一些。

11.18 车间内有 m 台机器，有 c 个修理工($m>c$)。每台机器发生故障率为 λ，符合 $M/M/c/m/m$ 模型，试证：$\dfrac{W_s}{\frac{1}{\lambda}+W_s}=\dfrac{L_s}{m}$。

并说明上式左右两端的概率意义。

解 排队模型为 $M/M/c/m/m$ 模型。

由 11.14 题可知

$$\lambda_e=\lambda(m-L_s)$$

故

$$W_s=\frac{L_s}{\lambda_e}=\frac{L_s}{\lambda(m-L_s)}$$

则

$$\frac{W_s}{\frac{1}{\lambda}+W_s}=\frac{\frac{L_s}{\lambda(m-L_3)}}{\frac{1}{\lambda}+\frac{L_s}{\lambda(m-L_s)}}=\frac{\frac{L_s}{\lambda(m-L_s)}}{\frac{m}{\lambda(m-L_s)}}=\frac{L_s}{m}$$

一个周期为发生故障的机器在系统中逗留时间 W_s 加上机器连续正常工作时间 $\frac{1}{\lambda}$，则 $\dfrac{W_s}{\frac{1}{\lambda}+W_s}$ 为服务台忙的概率。而服务台忙的概率也为 $\dfrac{L_s}{m}$。

故
$$\frac{W_s}{\frac{1}{\lambda}+W_s}=\frac{L_s}{m}$$

11.19 有一售票处，已知顾客按平均 2 分 30 秒的时间间隔的负指数分布到达。若人工售票，顾客在窗口前的服务时间平均为 2 分钟，若使用自动售票机服务，顾客在窗口前的服务时间将减少 20%。服务时间分布的概率密度为

$$f(z)=\begin{cases}1.25e^{-1.25z+1} & z\geqslant 0.8\\ 0 & z<0.8\end{cases}$$

求使用在自动售票机服务的情况下，顾客的逗留时间和等待时间。

解 由题设

$$\lambda=\frac{1}{2.5}=\frac{2}{5}$$

$$\mu=\frac{1}{2\times(1-20\%)}=\frac{5}{8}$$

$$\rho=\frac{\lambda}{\mu}=\frac{2/5}{5/8}=\frac{16}{25}$$

由
$$f(z)=\begin{cases}1.25e^{-1.25z+1}, & z\geqslant 0.8\\ 0, & z<0.8\end{cases}$$

则
$$f(z)=\begin{cases}1.25e^{-1.25(z-0.8)}, & z\geqslant 0.8\\ 0, & z<0.8\end{cases}$$

令 $x=z-0.8$，则
$$f(x)=\begin{cases}1.25e^{-1.25x}, & x\geqslant 0\\ 0, & z<0\end{cases}$$

则
$$E(x)=\frac{1}{1.25}=0.8$$

$$\text{Var}(x)=\frac{1}{1.25^2}=0.64$$

$$E(z)=E(x+0.8)=E(x)+0.8=0.8+0.8=1.6$$

$$\text{Var}(z)=\text{Var}[x+0.8]=\text{Var}[x]=0.64$$

由公式，得
$$L_s=\rho+\frac{\rho^2+\lambda^2\text{Var}[z]}{2(1-\rho)}=0.64+\frac{0.64^2+0.4^2\times 0.64}{2(1-0.64)}\approx 1.67$$

$$L_q=L_s-\rho=1.67-0.64=1.03$$

$$W_s=\frac{L_s}{\lambda}=\frac{1.67}{0.4}\approx 4.2(\text{分})$$

$$W_q=\frac{L_q}{\lambda}=\frac{1.03}{0.4}\approx 2.6(\text{分})$$

故顾客的逗留时间为 4.2 分钟，等待时间为 2.6 分钟。

11.20 在 11.2 题，如服务时间服从正态分布，数学期望值仍是 6 分钟，方差 $\sigma^2=\frac{1}{8}$，求店内顾客数的期望值。

解 $\lambda=4$， $E[T]=\frac{1}{10}(h)$， $\mu=\frac{1}{E[T]}=10$

$$\rho=\frac{\lambda}{\mu}=\frac{4}{10}=\frac{2}{5},\sigma^2=\frac{1}{8}, \quad 即 \quad \mathrm{Var}[T]=8$$

则店内顾客数的期望值为

$$L_s=\rho+\frac{\rho^2+\lambda^2\mathrm{Var}[T]}{2(1-\rho)}=\frac{2}{5}+\frac{\frac{2}{5}+16\times\frac{1}{8}}{2\times\left(1-\frac{2}{5}\right)}=\frac{11}{5}$$

即店内顾客数的平均值为$\frac{11}{5}$。

11.21 一个办事员核对登记的申请书时，必须依次检查 8 张表格，核对每份申请书需 1 分钟。顾客到达率为每小时 6 人，服务时间和到达间隔均为负指数分布，求：

(1) 办事员空闲的概率；

(2) L_s，L_q，W_s 和 W_q。

解 由题设知，此排队系统为 $M/E_k/I$ 排队系统。

$$k=8, \quad \mu=60, \quad \lambda=6, \quad E[T]=\frac{1}{\mu}=\frac{1}{60}, \quad \mathrm{Var}[T]=\frac{1}{k\mu^2}=\frac{1}{8\times 60^2}$$

$$\rho=\frac{\lambda}{\mu}=\frac{6}{60}=\frac{1}{10}$$

(1) 办事员空闲的概率为

$$P_0=1-\rho=1-\frac{1}{10}=\frac{9}{10}$$

(2)

$$L_s=\rho+\frac{\rho^2+\lambda^2\mathrm{Var}[T]}{2(1-\rho)}$$

$$=\rho+\frac{(k+1)\rho^2}{2k(1-\rho)}=\frac{1}{10}+\frac{(8+1)\times\left(\frac{1}{10}\right)^2}{2\left(1-\frac{1}{10}\right)\times 8}=\frac{17}{160}$$

$$L_q=\frac{(k+1)\rho^2}{2k(1-\rho)}=\frac{(8+1)\times\left(\frac{1}{10}\right)^2}{2\times 8\times\left(1-\frac{1}{10}\right)}=\frac{1}{160}$$

$$W_s=\frac{L_s}{\lambda}=\frac{\frac{17}{160}}{6}=\frac{17}{960}(小时)$$

$$W_q=\frac{L_q}{\lambda}=\frac{\frac{1}{160}}{6}=\frac{1}{960}(小时)$$

11.22 对于单服务台情形，试证：

(1) 定长服务时间 $L_q^{(1)}$ 是负指数服务时间 $L_q^{(2)}$ 的一半；

(2) 定长服务时间 $W_q^{(1)}$ 是负指数服务时间 $W_q^{(2)}$ 的一半。

解 由 $M/E_k/1$ 排队系统可知

$$L_q=\frac{\rho^2}{1-\rho}-\frac{(k-1)\rho^2}{2k(1-\rho)}$$

$$W_q=\frac{\rho}{\mu(1-\rho)}-\frac{(k-1)\rho}{2k\mu(1-\rho)}$$

当 $k=1$ 时,则 $M/E_k/1$ 模型变为 $M/M/1$ 模型。即

$$L_q^{(2)}=\frac{\rho^2}{1-\rho}-\frac{(1-1)\rho^2}{2(1-\rho)}=\frac{\rho^2}{1-\rho}$$

$$W_q^{(2)}=\frac{\rho}{\mu(1-\rho)}-\frac{(1-1)\rho}{2\mu(1-\rho)}=\frac{\rho}{\mu(1-\rho)}$$

当 $k\to\infty$ 时,则 E_k 分布成为定长服务时间分布。即 $M/D/1$ 排队模型,则

$$\begin{aligned}L_q^{(1)}&=\lim_{k\to\infty}\left[\frac{\rho^2}{1-\rho}-\frac{(k-1)\rho^2}{2k(1-\rho)}\right]=\frac{\rho^2}{1-\rho}-\lim_{k\to\infty}\frac{(k-1)\rho^2}{2k(1-\rho)}\\&=\frac{\rho^2}{1-\rho}-\frac{\rho^2}{2(1-\rho)}=\frac{1}{2}\frac{\rho^2}{1-\rho}\end{aligned}$$

$$\begin{aligned}W_q^{(1)}&=\lim_{k\to\infty}\left[\frac{\rho}{\mu(1-\rho)}-\frac{(k-1)\rho}{2k\mu(1-\rho)}\right]=\frac{\rho}{\mu(1-\rho)}-\lim_{k\to\infty}\frac{(k-1)\rho}{2k\mu(1-\rho)}\\&=\frac{\rho}{\mu(1-\rho)}-\frac{1}{2}\frac{\rho}{\mu(1-\rho)}=\frac{1}{2}\frac{\rho}{\mu(1-\rho)}\end{aligned}$$

则

$$L_q^{(1)}=\frac{1}{2}L_q^{(2)}$$

$$W_q^{(1)}=\frac{1}{2}W_q^{(2)}$$

【典型例题精解】

1. 某银行有三个出纳员,顾客以平均速度为 4 人/分钟的泊松流到达,所有的顾客排成一队,出纳员与顾客的交易时间服从平均数为 1/2 分钟的负指数分布,试求:

(1) 银行内空闲时间的概率;

(2) 银行内顾客数为 n 时的概率;

(3) 平均队列长 L_q;

(4) 银行内的顾客平均数 L_s;

(5) 在银行内的平均逗留时间;

(6) 等待服务的平均时间。

解 这是 $M/M/3$ 模型,顾客源,客量均无限,单队 3 个服务台并联的情形。此时,$\lambda=4$,$\mu=2,C=3,\rho=\frac{\lambda}{c\mu}=\frac{4}{3\times2}=\frac{2}{3}$。

(1) 银行内空闲时间的概率即没有顾客时的概率。

$$P_0=\left[\sum_{n=0}^{c-1}\frac{1}{n_!}\left(\frac{\lambda}{\mu}\right)^n+\frac{\left(\frac{\lambda}{\mu}\right)^c}{c!}\frac{c\mu}{c\mu-\lambda}\right]^{-1}$$

$$=\left[1+2+\frac{1}{2!}2^2+\frac{2^3}{3!}\ \frac{3\times 2}{3\times 2-4}\right]^{-1}=\frac{1}{9}$$

（2）当 $n\leqslant 3$ 时，

$$P_n=\frac{1}{n!}\left(\frac{\lambda}{\mu}\right)^n P_0=\frac{1}{n!}\ \frac{2^n}{9}$$

当 $n>3$ 时，

$$P_n=\frac{1}{C!\ C^{n-c}}\left(\frac{\lambda}{\mu}\right)^n P$$

$$=\frac{1}{3!\ 3^{n-3}}\times 2^n\times\frac{1}{9}=\frac{1}{2}\times\left(\frac{2}{3}\right)^n$$

（3）平均队列长

$$L_q=\frac{(c\rho)^c}{C!(1-\rho)^2}\cdot\rho P_0=\frac{\left(3\times\frac{2}{3}\right)^3}{3!\left(\frac{1}{3}\right)^2}\times\frac{2}{3}\times\frac{1}{9}=\frac{8}{9}$$

（4）银行内顾客的平均数

$$L_s=L_q+c\rho=\frac{8}{9}+2=2\ \frac{8}{9}$$

（5）银行内顾客的平均逗留时间

$$W_s=\frac{L_s}{\lambda}=\frac{2\ \frac{8}{9}}{4}=\frac{26}{9}\times\frac{1}{4}=\frac{13}{18}$$

（6）顾客平均等待服务的平均时间

$$W_q=\frac{L_q}{\lambda}=\frac{8}{9}\times\frac{1}{4}=\frac{2}{9}$$

2. 假定在 $M/M/c$，队长无限的排列系统中，$\lambda=10$，$\mu=3$，成本是 $c_1=5$，$c_2=25$，求使得总期望成本最小所必须使用的服务员个数（其中 c_1 为单位时间每增加一个服务员的成本，c_2 为单位时间每个顾客的等待成本）。

解 设给定 c 个服务员的总成本为 $T_c(c)$，系统中顾客的平均数 $L_s(c)$。当用 c 个服务员使成本最小时，则必须满足

$$T_c(c-1)\geqslant T_c(c),\quad T_c(c+1)\geqslant T_c(c)$$

又 $T_c(c)=c_1c+c_2L_s(c)$，并由上式有

$$c_1(c-1)+c_2L_s(c-1)\geqslant c_1c+c_2L_s(c)$$

即
$$\frac{c_1}{c_2}\leqslant L_s(c-1)-L_s(c)$$

又
$$c_1(c+1)+c_2L_s(c+1)\geqslant c_1c+c_2L_s(c)$$

即
$$\frac{c_1}{c_2}\geqslant L_s(c)-L_s(c+1)$$

从而
$$L_s(c)-L_s(c+1)\leqslant\frac{c_1}{c_2}\leqslant L_s(c-1)-L_s(c)$$

可得表 11-7

表 11-7

c	$L_s(c)$	$L_s(c-1)-L_s(c)$
4	6.62	—
5	3.98	2.64
6	3.52	0.46
7	3.89	0.13

而$\frac{c_1}{c_2}=\frac{5}{25}=\frac{1}{5}=0.2$。故

$$L_s(6)-L_s(6+1)=0.13<\frac{c_1}{c_2}=0.2<0.46=L_s(6-1)-L_s(6)$$

故 $c=6$ 时，雇用 6 个服务员最好。

3. 一个有 2 名服务员的排队系统，该系统最多容纳 4 名顾客。当系统处于稳定状态时，系统中恰好有 n 名顾客的概率为：

$P_0=\frac{1}{16}, P_1=\frac{4}{16}, P_2=\frac{6}{16}, P_3=\frac{4}{16}, P_4=\frac{1}{16}$。试求：

(1) 系统中的平均顾客数 L_s；

(2) 系统中平均排队的顾客数 L_q；

(3) 某一时刻正在被服务的顾客的平均数；

(4) 若顾客的平均到达率为 2 人/小时，求顾客在系统中的平均逗留时间 W_s；

(5) 若 2 名服务员具有相同的服务效率，利用前面的结果，求服务员为 1 名时，顾客服务的平均时间($1/M$)。

解 (1) $L_s=\sum_{n=0}^{4} nP_n=2$(人)

(2) $L_q=\sum_{n=3}^{4}(n-2)P_n=0.375$(人)

(3) $P_1+2(P_2+P_3+P_4)=1.625$(人)

(4) $W_s=\frac{L_s}{\lambda}$应为实际进入系统人数，$\lambda=2(1-P_4)=\frac{30}{16}$分钟的负指数分布，故

$$W_s=2\times\frac{16}{30}=\frac{16}{15}(\text{小时})=64(\text{分钟})$$

(5) 由$\frac{1}{\mu}=\frac{1}{\lambda}(L_s-L_q)$，得$\frac{1}{\mu}=\frac{26}{30}$(小时)$=52$(分钟)

4. 某加油站有一台油泵，来加油的汽车按普阿松分布到达，平均每小时 20 辆，但当加油站中已有 n 辆汽车时，新来汽车中将有一部分不愿等待而离去，离去概率为$\frac{n}{4}$($n=0,1,2,3,4$)。油泵给一辆汽车加油所需要的时间为具有均值为 3 分钟的负指数分布。

(1) 画出此排队系统的速率图；

(2) 导出其平衡方程式；

(3) 求出加油站中汽车数的稳态概率分布；

(4) 求那时在加油站的汽车的平均逗留时间。

解 （1）见图 11-11(a)、(b)和表 11-8。

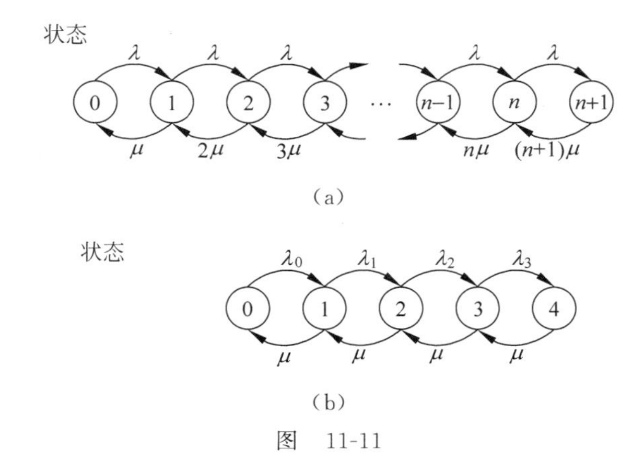

图 11-11

表 11-8

状态	进速率=出速率
0	$\mu P_1=\lambda_0 P_0$
1	$\lambda_0 P_0+\mu P_2=(\lambda_1+\mu)P_1$
2	$\lambda_1 P_1+\mu P_3=(\lambda_2+\mu)P_2$
3	$\lambda_2 P_2+\mu P_4=(\lambda_3+\mu)P_3$
4	$\lambda_3 P_3=\mu P_4$

（2）因为 $\sum_{i=0}^{4} P_i=1$，所以 $P_0=\left(\frac{\lambda_0}{\mu}+\frac{\lambda_0\lambda_1}{\mu^2}+\frac{\lambda_0\lambda_1\lambda_2}{\mu^3}+\frac{\lambda_0\lambda_1\lambda_2\lambda_3}{\mu^4}+1\right)^{-1}$

$\mu=20,\lambda_0=20,\lambda_1=15,\lambda_2=10,\lambda_3=5$

（3）$P_0=\left[1+\frac{20}{20}+\frac{20\times15}{20^2}+\frac{20\times15\times10}{20^3}+\frac{20\times15\times10\times5}{20^4}\right]^{-1}=0.311$

$$P_1=0.311,P_2=\frac{15}{20}\times0.311=0.233,P_3=\frac{10}{20}\times0.23=0.117,P_4=0.028$$

（4）$W_s=\frac{L_s}{\lambda}\approx0.088$（小时）

5. 一家公司可用它的 4 辆车中的任一辆运送货物到它的各分公司去，平均各辆车的汽油消耗如表 11-9，去各分公司的来回程距离如表 11-10。

表 11-9

车辆	耗油量(英里/加仑)
A	15
B	18
C	24
D	20

表 11-10

分公司	距离(英里)
Ⅰ	60
Ⅱ	80
Ⅲ	105
Ⅳ	120
Ⅴ	164
Ⅵ	188

假定车辆和目的地的选择是随机的，模拟送 10 次货，并从而估计每次往返的平均耗油量。

解 每辆车的利用具有等可能性。为模拟车辆的选择可以掷两枚面值一样但年代不同的硬币，并确定掷硬币结果与车辆选择之间的对应关系如表 11-11。（H 代表正面，T 代表反面）

表 11-11

硬币 1	硬币 2	选择车辆
H	H	A
H	T	B
T	H	C
T	T	D

为了选择送货目的地，可通过观察手表秒针的位置，并确定如表 11-12 中的关系。

表 11-12

时间(s)	分公司
0～9	Ⅰ
10～19	Ⅱ
20～29	Ⅲ
30～39	Ⅳ
40～49	Ⅴ
50～59	Ⅵ

第一次掷硬币得反面—反面，因而选车辆 D，时间为 34s，故送货目的地为分公司Ⅳ。第二次掷的结果为反面—正面，时间为 26 秒，故选车辆 C，送往第Ⅲ个分公司。用类似的方法得到其余 8 组数字记录于表 11-13 的第(4)和(5)列。注意掷硬币时不要用固定的时间间隔，因为这样会使得到达目的地的选取是非随机的。

表 11-13

(1) 序号	(2) 车辆	(3) 送货地	(4) 英里/加仑	(5) 英里	(6) 加仑
1	D	Ⅳ	20	120	6.00
2	C	Ⅳ	24	105	4.38
3	C	Ⅴ	24	164	6.83
4	B	Ⅲ	18	105	5.83
5	A	Ⅰ	15	60	4.00
6	D	Ⅵ	20	188	9.40
7	C	Ⅳ	24	120	5.00
8	B	Ⅱ	18	80	4.44
9	C	Ⅳ	24	120	5.00
10	D	Ⅲ	20	105	5.25
合计					56.13

每次送货往返行程的耗油量见表第(6)列，它由第(5)列数字除以第(4)列数字而得。

每次送货平均耗油量为 56.13/10=5.613(加仑)。

6. 一家公司的产品生产和发货情况如表 11-14。

表 11-14

生产数量	所占天数	可用车辆数	所占天数
400	2	3	6
450	8	4	17
500	12	5	9
550	19	6	8
600	6	7	6
650	3	8	4
	50		50

每辆车每天送货一次，满载时可发送 102 件。每天应有尽可能多的车辆装满，超过车辆总装载能力的多余产品数储存过夜并加到次日的产量上去运送。试模拟该公司 10 天的生产发货情况并求出平均数和对管理有用的其他数值。

解 为便于模拟将生产数量占的天数加倍并建立与随机数的对应关系如表 11-15。

表 11-15

生产数量				可用的车辆			
件数	%	累计%	随机数	数量	%	累计%	随机数
400	4	4	00～03	3	12	12	00～11
450	16	20	04～19	4	34	46	12～45
500	24	44	20～43	5	18	64	46～63
550	38	82	44～81	6	16	80	64～79
600	12	94	82～93	7	12	92	80～91
650	6	100	94～99	8	8	100	92～99
	100				100		

按前面的方法，选择的随机数如表 11-16。

表 11-16

日期	产量	车辆
1	56	38
2	24	69
3	36	97
4	18	95
5	90	59
6	75	36
7	28	44
8	13	11
9	04	08
10	42	06

由于第一天 56 位于生产数量的随机数 44～81 的范围内，对应产量是 550 件。38 位于车辆随机数 12～45 范围内，表明有 4 辆车可用。4×102=408 件，即有 550−408=142 件储存过夜加到第二天产量中。用于模拟 10 天生产和发货情况的上述和其他数字列于表 11-17，从表 11-17 中可得出平均数和其他有用数字。

表 11-17

(1) 日期	(2) 模拟产量(件)	(3) 前一天未运送量(件)	(4) 运送总数(件)	(5) 可用车辆的模拟数	(6) 已用满载车辆数	(7) (6)中车辆容量(件)	(8) 部分装载车辆(件)	(9) 未利用的车辆数	(10) 储存过夜(件)
1	550	—	550	4	4	408	—	—	142
2	550	142	692	6	6	612	—	—	80
3	500	80	580	8	5	510	70	2	—
4	450	—	450	8	4	408	42	3	—
5	600	—	600	5	5	510	—	—	90
6	550	90	640	4	4	408	—	—	232
7	500	232	732	4	4	408	—	—	324
8	450	324	774	3	3	306	—	—	612
9	450	468	918	3	3	306	—	—	612
10	500	612	1 112	3	3	306	—	—	806
	5 100			48	41				2 754

第(2)列总数=5 100 件，故每天平均产 5 100/10=510(件)。

第(5)列总数=48 辆车，所以平均可用的车辆数=48/10=4.8(辆)。

总的满载数(见第(6)列)=41，其余有 5 辆未利用，2 辆未充分利用(见第 3 天和第 4 天数据)，少装的货物为(2×102)−(70+42)=92 件。第(10)列为储存过夜的总数=2 754，即平均 275.4 件/天，或按实际只有 8 天储存过夜计算每天为 2 754/8=344.25(件)。

在模拟的数字中因为 5 100/48=106.25 件，可以预期在模拟的整个后半期内都碰到产品送不出去越积越多的现象。如将车辆装载容量增加到 105 件，就有可能避免产品积压，不过，为了更好理解这个问题，模拟应继续进行下去。

【考研真题解答】

1. (15 分)某机关接待室，接待人员每天工作 10 小时。来访人员的到来服从泊松分布，每天平均有 90 人到来，接待时间服从指数分布，平均速度为 10 人/时(平均每人 6 分钟)。试求排队等待接待的平均人数；等待接待的多于 2 人的概率，如果使等待接待的人平均为两人，接待速度应提高多少？

解 $\lambda=9,\mu=10,\rho=\dfrac{\lambda}{\mu}=\dfrac{9}{10}=0.9,P_0=1-\rho=1-0.9=0.1$

① $L_q=\dfrac{\rho\lambda}{\mu-\lambda}=\dfrac{0.9\times9}{10-9}=8.1$

② $P(n>2)=1-(P_0+P_1+P_2)=1-(1-\rho)-(1-\rho)\rho-(1-\rho)\rho^2$

$$=1-0.1-0.1\times0.9-0.1\times0.9^2=0.729$$

③ $2=L_q=\dfrac{\lambda}{\mu-\lambda}-\dfrac{\lambda}{\mu}=\dfrac{9}{\mu-9}-\dfrac{9}{\mu}$

解得 $\mu=12.3$

接待速度应提高 $\mu-10=12.3-10=2.3$

2.（15分）为开办一个小型理发店，目前只招聘了一个服务员。假设需要理发的顾客到来的规律服从泊松流，平均每4分钟来一个，而理发的时间服从指数分布，平均3分钟一个人，如果要求理发的顾客因没有等待的位子而转向其他理发店的人数占理发人数的7%时，应该安放几个供顾客等待的位子？

解 $\lambda=\dfrac{1}{4}$（人/分），$\mu=\dfrac{1}{3}$（人/分），$\rho=\dfrac{\lambda}{\mu}=\dfrac{3}{4}$

$$L_s=\frac{\rho}{1-\rho}-\frac{(N+1)\rho^{N+1}}{1-\rho^{N+1}}=3-\frac{(N+1)\left(\frac{3}{4}\right)^{N+1}}{1-\left(\frac{3}{4}\right)^{N+1}}$$

$$L_q=L_s-(1-P_0)=L_s-\left(1-\frac{1-\rho}{1-\rho^{N+1}}\right)$$

$$=L_s-1+\frac{\frac{1}{4}}{1-\left(\frac{3}{4}\right)^{N+1}}$$

令$\dfrac{L_q}{L_s}=7\%$，解得 $N=1.67$。

3.（20分）某工件按泊松流到达服务台，平均间隔时间为10分钟，假设对每一工件的服务（加工）所需时间服从负指数分布，平均服务时间8分钟。求：

（1）工件在系统内等待服务的平均数和工件在系统内平均逗留时间；

（2）若要求有90%的把握使工件在系统内的逗留时间不超过30分钟，则工件的平均服务时间最多是多少？

（3）若每一工件的服务分两段，每段所需时间都服从负指数分布，平均都为4分钟，在这种情况下，工件在系统内的平均数是多少？

解 $\dfrac{1}{\lambda}=10,\lambda=\dfrac{1}{10},\dfrac{1}{\mu}=8,\mu=\dfrac{1}{8},\rho=\dfrac{\lambda}{\mu}=\dfrac{8}{10}=0.8$

（1）$L_q=\dfrac{\lambda}{\mu-\lambda}=\dfrac{\frac{1}{10}}{\frac{1}{8}-\frac{1}{10}}=4$（人）

$$W_s=\frac{1}{\mu-\lambda}=\frac{1}{\frac{1}{8}-\frac{1}{10}}=40\text{（分钟）}$$

（2）$90\%\times W_s\leqslant30$，　$\dfrac{9}{10}\times\dfrac{1}{\mu-\lambda}\leqslant30$，　$\dfrac{9}{10}\times\dfrac{1}{\mu-\frac{1}{10}}\leqslant30$

得$\frac{1}{\mu}\leqslant 7.7$,故工件的平均服务时间最多是7.7分钟。

(3) 模型已变为$M/M/2/\infty/\infty$,其中$c=2$。

$\mu_1=\mu_2=\frac{1}{4}=\mu,\rho=\frac{\lambda}{2\mu}=0.2$,则:

$$L_s=\frac{\lambda}{\mu}+L_q=\frac{\lambda}{\mu}+\frac{(c\rho)^c\rho}{c!(1-\rho)^2}P_0=\frac{8}{10}+\frac{\left(2\times\frac{1}{5}\right)^2\times\frac{1}{5}}{2!\left(1-\frac{1}{5}\right)^2}P_0=\frac{2}{5}+\frac{1}{40}P_0$$

$$P_0=\left[\sum_{k=0}^{c-1}\frac{1}{k!}\left(\frac{\lambda}{\mu}\right)^k+\frac{1}{c!}\frac{1}{1-\rho}\left(\frac{\lambda}{\mu}\right)^c\right]^{-1}=\left(\frac{0.4^0}{0!}+\frac{0.4}{1!}+\frac{0.4^2}{2!}-\frac{1}{1-0.2}\right)^{-1}=\frac{2}{3}$$

所以
$$L_s=\frac{2}{5}+\frac{1}{40}\times\frac{2}{3}\approx 0.42$$

4. (20分)经观察,某海关入关检查的顾客平均每小时到达10人,顾客到达服从普阿松分布,关口检查服务时间服从指数分布,平均时间是5分钟,试求:

(1) 顾客来海边不用等待的概率;

(2) 海关内顾客的平均数;

(3) 顾客在海关内平均逗留时间;

(4) 当顾客逗留时间超过1.2h时,则应考虑增加海关窗口及人数,问平均达到率提高多少时,管理者才作这样的打算?

解 $\lambda=10,\mu=12,\rho=\frac{\lambda}{\mu}=0.833$

(1) $P_0=1-\rho=0.167$

(2) $L_s=\frac{\lambda}{\mu-\lambda}=5$(人)

(3) $W_s=\frac{1}{\lambda}L_s=0.5$(小时)

(4) $W_s>1.2,\frac{1}{\mu-\lambda}>1.2$,得$\lambda>11.17$

即$\lambda\geqslant 11.17$人/h时要增开窗口。

5. (5分)排队中最常用的相继到达间隔时间和服务时间的分布是________。

解 负指数分布。

6. (15分)某工厂生产一种产品,其加工的某道工序可有两种方案:采用设备A,平均加工时间为4min,指数分布,设备费用为每小时2元;采用设备B,加工时间恰为5min,设备费用为每小时1.8元,产品以每小时8件的速率到达这一工序。产品在加工过程中每延误1h,对工厂将有3元的损失,问应选择哪一种设备?

解 本题考虑"每件产品加工(占用设备时间)费用(记为F_1)与加工过程延误的损失"(记为F_2)的和为最小。

采用设备A时,

$$F_1=\frac{4}{60}\times 2=\frac{8}{60}(\text{元})\quad F_2=3W_s=\frac{3}{7}(\text{元})$$

$$\mu=15,\quad \lambda=8$$

$$W_s=\frac{1}{\mu-\lambda}=\frac{1}{15-8}=\frac{1}{7}$$

$$F_1+F_2=\frac{8}{50}+\frac{3}{7}=0.562(\text{元})$$

采用设备 B 时，

$$F_1=\frac{5}{60}\times 1.8=\frac{9}{60}(\text{元})$$

$$F_2=3W_s,\quad \lambda=8,\quad \frac{1}{\mu}=\frac{1}{12}(\text{小时}),\quad \rho=\frac{2}{3}$$

$$W_s=\frac{\rho^2}{2\lambda(1-\rho)}+\frac{1}{\mu}=\frac{\frac{4}{9}}{16\left(1-\frac{2}{3}\right)}+\frac{1}{12}=\frac{1}{6}$$

$$F_2=3\times\frac{1}{6}=\frac{1}{2}$$

$$F_1+F_2=\frac{9}{60}+\frac{1}{2}=\frac{39}{60}=0.65(\text{元})$$

因采用设备 B 时费用高于采用设备 A 的总费用，故应采用设备 A。

CHAPTER 12 第12章

存 储 论

【本章学习要求】

1. 掌握几种确定型存储模型。
2. 了解随机单周期库存模型。

【主要概念及算法】

1. 确定性存储模型

(1) 模型Ⅰ：不允许缺货,生产时间很短。

假设：

① 缺货费用为无穷大；

② 当存储降至零时,可以立即得到补充(即生产时间或拖后时间很短,可以近似地看作零)；

③ 需求是连续均匀的,设需求速度 R(单位时间的需求量)为常数,则 t 时间的需求量为 Rt；

④ 每次订货量不变,订购费不变(每次生产量不变,装配费不变)；

⑤ 单位存储费不变。

t 时间内总的平均费用为 $C(t)$

$$C(t)=\frac{C_3}{t}+KR+\frac{1}{2}C_1Rt$$

由极值存在的必要条件

$$\frac{\mathrm{d}C(t)}{\mathrm{d}t}=-\frac{C_3}{t^2}+\frac{1}{2}C_1R=0$$

得

$$t_0=\sqrt{\frac{2C_3}{C_1R}}$$

即每隔 t_0 时间订货一次可使 $C(t)$最小。

订货批量

$$Q_0=Rt_0=\sqrt{\frac{2C_3R}{C_1}}$$

即存储论中著名的经济订购批量公式。

（2）模型Ⅱ：不允许缺货，生产需一定时间。

本模型的假设条件，除生产需要一定时间的条件外，其余皆与模型Ⅰ的相同。

设生产批量为 Q，所需生产时间为 T，则生产速度为 $P=\dfrac{Q}{T}$

已知需求速度为 $R(R<P)$，生产的产品一部分满足需求，剩余部分才作为存储。

$$Q_0=\mathrm{EOQ}=\sqrt{\frac{2C_3RP}{C_1(P-R)}}$$

$$\min C(t)=C(t_0)=\sqrt{2C_1C_3R\frac{P-R}{P}}$$

$$T_0=\frac{Rt_0}{P}=\sqrt{\frac{2C_3R}{C_1P(P-R)}}$$

进入存储的最高数量为：

$$S_0=Q_0-RT_0=\sqrt{\frac{2C_3RP}{C_1(P-R)}}-R\sqrt{\frac{2C_3R}{C_1P(P-R)}}=\sqrt{\frac{2C_3R(P-R)}{C_1P}}$$

（3）模型Ⅲ：允许缺货（缺货需补足），生产时间很短。

本模型是允许缺货，并把缺货损失定量化来加以研究。

设单位存储费为 C_1，每次订购费为 C_3，缺货费 C_2（单位缺货损失），R 为需求速度。求最佳存储策略，使平均总费用最小。

$$Q_0=\sqrt{\frac{2RC_3}{C_1}\frac{(C_1+C_2)}{C_2}}$$

（4）模型Ⅳ：允许缺货（需补足缺货），生产需一定时间。

假设条件除允许缺货生产需要一定时间外，其余条件皆与模型Ⅰ相同。

$$Q_0=Rt_0=\sqrt{\frac{2C_3R}{C_1}}\sqrt{\frac{C_1+C_2}{C_2}}\sqrt{\frac{P}{P-R}}$$

2. 随机性存储模型

可供选择的策略主要有三种：

第一种策略：定期订货，但订货数量需要根据上一个周期末剩下货物的数量决定订货量。剩下的数量少，可以多订货。剩下的数量多，可以少订或不定货。这种策略可称为定期订货法。

第二种策略：定点订货，存储降到某一确定的数量时即订货，不再考虑间隔的时间。这一数量值称为订货点，每次订货的数量不变，这种策略可称为定点订货法。

第三种策略：是把定期订货与定点订货综合起来的方法，隔一定时间检查一次存储，如果存储数量高于一个数量 s，则不订货。小于 s 时则订货补充存储，订货量要使存储量达到 S，这种策略可以简称为 (s,S) 存储策略。

模型Ⅴ：需求是随机离散的。

报童问题：报童每天售报数量是一个随机变量。报童每售出一份报纸赚 k 元。如报纸未能售出，每份赔 h 元。每日售出报纸份数 r 的概率 $P(r)$ 根据以往的经验是已知的，问报童每日最好准备多少份报纸？

当订货量为 Q 时，损失的期望值为：

$$C(Q)=h\sum_{r=0}^{Q}(Q-r)P(r)+k\sum_{r=Q+1}^{\infty}(r-Q)P(r)$$

要从式中决定 Q 的值，使 $C(Q)$ 最小。

报童应准备的报纸最佳数量 Q 应按下列不等式确定：

$$\sum_{r=0}^{Q-1}P(r)<\frac{k}{k+h}\leqslant\sum_{r=0}^{Q}P(r)$$

【课后习题全解】

12.1 设某工厂每年需用某种原料 1 800 吨，不需每日供应，但不得缺货。设每吨每月的保管费为 60 元，每次订购费为 200 元，试求最佳订购量。

解 由题意，该问题属于“不允许缺货，生产时间很短”模型，由 EOQ 计算 Q_0。其中 C_3 为订购费，R 为需求速度，C_1 为存储费。

$$Q_0=\sqrt{\frac{2C_3R}{C_1}}=\sqrt{\frac{2\times200\times\frac{1\,800}{12}}{60}}\approx32(\text{吨})$$

所求最佳订购量为 32 吨。

12.2 某公司采用无安全存量的存储策略。每年使用某种零件 100 000 件，每件每年的保管费用为 30 元，每次订购费为 600 元，试求：

(1) 经济订购批量。

(2) 订购次数。

解 (1) 由 EOQ 计算 Q_0，其中 C_3 为订购费，R 为需求速度，C_1 为存储费，得

$$Q_0=\sqrt{\frac{2C_3R}{C_1}}=\sqrt{\frac{2\times600\times100\,000}{30}}=2\,000(\text{件})$$

故经济订购批量为 2 000 件。

(2) $n_0=\dfrac{R}{Q_0}=\dfrac{100\,000}{2\,000}=50(\text{次})$

故订购次数为每年 50 次。

12.3 设某工厂生产某种零件，每年需要量为 18 000 个，该厂每月可生产 3 000 个，每次生产的装配费为 5 000 元，每个零件的存储费为 1.5 元，求每次生产的最佳批量。

解 $C_3=5\,000$，　$C_1=1.5$，　$P=3\,000$，　$R=18\,000\div12=1\,500$

由 EOQ 计算 Q_0，得

$$Q_0=\sqrt{\frac{2C_3RP}{C_1(P-R)}}=\sqrt{\frac{2\times5\,000\times1\,500\times3\,000}{1.5\times(3\,000-1\,500)}}\approx4\,472(\text{个})$$

所以每次生产的最佳批量为 4 472 个。

12.4 某产品每月用量为 4 件，装配费为 50 元，存储费每月每件为 8 元，求产品每次最佳生产量及最小费用。若生产速度为每月生产 10 件，求每次生产量及最小费用。

解 (1) 由题意，该问题属于“不允许缺货，生产时间很短”模型。

已知 $C_3=50,\quad R=4,\quad C_1=8$

由 EOQ 计算 Q_0，得

$$Q_0=\sqrt{\frac{2C_3R}{C_1}}=\sqrt{\frac{2\times 50\times 4}{8}}\approx 7(\text{件})$$

最小费用为

$$C_0=\sqrt{2C_1C_3R}=\sqrt{2\times 8\times 50\times 4}\approx 56.6(\text{元})$$

（2）已知 $C_3=50,\quad C_1=8,\quad P=10,\quad R=4$

由 EOQ 计算 Q_0，得

$$Q_0=\sqrt{\frac{2C_3RP}{C_1(P-R)}}=\sqrt{\frac{2\times 50\times 4\times 10}{8\times(10-4)}}\approx 9(\text{件})$$

最小费用为

$$C_0=\sqrt{\frac{2C_1C_3R(P-R)}{P}}=\sqrt{\frac{2\times 8\times 50\times 4\times(10-4)}{10}}\approx 43.8(\text{元})$$

所以，若生产时间很短，则最佳生产量为 7 件，最小费用为 56.6 元。若生产速度为 10 件/月，则最佳生产量为 9 件，最小费用为 43.8 元。

12.5 每月需要某种机械零件 2 000 件，每件成本 150 元，每年的存储费用为成本的 16%，每次订购费 100 元，求 EOQ 及最小费用。

解 已知 $C_3=100,\quad R=2\,000\times 12=24\,000,\quad C_1=150\times 16\%=24$

由 EOQ 计算 Q_0，得

$$Q_0=\sqrt{\frac{2C_3R}{C_1}}=\sqrt{\frac{2\times 100\times 24\,000}{24}}\approx 447(\text{件})$$

最小费用为

$$C_0=\sqrt{2C_1C_3R}=\sqrt{2\times 24\times 100\times 24\,000}\approx 10\,733(\text{元})$$

所以，最佳批量为 447 件，最小费用为 10 733 元。

12.6 在 12.5 题中如允许缺货，求库存量 s 及最大缺货量，设缺货费为 $C_2=200$ 元。

解 $C_1=24,\quad C_2=200,\quad C_3=100,\quad R=24\,000$

$$S=\sqrt{\frac{2C_2C_3R}{C_1(C_1+C_2)}}=\sqrt{\frac{2\times 200\times 100\times 24\,000}{24\times(24+200)}}\approx 423(\text{件})$$

最大缺货量为

$$Q-S=\sqrt{\frac{2RC_1C_3}{C_2(C_1+C_2)}}=\sqrt{\frac{2\times 24\,000\times 24\times 100}{200\times(24+200)}}\approx 50(\text{件})$$

所以库存量 S 为 423 件，最大缺货量为 50 件。

12.7 某制造厂每周购进某种机械零件 50 件，订购费为 40 元，每周保管费为 3.6 元。

（1）求 EOQ。

（2）该厂为少占用流动资金，希望存储量达到最低限度，决定宁可使总费用超过最低费用的 4% 作为存储策略，问这时订购批量为多少？

解 （1）已知 $R=50,\quad C_3=40,\quad C_1=3.6$

由 EOQ 计算 Q_0，得

$$Q_0=\sqrt{\frac{2C_3R}{C_1}}=\sqrt{\frac{2\times 40\times 50}{3.6}}\approx 33.3(\text{件})$$

而
$$C(Q)=\frac{C_3R}{Q}+\frac{1}{2}C_1Q$$

由
$$C(33)=\frac{40\times 50}{33}+\frac{1}{2}\times 3.6\times 33\approx 120.006(\text{元})$$

$$C(34)=\frac{40\times 50}{34}+\frac{1}{2}\times 3.6\times 34\approx 120.024(\text{元})$$

$$C(33)<C(34)$$

故
$$Q^*=33$$

（2）由题意得

$$\frac{C_3R}{Q'}+\frac{1}{2}C_1Q'=120.006\times(1+4\%)$$

代入数据整理得

$$1.8Q'^2-120.006\times 1.04Q'+40\times 50=0$$

解得
$$Q_1'=44,\quad Q_2'=25$$

为了少占用流动资金，所以取 $Q'=25$ 件。

所以(1)EOQ 为 33 件，(2)在题设条件下，订购批量为 25 件。

12.8 某公司采用无安全存量的存储策略，每年需电感 5 000 个，每次订购费 500 元，保管费用每年每个 10 元，不允许缺货。若采购少量电感每个单价 30 元，若一次采购 1 500 个以上则每个单价 18 元，问该公司每次应采购多少个？

（提示：本题属于订货量多，价格有折扣的类型，即订货费 C_3+KQ，K 为阶梯函数。）

解 已知 $R=5\,000$，$C_3=500$，$C_1=10$

电感单价为一阶梯函数

$$K(Q)=\begin{cases}30 & Q<1\,500\\ 18 & Q\geqslant 1\,500\end{cases}$$

由 EOQ 计算 Q_0，得

$$Q_0=\sqrt{\frac{2C_3R}{C_1}}=\sqrt{\frac{2\times 500\times 5\,000}{10}}\approx 707(\text{个})$$

分别计算每次订购 707 个和 1 500 个电感平均每单位电感所需的费用：

$$C(Q_0)=\frac{1}{2}C_1\frac{Q_0}{R}+\frac{C_3}{Q_0}+K_1=\frac{1}{2}\times 10\times\frac{707}{5\,000}+\frac{500}{707}+30\approx 31.414(\text{元}/\text{个})$$

$$C(Q_1)=\frac{1}{2}C_1\frac{Q_1}{R}+\frac{C_3}{Q_1}+K_2=\frac{1}{2}\times 10\times\frac{1\,500}{5\,000}+\frac{500}{1\,500}+18=19.83$$

因为
$$C(Q_1)<C(Q_0)$$

所以取 $Q^*=1\,500$，即该公司每次应采购 1 500 个。

12.9 某工厂的采购情况为

采购数量(单位)	单价(元)
0～1 999	100
2 000 以上	80

假设年需要量为 10 000 个，每次订货费为 2 000 元，存储费率为 20%，则每次应采购多少？

解 已知 $R=10\,000$， $C_3=2\,000$

单价 $K(Q)$ 为一分段函数

$$K(Q)=\begin{cases}100 & Q<2\,000\\ 80 & Q\geqslant 2\,000\end{cases}$$

$K_1=100$ 时， $C_1=100\times 20\%=20$

$K_2=80$ 时， $C_1'=80\times 20\%=16$

当 $C_1=20$ 时，由 EOQ 计算 Q_0，得

$$Q_0=\sqrt{\frac{2C_3R}{C_1}}=\sqrt{\frac{2\times 2\,000\times 10\,000}{20}}\approx 1\,414<2\,000$$

当 $C_1'=16$ 时，由 EOQ 计算 Q_0'，得

$$Q_0'=\sqrt{\frac{2C_3R}{C_1'}}=\sqrt{\frac{2\times 2\,000\times 10\,000}{16}}\approx 1\,581<2\,000$$

此式不符合题意应舍去(因为 $C_1'=16$ 时，Q_0' 应大于 2 000)，所以 $Q_0=1\,414$。

分别计算每次订购 1 414 单位和 2 000 单位平均每单位所需费用

$$\begin{aligned}C(Q_0)&=\frac{1}{2}C_1\frac{Q_0}{R}+\frac{C_3}{Q_0}+K_1\\&=\frac{1}{2}\times 20\times\frac{1\,414}{10\,000}+\frac{2\,000}{1\,414}+100\\&\approx 102.828\end{aligned}$$

$$\begin{aligned}C(Q_1)&=\frac{1}{2}C_1'\frac{Q_1}{R}+\frac{C_3}{Q_1}+K_2\\&=\frac{1}{2}\times 16\times\frac{2\,000}{10\,000}+\frac{2\,000}{2\,000}+80\\&=82.6\end{aligned}$$

因为 $C(Q_1)<C(Q_0)$，所以取 $Q^*=2\,000$，即每次应采购 2 000 个。

12.10 一个允许缺货的 EOQ 模型的费用绝不会超过一个具有相同存储费、订购费，但不允许缺货的 EOQ 模型的费用，试说明之。

解 设单位存储费用为 C_1，缺货费为 C_2，订购费为 C_3，需求速度为 R，生产速度为 P。下面分情况进行讨论。

(1) 生产需一定时间。

① 不允许缺货时的存储策略为

$$t_{10}=\sqrt{\frac{2C_3}{C_1R}}\sqrt{\frac{P}{P-R}}$$

$$Q_{10}=\sqrt{\frac{2C_3R}{C_1}}\sqrt{\frac{P}{P-R}}$$

最大存储量

$$S_{10}=\sqrt{\frac{2C_3R}{C_1}}\sqrt{\frac{P-R}{P}}$$

费用

$$C(t_{10})=\sqrt{2C_1C_3R}\sqrt{\frac{P-R}{P}}$$

② 允许缺货时的存储策略为

$$t_{20}=\sqrt{\frac{2C_3}{C_1R}}\sqrt{\frac{C_1+C_2}{C_2}}\sqrt{\frac{P}{P-R}}$$

$$Q_{20}=\sqrt{\frac{2C_3R}{C_1}}\sqrt{\frac{C_1+C_2}{C_2}}\sqrt{\frac{P}{P-R}}$$

最大存储量

$$S_{20}=\sqrt{\frac{2C_3R}{C_1}}\sqrt{\frac{C_2}{C_1+C_2}}\sqrt{\frac{P-R}{P}}$$

费用

$$C(t_{20})=\sqrt{2C_1C_3R}\sqrt{\frac{C_2}{C_1+C_2}}\sqrt{\frac{P-R}{P}}$$

因为 $\sqrt{\frac{C_2}{C_1+C_2}}<1$，比较 $C(t_{10})$和 $C(t_{20})$可知

$$C(t_{10})>C(t_{20})$$

即生产需一定时间时，允许缺货的 EOQ 模型不超过具有相同存储费、订购费，但不允许缺货的 EOQ 模型的费用。

(2) 生产时间很短。

① 不允许缺货时的存储策略为

$$t_{10}=\sqrt{\frac{2C_3}{C_1R}},\quad Q_{10}=\sqrt{\frac{2C_3R}{C_1}}$$

最大存储量

$$S_{10}=Q_{10}=\sqrt{\frac{2C_3R}{C_1}}$$

费用

$$C(t_{10})=\sqrt{2C_1C_3R}$$

② 允许缺货时的存储策略为

$$t_{20}=\sqrt{\frac{2C_3}{C_1R}}\sqrt{\frac{C_1+C_2}{C_2}}$$

$$Q_{20}=\sqrt{\frac{2C_3R}{C_1}}\sqrt{\frac{C_1+C_2}{C_2}}$$

最大存储量

$$S_{20}=\sqrt{\frac{2C_3R}{C_1}}\sqrt{\frac{C_2}{C_1+C_2}}$$

费用

$$C(t_{20})=\sqrt{2C_1C_3R}\sqrt{\frac{C_2}{C_1+C_2}}$$

因为 $\sqrt{\frac{C_2}{C_1+C_2}}<1$，比较 $C(t_{10})$和 $C(t_{20})$可知

$$C(t_{10})>C(t_{20})$$

即生产时间很短时，允许缺货的 EOQ 模型的费用不会超过具有相同存储费、订购费，但不

允许缺货的 EOQ 模型的费用。

综合(1)(2)的讨论可得到以下结论：

一个允许缺货的 EOQ 模型的费用绝不会超过一个具有相同存储费、订购费，但不允许缺货的 EOQ 的模型的费用。

12.11 某厂对原料需求的概率如表 12-1。

表 12-1

需求量 r(吨)	30	30	40	50	60
概率 $P(r)(\sum P(r)=1)$	0.1	0.2	0.3	0.3	0.1

每次订购费 $C_3=500$ 元，原料每吨价 $K=400$ 元，每吨原料存储费 $C_1=50$ 元，缺货费每吨 $C_2=600$ 元。该厂希望制定(s,S)型存储策略，试求 s 及 S 值。

解 已知 $C_1=50,\quad C_2=600,\quad C_3=500,\quad K=400$

(1) 计算临界值 N：

$$N=\frac{C_2-K}{C_2+C_1}=\frac{600-400}{600+50}=\frac{4}{13}$$

(2) 求 S：

$$P(r=20)=0.1<\frac{4}{13}$$

$$P(r=20)+P(r=30)=0.1+0.2=0.3<\frac{4}{13}$$

$$P(r=20)+P(r=30)+P(r=40)=0.1+0.2+0.3=0.6>\frac{4}{13}$$

所以 $S=40$。

(3) 求 s：

s 为满足不等式

$$\begin{aligned}&Ks+\sum_{r\leqslant s}C_1(s-r)P(r)+\sum_{r>s}C_2(r-s)P(r)\\&\leqslant C_3+KS+\sum_{r\leqslant s}C_1(S-r)P(r)+\sum_{r>s}C_2(r-S)P(r)\end{aligned}$$

的最小值。其中 $S=40$。

$$\begin{aligned}&C_3+Ks+\sum_{r\leqslant s}C_1(S-r)P(r)+\sum_{r>s}C_2(r-s)P(r)\\&=500+400\times40+50\times[(40-20)\times0.1+(40-30)\times0.2+\\&\quad(40-40)\times0.3]+600\times[(50-40)\times0.3+(60-40)\times0.1]\\&=19\,700\end{aligned}$$

当 $s=20$ 时，

$$\begin{aligned}&Ks+\sum_{r\leqslant s}C_1(s-r)P(r)+\sum_{r>s}C_2(r-s)P(r)\\&=400\times20+50\times(20-20)\times0.1+600\times[(30-20)\times0.2+(40-20)\times\\&\quad0.3+(50-20)\times0.3+(60-20)\times0.1]\\&=20\,600>19\,700\end{aligned}$$

所以 $s=20$ 不符合。

当 $s=30$ 时，

$$
\begin{aligned}
&Ks+\sum_{r\leqslant s}(s-r)P(r)+\sum_{r>s}C_2(r-s)P(r)\\
&=400\times 30+50\times[(30-20)\times 0.1+(30-30)\times 0.2]+600\times\\
&\quad[(40-30)\times 0.3+(50-30)\times 0.3+(60-30)\times 0.1]\\
&=19\ 250<19\ 700
\end{aligned}
$$

所以 $s=30$。

所以该厂的存储策略为：

当存储≤30 时，补充存储使存储量达到 40；

当存储>30 时，不补充。

12.12 某厂需用配件数量 r 是一个随机变量，其概率服从泊松分布。t 时间内需求概率为

$$\varphi_t(r)=\frac{e^{-\rho t}(\rho t)^r}{r!}$$

平均每日需求为 1($\rho=1$)，拖后时间为 x 天的概率服从正态分布

$$P(x)=\frac{1}{\sqrt{2\pi}\sigma}e^{-(x-\mu)^2/2\sigma^2}$$

平均拖后时间 $\mu=14$ 天，方差 $\sigma^2=1$。在生产循环周期内存储费 $C_1=1.25$ 元，缺货费 $C_2=10$ 元，装配费 $C_3=3$ 元。问两年内应分多少批订货？每次批量及缓冲存储量各为何值时才能使总费用最小？

解 由 EOQ 计算 Q_0，得

$$Q_0=\sqrt{\frac{2C_3R}{C_1}}=\sqrt{\frac{2\times 3\times 365}{1.25}}\approx 42$$

$$n_0=\frac{365\times 2}{42}\approx 17(\text{次})$$

计算 L 和 B，各步计算出的数值列于表 12-2 中。

表 12-2

(一) 拖后时间 x	(二) 拖后时间的概率 $P(x)$	(三) x 天内的平均需求 $\rho(x)$
	$P(x)=\frac{1}{\sqrt{2\pi}}e^{\frac{(x-14)^2}{2}}$	
① 13	0.24	13
② 14	0.40	14
③ 15	0.24	15
④ 16	0.05	16
⑤ 17	0.004 4	17

续表

（四）

	L=15	L=21	L=22	L=23	L=24	L=25	L=26	L=31
①	0.236	0.014	0.008	0.004	0.002	0.001	0	0
②	0.331	0.029	0.017	0.009	0.005	0.003	0.001	0
③	0.432	0.053	0.033	0.019	0.011	0.006	0.003	0
④	0.533	0.089	0.058	0.037	0.022	0.013	0.008	0
⑤	0.629	0.138	0.095	0.063	0.040	0.025	0.015	0.001

（五）=（二）×（四）

	L=15	L=21	L=22	L=23	L=24	L=25	L=26	L=31
①	0.057	0.003	0.002	0.001	0	0	0	0
②	0.132	0.012	0.007	0	0.002	0.001	0	0
③	0.104	0.013	0.008	0.005	0.003	0.001	0.001	0
④	0.027	0.004	0.003	0.002	0.001	0.001	0	0
⑤	0.003	0.001	0	0	0	0	0	0

需求 $r>L$，$F_x(L)$的概率为

$$F_x(L)=\sum_{r>L}\frac{\mathrm{e}^{-x}x^r}{r!}=1-\sum_{r=0}^{L}\frac{\mathrm{e}^{-x}x^r}{r!}$$

相应拖后时间及需求概率的面积为 $P(x)F_x(L)$。

根据表 12-2 计算出 P_L，B 和费用的函数值见表 12-3。

表 12-3

L	L=15	L=21	L=22	L=23	L=24	L=25	L=26	L=31
P_L	0.322	0.033	0.020	0.008	0.006	0.004	0.002	0
B	1	7	8	9	10	11	12	17
费用	56.014	14.316	13.393	12.552	13.587	14.369	15.270	21.251

其中 $$P_L=\sum_{x=13}^{17}P(x)F_x(L),\quad B=L-\rho x$$

费用计算公式为 $$n_0C_2P_L+C_1B$$

故由表 12-3 可知，该厂订购批量为 42，订购点为 23，两年应分 17 批订货，缓冲存储量为 9。

【典型例题精解】

1. 一自动化厂的组装车间从本厂的配件车间订购各种零件。估计下一年度某种零件的需求量为 20 000 单位，车间年存储费为其存储量价值的 20%。该零件每单位价值 20 元。所有订货均可及时送货。一次订货费用是 100 元，车间每年工作日 250 天。

(1) 计算经济订货批量 EOQ；

(2) 每年订货多少次；

(3) 如果从订货到交货的时间为 10 个工作日，产出是一致连续的，并设安全存量为 50 单位，求订货点。

解 (1) $C_1=20\%\times 20=4$(元/件・年)， $C_3=100$ 元/次， $R=20\,000$

$$Q_0=\sqrt{\frac{2C_3R}{C_1}}=\sqrt{\frac{2\times 100\times 20\,000}{4}}=1\,000(\text{件})$$

(2) 每年订货次数$=\frac{R}{Q_0}=\frac{20\,000}{1\,000}=20$(次)

(3) 10 个工作日的需求量$=10\times\frac{20\,000}{250}=800$(件)

故订货点是 $800+50=850$(件)。

2. 某公司每年需某种零件 10 000 个。假定定期订购且订购后供货单位能及时供应，每次订购费为 25 元，每个零件每年存储费为 0.125 元。

(1) 不允许缺货，求最优订购批量及年订购次数；

(2) 允许缺货，问单位缺货损失费为多少时，一年只需订购 3 次？

解 (1) 已知 $C_1=0.125$ $C_3=25$ $R=10\,000$

$$Q_0=\sqrt{\frac{2C_3R}{C_1}}=\sqrt{\frac{2\times 25\times 10\,000}{0.125}}=2\,000(\text{个})$$

年订货次数$=\frac{R}{Q_0}=\frac{10\,000}{2\,000}=5$ 次。

(2) 允许缺货时，最佳订购批量为

$$Q_0=\sqrt{\frac{2C_3R}{C_1}}\cdot\sqrt{\frac{C_1+C_2}{C_2}}=2\,000\times\sqrt{\frac{0.125+C_2}{C_2}}=\frac{10\,000}{3}$$

从而解得：$C_2=0.187\,5$。

3. 某电话制造公司购买大量半导体管用于制造电子开关系统。不允许缺货。需求速率为 $R=250\,000$ 只/年，每次订货准备费用为 100 元，年度单位库存费用是单位购进价格的 24%，即 $C_1=0.24K$，供应者的价格表如表 12-4，试确定最优订货批量。

表 12-4

订货量	$0<Q<4\,000$	$4\,000\leqslant Q<20\,000$	$20\,000\leqslant Q<40\,000$	$Q\geqslant 40\,000$
单位价格(元)	12	11	10	9

解 已知 $C_1=0.24K$(元/只・年)， $C_3=100$(元/次)， $R=250\,000$(只/年)

年单位货物总费用 $TC=\frac{C_3}{Q}+\frac{1}{2}C_1\frac{Q}{R}+K$。

令 $\frac{\mathrm{d}(TC)}{\mathrm{d}Q}=0$， 得 $\overline{Q}=\sqrt{\frac{2RC_3}{C_1}}=\sqrt{\frac{2C_3R}{0.24K}}$。

在 $Q\geqslant 40\,000$ 区间内，$K=9$。

$$\overline{Q}=\sqrt{\frac{2\times 250\ 000\times 100}{0.24\times 9}}\approx 4\ 811$$

由于 4 811<40 000，故该区间极小点为 $Q_0=40\ 000$。

在 20 000≤Q<40 000 范围内，$K=10$

$$\overline{Q}=\sqrt{\frac{2\times 100\times 250\ 000}{0.24\times 10}}\approx 4\ 564$$

由于 4 564<20 000，故该区间极小点 $Q_0=20\ 000$。

在 4 000≤Q<20 000 范围内，$K=11$

$$\overline{Q}=\sqrt{\frac{2\times 100\times 250\ 000}{0.24\times 11}}\approx 4\ 352$$

该区间段极小点 $Q_0=4\ 352$。

比较 $Q_0=40\ 000,20\ 000,4\ 352$ 三个极值点的年单位货物总费用，见表 12-5。

表　12-5

Q_0	40 000	20 000	4 352
TC	9.175	10.101	11.046

因此最优订货批量为 40 000 只，年单位货物总费用为 9.175 元。

4. 已知单位存储费 $C_1=0.5$ 元，单位货价 $K=0.5$ 元，单位缺货费 $C_2=4.5$ 元，订购费用 $C_3=9$ 元，需求量密度函数为：

$$\varphi(x)=\begin{cases}\dfrac{1}{10} & 0\leqslant x\leqslant 10\\ 0 & \text{其他}\end{cases}$$

试确定最优存储策略(s,S)。

解

$$\frac{C_2-K}{C_1+C_2}=\frac{4.5-0.5}{4.5+0.5}=0.8$$

$$P\{r<S\}=\int_0^S\frac{1}{10}\mathrm{d}r=\frac{S}{10}=0.8$$

故

$$S=8$$

$$\begin{aligned}E[C(x)]&=0.5x+0.5\int_0^x(x-r)\frac{1}{10}\mathrm{d}r+4.5\int_x^{10}(r-x)\frac{1}{10}\mathrm{d}r\\&=0.5x+0.05\left(xr-\frac{r^2}{2}\right)\Big|_0^x+0.45\left(\frac{r^2}{2}-xr\right)\Big|_x^{10}\\&=0.25x^2-0.4x+22.5\end{aligned}$$

由方程 $E[C(x)]=C_3+E[C(S)]$ 得

$$0.25x^2-4.0x+22.5=9+0.25\times 8^2-4.0\times 8+22.5$$

$$x^2-16x+28=0$$

解为

$$x=2\text{ 或 }x=14>S(\text{舍去})$$

故 $S=2$。

最优解为：当初始库存 $I<2$ 时，应订货。订货量为 $Q^*=8-I$，当 $I>2$ 时，不订货。

【考研真题解答】

1.（20分）某产品的需要量为每周650单位，且均匀领出，订购费为25元。每件产品的单位成本为3元，存货保存成本为每单位每周0.05元。

（1）假定不许缺货，求多久订购一次与每次应购数量；

（2）设缺货成本每单位每周2元，求多久订购一次与每次应购数量；

（3）可允许缺货且设送货延迟为一周，求多久订购一次与每次应购数量。

解 已知 $R=650/周$，$C_3=25$ 元，$C_2=0.05$

（1）$Q_0=\sqrt{\dfrac{2C_3R}{C_2}}=\sqrt{\dfrac{2\times25\times650}{0.05}}=\sqrt{650\,000}=806$（件）

订货间隔期为 $\dfrac{806}{650}=1.24$ 周，每批订806件。

（2）已知 $C_1=2$（元/件·周）

所以 $Q_0=\sqrt{\dfrac{2C_3R}{C_1}}\sqrt{\dfrac{C_2}{C_1+C_2}}=\sqrt{\dfrac{2\times25\times650\times(2+0.05)}{0.05\times2}}=816$（件）

订货间隔期为 $\dfrac{816}{650}=1.255$ 周，每批订816件。

（3）订货间隔期与订货批量与（2）相同，但考虑到送货的延期，所有订货点均提前一周，即订第一批816件时，应在需求发出前一周提出订货。

2.（15分）工厂每年需某种零件6 400个，每次订购费为150元，存储费为每年每个3元。

（1）若工厂对此零件的需求是均匀的，且不允许缺货，问：每次订购多少个零件为最佳？

（2）若购买量在1～199个时，零件单价3元；购买量在1 000～1 999个时，零件单价为2.9元；购买量在2 000或2 000个以上时，零件单价2.8元，问：在此情况下，如何采购最好？

解 已知 $R=6\,400$（个/年），$C_0=150$（元），$C_n=3$

（1）$Q_0=\sqrt{\dfrac{2RC_0}{C_n}}=\sqrt{\dfrac{2\times6\,400\times150}{3}}=800$

一年内订购次数 $n_0=\dfrac{RT}{Q_0}=\dfrac{6\,400\times1}{800}=8$

则年总支付费用为

$$
\begin{aligned}
F_1&=\text{购货费}+\text{计购费}\,F_0+\text{存储费}\,F_n\\
&=6\,400\times3+C_0\cdot n_0+C_n\cdot\frac{1}{2}Q_0t\\
&=19\,200+150\times8+3\times\frac{1}{2}\times800\times1\\
&=21\,600
\end{aligned}
$$

（2）若一次购 $Q=1\,600$（个），一年订购次数 $n=4$

则年总支付费用为 $F_2 = 6\,400 \times 2.9 + 150 \times 4 + 3 \times \frac{1}{2} \times 1\,600 \times 1$

$= 21\,560$

若一次购 $Q = 6\,400$（个），一年订购次数 $n = 1$

则年总支付费用为 $F_3 = 6\,400 \times 2.8 + 150 \times 1 + 3 \times \frac{1}{2} \times 6\,400 \times 1$

$= 27\,670$（元）

故一次购 $Q = 1\,600$ 个，一年购 4 次，年总支付费用 21 560 元。

3.（20 分）某公司在生产过程中需用一种紧缺化学原料 K，该原料 K 每公斤价格为 500 元，若在生产过程中该原料 K 变质，而公司又无备用原料 K，则将造成 20 000 元的损失，因此，需要考虑购买备用原料 K 的问题，每公斤原料 K 在生产期内的存储费不论存储时间长短均为 100 元，已知在生产期内所需该备用材料 K 的数量服从如表 12-6 概率分布。

表　12-6

备用原料 K 需求数量 x（公斤）	0	1	2	3	$\geqslant 4$
概率 $P(x)$	0.9	0.06	0.03	0.01	0

问：公司应订购多少公斤该备用原料 K，才能使总费用最低？

解　$\alpha = 500 + 100 = 600$（元）$= 6$（百元），$\beta = 200$（百元）

设 Q 为订购量，x 为需求量。

① 由于订购过少，$Q < x$，应支付的费用为 $\alpha Q + \beta = 6Q + 200$

期望值为 $$\sum_{x=Q+1}^{\infty} (6Q + 200) \cdot P(x)$$

② 由于订购过多，$Q > x$，应支付的费用为 $\alpha Q = 6Q$

期望值为 $$\sum_{x=0}^{Q} 6Q \cdot P(x)$$

总费用期望为 $$E(Q) = \sum_{x=0}^{Q} 6Q \cdot P(x) + \sum_{x=Q+1}^{\infty} (6Q + 200) \cdot P(x)$$

结果如表 12-7 所示。

表　12-7

费用 Q \ x / $P(x)$	0 0.9	1 0.06	2 0.03	3 0.01	$E(Q)$
0	0	200	200	200	20
1	6	6	6+200	6+200	8.6
2	12	12	12	12+200	14
3	18	18	18	18	18

故应订购 1 公斤备用原料 K，才能使总费用期望值最低为 8.6（百元），即 860 元。

CHAPTER 13 第13章

对 策 论

【本章学习要求】

1. 熟悉稳妥的原则。

2. 掌握有鞍点对策问题的建模及其求解方法。

3. 掌握无鞍点对策问题(矩阵对策混合策略)的建模及其求解方法,包括公式法,图解法,解析法,拉格朗日乘数法,线性规划法,迭代法等。

4. 掌握优超原则。

【主要概念及算法】

1. 有鞍点二人有限零和对策

(1) 特点:得失确定且总和为零:一方所得必为另一方所失,局中人利益冲突(对抗对策)。

(2) 建模:建立支付矩阵

设局中人Ⅰ有 m 个纯策略 $S_1=\{\alpha_1,\alpha_2,\cdots,\alpha_m\}$,局中人Ⅱ有 n 个纯策略 $S_2=\{\beta_1,\beta_2,\cdots,\beta_n\}$,对任一纯局势$(\alpha_i,\beta_j)$,记局中人Ⅰ的赢得值为 a_{ij},并称

$$\boldsymbol{A}=\begin{bmatrix} a_{11} & a_{12} & \cdots & a_{1n} \\ a_{21} & a_{22} & \cdots & a_{2n} \\ \vdots & \vdots & & \vdots \\ a_{m1} & a_{m2} & \cdots & a_{mn} \end{bmatrix}$$

为局中人Ⅰ的赢得矩阵(或称为局中人Ⅱ的支付矩阵)。由于假定对策为零和的,故局中人Ⅱ的赢得矩阵为$-\boldsymbol{A}$。

即当 $a_{ij}>0$,Ⅰ赢得 a_{ij},Ⅱ损失 a_{ij};当 $a_{ij}<0$,Ⅰ损失 a_{ij},Ⅱ赢得 a_{ij}。对应的赢得表如表 13-1 所示。

表 13-1

Ⅱ的策略 / Ⅰ的赢得 / Ⅰ的策略	β_1	β_2	…	β_n
a_1	a_{11}	a_{12}	…	a_{1n}
a_2	a_{21}	a_{22}	…	a_{2n}

续表

Ⅰ的赢得 \ Ⅱ的策略 / Ⅰ的策略	β_1	β_2	…	β_n
⋮	⋮	⋮		⋮
α_m	a_{m1}	a_{m2}	…	a_{mn}

通常，将矩形对策记为

$$G=\{\text{Ⅰ},\text{Ⅱ};S_1,S_2;\boldsymbol{A}\}$$

或

$$G=\{S_1,S_2;\boldsymbol{A}\}$$

(3) 求解

① 对局中人Ⅰ而言为最小最大原则：从赢得矩阵每行元素中取最小数，再从这些最小数中最大数，得

$$\max_i \min_j\{a_{ij}\}=V_1$$

② 对局中人Ⅱ而言为最大最小原则：从赢得矩阵每列元素中取最大数，再从这些最大数中取最小数，得

$$\min_j \max_i\{a_{ij}\}=V_2$$

若 $V_1=V_2$，设 $V_G=V_1=V_2$，称为赢得矩阵的稳定值，又称为鞍点值。对应的纯策略 α_i^*,β_j^* 为局中人Ⅰ，Ⅱ的最优策略，局势(α_i^*,β_j^*)为对策的最优解。即

$$a_{ij^*}\leqslant a_{i^*j^*}\leqslant a_{i^*j}$$

(4) 鞍点对策问题的两个性质

① 无差别性。即若$(\alpha_{i_1},\beta_{j_1})$和$(\alpha_{i_2},\beta_{j_2})$是对策 G 的两个解，则 $a_{i_1j_1}=a_{i_2j_2}$。

② 可交换性。即若$(\alpha_{i_1},\beta_{j_1})$和$(\alpha_{i_2},\beta_{j_2})$是对策 G 的两个解，则$(\alpha_{i_1},\beta_{j_2})$和$(\alpha_{i_2},\beta_{j_1})$也是解。

这两条性质表明，矩阵对策的值是唯一的，即当局中人Ⅰ采用构成解的最优纯策略时，能保证他的赢得 V_G 不依赖于对方的纯策略。

2. 无鞍点二人有限零和对策

(1) 混合策略

设局中人Ⅰ有 m 个纯策略 $S_1=\{\alpha_1,\alpha_2,\cdots,\alpha_m\}$，局中人Ⅱ有 n 个纯策略 $S_2=\{\beta_1,\beta_2,\cdots,\beta_n\}$。

纯局势(α_i,β_j)得失为 a_{ij}，赢得矩阵为

$$\boldsymbol{A}=\begin{bmatrix} a_{11} & a_{12} & \cdots & a_{1n} \\ a_{21} & a_{22} & \cdots & a_{2n} \\ \vdots & \vdots & & \vdots \\ a_{m1} & a_{m2} & \cdots & a_{mn} \end{bmatrix}$$

赢得表为

$$\begin{array}{cc} & \begin{array}{cccc} \beta_1 & \beta_2 & \cdots & \beta_n \end{array} \\ \boldsymbol{A}=\begin{array}{c} \alpha_1 \\ \alpha_2 \\ \vdots \\ \alpha_m \end{array} & \begin{bmatrix} a_{11} & a_{12} & \cdots & a_{1n} \\ a_{21} & a_{22} & \cdots & a_{2n} \\ \vdots & \vdots & & \vdots \\ a_{m1} & a_{m2} & \cdots & a_{mn} \end{bmatrix} \end{array}$$

赢得矩阵无鞍点。

设局中人Ⅰ以 $x_1,\cdots,x_m$ 的概率分别取纯策略 $\alpha_1,\alpha_2,\cdots,\alpha_m$。则称概率向量 $\boldsymbol{X}=(x_1,x_2,\cdots,x_m)^{\mathrm{T}}$ 为局中人Ⅰ的一个混合策略，$x_i\geqslant 0,x_1+x_2+\cdots+x_m=1$，即局中人Ⅰ的混合策略集记为

$$S_1^*=\left\{\boldsymbol{Y}\in E^m \mid x_i\geqslant 0,i=1,\cdots,m,\sum_{i=1}^{m}x_i=1\right\}$$

设局中人Ⅱ以 $y_1,y_2,\cdots,y_n$ 的概率分别取纯策略 $\beta_1,\beta_2,\cdots,\beta_n$，则称概率向量 $\boldsymbol{Y}=(y_1,y_2,\cdots,y_n)^{\mathrm{T}}$ 为局中人Ⅱ的一个混合策略，$y_i\geqslant 0,y_1+y_2+\cdots+y_n=1$，局中人Ⅱ的混合策略集记为

$$S_2^*=\left\{\boldsymbol{Y}\in E^n \mid y_j\geqslant 0,j=1,\cdots,n,\sum_{j=1}^{n}y_j=1\right\}$$

(2) 混合局势

$\boldsymbol{X}\in S_i^*$ 和 $\boldsymbol{Y}\in S_2^*$ 分别称为局中人Ⅰ和局中人Ⅱ的混合策略。对 $\boldsymbol{X}\in S_1^*,\boldsymbol{Y}\in S_2^*$，称 $(\boldsymbol{X},\boldsymbol{Y})$ 为混合局势。

(3) 得失期望值函数(局中人Ⅰ的赢得函数)

$$\underset{\substack{\boldsymbol{X}\in S_1^*\\ \boldsymbol{Y}\in S_2^*}}{E(\boldsymbol{X},\boldsymbol{Y})=\boldsymbol{X}^{\mathrm{T}}\boldsymbol{A}\boldsymbol{Y}}$$

$$=(x_1,x_2,\cdots,x_m)\begin{bmatrix}a_{11} & a_{12} & \cdots & a_{1n}\\ a_{21} & a_{22} & \cdots & a_{2n}\\ \vdots & \vdots & & \vdots\\ a_{m1} & a_{m2} & \cdots & a_{mn}\end{bmatrix}\begin{bmatrix}y_1\\ y_2\\ \vdots\\ y_n\end{bmatrix}=\sum_{i=1}^{m}\sum_{j=1}^{n}a_{ij}x_iy_j$$

(4) 最优混合策略

若存在 $\boldsymbol{X}^*\in S_1^*,\boldsymbol{Y}^*\in S_2^*$，使对所有 $\boldsymbol{X}\in S_1^*,\boldsymbol{Y}\in S_2^*$，都有

$$E(\boldsymbol{X},\boldsymbol{Y}^*)\leqslant E(\boldsymbol{X}^*,\boldsymbol{Y}^*)\leqslant E(\boldsymbol{X}^*,\boldsymbol{Y})$$

则 $\boldsymbol{X}^*,\boldsymbol{Y}^*$ 分别称为局中人Ⅰ，Ⅱ的最优混合策略。

$(\boldsymbol{X}^*,\boldsymbol{Y}^*)$ 为对策的解，$E(\boldsymbol{X}^*,\boldsymbol{Y}^*)$ 为对策值 V_G。

3. 最优混合策略的求解方法

(1) 2×2 对策的公式法

2×2 对策是局中人Ⅰ的赢得矩阵为 2×2 阶的，即

$$\boldsymbol{A}=\begin{bmatrix}a_{11} & a_{12}\\ a_{21} & a_{22}\end{bmatrix}$$

若 $\boldsymbol{A}$ 不存在鞍点，为求最优混合策略可求下列等式组。

$$(\text{Ⅰ})\begin{cases}a_{11}x_1+a_{21}x_2=V\\ a_{12}x_1+a_{22}x_2=V\\ x_1+x_2=1\end{cases}$$

$$(\text{Ⅱ})\begin{cases}a_{11}y_1+a_{12}y_2=V\\ a_{21}y_1+a_{22}y_2=V\\ y_1+y_2=1\end{cases}$$

当矩阵 $\boldsymbol{A}$ 不存在鞍点，方程组(Ⅰ)和(Ⅱ)一定有严格非负解

$$X^*=(x_1^*,x_2^*)^T,\quad Y^*=(y_1^*,y_2^*)^T$$

其中

$$x_1^*=\frac{a_{22}-a_{21}}{(a_{11}+a_{22})-(a_{12}+a_{21})}$$

$$x_2^*=\frac{a_{11}-a_{12}}{(a_{11}+a_{22})-(a_{12}+a_{21})}$$

$$y_1^*=\frac{a_{22}-a_{12}}{(a_{11}+a_{22})-(a_{12}+a_{21})}$$

$$y_2^*=\frac{a_{11}-a_{21}}{(a_{11}+a_{22})-(a_{12}+a_{21})}$$

$$V_G=\frac{a_{11}a_{22}-a_{12}a_{21}}{(a_{11}+a_{22})-(a_{12}+a_{21})}$$

（2）$2\times n$ 或 $m\times 2$ 对策的图解法

设缩减后的赢得矩阵为 2 阶无鞍点对策问题，设局中人Ⅰ的混合策略为$(x,1-x)^T$，局中人Ⅱ的混合策略为$(y,1-y)^T$。

即

$$\begin{array}{rcc} & y & 1-y \\ A=\begin{array}{r} x \\ 1-x \end{array} & \multicolumn{2}{c}{\begin{bmatrix} a_{11} & a_{12} \\ a_{21} & a_{22} \end{bmatrix}} \end{array}$$

则赢得期望值为

$$E(X,Y)=(x,1-x)\begin{bmatrix} a_{11} & a_{12} \\ a_{21} & a_{22} \end{bmatrix}\begin{bmatrix} y \\ 1-y \end{bmatrix}$$

（3）线性方程组方法

设缩减后的赢得矩阵为 $n\times n$ 方阵，无鞍点。

设局中人Ⅰ的混合策略为$(x_1,x_2,\cdots,x_n)^T$，局中人Ⅱ的混合策略为$(y_1,y_2,\cdots,y_n)^T$。赢得表为

$$\begin{array}{c|cccc} & y_1 & y_2 & \cdots & y_n \\ \hline x_1 & a_{11} & a_{12} & \cdots & a_{1n} \\ x_2 & a_{21} & a_{22} & \cdots & a_{2n} \\ \vdots & \vdots & \vdots & & \vdots \\ x_n & a_{n1} & a_{n2} & \cdots & a_{nn} \end{array}$$

则赢得期望值为

$$\begin{aligned} V_0=E(X,Y)&=X^TAY \\ &=(x_1,\cdots,x_n)\begin{bmatrix} a_{11} & a_{12} & \cdots & a_{1n} \\ a_{21} & a_{22} & \cdots & a_{2n} \\ \vdots & \vdots & & \vdots \\ a_{n1} & a_{n2} & \cdots & a_{nn} \end{bmatrix}\begin{bmatrix} y_1 \\ y_2 \\ \vdots \\ y_n \end{bmatrix} \end{aligned}$$

局中人Ⅰ的期望值方程为

$$\begin{cases} a_{11}x_1 + a_{21}x_2 + \cdots + a_n x_n = V \\ a_{12}x_1 + a_{22}x_2 + \cdots + a_{2n}x_n = V \\ \vdots \\ a_{1n}x_1 + a_{2n}x_2 + \cdots + a_{nn}x_n = V \\ x_1 + x_2 + \cdots + x_n = 1 \end{cases}$$

局中人Ⅱ的期望值方程为

$$\begin{cases} a_{11}y_1 + a_{12}y_2 + \cdots + a_{1n}y_n = V \\ a_{21}y_1 + a_{22}y_2 + \cdots + a_{2n}y_n = V \\ \vdots \\ a_{n1}y_1 + a_{n2}y_2 + \cdots + a_{nn}y_n = V \\ y_1 + y_2 + \cdots + y_n = 1 \end{cases}$$

解得局中人Ⅰ的最优混合策略为

$$\boldsymbol{X}^* = (x_1^*, x_2^*, \cdots, x_n^*)$$

局中人Ⅱ的最优混合策略为

$$\boldsymbol{Y}^* = (y_1^*, y_2^*, \cdots, y_n^*)$$

对策值为 $V_G = V^*$

(4) 拉格朗日乘数法

设局中人Ⅰ的混合策略为 $(x_1, x_2, \cdots, x_n)^{\mathrm{T}}$，局中人Ⅱ的混合策略为 $(y_1, y_2, \cdots, y_n)^{\mathrm{T}}$，赢得矩阵为

$$\boldsymbol{A} = \begin{bmatrix} a_{11} & a_{12} & \cdots & a_{1n} \\ a_{21} & a_{22} & \cdots & a_{2n} \\ \vdots & \vdots & & \vdots \\ a_{n1} & a_{n2} & \cdots & a_{nn} \end{bmatrix} = (a_1, a_2, \cdots, a_n) = (b_1, b_2, \cdots, b_n)^{\mathrm{T}}$$

则赢得期望值为 $$V = E(\boldsymbol{X}, \boldsymbol{Y}) = \boldsymbol{X}^{\mathrm{T}}\boldsymbol{A}\boldsymbol{Y} = \sum_{i=1}^{n}\sum_{j=1}^{n} a_{ij}x_i y_j$$

且满足 $$\sum_{i=1}^{n} x_i = 1, \quad \sum_{j=1}^{n} y_j = 1$$

设 $$f(\boldsymbol{X}) = 1 - \sum_{i=1}^{n} x_i, \quad g(\boldsymbol{Y}) = 1 - \sum_{j=1}^{n} y_j, \quad \boldsymbol{\lambda} = (\lambda_1, \lambda_2)$$

构造拉格朗日函数 L 为

$$L(\boldsymbol{X}, \boldsymbol{Y}, \boldsymbol{\lambda}) = \sum_{i=1}^{n}\sum_{j=1}^{n} a_{ij}x_i y_j - \lambda_1 f(\boldsymbol{X}) - \lambda_2 g(\boldsymbol{Y})$$

解下列方程组

$$\begin{cases} \dfrac{\partial L}{\partial x_i} = b_i\boldsymbol{Y} + \lambda_1 = 0, \quad (i = 1, 2, \cdots, n) \\ \dfrac{\partial L}{\partial y_j} = a_j\boldsymbol{X} + \lambda_2 = 0, \quad (j = 1, 2, \cdots, n) \\ \dfrac{\partial L}{\partial \lambda_1} = f(\boldsymbol{X}) = 1 - \sum_{i=1}^{n} x_i = 0 \\ \dfrac{\partial L}{\partial \lambda_2} = f(\boldsymbol{Y}) = 1 - \sum_{j=1}^{n} y_j = 0 \end{cases}$$

求出最优混合策略和对策值,并且有

$$\lambda_1=\lambda_2=V_G=E(\boldsymbol{X}^*,\boldsymbol{Y}^*)=\sum_{i=1}^{n}\sum_{j=1}^{n}a_{ij}x_i^*y_j^*$$

(5)线性规划法

设局中人Ⅰ的混合策略为$(x_1,x_2,\cdots,x_n)^{\mathrm{T}}$,局中人Ⅱ的混合策略为$(y_1,y_2,\cdots,y_n)^{\mathrm{T}}$,赢得矩阵为

$$\boldsymbol{A}=\begin{bmatrix}a_{11} & a_{12} & \cdots & a_{1n}\\ a_{21} & a_{22} & \cdots & a_{2n}\\ \vdots & \vdots & & \vdots\\ a_{m1} & a_{m2} & \cdots & a_{mn}\end{bmatrix}$$

则赢得期望值为

$$V=E(\boldsymbol{X},\boldsymbol{Y})=\boldsymbol{X}^{\mathrm{T}}\boldsymbol{A}\boldsymbol{Y}=\sum_{i=1}^{n}\sum_{j=1}^{n}a_{ij}x_iy_j$$

其中

$$\sum_{i=1}^{m}x_i=1,\quad \sum_{j=1}^{n}y_j=1$$

$$\max w=\sum_{j=1}^{n}y_j'$$

$$(D)\begin{cases}\displaystyle\sum_{j=1}^{n}a_{ij}y_j'\leqslant 1, & (i=1,\cdots,m)\\ y_j'\geqslant 0, & (j=1,\cdots,n)\end{cases}$$

解出其中一个数学模型的最优解,利用对偶性,可得另一个数学模型的最优解,由此可得局中人Ⅰ,Ⅱ的最优混合策略及最优对策值。

【课后习题全解】

13.1 甲、乙两名儿童玩游戏,双方可分别出拳头(代表石头)、手掌(代表布)、两个手指(代表剪刀),规则是:剪刀赢布,布赢石头,石头赢剪刀,赢者得1分。若双方所出相同算和局,均不得分。试列出儿童甲的赢得矩阵。

解 本题为两个局中人,分别为儿童甲和儿童乙。双方各有三个策略:策略1代表出拳头,策略2代表出手掌,策略3代表出手指,由题意可得儿童甲的赢得矩阵如表13-2所示。

表 13-2

乙的策略 / 甲的赢得 / 甲的策略	1	2	3
1	0	−1	1
2	1	0	−1
3	−1	1	0

13.2 “二指莫拉问题”。甲、乙二人游戏，每人出一个或两个手指，同时又把猜测对方所出的指数叫出来。如果只有一个人猜测正确，则他所赢得的数目为二人所出指数之和，否则重新开始。写出该对策中各局中人的策略集合及甲的赢得矩阵，并回答局中人是否存在某种出法比其他出法更为有利。

解 用(x_1,x_2)表示一个策略，其中x_1表示每人自己所出的手指数，x_2表示对方所出的手指数，可见，局中人甲和乙都各自有4个策略：(1,1)，(1,2)，(2,1)，(2,2)；甲的策略集为$\{\alpha_1,\alpha_2,\alpha_3,\alpha_4\}$，其中$\alpha_1=(1,1)$，$\alpha_2=(1,2)$，$\alpha_3=(2,1)$，$\alpha_4=(2,2)$，乙的策略集为$\{\beta_1,\beta_2,\beta_3,\beta_4\}$，其中$\beta_1=(1,1)$，$\beta_2=(1,2)$，$\beta_3=(2,1)$，$\beta_4=(2,2)$。

甲的赢得表如表13-3所示。

表 13-3

甲的赢得 / 乙的策略 / 甲的策略	β_1	β_2	β_3	β_4
	(1,1)	(1,2)	(2,1)	(2,2)
$\alpha_1(1,1)$	0	2	−3	0
$\alpha_2(1,2)$	−2	0	0	3
$\alpha_3(2,1)$	3	0	0	−4
$\alpha_4(2,2)$	0	−3	4	0

则赢得矩阵为

$$\boldsymbol{A}=\begin{bmatrix}0 & 2 & -3 & 0\\ -2 & 0 & 0 & 3\\ 3 & 0 & 0 & -4\\ 0 & -3 & 4 & 0\end{bmatrix}$$

由$\boldsymbol{A}$可知，没有一行优超于另一行，没有一列优超于另一列，故局中人不存在某种出法比其他出法更为有利。

13.3 求解下列矩阵对策，其中赢得矩阵$\boldsymbol{A}$分别为

(1) $\begin{bmatrix}-2 & 12 & -4\\ 1 & 4 & 8\\ -5 & 2 & 3\end{bmatrix}$ (2) $\begin{bmatrix}2 & 7 & 2 & 1\\ 2 & 2 & 3 & 4\\ 3 & 5 & 4 & 4\\ 2 & 3 & 1 & 6\end{bmatrix}$

解 设矩阵对策$G=\{S_1,S_2,\boldsymbol{A}\}$，其中$S_1=\{\alpha_i\}$，$S_2=\{\beta_i\}$，直接在$\boldsymbol{A}$提供的赢得矩阵上计算，有

(1)
$$\begin{array}{cccccc} & \beta_1 & \beta_2 & \beta_3 & \min \\ \alpha_1 & -2 & 12 & -4 & -4 \\ \alpha_2 & 1 & 4 & 8 & 1^* \\ \alpha_3 & -5 & 2 & 3 & -5 \\ \max & 1^* & 12 & 8 & \end{array}$$

于是
$$\max_i \min_j\{a_{ij}\}=\min_j \max_i\{a_{ij}\}=a_{i^*j^*}=1$$

其中$i^*=2$，$j^*=1$，故(α_2,β_1)是对策的解，且$V_G=1$。

(2)

$$\begin{array}{c|cccc|c} & \beta_1 & \beta_2 & \beta_3 & \beta_4 & \min \\ \alpha_1 & 2 & 7 & 2 & 1 & 1 \\ \alpha_2 & 2 & 2 & 3 & 4 & 2 \\ \alpha_3 & 3 & 5 & 4 & 4 & 3^* \\ \alpha_4 & 2 & 3 & 1 & 6 & 1 \\ \max & 3^* & 7 & 4 & 6 & \end{array}$$

则

$$\max_i \min_j \{a_{ij}\} = \min_j \max_i \{a_{ij}\} = a_{i^* j^*} = 3$$

其中 $i^*=3, j^*=1$,故(α_3,β_1)是对策的解。$V_G=3$。

13.4 甲、乙两个企业生产同一种电子产品,两个企业都想通过改革管理获取更多的市场销售份额。

甲企业的策略措施有:①降低产品价格;②提高产品质量,延长保修年限;③推出新产品。

乙企业考虑的措施有:①增加广告费用;②增设维修网点,扩大维修服务;③改进产品性能。

假定市场份额一定,由于各自采取的策略措施不同,通过预测,今后两个企业的市场占有份额变动情况如表 13-4 所示(正值为甲企业增加的市场占有份额,负值为减少的市场占有份额)。试通过对策分析,确定两个企业各自的最优策略。

表 13-4

甲企业策略 \ 乙企业策略	1	2	3
1	10	−1	3
2	12	10	−5
3	6	8	5

解 设矩阵对策 $G=\{S_1,S_2;\boldsymbol{A}\}$,其中 $S_1=\{\alpha_1,\alpha_2,\alpha_3\}$,$S_2=\{\beta_1,\beta_2,\beta_3\}$,$S_1$ 表示甲的对策,S_2 表示乙的对策。

在赢得矩阵上计算有

$$\begin{array}{c|ccc|c} & \beta_1 & \beta_2 & \beta_3 & \min \\ \alpha_1 & 10 & -1 & 3 & -1 \\ \alpha_2 & 12 & 10 & -5 & -5 \\ \alpha_3 & 6 & 8 & 5 & 5^* \\ \max & 12 & 10 & 5^* & \end{array}$$

于是

$$\max_i \min_j \{a_{ij}\} = \min_j \max_i \{a_{ij}\} = a_{i^* j^*} = 5$$

其中 $i^*=3, j^*=3$,故(α_3,β_3)是对策的解,且 $V_G=5$。即甲企业的最优策略为"推出新产品",乙企业的最优策略为"改进产品性能"。

13.5 证明教材中本章的定理 13-2。

解 **定理 13-2** 矩阵对策 $G=\{S_1,S_2;\boldsymbol{A}\}$在混合策略意义下有解的充要条件是:存在$\boldsymbol{X}^*\in S_1^*$,$\boldsymbol{Y}^*\in S_2^*$,使$(\boldsymbol{X}^*,\boldsymbol{Y}^*)$为函数 $E(\boldsymbol{X},\boldsymbol{Y})$的一个鞍点,即对一切 $\boldsymbol{X}\in S_1^*$,$\boldsymbol{Y}\in S_2^*$,有

$$E(\boldsymbol{X},\boldsymbol{Y}^*)\leqslant E(\boldsymbol{X}^*,\boldsymbol{Y}^*)\leqslant E(\boldsymbol{X}^*,\boldsymbol{Y})$$

证明　先证充分性，由于对任意 i,j 均有

$$E(\boldsymbol{X},\boldsymbol{Y}^*)\leqslant E(\boldsymbol{X}^*,\boldsymbol{Y}^*)\leqslant E(\boldsymbol{X}^*,\boldsymbol{Y})$$

故
$$\max_{\boldsymbol{X}\in S_1} E(\boldsymbol{X},\boldsymbol{Y}^*)\leqslant E(\boldsymbol{X}^*,\boldsymbol{Y}^*)<\min_{\boldsymbol{Y}\in S_2} E(\boldsymbol{X}^*,\boldsymbol{Y})$$

又因为
$$\min_{\boldsymbol{X}\in S_1}\ \max_{\boldsymbol{Y}\in S_2} E(\boldsymbol{X},\boldsymbol{Y})\leqslant\max_{\boldsymbol{X}\in S_1} E(\boldsymbol{X}^*,\boldsymbol{Y}^*)$$

$$\min_{\boldsymbol{Y}\in S_2} E(\boldsymbol{X}^*,\boldsymbol{Y})\leqslant\max_{\boldsymbol{X}\in S_1}\ \min_{\boldsymbol{Y}\in S_2} E(\boldsymbol{X},\boldsymbol{Y})$$

所以
$$\min_{\boldsymbol{Y}\in S_2}\ \max_{\boldsymbol{X}\in S_1} E(\boldsymbol{X},\boldsymbol{Y})\leqslant E(\boldsymbol{X}^*,\boldsymbol{Y}^*)\leqslant\max_{\boldsymbol{X}\in S_1}\ \min_{\boldsymbol{Y}\in S_2} E(\boldsymbol{X},\boldsymbol{Y})$$

又因为
$$\max_{\boldsymbol{X}\in S_1}\ \min_{\boldsymbol{Y}\in S_2} E(\boldsymbol{X},\boldsymbol{Y})\leqslant\min_{\boldsymbol{Y}\in S_2}\ \max_{\boldsymbol{X}\in S_1} E(\boldsymbol{X},\boldsymbol{Y})$$

故
$$\max_{\boldsymbol{X}\in S_1}\ \min_{\boldsymbol{Y}\in S_2} E(\boldsymbol{X},\boldsymbol{Y})=\min_{\boldsymbol{Y}\in S_2}\ \max_{\boldsymbol{X}\in S_1} E(\boldsymbol{X},\boldsymbol{Y})=E(\boldsymbol{X}^*,\boldsymbol{Y}^*)$$

且
$$V_G=E(\boldsymbol{X}^*,\boldsymbol{Y}^*)$$

必要性：设有 $\boldsymbol{X}^*\in S_1,\boldsymbol{Y}^*\in S_2$，使得

$$\min_{\boldsymbol{Y}\in S_2} E(\boldsymbol{X}^*,\boldsymbol{Y})<\max_{\boldsymbol{X}\in S_1}\min_{\boldsymbol{Y}\in S_2} E(\boldsymbol{X},\boldsymbol{Y})$$

$$\max_{\boldsymbol{X}\in S_1} E(\boldsymbol{X},\boldsymbol{Y}^*)=\min_{\boldsymbol{Y}\in S_2}\max_{\boldsymbol{X}\in S_1} E(\boldsymbol{X},\boldsymbol{Y})$$

则由
$$\max_{\boldsymbol{X}\in S_1}\ \min_{\boldsymbol{Y}\in S_2} E(\boldsymbol{X},\boldsymbol{Y})=\min_{\boldsymbol{Y}\in S_2}\ \max_{\boldsymbol{X}\in S_1} E(\boldsymbol{X},\boldsymbol{Y})$$

有
$$\max_{\boldsymbol{X}\in S_1} E(\boldsymbol{X},\boldsymbol{Y}^*)=\min_{\boldsymbol{Y}\in S_2} E(\boldsymbol{X},\boldsymbol{Y}^*)\leqslant E(\boldsymbol{X}^*,\boldsymbol{Y}^*)\leqslant\max_{\boldsymbol{X}\in S_1} E(\boldsymbol{X},\boldsymbol{Y}^*)$$
$$=\min_{\boldsymbol{Y}\in S_2} E(\boldsymbol{X}^*,\boldsymbol{Y})$$

所以对于任意 $\boldsymbol{X}\in S_1,\boldsymbol{Y}\in S_2$，有

$$E(\boldsymbol{X},\boldsymbol{Y}^*)\leqslant\max_{\boldsymbol{X}\in S_1} E(\boldsymbol{X},\boldsymbol{Y}^*)\leqslant E(\boldsymbol{X}^*,\boldsymbol{Y}^*)\leqslant\min_{\boldsymbol{Y}\in S_2} E(\boldsymbol{X}^*,\boldsymbol{Y}^*)\leqslant E(\boldsymbol{X}^*,\boldsymbol{Y})$$

即
$$E(\boldsymbol{X},\boldsymbol{Y}^*)\leqslant E(\boldsymbol{X}^*,\boldsymbol{Y}^*)\leqslant E(\boldsymbol{X}^*,\boldsymbol{Y})$$

13.6　证明教材中本章的定理13-4。

解　**定理13-4**　设 $\boldsymbol{X}^*\in S_1^*,\boldsymbol{Y}^*\in S_2^*$，则 $(\boldsymbol{X}^*,\boldsymbol{Y}^*)$ 为 G 的解的充要条件是：存在数 V，使得 $\boldsymbol{X}^*$ 和 $\boldsymbol{Y}^*$ 分别是不等式组(Ⅰ)和(Ⅱ)的解，且 $V=V_G$。

$$(\text{Ⅰ})\begin{cases}\sum_i a_{ij}x_i\geqslant V, & (j=1,\cdots,n)\\ \sum_i x_i=1 \\ x_i\geqslant 0, & (i=1,\cdots,m)\end{cases}$$

$$(\text{Ⅱ})\begin{cases}\sum_j a_{ij}y_j\leqslant V, & (i=1,\cdots,m)\\ \sum_j y_j=1 \\ y_j\geqslant 0, & (j=1,\cdots,n)\end{cases}$$

证明　由定理3，设 $\boldsymbol{X}^*\in S_1^*,\boldsymbol{Y}^*\in S_2^*$，则 $(\boldsymbol{X}^*,\boldsymbol{Y}^*)$ 是 G 的解的充要条件是：对任意 $i=1,\cdots,m$ 和 $j=1\cdots,n$，有

$$E(i,\boldsymbol{Y}^*) \leqslant (\boldsymbol{X}^*,\boldsymbol{Y}^*) \leqslant E(\boldsymbol{X}^*,j)$$

而

$$E(i,\boldsymbol{Y}) = \sum_j a_{ij} y_j, \quad (i=1,\cdots,m)$$

$$E(\boldsymbol{X},j) = \sum_i a_{ij} x_i, \quad (j=1,\cdots,n)$$

则

$$E(i,\boldsymbol{Y}^*) \leqslant E(\boldsymbol{X}^*,\boldsymbol{Y}^*)$$

等价于不等式组

$$\begin{cases} \sum_j a_{ij} y_j \leqslant V, & (i=1,\cdots,m) \\ \sum_j y_j = 1 \\ y_j \geqslant 0, & (j=1,\cdots,n) \end{cases}$$

的解

$$E(i,\boldsymbol{Y}^*) \leqslant E(\boldsymbol{X}^*,\boldsymbol{Y}^*)$$

等价于不等式组

$$\begin{cases} \sum_i a_{ij} x_i \leqslant V, & (j=1,\cdots,n) \\ \sum_i x_i = 1 \\ x_i \geqslant 0, & (i=1,\cdots,m) \end{cases}$$

的解。

13.7 证明教材中本章的定理 13-7、定理 13-8 和定理 13-9。

解 定理 13-7 设有两个矩阵对策

$$G_1 = \{S_1, S_2; \boldsymbol{A}_1\}, \quad G_2 = \{S_1, S_2; \boldsymbol{A}_2\}$$

其中 $\boldsymbol{A}_1 = (a_{ij})$，$\boldsymbol{A}_2 = (a_{ij} + L)$，$L$ 为任一常数，则

(1) $V_{G_2} = V_{G_1} + L$

(2) $T(G_1) = T(G_2)$

证明 (1) 因为 $\boldsymbol{A}_1$ 对应的局中人Ⅰ的赢得函数记为

$$E_1(\boldsymbol{X},\boldsymbol{Y}) = \sum_i \sum_j a_{ij} x_i y_j$$

$\boldsymbol{A}_2$ 对应的局中人Ⅰ的赢得函数记为

$$\begin{aligned} E_2(\boldsymbol{X},\boldsymbol{Y}) &= \sum_i \sum_j (a_{ij} + L) x_i y_j \\ &= \sum_i \sum_j a_{ij} x_i x_j + \sum_i \sum_j L x_i y_j \\ &= E_1(\boldsymbol{X},\boldsymbol{Y}) + \sum_i \left(x_i L \sum_j y_j \right) \\ &= E_1(\boldsymbol{X},\boldsymbol{Y}) + \sum_i x_i L \quad \left(因为 \sum_j y_j = 1 \right) \\ &= E_1(\boldsymbol{X},\boldsymbol{Y}) + L \sum_i x_i \end{aligned}$$

$$=E_1(\boldsymbol{X},\boldsymbol{Y})+L \quad \left(所以\sum_i x_i=1\right)$$

即

$$E_2(\boldsymbol{X},\boldsymbol{Y})=E_1(\boldsymbol{X},\boldsymbol{Y})+L$$

又因为

$$\max_{\boldsymbol{X}\in S_1} E_2(\boldsymbol{X},\boldsymbol{Y})=\max_{\boldsymbol{X}\in S_1^*}(E_1(\boldsymbol{X},\boldsymbol{Y})+L)$$

$$=\max_{\boldsymbol{X}\in S_1^*} E_1(\boldsymbol{X},\boldsymbol{Y})+L$$

$$\min_{\boldsymbol{Y}\in S_2^*}\max_{\boldsymbol{X}\in S_1^*} E_2(\boldsymbol{X},\boldsymbol{Y})=\min_{\boldsymbol{Y}\in S_2^*}(\max_{\boldsymbol{X}\in S_1^*} E_1(\boldsymbol{X},\boldsymbol{Y})+L)$$

$$=\min_{\boldsymbol{Y}\in S_2^*}\max_{\boldsymbol{X}\in S_1^*} E_1(\boldsymbol{X},\boldsymbol{Y})+L$$

即

$$V_{G_2}=V_{G_1}+L$$

(2) 因矩阵 $\boldsymbol{A}_1$ 和矩阵 $\boldsymbol{A}_2$ 的元素一一对应。

因而两个对策具有完全相同的对策集合,则

$$T(G_1)=T(G_2)$$

定理 13-8 设有两个矩阵对策

$$G_1=\{S_1,S_2;\boldsymbol{A}\},\quad G_2=\{S_1,S_2;a\boldsymbol{A}\}$$

其中 $a>0$ 为任一常数,则

(1) $V_{G_2}=aV_{G_1}$

(2) $T(G_1)=T(G_2)$

证明 (1) $\boldsymbol{A}_1$ 对应的局中人Ⅰ的赢得函数记为

$$E_1(\boldsymbol{X},\boldsymbol{Y})=\sum_i\sum_j a_{ij}x_iy_j$$

$\boldsymbol{A}_2$ 对应的局中人Ⅰ的赢得函数记为

$$E_2(\boldsymbol{X},\boldsymbol{Y})=\sum_i\sum_j(aa_{ij})x_iy_j=a\sum_i\sum_j a_{ij}x_iy_j=aE_1(\boldsymbol{X},\boldsymbol{Y})$$

即

$$E_2(\boldsymbol{X},\boldsymbol{Y})=aE_1(\boldsymbol{X},\boldsymbol{Y})$$

又因为 $\max E_2(\boldsymbol{X},\boldsymbol{Y})=\max\limits_{\boldsymbol{X}\in S_1^*}(aE_1(\boldsymbol{X},\boldsymbol{Y}))=a\max\limits_{\boldsymbol{X}\in S_1^*} E_1(\boldsymbol{X},\boldsymbol{Y})$

$$\min_{\boldsymbol{Y}\in S_2^*}\max_{\boldsymbol{X}\in S_1^*} E_2(\boldsymbol{X},\boldsymbol{Y})=\min_{\boldsymbol{Y}\in S_2^*}(a\max_{\boldsymbol{Y}\in S_1^*} E_1(\boldsymbol{X},\boldsymbol{Y}))=a\min_{\boldsymbol{Y}\in S_2^*}\max_{\boldsymbol{X}\in S_1^*} E_1(\boldsymbol{X},\boldsymbol{Y})$$

即

$$V_{G_2}=aV_{G_1}$$

(2) 因矩阵 $\boldsymbol{A}$ 和矩阵 $a\boldsymbol{A}$ 的元素一一对应。

因而两个对策具有相同的混合策略集合,则

$$T(G_1)=T(G_2)$$

定理 13-9 设 $G=\{S_1,S_2;\boldsymbol{A}\}$ 为一矩阵对策,且 $\boldsymbol{A}=-\boldsymbol{A}^{\mathrm{T}}$,为斜对称矩阵(亦称这种对策为对称对策),则

(1) $V_G=0$;

(2) $T_1(G)=T_2(G)$。

证明 因为 $\boldsymbol{A}=-\boldsymbol{A}^{\mathrm{T}}$,则当 $i=j$ 时,$a_{ij}=-a_{ij}$,则 $a_{ij}=0$;当 $i\neq j$ 时,$a_{ij}=-a_{ji}$

由题设

$$E(\boldsymbol{X},\boldsymbol{Y})=\sum_{i=1}^m\sum_{j=1}^m a_{ij}x_iy_j=\sum_{j=1}^m\sum_{i=1}^m a_{ji}x_jy_i$$

$$=\sum_{j=1}^{m}\sum_{i=1}^{m}(-a_{ij})x_j y_i=-\sum_{j=1}^{m}\sum_{i=1}^{m}a_{ij}y_i x_j=-E(\boldsymbol{Y},\boldsymbol{X}) \qquad ①$$

由①式乘(−1)并重新排列得

$$E(\boldsymbol{Y},\boldsymbol{X}^*)\leqslant E(\boldsymbol{X}^*,\boldsymbol{Y}^*)\leqslant E(\boldsymbol{Y}^*,\boldsymbol{X})$$

即$\boldsymbol{Y}^*$成了对策者Ⅰ的最优策略，$\boldsymbol{X}^*$成了对策者Ⅱ的最优策略。

又由于

$$E(\boldsymbol{X}^*,\boldsymbol{Y}^*)=-E(\boldsymbol{Y}^*,\boldsymbol{X}^*)=V_G$$

即
$$V_G=-V_G$$

则
$$V_G=0$$

(2) 由$E(\boldsymbol{X},\boldsymbol{Y}^*)\leqslant E(\boldsymbol{X}^*,\boldsymbol{Y}^*)\leqslant E(\boldsymbol{X}^*,\boldsymbol{Y})$，即$\boldsymbol{X}^*$为策略者Ⅰ的最优策略，$\boldsymbol{Y}^*$为对策者Ⅱ的最优策略。

而由题设有

$$E(\boldsymbol{Y},\boldsymbol{X}^*)\leqslant E(\boldsymbol{X}^*,\boldsymbol{Y}^*)\leqslant E(\boldsymbol{Y}^*,\boldsymbol{X})$$

即$\boldsymbol{Y}^*$为对策者Ⅰ的最优策略，$\boldsymbol{X}^*$为对策者Ⅱ的最优策略。

由对称性，则有

$$T_1(G)=T_2(G)$$

13.8 利用图解法求解下列矩阵对策，其中$\boldsymbol{A}$为

(1) $\begin{bmatrix}2 & 4\\ 2 & 3\\ 3 & 2\\ -2 & 6\end{bmatrix}$　　　(2) $\begin{bmatrix}1 & 3 & 11\\ 8 & 5 & 2\end{bmatrix}$

解 (1) $\boldsymbol{A}=\begin{matrix} & \beta_1 & \beta_2 \\ \alpha_1 & 2 & 4\\ \alpha_2 & 2 & 3\\ \alpha_3 & 3 & 2\\ \alpha_4 & -2 & 6\end{matrix}$

对于$\boldsymbol{A}$，第1行优超于第2行，因此，去掉第2行，得到

$$\boldsymbol{A}_1=\begin{matrix} & \beta_1 & \beta_2 \\ \alpha_1 & 2 & 4\\ \alpha_3 & 3 & 2\\ \alpha_4 & -2 & 6\end{matrix}$$

设局中人Ⅱ的混合策略为$\begin{bmatrix}y\\ 1-y\end{bmatrix}$

$$2y+4(1-y)=v,\quad 3y+2(1-y)=v,\quad -2y+6(1-y)=v$$

即
$$-2y+4=v,\quad y+2=v,\quad -8y+6=v$$

根据最不利当中选取最有利的原则，局中人Ⅱ的最优选择就是如何确定y，以便三个纵坐标值中的最大值尽可能地小。从图13-1可知，AB为对策值。

为求出点y和对策的值V_G，联立过B点两条线段α_1和α_3所确定的方程

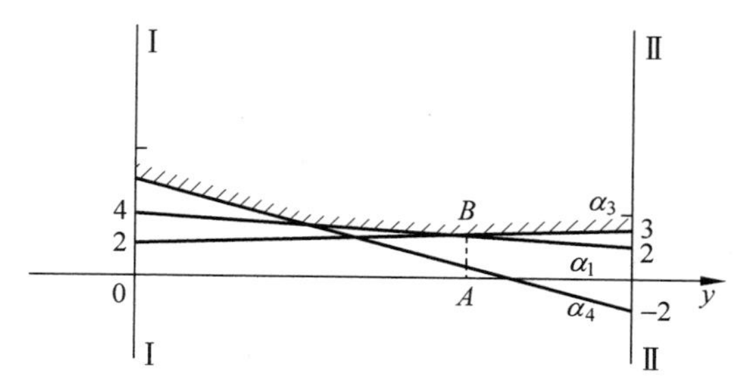

图　13-1

$$\begin{cases} y+2=V_G \\ -2y+4=V_G \end{cases}$$

解得

$$y=\frac{2}{3},\quad V_G=2+\frac{2}{3}=\frac{8}{3}$$

故局中人Ⅱ的最优策略为$\left(\frac{2}{3},\frac{1}{3}\right)^{\mathrm{T}}$。

此外,从图 13-1 还可以看出,局中人Ⅰ的最优混合策略只由 α_1 和 α_3 组成,则

$$\begin{cases} 2x_1+3x_3=\frac{8}{3} \\ 4x_1+2x_3=\frac{8}{3} \\ x_1+x_3=1 \end{cases}$$

则

$$2x_1+3x_3=4x_1+2x_3,\quad x_1=\frac{1}{2}x_3$$

又因为 $x_1+x_3=1$,所以$\frac{1}{2}x_3+x_3=1$,所以 $x_3=\frac{2}{3}$, $x_1=\frac{1}{3}$。

从而局中Ⅰ的最优混合策略为 $\boldsymbol{X}^*=\left(\frac{1}{3},0,\frac{2}{3},0\right)^{\mathrm{T}}$。

(2)

$$\boldsymbol{A}=\begin{matrix}\alpha_1\\ \alpha_2\end{matrix}\begin{bmatrix}1 & 3 & 11 \\ 8 & 5 & 2\end{bmatrix}$$

设局中人Ⅰ的混合策略为$\begin{bmatrix}x \\ 1-x\end{bmatrix}$,$x\in[0,1]$,过数轴上坐标为 0 和 1 的两点分别作两条垂线Ⅰ-Ⅰ和Ⅱ-Ⅱ,垂线上点的纵坐标值分别表示局中人Ⅰ采取纯策略 α_1 和 α_2 时,局中人Ⅱ采取各种纯策略的赢得值,如图 13-2。则当局中人Ⅰ选择每一策略$\begin{bmatrix}x \\ 1-x\end{bmatrix}$时,他的最少可能收入为局中人Ⅱ选择 β_1,β_2,β_3 时所确定的三条直线

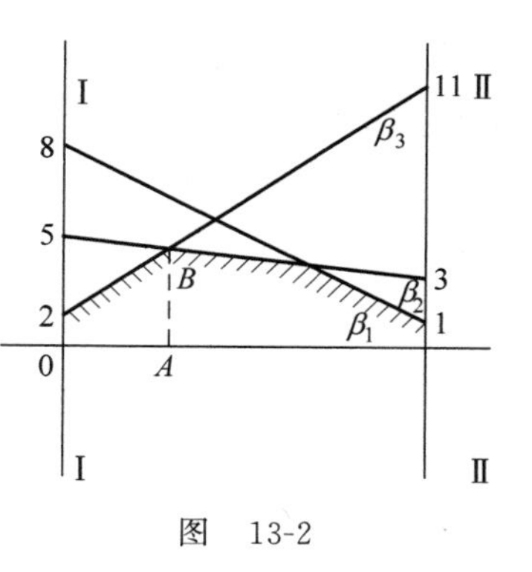

图　13-2

$$\begin{cases} x+8(1-x)=v(\beta_1) \\ 3x+5(1-x)=v(\beta_2) \\ 11x+2(1-x)=v(\beta_3) \end{cases}$$

在 x 处的纵坐标中之最小者。

对局中人Ⅰ而言，他的最优选择为确定 x 使他的收入尽可能多，由图 13-2 按最小最大原则应选择 $x=OA$，而 AB 即为对策值，联立过 B 点的两条线段 β_2 和 β_3 所确定的方程

$$\begin{cases}-2x+5=V_G(\beta_2)\\9x+2=V_G(\beta_3)\end{cases}$$

解得
$$x=\frac{3}{11},\quad V_G=9x+2=9\times\frac{3}{11}+2=\frac{49}{11}$$

故局中 1 的最优策略为 $\boldsymbol{X}^*=\left(\frac{3}{11},\frac{8}{11}\right)^{\mathrm{T}}$。

此外，从图 13-2 还可得知，局中人Ⅱ的最优混合策略只由 β_2 和 β_3 组成，则

$$\begin{cases}3y_2+11y_3=V_G=\frac{49}{11}\\5y_2+2y_3=V_G=\frac{49}{11}\\y_2+y_3=1\end{cases}$$

即
$$\begin{cases}3y_2+11y_3=5y_2+2y_3\\y_2+y_3=1\end{cases}$$

解得
$$y_2=\frac{9}{11},\quad y_3=\frac{2}{11}$$

又因为 $y_1=0$，故局中人Ⅱ的最优混合策略为 $\boldsymbol{Y}^*=\left(0,\frac{9}{11},\frac{2}{11}\right)^{\mathrm{T}}$。

13.9 用方程组法求解矩阵对策，其中赢得矩阵 A 为

$$A=\begin{bmatrix}1&3\\4&2\end{bmatrix}$$

解 设 $x=(x_1,x_2)$ 为局中人Ⅰ的混合策略，$y=(y_1,y_2)$ 为局中人Ⅱ的混合策略。

$$\begin{array}{cc} & \text{Ⅱ}: \\ & \begin{matrix}y_1 & y_2\end{matrix} \\ \text{Ⅰ}:\begin{matrix}x_1\\x_2\end{matrix} & \begin{bmatrix}1&3\\4&2\end{bmatrix}\end{array}$$

得到方程组

$$\begin{cases}x_1+4x_2=V\\3x_1+2x_2=V\\x_1+x_2=1\end{cases}$$

和方程组

$$\begin{cases}y_1+3y_2=V\\4y_1+2y_2=V\\y_1+y_2=1\end{cases}$$

解之得 $x_1=x_2=\frac{1}{2},y_1=\frac{1}{4},y_2=\frac{3}{4},V=\frac{5}{2}$

局中人Ⅰ的混合策略为$\left(\frac{1}{2},\frac{1}{2}\right)$，

局中人Ⅱ的混合策略为$\left(\frac{1}{4},\frac{3}{4}\right)$。

13.10　设 $m\times m$ 对策的矩阵为

$$\boldsymbol{A}=\begin{bmatrix} a_{11} & a_{12} & \cdots & a_{1m} \\ a_{21} & a_{22} & \cdots & a_{2m} \\ \vdots & \vdots & & \vdots \\ a_{m1} & a_{m2} & \cdots & a_{mm} \end{bmatrix}$$

其中当 $i\neq j$ 时，$a_{ij}=1$；当 $i=j$ 时，$a_{ij}=-1$。证明此对策的最优策略为

$$\boldsymbol{X}^*=\boldsymbol{Y}^*=\left(\frac{1}{m},\frac{1}{m},\cdots,\frac{1}{m}\right)^{\mathrm{T}}$$

$$V_G=\frac{m-2}{m}$$

解　由题意

$$a_{ij}=\begin{cases} 1, & (i\neq j) \\ -1, & (i=j) \end{cases}$$

则

$$\boldsymbol{A}=\begin{bmatrix} -1 & 1 & 1 & \cdots & 1 \\ 1 & -1 & 1 & \cdots & 1 \\ \vdots & \vdots & \vdots & & \vdots \\ 1 & 1 & 1 & \cdots & -1 \end{bmatrix}$$

易知，$\boldsymbol{A}$ 没有鞍点，设最优混合策略为

$$\boldsymbol{X}^*=(x_1^*,x_2^*,\cdots,x_m^*)^{\mathrm{T}}$$

和

$$\boldsymbol{Y}^*=(y_1^*,y_2^*,\cdots,y_m^*)^{\mathrm{T}}$$

从矩阵 $\boldsymbol{A}$ 的元素来看，每个局中人选取每个纯策略的可能性都是存在的，故可假定 $x_i^*>0$ 和 $y_j^*>0$，$i=1,\cdots,m$，$j=1,\cdots,m$，于是由线性方程组

$$(\text{Ⅰ})\begin{cases} -x_1+x_2+x_3+\cdots+x_m=v & ① \\ x_1-x_2+x_3+\cdots+x_m=v & ② \\ \quad\vdots \\ x_1+x_2+x_3+\cdots-x_m=v \\ x_1+x_2+x_3+\cdots+x_m=1 \end{cases}$$

和

$$(\text{Ⅱ})\begin{cases} -y_1+y_2+y_3+\cdots+y_m=v \\ y_1-y_2+y_3+\cdots+y_m=v \\ \quad\vdots \\ y_1+y_2+y_3+\cdots-y_m=v \\ y_1+y_2+y_3+\cdots+y_m=1 \end{cases}$$

由方程组(Ⅰ)的①和②可得

$$-x_1+x_2+x_3+\cdots+x_m=x_1-x_2+x_3+\cdots+x_m$$

即 $$x_1=x_2$$

依此类推得 $$x_1+x_2=\cdots=x_m$$

又因为 $$x_1+x_2+\cdots+x_m=1$$

故 $$x_1=x_2=\cdots=x_m=\frac{1}{m}$$

同理可得 $$y_1=y_2=\cdots=y_m=\frac{1}{m}$$

则此对策的最优策略为

$$\boldsymbol{X}^*=\boldsymbol{Y}^*=\left(\frac{1}{m},\frac{1}{m},\cdots,\frac{1}{m}\right)^{\mathrm{T}}$$

把 $\boldsymbol{X}^*$ 代入方程组（Ⅰ）中的①式得

$$V_G=-\frac{1}{m}+\underbrace{\frac{1}{m}+\cdots+\frac{1}{m}}_{m-1\text{个}}=\frac{m-2}{m}$$

13.11 已知矩阵对策

$$\boldsymbol{A}=\begin{bmatrix}4&0&0\\0&0&8\\0&6&0\end{bmatrix}$$

的解为 $\boldsymbol{X}^*=\left(\frac{6}{13},\frac{3}{13},\frac{4}{13}\right)^{\mathrm{T}}$，$\boldsymbol{Y}^*=\left(\frac{6}{13},\frac{4}{13},\frac{3}{13}\right)^{\mathrm{T}}$，对策值为$\frac{24}{13}$。求下列矩阵对策的解，其赢得矩阵 $\boldsymbol{A}$ 分别为

(1) $\begin{bmatrix}6&2&2\\2&2&10\\2&8&2\end{bmatrix}$　(2) $\begin{bmatrix}-2&-2&2\\6&-2&-2\\-2&4&-2\end{bmatrix}$　(3) $\begin{bmatrix}32&20&20\\20&20&44\\20&38&20\end{bmatrix}$

解　(1) 设有两个矩阵对策

$$G_1=\{S_1,S_2;\ \boldsymbol{A}_1\},\quad G_2=\{S_2,S_2;\ \boldsymbol{A}_2\}$$

其中 $\boldsymbol{A}_1=(a_{ij})$，$\boldsymbol{A}_2=(a_{ij}+L)$，$L$ 为任一常数，则

$V_{G_2}=V_{G_1}+L$

$T(G_1)=T(G_2)$

已知

$$\boldsymbol{A}=\begin{bmatrix}4&0&0\\0&0&8\\0&6&0\end{bmatrix}$$

$\boldsymbol{A}$ 矩阵的每个元素加上 2，可得矩阵：

$$\begin{bmatrix}6&2&2\\2&2&10\\2&8&2\end{bmatrix}\qquad ①$$

① 矩阵对策的解为

$$\boldsymbol{X}^*=\left(\frac{6}{13},\frac{3}{13},\frac{4}{13}\right)^{\mathrm{T}},\quad \boldsymbol{Y}^*=\left(\frac{6}{13},\frac{4}{13},\frac{3}{13}\right)^{\mathrm{T}}$$

对策值为
$$V_1=V_A+2=\frac{24}{13}+2=\frac{50}{13}$$

(2) 由于

$$\begin{bmatrix}4&0&0\\0&0&8\\0&6&0\end{bmatrix}-\begin{bmatrix}2&2&2\\2&2&2\\2&2&2\end{bmatrix}=\begin{bmatrix}2&-2&-2\\-2&-2&6\\-2&4&-2\end{bmatrix}\xrightarrow[\text{和第 3 列}]{\text{交换第 1 列}}\begin{bmatrix}-2&-2&2\\6&-2&-2\\-2&4&-2\end{bmatrix} \quad ②$$

故由上述定理可知,②的矩阵对策为

$$\boldsymbol{X}^*=\left(\frac{6}{13},\frac{3}{13},\frac{4}{13}\right)^{\mathrm{T}},\quad \boldsymbol{Y}^*=\left(\frac{3}{13},\frac{4}{13},\frac{6}{13}\right)^{\mathrm{T}}$$

对策值为
$$V_2=V_A-2=\frac{24}{13}-2=-\frac{2}{13}$$

(3) 将 $\boldsymbol{A}$ 矩阵中的每个元素乘以 3,再加上 20 可得

$$3\begin{bmatrix}4&0&0\\0&0&8\\0&6&0\end{bmatrix}+\begin{bmatrix}20&20&20\\20&20&20\\20&20&20\end{bmatrix}=\begin{bmatrix}32&20&20\\20&20&44\\20&38&20\end{bmatrix} \quad ③$$

设有两个矩阵对策

$$G_1=\{S_1,S_2;\boldsymbol{A}\},\quad G_2=\{S_1,S_2;a\boldsymbol{A}\}$$

其中 $a>0$ 为任一常数,则

$V_{G_2}=aV_{G_1}$

$T(G_2)=T(G_1)$

由上述两个定理结合可得:

设有两个矩阵对策

$$G_1=\{S_1,S_2;\boldsymbol{A}\},\quad G_2=\{S_1,S_2;a\boldsymbol{A}+b\}$$

其中 $a>0$ 为任一常数,b 为任一常数,则

$V_{G_2}=aV_{G1}+b$

$T(G_2)=T(G_1)$

故可得③矩阵对策的解为

$$\boldsymbol{X}^*=\left(\frac{6}{13},\frac{3}{13},\frac{4}{13}\right)^{\mathrm{T}},\quad \boldsymbol{Y}^*=\left(\frac{6}{13},\frac{4}{13},\frac{3}{13}\right)^{\mathrm{T}}$$

对策值为

$$V_C=3V_A+20=3\times\frac{24}{13}+20=\frac{332}{13}$$

13.12　用线性规划方法求解下列矩阵对策,其中 $\boldsymbol{A}$ 为

(1) $\begin{bmatrix}8&2&4\\2&6&6\\6&4&4\end{bmatrix}$　　(2) $\begin{bmatrix}2&0&2\\0&3&1\\1&2&1\end{bmatrix}$

解　(1) 由题意,
$$\begin{array}{c|ccc} & y_1 & y_2 & y_3\\ \hline x_1 & 8 & 2 & 4\\ x_2 & 2 & 6 & 6\\ x_3 & 6 & 4 & 4\end{array}$$

求解问题可化为两个互为对偶的线性规划问题：

$$\min w=x_1+x_2+x_3$$

$$(P)\begin{cases}8x_1+2x_2+6x_3\geqslant 1\\2x_1+6x_2+4x_3\geqslant 1\\4x_1+6x_2+4x_3\geqslant 1\\x_1,x_2,x_3\geqslant 0\end{cases}$$

$$\max z=y_1+y_2+y_3$$

$$(D)\begin{cases}8y_1+2y_2+4y_3\leqslant 1\\2y_1+6y_2+4y_3\leqslant 1\\6y_1+4y_2+4y_3\leqslant 1\\y_1,y_2,y_3\geqslant 0\end{cases}$$

用单纯形法解问题(D)

将问题(1)化为标准型式如下：

$$\max(y_1+y_2+y_3+0\cdot y_4+0\cdot y_5+0\cdot y_6)$$

$$\text{s.t.}\begin{cases}8y_1+2y_2+4y_3+y_4=1\\2y_1+6y_2+6y_3+y_5=1\\6y_1+4y_2+4y_3+y_6=1\\y_1,y_2,y_3,y_4,y_5,y_6\geqslant 0\end{cases}$$

用单纯形表对上述问题进行计算，如表 13-5。

表 13-5

c_j			1	1	1	0	0	0	θ_i
$\boldsymbol{C}_B$	$\boldsymbol{Y}_B$	$\boldsymbol{b}$	y_1	y_2	y_3	y_4	y_5	y_6	
0	y_4	1	[8]	2	4	1	0	0	$\frac{1}{8}$
0	y_5	1	2	6	6	0	1	0	$\frac{1}{2}$
0	y_6	1	6	4	4	0	0	1	$\frac{1}{6}$
$-z$		0	1	1	1	0	0	0	
1	y_1	$\frac{1}{8}$	1	$\frac{1}{4}$	$\frac{1}{2}$	$\frac{1}{8}$	0	0	$\frac{1}{2}$
0	y_5	$\frac{3}{4}$	0	$\frac{11}{2}$	5	$-\frac{1}{4}$	1	0	$\frac{3}{22}$
0	y_6	$\frac{1}{4}$	0	$\left[\frac{5}{2}\right]$	1	$-\frac{3}{4}$	0	1	$\frac{1}{10}$
$-z$		$-\frac{1}{8}$	0	$\frac{3}{4}$	$\frac{1}{2}$	$-\frac{1}{8}$	0	0	
1	y_1	$\frac{1}{10}$	1	0	$\frac{2}{5}$	$\frac{1}{5}$	0	$-\frac{1}{10}$	$\frac{1}{4}$
0	y_5	$\frac{1}{5}$	0	0	$\left[\frac{14}{5}\right]$	$\frac{7}{5}$	1	$-\frac{11}{5}$	$\frac{1}{14}$

续表

c_j			1	1	1	0	0	0	θ_i
$\boldsymbol{C}_B$	$\boldsymbol{Y}_B$	$\boldsymbol{b}$	y_1	y_2	y_3	y_4	y_5	y_6	
1	y_2	$\frac{1}{10}$	0	1	$\frac{2}{5}$	$-\frac{3}{10}$	0	$\frac{2}{5}$	$\frac{1}{4}$
$-z$		$-\frac{1}{5}$	0	0	$\frac{1}{5}$	$\frac{1}{10}$	0	$-\frac{3}{10}$	
1	y_1	$\frac{1}{14}$	1	0	0	0	$-\frac{1}{7}$	$\frac{3}{14}$	
1	y_3	$\frac{1}{14}$	0	0	1	$\frac{1}{2}$	$\frac{5}{14}$	$-\frac{11}{14}$	
1	y_2	$\frac{1}{14}$	0	1	0	$-\frac{1}{2}$	$-\frac{1}{7}$	$\frac{5}{7}$	
$-z$		$-\frac{3}{14}$	0	0	0	0	$-\frac{1}{14}$	$-\frac{1}{7}$	

由表 13-5 可得，问题(D)已达到最优解

$$\boldsymbol{Y}^*=\left(\frac{1}{14},\frac{1}{14},\frac{1}{14},0,0,0\right)^{\mathrm{T}}$$

目标函数的最优值

$$\max z=\frac{3}{14}$$

因为非其变量 y_4 的检验数 $\sigma_4=0$，故问题(D)有无穷多最优解。

由对偶问题的性质可得：

问题(P)的最优解为

$$x_1=0,\quad x_2=\frac{1}{14},\quad x_3=\frac{1}{7}$$

目标函数的最优值

$$\min w=\frac{3}{14}$$

故

$$V_G=\frac{14}{3}$$

则对策者Ⅰ的最优混合策略为$\frac{14}{3}\left(0,\frac{1}{14},\frac{1}{7}\right)^{\mathrm{T}}$，即$\left(0,\frac{1}{3},\frac{2}{3}\right)^{\mathrm{T}}$。

对策者Ⅱ的最优混合策略为$\frac{14}{3}\left(\frac{1}{14},\frac{1}{14},\frac{1}{14}\right)^{\mathrm{T}}$，即$\left(\frac{1}{3},\frac{1}{3},\frac{1}{3}\right)^{\mathrm{T}}$。

(2) 由题意

$$\begin{array}{c} \\ x_1 \\ x_2 \\ x_3 \end{array}\begin{array}{c} \begin{array}{ccc} y_1 & y_2 & y_3 \end{array} \\ \begin{bmatrix} 2 & 0 & 2 \\ 0 & 3 & 1 \\ 1 & 2 & 1 \end{bmatrix} \end{array}$$

求解问题可化为两个互为对偶的线性规划问题。

$$
(P)\begin{cases} \min(x_1+x_2+x_3) \\ 2x_1+x_3\geqslant 1 \\ 3x_2+2x_3\geqslant 1 \\ 2x_1+x_2+x_3\geqslant 1 \\ x_1,x_2,x_3\geqslant 0 \end{cases}
$$

$$
(D)\begin{cases} \max(y_1+y_2+y_3) \\ 2y_1+2y_3\leqslant 1 \\ 3y_2+y_3\leqslant 1 \\ y_1,y_2,y_3\geqslant 0 \end{cases}
$$

用单纯形法解问题(D)

将问题(D)化为标准

$$
\max z=y_1+y_2+y_3+0\cdot y_4+0\cdot y_5+0\cdot y_6
$$

$$
\text{s.t.}\begin{cases} 2y_1+2y_3+y_4=1 \\ 3y_2+y_3+y_5=1 \\ y_1+2y_2+y_3+y_6=1 \\ y_1,y_2,y_3,y_4,y_5,y_6\geqslant 0 \end{cases}
$$

对于上述问题用单纯形表进行计算，如表 13-6 所示。

表 13-6

c_j			1	1	1	0	0	0	θ_i
$\boldsymbol{C}_B$	$\boldsymbol{Y}_B$	$\boldsymbol{b}$	y_1	y_2	y_3	y_4	y_5	y_6	
0	y_4	1	[2]	0	2	1	0	0	$\frac{1}{2}$
0	y_5	1	0	3	1	0	1	0	—
0	y_6	1	1	2	1	0	0	1	1
$-z$		0	1	1	1	0	0	0	
1	y_1	$\frac{1}{2}$	1	0	1	$\frac{1}{2}$	0	0	—
0	y_5	1	0	3	1	0	1	0	$\frac{1}{3}$
0	y_6	$\frac{1}{2}$	0	[2]	0	$-\frac{1}{2}$	0	1	$\frac{1}{4}$
$-z$		$-\frac{1}{2}$	0	1	0	$-\frac{1}{2}$	0	0	
1	y_1	$\frac{1}{2}$	1	0	1	$\frac{1}{2}$	0	0	—
0	y_5	$\frac{1}{4}$	0	0	1	$\frac{3}{4}$	1	$-\frac{3}{2}$	
1	y_2	$\frac{1}{4}$	0	1	0	$-\frac{1}{4}$	0	$\frac{1}{2}$	
$-z$		$-\frac{3}{4}$	0	0	0	$-\frac{1}{4}$	0	$-\frac{1}{2}$	

由表 13-6 可得，问题(D)已达到最优解

$$\boldsymbol{Y}^* = \left(\frac{1}{2},\frac{1}{4},0,0,\frac{1}{4},0\right)^{\mathrm{T}}$$

目标函数的最优值 $$\max z = \frac{3}{4}$$

由对偶问题的性质可得：

问题(P)的最优解为

$$x_1 = \frac{1}{4},\quad x_2 = 0,\quad x_3 = \frac{1}{2}$$

目标函数的最优值 $$\min w = \frac{3}{4}$$

则对策者Ⅱ的最优策略为$\frac{4}{3}\left(\frac{1}{2},\frac{1}{4},0\right)^{\mathrm{T}}$，即$\left(\frac{2}{3},\frac{1}{3},0\right)^{\mathrm{T}}$。

对策者Ⅰ的最优策略为$\frac{4}{3}\left(\frac{1}{4},0,\frac{1}{2}\right)$，即$\left(\frac{1}{3},0,\frac{2}{3}\right)$且$V_G = \frac{1}{\frac{3}{4}} = \frac{4}{3}$。

【典型例题精解】

1. 甲、乙两个游戏者在互不知道的情况下，同时伸出1，2或3个指头。用k表示两人伸出的指头总和。当k为偶数，甲付给乙k元，若k为奇数，乙付给甲k元。列出甲的赢得矩阵。

解　对甲的赢得矩阵见表13-7。

表　13-7

甲＼乙	1	2	3
1	−2	3	−4
2	3	−4	5
3	−4	5	−6

2. A和B进行一种游戏。A先在横坐标x轴的[0，1]区间内任选一个数，但不让B知道，然后B在纵坐标轴y轴的[0，1]区间内任选一个数。双方选定后，B对A的支付为

$$P(x,y) = \frac{1}{2}y^2 - 2x^2 - 2xy + \frac{7}{2}x + \frac{5}{4}y$$

求A，B各自的最优策略和对策值。

解　令$\begin{cases}\dfrac{\partial P}{\partial x} = -4x - 2y + \dfrac{7}{2} = 0\\[2mm] \dfrac{\partial P}{\partial y} = -2x + y + \dfrac{5}{4} = 0\end{cases}$，解得$x = \frac{3}{4}$，　$y = \frac{1}{4}$。

又 $$P\left(x,\frac{1}{4}\right) \leqslant P\left(\frac{3}{4},\frac{1}{4}\right) \leqslant P\left(\frac{3}{4},y\right)$$

即$(x,y)=\left(\frac{3}{4},\frac{1}{4}\right)$是鞍点。

$$V_G=\frac{1}{2}\times\left(\frac{1}{4}\right)^2-2\times\left(\frac{3}{4}\right)^2-2\times\frac{3}{4}\times\frac{1}{4}+\frac{7}{2}\times\frac{3}{4}+\frac{5}{4}\times\frac{1}{4}=\frac{47}{32}$$

3. 给定一个矩形对策，其赢得矩阵为

$$\boldsymbol{A}=\begin{bmatrix}3&4&0&3&0\\5&0&2&5&9\\7&3&9&5&9\\4&6&8&7&6\\6&0&8&8&3\end{bmatrix}$$

求对策的解与值。

解 $\boldsymbol{A}$ 的第 4 行比第 1 行对应元素大，即 α_4 优超于 α_1，删去第 1 行，同理 α_3 优超于 α_2，删去第 2 行，得矩阵

$$\boldsymbol{A}_1=\begin{bmatrix}7&3&9&5&9\\4&6&8&7&6\\6&0&8&8&3\end{bmatrix}$$

在 $\boldsymbol{A}_1$ 中，第 3 列比第 1 列对应元素大，即 β_1 优超于 β_3，删去第 3 列，同理 β_2 优超于 β_4 和 β_5，删去第 4、5 列得矩阵

$$\boldsymbol{A}_2=\begin{matrix}\alpha_3\\\alpha_4\\\alpha_5\end{matrix}\overset{\begin{matrix}\beta_1&\beta_2\end{matrix}}{\begin{bmatrix}7&3\\4&6\\6&0\end{bmatrix}}$$

在 $\boldsymbol{A}_2$ 中，α_3 优超于 α_5，删去 α_5 得矩阵

$$\boldsymbol{A}_3=\begin{matrix}\alpha_3\\\alpha_4\end{matrix}\overset{\begin{matrix}\beta_1&\beta_2\end{matrix}}{\begin{bmatrix}7&3\\4&6\end{bmatrix}}$$

$\boldsymbol{A}_3$ 所对应矩阵对策得：

$$x_3^*=\frac{1}{3},\quad x_4^*=\frac{2}{3},\quad y_1^*=\frac{1}{2},\quad y_2^*=\frac{1}{2},\quad V_G=5$$

显然 $$x_1^*=x_2^*=x_5^*=0,\quad y_3^*=y_4^*=y_5^*=0$$

所以局中人Ⅰ的最优策略为 $\boldsymbol{X}^*=\left(0,0,\frac{1}{3},\frac{2}{3},0\right)$，局中人Ⅱ的最优策略为 $\boldsymbol{Y}^*=\left(\frac{1}{2},\frac{1}{2},0,0,0\right)$，对策值 $V_G=5$。

4. 求解矩阵对策 $G=\{S_1,S_2;\boldsymbol{A}\}$其中

$$\boldsymbol{A}=\begin{bmatrix}1&0&0\\0&2&0\\0&0&3\end{bmatrix}$$

解 $\boldsymbol{A}$ 为对角矩阵，可设 $x_i^*\neq0,i=1,2,3$；$y_j^*\neq0,j=1,2,3$，G 在混合意义下的解，

满足如下两组不等式。

$$\begin{cases}x_1 \geqslant v \\ 2x_2 \geqslant v \\ 3x_3 \geqslant v \\ x_1+x_2+x_3=1 \\ x_1,x_2,x_3 \geqslant 0\end{cases} \qquad \begin{cases}y_1 \leqslant v \\ 2y_2 \leqslant v \\ 3y_3 \leqslant v \\ y_1+y_2+y_3=1 \\ y_1,y_2,y_3 \geqslant 0\end{cases}$$

因 x_i^* 与 $y_j^* \neq 0$,由互补松弛定理,上述两组不等式取等号:

$$\begin{cases}x_1 = v \\ 2x_2 = v \\ 3x_3 = v \\ x_1+x_2+x_3=v \\ x_1,x_2,x_3 \geqslant 0\end{cases} \qquad \begin{cases}y_1 = v \\ 2y_2 = v \\ 3y_3 = v \\ y_1+y_2+y_3=v \\ y_1,y_2,y_3 \geqslant 0\end{cases}$$

解得 $\boldsymbol{X}^*=\boldsymbol{Y}^*=\left(\frac{6}{11},\frac{3}{11},\frac{2}{11}\right)$, $V_G=\frac{6}{11}\times1+0\times\frac{3}{11}+0\times\frac{2}{11}=\frac{6}{11}$

5. 给定一个矩阵对策 $G=(S_1,S_2;\boldsymbol{A})$,$S_1=\{\alpha_1,\alpha_2\}$,$S_2=\{\beta_1,\beta_2\}$,$\boldsymbol{A}=\begin{bmatrix}1 & 3\\4 & 2\end{bmatrix}$,求对策的最优值和对策值。

解 由于

$$\max_i \min_j a_{ij}=2, \quad \min_i \max_j m_{ij}=3$$

故

$$\max_i \min_j a_{ij} \neq \min_i \max_j a_{ij}$$

因而对策没有纯策略意义下的解。

因为

$$a_{11}=1, \quad a_{12}=3, \quad a_{21}=4, \quad a_{22}=2$$

所以

$$\delta=a_{11}+a_{22}-(a_{12}+a_{21})=-4$$

$$\det\boldsymbol{A}=a_{11}a_{22}-a_{12}\cdot a_{21}=-10$$

所以对策在混合意义下的最优解为:

$$x_1^*=\frac{a_{22}-a_{21}}{\delta}=\frac{2-4}{-4}=\frac{1}{2}$$

$$x_2^*=\frac{a_{11}-a_{12}}{\delta}=\frac{1-3}{-4}=\frac{1}{2}$$

$$y_1^*=\frac{a_{22}-a_{12}}{\delta}=\frac{2-3}{-4}=\frac{1}{4}$$

$$y_2^*=\frac{a_{11}-a_{21}}{\delta}=\frac{1-4}{-4}=\frac{3}{4}$$

$$V_G=\frac{\det \boldsymbol{A}}{\delta}=\frac{-10}{-4}=\frac{5}{2}$$

因此,局中人Ⅰ的最优混合策略为 $\boldsymbol{X}^*=\left(\frac{1}{2},\frac{1}{2}\right)$,局中人Ⅱ的最优混合策略为 $\boldsymbol{Y}^*=\left(\frac{1}{4},\frac{3}{4}\right)$,对策的值为 $V_G=\frac{5}{2}$。

6. 用图形法求解表 13-8 的 2×2 对策。

表 13-8

策略		Ⅱ	
		1	2
Ⅰ	1	4	3
	2	0	6

解 对局中人Ⅰ，图解如图 13-3。

其中，l_1：$v=4x_1$；

l_2：$v=-3x_1+6$；

Ⅰ的最优策略为 $x_1^*=\frac{6}{7}, x_2^*=\frac{1}{7}, V_G=3\frac{3}{7}$。

对局中人Ⅱ，图解如图 13-4。

其中，l_1：$v=(a_{11}-a_{12})y_1+a_{12}=y_1+3$

l_2：$v=(a_{21}-a_{22})y_1+a_{22}=-6y_1+6$

Ⅱ的最优策略为 $y_1^*=\frac{3}{7}, y_2^*=\frac{4}{7}, V_G=3\frac{3}{7}$。

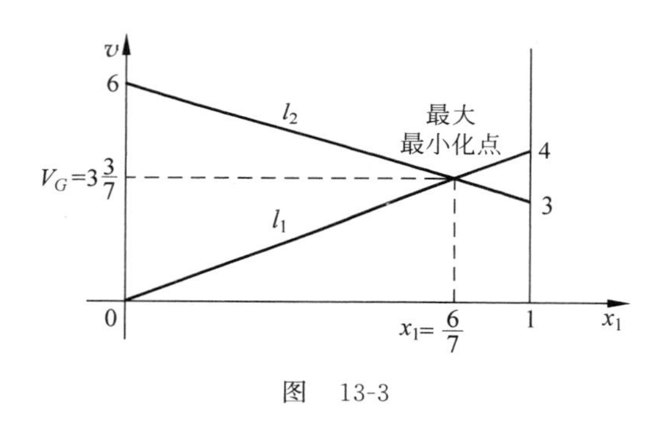

图 13-3

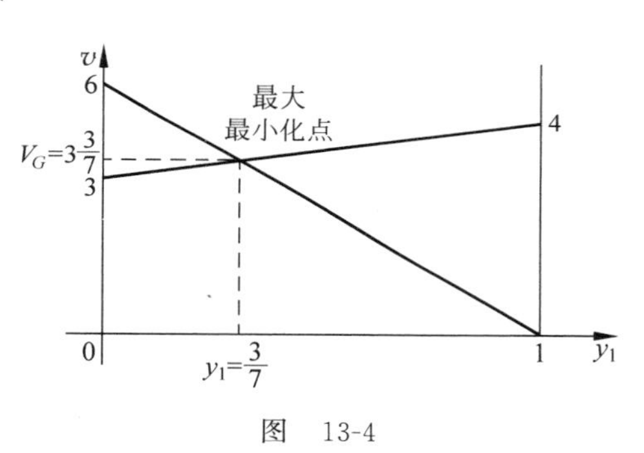

图 13-4

7. 用线性规划法求解下列矩阵对策问题：

$$A=\begin{bmatrix} 3 & -1 & -3 \\ -3 & 3 & -1 \\ -4 & -3 & 3 \end{bmatrix}$$

解 因为 $\max\limits_i \min\limits_j a_{ij}=-3, \min\limits_j \max\limits_i a_{ij}=3$，所以 $-3<a<3$。

将所给赢得矩阵各元素分别加上 3，得

$$A_1=\begin{bmatrix} 6 & 2 & 0 \\ 0 & 6 & 2 \\ -1 & 0 & 6 \end{bmatrix}$$

局中人Ⅱ的线性规划模型为

$$\max w = y_1 + y_2 + y_3$$
$$\begin{cases} 6y_1 + 2y_2 \leqslant 1 \\ 6y_2 + 2y_3 \leqslant 1 \\ -y_1 + 6y_3 \leqslant 1 \\ y_1, y_2, y_3 \geqslant 0 \end{cases}$$

以 S_1, S_2, S_3 为松弛变量,可求得最终的最优单纯形表如表 13-9 所示。

表 13-9

c_j			1	1	1	0	0	0	w
$\boldsymbol{C}_B$	$\boldsymbol{Y}_B$	$\boldsymbol{b}$	y_1	y_2	y_3	S_1	S_2	S_3	
1	y_1	$\frac{7}{53}$	1	0	0	$\frac{9}{53}$	$-\frac{3}{53}$	$\frac{1}{53}$	
1	y_2	$\frac{11}{106}$	0	1	0	$-\frac{1}{106}$	$\frac{9}{53}$	$-\frac{3}{53}$	
1	y_3	$\frac{10}{53}$	0	0	1	$\frac{3}{106}$	$-\frac{1}{106}$	$\frac{9}{53}$	
$c_j - z_i$			0	0	0	$-\frac{10}{53}$	$-\frac{11}{106}$	$-\frac{7}{53}$	$\frac{45}{106}$

由上表知局中人Ⅱ的最优混合策略为

$$\boldsymbol{Y}^* = \frac{106}{45}\left(\frac{7}{53}, \frac{11}{106}, \frac{10}{53}\right)^{\mathrm{T}} = \left(\frac{14}{45}, \frac{11}{45}, \frac{20}{45}\right)^{\mathrm{T}}$$

局中人Ⅰ的最优混合策略为

$$\boldsymbol{X}^* = \frac{106}{45}\left(\frac{10}{53}, \frac{11}{106}, \frac{7}{53}\right)^{\mathrm{T}} = \left(\frac{20}{45}, \frac{11}{45}, \frac{14}{45}\right)^{\mathrm{T}}$$

对策值为

$$V_G = \frac{106}{45} - 3 = -\frac{29}{45}$$

【考研真题解答】

1. (15 分)在两人零和对策 G 中,局中人Ⅰ和Ⅱ分别有四种和两种策略可供选择。局中人Ⅰ的赢得矩阵如表 13-10 所示。

表 13-10

		Ⅱ	
		1	2
Ⅰ	1	-1	-1
	2	0	1
	3	$-\frac{3}{2}$	0
	4	$\frac{1}{2}$	0

试求这个对策问题的解。

解 根据优超原则，矩阵中第 4 行优超于第 1、3 行，故划去第 1、3 行，故矩阵变为如表 13-11所示。

表 13-11

		Ⅱ	
		1	2
Ⅰ	2	0	1
	4	$\frac{1}{2}$	0

显然，上述对策无鞍点，故求解具有混合策略的对策。故所求的解为

$$\boldsymbol{X}^* = \left(0, \frac{1}{3}, 0, \frac{2}{3}\right)^{\mathrm{T}}, \quad \boldsymbol{Y}^* = \left(\frac{2}{3}, \frac{1}{3}\right)^{\mathrm{T}}, \quad V_G = \frac{1}{3}$$

2. (15 分)下列矩阵为 A，B 对策时的 A 的赢得矩阵，试求双方的对策方案。

$$\begin{bmatrix} 3 & 5 & 4 & 2 \\ 5 & 6 & 2 & 4 \\ 2 & 1 & 4 & 0 \\ 3 & 3 & 5 & 2 \end{bmatrix}$$

解 该题为混合对策。利用优超原则，依次划去第 3 行、第 1 列、第 2 列、第 1 行，得

$$\begin{array}{cc} & \begin{array}{cc} y_3 & y_4 \end{array} \\ \begin{array}{c} x_2 \\ x_4 \end{array} & \begin{bmatrix} 2 & 4 \\ 5 & 2 \end{bmatrix} \end{array}$$

由

$$\begin{cases} 2x_2 + 5x_4 = 4x_2 + 5x_4 \\ x_2 + x_4 = 1 \end{cases}, \quad \begin{cases} 2y_3 + 4y_4 = 5y_3 + 2y_4 \\ y_3 + y_4 = 1 \end{cases}$$

得

$$\boldsymbol{X}^* = \left(0, \frac{3}{5}, 0, \frac{2}{5}\right)^{\mathrm{T}}, \quad \boldsymbol{Y}^* = \left(0, 0, \frac{2}{5}, \frac{3}{5}\right)^{\mathrm{T}}, \quad V_G = \frac{16}{5}。$$

CHAPTER 14
第14章

决策分析

【本章学习要求】

1. 掌握不确定型决策及其求解方法。
2. 掌握风险决策及其求解方法。
3. 熟悉效用曲线概念及其作用。
4. 掌握序列决策的决策树求解方法。

【主要概念及算法】

1. 不确定型决策

不确定型决策指决策者对环境情况一无所知，这时决策者根据自己的主观倾向进行决策，计算并形成“策略—事件”(收益值或损失值)矩阵，如表14-1所示。

表 14-1

S_i \ a_{ij} \ E_j	β_1	β_2	…	β_n
α_1	a_{11}	a_{12}	…	a_{1n}
α_2	a_{21}	a_{22}	…	a_{2n}
⋮	⋮	⋮	⋮	⋮
α_m	a_{m1}	a_{m2}	…	a_{mn}

由决策者的主观态度不同，基本可分为5种准则：悲观主义准则，乐观主义准则，等可能性准则，最小机会准则，折衷主义准则。

(1) 悲观主义(max min)准则

分析各种最坏的可能结果，从中选择最好者，用符号表示为max min决策准则。

在收益矩阵中先从各策略所对应的可能发生的“策略—事件”对的结果中选出最小者(即 $\min_j(a_{ij})$)，将它们列于表的最右列，再从此列的数值中选出最大者，以它对应的策略为决策者应选的决策策略，计算公式表示为

$$S_k^* \to \max_i \min_j(a_{ij})$$

(2) 乐观主义(max max)准则

决策者以好中取好的乐观态度选择他的决策策略，决策者在分析收益矩阵各策略的“策

略—事件”对的结果中选出最大者，记在表的最右列，再从该列数值中选择最大者，以它对应的策略为决策策略。

计算公式表示为

$$S_k^* \to \max_i \max_j (a_{ij})$$

（3）等可能性（Laplace）准则

认为各事件发生的机会是均等的，即每一事件发生的概率都是1/事件数。决策者计算各策略的收益期望值，然后在所有这些期望值中选择最大者，以它对应的策略为决策策略。

计算公式为

$$S_k^* \to \max_i \{E(S_i)\}$$

（4）最小机会准则

当某一事件发生后，由于决策者没有选用收益最大的策略，而形成的损失值，若发生 k 事件，各策略的收益为 a_{ik}，其中最大者为

$$a_{lk} = \max_i (a_{ik})$$

这时各策略的机会损失值为

$$a'_{ik} = \{\max_i (a_{ik}) - a_{ik}\}$$

从所有最大机会损失值中选取最小者，它对应的策略为决策策略，用公式表示为

$$S_k^* \to \min_i \max_j a'_{ij}$$

（5）折衷主义准则

当用 min max 决策准则或 max max 决策准则来处理问题时，有的决策者认为这样太极端了，于是提出把这两种决策准则给予综合，令 α 为乐观系数，并且用以下关系式表示

$$H_i = \alpha \cdot a_{i\max} + (1-a)a_{i\min}$$

$a_{i\max}$，$a_{i\min}$ 分别表示第 i 个策略可能得到的最大收益值与最小收益值，将计算得到的 H_i 值记在表的右端，然后选择它们中的最大者，对应的策略为决策策略，用公式表示为

$$S_k^* \to \max_i \{H_i\}$$

2. 风险决策

风险决策是指决策者对客观情况不甚了解，但对将发生各事件的概率是已知的。

在风险决策中，一般采用期望值作为决策准则。若决策矩阵是收益矩阵，则采用最大期望收益作为决策准则；若决策矩阵是损失矩阵，则采用最小期望损失作为决策准则。

（1）最大期望收益决策准则

设决策矩阵为收益矩阵，各事件发生的概率 p_j 已知，则先计算各策略 S_i 的期望收益值。

$$E(S_i) = \sum_j p_j a_{ij}$$

然后从这些期望收益值中选取最大者，它对应的策略为决策策略，即

$$S_k^* \to \max\{E(S_i)\}$$

（2）最小机会损失决策准则

矩阵的各元素代表“策略—事件”对的机会损失值，各事件发生的概率为 p_j，先计算各策略的期望损失值。

$$\sum_j p_j a'_{ij}, \quad (i=1,2,\cdots,n)$$

然后从这些期望损失值中选取最小者,它对应的策略应是决策者所选策略。即

$$S_k^* \to \min_i \left(\sum_j p_j a'_{ij} \right)$$

(3) 主观概率

风险决策时决策者要估计各事件出现的概率,而许多决策问题的概率不能通过随机试验去确定,只能由决策者根据他对这事件的了解去确定,这样确定的概率反映了决策者对事件出现的信念程度,称为主观概率。确定主观概率时,一般采用下列专家估计法。

① 直接估计法:要求参加估计者直接给出概率的估计方法。

② 间接估计法:通过排队或相互比较等间接途径给出概率的估计方法。

(4) 修正概率的方法——贝叶斯公式的应用。

① 先由过去的经验或专家估计获得将要发生事件的事前(先验)概率。

② 根据调查或试验计算得到条件概率,利用贝叶斯公式得

$$P(B_i \mid A) = \frac{P(B_i)(A \mid B_i)}{\sum_j P(B_j)P(A \mid B_j)}, \quad (i=1,2,\cdots,n)$$

计算出各事件后验概率。

3. 效用理论在决策中的应用

(1) 效用的概念

效用值是一个相对的指标值,一般可规定:凡决策者最爱好的,赋值1,而最不爱好的,赋值0,其他情况赋值属于区间(0,1)。

(2) 效用曲线的确定

① 直接提问法

该法是向决策者提出一系列问题,要求决策者进行主观衡量并作出回答,但是这种提问与回答是十分含糊的,很难确切,所以应用较少。

② 对比提问法

设决策者面临两种可选方案 A_1 和 A_2,A_1 表示他无风险地得到一笔金额 x_2;A_2 表示他可以概率 p 得到一笔金额 x_1,或以概率 $(1-p)$ 损失金额 x_3,且 $x_1 > x_2 > x_3$,设 $U(x_1)$ 表示金额 x_1 的效用值,若在某条件下,则决策者认为 A_1,A_2 两方案等价时,可表示为:

$$pU(x_1) + (1-p)U(x_3) = U(x_2)$$

该式表示决策者认为 x_2 效用值等价于 x_1,x_3 的效用期望值,于是可用对比提问法来测定决策者的风险效用曲线,其中有 x_1,x_2,x_3,p 4 个变量,若其中任意 3 个为已知时,并请决策者主观判断第 4 个变量应取的值是多少。

4. 决策树

(1) 概念:决策树是研究序列决策的有力工具,决策树是由决策点、事件点及结果构成的树形结构图。

(2) 决策准则:期望值或效用值。

(3) 求解步骤。

计算采用逆决策顺序方法求解，计算步骤如下：

① 计算各事件点的期望值。

② 按最大期望或最大效用决策准则给出各决策点的抉择。

③ 在决策树上保留决策点应选方案，把淘汰策略去掉。

④ 重复①②③直至起点，即可得到最优策略。

5. 转折概率

两个方案的收益矩阵如表 14-2 所示。

表 14-2

方案 \ 收益 \ 状态	E_1	E_2
S_1	a_{11}	a_{12}
S_2	a_{21}	a_{22}

设 p 为 E_1 出现的概率，则$(1-p)$为 E_2 出现的概率。

由
$$a_{11}p+a_{12}(1-p)=a_{21}p+a_{22}(1-p)$$

得转折概率为
$$p_0=\frac{a_{12}-a_{22}}{(a_{21}+a_{12})-(a_{11}+a_{22})}$$

6. 求解多目标规划问题的方法

(1) 主要目标法：解决主要问题，并适当兼顾其他要求。

① 优选法：在实际问题中通过分析讨论，抓住其中一两个主要目标，让它们尽可能地好，而其他指标只要满足一定条件即可通过若干次试验以达到最佳。

② 数学规划法：设有 m 个目标 $f_1(x),f_2(x),\cdots,f_m(x)$要考查其中方案变量 $x\in R$(约束集合)，若以某目标为主要目标，如 $f_1(x)$要求实现最优(最大)，而对其他目标只是满足一定规格要求即可。

(2) 线性加权和法

① α-法

对于有 m 个目标 $f_1(x),\cdots,f_m(x)$的情况，不妨设其中 $f_1(x),\cdots,f_k(x)$要求最小化而 $f_{k+1}(x),\cdots,f_m(x)$要求最大化，这时可构成下列新目标函数。

$$\max_{x\in R}U(x)=\max_{x\in R}\left\{-\sum_{j=1}^{k}\alpha_j f_j(x)+\sum_{j=k+1}^{m}\alpha_j f_j(x)\right\}$$

② λ-法

当 m 个目标都要求实现最大时，可用下述加权和效用函数，即

$$U(x)=\sum_{i=1}^{m}\lambda_i f_i(x)$$

其中 λ_i 取

$$\lambda_i=\frac{1}{f_i^0},\quad f_i^0=\max_{x\in R}f_i(x)$$

（3）平方和加权法

设有 m 个规定值 $f_i^*,\cdots,f_m^*$，要求 m 个函数 $f_1(x),\cdots,f_m(x)$ 分别与规定的值相差尽量小，若对其中不同值的要求相差程度又可不完全一样，即有的要求重一些，有的轻一些，这时可利用下述评价函数：

$$U(x)=\sum_{i=1}^{m}\lambda_i[f_i(x)-f_i^*]^2$$

要求 $\min\limits_{x\in R}U(x)$，其中 λ_i 可按要求相差程度分别给出。

（4）理想点法

有 m 个目标 $f_1(x),\cdots,f_m(x)$，每个目标分别有其最优值

$$f_i^0(x)=\max_{x\in R}f_i(x)=f_i(x^{(i)}),\quad (i=1,2,\cdots,m)$$

若所有 $x^{(i)}(i=1,2,\cdots,m)$ 都相同，设为 x^0，则 $x=x^0$ 时，对每个目标都能达到其各自的最优点，然而一般做不到，因此对向量函数

$$\boldsymbol{F}(x)=(f_1(x),\cdots,f_m(x))^{\mathrm{T}}$$

来说，向量

$$\boldsymbol{F}^0=(f_1^0,\cdots,f_m^0)^{\mathrm{T}}$$

只是一个理想点（即一般达不到它）。

（5）乘除法

当在 m 个目标 $f_1(x),\cdots,f_m(x)$ 中，不妨设其中 k 个 $f_1(x),\cdots,f_k(x)$ 要求实现最小，其余 $f_{k+1}(x),\cdots,f_m(x)$ 要求实现最大，并假定

$$f_{k+1}(x),\cdots,f_m(x)>0$$

这时可利用评价函数

$$\frac{f_1(x)f_2(x)\cdots f_k(x)}{f_{k+1}(x)\cdots f_m(x)}\rightarrow\min$$

（6）功效系数法—几何平均法

设 m 个目标 $f_1(x),\cdots,f_m(x)$，其中 k_1 个目标要求实现最大，k_2 个目标要求实现最小，其余的目标过大不行，过小也不行，对于这些目标 $f_i(x)$ 分别给以一定的功效系数 d_i，$d_i\in[0.1]$。当目标最满意达到时，取 $d_i=1$，当最差时取 $d_i=0$，描述 d_i 与 $f_i(x)$ 的关系称为功效函数，表示为 $d_i=\boldsymbol{F}_i(f_i)$。有了功效函数后，对每个目标都可对应为相应的功效函数，目标值可转换为功效系数，这样每确定一个方案 x 后，就有 m 个目标函数值 $f_1(x),\cdots,f_m(x)$；然后用其对应的功效函数转换为相应的功效系数 $d_1,\cdots,d_m$，并用它们的几何平均值

$$D=\sqrt[m]{d_1,d_2,\cdots,d_m}$$

为评价函数，求 $\max D$。

（7）分层序列法

把目标按其重要性给出一个序列，分为重要目标、次要目标等。

设给出的重要性序列为

$$f_1(x),f_2(x),\cdots,f_m(x)$$

首先对第一个目标求最优，并找出所有最优解的集合，记为 R_0。然后在 R_0 内求第二

个目标的最优解，它这时的最优解集合为 R_1，如此等等，一直到求出第 m 个目标的最优解 x^0。

7. 层次分析法

根据层次结构图确定每一层的各因素的相对重要性的权数，直至计算出措施层各方案的相对权数，这就给出了各方案的优劣次序。

设有 n 件物体 $\boldsymbol{A}_1,\boldsymbol{A}_2,\cdots,\boldsymbol{A}_n$；它们的重量分别为 $w_1,w_2,\cdots,w_n$，若将它们两两地比较其重量，其比值可构成 $n\times n$ 矩阵 $\boldsymbol{A}$。

$$\boldsymbol{A}=\begin{bmatrix}\frac{w_1}{w_1} & \frac{w_1}{w_2} & \cdots & \frac{w_1}{w_n}\\ \frac{w_2}{w_1} & \frac{w_2}{w_2} & \cdots & \frac{w_2}{w_n}\\ \vdots & \vdots & & \vdots\\ \frac{w_n}{w_1} & \frac{w_n}{w_2} & \cdots & \frac{w_n}{w_n}\end{bmatrix}$$

$\boldsymbol{A}$ 矩阵具有如下性质：若用重量向量

$$\boldsymbol{W}=(w_1,w_2,\cdots,w_n)^{\mathrm{T}}$$

右乘 $\boldsymbol{A}$ 矩阵，得到

$$\boldsymbol{AW}=\begin{bmatrix}\frac{w_1}{w_1} & \frac{w_1}{w_2} & \cdots & \frac{w_1}{w_n}\\ \frac{w_2}{w_1} & \frac{w_2}{w_2} & \cdots & \frac{w_2}{w_n}\\ \vdots & \vdots & & \vdots\\ \frac{w_n}{w_1} & \frac{w_n}{w_2} & \cdots & \frac{w_n}{w_n}\end{bmatrix}\begin{bmatrix}w_1\\ w_2\\ \vdots\\ w_n\end{bmatrix}=n\begin{bmatrix}w_1\\ w_2\\ \vdots\\ w_n\end{bmatrix}=n\boldsymbol{W}$$

则 $\boldsymbol{W}$ 为特征向量，n 为特征值。

【课后习题全解】

14.1 某企业准备生产甲、乙两种产品，根据对市场需求的调查，可知不同需求状态出现的概率及相应的获利(单位：万元)情况，如表 14-3 所示。试根据期望值最大原则进行决策分析，进行灵敏度分析并计算出转折概率。

表 14-3

方案	高需求量	低需求量
	$p_1=0.7$	$p_2=0.3$
甲产品	4	3
乙产品	7	2

解 (1) 假设企业准备生产甲产品的为方案 A_1，准备生产乙产品的为方案 A_2，

则

$$E(A_1)=4\times0.7+3\times0.3=3.7$$

$$E(A_2)=7\times0.7+2\times0.3=5.5$$

由于 $E(A_1)<E(A_2)$

根据期望值最大原则，故应选择乙产品。

设转折概率为 P，

$$E(A_1)=E(A_2)$$

则 $4P+3(1-P)=7P+2(1-P)$

解得 $P=0.25$

故转折概率 $P=0.25$。

14.2 根据以往的资料，一家面包店每天所需面包数(当天市场需求量)可能是下列当中的某一个：100，150，200，250，300，但其概率分布不知道。如果一个面包当天没有卖掉，则可在当天结束时以每个0.15元处理掉。新鲜面包每个售价为0.49元，成本为0.25元，假设进货量限制在需求量中的某一个，要求：

(1) 做出面包进货问题的决策矩阵；

(2) 分别用处理不确定性决策问题的不同准则确定最优进货量。

解 (1)

a) 当面包进货量为100个时，无论在哪个状态下，收益值均为

$$100\times(0.49-0.25)=24(元)$$

b) 当面包进货量为150个，在销售状态为100个时，收益值为

$$100\times(0.49-0.25)-50\times(0.25-0.15)=19(元)$$

在销售状态为150个时，收益值为

$$150\times(0.49-0.25)=36(元)$$

在销售状态为200个时，收益值为

$$150\times(0.49-0.25)=36(元)$$

在销售状态为250个时，收益值为

$$150\times(0.49-0.25)=36(元)$$

在销售状态为300个时，收益值为

$$150\times(0.49-0.25)=36(元)$$

c) 当面包进货量为200个，在销售状态为100个时，收益值为

$$100\times(0.49-0.25)-100\times(0.25-0.15)=14(元)$$

在销售状态为150个时，收益值为

$$150\times(0.49-0.25)-50\times(0.25-0.15)=31(元)$$

在销售状态为200个时，收益值为

$$200\times(0.49-0.25)=48(元)$$

在销售状态为250个时，收益值为

$$200\times(0.49-0.25)=48(元)$$

在销售状态为300个时，收益值为

$$200\times(0.49-0.25)=48(元)$$

d）当面包进货量为 250 个，在销售状态为 100 个时，收益值为

$$100\times(0.49-0.25)-150\times(0.25-0.15)=9(\text{元})$$

在销售状态为 150 个时，收益值为

$$150\times(0.49-0.25)-100\times(0.25-0.15)=26(\text{元})$$

在销售状态为 200 个时，收益值为

$$200\times(0.49-0.25)-50\times(0.25-0.15)=43(\text{元})$$

在销售状态为 250 个时，收益值为

$$250\times(0.49-0.25)=60(\text{元})$$

在销售状态为 300 个时，收益值为

$$250\times(0.49-0.25)=60(\text{元})$$

e）当面包进货量为 300 个，在销售状态为 100 个时，收益值为

$$100\times(0.49-0.25)-200\times(0.25-0.15)=4(\text{元})$$

在销售状态为 150 个时，收益值为

$$150\times(0.49-0.25)-150\times(0.25-0.15)=21(\text{元})$$

在销售状态为 200 个时，收益值为

$$200\times(0.49-0.25)-100\times(0.25-0.15)=38(\text{元})$$

在销售状态为 250 个时，收益值为

$$250\times(0.49-0.25)-50\times(0.25-0.15)=55(\text{元})$$

在销售状态为 300 个时，收益值为

$$300\times(0.49-0.25)=72(\text{元})$$

综上所述，得到损益矩阵如表 14-4。

表 14-4 单位：元

方案	状态				
	100(个)	150(个)	200(个)	250(个)	300(个)
A_1：100(个)	24	24	24	24	24
A_2：150(个)	19	36	36	36	36
A_3：200(个)	14	31	48	48	48
A_4：250(个)	9	26	43	60	60
A_5：300(个)	4	21	38	55	72

（2）

a）等可能法的决策：

$$E(A_1)=24(\text{元})$$

$$E(A_2)=(19+36+36+36+36)\times\frac{1}{6}=\frac{163}{6}(\text{元})$$

$$E(A_3)=(14+31+48+48+48)\times\frac{1}{6}=\frac{189}{6}(\text{元})$$

$$E(A_4)=(9+26+43+60+60)\times\frac{1}{6}=\frac{198}{6}(\text{元})$$

$$E(A_5)=(4+21+38+55+72)\times\frac{1}{6}=\frac{190}{6}(\text{元})$$

由于 $E(A_4)$为最大，故选择进货 250 个。

b）最小最大法（悲观主义）的决策：

由表 14-4，

对于方案 A_1：min(24,24,24,24,24)=24

对于方案 A_2：min(19,36,36,36,36)=19

对于方案 A_3：min(14,31,48,48,48)=14

对于方案 A_4：min(9,26,43,60,60)=9

对于方案 A_5：min(4,21,38,55,72)=4

max(24,19,14,9,4)=24

由于 24 对应的是方案是 A_1，故根据最小最大法，最优方案是进货 100 个。

c）最大最大法（乐观主义）的决策：

由表 14-4，

对于方案 A_1：max(24,24,24,24,24)=24

对于方案 A_2：max(19,36,36,36,36)=36

对于方案 A_3：max(14,31,48,48,48)=48

对于方案 A_4：max(9,26,43,60,60)=60

对于方案 A_5：max(4,21,38,55,72)=72

max(24,36,48,60,72)=72

由于 72 对应的是方案是 A_5，故根据最大最大法，最优方案是进货 300 个。

d）乐观系数法的决策：假设乐观系数为 0.3.

对于方案 A_1：$0.3\times24+0.7\times24=24$

对于方案 A_2：$0.3\times19+0.7\times36=30.9$

对于方案 A_3：$0.3\times14+0.7\times48=37.8$

对于方案 A_4：$0.3\times9+0.7\times60=44.7$

对于方案 A_5：$0.3\times4+0.7\times72=51.6$

max(24,30.9,37.8,44.7,51.6)=51.6

对应的最优方案是进货 300 个。

e）后悔值的决策：

根据表 14-4 求出后悔值矩阵如表 14-5。

表　14-5　　　　单位：元

方案	状态					
	100(个)	150(个)	200(个)	250(个)	300(个)	max
A_1：100(个)	0	12	24	36	48	48
A_2：150(个)	15	0	12	24	36	36
A_3：200(个)	10	5	0	12	24	24
A_4：250(个)	15	10	5	0	12	12
A_5：300(个)	20	15	10	5	0	0

$\min(48,36,24,12,0)=0$

因此，按照后悔值准则得到最优方案是进货 300 个。

14.3 在一台机器上加工制造一批零件，共 10 000 个。如加工完后逐个进行修整，则可全部合格，但需修整费 300 元。如不进行修整，根据以往资料，次品率情况见表 14-6。一旦装配中发现次品时，每个零件的返修费为 0.50 元。要求：

(1) 分别根据期望值和期望后悔值决定这批零件是否需要修整；

(2) 为了获得这批零件中次品率的正确资料，在刚加工完的一批零件中随机抽取了 130 个样品，发现其中有 9 个次品。试计算后验概率，并根据后验概率重新用期望值和期望后悔值进行决策。

表 14-6

次品率(S)	0.02	0.04	0.06	0.08	0.10
概率 $P(S)$	0.20	0.40	0.25	0.10	0.05

解 (1) 设 A_1 表示逐个进行修整，A_2 表示不进行修整。

$$E(A_1)=300$$

$$E(A_2)=[0.2\times0.02+0.4\times0.04+0.25\times0.06+0.1\times0.08+0.1\times0.05]\times10\,000\times0.5$$
$$=240$$

$$E(A_1)>E(A_2)$$

根据期望值准则，不进行修整。

(2) 因为产品抽样检验服从二项分布。

由于

$$S_1=0.02\quad S_2=0.04\quad S_3=0.06\quad S_4=0.08\quad S_5=0.1$$

设 A 表示随机抽取了 130 个样品，发现其中有 9 个次品

$$P(A\mid S_1)=C_{130}^{9}0.02^{9}0.98^{121}=0.000\,978\,084$$

$$P(A\mid S_2)=C_{130}^{9}0.04^{9}0.96^{121}=0.041\,315\,216$$

$$P(A\mid S_3)=C_{130}^{9}0.06^{9}0.94^{121}=0.124\,331\,864$$

$$P(A\mid S_4)=C_{130}^{9}0.08^{9}0.92^{121}=0.122\,712\,244$$

$$P(A\mid S_5)=C_{130}^{9}0.1^{9}0.9^{121}=0.063\,987\,412$$

而

$$P(S_1)=0.2\quad P(S_2)=0.4\quad P(S_3)=0.25\quad P(S_4)=0.1\quad P(S_5)=0.05$$

$$P(A)=P(S_1)P(A\mid S_1)+\cdots+P(S_5)P(A\mid S_5)$$
$$=0.2\times0.000\,978\,084+\cdots+0.05\times0.063\,987\,412=0.063\,275\,264$$

则后验概率为

$$P(S_1\mid A)=\frac{P(S_1)P(A\mid S_1)}{P(A)}\approx0.003$$

$$P(S_2\mid A)=\frac{P(S_2)P(A\mid S_2)}{P(A)}\approx0.261$$

$$P(S_3 \mid A)=\frac{P(S_3)P(A \mid S_3)}{P(A)}\approx 0.491$$

$$P(S_4 \mid A)=\frac{P(S_4)P(A \mid S_4)}{P(A)}\approx 0.194$$

$$P(S_5 \mid A)=\frac{P(S_5)P(A \mid S_5)}{P(A)}\approx 0.051$$

得到次品率的事后概率，见表 14-7。

表 14-7

次品率(S)	0.02	0.04	0.06	0.08	0.1
概率 $P(S\|A)$	0.003	0.261	0.491	0.194	0.051

根据事后概率进行决策

$$E(A_2)=[0.003\times 0.02+0.261\times 0.04+0.491\times 0.06+0.08\times 0.194+0.051\times 0.1]\times 10\,000\times 0.5 \approx 321$$

由于 $321>300$

$$E(A_2)>E(A_1)$$

根据期望值准则，逐个进行修整。

14.4 某食品公司考虑是否参加为某运动会服务的投标，以取得饮料或面包两者之一的供应特话权。两者中任何一项投标被接受的概率为 40%。公司的获利情况取决于天气，若获得的是饮料供应特许权，则当晴天时可获利 2 000 元，雨天时要损失 2 000 元。若获得的是面包供应特许权，则不论天气如何，都可获利 1 000 元。已知天气晴好的可能性为 70%。问：

(1) 公司是否可参加投标？若参加，应为哪一项投标？

(2) 若再假定当饮料投标未中时，公司可选择供应冷饮或咖啡。如果供应冷饮，则晴天时可获利 2 000 元，雨天时损失 2 000 元；如果供应咖啡，则雨天可获利 2 000 元，晴天可获利 1 000 元。公司是否应参加投标？应为哪一项投标？若当投标不中后，应采取什么决策？

解 (1) 构造决策树，如图 14-1 所示。

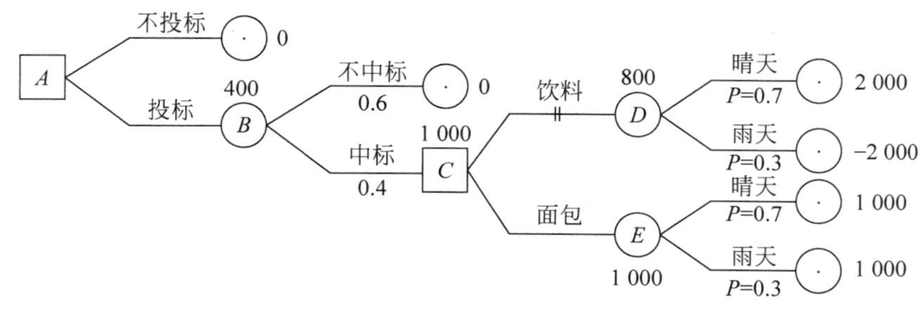

图 14-1

D 点处的期望收益为：$2\,000\times0.7-2\,000\times0.3=800$

E 点处的期望收益为：$1\,000\times0.7+1\,000\times0.3=1\,000$

由于 $1\,000>800$，故在 C 点处的决策为选择面包

B 点处的期望收益为：$1\,000\times0.4+0\times0.6=400$

由于 $400>0$，故在 A 点处的决策为投标

因此，公司可参加投标。若参加，应选面包作为投标。

(2) 构造决策树，如图 14-2 所示。

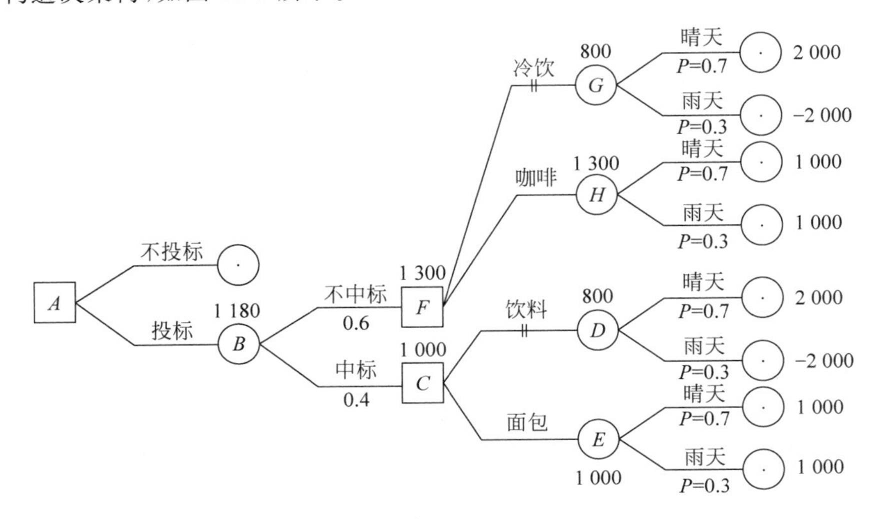

图 14-2

G 点处的期望收益为：$2\,000\times0.7+(-2\,000)\times0.3=800$

H 点处的期望收益为：$1\,000\times0.7+2\,000\times0.3=1\,300$

由于 $1\,300>800$，故在 F 点处的决策为选择咖啡经营。

由上一问可以得到 C 点处的期望收益值为 1 000。

故 B 点处的期望收益值为：$1\,300\times0.6+1\,000\times0.4=1\,180$

由于 $1\,180>0$，故在 A 点处的决策为投标。

综上所述，公司应参加投标，应选择面包。

若投标不中后，应选择咖啡经营。

14.5 某石油公司考虑在某地钻井，结果可能出现 3 种情况：无油(S_1)、油少(S_2)、油多(S_3)。公司估计，3 种状态出现的可能性是：$P(S_1)=0.5$，$P(S_2)=0.3$，$P(S_3)=0.2$。已知钻井的费用为 7 万元。如果油少，可收入 12 万元；如果油多，可收入 27 万元。为进一步了解地质构造情况，可先进行勘探。勘探的结果可能是：构造较差(I_1)、构造一般(I_2)、构造较好(I_3)。根据过去的经验，地质构造与出油的关系见表 14-8。

表 14-8

$P(I_j\mid S_i)$	构造较差(I_1)	构造一般(I_2)	构造较好(I_3)
无油(S_1)	0.6	0.3	0.1
油少(S_2)	0.3	0.4	0.3
油多(S_3)	0.1	0.4	0.5

假定勘探费用为 1 万元，求：

(1) 应先进行勘探，还是不进行勘探直接钻井？

(2) 如何根据勘探的结果决策是否钻井？

解 (1) 设 A_1={不进行勘探直接钻井}，A_2={先进行勘探}

则 $E(A_1)=(27-7)\times 0.2+(12-7)\times 0.3+(0-7)\times 0.5=2$

计算各种勘探结果出现的概率：由全概率公式得

$$P(I_1)=P(S_1)P(I_1\mid S_1)+P(S_2)P(I_1\mid S_2)+P(S_3)P(I_1\mid S_3)$$
$$=0.5\times 0.6+0.3\times 0.3+0.2\times 0.1=0.41$$
$$P(I_2)=P(S_1)P(I_2\mid S_1)+P(S_2)P(I_2\mid S_2)+P(S_3)P(I_2\mid S_3)$$
$$=0.5\times 0.3+0.3\times 0.4+0.2\times 0.4=0.35$$
$$P(I_3)=P(S_1)P(I_3\mid S_1)+P(S_2)P(I_3\mid S_2)+P(S_3)P(I_3\mid S_3)$$
$$=0.5\times 0.1+0.3\times 0.3+0.2\times 0.5=0.24$$

综上可得，各种勘探结果出现的概率，见表 14-9。

表 14-9

	构造较差(I_1)	构造一般(I_2)	构造较好(I_3)
P	0.41	0.35	0.24

由条件概率公式，

$$P(S_j\mid I_i)=\frac{P(S_j)P(I_i\mid S_j)}{P(I_i)}$$

可以得到后验概率 $P(S_i|I_i)$，

$$P(S_1\mid I_1)=\frac{P(S_1I_1)}{P(I_1)}=\frac{P(S_1)P(I_1\mid S_1)}{P(I_1)}=\frac{0.5\times 0.6}{0.41}\approx 0.73$$

$$P(S_2\mid I_1)=\frac{P(S_2)P(I_1\mid S_2)}{P(I_1)}=\frac{0.3\times 0.3}{0.41}\approx 0.22$$

$$P(S_3\mid I_1)=\frac{P(S_3)P(I_1\mid S_3)}{P(I_1)}=\frac{0.2\times 0.1}{0.41}\approx 0.05$$

$$P(S_1\mid I_2)=\frac{P(S_1)P(I_2\mid S_1)}{P(I_2)}=\frac{0.5\times 0.3}{0.35}\approx 0.43$$

$$P(S_2\mid I_2)=\frac{P(S_2)P(I_2\mid S_2)}{P(I_2)}=\frac{0.3\times 0.4}{0.35}\approx 0.34$$

$$P(S_3\mid I_2)=\frac{P(S_3)P(I_2\mid S_3)}{P(I_2)}=\frac{0.2\times 0.4}{0.35}\approx 0.23$$

$$P(S_1\mid I_3)=\frac{P(S_1)P(I_3\mid S_1)}{P(I_3)}=\frac{0.5\times 0.1}{0.24}\approx 0.21$$

$$P(S_2\mid I_3)=\frac{P(S_2)P(I_3\mid S_2)}{P(I_3)}=\frac{0.3\times 0.3}{0.24}\approx 0.37$$

$$P(S_3 \mid I_3)=\frac{P(S_3)P(I_3 \mid S_3)}{P(I_3)}=\frac{0.2\times 0.5}{0.24}\approx 0.42$$

根据以上计算结果，可以得到勘探后的概率，如表 14-10。

表 14-10　勘探试验后的后验概率

$P(S_j \mid I_i)$	构造较差(I_1)	构造一般(I_2)	构造较好(I_3)
无油(S_1)	0.73	0.43	0.21
油少(S_2)	0.22	0.34	0.37
油多(S_3)	0.05	0.23	0.42

下面用后验概率进行分析。如果勘探得到的结果为"构造较差(I_1)"，进行钻井的期望收益为

$$E(I_1)=(27-7)\times 0.05+(12-7)\times 0.22+(0-7)\times 0.73-1=-4.01$$

同理

$$E(I_2)=(27-7)\times 0.23+(12-7)\times 0.34+(0-7)\times 0.43-1=2.29$$

$$E(I_3)=(27-7)\times 0.42+(12-7)\times 0.37+(0-7)\times 0.21-1=7.78$$

根据后验概率（即根据勘探实验的结果）进行决策的期望收益为

$$E(A_2)=0.41\times(-4.01)+0.35\times 2.29+0.24\times 7.78\approx 1.02$$

由于 $E(A_2)=1.02<2=E(A_1)$

所以选择方案 A_1，即不进行勘探直接钻井。

(2) 由于 $E(I_1)=-4.01<0$

$E(I_2)=2.29>0$

$E(I_3)=7.78>0$

因此，当勘探结果是构造较差时，不钻井；当勘探结果为构造一般和构造较好时，钻井。

14.6　有一投资者，面临一个带有风险的投资问题。在可供选择的投资方案中，可能出现的最大收益为 20 万元，可能出现的最少收益为 −10 万元。为了确定该投资者在某次决策问题上的效用函数，对投资者进行了以下一系列询问，现将询问结果归纳如下：

(1) 投资者认为"以 50%的机会得 20 万元，50%的机会失去 10 万元"和"稳获 0 元"二者对他来说没有差别；

(2) 投资者认为"以 50%的机会得 20 万元，50%的机会得 0 元"和"稳获 8 万元"二者对他来说没有差别；

(3) 投资者认为"以 50%的机会得 0 元，50%的机会失去 10 万元"和"肯定失去 6 万元"二者对他来说没有差别。

要求：

(1) 根据上述询问结果，计算该投资者关于 20 万元、8 万元、0 元、−6 万元和 −10 万元的效用值；

(2) 画出该投资者的效用曲线，并说明该投资者是回避风险还是追逐风险的。

解　(1)　$u(20)=1,\quad u(-10)=0$

$$u(0)=0.5u(20)+0.5u(-10)=0.5\times 1+0.5\times 0=0.5$$

$$u(8)=0.5u(20)+0.5u(0)=0.5\times 1+0.5\times 0.5=0.75$$

$$u(-6)=0.5u(0)+0.5u(-10)=0.5\times0.5+0.5\times0=0.25$$

(2) 从效用曲线图 14-3 可以看出，投资者认为实际收入的增加比例小于效用值的增加比例，因而该投资者为回避风险。

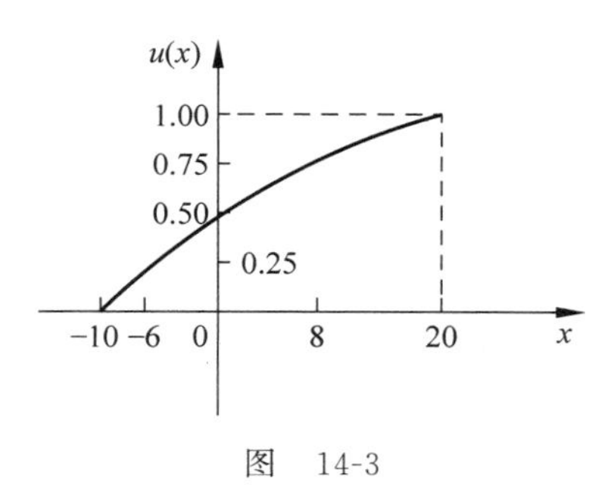

图　14-3

14.7　张老师欲购一套住房，经调查初步选定 A、B、C 三处作为备选方案，表 14-11 给出这三处住房各属性指标值及权重。

表　14-11

方案	价格/万元	离单位路程/km	对口中小学	环境
A	70	10	名校(9)	较好(7)
B	56	6	区重点(7)	好(9)
C	48	3	中等(5)	较差(3)
权重	0.4	0.15	0.3	0.15

要求：

(1) 先对表中数据按本章公式式(14-54)和式(14-55)进行规范化处理；

(2) 用简单线性加权法选定理想方案。

解　(1) 本章公式(14-54)和(14-55)分别为

$$Z_{ij}=\frac{y_{ij}-y_j^{\min}}{y_j^{\max}-y_j^{\min}},\quad \text{数值为越大越好}$$

$$Z_{ij}=\frac{y_j^{\max}-y_{ij}}{y_j^{\max}-y_j^{\min}},\quad \text{数值为越小越好}$$

进行规范化处理如表 14-12 所示。

表　14-12

方案	价格	离单位路程	对口中小学	环境
A	$\frac{70-70}{70-48}$	$\frac{10-10}{10-3}$	$\frac{9-5}{9-5}$	$\frac{7-3}{9-3}$
B	$\frac{70-56}{70-48}$	$\frac{10-6}{10-3}$	$\frac{9-7}{9-5}$	$\frac{9-3}{9-3}$
C	1	1	$\frac{5-5}{9-5}$	$\frac{3-3}{9-3}$

即

方案	价格	离单位路程	对口中小学	环境
A	0	0	1	$\frac{2}{3}$
B	$\frac{7}{11}$	$\frac{4}{7}$	$\frac{1}{2}$	1
C	1	1	0	0
权重	0.4	0.15	0.3	0.15

（2）方案 A、B、C 的效用值分别为

$$u(A)=0\times 0.4+0\times 0.15+1\times 0.3+\frac{2}{3}\times 0.15=0.4$$

$$u(B)=\frac{7}{11}\times 0.4+\frac{4}{7}\times 0.15+\frac{1}{2}\times 0.3+1\times 0.15=0.64$$

$$u(C)=1\times 0.4+1\times 0.15+0\times 0.3+0\times 0.15=0.55$$

$$u(B)>u(C)>u(A)$$

故选择方案 B。

【典型例题精解】

1. 某企业有三种方案可供选择：方案 S_1 是对原厂进行扩建；方案 S_2 是对原厂进行技术改造；方案 S_3 是建新厂，而未来市场可能出现滞销(E_1)，一般(E_2)和畅销(E_3)三种状态，其收益矩阵如表 14-13。

表　14-13　　单位：万元

利润 状态 / 方案	E_1	E_2	E_3
S_1	-4	13	15
S_2	4	7	8
S_3	-6	12	17

试分别按以下决策准则确定最优方案：

（1）悲观准则；

（2）乐观准则；

（3）折衷准则(乐观系数 $\alpha=0.6$)；

（4）后悔值准则；

（5）等可能性准则。

解　（1）据悲观准则有

$$\max\begin{Bmatrix}\min\{-4,13,15\}=-4\\ \min\{4,7,8\}=4\\ \min\{-6,12,17\}=-6\end{Bmatrix}=\max\{-4,4,-6\}=4$$

故最优决策为方案 S_2。

（2）据乐观准则有

$$\max\begin{Bmatrix}\max\{-4,13,15\}=15\\ \max\{4,7,8\}=8\\ \max\{-6,12,17\}=17\end{Bmatrix}=\max\{15,8,17\}=17$$

故最优决策为方案 S_3。

（3）据折衷准则有

$$\max\begin{Bmatrix}15\times 0.6+(-4)\times 0.4\\ 8\times 0.6+4\times 0.4\\ 17\times 0.6+(-6)\times 0.4\end{Bmatrix}=\max\{7.4,6.4,7.8\}=7.8$$

故 S_3 为最优方案。

（4）据后悔值准则有后悔值矩阵，如表 14-14 所示。

表 14-14

方案 \ 后悔值 \ 状态	E_1	E_2	E_3	max
S_1	8	0	2	8←min
S_2	0	6	9	9
S_3	10	1	0	10

由表 14-14 分析知，最优决策为方案 S_1。

（5）据等可能性准则，3 个方案的评价值分别为

$$\frac{1}{3}\sum_{j=1}^{3}a_{1j}=\frac{1}{3}(-4+13+15)=8$$

$$\frac{1}{3}\sum_{j=1}^{3}a_{2j}=\frac{1}{3}(4+7+8)=6\frac{1}{3}$$

$$\frac{1}{3}\sum_{j=1}^{3}a_{3j}=\frac{1}{3}(-6+12+17)=7\frac{2}{3}$$

故最优决策为方案 S_1。

2. 某企业生产一种季节性商品。当需求量为 D 时，企业生产 x 件商品时获得的利润为（单位：元）

$$f(x)=\begin{cases}2x, & 0\leqslant x\leqslant D\\ 3D-x, & x>D\end{cases}$$

设 D 只有 5 个可能值：1 000 件、2 000 件、3 000 件、4 000 件和 5 000 件，并且它们出现的概率均为 0.2。若问企业追求最大的期望利润，那么最优生产为多少件？

解 该问题的收益矩阵如表 14-15 所示。

表 14-15

生产量（件） \ 利润（元） \ 需求量（件）		1 000	2 000	3 000	4 000	5 000	EMV
S_1	1 000	2 000	2 000	2 000	2 000	2 000	2 000
S_2	2 000	1 000	4 000	4 000	4 000	4 000	3 400
S_3	3 000	0	3 000	6 000	6 000	6 000	4 200
S_4	4 000	−1 000	2 000	5 000	8 000	8 000	4 400
S_5	5 000	−2 000	1 000	4 000	7 000	10 000	4 000

其中$E(S_1)=(2\,000+2\,000+2\,000+2\,000+2\,000)\times\dfrac{1}{5}=2\,000$

$$E(S_2)=(1\,000+4\,000+4\,000+4\,000+4\,000)\times\frac{1}{5}=3\,400$$

$$E(S_3)=(0+3\,000+6\,000+6\,000+6\,000)\times\frac{1}{5}=4\,200$$

$$E(S_4)=(-1\,000+2\,000+5\,000+8\,000+8\,000)\times\frac{1}{5}=4\,400$$

$$E(S_5)=(-2\,000+1\,000+4\,000+7\,000+10\,000)\times\frac{1}{5}=4\,000$$

据表 14-15 知，该企业最优选择为生产此商品 4 000 件。

3. 某企业要确定下一计划期内产品批量。根据以往经验及市场调查，已知产品销路为较好、一般和较差的概率分别为 0.3、0.5、0.2，采用大批量生产时可能获得的利润分别为 20 万元、12 万元和 8 万元；采用中批量生产时可能获得的利润分别为 16 万元、16 万元和 10 万元；采用小批量生产时可能获得的利润分别为 12 万元、12 万元和 12 万元。试用期望损失准则作出最优决策。

解 设 E_1,E_2,E_3 分别表示销路较好、一般和较差。S_1,S_2 和 S_3 分别表示大批量、中批量和小批量，则该问题的收益矩阵

$$\boldsymbol{A}=\begin{matrix} & E_1 & E_2 & E_3 \\ S_1 & 20 & 12 & 8 \\ S_2 & 16 & 16 & 10 \\ S_3 & 12 & 12 & 12 \end{matrix}$$

在 E_1 状态下，理想值为 20，故 S_1,S_2,S_3 的后悔值为 $20-20=0,20-16=4,20-12=8$。
在 E_2 状态下，理想值是 16，故 S_1,S_2,S_3 的后悔值为 $16-12=4,16-16=0,16-12=4$。
在 E_3 状态下，理想值为 12，故 S_1,S_2,S_3 的后悔值为 $12-8=4,12-10=2,12-12=0$。
其对应的后悔矩阵为

$$\boldsymbol{L}=\begin{matrix} & E_1 & E_2 & E_3 \\ S_1 & 0 & 4 & 4 \\ S_2 & 4 & 0 & 2 \\ S_3 & 8 & 4 & 0 \end{matrix}$$

三个待选方案的期望机会损失分别为：

$$E(S_1)=0\times0.3+4\times0.5+4\times0.2=2.8(\text{万元})$$

$$E(S_2)=4\times0.3+0\times0.5+2\times1.2=1.6(\text{万元})$$

$$E(S_3)=8\times0.3+4\times0.5+0\times0.2=4.4(\text{万元})$$

据期望损失准则，最优选择为方案 S_2，即中批量生产的方案。

4. 某公司经理的决策效用函数 $U(M)$ 如表 14-16 所示，他需要决定是否为本分司办理财产保火险。统计资料显示，一年内该公司发生火灾的概率为 0.001 5，问他是否愿意每年付 0.1 万元保 10 万元财产的潜在火灾损失？

表　14-16

$U(M)$	M(万元)	$U(M)$	M(万元)
−800	−10	0	0
−2	−0.2	250	10
−1	−0.1		

解　采用决策树法进行分析求解。

该问题的决策树如图 14-4 所示。

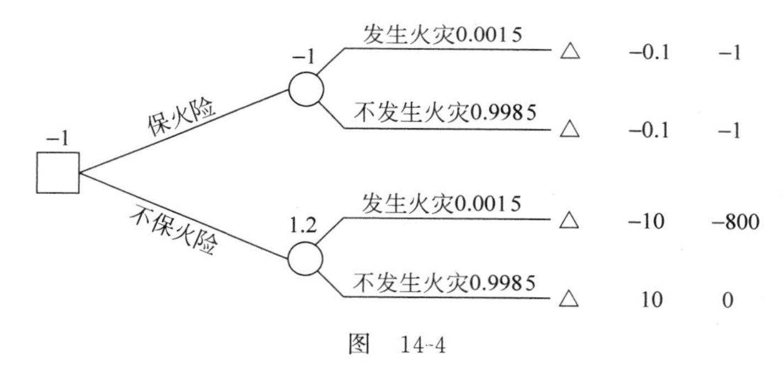

图　14-4

按逆向分析法，计算每个方案的期望效用值。

保火险的期望效用为　　$0.001\,5\times(-1)+0.998\,5\times(-1)=-1$

不保火险的期望效用为　　$0.001\,5\times(-800)+0.998\,5\times(10)=-1.2$

并按期望效用最大得知该经理应办理火灾保险。

5. 某企业由于生产能力过剩，拟开发新产品，有四种产品可供选择，市场销售有好、中和差三种情况，销售状态的概率和每一种产品在不同状态下的收益如表 14-17 所示，按以下不同准则，试问该厂应开发哪一种产品最好。

表　14-17

销路 / 概率 / 收益(万元/件) / 方案	好	中	差
	0.3	0.5	0.2
S_1	14	14	12
S_2	22	14	10
S_3	18	16	10
S_4	20	12	8

（1）最大可能准则；

（2）期望收益准则；

（3）期望损失准则。

解 收益矩阵为

$$
\begin{array}{cc} & \begin{array}{ccc} E_1 & E_2 & E_3 \end{array} \\ \boldsymbol{Q} = \begin{array}{c} S_1 \\ S_2 \\ S_3 \\ S_4 \end{array} & \begin{bmatrix} 14 & 14 & 12 \\ 22 & 14 & 10 \\ 18 & 16 & 10 \\ 20 & 12 & 8 \end{bmatrix} \end{array}
$$

（1）由最大可能准则有（即由 $P(S_z)=\max\limits_j\{P(S_j)\}$ 知）$P(E_2)=0.5$，$\max\{14,24,16,12\}=16$。故开发第三种产品最好。

（2）据期望收益准则有

$$E(S_1)=14\times 0.3+14\times 0.5+12\times 0.2=13.6$$
$$E(S_2)=22\times 0.3+14\times 0.5+10\times 0.2=15.6$$
$$E(S_3)=18\times 0.3+16\times 0.5+10\times 0.2=14.4$$
$$E(S_4)=20\times 0.3+12\times 0.5+8\times 0.2=13.6$$
$$\max\{13.6,15.6,14.4,13.6\}=15.6$$

故开发第二种产品最好。

（3）根据期望损失准则，令 $b_{ij}=\max\limits_i q_{ij}-q_{ij}$

表示在状态 S_j 下，采用方案 a_i 的后悔值，则有后悔值矩阵

$$
\begin{array}{cc} & \begin{array}{ccc} E_1 & E_2 & E_3 \end{array} \\ \boldsymbol{B} = \begin{array}{c} S_1 \\ S_2 \\ S_3 \\ S_4 \end{array} & \begin{bmatrix} 8 & 2 & 0 \\ 0 & 2 & 2 \\ 4 & 0 & 2 \\ 2 & 4 & 4 \end{bmatrix} \end{array}
$$

$$d_1=\sum_j b_{1j}P(S_j)=8\times 0.3+2\times 0.5+0\times 0.2=3.4$$

$$d_2=\sum_j b_{2j}P(S_j)=0\times 0.3+2\times 0.5+2\times 0.2=1.4$$

$$d_3=\sum_j b_{3j}P(S_j)=4\times 0.3+0\times 0.5+2\times 0.2=1.6$$

$$d_4=\sum_j b_{4j}P(S_j)=2\times 0.3+4\times 0.5+4\times 0.2=3.4$$

$$d_2^*=\min_i\{d_1,d_2,d_3,d_4\}=3.4$$

故开发第一种或第四种产品是最好的方案。

6. 某厂拟从下列 4 种新研制的产品中组织并选择两种产品进行生产。由于对市场的需求预测不准，故对每种产品，分别估计了在销售好与销售不好情况下的预期利润，上述 4 种产品均需经 A，B 两台设备可用的加工时间及有关预期，利润如表 14-18 所示。要求：

（1）分别列出各生产方案的多目标、决策模型。

（2）对目标 f_1 和 f_2 分别求解，并在以 f_1 和 f_2 为坐标轴的平面坐标上标出各个方案

解的相应点。

表 14-18

单位加工时间 设备 \ 产品	1	2	3	4	工时
A	4	3	6	5	45
B	2	5	4	3	30
销售好时预期利润(元・件$^{-1}$)	8	6	10	12	
销售不好时预期利润(元・件$^{-1}$)	5	5	6	4	

解 (1) 共有 6 种组织生产方案如表 14-19 所示。

表 14-19

方案	Ⅰ	Ⅱ	Ⅲ	Ⅳ	Ⅴ	Ⅵ
选择生产的产品	1.2	1.3	1.4	2.3	2.4	3.4

方案Ⅰ的模型为

$$\max z_1=8x_1+6x_2=f_1$$
$$\max z_2=5x_1+5x_2=f_2$$
$$\begin{cases}4x_1+3x_2\leqslant 45\\2x_1+5x_2\leqslant 30\\x_1,x_2\geqslant 0\end{cases}$$

方案Ⅱ的模型为

$$\max z_1=8x_1+10x_2=f_1$$
$$\max z_2=5x_1+6x_2=f_2$$
$$\begin{cases}4x_1+6x_2\leqslant 45\\2x_1+4x_2\leqslant 30\\x_1,x_2\geqslant 0\end{cases}$$

方案Ⅲ的模型为

$$\max z_1=8x_1+12x_2=f_1$$
$$\max z_2=5x_1+4x_2=f_2$$
$$\begin{cases}4x_1+5x_2\leqslant 45\\2x_1+3x_2\leqslant 30\\x_1,x_2\geqslant 0\end{cases}$$

方案Ⅳ的模型为

$$\max z_1=6x_1+10x_2$$
$$\max z_2=5x_1+6x_2$$
$$\begin{cases}3x_1+6x_2\leqslant 45\\5x_1+4x_2\leqslant 30\\x_1,x_2\geqslant 0\end{cases}$$

方案Ⅴ的模型为

$$\max z_1=6x_1+12x_2$$
$$\max z_2=5x_1+4x_2$$
$$\begin{cases}3x_1+5x_2\leqslant 45\\5x_1+3x_2\leqslant 30\\x_1,x_2\geqslant 0\end{cases}$$

方案Ⅵ的模型为

$$\max z_1=10x_1+12x_2$$
$$\max z_2=6x_1+4x_2$$
$$\begin{cases}6x_1+5x_2\leqslant 45\\4x_1+3x_2\leqslant 30\\x_1,x_2\geqslant 0\end{cases}$$

（2）由线性规划的解法，得各方案的解分别如表 14-20 所示。

表 14-20

解 \ 方案	Ⅰ	Ⅱ	Ⅲ	Ⅳ	Ⅴ	Ⅵ
f_1	90	90	108	75	108	108
f_2	58.93	56.25	56.25	45	38.44	45

7. 用线性加权和法中的 α 法求解下述多目标决策问题。

$$f_1(x)=\min\{4x_1+6x_2\}$$
$$f_2(x)=\max\{3x_1+3x_2\}$$
$$\begin{cases}2x_1+4x_2\leqslant 14\\6x_1+3x_2\leqslant 24\\x_1,x_2\geqslant 0\end{cases}$$

解 因为 $f_1(x)$为求最小值，故可作新目标函数

$$U(x)=\alpha_2 f_2(x)-\alpha_1 f_1(x)$$
$$f_1^0=\min f_1(x)=0,\quad f_2^0=\max f_2(x)=13$$
$$f_2^*=f_2(x^{(1)})=0,\quad f_1^*=f_1(x^{(2)})=24$$

故
$$\alpha_1=\frac{13}{37},\quad \alpha_2=\frac{24}{37}$$

$$U(x)=-\frac{13}{37}f_1(x)+\frac{24}{37}f_1(x)=-\frac{13}{37}(4x_1+6x_2)+\frac{24}{37}(3x_1+3x_2)$$
$$=\frac{1}{37}(20x_1-6x_2)$$

由约束条件 x_1 取得最大值 4，x_2 取得最小值 0，则

$$\max U(x)=U(4,0)=\frac{1}{37}(20\times 4-6\times 0)=\frac{80}{37}$$

8. 用理想点法，求解下述多目标决策问题。

$$f_1(x)=\max\{4x_1+4x_2\}$$
$$f_2(x)=\max\{x_1+6x_2\}$$
$$\begin{cases}3x_1+2x_2\leqslant 12\\2x_1+6x_2\leqslant 22\\x_1,x_2\geqslant 0\end{cases}$$

解 $f_1^0=f_1(x^{(1)})=f_1(2,3)=4\times2+4\times3=20$

$$f_2^0=f_2(x^{(2)})=f_2\left(0,\frac{11}{3}\right)=0+6\times\frac{11}{3}=22$$

故理想点为

$$\boldsymbol{F}^0=(f_1^0,f_2^0)=(20,22)$$

取 $P=2$ 有

$$\min_{x\in R} L_2(x)=\{[f_1(x)-f_1^0]^2+[f_2(x)-f_2^0]^2\}^{\frac{1}{2}}$$

$$=[(4x_1+4x_2-20)^2+(x_1+6x_2-22)^2]^{\frac{1}{2}}$$

由关于 x_1,x_2 的偏导数为零,即

$$\begin{cases}2(4x_1+4x_2-20)\times 4+2(x_1+6x_2-22)=0\\2(4x_1+4x_2-20)\times 4+2(x_1+6x_2-22)\times 6=0\end{cases}$$

解得

$$x_1=1.45,\quad x_2=3.18$$

对应的目标为

$$f_1=4\times 1.45+4\times 3.18=18.52,\quad f_2=1.45+6\times 3.18=20.53$$

9. 给出下列判断矩阵,试求 B 层各元素对准则 A 的权重。

$$\begin{array}{c} \\ B_1\\ B_2\\ B_3\\ B_4\end{array}\begin{array}{c}\begin{array}{cccc}B_1 & B_2 & B_3 & B_4\end{array}\\ \begin{bmatrix}1 & \frac{1}{7} & \frac{1}{3} & \frac{1}{5}\\ 7 & 1 & 3 & 2\\ 3 & \frac{1}{3} & 1 & \frac{1}{2}\\ 5 & \frac{1}{2} & 2 & 1\end{bmatrix}\end{array}$$

解　依题意知,判断矩阵为

$$\boldsymbol{A}=\begin{bmatrix}1 & \frac{1}{7} & \frac{1}{3} & \frac{1}{5}\\ 7 & 1 & 3 & 2\\ 3 & \frac{1}{3} & 1 & \frac{1}{2}\\ 5 & \frac{1}{2} & 2 & 1\end{bmatrix},\quad n=4$$

则由 $(\boldsymbol{A}-4\boldsymbol{I})\boldsymbol{W}=0$,$\boldsymbol{I}$ 为单位矩阵。即

$$\begin{bmatrix}-3 & \frac{1}{7} & \frac{1}{3} & \frac{1}{5}\\ 7 & -3 & 3 & 2\\ 3 & \frac{1}{3} & -3 & \frac{1}{2}\\ 5 & \frac{1}{2} & 2 & -3\end{bmatrix}\begin{bmatrix}w_1\\ w_2\\ w_3\\ w_4\end{bmatrix}=0$$

解此齐次线性方程组,得所求权重为

$$w_1=0.06,\quad w_2=0.49,\quad w_3=0.16,\quad w_4=0.29$$

【考研真题解答】

1. (20分)拉斯维加斯赌场有一种轮盘赌,其盘上有38个不同的数字。如果对某个数字打赌,赢可得赌金的35倍,输则赌金全部归赌场老板。

(1) 如果某人押10元在某数字上打赌,写出赌与不赌这两个方案的损益矩阵表;

(2) 用期望值法决策;

(3) 求该人损益值为零的效用值;

(4) 赌场老板喜欢保险型顾客,还是冒险型顾客?

解 (1) 没参赌时每次压注1元,正数为赢得,负数为损失。赌与不赌的损益矩阵表如表14-21所示。

表 14-21

方案 \ 损益值 \ 事件概率 \ 事件(轮盘上数字)		1	2	3	…	38	EMV
		$\frac{1}{38}$	$\frac{1}{38}$	$\frac{1}{38}$	…	$\frac{1}{38}$	
不赌		0	0	0	…	0	0
参赌	押1	35	−1	−1	…	−1	$-\frac{2}{38}$
	押2	−1	35	−1	…	−1	$-\frac{2}{38}$
	押3	−1	−1	35	…	−1	$-\frac{2}{38}$
	⋮	⋮	⋮	⋮	⋮	⋮	⋮
	押38	−1	−1	−1	…	35	$-\frac{2}{38}$

(2) 由于 $E(\text{押}\ i)=35\times\frac{1}{38}-\underbrace{\frac{1}{38}-\frac{1}{38}-\cdots-\frac{1}{38}}_{37}=-\frac{2}{38}<0$,故用期望值法决策时,应不参赌。

(3) 因有 $U(0)=\frac{1}{38}U(35)+\frac{37}{38}U(-1)$,又 $U(-1)=0$,$U(35)=1$,所以 $U(0)=\frac{1}{38}$。

(4) 从期望值法决策来看,赌场老板喜欢冒险型顾客。

2. (20分)试用最小机会损失准则讨论以下问题:

勘探某地区石油情况,根据情况估计该地区有油的概率 $P(O)=0.5$;无油的概率 $P(D)=0.5$,若可对该地区进行石油开采或不开采,若进行开采,发现有油,可获利1 000万元;发现无油,要损失200万元。不开采则无利也无损失。

(1) 不考虑其他因素,应如何决策?

(2) 为提高效果,可先做地震试验。根据资料,凡有油地区做试验,试验结果好的地区概率为 $P(F/O)=0.9$,结果不好的概率为 $P(U/O)=0.1$;凡无油地区,试验结果好的概率为 $P(F/D)=0.2$,结果不好的概率为 $P(U/D)=0.8$,试根据试验结果作出决策。

解 由题设可得损益矩阵，如表 14-22 所示。

表 14-22

S_i \ a_{ij} \ E_i	有油	无油
	0.5	0.5
开采	1 000	−200
不开采	0	0
max	1 000	0

（1）由机会损失矩阵如图 14-5 和表 14-23 所示。

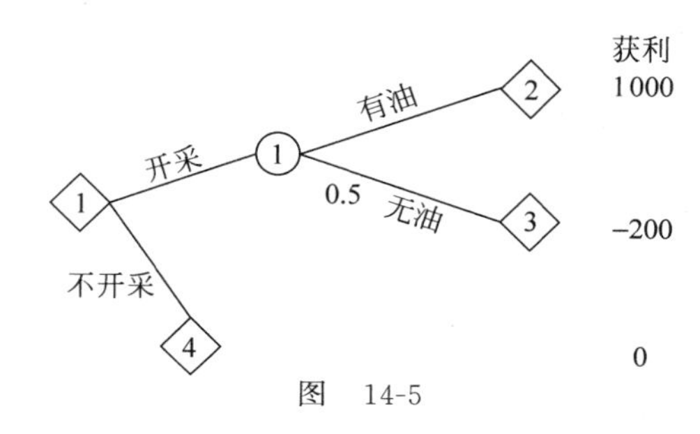

图 14-5

表 14-23

S_i \ a_{ij} \ E_i	有油	无油	EOL
	0.5	0.5	
开采	0	200	100
不开采	1 000	0	500

$$E(\text{开采})=0\times 0.5+200\times 0.5=100$$
$$E(\text{不开采})=0.5\times 1000+0.5\times 0=500$$
$$\min\{100,500\}=100$$

故应选择开采。

(2)由贝叶斯公式有

$$P(O/F)=\frac{P(F/O)P(O)}{P(F/O)P(O)+P(F/D)P(D)}=\frac{0.9\times 0.5}{0.9\times 0.5+0.2\times 0.5}=0.82$$

$$P(D/F)=\frac{P(F/D)P(D)}{P(F/O)P(O)+P(F/D)P(D)}=\frac{0.2\times 0.5}{0.9\times 0.5+0.2\times 0.5}=0.18$$

$$P(O/U)=\frac{P(U/O)P(O)}{P(U/O)P(O)+P(U/D)P(D)}=\frac{0.1\times 0.5}{0.1\times 0.5+0.8\times 0.5}=0.11$$

$$P(D/U)=\frac{P(U/D)P(D)}{P(U/O)P(O)+P(U/D)P(D)}=\frac{0.8\times 0.5}{0.1\times 0.5+0.8\times 0.5}=0.89$$

则试验结果好的机会损失矩阵如表 14-24 所示。

表 14-24

S_i \ a_{ij} \ E_i	有油	无油
	0.82	0.18
开采	0	200
不开采	1 000	0

$$E(\text{开采})=0\times0.82+200\times0.18=36$$
$$E(\text{不开采})=1\ 000\times0.82+0\times0.18=820$$
$$\min\{36,820\}=36$$

应选开采策略。

试验结果不好的机会损失矩阵如表 14-25 所示。

表 14-25

S_i \ a_{ij} \ E_i	有油	无油
	0.11	0.89
开采	0	200
不开采	1 000	0

$$E(\text{开采})=0\times0.11+200\times0.89=178$$
$$E(\text{不开采})=1\ 000\times0.11+0\times0.89=110$$
$$\min\{178,110\}=110$$

应选不开采策略。

附　录

2011 年××大学运筹学(商学院)考研真题及详解

一、某厂生产 A、B 两种产品，需经过金工和装配两个车间加工，有关数据如表 1 所示。产品 B 无论生产批量大小，每件产品生产成本总为 400 元。产品 A 的生产成本分段线性：第 1 件至第 70 件，每件成本为 200 元；从第 71 件开始，每件成本为 190 元。试建立线性整数规划模型，使该厂生产产品的总利润最大。

表　1

工时定额(小时/件)		产品 A	产品 B	总有效工时
车间	金工	4	3	480
	装配	2	5	500
售价(元/件)		300	520	

解　设 x_1, x_2 为产品 A、B 的个数，$\delta=\begin{cases}1, & \text{当 } x_1 \geqslant 71 \\ 0, & \text{当 } x_2 \leqslant 70\end{cases}$

则建立线性整数规划模型如下：

$$\max z=\delta \times[70 \times(300-200)+(300-190) \times(x_1-70)]+(1-\delta) \times(300-200) x_1+(520-400) x_2$$

$$\text{s.t}\begin{cases}4 x_1+3 x_2 \leqslant 480 \\ 2 x_1+5 x_2 \leqslant 500 \\ x_1 \geqslant 0, x_2 \geqslant 0 \text{ 且均为整数}\end{cases}$$

二、现有一个线性规划问题(p_1)

$$\max z_1=CX$$

$$\text{s.t}\begin{cases}AX \leqslant b \\ x \geqslant 0\end{cases}$$

其对偶问题的最优解为 $Y^*=(y_1, y_2, y_3, \cdots, y_m)$。另有一线性规划($p_2$)：

$$\max z_2=CX$$

$$\text{s.t}\begin{cases}AX \leqslant b+d \\ X \geqslant 0\end{cases}$$

其中，$d=(d_1, d_2, \cdots, d_m)^{\mathrm{T}}$。

求：$\max z_2 \leqslant \max z_1 + Y * d$。

证 问题1的对偶问题为：

$$\min \omega = Yb$$
$$\begin{cases} YA \geqslant C \\ Y \geqslant 0 \end{cases}$$

问题2的对偶问题为：

$$\min \omega = Y(b+d)$$
$$\begin{cases} YA \geqslant C \\ Y \geqslant 0 \end{cases}$$

易见，问题1的对偶问题与问题2的对偶问题具有相同的约束条件，从而，问题1的对偶问题的最优解

$Y^* = (y_1^*, y_2^*, \cdots, y_m^*)$一定是问题2的对偶问题的可行解。

令问题2的对偶问题的最优解为Y^{*2}，则$Y^{*2}(b+d) \leqslant Y^*(b+d) = Y^*b + Y^*d$

因为原问题与对偶问题的最优值相等，所以

$$\max z_2 \leqslant \max z_1 + Y^* d$$

三、某工厂计划生产甲、乙、丙3种产品，各产品需要在设备A、B、C上进行加工，其所需加工小时数、设备的有效台时和单位产品的利润如表2所示。

表 2

设备 \ 产品	甲	乙	丙	设备有效台时数(每月)
A	3	4	2	600
B	2	1	2	400
C	1	3	2	800
单位产品利润(万元)	2	4	3	

请回答下面三个问题：

1. 如何安排生产计划，可使工厂获得最大利润？

2. 若每月可租用其他工厂的A设备360台时，租金200万元，问是否租用这种设备？若租用，能为企业带来多少收益？

3. 若另外有一种产品，它需要设备A、B、C的台时数分别为2、1、4，单位产品利润为4万元，假定各设备的有效台时数不变，投产这种产品的经济上是否合算？

解 1. 设生产甲、乙、丙三种产品各为x_1, x_2, x_3单位，则由题意得

$$\max z = 2x_1 + 4x_2 + 3x_3$$
$$\text{s.t}\begin{cases} 3x_1 + 4x_2 + 2x_3 \leqslant 600 \\ 2x_1 + x_2 + 2x_3 \leqslant 400 \\ x_1 + 3x_2 + 2x_3 \leqslant 800 \\ x_1, x_2, x_3 \geqslant 0,\text{且都为整数} \end{cases}$$

加入松弛变量后，利用单纯形法计算如下：

c_j			2	4	3	0	0	0	θ_i
C_B	X_B	b	x_1	x_2	x_3	x_4	x_5	x_6	
0	x_4	600	3	[4]	2	1	0	0	150
0	x_5	400	2	1	2	0	1	0	400
0	x_6	800	1	3	2	0	0	1	800/3
σ_j			2	4	3	0	0	0	
4	x_2	150	3/4	1	1/2	1/4	0	0	300
0	x_5	250	5/4	0	[3/2]	−1/4	1	0	500/3
0	x_6	350	−5/4	0	1/2	−3/4	0	1	700
σ_j			−1	0	1	−1	0	0	
4	x_2	200/3	1/3	1	0	1/3	−1/3	0	
3	x_3	500/3	5/6	0	1	−1/6	2/3	0	
0	x_6	800/3	−5/3	0	0	−2/3	−1/3	1	
σ_j			−11/6	0	0	−5/6	−2/3	0	

因此已得到最优解，即不生产产品甲，乙和丙的产量分别为 200/3 和 500/3 单位。

获得最大利润 $z=[2,4,3]\begin{bmatrix}0\\200/3\\500/3\end{bmatrix}=766.7$（万元）。

2. 即 $\Delta b=[360,0,0]^{\mathrm{T}}$，此时，各非基变量的检验数不发生变化，故最优基 B 不改变。

$$B^{-1}=\begin{bmatrix}1/3 & -1/3 & 0\\ -1/6 & 2/3 & 0\\ -2/3 & -1/3 & 1\end{bmatrix}$$

$$b'=b+B^{-1}\Delta b=\begin{bmatrix}200/3\\500/3\\800/3\end{bmatrix}+\begin{bmatrix}1/3 & -1/3 & 0\\ -1/6 & 2/3 & 0\\ -2/3 & -1/3 & 1\end{bmatrix}\begin{bmatrix}360\\0\\0\end{bmatrix}=\begin{bmatrix}560/3\\320/3\\80/3\end{bmatrix}$$

$$z'=[2,4,3]\begin{bmatrix}0\\560/3\\320/3\end{bmatrix}=1\,066.7\text{（万元）}$$

$$\Delta z=z'-z=1\,066.7-766.7=300\text{（万元）}$$

为企业带来收益 300−200=100（万元）。

3. 设这种产品产量为 x_7 单位，则约束方程增加一列向量 $\alpha=[2,1,4]^{\mathrm{T}}$，在最终单纯形表为

$$\alpha'=B^{-1}\alpha=\begin{bmatrix}1/3 & -1/3 & 0\\ -1/6 & 2/3 & 0\\ -2/3 & -1/3 & 1\end{bmatrix}\begin{bmatrix}2\\1\\4\end{bmatrix}=\begin{bmatrix}1/3\\1/3\\7/3\end{bmatrix}$$

$$\sigma^7=c_7-C_B\alpha'=4-[4,3,0]\begin{bmatrix}1/3\\1/3\\7/3\end{bmatrix}=5/3>0$$

故投产这种产品合算。

四、某科学试验可用 $1^{\#}$、$2^{\#}$、$3^{\#}$ 三套不同仪器中的任一套去完成。每做完一次试验后，如果下次仍用原来的仪器，则需要对该仪器进行检查整修而中断试验；如果下次换用另外一套仪器，则需拆装仪器，也要中断试验。假定一次试验时间比任何一套仪器的整修时间都长，因此一套仪器换下来隔一次再重新使用时，不会由于整修而影响试验。设 $i^{\#}$ 仪器换成 $j^{\#}$ 仪器所需中断试验的时间为 t_{ij}，如表 3 所示。现要做 4 次试验，问应如何安排使用仪器的顺序，使总的中断试验的时间最小？

表 3

t_{ij}		$j^{\#}$ 仪器		
		$1^{\#}$	$2^{\#}$	$3^{\#}$
$i^{\#}$ 仪器	$1^{\#}$	10	9	14
	$2^{\#}$	9	12	10
	$3^{\#}$	6	5	8

解 设 A、B、C 分别代表三套仪器 $1^{\#}$、$2^{\#}$、$3^{\#}$，A_i 表示在第 i 次实验中用仪器 A，依此类推 B_i、C_i，并设虚拟开始点 S 和结束点 D。则得网络图如图 1 所示：

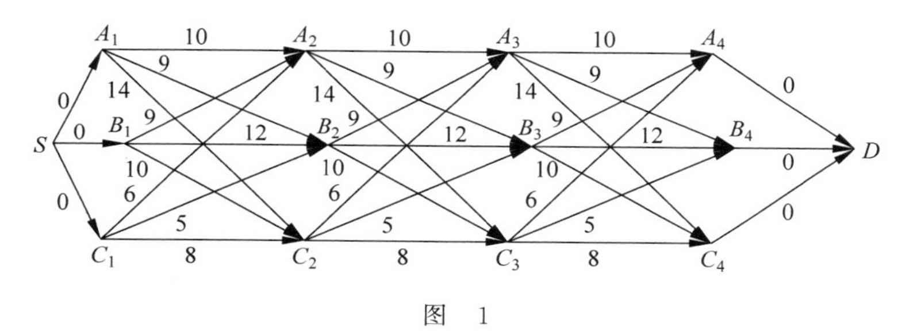

图 1

求总的中断试验的时间最小，即找最短路问题，利用 Dijkstra 算法计算如下：

(1) $j=0, S_0=\{S\}, P(S)=0, \lambda(S)=0$,

$T(A_i)=T(B_j)=T(C_i)=0, \lambda(A_i)=\lambda(B_i)=\lambda(C_i)=S$

由于 A_1, B_1, C_1 到 S 点距离相同，所以可同时标号。

则 $S_1=(S、A_1、B_1、C_1), \lambda(A_1/B_1/C_1)=S$

(2) $j=1$

$$\begin{cases} \mathrm{QT}(A_2)=\min\{T(A_1/B_1/C_1)+\omega(A_1/B_1/C_1,A_2)\}=T(C_1)+\omega(C_1,A_2)=6, \\ \quad \text{则标号 } A_2, \lambda(A_2)=C_1 \\ \mathrm{QT}(B_2)=\min\{T(A_1/B_1/C_1)+\omega(A_1/B_1/C_1,B_2)\}=T(C_1)+\omega(C_1,B_2)=5, \\ \quad \text{则标号 } B_2, \lambda(B_2)=C_1 \\ \mathrm{QT}(C_2)=\min\{T(A_1/B_1/C_1)+\omega(A_1/B_1/C_1,C_2)\}=T(C_1)+\omega(C_1,C_2)=8, \\ \quad \text{则标号 } C_2, \lambda(C_2)=C_2 \end{cases}$$

则 $S_2=(S、A_1、B_1、C_1、A_2、B_2、C_2)$

(3) $j=2$

$$\begin{cases} QT(A_3)=\min\{T(A_2/B_2/C_2)+\omega(A_2/B_2/C_2,A_3)\}=T(B_2)+\omega(B_2,A_3) \\ \quad =T(C_2)+\omega(C_2,A_3)=14, \\ \text{则标号 } A_3,\lambda(A_3)=B_2 \text{ 或 } C_2 \\ QT(B_3)=\min\{T(A_2/B_2/C_2)+\omega(A_2/B_2/C_2,B_3)\}=T(C_2)+\omega(C_2,B_3)=13, \\ \text{则标号 } B_3,\lambda(B_3)=C_2 \\ QT(C_3)=\min\{T(A_2/B_2/C_2)+\omega(A_2/B_2/C_2,C_3)\}=T(B_2)+\omega(B_2,C_2)=15, \\ \text{则标号 } C_3,\lambda(C_3)=B_2 \end{cases}$$

则 $S_3=(S、A_1、B_1、C_1、A_2、B_2、C_2、A_3、B_3、C_3)$

(4) $j=3$

$$\begin{cases} QT(A_4)=\min\{T(A_3/B_3/C_3)+\omega(A_3/B_3/C_3,A_3)\}=T(B_3)+\omega(B_3,A_4)=22, \\ \text{则标号 } A_4,\lambda(A_4)=B_3 \\ QT(B_4)=\min\{T(A_3/B_3/C_3)+\omega(A_3/B_3/C_3,B_3)\}=T(C_3)+\omega(C_3,B_4)=20, \\ \text{则标号 } B_4,\lambda(B_4)=C_3 \\ QT(C_4)=\min\{T(A_3/B_3/C_3)+\omega(A_3/B_3/C_3,C_3)\}=T(B_3)+\omega(B_3,C_4) \\ \quad =T(C_3)+\omega(C_3,C_4)=23, \\ \text{则标号 } C_4,\lambda(C_4)=B_3 \text{ 或 } C_3 \end{cases}$$

则 $S_4=(S、A_1、B_1、C_1、A_2、B_2、C_2、A_3、B_3、C_3、A_4、B_4、C_4)$，最后标号 D，则标号结束。

(5) 比较 $T(A_4)$、$T(B_4)$、$T(C_4)$，可得出 $T(B_4)$最小，逆序追踪得使总的中断试验的时间最小的使用顺序是：$C_1 \to B_2 \to C_3 \to B_4$，即 $3^{\#} \to 2^{\#} \to 3^{\#} \to 2^{\#}$。

五、某农场考虑是否提早种植某种作物的决策问题，如果提早种，又不遇霜冻，则收入为 45 元；如遇箱冻，则收入仅为 10 万元，遇霜冻的概率为 0.4。如不提早种，又不遇霜冻，则收入为 35 万元；即使霜冻，受灾也轻，收入为 25 万元，遇霜冻的概率为 0.2，已知：

(1) 该农场的决策者认为："以 50%的机会得 45 万元，50%的机会得 10 万元"和"稳获 35 万元"二者对其来说没有差别；

(2) 该农场的决策者认为："以 50%的机会得 45 万元，50%的机会得 35 万元"和"稳获 40 万元"二者对其来说没有差别；

(3) 该农场的决策者认这："以 50%的机会得 35 万元，50%的机会得 10 万元"和"稳获 25 万元"二者对其来说没有差别。

问题如下：

1. 说明该决策者对风险的态度，按期望效用最大的原则，该决策者应做何种决策？

2. 按期望收益最大的原则，该决策者又应做何种决策？

解 1. 将最高收益 45 万元的效用定为 10，记为 $U(45)=10$。把最低收益 10 万元的效用定为 0，记为 $U(10)=0$。

则决策者对风险的态度可以表示为：

$$U(35)=0.5\times U(45)+0.5\times U(10)=0.5\times 10+0.5\times 0=5$$
$$U(40)=0.5\times U(45)+0.5\times U(35)=0.5\times 10+0.5\times 5=7.5$$
$$U(25)=0.5\times U(35)+0.5\times U(10)=0.5\times 5+0.5\times 0=2.5$$

令提早种的期望效用为 E_1，不提早种的期望效用为 E_2。则

$$E_1=0.4U(10)+0.6U(45)=0.4\times0+0.6\times10=6(\text{万元})$$

$$E_2=0.2U(25)+0.8U(35)=0.2\times2.5+0.8\times7.5=6.5(\text{万元})$$

$E_2>E_1$，所以，决策者的决策应为不提早种。

2. 令提早种的期望收益为 E_1，不提早种的期望收益为 E_2

$$E_1=0.4\times10+0.6\times45=31(\text{万元})$$

$$E_2=0.2\times25+0.8\times35=33(\text{万元})$$

$E_2>E_1$，所以，决策者的决策应为不提早种。

六、某产品从仓库 $A_i(i=1,2,3)$ 运往市场 $B_j=(j=1,2,3,4)$ 销售，已知各仓库的可供应量、各市场的需求量及从 A_1 仓库到 B_1 市场路径上的容量如表 4 所示（表中数字 0 表示两点之间无直接通路），请制定一个调运方案使从各仓库调运产品总量最多。

表 4

路径容量 市场 / 仓库	B_1	B_2	B_3	B_4	可供应量
A_1	30	10	0	40	20
A_2	0	0	10	50	20
A_3	20	10	10	5	100
需求量	20	20	60	20	

解 该问题是求最大流问题，由题得网络图，其中 S、D 是虚拟开始和结束点，各路径最大容量如图 2 所示，初始流量为 0：

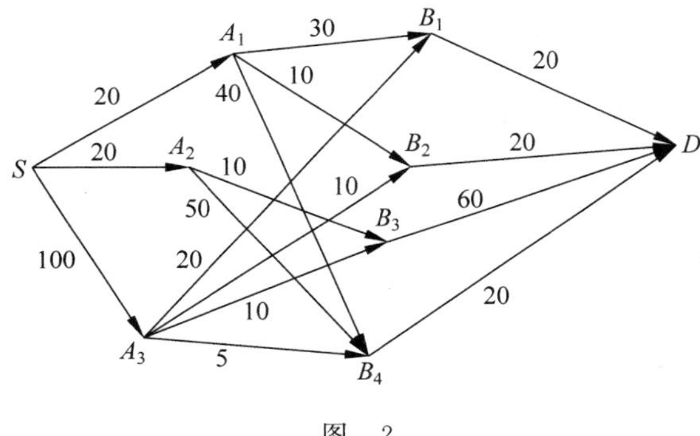

图 2

(1) 标号过程

① 首先给 S 标号 $(0,+\infty)$，检查 S，在弧 (S,A_1) 上，$f_{SA_1}<C_{SA_1}$，则给 A_1 标号 $(S,20)$，同理，标号 $A_2(S,20)$，$A_3(S,100)$

② 任选一点 A_1 进行检查，在弧 (A_1,B_1) 上，$f_{A_1B_1}<C_{A_1B_1}$，则给 B_1 标号 $(A_1,20)$

③ 检查 B_1，在弧 (B_1,D) 上，$f_{B_1D}<C_{B_1D}$，则给 D 标号 $(B_1,20)$，这样找到了一条增广链，$S\rightarrow A_1\rightarrow B_1\rightarrow D$

(2) 调整过程，由(1)知，$\theta=20$，得新的可行流量图，如图 3 所示。

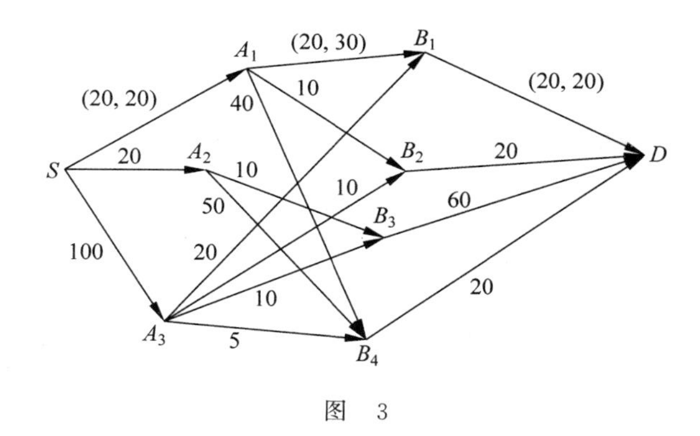

图 3

依据上述方法，重复标号及调整过程，直到不存在增广链为止，最终得最大流量图，如图 4 所示。

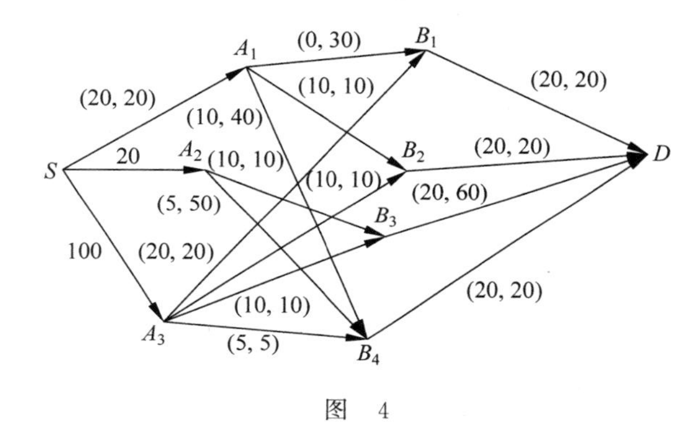

图 4

调运方案如表 5 所示。

表 5

	B_1	B_2	B_3	B_4	实际供出量
A_1		10		10	20
A_2			10	5	15
A_3	20	10	10	5	45
实际得到量	20	20	20	20	80

七、某公司生产两种小型摩托车，其中甲型完全由本公司制造，而乙型是进口零件由公司装配而成，这两种产品每辆所需的制造、装配及检验时间如表 6 所示。

表 6

产　　品	工　　序			销售价格(元/辆)
	制造	装配	校验	
甲型(小时/辆)	20	5	3	650
乙型(小时/辆)	0	7	6	725
每周最大生产能力(小时)	120	80	40	
每小时生产成本(元)	12	8	10	

如果公司经营目标的期望值和优先等级如下：

P_1：每周的总利润至少为 3 000 元；

P_2：每周甲型车至少生产 5 辆；

P_3：尽量减少各道工序的空余时间，三工序的权系数和它们的每小时成本成比例。且不允许加班。请建立这个问题的运筹学模型（不用求解）。

解 设每周甲乙两种车生产数量分别为 x_1, x_2，由表可知，两者每辆的生产成本是 a 和 b。

则

$$a=20\times12+5\times8+3\times10=310(\text{元}),\quad b=7\times8+6\times10=116(\text{元})$$

按决策者所要求的，这个问题的数学模型为

$$\max z=P_1d_1^-+P_2d_2^-+P_3[12(d_3^-+d_3^+)+8(d_4^-+d_4^+)+10(d_5^-+d_5^+)]$$

$$\text{s.t}\begin{cases}(650-310)x_1+(725-116)x_2+d_1^--d_1^+=3\,000\\x_1+d_2^--d_2^+=5\\20x_1+d_3^--d_3^+=120\\5x_1+7x_2+d_4^--d_4^+=80\\3x_1+6x_2+d_5^--d_5^+=40\\x_1,x_2,d_i^-,d_i^+\geqslant0,\quad i=1,2,3,4,5\end{cases}$$

八、案例分析：需要多少个服务人员？

某科技公司的 MIS 中心处理本公司信息系统的维护服务。公司其他部门职员打电话到信息中心进行咨询和服务请求，不过如果恰巧所有服务人员都在忙的时候，该职员就必须等待。该中心每小时平均接受到 40 个服务请求，服务请求的到达服从泊松分布。每个请求的平均服务时间是 3 分钟，且服从负指数分布。

信息中心服务人员每小时的平均工资是 15 元。公司职员每小时为公司创造的收益是 25 元。（如果该职员在等待或正在接受 MIS 维护服务，则这段时间内该职员不为公司创造任何收益）。

我们已经通过软件计算出服务中心的服务人员个数与等待接受 MIS 维护服务的平均职员数（不包括正在接收 MIS 维护服务地职员），以及平均等待时间（不包括接受 MIS 维护服务的时间）之间的关系，如表 7 所示。

表 7

服务员数(人)	2	3	4	5	6
平均等待接受服务的职员数(人)	35.27	0.889	0.174	0.040	0.009
平均等待时间(小时)	0.888 9	0.022	0.004	0.001	0.000 2

请分析下面两个问题：

1. 如果公司经理希望职员等待 MIS 维护服务（排队等待和服务等待的平均时间）不要超过 5 分钟，则该信息中心最少需要聘用多少个服务人员？

2. 如果公司经理考虑聘用服务人员的成本以及因为等待或正在按受 MIS 维护服务造成的企业损失成本，使两者成本之和尽量小，则此时该信息中心需要聘用多少个服务人员？

解 1. 要求等待 MIS 维护服务时间不要超过 5 分钟,已知平均服务时间是 3 分钟,故平均等待时间是 2 分钟,约是 0.033 3 小时,查表 7 可知,该信息中心最少需要聘用服务人员 3 人。

2. 此问题属于 M/M/C 模型

$$\mu=40\text{人}/h,\quad \lambda=20\text{人}/h,\quad \rho=\frac{\lambda}{\mu}=\frac{1}{2},\quad L_s=L_q+\frac{\lambda}{\mu},\quad W_s=W_q+\frac{1}{\mu}$$

查表 7 可知不同的 c 对应的 L_q,W_q,从而得 L_s,W_s,如表 8 所示。

表 8

c	2	3	4	5	6
L_s	35.77	1.389	0.674	0.540	0.509
W_s	0.938 9	0.072	0.054	0.051	0.050 2

则总成本 $z=15\times c+25\times W_s\times L_s$ 不同的 c 对应的数值如表 9 所示。

表 9

c	2	3	4	5	6
L_s	35.77	1.389	0.674	0.540	0.509
W_s	0.938 9	0.072	0.054	0.051	0.0502
Z	869.432 5	47.500 2	60.909 9	75.688 5	90.638 8

经比较可知该信息中心需要聘用 3 个服务人员时,其成本最少。

2011 年××大学运筹学（信息学院）考研真题及详解

一、(35 分)已知某工厂计划生产 A、B、C 三种产品，各产品均需使用甲、乙、丙这三种设备进行加工，加工单位产品需使用各设备的时间、单位产品的利润以及各设备的工时限制数据如下表所示。试问：

设备＼产品	A	B	C	工时限制（小时）
甲	8	16	10	304
乙	10	5	8	400
丙	2	13	10	420
单位产品利润（千元）	3	2	2.9	

(1) 应如何安排三种产品的生产使得总利润最大？

(2) 若另有两种新产品 D、E，生产单位 D 产品需用甲、乙、丙三种设备 12 小时、5 小时、10 小时，单位产品利润 2.1 千元；生产单位 E 产品需用甲、乙、丙三种设备 4 小时、4 小时、12 小时，单位产品利润 1.87 千元，请分别回答这两种新产品投产是否合算？

(3) 若为了增加产量，可租用其他工厂的设备甲，可租用的时间是 60 小时，租金 1.8 万元。请问是否合算？

(4) 增加设备乙的工时是否可使工厂的总利润进一步增加？

答 (1) 设生产 A、B、C 三种产品的数量分别为 x_1, x_2, x_3 单位。则可以得出数学模型：

$$\max z = 3x_1 + 2x_2 + 2.9x_3$$

$$\text{s.t}\begin{cases} 8x_1 + 16x_2 + 10x_3 \leqslant 304 \\ 10x_1 + 5x_2 + 8x_3 \leqslant 400 \\ 2x_1 + 13x_2 + 10x_3 \leqslant 420 \\ x_i \geqslant 0 \quad (i = 1,2,3) \end{cases}$$

添加人工变量 x_4, x_5, x_6，利用单纯形法计算如下：

c_j			3	2	2.9	0	0	0
C_B	X_B	b	x_1	x_2	x_3	x_4	x_5	x_6
0	x_4	304	[8]	16	10	1	0	0
0	x_5	400	10	5	8	0	1	0

续表

c_j			3	2	2.9	0	0	0
C_B	X_B	b	x_1	x_2	x_3	x_4	x_5	x_6
0	x_6	420	2	13	10	0	0	1
σ_j			3	2	2.9	0	0	0
3	x_1	38	1	2	5/4	1/8	0	0
0	x_5	20	0	−15	−9/2	−5/4	1	0
0	x_6	344	0	9	15/2	−1/4	0	1
σ_j			0	−4	−0.85	−0.375	0	0

已得最优解，即只生产 A 种产品，所得利润最大。

(2) 增加新变量 x_7，x_8，对应的 $c_7=2.1$，$c_8=1.87$，约束矩阵增加两个列向量 $\alpha=[12,5,10]^T$，$\beta=[4,4,12]^T$

$$\alpha'=A^{-1}\alpha=\begin{bmatrix}\frac{1}{8}&0&0\\-\frac{5}{4}&1&0\\-\frac{1}{4}&0&1\end{bmatrix}\begin{bmatrix}12\\5\\10\end{bmatrix}=\begin{bmatrix}\frac{3}{2}\\-10\\7\end{bmatrix},\quad \beta'=A^{-1}B=\begin{bmatrix}\frac{1}{8}&0&0\\-\frac{5}{4}&1&0\\-\frac{1}{4}&0&1\end{bmatrix}\begin{bmatrix}4\\4\\12\end{bmatrix}=\begin{bmatrix}\frac{1}{2}\\-1\\11\end{bmatrix}$$

其检验数为：

$$\sigma_7=c_7-C_B\sigma'=2.1-(3,0,0)\begin{bmatrix}\frac{3}{2}\\-10\\7\end{bmatrix}=-2.4,\quad \sigma_7=c_7-C_B\sigma'=1.87-(3,0,0)\begin{bmatrix}\frac{1}{2}\\-1\\11\end{bmatrix}=0.37$$

则判断出：产品 D 的投产不合算，产品 E 投产合算。

(3) 即 $\Delta b=[60,0,0]^T$，其不影响检验数的结果，故最优解不变。

最终单纯形表中 $b'=b+A^{-1}\Delta b=\begin{bmatrix}38\\20\\344\end{bmatrix}+\begin{bmatrix}\frac{1}{8}&0&0\\-\frac{5}{4}&1&0\\-\frac{1}{4}&0&1\end{bmatrix}\begin{bmatrix}60\\0\\0\end{bmatrix}=\begin{bmatrix}45.5\\-55\\329\end{bmatrix}$

$$z'=C_Bb'=(3,0,0)\begin{bmatrix}45.5\\-55\\329\end{bmatrix}=136.5(\text{千元}),\quad \Delta z=z'-z=136.5-38*3=22.5>18$$

故租用设备甲合算。

(4) 当增加乙的工时，$b'=b+A^{-1}\Delta b=\begin{bmatrix}38\\20\\344\end{bmatrix}+\begin{bmatrix}\frac{1}{8}&0&0\\-\frac{5}{4}&1&0\\-\frac{1}{4}&0&1\end{bmatrix}\begin{bmatrix}0\\\Delta b_2\\0\end{bmatrix}=$

$\begin{bmatrix}38\\20+\Delta b_2\\344\end{bmatrix}z'=C_Bb'=(3,0,0)\begin{bmatrix}38\\20+\Delta b_2\\344\end{bmatrix}=114=z$，故利润不会增加。

二、(15 分)有 A、B、C、D 四种零件均可在设备甲或设备乙上加工。已知这两种设备上分别加工一个零件的费用如下表所示。又知设备甲或设备乙只要有零件加工就需要设备的启动费用，分别为 100 元和 150 元。现要求加工四种零件各 3 件，问应如何安排生产使总的费用最小？请建立该问题的线性规划模型(不需求解)。

	A	B	C	D
设备甲	50	80	90	40
设备乙	30	100	50	70

答 设 $i=1,2,3,4$ 分别表示产品 A、B、C、D；$j=1,2$ 表示设备甲、乙。

x_{ij} 表示产品 i 在设备 j 上生产的个数，

$$\delta_{ij}=\begin{cases}1, & x_{ij}\neq 0\text{ 时},\\0, & x_{ij}=0\text{ 时}\end{cases},\quad \delta_j=\begin{cases}1, & \text{当}\sum_{i=1}^{4}\delta_{ij}>0\text{ 时}\\0, & \text{当}\sum_{i=1}^{4}\delta_{ij}=0\text{ 时}\end{cases}$$

则得线性规划模型如下：

$$\min z=CX+100\delta_1+150\delta_2$$

$$\text{s. t}\begin{cases}\sum_{j=1}^{2}x_{ij}=3, i=1,2,3,4\\x_{ij}\geqslant 0,(i=1,2,3,4;\ j=1,2,3,4)\end{cases}$$

其中 $C=(50\quad 80\quad 90\quad 40\quad 30\quad 100\quad 50\quad 70)$，$X=(x_{11}\ x_{21}\ x_{31}\ x_{41}\ x_{12}\ x_{22}\ x_{32}\ x_{42})^{\mathrm{T}}$

三、(25 分)某工程公司在未来 1—4 月内需完成三项工程：第一项工程的工期为 1—3 月，总计需劳动力 80 人月；第二项工程的工期为 1—4 月，总计需劳动力 100 人月；第三项工程的工期为 3—4 月，总计需劳动力 120 人月。该公司每月可用劳力为 80 人，但任一项工程上投入的劳动力任一月内不准超过 60 人。问该工程公司能否按期完成上述三项工程任务，应如何安排劳力？(请将该问题归结为网络最大流问题求解)

答 可以构建如下网络图(弧上数字为最大流量)。

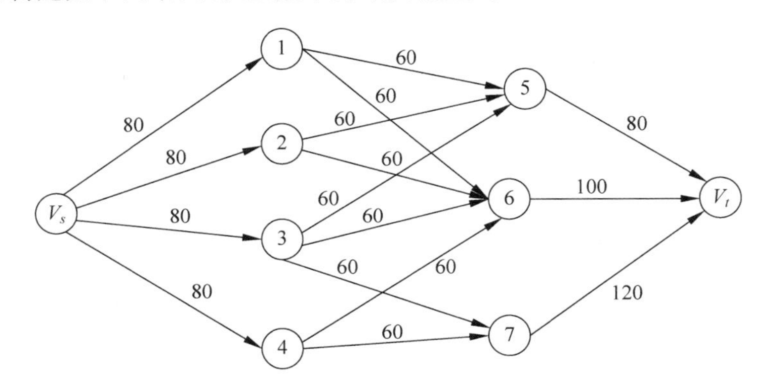

其中，结点1、2、3、4分别代表1、2、3、4月份，结点5、6、7分别代表第一、二、三项工程。通过标号与调整，得到的最大流如下图所示。

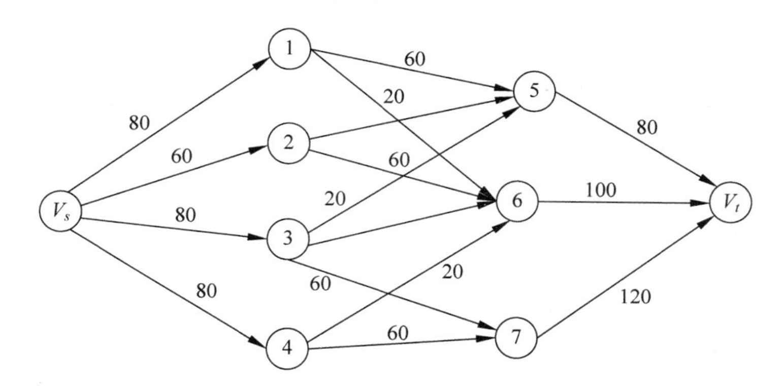

该最大流问题有多重最优解，上图仅给出一种。

所以该公司能按期完成上述三项工程任务，安排劳力的方案可以为：1月份，安排60人做第一项任务、20人做第二项任务；2月份，安排60人做第二项任务；3月份，安排60人做第三项任务、20人做第一项任务；4月份，安排60人做第四项任务、20人做第三项任务。

四、(25分)某工厂设计的一种电子设备由A、B、C三种元件串联而成，已知三种元件的单价分别为2万元、3万元、1万元，单件的可靠性分别为0.7、0.8、0.6，要求设计中使用元件的总费用不超过10万元，问应如何设计使设备的可靠性最大？（请使用动态规划方法求解）

答 该题中元件A,B,C是串联在一起的，为保证可靠性，在条件允许的情况下，我们会将多个同种元件并联在一起。

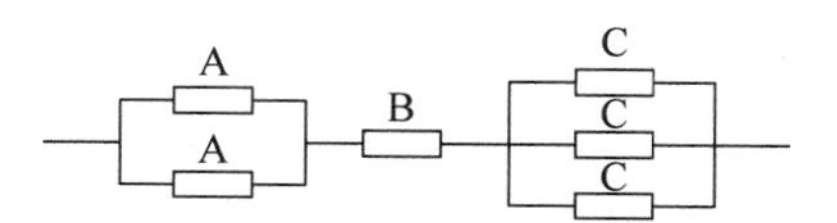

如上图，就是将2件A，1件B，3件C先并联再串联在一起，

由于A,B,C的可靠性分别为0.7,0.8,0.6。

设采用m个A，n个B，1个C串联

该组合整体的可靠性为 $(1-0.3^m)\times(1-0.2^n)\times(1-0.4^1)$

约束条件为 $2m+3n+1\leqslant 1$

且m，n，1都为正整数。

由动态规划的思路，我们先从单价高的B开始分类：

由于A,B,C至少都得有1件，故在10万元为限制的前限下，B最多2件。

选择2件B时，问题转化为 $\max(1-0.3^m)\times 0.96\times(1-0.4^1)$

$$\text{s.t}\quad 2m+1\leqslant 4$$

由于m与n必须都大于0，故此时必然选择1件A，2件B，此时可靠性为：

$$0.7\times 0.96\times 0.84=0.56。$$

选择1件B时，问题转化为 $\max(1-0.3^m)\times 0.8\times(1-0.4^1)$

$$\text{s.t}\quad 2m+1\leqslant 7$$

此时可以选择1件A，5件C；2件A，3件C；或者3件A，1件C。

同理计算可靠性分别为0.55，0.68，0.47。

故可靠性最大的组合为2件A，1件B，3件C，此时可靠性为0.68。

五、（25分）某公司兴建一座港口码头，只有一个装卸船只的位置。设船只到达的间隔时间和装卸时间都服从负指数分布，预计船只的平均到达率为3只/天，船只到港后如不能及时装卸，停留一日公司将损失1 500元。现需设计该港口码头的装卸能力（即每日可以装卸的船只数），已知单位装卸能力每日平均生产费用为2 000元，问装卸能力为多大时，每天的总支出最少？在此装卸能力之下，求：

（1）装卸码头的利用率；

（2）船只到港后的平均等候时间？

（3）船只到港后总停留时间大于一天的概率。

答 设装卸能力为μ，公司的支出$z=2\,000\mu+3\times L_q\times 1\,500$，$L_q=\dfrac{1}{\mu-\lambda}=\dfrac{1}{\mu-3}$。

则$z=2\,000\mu+\dfrac{3}{\mu-3}\times 1\,500=2\,000\mu+\dfrac{4\,500}{\mu-3}$。

令$z'=2\,000-\dfrac{4\,500}{(\mu-3)^2}=0$，解得$\mu=\dfrac{9}{2}$，或$\mu=\dfrac{3}{2}$（舍去）。

所有$\mu=\dfrac{9}{2}$时，每天的总支出最少。

（1）$\rho=\dfrac{\lambda}{\mu}=\dfrac{2}{3}$，$P^0=1-\rho=1-\dfrac{2}{3}=\dfrac{1}{3}$；

所以码头的利用率为$1-P^0=2/3$。

（2）$W_q=\dfrac{\rho}{\mu-\lambda}=\dfrac{2/3}{9/2-3}=\dfrac{4}{9}$（天）

即船只到港后的平均等候时间是$\dfrac{4}{9}$天。

（3）设船只到港后的总停留时间T，则T服从$\mu-\lambda=\dfrac{3}{2}$（天）的负指数分布。

分布函数为$F(\omega)=1-\mathrm{e}^{-\frac{3}{2}\omega}$，$\omega\geqslant 0$；

$$P(T>1)=1-P(T\leqslant 1)=1-F(1)=\mathrm{e}^{-3/2}\approx 0.223。$$

六、（25分）已知A、B各自的纯策略及A的赢得矩阵如下表的示，求双方的最优策略及对策值。

A \ B	b_1	b_2	b_3	b_4
a_1	8	6	9	3
a_2	6	5	7	4
a_3	4	13	4	12
a_4	5	8	6	4

答 在A的赢得矩阵中第4列优超于第2列，第1列优超于第3列，故可划去第2列和

第 3 列，得到新的赢得矩阵

$$A_1=\begin{bmatrix}8 & 3\\ 6 & 4\\ 4 & 12\\ 5 & 4\end{bmatrix}$$

对于 A_1，第二行优超于第 4 行，因此去掉第 4 行，得到

$$A_2=\begin{bmatrix}8 & 3\\ 6 & 4\\ 4 & 12\end{bmatrix}$$

对于 A_2，易知无最优纯策略，用线性规划的方法求解，其相应的相互对偶的线性规划模型如下：

$$\min x_1+x_2+x_3$$

$$\text{s. t.}\begin{cases}8x_1+6x_2+4x_3\geqslant 1\\ 3x_1+4x_2+12x_3\geqslant 1\\ x_1,x_2,x_3\geqslant 0\end{cases}$$

$$\max y_1+y_4$$

$$\text{s. t.}\begin{cases}8y_1+3y_4\leqslant 1\\ 6y_1+4y_4\leqslant 1\\ 4y_1+12y_4\leqslant 1\\ y_1,y_4\geqslant 0\end{cases}$$

利用单纯形法求解第二个问题，迭代过程如下表所示。

c_j			1	1	0	0	0	θ
C_B	Y_B	b	y_1	y_4	y_5	y_6	y_7	
0	y_5	1[8]	3	1	0	0	1/8	
0	y_6	1	6	4	0	1	0	1/6
0	y_7	1	4	12	0	0	1	1/4
检验数			1	1	0	0	0	
1	y_1	1/8	1	3/8	1/8	0	0	1/3
0	y_6	1/4	0	1/2	−3/4	1	0	1/2
0	y_7	1/2	0	[21/2]	−1/2	0	1	1/21
检验数			0	5/8	−1/8	0	0	
1	y_1	3/28	1	0	1/7	0	−1/28	
0	y_6	19/84	0	0	−61/84	1	−1/21	
1	y_4	1/21	0	1	−1/21	0	2/21	
检验数			0	0	−2/21	0	−5/84	

从上表中可以得到，第二个问题的最优解为：

$$\begin{cases}y=(3/28,0,0,1/21)^{\mathrm{T}}\\ \omega=13/84\end{cases}$$

由最终单纯形表的检验数可知，第一个问题的最优解为：

$$\begin{cases} x=(2/21,0,5/84,0)^{\mathrm{T}} \\ z=13/84 \end{cases}$$

于是

$$V_G=84/13$$

$$x^*=V_G\times(2/21,0,5/854,0)^{\mathrm{T}}=(8/13,0,5/13,0)^{\mathrm{T}}$$

$$y^*=V_G\times(3/28,0,0,1/21)^{\mathrm{T}}=(9/13,0,0,4/13)^{\mathrm{T}}$$

所以，最优混合策略为：

$$x^*=(8/13,0,5/13,0)^{\mathrm{T}},\quad y^*=(9/13,0,0,4/13)^{\mathrm{T}}$$

对策的值为 $V_G=84/13$。

2018 年××大学运筹学考研真题及详解

一、填空题(共 5 小题,每小题 3 分,共 15 分)

1. (3 分)人工变量的含义是________。

2. (3 分)假设某线性规划的可行解的集合为 A,而其基本可行解的集合为 B,那么 B 在集合 A 的________。

3. (3 分)线性规划问题 $\max z=CX$; $AX=b, X\geqslant 0$(A 为 $k\times l$ 的矩阵,且 $I>k$)的基的最多个数为________,基的可行解的最多个数为________。

4. (3 分)线性规划问题的所有可行解构成的集合是________,它们有有限个________,线性规划问题的每个基可行解对应可行域的________。

5. (3 分)运输问题的产销平衡表中有 m 个产地 n 个销地,其决策变量的个数有________个,其数值格有________个。

二、判断题并改错(共 5 小题,每小题 3 分,共 15 分)

1. (3 分)运输问题的基本可行解在运输表中可能包含闭回路。

2. (3 分)匈牙利法能求解所有的指派问题。

3. (3 分)如果对偶问题有可行解且目标值无界,则原问题可能存在可行解也可能不存在可行解。

4. (3 分)排队论中排队产生的前提是系统中服务率小于到达率。

5. (3 分)采用对偶单纯形法求解最大值的线性规划问题时,检验数可能会出现正值。

三、名词解释(共 5 小题,每小题 4 分,共 20 分)

1. (4 分)可行流;

2. (4 分)欧拉圈;

3. (4 分)基矩阵;

4. (4 分)最小树;

5. (4 分)动态规划的决策。

四、计算题(共 5 小题,共 80 分)

1. (20 分)用单纯形法求解线性规划问题,并进行灵敏度分析:

$$\min z=4x_1+3x_2+8x_3$$

$$\text{s.t}\begin{cases}x_1+x_3\geqslant 2\\ x_2+2x_3\geqslant 5\\ x_i\geqslant 0\end{cases}$$

(1) 目标函数中变量 x_1 的系数的变化范围,使其最优解保持不变。

(2) 当约束条件右端常数项从 $(2,5)^T$ 变为 $(1,3)^T$ 时,讨论最优解的变化。

(3) 当约束条件右端常数项从 $(2,5)^T$ 变为 $(2,1)^T$ 时,讨论最优解的变化。

(4) 增加约束条件 $x_1-x_3\geqslant 3$,讨论最优解的变化。

2.（15 分）用表上作业法求解下述运输问题的最优解，其产品的产地、销地、产销量及运价如下表所示（M 为一无穷大值）：

运价 产地＼销地	B_1	B_2	B_3	B_4	B_5	产量
A_1	8	11	3	7	5	20
A_2	5	M	8	4	7	30
A_3	6	3	9	6	8	30
销量	25	25	20	10	20	

3.（15 分）求下列网络流图的最小费用最大流，弧旁数字为（b_{ij}，c_{ij}）

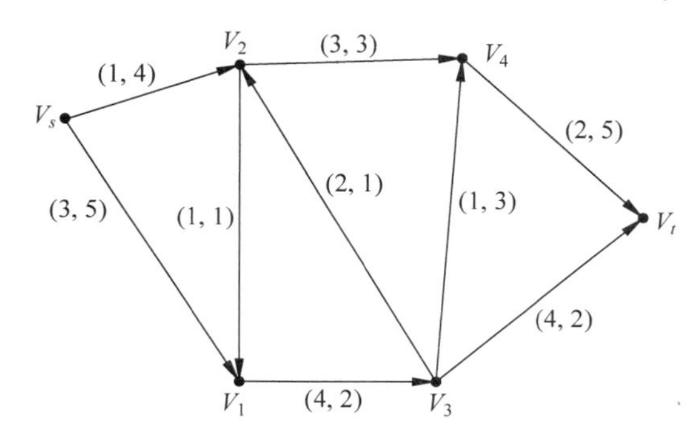

4.（15 分）某公司下属 A，B，C 三个工厂，生产能力分别为每天 30，20，10 个单位，每天产品通过下图所示运输网络运到 F，G，H 三个仓库。工厂车队做出调度，安排了每条运输道路上的一天运输量。问能否完成全部产品的进库任务？为了完成进库任务，应如何调整各运输道路上的运输量？

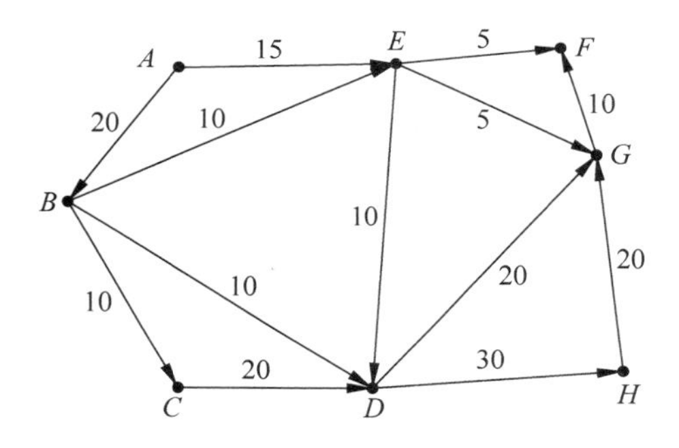

5.（15 分）用单纯形表求解线性规划问题

$$\max z = 2x_1 + 5x_2$$

$$\begin{cases} x_1 \leqslant 4 \\ 2x_1 \leqslant 12 \\ 3x_1 + 2x_2 \leqslant 18 \\ x_1, x_2 \geqslant 0 \end{cases}$$

五、建模题(共 1 小题,共 20 分)

某种钢材每根长度为 3 795mm,要将其截成 423mm,1 053mm,503mm 三种长度的材料各 90 根,应如何安排,才能使消耗的钢材的根数最少?试建立模型。

参考答案

一、填空题(共 5 小题,每小题 3 分,共 15 分)

1. (3 分)为将线性规划变成标准型,而人为添加的变量。

2. (3 分)顶点地方取得。

3. (3 分)C_1^k,C_1^k。

4. (3 分)凸集,顶点,顶点。

5. (3 分)$m\times n$ 个,$m+n-1$ 个。

二、判断题并改错(共 5 小题,每小题 3 分,共 15 分)

1. (3 分)错误,基本可行解不包含闭回路。

2. (3 分)错误,匈牙利法只能求解最小值的指派问题。

3. (3 分)错误,则原问题无可行解。

4. (3 分)错误,应为服务率大于到达率。

5. (3 分)错误,检验数只能是负值,表明对偶可行性。

三、名词解释(共 5 小题,每小题 4 分,共 20 分)

1. (4 分)满足弧上的容量约束及起讫点流量守恒等条件的网络流。

2. (4 分)连通图 G 中,存在一个圈,这个圈过 G 的每边一次且仅一次,则该圈称为欧拉圈。

3. (4 分)线性规划问题中 m 行系数列向量里,m 个线性无关列向量组成的矩阵。

4. (4 分)图的支撑树中,所有边的权重之和最小的树。

5. (4 分)一个阶段的状态给定以后,从该状态演变到下一阶段某个状态的一处选择(行动)称为决策。

四、计算题(共 5 小题,共 80 分)

1. (20 分)

解:将原问题化为标准型

$$\max w=-4x_1-3x_2-8x_3$$

$$\begin{cases}x_1+x_3-x_4=2\\x_2+2x_3-x_5=5\\x_1,x_2,x_3,x_4,x_5\geqslant 0\end{cases}$$

c_j		-4	-3	-8	0	0	b
C_B	X_B	x_1	x_2	x_3	x_4	x_5	
-4	x_1	1	0	[1]	-1	0	2
-3	x_2	0	1	2	0	-1	5

续表

c_j		-4	-3	-8	0	0	b
C_B	X_B	x_1	x_2	x_3	x_4	x_5	
检验数		0	0	2	-4	-3	-23
-8	x_3	1	0	1	-1	0	2
-3	x_2	-2	1	0	2	-1	1
检验数		-2	0	0	-2	-3	-19

因为检验数都不大于零,且 $b>0$,此时得到最优解,$X=(0,1,2,0,0)^{\mathrm{T}}$; $\min z=19$。

(1) x_1 为非基变量

$$-C_1-(-4)\leqslant-(-2),\quad 即\ C_1\geqslant 2$$

(2) $B^{-1}=\begin{bmatrix}1 & 0\\ -2 & 1\end{bmatrix}$,$B^{-1}b^{-1}=\begin{bmatrix}1 & 0\\ -2 & 1\end{bmatrix}\begin{bmatrix}1\\ 3\end{bmatrix}=\begin{bmatrix}1\\ 1\end{bmatrix}\geqslant 0$

故此时最优基保持不变,最优解如下

$$X=(0,1,1,0,0)^{\mathrm{T}}\quad \min z=11$$

(3) $B^{-1}b^{-1}=\begin{bmatrix}1 & 0\\ -2 & 1\end{bmatrix}\begin{bmatrix}2\\ 1\end{bmatrix}=\begin{bmatrix}2\\ -3\end{bmatrix}\leqslant 0$

此时最优基改变,采用对偶单纯形法,得最后结果如下

$$X=(3/2,0,1/2,0,0)^{\mathrm{T}}\quad \min z=10$$

(4) 将 $x_1-x_3\geqslant 3$ 加入原最终表,并通过矩阵变换,使 x_3,x_2,x_6 构成单位矩阵,求得最优解 $X=(3,5,0,1,0,0)^{\mathrm{T}}$ $\qquad \min z=4\times3+3\times5+8\times0=27$

2.(15 分)

解:该题为产销不平衡问题,需增加产地 A_4,利用伏格尔法得如下解

	B_1	B_2	B_3	B_4	B_5	产量
A_1	[8] 0	[11]	[3] 20	[7]	[5] 0	20
A_2	[5] 20	[M]	[8]	[4] 10	[7]	30
A_3	[6] 5	[3] 25	[9]	[6]	[8]	30
A_4	[0]	[0]	[0]	[0]	[0] 20	20
销量	25	25	20	10	20	100

利用位势法求得检验数,得检验数均大于 0,故该解最优。

即 A_1 运 20 到 B_3;A_2 运 20 到 B_1,运 10 到 B_4;A_3 运 5 到 B_1,运 25 到 B_2;运费$=3\times20+4\times10+5\times6+25\times3+5\times20=305$

3.(15 分)

即 $f^{(2)}$ 为最大流,$wf^{(2)}$ 为最小费用最大流;总费用$=1+3+2+3+4+4=17$。

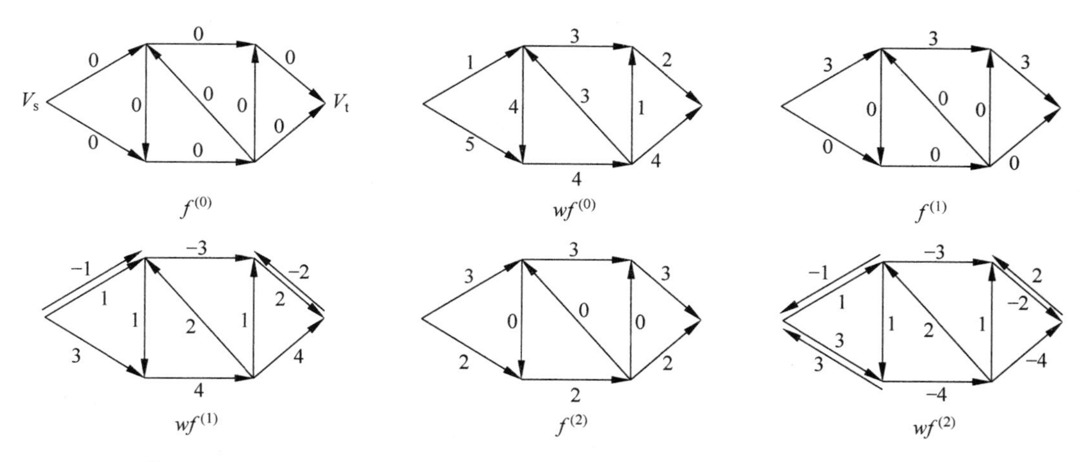

4.（15 分）

解：增加虚拟始点 S 和虚拟终点 T，然后对其进行标号求其最大流，如下图所示

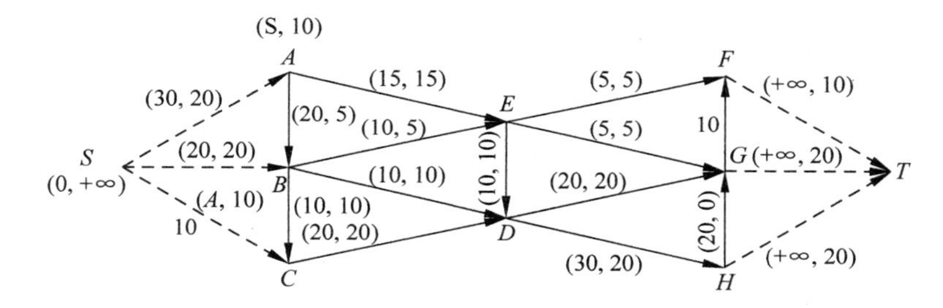

由图知，其最大流为 50。由于每天进库量要求为 60，所以当前运输量不足以完成产品入库任务。还差 10 个单位的运输量。故调整方案：抽调弧(A,B)上的 5 个单位运输能力和弧(B,E)上的 5 各单位运输能力去加强关键弧(B,D)，使 $C_{BD}=20$，$C_{AB}=15$，$C_{BE}=5$，就能完成入库任务。

5.（15 分）

解：化为标准型，然后利用单纯形法求解，如下

c_j		2	5	0	0	0	b
C_B	X_B	x_1	x_2	x_3	x_4	x_5	
0	x_3	1	0	1	0	0	4
0	x_4	2	0	0	1	0	12
0	x_5	3	[2]	0	0	1	18
检验数		2	5	0	0	0	
0	x_3	1	0	1	0	0	4
0	x_4	2	0	0	1	0	12
5	x_2	1.5	1	0	0	0.5	9
检验数		−5.5	0	0	0	−2.5	

由最终表可知，非基变量检验数小于零，且 $b\geqslant 0$，故为最优解

$$x=(0,9,4,12,0)^{\mathrm{T}},\quad \text{最大值 } z=5\times 9=45$$

五、建模题（共 1 小题，共 20 分）

解：截断方案如下：

	法 1	法 2	法 3	法 4	法 5	法 6	法 7	法 8	法 9	法 10
1 053	3	3	2	2	2	2	1	1	1	1
503	1	0	3	2	1	0	5	4	3	2
423	0	1	0	1	2	3	0	1	2	4
余量	133	213	180	260	340	420	227	307	387	44
	法 11	法 12	法 13	法 14	法 15	法 16	法 17	法 18	法 19	法 20
1 053	1	1	0	0	0	0	0	0	0	0
503	1	0	7	6	5	4	3	2	1	0
423	5	6	0	1	3	4	5	6	7	8
余量	124	204	274	354	11	91	171	251	331	411

共 20 种截法，设每种截法对应的根数为 x_j

$$\min z = 133x_1 + 213x_2 + \cdots + 411x_{20}$$

$$\begin{cases} 3x_1 + 3x_2 + \cdots + x_{12} = 90 \\ x_1 + 3x_3 + \cdots + x_{19} = 90 \\ x_2 + x_4 + \cdots + 6x_{18} + 7x_{19} + 8x_{20} = 90 \\ x_j \geqslant 0, \text{且为整数} \end{cases}$$

2019 年××大学运筹学考研真题及详解

一、选择题(共 5 小题,每小题 2 分,共 10 分)

1. (2 分)关于线性规划的可行解和基解,下面(　　)叙述正确。

A. 可行解必是基解

B. 基解必是可行解

C. 可行解必然是非基变量为 0,基变量均非负

D. 对应基,非基变量均为 0 得到的解均为基解

2. (2 分)线性规划最优解不唯一是指(　　)。

A. 可行解集合无界

B. 存在某个检验数 $\lambda_k>0$ 且 $a_{ik}\leqslant 0(i=1,2,\cdots,m)$

C. 可行解集合是空集

D. 最优表中存在非基变量的检验数非零

3. (2 分)使用人工变量法求解极大化线性规划问题时,当所有的检验数 $\delta_j\leqslant 0$ 在基变量中仍含有非零的人工变量,表明该线性规划问题(　　)。

A. 有唯的最优解　　B. 有无穷多最优解

C. 为无界解　　D. 无可行解

4. (2 分)μ 是关于可行流 f 的一条增广链,则在 μ 上有(　　)。

A. 对任意$(i,j)\in\mu^*$,$f_{ij}\leqslant C_{ij}$　　B. 对任意$(i,j)\in\mu^-$,$f_{ij}\leqslant C_{ij}$

C. 对任意$(i,j)\in\mu^*$,$f_{ij}<C_{ij}$　　D. 对任意$(i,j)\in\mu^-$,$f_{ij}\geqslant 0$

5. (2 分)一个连通图的最小支撑树(　　)。

A. 是唯一存在的　　B. 可能不唯一　　C. 可能不存在　　D. 一定有多个

二、填空题(共 5 小题,每小题 3 分,共 15 分)

1. (3 分)求最小生树问题,常用的方法有:________。

2. (3 分)在用逆向解法求动态规划时,$f_k(s_k)$的含义是:____________。

3. (3 分)若整数规划 $\begin{cases}\max z=x_1+x_2\\ 2x_1+x_2\leqslant 6\\ 4x_1+5x_2\leqslant 20\\ x_1,x_2\geqslant 0 \text{ 且 } x_1,x_2 \text{ 为整数}\end{cases}$,在 $x_1=0,2$ 时均取得最优解,则其最优解 $x^*=$________,$f(x^*)=$________。

4. (3 分)如果某一整数规划,所对应的线性规划(松弛问题)的最优单纯形表中,约束方程为 $\begin{cases}x_2+1/3x_3-2/3x_4=8/3\\ x_1-1/6x_3+5/6x_4=5/3\end{cases}$,试写出割平面方程:____________。

5．（3 分）求解动态规划时，顺序法和逆序法的求解原则是：＿＿＿＿＿＿＿＿＿。

三、判断题并改错（共 10 小题，每小题 2 分，共 20 分）

1．（2 分）线性规划问题的每一个基解对应可行域的一个顶点。

2．（2 分）运输问题的可行解中基变量的个数一定遵循 $m+n-1$ 的规则。

3．（2 分）动态规划中运用图解法的顺推方法和网络最短路径的标号法是一致的。

4．（2 分）Dijkstra 算法可以求解任何最短路问题。

5．（2 分）一旦一个人工变量在迭代中变为非基变量后，该变量及相应列的数字可以从单纯形表中删除，而不影响计算结果。

6．（2 分）若某种资源的影子价格等于 k，当该种资源增加 5 个单位时，相应的目标函数值将增大 $5k$。

7．（2 分）基变量中不再含有非零的人工变量，这表示原问题有可行解。

8．（2 分）影子价格反映了资源的稀缺性，影子价格等于零，则越稀缺。

9．（2 分）若线性规划无最优解则其可行域无界。

10．（2 分）原问题具有无界解，则对偶问题不可行。

四、计算题（共 6 小题，共 90 分）

1．（20 分）考虑如下线性规划问题

$$\max z=3x_1+x_2+4x_3$$

$$\text{s.t.}\begin{cases}6x_1+3x_2+5x_3\leqslant 9\\3x_1+4x_2+5x_3\leqslant 8\\x_1,x_2,x_3\geqslant 0\end{cases}$$

（1）求最优解；

（2）直接写出上述问题的对偶问题及其最优解；

（3）若问题中 x_2 列的系数变为 $(3,2)^{\mathrm{T}}$，问最优解是否有变化；

（4）c_2 由 1 变为 2，是否影响最优解，如有影响，将新的解求出。

2．（15 分）某部门有 3 个生产同类产品的工厂（产地），生产的产品由 4 个销售点（销地）出售，各工厂的生产量，各销售点的销售量（单位 t）以及各工厂到各销售点的单位运价（元/t）示于下表中，要求研究产品如何调运才能使总运量最小？

产＼销	B_1	B_2	B_3	B_4	产量
A_1	4	12	4	11	32
A_2	2	10	3	9	20
A_3	8	5	11	6	44
销量	18	28	28	24	98/96

3．（15 分）甲乙丙丁四个人，A、B、C、D 四项任务，不同的人做不同的工作效率不同，表中数据为时耗，如何指派不同的人去做不同的工作使效率最高？

人 \ 时间 \ 任务	A	B	C	D
甲	4	10	7	5
乙	2	7	6	3
丙	3	3	4	4
丁	4	6	6	3

4.（15 分）求如图所示的网络的最大流和最小截集(割集)，每弧旁的数字是(c_{ij}，f_{ij})。

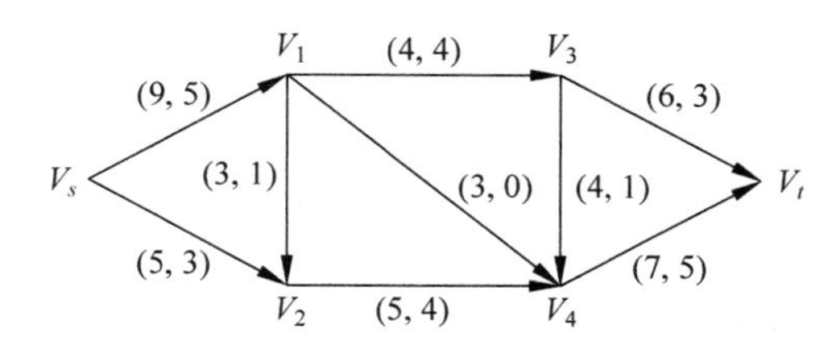

5.（10 分）用标号法求下列网络 $V_1 \to V_7$ 的最短路径及路长。

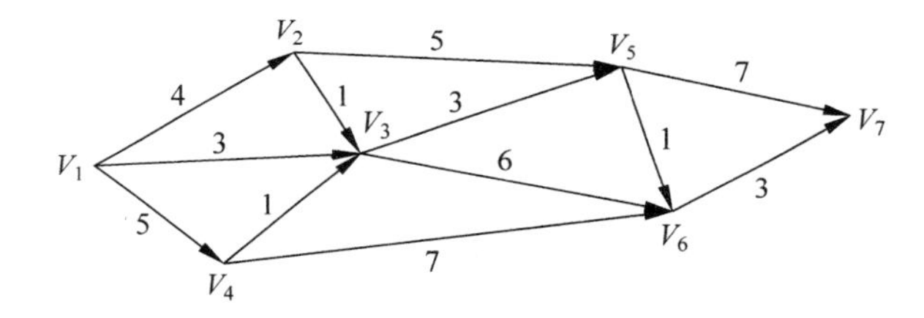

6.（15 分）某街区医院门诊部只有一个医生值班，此门诊部备有 6 张椅子供患者等候应诊。当椅子坐满时，后来的患者就自动离去，不进来。已知每小时有 4 名患者按 Poisson 分布到达，每名患者的诊断时间服从负指数分布，平均 12 分钟，求：

(1) 患者无须等待的概率；

(2) 门诊部内患者平均数；

(3) 有效到达率；

(4) 患者在门诊部逗留时间的平均值；

(5) 有多少患者因坐满而自动离去？

五、建模题（共 1 小题，共 15 分）

某学校规定，运筹学专业的学生毕业时必须至少学习过两门数学课、三门运筹学课和两门计算机课。这些课程的编号、名称、学分、所属类别和先修课要求如下表所示。那么，毕业时学生最少可以学习这些课程中哪些课程？

课程编号	课程名称	学分	所属类别	先修课要求
1	微积分	5	数学	
2	线性代数	4	数学	
3	最优化方法	4	数学；运筹学	微积分；线性代数
4	数据结构	3	数学；计算机	计算机编程

续表

课程编号	课程名称	学分	所属类别	先修课要求
5	应用统计	4	数学；运筹学	微积分；线性代数
6	计算机模拟	3	计算机；运筹学	计算机编程
7	计算机编程	2	计算机	
8	预测理论	2	运筹学	应用统计
9	数学实验	3	运筹学；计算机	微积分；线性代数

记 $i=1,2,\cdots,9$ 表示9门课程的编号。建立数学规划模型无须求解。

(1) 写出问题的目标函数？

(2) 每人至少学习过两门数学课、三门运筹学课和两门计算机课，如何表示此约束条件？

(3) 某些课程有先修课要求，如何表示此约束条件？

参 考 答 案

一、选择题（共5小题，每小题2分，共10分）

1. (2分)D
2. (2分)D
3. (2分)D
4. (2分)A
5. (2分)B

二、填空题（共5小题，每小题3分，共15分）

1. (3分)破圈法和避圈法
2. (3分)k 阶段，状态 S_k 到终点的最优值
3. (3分)$x^*=(0.4),(2.2)$，$f(x^*)=4$
4. (3分)$x_3+x_4=2$
5. (3分)终止状态唯一，则用顺序法，起始状态唯一，则用逆序法

三、判断题并改错（共10小题，每小题2分，共20分）

1. (2分)错误，可行域的顶点只对应基本可行解。
2. (2分)错误，产销不平衡问题的基变量个数不符合此规则。
3. (2分)正确
4. (2分)错误，不能求解含负权值的最短路问题。
5. (2分)正确
6. (2分)错误，如果增加资源导致最优基发生了变化，则不成立。
7. (2分)正确
8. (2分)错误，影子价格越高，表明越稀缺。
9. (2分)错误，也可能无可行解。
10. (2分)正确

四、计算题(共 5 小题,共 90 分)

1.(20 分)

(1) 用单纯形法求解线性规划问题:

c_j		3	1	4	0	0	
C_B	X_B	b	x_1	x_2	x_3	x_4	x_5
0	x_4	9	6	3	5	1	0
0	x_5	8	3	4	5	0	1
c_j-z_j			3	1	4	0	0
0	x_4	1	3	$-i$	0	1	−1
4	x_3	8/5	3/5	4/5	1	0	1/5
c_j-z_j			3/5	−11/5	0	0	−4/5
3	x_1	1/3	1	−1/3	0	1/3	−1/3
4	x_3	7/5	0	1	1	−1/5	2/5
c_j-z_j			0	−2	0	−1/5	−3/5

最优解为 $x_1=1/3, x_3=7/5, z=33/5$

(2) 对偶问题为

$$\min w=9y_1+8y_2$$

$$\begin{cases}6y_1+3y_2\geqslant 3\\3y_1+4y_2\geqslant 1\\5y_1+5y_2\geqslant 4\\y_1,y_2\geqslant 0\end{cases}$$

根据对偶理论写出对偶问题最优解为 $y_1=1/5, y_2=3/5$

(3) 若问题中 x_2 列的系数变为$(3,2)^{\mathrm{T}}$

则 $P_2'=(1/3,1/5)^{\mathrm{T}}$

$$\sigma_2=c_2-C_BB^{-1}P_2'=-4/5<0$$

所以对最优解没有影响

(4) c_2 由 1 变为 2

$$\sigma_2=-1<0$$

所以对最优解没有影响

2.(15 分)

解:该运输问题为产销不平衡问题,故需增设一个产地,产量为 2,运价均为 0,用最小元素法求得初始解如下表示:

	B_1	B_2	B_3	B_4	产量
A_1			24	8	32
A_2	16		4		20
A_3		28		16	44
A_4	2				2
销量	18	28	28	24	98

利用位势法求非基变量检验数可知，A_{44} 检验数最小，为－8，故其为入基变量，调整如下，

	B_1	B_2	B_3	B_4	产量
A_1			26	6	32
A_2	18		2		20
A_3		28		16	44
A_4				2	2
销量	18	28	28	24	98

利用位势法求非基变量检验数可知，只有 A_{24} 检验数为－1，故其为入基变量，调整如下

	B_1	B_2	B_3	B_4	产量
A_1			24	4	32
A_2	18			2	20
A_3		28		16	44
A_4				2	2
销量	18	28	28	24	98

利用位势法求非基变量检验数可知，其均大于0，故求得最优解最小运费＝28×4＋4×11＋18×2＋2×9＋28×5＋10×6＋2×0＝446

3．（15分）

解：(1) 造0——各行各列减其最小元素。

(2) 圈0——寻找不同行不同列的0元素，圈之。⓪所在行和列其他0元素划掉。

(3) 打√——无⓪的行打√，打√行上0列打√，打√列上⓪行打√，打√行上0列打√，如下图示。

$$C_{ij}=\begin{bmatrix}4&10&7&5\\2&7&6&3\\3&3&4&4\\4&6&6&3\end{bmatrix}\begin{matrix}-4\\-2\\-3\\-3\end{matrix}\Rightarrow\begin{bmatrix}0&6&3&1\\0&5&4&1\\0&0&1&1\\1&3&3&0\\&&-1&\end{bmatrix}\Rightarrow\begin{bmatrix}⓪&6&2&1\\0&5&3&1\\0&⓪&0&1\\1&3&2&⓪\\\surd&&&\end{bmatrix}\begin{matrix}\surd\\\surd\\\\\\\\\end{matrix}$$

(4) 划线——无√行、打√列划线。

(5) 造0——直线未覆盖的元素，减去其最小值，交叉点上加最小元素，产生新的0元素，最后结果如下所示。

$$C_{ij}=\begin{bmatrix}0&6&2&1\\0&5&3&1\\0&0&0&1\\1&3&2&0\end{bmatrix}\begin{matrix}-1\\-1\\\\\\\end{matrix}\Rightarrow\begin{bmatrix}⓪&5&1&0\\0&4&2&0\\1&⓪&0&1\\2&3&2&⓪\end{bmatrix}\begin{matrix}\surd\\\surd\\\\\surd\end{matrix}\Rightarrow\begin{bmatrix}0&4&⓪&0\\⓪&3&1&0\\2&⓪&0&2\\2&2&2&⓪\end{bmatrix}$$

$$\begin{matrix}+1&&&&&\surd&&&\surd\end{matrix}$$

方案为：甲完成 C，乙完成 A，丙完成 B，丁完成 D

4.（15 分）

解：(1) 通过标号法求得第一条增广链，V_s、V_2、V_4、V_3、V_t 调整量为 1，如下图

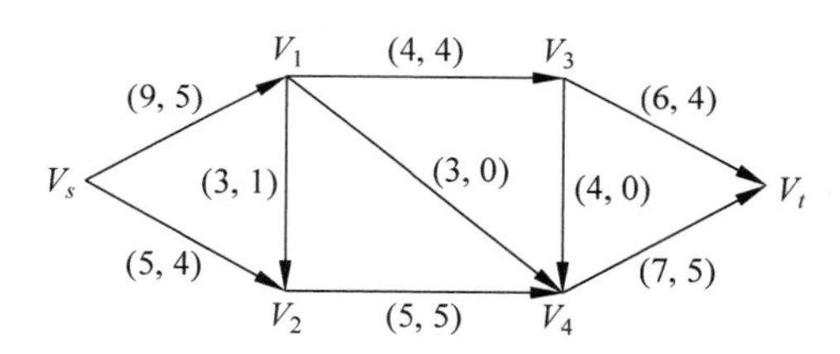

(2) 通过第二次标号法得增广链，V_s、V_1、V_4、V_t，调整量为 2，如下图

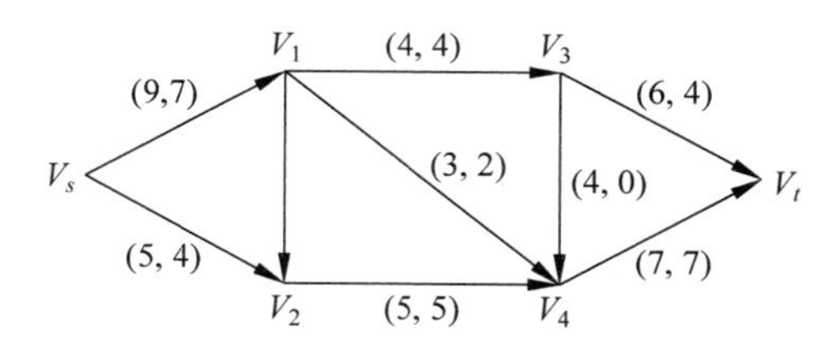

因无法找到增广链，故，最大流＝11，能标上号的是 V_s、V_1、V_2、V_4，因此最小截集为 $\{(V_1,V_3),(V_4,V_t)\}$

5.（10 分）

解：用标号法求解最短路，如下图所示

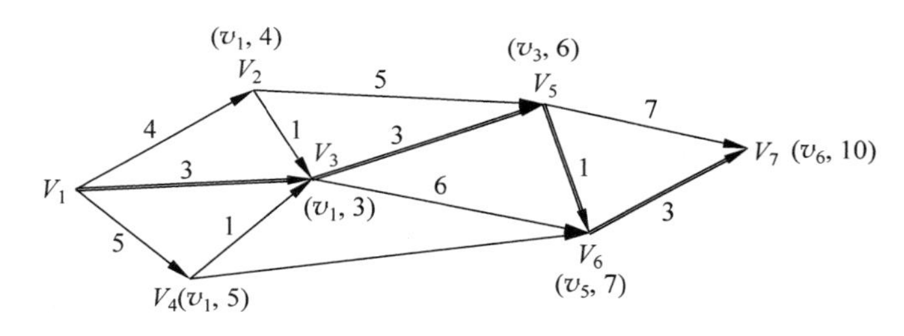

最短路径：$V_1 \to V_3 \to V_5 \to V_6 \to V_7$　最短路长 $L=10$

6.（15 分）

解：此问题可归结为 $M/M/1/7$ 的模型，单位时间为小时

$$\lambda=4,\quad \mu=5,\quad \rho=\lambda/\mu=0.8,\quad K=7$$

(1) 患者无须等待的概率：

$$p_0=\frac{1-0.8}{1-0.8^8}=0.2403$$

(2) 门诊部内患者平均数：

$$L=\frac{0.8}{1-0.8}-\frac{8\times 0.8^8}{1-0.8^8}=2.387(\text{人})$$

(3) 有效到达率：

$$\lambda_\varepsilon=\lambda(1-P_7)=4\times\left(1-\frac{1-0.8}{1-0.8^8}\times 0.8^7\right)=3.8$$

（4）患者在门诊部逗留时间的平均值：

$$W=\frac{L}{\lambda_{\varepsilon}}=\frac{2.387}{3.8}=0.628=37.7(\text{分钟})$$

（5）患者因坐满而自动离去的百分比：

$$P_7=\frac{1-\rho}{1-\rho^8}\rho^7=0.0503=5.03\%$$

五、建模题（共 1 小题，共 15 分）

解：设 $x_i=1$ 表示第 i 门课程选修，$x_i=0$ 表示第 i 门课程不选

（1）
$$\min Z=\sum_{i=1}^{9}x_i$$

（2）
$$x_1+x_2+x_3+x_4+x_5\geqslant 2$$
$$x_3+x_5+x_6+x_8+x_9\geqslant 3$$
$$x_4+x_6+x_7+x_9\geqslant 2$$

（3）
$$x_3\leqslant x_1,x_3\leqslant x_2$$
$$x_4\leqslant x_7$$
$$x_5\leqslant x_1,x_5\leqslant x_2$$
$$x_6\leqslant x_7$$
$$x_9\leqslant x_1,x_9\leqslant x_2$$
$$x_8\leqslant x_5$$